Verlag von Julius Springer / Berlin

Handbibliothek für Bauingenieure

Ein Hand- und Nachschlagebuch für Studium und Praxis

Herausgegeben von

Dr.-Ing. e. h. **Robert Otzen**

Präsident des staatlichen Materialprüfungsamts Berlin,
Geheimer Regierungsrat und Professor, Technische Hochschule Berlin

I. Teil: Hilfswissenschaften .... 5 Bände
II. Teil: Eisenbahnwesen und Städtebau .. 10 Bände
III. Teil: Wasserbau .... 8 Bände
IV. Teil: Konstruktiver Ingenieurbau ...... 4 Bände

Inhaltsverzeichnis.

I. Teil: Hilfswissenschaften.

*1. Band: Mathematik. Von Prof. Dr. phil. H. E. Timerding, Braunschweig. Mit 192 Textabbildungen. VIII und 242 Seiten. 1922. Gebunden RM 6.40

*2. Band: Mechanik. Von Dr.-Ing. Fritz Rabbow, Hannover. Mit 237 Textfiguren. VIII und 204 Seiten. 1922. Gebunden RM 6.40

*3. Band: Maschinenkunde. Von Prof. H. Weihe, Berlin. Mit 445 Textabbildungen. VIII und 232 Seiten. 1923. Gebunden RM 7.40

4. Band: Vermessungskunde. Von Geh. Baurat Prof. Dr.-Ing. Martin Näbauer, München. Zweite, umgearbeitete und verbesserte Auflage. Mit 439 Textabbildungen. IX und 401 Seiten. 1932. Gebunden RM 23.50

*5. Band: Betriebswissenschaft. Von Dr.-Ing. Max Mayer, Duisburg. Mit 31 Textabbildungen. IX und 219 Seiten. 1926. Gebunden RM 16.50

II. Teil: Eisenbahnwesen und Städtebau.

*1. Band: Städtebau. Von Prof. Dr.-Ing. Otto Blum, Hannover, Prof. G. Schimpff †, Aachen, und Stadtbauinspektor Dr.-Ing. W. Schmidt, Stettin. Mit 482 Textabbildungen. XIV und 478 Seiten. 1921. Gebunden RM 15.—

*2. Band: Linienführung. Von Prof. Dr.-Ing. Erich Giese, Prof. Dr.-Ing. Otto Blum und Prof. Dr.-Ing. Kurt Risch, Hannover. Mit 184 Textabbildungen. XII und 435 Seiten. 1925. Gebunden RM 21.—

*3. Band: Unterbau. Von Prof W. Hoyer, Hannover. Mit 162 Textabbildungen. VIII und 187 Seiten. 1923. Gebunden RM 8.—

*4. Band: Oberbau und Gleisverbindungen. Von Dr.-Ing. Adolf Bloß, Dresden. Mit 245 Textabbildungen. VII und 174 Seiten. 1927. Gebunden RM 13.50

*5. Band, Erster Teil: Personen- und Güterbahnhöfe. Von Prof. Dr.-Ing. Otto Blum, Hannover. Mit 337 Textabbildungen. VI und 273 Seiten. 1930. Gebunden RM 28.50

---

* *Auf alle vor dem 1. Juli 1931 erschienenen Bücher wird ein Notnachlaß von 10% gewährt.*

5. Band, Zweiter Teil: Verschiebebahnhöfe. Von Prof. Dr.-Ing. O. Ammann, Karlsruhe. Erscheint Ende 1933.

*6. Band: Eisenbahn-Hochbauten. Von Regierungs- und Baurat C. Cornelius, Berlin. Mit 157 Textabbildungen. VIII und 128 Seiten. 1921. Gebunden RM 6.40

*7. Band: Sicherungsanlagen im Eisenbahnbetriebe. Auf Grund gemeinsamer Vorarbeit mit Prof. Dr.-Ing. M. Oder † verfaßt von Geh. Baurat Prof. Dr.-Ing. W. Cauer, Berlin. Mit einem Anhang „Fernmeldeanlagen und Schranken" von Regierungsbaurat Privatdozent Dr.-Ing. F. Gerstenberg, Berlin. Mit 484 Abbildungen im Text und auf 4 Tafeln. XVI und 460 Seiten. 1922. Gebunden RM 15.—

*8. Band: Verkehr und Betrieb der Eisenbahnen. Von Prof. Dr.-Ing. Otto Blum, Hannover, Oberregierungsbaurat Dr.-Ing. G. Jacobi, Erfurt, und Prof. Dr.-Ing. Kurt Risch, Hannover. Mit 86 Textabbildungen. XIII und 418 Seiten. 1925. Gebunden RM 21.—

*9. Band: Bergbahnen. Von Prof. Dr.-Ing. O. Ammann, Karlsruhe, und Privatdozent Dr.-Ing. C. v. Gruenewaldt, Karlsruhe. Mit 205 Textabbildungen und einer Tafel. VIII und 178 Seiten. 1930. Gebunden RM 28.—

10. Band: Der neuzeitliche Straßenbau. Aufgaben und Technik. Von Prof. Dr.-Ing. E. Neumann, Stuttgart. Zweite, umgearbeitete und verbesserte Auflage. Mit 274 Textabbildungen. XII und 474 Seiten. 1932. Gebunden RM 35.50

III. Teil: Wasserbau.

*1. Band: Der Grundbau. Von Prof. O. Franzius, Hannover. Unter Benutzung einer ersten Bearbeitung von Regierungsbaumeister a. D. O. Richter, Frankfurt a. M. Mit 389 Textabbildungen. XIII und 360 Seiten. 1927. Gebunden RM 28.50

*2. Band: See- und Seehafenbau. Von Reg.- und Baurat Prof. H. Proetel, Magdeburg. Mit 292 Textabbildungen. X und 221 Seiten. 1921. Gebunden RM 7.50

3. Band: Gewässerkunde und Flußbau. Von Regierungsbaurat Dr.-Ing. H. Wittmann, Berlin. Erscheint im Winter 1933/34

*4. Band: Kanal- und Schleusenbau. Von Regierungs- u. Baurat Friedrich Engelhard, Oppeln. Mit 303 Textabbildungen und einer farbigen Übersichtskarte. VIII und 262 Seiten. 1921. Gebunden RM 8.50

5. Band: Wasserversorgung der Städte und Siedlungen. Von Regierungsbaumeister a. D. Vollmar, Direktor der Städtischen Wasserwerke Dresden. Erscheint 1934.

6. Band: Kanalisation und Abwasserreinigung. Von Oberbaurat a. D. Professor Wilhelm Geissler, Dresden. VIII und 378 Seiten. 1933.

*7. Band: Kulturtechnischer Wasserbau. Von Geh. Reg.-Rat Prof. E. Krüger, Berlin. Mit 197 Textabbildungen. X und 290 Seiten. 1921. Gebunden RM 9.50

8. Band: Wasserkraftanlagen. Von Prof. Dr.-Ing. Adolf Ludin, Berlin. Erscheint Sommer 1933.

IV. Teil: Konstruktiver Ingenieurbau.

*1. Band: Statik der Tragwerke. Von Prof. Dr.-Ing. Walther Kaufmann, Hannover. Zweite, ergänzte und verbesserte Auflage. Mit 368 Textabbildungen. VIII und 322 Seiten. 1930. Gebunden RM 19.50

*2. Band: Der Holzbau. Von Dr.-Ing. Th. Gesteschi, Berat. Ingenieur in Berlin. Mit 533 Textabbildungen. X und 421 Seiten. 1926. Gebunden RM 45.—

*3. Band: Der Massivbau. (Stein-, Beton- und Eisenbetonbau.) Von Geh. Reg.-Rat Prof. Dr.-Ing. e. h. Robert Otzen, Berlin. Mit 497 Textabbildungen. XII und 492 Seiten. 1926. Gebunden RM 37.50

*4. Band: Der Eisenbau. Erster Teil: Grundlagen der Konstruktion, feste Brücken. Von Prof. Martin Grüning, Hannover. Mit 360 Textabbildungen. VIII und 441 Seiten. 1929. Gebunden RM 48.—

---

* *Auf alle vor dem 1. Juli 1931 erschienenen Bücher wird ein Notnachlaß von 10 % gewährt.*

Leo Obermeier, Nbg.

Handbibliothek für Bauingenieure

Ein Hand- und Nachschlagebuch für Studium und Praxis

Herausgegeben

von

Dr.-Ing. e. h. **Robert Otzen**

Präsident des Staatlichen Materialprüfungsamtes
Geh. Reg.-Rat und Professor, Technische Hochschule Berlin

III. Teil. Wasserbau. 6. Band:

Kanalisation und Abwasserreinigung

Von

Wilhelm Geißler

Berlin
Verlag von Julius Springer
1933

Kanalisation und Abwasserreinigung

Von

Oberbaurat a. D. **Wilhelm Geißler**-Dresden
o. Professor der Technischen Hochschule Dresden

Mit 302 Textabbildungen

Berlin
Verlag von Julius Springer
1933

ISBN-13: 978-3-7091-9741-7 e-ISBN-13: 978-3-7091-9988-6
DOI: 10.1007/978-3-7091-9988-6

Softcover reprint of the hardcover 1st edition 1933

Vorwort.

Das jüngste Lehrbuch über Kanalisation ist das von Genzmer im Rahmen des Handbuchs der Ingenieurwissenschaften vom Jahre 1924. Über die Abwasserreinigung besteht überhaupt keine zusammenhängende Behandlung aus neuerer Zeit, wenn man von dem Buch von Bach „Die Abwasserreinigung", das in erster Linie für Betriebsleiter usw. gedacht ist, absieht.

Ich bin deshalb gern der Anregung des Herausgebers dieser Sammlung, des Herrn Präsidenten Dr. Otzen, gefolgt, im Rahmen der Handbibliothek für Bauingenieure den Band „Kanalisation und Abwasserreinigung" zu bearbeiten, da ein derartiges Werk einem wirklichen Bedürfnis entspricht. Dabei gebe ich mich der Hoffnung hin, daß es nicht nur für Studierende, auf deren Bedürfnis es in erster Linie zugeschnitten ist, ein brauchbares Lehrbuch sein wird, sondern daß auch die in der Praxis stehenden Ingenieure daraus Anregungen der verschiedensten Art empfangen möchten.

Zu dem zweiten Abschnitt „Abwasserreinigung" ist grundsätzlich zu bemerken, daß Reinigungsverfahren, die nach dem derzeitigen Stand als überwunden gelten müssen, nur insoweit aufgenommen sind, als sie grundlegend für die ganze Entwicklung der Abwassertechnik sind. Ebenso ist von der Behandlung der gewerblichen Abwässer vollkommen Abstand genommen worden, da diese Verfahren mehr auf das chemische Gebiet übergreifen und für den Ingenieur ferner liegen.

In dem Schrifttum-Verzeichnis sind gleichfalls diejenigen Veröffentlichungen älteren Datums, die einen dauernden Wert nicht beanspruchen, fortgelassen. Dafür glaube ich aber, die neuen Veröffentlichungen bis Ende Juli 1932 vollständig gegeben zu haben.

Dresden, im Juli 1932.

Wilhelm Geißler.

Inhaltsverzeichnis.

Erster Teil.

Kanalisation.

Zweiter Teil.

Abwasserreinigung.

Anhänge.

Erster Teil.

Kanalisation.

I. Geschichtlicher Überblick.

Das Zusammenleben von Menschen in den einfachsten Wirtschaftsformen bedingt das Entstehen von verunreinigtem Abwasser aller Art, das aus dem unmittelbaren Bereich der menschlichen Wohnungen entfernt werden muß, wenn nicht schwere Nachteile für den Verkehr zwischen den Wohnungen und mannigfache Belästigungen und Schäden für die Gesamtheit sich ergeben sollen. Ebenso gehört die Beseitigung der menschlichen Abfallstoffe oder ihr Unschädlichmachen zu den grundlegenden Forderungen einer menschlichen Siedlung.

Hieraus ist es zu erklären, daß schon bei den ältesten Kulturvölkern Einrichtungen zur Entwässerung der Siedlungen vorhanden sind. Ursprünglich waren es offene Gräben, in denen die gesamten Abwässer abgeleitet wurden. Diese Gräben verwandelten sich allmählich in gepflasterte Rinnen, und als die Belästigungen, die damit verbunden waren, sich bei engem Zusammenwohnen steigerten, wurden diese entweder überdeckt, oder es wurden unterirdische geschlossene Leitungen geschaffen. Ausgrabungen in Babylon und Ninive, sowie in Ägypten legen Zeugnis davon ab, daß Abzugskanäle für die Abwässer der Häuser in größerem Ausmaße gebaut und daß die Häuser zum Teil an diese Kanäle angeschlossen waren. Jerusalem besaß schon zur Zeit Davids große Abzugsleitungen. Bei den Ausgrabungen ist unlängst eine Leitung von 2,0 m Höhe und 0,6 m Breite aufgedeckt worden, die über 600 m weit verfolgt werden konnte.

Die Völker des klassischen Altertums, die Griechen und Römer, haben sich die Errungenschaften der älteren Völker auf dem Gebiete der Entwässerungstechnik zunutze gemacht und zum Teil großartige Werke dieser Art geschaffen. In Athen waren unterirdische Sammler vorhanden, die die Abwässer der Paläste, Tempel und auch der Privathäuser aufnahmen. Sie waren teils in den Felsen eingeschnitten, teils bestanden sie aus Tonrohren mit elliptischem Querschnitt. Die Kanäle führten ihr Wasser einer tiefliegenden Ebene im Westen der Stadt zu, wo sie zu Berieselungszwecken benutzt worden sind. Die bekannteste und älteste Entwässerungsleitung in Rom, die cloaca maxima, hatte ursprünglich die Aufgabe, das von den sieben Hügeln umschlossene Sumpfgebiet trockenzulegen. Im Laufe der Zeit leitete man auch die Haus- und die Fäkalabwässer ein. In ihren Anfängen stammt sie aus der etruskischen Zeit, während der größere Teil etwa im Anfang der jetzigen Zeitrechnung erbaut worden ist. Sie hat bis gegen Ende des 19. Jahrhunderts ihren Dienst geleistet. Die Kanäle wurden zur Kaiserzeit regelmäßig mit Quellwasser aus der Wasserleitung gespült, sie unterstanden den curatores aquarum. Die gesamten Abwässer wurden unmittelbar in den Tiber eingeleitet. Nach Strell (*8*) sind die Konstruktionselemente dieses Bauwerkes große Quadersteine, die in den Wänden in 2 bis 3 Schichten ohne Bindemittel aufeinander gesetzt waren, auf ihnen ruht ein halbkreisförmiges Tonnengewölbe von sorgfältig bearbeiteten kleineren Steinen. Die Sohle ist mit Polygonal-Lavasteinen gepflastert. Die Breite des

Kanales ist je nach den Gefällsverhältnissen verschieden. Die Ausnützung des verfügbaren Gefälles ließ vielfach zu wünschen übrig. Es schwankt in sehr weiten Grenzen zwischen 1 bis 30‰, ohne daß ein zwingender Grund für die großen Unterschiede vorliegt. Einzelne Strecken haben sogar Gegengefälle, so daß starke Ablagerungen zustande kamen, zu deren Beseitigung Kriegsgefangene und Sträflinge herangezogen werden mußten. Die Ausgrabungen in Pompeji haben ein großes, zusammenhängendes Entwässerungsnetz aufgedeckt. Sie bilden eine wertvolle Ergänzung zu dem Bild altrömischer Kanalisationstechnik, soweit Einzelheiten, wie Hausentwässerungsanlagen, Straßenabläufe und dergleichen in Frage kommen. Die meisten Häuser sind an die Kanäle angeschlossen, und die Aborte sind mit Wasserspülung versehen. In den römischen Kolonialstädten, wie Paris, Aosta, Trier, Köln u. a. sind zusammen mit einer ordnungsmäßigen Wasserversorgung unterirdische Entwässerungsanlagen geschaffen worden, bei deren Ausgestaltung die im Mutterlande gemachten Erfahrungen benutzt wurden. Während einer 400jährigen Herrschaft am Rhein haben die Römer die alte Colonia Agrippinensis, das jetzige Köln, mit einem regelrechten Netz von Abzugskanälen versehen, von denen einige, wie Steuernagel berichtet, beibehalten werden konnten und sich in den Plan der heutigen Ortsentwässerung einfügen ließen.

In den Jahrhunderten nach der Völkerwanderung ging das Verständnis für die öffentliche Gesundheitspflege vollständig verloren, so daß der Sinn für die Reinlichkeit der Häuser und Straßen in den mittelalterlichen Städten wenig entwickelt war. Um die Niederschlagswässer kümmerte man sich überhaupt nicht. Man ließ sie versickern und verdunsten, so daß bei dem Mangel an gepflasterten Straßen die Verkehrsverhältnisse sehr im argen lagen. Die Hauswässer ergossen sich über die Straßen oder wurden in offenen in der Straßenmitte gelegenen Rinnen abgeleitet, wenn man es nicht vorzog, die Wässer einfach aus dem Fenster auf die Straße zu schütten. Die Folge davon war, daß die eingeschleppten Seuchen den günstigsten Nährboden fanden, und mehr als einmal hat die Pest die deutschen Städte heimgesucht und furchtbare Opfer gefordert. Nur vereinzelt war man um die Hygiene der Abfallstoffe besorgt, so in den Klöstern und in den Schlössern des deutschen Ritterordens, wie z. B. in Marienwerder und in der Marienburg. Die Abtrittsanlagen, Danske oder Danziger genannt, sind unabhängig von der eigentlichen Burg möglichst über dem Wasser in einem turmartigen Gebäude untergebracht, das mit dem Schloß durch einen gedeckten Gang verbunden war.

Unter den mittelalterlichen Städten verdient besonders Bunzlau in Schlesien genannt zu werden, das als rühmliche Ausnahme die Aufgaben der öffentlichen Gesundheitspflege sehr frühzeitig in Angriff genommen hat. Bereits im Jahre 1531 wurde mit dem Bau der Kanalisation begonnen, nachdem die Versorgung der Stadt mit reichlichem Wasser sichergestellt war, und die Abwässer wurden nicht dem Flusse übergeben, sondern kamen auf tiefliegenden Wiesen und Gärten zur Verrieselung. Diese Anlage ist bis zu ihrer Auflassung vor wenigen Jahren ununterbrochen in Betrieb gewesen und stellt die erste Berieselungsanlage in Deutschland überhaupt dar.

Die moderne Entwässerungstechnik verdankt ihr Entstehen dem Aufkommen der Industrie und dem dadurch bedingten Wachstum der Städte, und zwar hat England, wo die Industrialisierung des Landes zuerst einsetzte, das Verdienst, zuerst systematisch die Versorgung der Bevölkerung mit einwandfreiem Trinkwasser und die Beseitigung der Abfallstoffe durchgeführt zu haben. Der Einbruch der Cholera im Jahre 1831 hat diese Entwicklung hauptsächlich gefördert. Nach einer Reihe von vorbereitenden Gesetzen kam im Jahre 1848 die erste Public Health Act zustande, und damit beginnen in London die großen hygienischen Umwälzungen, die nicht nur für die Städtehygiene Englands, sondern der ganzen zivilisierten Welt für lange Jahre vorbildlich werden sollten. Die allgemeine Einführung der Spülaborte in London und anderen englischen Großstädten beseitigte zwar in vollkommener Weise die Fäkalien aus dem Bereich der Wohnungen, indem sie zusammen mit dem übrigen Abwasser in einem gemeinsamen Leitungsnetz abgeschwemmt und dem Flusse übergeben wurden. Als jedoch infolge der raschen Entwicklung der Städte und der Industrie die Abwässer nach Menge und Verschmutzungsgrad schnell zunahmen, stellte sich ein anderer Übelstand ein, nämlich die Verunreinigung der Flüsse in einem Maße, daß dadurch die Nutzung des Wassers für andere Zwecke in Frage gestellt wurde. Aus der Abwasserfrage wurde eine Flußverunreinigungsfrage, und die gesetzlichen Maßnahmen in England seit dem Jahre 1858 zielen darauf ab, den Fluß innerhalb der bebauten Stadtlage so rein zu halten, daß der Gemeingebrauch des Flußwassers nicht behindert wird. Zu dem Zwecke wurden in London in den Jahren 1860/75 beiderseits der Themse Abfangkanäle von 30 km Länge gebaut, die die Übelstände innerhalb der Stadt zwar beseitigten, jedoch nicht verhinderten, daß sich weiter flußabwärts einzelne Mißstände einstellten.

Die ersten nach großen Gesichtspunkten angelegten Entwässerungsnetze in Deutschland sind von englischen Ingenieuren entworfen und gebaut worden. Sie erfassen die Aufgabe als Ganzes und sehen ein einheitliches Netz an Stelle einzelner Kanäle vor. Die Kanalquerschnitte werden nach Gefälle und abzuleitenden Wassermengen berechnet. Einrichtungen zur Reinigung und Lüftung der Kanäle werden vorgesehen, und auf sorgfältige Ausführung und die Wahl guter geeigneter Baustoffe wird Bedacht genommen. Später hat man auf diesen Grundlagen deutscherseits weiter gearbeitet und hat die englischen Lehrmeister, soweit die wissenschaftliche Durchdringung der einschlägigen Fragen in Betracht kommt, überholt. Von den Männern, die sich in Deutschland um die Entwicklung der Abwassertechnik verdient gemacht haben, seien genannt an Technikern: Lindley (Vater und Sohn), Gordon, Hobrecht, Wiebe, Baumeister, und an Hygienikern: Pettenkofer und Virchow.

Die erste deutsche Stadt, die im Zusammenhang mit einer ordnungsmäßigen Wasserversorgung ein planmäßiges Entwässerungsnetz schuf, war Hamburg. Nach dem großen Brand vom Jahre 1842 wurde zunächst für den zerstörten Stadtteil ein Entwässerungsplan aufgestellt und in Verbindung mit dem Wiederaufbau zur Ausführung gebracht. 1853 erfolgte die Ausdehnung der Entwässerung auf das übrige Stadtgebiet und 1871/75 wurde eine abermalige Erweiterung durchgeführt, deren Hauptteil der Bau des sogenannten Geeststammsieles war, das die gesamten Abwässer der rechtselbischen Gebiete abfing, um sie unterhalb der Stadt dem Flusse zu übergeben. Nur wenige wohlhabende Städte waren wirtschaftlich in der Lage, nachzufolgen, so Frankfurt/Main, das 1863 eine Sachverständigenkommission nach England schickte. Der von ihr ausgearbeitete Plan ist die Grundlage des jetzigen Entwässerungsnetzes. In Danzig wurde der von Wiebe aufgestellte Entwurf für die Entwässerung im Jahre 1869 von den städtischen Körperschaften genehmigt und der Bau bis zum Jahre 1871 vollkommen durchgeführt.

In Berlin machte die Einführung der öffentlichen Wasserversorgung im Jahre 1856 die Lösung der Entwässerungsfrage dringlich. Der erste Entwurf für die Kanalisation des gesamten Stadtgebietes, der von Wiebe aufgestellt wurde, sah die Zusammenfassung der gesamten Abwässer und ihre Einleitung unterhalb der Stadt an einem Punkte in die Spree vor, indem die Abwässer künstlich auf die Höhe des Flusses gehoben werden sollten. Notauslaßkanäle zwischen den Entwässerungsleitungen und den öffentlichen Wasserläufen sorgten dafür, daß bei heftigen Regen die außergewöhnlichen Wassermengen unmittelbar nach dem öffentlichen Wasserlauf abgeleitet werden konnten. Gegen diesen Entwurf wurden die schwersten Bedenken erhoben, die sich vor allem auf die Einleitung des ungereinigten Abwassers in die Spree und im besonderen auf die Einleitung an einem Punkte des Flußlaufes bezogen. Dagegen fand der Entwurf des Baurats Hobrecht grundsätzliche Zustimmung, der die Stadt in mehrere Entwässerungsgebiete zerlegte (Radialsystem), für deren Begrenzung Wasserläufe und etwaige durch Geländehöhen gebildete Wasserscheiden maßgebend waren, und der für jedes Gebiet ein selbständiges Netz von Entwässerungsleitungen vorsah. In den tiefsten Punkten wurde ein Pumpwerk angeordnet, das die gesamten Abwässer mittels Dampfkraft nach dem zugehörigen Rieselfeld in der Umgebung der Stadt drückte. Die Radialsysteme *I* und *V* der Kernstadt wurden in den Jahren 1876/82 ausgebaut. Im Anschluß daran kamen weitere Systeme zur Ausführung in dem Maße, als die Bevölkerung anwuchs.

Die starke Entwicklung der Industrie nach dem siegreichen Kriege 1870/71 und die dadurch bedingte Zusammenballung der Menschen in den Städten bewirkte, daß in den 80- bis 90iger Jahren des vorigen Jahrhunderts die größere Zahl der Großstädte ordnungsmäßige Entwässerungsanlagen einrichtete in der richtigen Erkenntnis, daß die unbedingt notwendige öffentliche Wasserversorgung im Interesse der allgemeinen Volksgesundheit durch eine ordnungsmäßige Ableitung des verbrauchten Wassers ergänzt werden mußte. Bei allen diesen Ausführungen wurde der Streit, welches der beiden Verfahren, die Abfuhr oder die Abschwemmung der Fäkalien, zweckmäßiger sei, in dem Sinne entschieden, daß die Beseitigung der menschlichen Abgangsstoffe mittels Abschwemmens unter Benutzung von Spülaborten die hygienisch beste Lösung der Abwasserfrage darstellt. Als dann um die Wende des Jahrhunderts beginnend, mittlere und kleinere Städte dazu übergingen, einheitliche Entwässerungsanlagen auszubauen, kam die Vollkanalisation mit Abschwemmung der Fäkalien in der überwiegenden Zahl der Fälle zur Anwendung.

Wenn in einzelnen Städten, sogar in Großstädten wie Leipzig, Chemnitz usw. die Fäkalstoffe noch heute durch Abfuhr beseitigt werden, so ist dies in erster Linie darauf zurückzuführen, daß die im Hinblick auf die Wasserführung der Vorfluter unbedingt notwendige Reinigung der Abwässer bislang noch nicht hat durchgeführt werden können.

Die Entwicklung, die von der Herstellung einzelner für die Abführung der Brauchwässer bestimmter Leitungen zu einem einheitlichen Entwässerungsnetz zwecks Ableitung sämtlicher Brauchwässer und meteorischen Wässer gegangen war, erfährt in dem ersten Jahrzehnt des neuen Jahrhunderts eine Wandlung insofern, als es unter gewissen Verhältnissen der Oberflächengestaltung, des Verlaufs der Wasserläufe und unter Berücksichtigung der vollkommenen Klärung der Abwässer vorteilhaft sein kann, die Brauchwässer vollkommen unabhängig von den Regenwässern in einem besonderen Entwässerungsnetz abzuführen. Die Regenwässer können dabei entweder in einem zweiten Entwässerungsnetz oder oberirdisch abgeleitet werden. Neben das Mischverfahren tritt das Trennverfahren. Beide werden nach ihren Vorzügen und Nachteilen im Abschnitt III näher behandelt. Die erste Großstadt, die zum überwiegenden Teil, nämlich für die beiderseits des Flußlaufes liegende eigentliche Bergstadt, mit zwei selbständigen unterirdischen Leitungsnetzen ausgerüstet ist, ist Elberfeld-Barmen (Wuppertal). Die Kanalisation nach dem Trennverfahren wurde hier in dem Jahre 1902 bis 1907 durchgeführt. Andere Städte folgten, wie z. B. Nordhausen, das vollständig nach dem Trennverfahren mit zwei unterirdischen Leitungsnetzen im gesamten Stadtgebiet entwässert wird.

Nach dem statistischen Jahrbuch deutscher Städte vom Jahre 1930 sind die 95 Städte von über 50000 Einwohnern sämtlich kanalisiert. Von den Mittelstädten von 20 bis 50000 Einwohnern dürfte gleichfalls der größere Teil mit einem einheitlichen Entwässerungsnetz ausgerüstet sein. Die verbleibenden Kleinstädte und Landstädte, etwa 3000 an der Zahl, mit rund 14 Mill. Einwohnern, bedürfen noch der Kanalisation.

Die Frage der Abwasserreinigung drängte verhältnismäßig spät zu einer Lösung. Erst als die Nachteile, die bislang in den Straßen auftraten, durch Einleiten sämtlicher Abwässer in die öffentlichen Gewässer verlegt waren und die Klagen über die unerträglichen Zustände derselben immer lauter wurden, befaßte man sich damit, wie der Verunreinigung der Gewässer Einhalt getan werden könnte. Die Behandlung der Abwässer durch Verdünnung im Vorfluter kann nur solange aufrecht erhalten werden, als dieser dazu imstande ist, die eingeleiteten Schmutzstoffe abzubauen. Diese Grenze wurde in den englischen Industriestädten sehr bald erreicht, so daß die oberste Gesundheitsbehörde Englands sich wiederholt mit der Frage befaßte. Sie stand ursprünglich auf dem Standpunkt, daß nur die Landbehandlung zur Reinigung der Abwässer in Frage käme, mußte sich jedoch davon überzeugen, daß dieses Mittel mit Rücksicht auf die Beschaffenheit des Bodens und auf die Grundwasserverhältnisse nicht überall anwendbar sei. Versuche, mit chemischen Mitteln eine Reinigung der Abwässer zu erreichen, scheiterten an der mangelhaften Reinigungswirkung und an der Vergrößerung der Schlammplage.

Im Jahre 1898 wird erstmalig auf die inzwischen bekannt gewordenen künstlichen biologischen Verfahren hingewiesen. Den Anlaß zur Ausbildung dieser Verfahren gab das Studium der Bodenfiltration durch Frankland, der Versuche darüber anstellte, wie die quantitative Leistung bei der Landbehandlung gesteigert werden könnte. Das von ihm ausgebildete Verfahren der intermittierenden Bodenfiltration wurde dann in der Versuchsstation Lawrence in den Vereinigten Staaten weiter fortgesetzt. Aus diesem entwickelten sich dann die künstlichen biologischen Körper, indem das Material, das zur Reinigung benutzt wurde, immer gröber wurde. Sie sind gleichzeitig von Dibdin, dem Stadtchemiker von London, und von dem Ingenieur I. Corbett in Salford ausgebildet worden.

In Deutschland wurde in denjenigen Städten, denen ein wasserreicher Vorfluter, wie in Hamburg, nicht zur Verfügung stand, die Landbehandlung zur Reinigung der Abwässer angewendet. In Danzig wurde im Jahre 1869 und in Berlin im Jahre 1873 das Berieselungsverfahren eingerichtet. Frankfurt führte das chemische Fällungsverfahren nach englischem Muster ein. Als dieses Verfahren, ebenso wie in England, versagte, wurde in Deutschland, abweichend von den englischen Vorbildern, die mechanische Reinigung der Abwässer mittels Sedimentation in Absetzbecken oder mittels Abfangvorrichtungen als selbständige Reinigungsverfahren ausgebildet. Die künstlichen biologischen Reinigungsverfahren mittels Füllkörper oder Tropfkörper folgten dann später nach englischem Vorbild in denjenigen Fällen, bei denen die mechanische Reinigung mit Rücksicht auf die Wasserführung und den Charakter des Vorfluters nicht ausreichend war.

In den letzten Jahren, beginnend mit dem Jahre 1912, haben die künstlichen biologischen Verfahren eine weitere Bereicherung erfahren durch Versuche, die erstmalig von Clark-Boston angestellt worden sind. Der Engländer Fowler hat zusammen mit seinen Mitarbeitern daraus das sogenannte Schlammbelebungsverfahren entwickelt und in die Praxis eingeführt, das in mehrfacher Beziehung einen Fortschritt auf dem Gebiete der Abwasserreinigung darstellt, wie in Abschnitt XXII, B dargelegt ist.

Die staatliche Tätigkeit auf dem Gebiete der Abwasserreinigung und der Reinhaltung der Flüsse knüpft an das im Jahre 1876 gegründete kaiserliche Gesundheitsamt an. Ihm wurde später der Reichsgesundheitsrat beigegeben, dem insbesondere die Aufgabe zufiel, bei Wasserläufen, die sich über mehrere Bundesstaaten erstrecken, eine vermittelnde, schiedsrichterliche Tätigkeit auszuüben. Im übrigen gehörte die Aufsicht über den Reinheitsgrad der Flüsse zu der Zuständigkeit der Bundesstaaten, die zu dem Zwecke besondere

Landesgesetze geschaffen haben. Das Bestreben, ein Reichswassergesetz zustande zu bringen, in dem auch die Fragen der Flußverunreinigung einheitlich für das ganze Reichsgebiet behandelt werden, ist bisher daran gescheitert, daß die Interessen der einzelnen Staaten auf diesem Gebiete zu verschiedenartig sind.

Um die notwendigen wissenschaftlichen Unterlagen zur Beurteilung der Abwasserfrage zu erhalten, hat die preußische Staatsregierung im Jahre 1901 die Prüfungsanstalt für Wasserversorgung und Abwasserbeseitigung geschaffen, die sich als Beraterin und als Gutachterin für ganz Deutschland hervorragend bewährt hat und in der wissenschaftlichen Bearbeitung aller einschlägigen Fragen Vorzügliches leistet. Seit 1923 führt sie den Namen Landesanstalt für Wasser-, Boden- und Lufthygiene, nachdem sie ihr Tätigkeitsgebiet weiter ausgedehnt hat.

Es liegt in dem Wesen und dem Zweck der Abwasserreinigung begründet, daß eine durchgreifende Besserung der Verhältnisse eines Wasserlaufes nur dann erreicht werden kann, besonders in eng bebauten Gebieten, wenn nach einem einheitlichen Plan die Reinigung sämtlicher in den Fluß gelangenden Abwässer durchgeführt wird. Die Aufgabe der geeigneten Behandlung der Abwässer, die bisher den einzelnen Gemeinden zufiel, erweitert sich infolgedessen zu der Aufgabe der Sanierung eines ganzen Flußgebietes, die nur in Zusammenwirkung aller an der Reinhaltung des Wassers Interessierten einer befriedigenden Lösung zugeführt werden kann. Die zweckmäßigste Rechtsform hierfür ist die Genossenschaft. Die erste ihrer Art ist die Emscher-Genossenschaft, die auf Grund eines besonderen Gesetzes im Jahre 1904 ins Leben gerufen ist und die Aufgabe hat, die Emscher zu regulieren, um die bis dahin bestehenden Mißstände zu beseitigen und die Abwässer des Niederschlagsgebietes in geeigneter Weise zu klären. Eine ähnliche Regelung ist in dem Gebiete der Ruhr durch Schaffung des Ruhr-Verbandes getroffen. Ihm liegt die Reinhaltung des Wasserlaufes ob, um die Wasserversorgung des rheinisch-westfälischen Industriebezirkes sicherzustellen, und er wird in der Lösung dieser Aufgabe unterstützt durch den Ruhr-Talsperren-Verein, der durch den Bau von Talsperren für die Aufhöhung des Niedrigwassers der Ruhr besorgt ist. Nach diesen Vorbildern sind noch andere Genossenschaften teils gebildet, teils in der Gründung begriffen, so daß diejenigen deutschen Wasserläufe, die besonders belastet sind, in absehbarer Zeit in einen Zustand versetzt sein werden, der den Gemeingebrauch am Wasser gewährleistet. Dabei kann es sich nicht darum handeln, etwa den ursprünglichen Zustand bezüglich seines Reinheitsgrades wiederherzustellen, sondern der Umfang aller Sanierungsmaßnahmen wird durch den besonderen Zweck, den der Fluß innerhalb seines Wirtschaftsgebietes zu erfüllen hat, bestimmt sein müssen.

II. Aufgabe der Ortsentwässerung.

Im menschlichen Haushalt entstehen durch die Benutzung des zugeleiteten Reinwassers für die verschiedenen Zwecke Abwässer der verschiedensten Art, wie Waschwässer, Badewässer, Spülwässer und flüssige menschliche Abgänge, die in ihrer Gesamtheit als Brauchwässer bezeichnet werden. Dazu kommen gegebenenfalls die durch die Abschwemmung der Fäkalien in den Spülaborten entstehenden Fäkalwässer. Eine weitere Art der Abwässer entsteht aus den in den Städten und Siedlungen niedergehenden Regenwassermengen, soweit sie nicht infolge von Verdunstung und Versickerung zurückgehalten werden. Diese Niederschlagswässer sind entweder Regenwässer oder Schmelzwässer. Endlich liefern gewisse gewerbliche Betriebe Abwässer, gewerbliche Abwässer, die je nach Umfang und Art besondere Behandlung erfordern. Das Wasser, das für öffentliche Zwecke verbraucht wird, zur Reinigung der Straßenoberfläche und der Kanäle, zum Spülen der Wasserversorgungsleitungen, zum Betrieb der Springbrunnen usw., ist im allgemeinen dem Brauchwasser zuzurechnen. Alle diese Wässer zusammen werden als Abwässer bezeichnet.

Bei dem Zusammenwohnen der Menschen in den Städten und Siedlungen auf verhältnismäßig engem Raum ist die Menge des entstehenden Brauchwassers so groß, daß ihre ordnungsmäßige Ableitung in erster Linie aus Gründen der Hygiene dringendes Gebot ist. Andererseits ist in der bebauten Stadtlage infolge des großen Anteiles von Straßen, Dächern und Höfen an der bewohnten Fläche die Verminderung der Niederschlagsmengen durch Verdunstung und Versickerung so gering, und das Zusammenströmen der Regenwässer so schnell, daß nur durch Abführung in unterirdischen Leitungen Schäden und Verkehrserschwernisse vermieden werden können.

Aufgabe der Entwässerungsleitungen ist also, die Abwässer so schnell und so vollkommen als möglich aus dem Bereiche der menschlichen Siedlungen zu entfernen.

Durch die ordnungsmäßige Abführung der Brauchwässer sollen die mannigfachen Belästigungen und Schäden vermieden werden, die durch Stehenbleiben der Wässer in den Vertiefungen und Lachen in den Wohngebieten sich ergeben. Die Fortleitung dieser Wässer in den Rinnsteinen des Straßendammes ist unter einfachen Verhältnissen möglich. Sie hat jedoch zur Folge, daß bei Frost das Wasser auf der Straße gefriert und daß der Verkehr dadurch behindert wird. Nur durch die unterirdische Ableitung ist die Gewähr dafür gegeben, daß die Annehmlichkeit des Wohnens und der Verkehr auf der Straße nicht beeinträchtigt wird.

Die Abführung der Fäkalwässer in den Straßenleitungen ist noch keineswegs vollkommen in den deutschen Mittel- und Großstädten durchgeführt. Es gibt noch eine große Anzahl, in denen die Fäkalien auf den Grundstücken in Gruben aufgespeichert werden, um zu gewissen Zeiten abgefahren zu werden. Dieser Zustand ist deshalb nicht zu verantworten, weil damit eine der Hauptaufgaben, die die Entwässerungsleitungen ohne besondere Aufwendungen mit erfüllen kann, außer acht gelassen wird. Voraussetzung ist allerdings, daß die benötigten Wassermengen zum Abschwemmen der Fäkalien zur Verfügung stehen, d. h. daß in dem betreffenden Gemeinwesen eine ausreichende Wasserversorgung sichergestellt ist. Durch den Abtransport der Fäkalstoffe unmittelbar nach ihrer Entstehung wird die Hygiene des Wohnens erheblich gebessert. Andererseits ist diese Art der Beseitigung der billigste Abtransport der Fäkalien. Die Abführung der Fäkalwässer zusammen mit den übrigen Brauchwässern bedingt eine Reinigung der Abwässer vor Einleitung in den Vorfluter in einer Kläranlage, die je nach der Beschaffenheit und Wasserführung desselben entweder nur die im Wasser ungelösten Stoffe beseitigt, oder auch die gelösten Stoffe angreift.

Wenn viele Städte noch das Abfuhrsystem beibehalten, so ist dafür in erster Linie bestimmend, daß die erforderlichen Mittel für den Bau der Kläranlage nicht aufgebracht werden können. Die Belastung der Grundstückseigentümer aus dem Zinsendienst des Baukapitals und den Betriebskosten der Kläranlage dürften jedoch im allgemeinen geringer sein, als der Aufwand für die Abfuhr.

Indem die Brauch- und Fäkalwässer unterirdisch abgeleitet, in geeigneter Weise zusammengefaßt und außerhalb des bebauten Stadtgebietes behandelt werden, wird gleichzeitig verhindert, daß der Vorfluter durch die Einführung von Abwasser an zahlreichen Stellen verunreinigt und dadurch der Gemeingebrauch an seinem Wasser beeinträchtigt wird. Der Vorfluter wird „saniert", so daß sein Wasser den verschiedensten Zwecken dienen kann.

Die Niederschlagswässer müssen in dem Gebiete der städtischen Bebauung im allgemeinen unterirdisch abgeleitet werden. Nur in den Stadterweiterungsgebieten mit lockerer Bebauung ist es möglich, sie auf gewisse Längen oberirdisch zu führen oder in Vertiefungen, Mulden, Gräben usw. weiterzuleiten. Dabei muß das Streben dahin gehen, die Regenwässer sobald als möglich dem Vorfluter zu übergeben. Von der Wahl des Entwässerungsverfahrens (siehe III. Abschnitt) ist es abhängig, ob diese bei jeder Regenstärke unmittelbar oder erst von einer gewissen Menge ab dem Vorfluter zuströmen.

Die gewerblichen Abwässer werden grundsätzlich in die Entwässerungsleitungen mit aufgenommen. Durch die Verdünnung mit anderen Abwässern werden im allgemeinen am besten und wirtschaftlichsten etwaige schädliche Eigenschaften derselben herabgemindert oder beseitigt. Sind die Abwässer besondersartig, so daß Gefahr für den Bestand der Leitung besteht, oder erfolgt die Einleitung in die oberen Stränge eines Entwässerungssystems, wo die Verdünnung unzureichend ist, so muß durch geeignete Maßnahmen dafür

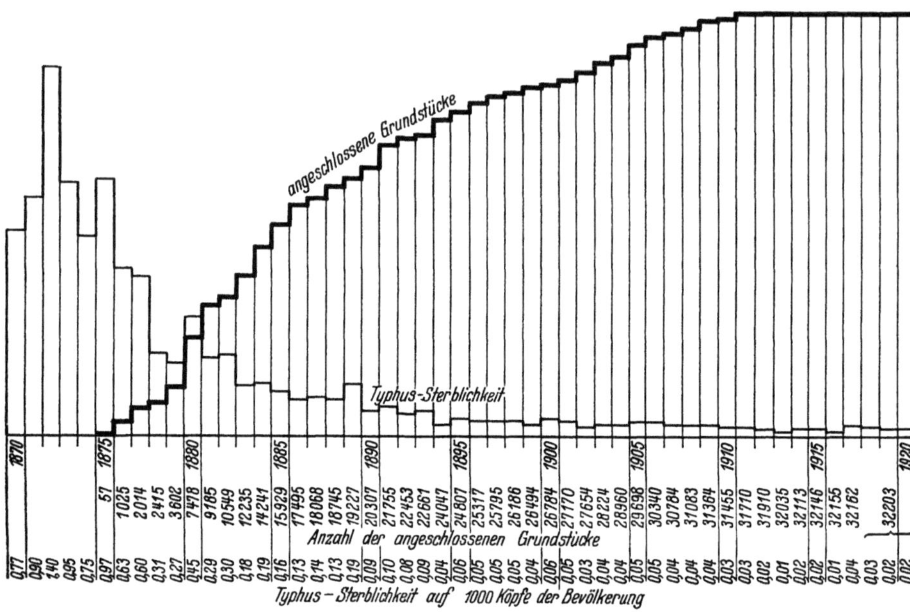

Abb. 1. Typhussterblichkeit in Berlin von 1870 bis 1920 (nach Hahn und Langbein).

Sorge getragen werden, daß den gewerblichen Abwässern vor Einleitung in die Kanalisation der schädliche Charakter genommen wird. Unter besonderen Verhältnissen kann sowohl die Menge, als auch die Beschaffenheit der gewerblichen Abwässer bestimmend dafür sein, daß sie in selbständigen Rohrleitungen unabhängig von der allgemeinen Entwässerungsanlage abgeführt werden.

Endlich haben die Entwässerungsleitungen, wenn anders die Verhältnisse danach liegen, die Aufgabe, eine Absenkung des Grundwasserspiegels in dem zu entwässernden Gebiet herbeizuführen. In den meisten Fällen wird diese als Nebenwirkung erzielt, indem die Baugrube nach ihrer Verfüllung dränierend wirkt und dadurch der Grundwasserspiegel abgesenkt wird. Die Wirkung kann noch unterstützt werden durch Einbringen von Kies unter den Rohrleitungen. In anderen Fällen kann durch eine besondere Dränageleitung unter der Sohle der Kanäle eine vollkommene Ableitung des Grundwassers erreicht werden. Vielfach können Gebiete, die unter zu hohem Grundwasserstand leiden, nur auf diese Weise für Wohnzwecke geeignet gemacht werden.

Wenn man die verschiedenen Wirkungen, die sich aus dem ordnungsmäßigen Betrieb einer nach neuzeitlichen Grundsätzen hergestellten Entwässerungsanlage ergeben, gegeneinander abwägt, so ist es in erster Linie die Verbesserung der hygienischen Verhältnisse, die den Wert der Kanalisation bestimmt. Die Sauberkeit in den Wohnungen nimmt zu, da ein reichlicher Wasserverbrauch unbedenklich ist, die Belästigungen durch Gerüche der verschiedensten Art hören auf, da eine Anfaulung des Abwassers im Bereiche der Wohnungen nicht mehr eintritt, und eine Verunreinigung des Grundwassers durch versickerndes Abwasser wird vermieden. Die letztere Gefahr ist besonders dann gegeben, wenn in der Nähe des Wohngebietes die Anlagen zur Trinkwassergewinnung untergebracht sind.

Durch die Entwicklung der gesundheitlichen Verhältnisse in den Städten wird diese Folgewirkung der Kanalisation bestätigt. In dem Maße, als die Zahl der angeschlossenen Grundstücke zunimmt, nimmt die Sterblichkeit, und besonders die Typhussterblichkeit ab, siehe Abb. 1*. Abnahme der Typhussterblichkeit in Berlin in den Jahren 1870 bis 1920 nach Langbein (*13*). Bei dieser Besserung der gesundheitlichen Verhältnisse haben naturgemäß noch andere Faktoren mitgewirkt, wie Verbesserung der Lebenshaltung, Verbesserung der Wohnverhältnisse usw. Immerhin kann die Kanalisation für sich in Anspruch nehmen, ein gut Teil dazu beigetragen zu haben.

III. Verschiedene Entwässerungsverfahren und ihre Ausgestaltung.

Die vollkommenste Art der Beseitigung der Abwässer liegt dann vor, wenn sämtliche Brauchwässer, Fäkalwässer, Regenwässer und gewerbliche Abwässer in einem unterirdischen Entwässerungssystem gesammelt und abgeführt werden. Die Aufnahme der Fäkalien ist dabei nur möglich, wenn diese unter Benutzung von Spülaborten abgeschwemmt werden. Man hat früher deswegen von „Schwemmkanalisation“ gesprochen, sobald Fäkalien in die Entwässerungsanlage aufgenommen wurden. Diese Bezeichnung ist jedoch irreführend, weil auch andere aus dem Haushalt und von der Straße stammende feste Stoffe abgeschwemmt werden. Es empfiehlt sich deshalb, die Ausdrücke Schwemmkanalisation oder Schwemmverfahren nicht mehr zur Kennzeichnung der verschiedenen Entwässerungsverfahren heranzuziehen.

Wenn die Fäkalien in die Entwässerungsleitungen, die der Abführung der Brauchwässer dienen, nicht mit aufgenommen werden, sondern in anderer geeigneter Weise entfernt werden, so liegt eine unvollkommene Entwässerung vor.

In beiden Fällen, sowohl bei der vollkommenen, als auch bei der unvollkommenen Entwässerung, sind verschiedene Ausbildungen möglich, je nachdem das Regenwasser zusammen mit dem übrigen Abwasser in einem gemeinsamen Rohrleitungsnetz abgeführt wird oder nicht. Man unterscheidet das Mischverfahren und das Trennverfahren. Bei dem Mischverfahren wird das Regenwasser zusammen mit dem übrigen Abwasser oder mit dem Brauchwasser allein in einem gemeinsamen unterirdischen Kanalnetz abgeleitet. Bei dem Trennverfahren werden die Regenwässer unabhängig von den übrigen Abwässern abgeführt. Dabei werden die Brauchwässer in jedem Falle in geschlossenen Rohrleitungen zusammengefaßt, während für die Abführung der Regenwässer zwei Möglichkeiten gegeben sind:

1. Für die Abführung des Regenwassers wird ein selbständiges unterirdisches Entwässerungsnetz geschaffen.

---

* Folgende Abbildungen sind aus: Hahn und Langbein: Fünfzig Jahre Berliner Stadtentwässerung. Berlin: Alfred Metzner 1928, entnommen: 1, 36a, 36b, 47, 48a, 48b, 75, 80, 81a, 81b, 82, 99, 110, 114, 116, 128, 191.

2. Die Regenwässer werden unter Benutzung der Rinnsteine in den Straßen und im weiteren Verlauf durch Gräben, Mulden usw. oberflächlich abgeführt.

Die selbständige Beseitigung der Fäkalstoffe aus dem Bereich der menschlichen Wohnungen kann in verschiedener Weise geschehen:

a) Die Fäkalien werden am Ort der Defäkation in Tonnen gesammelt und in gewissen Zeitabständen durch Abfuhr beseitigt.

b) Die gesamten Fäkalien eines Hauses werden in Gruben gesammelt, die in unmittelbarer Nähe des Hauses angelegt sind. Der Inhalt dieser Gruben wird in Transportgefäße entleert und abgefahren. Bei Anwendung von Spülaborten, die im Interesse der Hygiene angestrebt werden müßten, nehmen diese Gruben erhebliche Abmessungen an, und die Entleerung erfordert große Aufwendungen.

c) Auf dem Grundstücke wird eine Klärung der anfallenden Fäkalwässer in geeigneten Anlagen (Faulgruben, Absitzgruben) vorgenommen und das geklärte Wasser der Entwässerungsleitung zugeführt. Der verbleibende Inhalt der Gruben wird nach Bedarf abgefahren.

In den Zeiten des Ausbaues der ersten städtischen Kanalisationen ging die Ansicht eines Teiles namhafter Techniker und Volkswirtschaftler dahin, daß die in den Fäkalien enthaltenen Dungstoffe um jeden Preis der Landwirtschaft erhalten werden müßten. Man hat deshalb sinnreiche Einrichtungen geschaffen, um die Fäkalien zu sammeln. Nach dem System Liernur werden die Fäkalien mittels Luftverdünnung in unterirdischen Behältern gesammelt und von da ebenfalls unter Benutzung von Luftverdünnung zu einer Sammelstelle geschafft (Ausführungen in Amsterdam und Dordrecht). Bei dem System Shone wird das Entwässerungsgebiet in einzelne Bezirke zerlegt mit einem Ejektor an der tiefsten Stelle. Sobald der Schmutzwasserstand eine gewisse Höhe erreicht hat, wird das Wasser durch Preßluft in die höher gelegenen Kanäle gedrückt (Ausführung in Allenstein). Diese beiden Verfahren haben nur mehr historisches Interesse.

Unter den neuzeitlichen Verhältnissen ist mit Rücksicht auf die mannigfachen Belästigungen, die aus der Aufspeicherung der Fäkalien in der Nähe der Wohnungen entstehen, eine getrennte Sammlung und Beseitigung der Fäkalien nur in ganz besonderen Verhältnissen zu verantworten, nämlich dann, wenn ein unterirdisches Entwässerungsnetz überhaupt nicht vorhanden ist, oder wenn die unterirdischen Leitungen nicht zu einem zusammenhängenden Netz zusammengeschlossen sind, sondern ihre Wässer auf dem kürzesten Wege dem Vorfluter zuführen. Sofern aber die Abwässer, sei es im Mischverfahren, sei es im Trennverfahren, ordnungsmäßig abgeleitet werden, ist es technisch und wirtschaftlich das richtigste, die Fäkalwässer in das Entwässerungsnetz mit aufzunehmen. Ein Mehraufwand für die Ausgestaltung der Rohrleitungen ist damit nicht verbunden. Die Anforderungen an die Kläranlage werden bei Mitbehandlung der Fäkalwässer im allgemeinen keine anderen sein, als ohne diese. Vielmehr wird die Wasserführung und der Charakter des Vorfluters das Maß der erforderlichen Klärung bestimmen. Die unterirdische Entwässerungsanlage erfüllt erst dann ihren Zweck vollkommen, wenn die Fäkalwässer in ihr zusammen mit den übrigen Abwässern abgeleitet werden.

Um einen Vergleich der beiden Verfahren, des Mischverfahrens und des Trennverfahrens, nach ihren Vorzügen und Nachteilen durchzuführen, müssen zunächst die Ausbildungsgrundsätze im einzelnen festgelegt werden. Dabei sollen die vollkommenen Verfahren, d. h. die Verfahren mit Aufnahme der Fäkalwässer, zugrunde gelegt werden.

Bei dem Mischverfahren werden die gesamten Abwässer in einer Leitung abgeführt. Bestimmend für ihren Querschnitt sind die Regenwassermengen, da diese ein Vielfaches der Brauchwassermengen ausmachen, wie aus dem Abschnitt IV hervorgeht. Sie unterliegen überdies erheblichen Schwankungen. Wollte man das gesamte Regenwasser, das in den Leitungen abfließt, in den Hauptsammler aufnehmen und der Kläranlage zuleiten, so würde der Hauptsammler Abmessungen erhalten, die seine Unterbringung im Straßenkörper vielfach unmöglich machen und unverhältnismäßig hohe Kosten erfordern würde. Man muß deshalb bemüht sein, die Sammler des Mischverfahrens zu entlasten, indem an geeigneten Stellen Überfälle oder Notauslässe angeordnet werden, über die das Überlaufwasser den vorhandenen Wasserläufen auf kürzestem Wege zuströmt. Diese Überfälle dürfen erst bei einer gewissen Verdünnung des Brauchwassers durch Regenwasser in Tätigkeit treten, die von der Wasserführung und dem Zustand des Vorfluters abhängig zu machen ist. Durch die Notauslässe wird also dem Vorfluter ein Gemisch aus dem Trockenwetterabfluß und Regenwasser zugeführt.

Die Verdünnung wird zweckmäßig in der Weise festgelegt, daß zu einem Teil Brauchwasser die entsprechenden Teile Regenwasser angegeben werden. Man spricht von einer Verdünnung $1 + 4$, $1 + 5$ usw. Je größer die Verdünnung ist, um so geringer wird bei sonst gleichen Verhältnissen der Verschmutzungsgrad des Notauslaßwassers sein. Zudem wird bei größerer Verdünnung der Notauslaß weniger oft in Tätigkeit treten, wie bei einer geringen Verdünnung, da mit zunehmender Regenstärke die Häufigkeit der Regen abnimmt.

Bei dem Trennverfahren werden die Regenwässer unabhängig vom Brauchwasser abgeführt. Die Brauchwasserleitungen erhalten im Vergleich zu den Regenwasserleitungen entsprechend der geringeren abzuführenden Wassermenge nur kleine Abmessungen, und die Schwankungen der Wassermengen bewegen sich in verhältnismäßig geringen Grenzen. Die Regenwässer werden auf dem kürzesten Wege dem Vorfluter zugeführt. Die Grundstücke erhalten zwei Anschlußleitungen, eine für das gesamte Brauchwasser und eine für das Regenwasser der Däche und Höfe. Bei Trockenwetterabfluß ist die Belastung der Leitungen und der Kläranlage bei beiden Verfahren die gleiche. Der Regenwetterabfluß kommt beim Trennverfahren in die Kanäle und durch diese in den Vorfluter, wie auch die Niederschlagsstärke sein mag. Die Kläranlage wird nur mit Brauchwasser belastet.

Bei beiden Verfahren können die Leitungen, welche das Regenwasser abführen, nicht nach den größten überhaupt vorkommenden Regen bemessen werden, da dabei Abmessungen sich ergeben würden, deren Aufwand im Hinblick auf die geringe Zahl der großen Regen nicht zu verantworten wäre. Man nimmt deshalb ganz bewußt eine Überlastung der Kanäle mit ihren Folgewirkungen bei den größten vorkommenden Regen in Kauf, wie weiter unten des näheren ausgeführt wird.

Demnach ergeben sich folgende Vergleichspunkte:

a) In hygienischer Beziehung.

Beim Mischverfahren wird dem Vorfluter verdünntes Brauch- und Fäkalwasser zugeführt. Der Verschmutzungsgrad dieses Wassers hängt von dem Verdünnungsverhältnis und von dem Unterhaltungszustand der Rohrleitungen ab. Je größer das Verdünnungsverhältnis ist, um so mehr werden die Regenwassermengen, die den Schmutz der Straßen, Dächer und Höfe abgespült haben, dem Vorfluter ferngehalten. Ein Überfluten der Überfallschwelle wird bei schwächerem Regen überhaupt nicht und bei stärkerem Regen erst nach einer gewissen Zeit eintreten, nachdem die ersten Abflußmengen der Kläranlage zugeleitet sind. Ablagerungen in den Leitungen werden niemals vollständig zu vermeiden sein, wenngleich das Streben dahin gehen muß, die Leitungen durch die Räumungskraft des fließenden Wassers bei Trockenwetterabfluß freizuhalten. Tritt nun ein starker Regen ein, so wird dieser die vorhandenen Ablagerungen in Bewegung bringen, so daß in den ersten Minuten der Tätigkeit des Notauslasses das Überlaufwasser stärker verschmutzt sein wird, als beim weiteren Abfließen. Beim Trennverfahren fließt auch bei den kleinsten Regen Wasser in den Regenleitungen ab. Da die angeschlossenen Flächen je nach dem Stand der Straßenreinigung und der Sauberkeit auf den Grundstücken immer mehr oder weniger verschmutzt sein werden, so werden bei jedem Regen dem Vorfluter Schmutzstoffe zugeführt.

Es kommt also darauf an, um die Belastung des Vorfluters durch Schmutzwasser zu beurteilen, das Maß der Verschmutzung der verschiedenen in den Vorfluter gelangenden Wasserarten und die Häufigkeit der Belastung des Vorfluters festzustellen.

Versuche über den Verschmutzungsgrad der Regenwasserabflüsse sind von Heilmann (*32a*) am Entwässerungsnetz der Stadt Dresden angestellt worden. Aus diesen geht hervor: 1. Das Kanalmischwasser ist bei verschiedenen Mischungsgraden nicht gleichmäßig mit dem Trockenwetterabfluß vermischt, sondern die Verschmutzung ist nach der Wasseroberfläche zu geringer, so daß das Überlaufwasser einen geringeren Verschmutzungsgrad aufweist, als dem Mischungsverhältnis entspricht. 2. Die Regenwasserabflüsse haben eine dem Trockenwetterabfluß ähnliche Zusammensetzung und Art. Bei verkehrsreichen Straßen sind sie kurz nach Beginn des Niederschlages mittlerem Abwasser vergleichbar, während Straßen geringeren Verkehrs ein Wasser liefern, was in seiner Zusammensetzung dünnem Abwasser gleichkommt.

Über die Häufigkeit der Tätigkeit der Notauslässe sind in Charlottenburg Versuche angestellt worden. Danach war der Hauptnotauslaß, der kurz vor dem Hauptpumpwerk abzweigt und vergleichsweise niedrig liegt, an 136 bis 164 Regentagen im Jahre 36- bis 54mal in Tätigkeit, d. h. der Hauptnotauslaß wird nur etwa bei jedem vierten Regen überflutet.

Nach Breitung (*48*) beträgt die Dauer der Inanspruchnahme der Regendurchlässe unter normalen Verhältnissen während der Dauer eines Jahres nur 24 Stunden. Selbst wenn man die Verschmutzung des überfließenden Wassers gleich der des Trockenwetterabflusses setzen würde, ist die Verunreinigung des Vorfluters durch die Regenauslässe danach sehr gering.

Engberding hat durch exakte Messungen am Überfall des Regenwasserbeckens in Essen-Frohnhausen ermittelt, daß der Regenüberfall bei 5facher Verdünnung 139mal 256 Stunden lang und bei 10facher Verdünnung 97mal 29 Stunden lang in Tätigkeit ist.

Aus diesen Untersuchungen und Feststellungen ist der Schluß berechtigt, daß durch das Wasser der Regenauslässe trotz der Beimischung von Brauch- und Fäkalwasser im ganzen weniger Schmutzstoffe dem Vorfluter zugeleitet werden, als beim Trennverfahren. Das schließt nicht aus, daß bei schnelleinsetzendem Starkregen durch Aufschwimmen von Schmutzstoffen aus dem Regenüberlaufwasser und durch Trübungen bei geringer Wasserführung des Vorfluters Übelstände entstehen, daß also der Einzelregen beim Mischverfahren unter Umständen größere Belästigungen zur Folge hat als beim Trennverfahren. Andererseits wird beim Trennverfahren das am Anfang des Regens besonders verschmutzte Ablaufwasser bei jedem Regen — die Zahl der Regen im Jahre schwankt unter unseren Breiten zwischen 150 bis 200 — dem Vorfluter zuströmen.

Noch ein weiterer Gesichtspunkt für die Beurteilung der beiden Verfahren in hygienischer Beziehung bedarf der Berücksichtigung. Das ist die Möglichkeit der Kellerüberschwemmungen. Beim Mischverfahren sind die Hausanschlüsse, sowohl die Brauchwasserleitung, als auch die Regenleitungen, unmittelbar an die Straßenleitung angeschlossen, die das Regenwasser führt. Tritt nun eine Überlastung des Kanalnetzes ein, so wird das Kanalwasser infolge Überdruckes an den tiefliegenden Ausgüssen und sonstigen Entwässerungseinrichtungen herausgedrückt, wenn nicht Rückstauverschlüsse es verhindern. Diese arbeiten aber im allgemeinen unzuverlässig, so daß Kellerüberschwemmungen bei starkem Regen nicht selten auftreten. Da nun dieses Wasser mit faulenden und stinkenden Massen durchsetzt ist, wird dieses Wasser durch die unmittelbare Berührung mit im Keller aufbewahrten Gegenständen dem Menschen gefährlich. Im Trennverfahren besteht eine Verbindung zwischen der Brauchwasserleitung des Grundstückes und der regenwasserführenden Straßenleitung überhaupt nicht, so daß Kellerüberschwemmungen ausgeschlossen sind. Diese Überlegenheit des Trennverfahrens ist besonders von Bedeutung für Städte mit stark geneigtem Gelände, bei denen das Regenwasser sehr schnell zusammenströmt und infolgedessen Überlastungen der Straßenleitung häufig vorkommen.

b) In technischer Beziehung.

Beim Trennverfahren mit unterirdischer Abführung des Regenwassers müssen in jeder Straße zwei Leitungen verlegt werden, deren eine, nämlich die Brauchwasserleitung, verhältnismäßig kleine Abmessungen gegenüber der anderen aufweist. Die Unterbringung dieser Leitungen im Fahrdamm bietet bei breiten Straßen keine Schwierigkeiten. Dagegen kann in den engen Straßen der alten Städte der erforderliche Raum vielfach nur durch Umlegung der anderen im Fahrdamm liegenden Leitungen frei gemacht werden. Mit den doppelten Leitungen ist notgedrungen die Anordnung von doppelten Schächten verbunden, die bei der Zusammenführung von zwei oder mehr Leitungen sehr komplizierte Bauwerke ergeben, wie des näheren im Abschnitt VI dargelegt ist. Auch die Verlegung doppelter Schachtdeckel in der Straßenoberfläche stellt sich vom Standpunkt des Verkehrs als ein Nachteil des Trennverfahrens dar.

Metzger (*31*) hat bei der Kanalisation der Stadt Bromberg den Versuch gemacht, beide Leitungen in einem Profil zu vereinigen gemäß Abb. 40, wobei die Brauchwasserleitung unter der Regenwasserleitung angeordnet ist. Diese Ausführung hat sich aus verschiedenen Gründen nicht bewährt: Die Unterhaltung der unteren Leitungen, die in den Schächten mit eisernen Deckeln abgeschlossen ist, macht Schwierigkeiten, die Zahl der erforderlichen Kombinationsprofile wird sehr groß, bei größeren Abmessungen der Regenwasserleitung wird das Profil sehr schwer und ein gleichmäßiges Gefälle beider Rohrleitungen ist vielfach unwirtschaftlich.

Die Ausführung zweier Hausanschlußleitungen fällt im allgemeinen nicht so sehr ins Gewicht, da die Regenrohre der Vorderseite des Hauses ohnedies selbständig an die Straßenleitung angeschlossen zu werden pflegen. Immerhin ergibt sich beim Trennverfahren eine Anschlußleitung mehr für die Entwässerung des Hofes und der hinteren Dachfläche.

Das Gefälle der Straßenleitungen des Trennverfahrens wird bei Straßen im Hügelgelände im allgemeinen gleich sein, nämlich gleich dem Gefälle der Straßenoberfläche. Dagegen ist es in wenig geneigten Straßen angängig und zweckmäßig, den Regenwasserleitungen ein stärkeres Gefälle zu geben, als den Brauchwasserleitungen, da bei ersteren eine geringere Tiefenlage des oberen Teiles zulässig ist. Dadurch kann an Querschnittsfläche für die Abführung des Regenwassers gespart werden gegenüber dem Mischverfahren. Die geringste Tiefenlage der Regenleitung wird durch die Ausgestaltung der Straßenabläufe festgelegt. Wenn dabei auch die frostsichere Lage auf vielen Strecken nicht erreicht wird, so ist dies doch trotz der unmittelbaren Verbindung mit der

Außenluft durch die Regenrohrfalleitungen nach den Erfahrungen in unseren Breiten unbedenklich.

Für die Reinhaltung des Entwässerungsnetzes ist es von Wichtigkeit, daß die Geschwindigkeit des Wassers in den Profilen ein gewisses Maß nicht unterschreitet, das notwendig ist, um die mitgeführten Schmutzstoffe abzuschwemmen. Beim Mischverfahren liegen die Verhältnisse in dieser Beziehung nicht günstig, da die Profile durch die größte Regenwassermenge bestimmt sind, die das 30- bis 50fache der Brauchwassermenge ausmacht. Es ergeben sich infolgedessen bei Trockenwetterabfluß vielfach unzureichende Geschwindigkeiten und als Folge davon Ablagerungen in den Kanälen. Man versucht zwar, diesem Übelstande dadurch zu begegnen, daß man Profile wählt, die bei geringer Füllung einen günstigen Profilradius haben, wie z. B. Eiprofile. Gleichwohl wird eine regelmäßige Spülung notwendig sein, um die Ablagerungen zu beseitigen, wenn nicht die abfließenden Regenwassermengen diese Aufgabe übernehmen. Beim Trennverfahren ist die Querschnittsfläche der Rohrleitungen den abzuführenden Brauchwassermengen sehr genau angepaßt. Die Schwankungen der Wasserführung sind außerdem gering und mindestens einmal am Tage kommt das Maximum der Wasserführung zustande mit einer Geschwindigkeit, die ausreicht, Ablagerungen zu verhindern. Infolgedessen kann die spülende Wirkung des Regenwassers in den meisten Fällen entbehrt werden. Sollte auf gewissen Strecken die Räumungskraft nicht ausreichen, um die Strecke rein zu halten, so kann in geeigneter Weise durch Herstellung einer Verbindung nach der Regenwasserleitung die gleiche Wirkung erzielt werden wie beim Mischverfahren.

Endlich ist noch ein weiterer Gesichtspunkt für die Beurteilung in technischer Beziehung von Bedeutung, der namentlich bei oberirdischer Ableitung ins Gewicht fällt. Die oberen Leitungsstrecken eines Brauchwassernetzes erhalten aus Gründen der Unterhaltung meistens einen größeren Durchmesser, als rechnerisch notwendig wäre. Infolgedessen ist es bei diesem Verfahren ohne weiteres möglich, Erweiterungsgebiete, deren Entwicklung nicht vorhergesehen werden konnte, nachträglich an das bestehende Brauchwassernetz anzuschließen. Beim Mischverfahren ist die spätere Aufnahme der Abwässer von Erweiterungsgebieten nicht angängig, ohne daß eine Überlastung der Leitungen eintritt.

c) In wirtschaftlicher Beziehung.

Die Baukosten setzen sich zusammen aus den Kosten für das Kanalnetz, für die Reinigungsanlage und für die Entwässerungsanlage auf den Grundstücken.

Die Kosten des Kanalnetzes werden beim Trennverfahren im allgemeinen höher sein, als beim Mischverfahren. Denn zu den Kosten der Regenleitungen, die sich in ihren Abmessungen nur wenig von denen der Leitung des Mischverfahrens unterscheiden, kommt noch der Aufwand für die Verlegung des Brauchwassernetzes. Die örtlichen Verhältnisse, namentlich die Lage der öffentlichen Wasserläufe zu dem Entwässerungsgebiet spielen dabei natürlich eine große Rolle. Können die Regenwässer nach kurzem Lauf einem Wasserlauf übergeben werden, so bedeutet dies eine Ersparnis gegenüber einem langen Hauptsammler des Mischverfahrens, der sämtliche Abwässer der Kläranlage zuführt.

Verfasser hat für die Entwässerung der Stadt Nordhausen genaue vergleichende Kostenberechnungen aufgestellt (*32*). Es handelt sich um ein Gebiet von 50000 Einwohnern. Etwa $^2/_3$ der Bevölkerung wohnen auf dem linken und $^1/_3$ auf dem rechten Ufer des Vorfluters. Das linksufrige Gelände weist sehr starke Höhenunterschiede auf, die bis zu 80 m betragen. Die Kosten des Mischverfahrens sind abhängig von der Verdünnung des Brauchwassers, die von seiten der Aufsichtsbehörde verlangt wird, ehe die Notauslässe in Tätigkeit treten. Bei den ungünstigen Vorflutverhältnissen sind für die beiden Verdünnungen $1 + 5$ und $1 + 7$ die Kosten des Mischverfahrens errechnet und denen des Trennverfahrens gegenübergestellt worden. Es betragen die Baukosten beim Mischverfahren 2602000 bzw. 2636000 M., während die Kosten des Trennverfahrens 2641000 M. ausmachen nach den Preisen des Jahres 1909. Der Unterschied in den Kosten ist so gering, daß diese für die Wahl des Verfahrens nicht ausschlaggebend sein konnten. Dagegen wiesen die besonderen örtlichen Verhältnisse auf die Wahl des Trennverfahrens hin, da bei diesem Kellerüberschwemmungen ausgeschlossen sind, die bei Anwendung des Mischverfahrens bei dem starken Gefälle der Straßen und dem dadurch bedingten schnellen Zusammenströmen des Regenwassers nicht zu vermeiden gewesen wären.

Die Anlagen zur Reinigung des Abwassers erfordern im allgemeinen beim Trennverfahren geringere Abmessungen als beim Mischverfahren, so daß die Kosten im ersteren Falle geringer ausfallen. Soweit die mechanische Reinigungsanlage in Frage kommt, nimmt man eine Überlastung zu Zeiten der Regenwasserführung in Kauf, so daß die Vorreinigung in beiden Fällen die gleiche ist. Dagegen sind die biologischen Reinigungsanlagen, vor allem die natürlichen Anlagen dieser Art, nur wenig überlastungsfähig, so daß diese beim Mischverfahren entsprechend größer dimensioniert werden müssen. Wenn das Abwasser auf die Reinigungsanlage maschinell gehoben werden muß, so werden beim Mischverfahren erheblich höhere Aufwendungen notwendig. Die Förderanlage muß nicht nur in der Lage sein, den normalen Trockenwetterabfluß wegzupumpen, sondern sie muß auch die plötzlich an dem Pumpwerk zusammenfließenden Regenwassermengen beseitigen können. Das erfordert starke Maschineneinheiten, welche sofort betriebsfähig sein müssen.

Die Kosten zur Entwässerung der Grundstücke und zum Anschluß an die Straßenleitung sind beim Trennverfahren höher als beim Mischverfahren aus den bereits angegebenen Gründen. Wenn auch diese Mehrkosten nicht von der Gemeinde zu vertreten sind, sondern den Hauseigentümern zur Last fallen, so sind sie doch für die vergleichende Beurteilung der beiden Verfahren in Rechnung zu stellen.

Die Betriebskosten des Kanalnetzes und der Grundstücksentwässerung, unter denen die Spülung und Reinhaltung der Leitungen verstanden werden möge, werden beim Trennverfahren höher sein, da es sich hier um etwa die doppelte Leitungslänge handelt. Dagegen sind die Betriebskosten der Reinigungsanlage beim Trennverfahren günstiger, da die Belastung gleichmäßiger ist. Das gilt besonders für den Fall, daß die gesamten Abwässer zur Reinigungsanlage gehoben werden müssen. Beim Mischverfahren sind für diesen Fall die persönlichen und sächlichen Kosten des Betriebes unverhältnismäßig hoch, da die Maschinen jederzeit bereit und in der Lage sein müssen, ein Mehrfaches der gewöhnlichen Fördermenge zu heben. In den früheren Zeiten des Kanalisationsbetriebes war es dazu notwendig, Ersatzkessel unter Dampf zu halten. Nachdem jetzt in der elektrisch angetriebenen Kreiselpumpe eine betriebssichere Maschine zur Verfügung steht, die jederzeit betriebsbereit ist, sind die laufenden Aufwendungen für die Beseitigung des Regenwassers geringer geworden.

Bredtschneider (*30*) hat für ein Stadterweiterungsgebiet im Nordwesten von Charlottenburg die Gesamtkosten für die beiden Verfahren ermittelt. Das Gebiet ist 556 ha groß und auf drei Seiten von Wasserläufen umgeben. Für die Regenleitungen sind Betonrohre und für die Brauchwasserleitungen Steinzeugrohre in Ansatz gebracht. Das Abwasser muß mittels eines Pumpwerkes nach den 10 km entfernt liegenden Rieselfeldern gedrückt werden. Im einzelnen ergeben sich folgende Kosten (siehe Tabelle 1):

Tabelle 1.

Nr.	Gegenstand	Trennverfahren M.	Mischverfahren M.
1	Baukosten der Brauchwasserleitungen	2977000	6463069
2	Baukosten der Regenleitungen	4301600	
3	Baukosten der Pumpstation	880000	1116000
4	Baukosten der Druckrohrleitung	1666800	2407600
5	Betriebskosten der Straßenleitungen mit 3,5% kapitalisiert	715343	639572
6	Betriebskosten der Pumpstation und Druckrohrleitung (desgl.)	1924859	2382174
7	Anlage- und kapitalisierte Betriebskosten (3,5%) der Rieselfelder	1886000	2220000
8	Unterhaltungskosten der Anlagen zu 1 bis 4 (jährl. Ausgabe ½% der Baukosten mit 3½% kapitalisiert)	1403729	1426667
9	Unterhaltung der Rieselfeldanlagen	501500	590000
		16257531	17245082

Das Trennverfahren ist also für diese besonderen Verhältnisse um rund 1 Million billiger als das Mischverfahren. Dabei sind die Kosten für die Anschlüsse nicht in Ansatz gebracht.

Die Verhältnisse ändern sich natürlich grundlegend, sobald die Möglichkeit gegeben ist, die Regenwässer oberirdisch abzuleiten. Dann ergeben sich für das Trennverfahren erheblich geringere Kosten als beim Mischverfahren, da der Aufwand für die großen Regenrohrleitungen entfällt. Diese Ausführung kommt besonders in Frage im hügeligen Gelände und ist dann zweckmäßig, wenn bei der Aufstellung des Bebauungsplanes von allem Anfang an auf diese Art der Entwässerung Rücksicht genommen wird.

Bei kleinen, leistungsschwachen Gemeinden kann man in der Weise vorgehen, daß zunächst nur für die Abführung der Brauchwässer eine unterirdische Entwässerungsleitung geschaffen wird, während die Ableitung des Regenwassers oberirdisch bis auf weiteres belassen wird. Einer späteren Zeit bleibt es dann vorbehalten, den vollständigen Ausbau des Entwässerungsnetzes durch Herstellung eines selbständigen Leitungssystems für Regenwasser zu vollziehen. Dadurch wird der Gemeinde der Segen einer ordnungsmäßigen Abführung der Brauchwässer zuteil, ohne sie zu sehr zu belasten.

Die nachträgliche Einführung des Trennverfahrens in Fällen, bei denen nicht von allem Anfang an darauf gerücksichtigt ist, macht meistens erhebliche Schwierigkeiten. Vielfach liegen die Verhältnisse, namentlich in Klein- und Mittelstädten, so, daß entsprechend dem Bedürfnis Leitungen zur gemeinsamen Abführung des Brauchwassers (ohne Fäkalwässer) und des Regenwassers hergestellt worden sind. Es liegt nahe, bei Einführung der vollkommenen Entwässerung mit Aufnahme der Fäkalwässer die bestehenden Leitungen für die Folge zur Abführung des Regenwassers zu benutzen und für die Brauchwässer und Fäkalwässer ein neues Leitungsnetz, gegebenenfalls mit Erstellung einer Kläranlage, zu schaffen. Diese an und für sich richtige wirtschaftliche Überlegung scheitert jedoch in den meisten Fällen daran, daß eine nachträgliche Änderung der Grundstücksentwässerung auf Trennung der Abwässer bei den gesetzgebenden Körperschaften der Gemeinde nicht erreichbar ist, weil die damit verbundenen Umänderungen auf den Grundstücken im Hinblick auf die Kosten und die Schwierigkeiten der Durchführung eine starke Belastung des Hausbesitzers bedeuten. Es bleibt in derartigen Fällen nichts anderes übrig, als die vorhandenen Leitungen vor der Einmündung in den Vorfluter abzufangen, und die gesamten Abwässer in einem Hauptsammler der Reinigungsanlage zuzuleiten.

Zusammenfassend lassen sich über das Ergebnis der vorstehenden Untersuchungen folgende Leitsätze aufstellen:

1. Vom Standpunkt der Hygiene kann keinem der beiden Verfahren von vornherein der Vorzug gegeben werden. Die Verschmutzung des Vorfluters ist bei beiden Fällen ungefähr die gleiche, wiewohl in gewissen Fällen die Belastung des Vorfluters beim Mischverfahren unangenehmer empfunden wird und auch im Hinblick des Gemeingebrauchs des Wassers bedenklich ist.

2. Das Trennverfahren erfordert für das Kanalnetz und für die Grundstücksentwässerung im allgemeinen einen höheren Aufwand an technischen Mitteln, während die Ausgestaltung der Reinigungsanlage einfacher ist, besonders dann, wenn das Abwasser zum Zwecke der Reinigung gehoben werden muß.

3. Beim Trennverfahren mit unterirdischer Ableitung des Regenwassers sind die Bau- und Unterhaltungskosten des Leitungsnetzes im allgemeinen höher als beim Mischverfahren. Bei besonderen örtlichen Verhältnissen, wie gute Lage des Wasserlaufs zum Entwässerungsgebiet, große Höhenunterschiede innerhalb der Bebauung können sich die Verhältnisse zugunsten des Trennverfahrens verschieben. Die Kosten der Reinigungsanlage sind im allgemeinen niedriger beim Trennverfahren. Maßgebend für die Entscheidung in wirtschaftlicher Beziehung sind die Gesamtkosten, die sich nur auf Grund eingehender vergleichender Kostenberechnungen ermitteln lassen.

Kann das Regenwasser oberirdisch abgeleitet werden, so ist das Trennverfahren dem Mischverfahren wirtschaftlich erheblich überlegen.

IV. Menge des Abwassers.

A. Brauchwasser.

Die abzuführende Brauchwassermenge je Kopf der Bevölkerung ist im großen und ganzen der Menge des in das Wohngebiet eingeführten Reinwassers aus der Zentralwasserversorgungsanlage gleich. Sie kann größer sein durch Entnahme von Wasser aus Brunnen auf den Grundstücken. Sie kann kleiner sein infolge Versickerung eines Teils des Wassers, beispielsweise bei der Benutzung zum Sprengen der Gärten.

Der Wasserverbrauch je Kopf und Tag schwankt in ziemlich weiten Grenzen. Im allgemeinen ist er in den Großstädten größer als in den Mittelstädten und in diesen wieder größer als in den Kleinstädten und auf dem Lande. Er zeigt im übrigen mannigfache Abweichungen je nach der Zusammensetzung, der Lebenshaltung und der gewerblichen Tätigkeit der Bevölkerung, nach der Art der Wasserpreisberechnung usw.

Nach dem statistischen Jahrbuch deutscher Städte hat der Wasserverbrauch für den Kopf der Bevölkerung im Jahresdurchschnitt des Kalenderjahres 1928 folgende Werte: Von 26 Städten über 200000 Einwohner haben 50% einen Wasserverbrauch von mehr als 150 l, von 23 Städten von 100000 bis 200000 Einwohner haben 50% einen Wasserverbrauch von mehr als 126 l und von 45 Städten von 50000 bis 100000 Einwohner haben 50% einen Wasserverbrauch von mehr als 110 l. Für Kleinstädte beträgt der mittlere Jahreswasserverbrauch etwa 40 bis 80 l.

In den letzten Jahren ist der durchschnittliche Wasserverbrauch auf den Kopf der Bewohner dauernd gestiegen, und zwar hat er in den Jahren von 1909 bis 1928 in sämtlichen deutschen Städten über 50000 Einwohner um rund 40% zugenommen. Diese Entwicklung ist durch die wirtschaftliche Notlage zur Zeit unterbrochen. Es ist jedoch damit zu rechnen, daß der Wasserverbrauch weiter steigt, wenn die Verhältnisse sich gebessert haben werden. Der Grund für den hohen Wasserverbrauch ist in erster Linie darin zu suchen, daß in immer größerem Maße die Wohnungen der minderbemittelten Bevölkerung mit den hygienischen Einrichtungen versehen werden, die bisher das Vorrecht der Bessergestellten waren. Besonders sind es die Badeeinrichtungen in den Wohnungen, die den eigentlichen Wasserverbrauch sehr stark in die Höhe bringen.

Für die Berechnung der Kanalisationsleitungen ist der größte Tagesverbrauch bestimmend, der im Mittel das 1,6fache des mittleren Verbrauchs ausmacht. Die relative Steigerung des größten Tagesverbrauchs ist in den letzten Jahren erheblich höher gewesen als die Steigerung des mittleren Verbrauchs. Tabelle 2 zeigt die Zunahme in 4 Jahren.

Tabelle 2. Größter Tagesverbrauch je Kopf der Bevölkerung in den Jahren 1924 und 1928 in l.

	1924	1928	Zunahme %
Berlin	185	225	20
Breslau	105	152	48
Dresden.	135	210	56
Düsseldorf. . . .	230	280	25
Frankfurt/M. . .	225	292	27
Leipzig	110	170	54

Im Laufe der Zeit wird die Steigerung des Wasserverbrauchs prozentual geringer werden. Es wird ein gewisser Sättigungsgrad erreicht werden. Diesen Verhältnissen wird Rechnung getragen, wenn man als größten Wasserverbrauch folgende Werte in Ansatz bringt:

In Großstädten über 100000 Einwohner 220 bis 300 l,
in Mittelstädten von 50000 bis 100000 Einwohner 150 bis 230 l,
in Kleinstädten bis 50000 Einwohner 50 bis 100 l.

In außerdeutschen Städten, vor allem in amerikanischen Städten, ist der Wasserverbrauch vielfach erheblich größer. Er beträgt in einzelnen Fällen das 2- bis 3fache. Das hat seinen Grund darin, daß der Preis des Wassers sehr viel niedriger ist als in Deutschland, da Wassermesser nicht in Anwendung sind.

Aus dem größten Tagesverbrauch ergibt sich die größte Belastung der Leitung in der Zeiteinheit, die größte sekundliche Menge, wenn man die Verteilung des Abflusses über die 24 Stunden des Tages berücksichtigt. Aus den Aufzeichnungen der Pumpwerkleistungen der Stadtentwässerung von Charlottenburg an regenfreien Tagen, die mit den Erfahrungen in Berlin übereinstimmen, geht hervor, daß die Hälfte des Brauchwassers innerhalb von 9 Stunden zum Abfluß gelangt. Die Berechnungsmenge für das Brauchwasser ergibt sich hiernach zu $^1/_{18} = 5{,}5\%$ der größten Tageswassermenge, oder $1{,}6 \times 5{,}5 = 8{,}8\%$ der mittleren Tageswassermenge.

Die Annahme der gleichmäßigen Verteilung des Abflusses über 9 Stunden ist berechtigt in Großstädten. Bei Städten mit geringerer Einwohnerzahl sind die Schwankungen innerhalb des Tages größer. Deswegen wird zweckmäßig der größte Stundenverbrauch der Berechnung zugrunde gelegt. Dieser beträgt im Mittel das 1,5- bis 1,7fache des mittleren Stundenverbrauchs und geht bei ländlicher Bevölkerung bis auf das 2,4fache hinauf. Bezeichnet Q den Tagesverbrauch nach dem Jahresdurchschnitt je Kopf der Bevölkerung, so ergibt sich hiernach die größte Stundenmenge zu:

$$Q_{st} = Q \cdot \tfrac{1}{24} \cdot 1{,}6 \cdot 1{,}6 = 0{,}107\, Q\,.$$

Das sind rund 10% des mittleren Tagesverbrauchs. Dieser Wert entspricht gut den tatsächlichen Verhältnissen und wird als Grundlage für die Berechnung der Leitungen empfohlen. Für die Berechnung der Kläranlagen legt man eine mittlere Stundenabflußmenge zugrunde, die 5,5 bis 6,5% der Tageswassermenge ausmacht.

In besonderen Fällen kann es von Interesse sein, die Verteilung des Abflusses über den Tag genauer zu kennen. Das gilt namentlich für den Betrieb der Pumpwerke. Für diesen Fall werde angenommen, daß die Abgabe des verbrauchten Wassers in die Kanäle in nahezu gleicher Menge und zeitlicher Verteilung erfolge, wie die Entnahme des Reinwassers aus der Leitung, nur mit einer bestimmten zeitlichen Verschiebung. Dann ergibt sich das in Abb. 2 dargestellte Bild, welches den Verbrauch in Prozenten des am Tage des größten Verbrauches in einer Großstadt (Dresden) und in einem ländlichen Kreise (Merseburg) angibt.

Aus der Brauchwassermenge je Kopf der Bevölkerung ergibt sich die in den einzelnen Leitungen abzuführende Wassermenge, wenn man die erstere mit der Zahl der Bewohner an der betreffenden Leitung multipliziert. Man nimmt meist davon Abstand, diese besonders zu ermitteln, sondern nimmt die Fläche, die nach der zu berechnenden Leitung entwässert wird, zur Grundlage und bestimmt aus Fläche und Bevölkerungsdichte die Zahl der in Frage kommenden Einwohner, wobei unter Bevölkerungsdichte die Zahl der Einwohner je ha verstanden wird.

Die Bevölkerungsdichte ist innerhalb eines Stadtgebietes verschieden. Im Innern der Stadt, in der eigentlichen Kernstadt, ist sie am größten und nimmt allmählich nach außen ab in dem Maße, als sich die Bebauung auflockert. Man kann folgende Werte in Ansatz bringen:

Bei enger	Bebauung	350 bis 500 E./ha	
„ dichter	„	220 „ 300	„
„ offener	„	100 „ 150	„
„ lockerer	„	70 „ 90	„

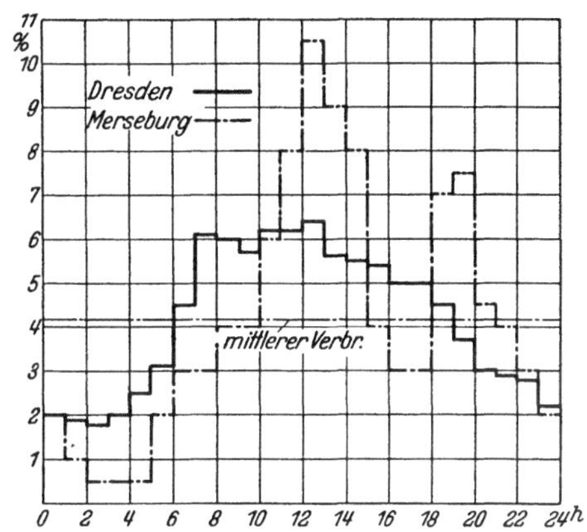

Abb. 2. Zeitliche Verteilung des Wasserverbrauchs in einer Großstadt und in einem Landkreis.

Aus der Bevölkerungsdichte und dem Wasserverbrauch je Kopf und Tag ergibt sich der größte Trockenwetterabfluß in l/s/ha gemäß Tabelle 3. Diese Werte sind der Berechnung der Leitungen zugrunde zu legen. Für gewisse Verhältnisse, beispielsweise für die Festsetzung der Verdünnungsverhältnisse bei Notauslässen ist die mittlere Trockenwetterabflußmenge bestimmend. Sie ergibt sich aus dem Jahresmittel des Wasserverbrauchs bei gleichmäßiger Verteilung über 10 Stunden.

Tabelle 3. Größter Trockenwetterabfluß in l/s/ha.

Zahl der Einwohner je ha	Größter Wasserverbrauch		
	Großstadt 250 l	Mittelstadt 160 l	Kleinstadt 80 l
enge Bebauung 400	2,77	1,77	0,88
dichte „ 250	1,74	1,11	0,55
offene „ 120	0,83	0,53	0,27
lockere „ 80	0,55	0,36	0,18

Für die Menge des industriellen Abwassers lassen sich nach der Natur der Sache allgemeine Angaben nicht machen. Sie muß von Fall zu Fall ermittelt oder durch Messung festgestellt werden. Man wird praktisch nur diejenigen Fabrikbetriebe, die größere Wassermengen dem Entwässerungsnetz zuleiten, berücksichtigen, wie Brauereien, Wäschereien usw. Beim Trennverfahren werden gewisse Abwässer, die unbedenklich dem Vorfluter zugeführt werden können, an die Regenleitung angeschlossen werden können, so daß die Brauchwasserleitung dadurch nicht belastet wird.

B. Regenwasser.

Die Regenwassermengen, die die Kanäle abzuführen haben, sind abhängig von den Niederschlägen, die auf das zu entwässernde Gebiet fallen. Diese gelangen jedoch nicht vollständig in die Kanäle, sondern erfahren durch Verdunstung und Versickerung eine Verringerung, die je nach der Oberflächenbeschaffenheit verschieden groß ist. Außerdem kommen bei großen Niederschlagsgebieten an einem bestimmten Punkte des Entwässerungsnetzes die dem Zuflußgebiete entsprechenden Wassermengen nicht gleichzeitig zum Abfluß, dann nämlich, wenn der Regen bereits aufgehört hat, ehe die Regenwassermengen von den entfernt liegenden Gebieten den Berechnungspunkt durchlaufen. Endlich ist bei großen Niederschlagsgebieten die Verteilung der Regenstärke über das ganze Gebiet nicht gleichmäßig, so daß die Abflußmengen aus diesem Anlaß kleiner sind, als der größten Regenstärke entsprechen würde. Aus allen diesen Gründen bedarf es der genauen Festlegung der tatsächlichen Niederschlags- und Abflußverhältnisse, um diejenige Abflußmenge zu ermitteln, die für die Abmessung der Leitungen bestimmend ist.

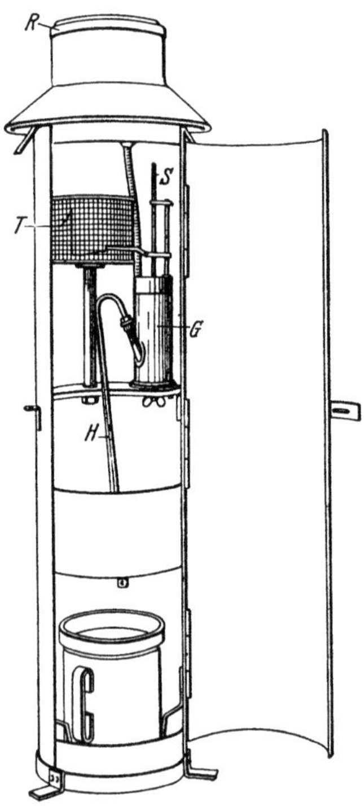

Abb. 3. Regenschreiber nach Hellmann.

Regenmessungen. Die Niederschlagsmenge wird gemessen durch die Höhe, die sich bei gleichmäßiger Verteilung des Regens über eine bestimmte Fläche ergibt. Diese Höhe bezeichnet man als Regenhöhe, sie wird in mm ausgedrückt. Zu ihrer Bestimmung dienen die Regenmesser. Das sind runde Gefäße von 200 cm² Auffangefläche, in deren unterem Teil das Wasser angesammelt wird. Die Wasserhöhe kann unmittelbar gemessen werden und ergibt die einer bestimmten Zeit entsprechende Niederschlagsmenge. Handelt es sich darum, die Stärke eines bestimmten Regens zu ermitteln, so muß sofort nach dem Regen abgelesen werden.

Für die Zwecke der Kanalisation interessiert nun nicht so sehr die gesamte Regenmenge während eines längeren Zeitraumes, als vielmehr die Regenhöhe in der Zeiteinheit und der Verlauf des Regens in seinen einzelnen Phasen. Die Regenhöhe in der Zeiteinheit bezeichnet man als Regenstärke oder Regenintensität, sie ist $i_r = \frac{h}{t_r}$, worin h die Regenhöhe und t_r die Dauer des Regens bedeutet. Als Zeiteinheit wird in der Entwässerungspraxis gewöhnlich die Minute gewählt, um die Schwankungen der Regenstärke während der Dauer des Regens im einzelnen erfassen zu können, demnach wird die Regenstärke ausgedrückt in mm/min. Einen anderen Maßstab zur Bestimmung der Regenstärke gibt die Regenmenge in der Zeit- und Flächeneinheit an, und zwar die Regenmenge in l, die in einer Sek. bei gleichmäßiger Verteilung auf 1 ha Fläche niederfällt, d. h. in l/s/ha. Für die Umrechnung gilt

$$1\ \text{mm/min} = \frac{1}{100}\,\frac{100 \cdot 100 \cdot 100}{60} = 166{,}7\ \text{l/s/ha}.$$

Bezeichnet i die Regenstärke in l/s/ha, so ist

$$i = 166{,}7\,\frac{h_{\text{mm}}}{t_{\text{min}}}.$$

Um den Ansprüchen der Kanalisationstechnik zu entsprechen, bedient man sich der selbstschreibenden Regenmesser oder der Regenschreiber, die gestatten, den Verlauf des Regens in seinen einzelnen Abschnitten mit der ihnen zukommenden Regenstärke genau zu verfolgen. Am meisten in Anwendung ist der Regenschreiber nach Hellmann (Abb. 3), erfunden im Jahre 1897. Er zeichnet die Regenhöhe als Summenkurve auf in einem Koordinatensystem, dessen Abszisse die Regendauer t in min und dessen Ordinaten die Regenhöhe h in mm angeben. Bei der üblichen Ausführung ist 1 min = 0,265 mm und 1 mm Regenhöhe = 8,2 mm.

Die Einrichtung des Regenschreibers ist folgendermaßen: Das auf die Auffangefläche von 200 cm² Größe auffallende Regenwasser fließt einem Meßgefäß G zu, in dem sich ein Schwimmer S mit Schreibstift bewegt. Dieser zeichnet die Regenhöhe auf eine Trommel T auf, die durch ein Uhrwerk bewegt wird und in 24 Stunden eine Umdrehung macht. Sobald der höchste Wasserstand in G erreicht ist, wird die Wassermenge in ein Sammelgefäß übergehebert. Der Schreibstift fällt senkrecht herunter, und die Kurve beginnt von neuem. Abb. 4 zeigt ein Schaubild dieser Art. Die Genauigkeit der Ablesung ist bezüglich der Regenhöhe sehr groß. Sie kann unbedenklich auf die halbe Größe verringert werden, was durch Vergrößerung des Schwimmergefäßes in einfachster Weise erreicht werden kann. Dagegen ist der Maßstab für die Zeit zu klein, um genaue Werte für die Regenstärke zu erhalten. Es empfiehlt sich deshalb,

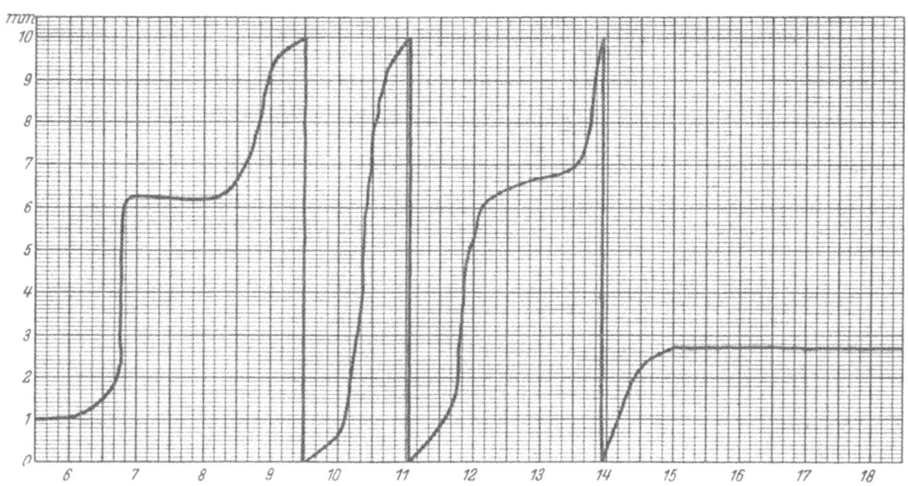

Abb. 4. Diagramm eines Regenschreibers.

den Durchmesser der Trommel so zu vergrößern, daß sich die doppelte Länge für die Zeiteinheit ergibt[1].

Für die Aufstellung der Regenschreiber müssen gewisse Grundsätze beachtet werden, um einwandfreie und vergleichbare Beobachtungsergebnisse zu erzielen. Der Regenmesser muß in einer gewissen Höhe über dem Erdboden (1,0 m) aufgestellt werden, da mit der Höhe über dem Erdboden die Windgeschwindigkeit größer und infolgedessen die gemessenen Regenwassermengen kleiner werden. Ferner muß er von windschützenden Gebäuden, Zäunen usw. eine gewisse Entfernung haben, da durch diese die Windgeschwindigkeit und damit die Regenmenge beeinflußt wird. Um alle Niederschläge mit Sicherheit aufzufangen, empfiehlt es sich, die Regenmesser eines Beobachtungsgebietes unter möglichst gleichartigen Verhältnissen bezüglich ihrer Lage zu schützenden Gebäuden und in Beziehung zur Hauptwindrichtung aufzustellen. Die Fehler, die durch den Windeinfluß zustande kommen, können nach Koschmieder (*47*) dadurch vermieden werden, daß die Auffangefläche in die Ebene der Erdober-

[1] Von der bekannten Firma R. Fueß-Berlin-Steglitz werden neuerdings Regenschreiber mit einem doppelten Trommeldurchmesser geliefert, der den obenstehenden Anforderungen entspricht.

fläche verlegt und daß das Spritzwasser durch eine kreisförmige Bürste um das Gefäß herum abgefangen wird (Bürsten-Regenmesser).

Selbstschreibende Regenmesser über das Entwässerungsgebiet gleichmäßig verteilt sind in allen Großstädten und in vielen Mittelstädten seit Jahrzehnten vorhanden, so daß ein reichhaltiges Beobachtungsmaterial vorliegt. Auch für Städte mit ausgebauter Kanalisation leisten diese wertvolle Dienste zur Nachprüfung der Berechnungsgrundlagen und zur Entscheidung der Frage, ob Stadterweiterungsgebiete ohne besondere bauliche Maßnahmen an die vorhandene Kanalisation angeschlossen werden können.

Aus den Beobachtungen geht hervor, daß Regenstärken von 1 mm/min = 166,7 s/l/ha nichts Außergewöhnliches sind, daß mit Regenstärken von 200 bis 250 l/s/ha etwa aller 3 bis 8 Jahre zu rechnen ist, und daß in Ausnahmefällen Regenstärken von 350 bis 400 l/s/ha vorkommen.

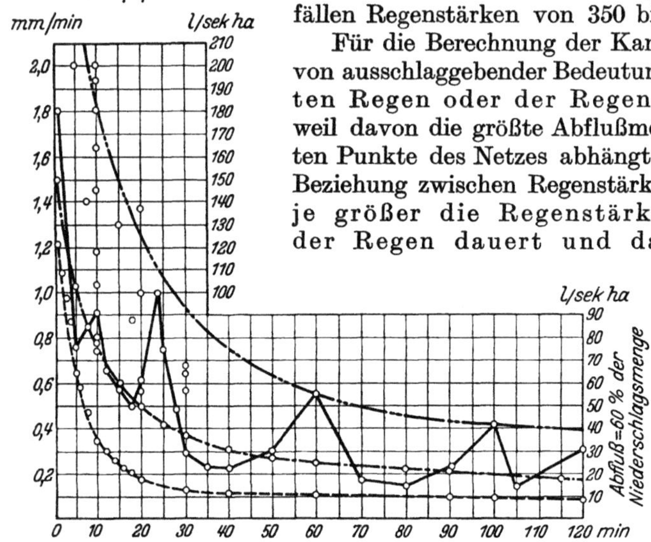

Abb. 5. Regenstärkenkurven nach Beobachtungsmaterial von Charlottenburg.

Für die Berechnung der Kanalisationsleitungen ist es von ausschlaggebender Bedeutung, die Dauer der größten Regen oder der Regenabschnitte zu kennen, weil davon die größte Abflußmenge an einem bestimmten Punkte des Netzes abhängt. Allgemein gilt über die Beziehung zwischen Regenstärke und Regendauer, daß, je größer die Regenstärke ist, um so kürzer der Regen dauert und daß die Regenstärken mit der längeren Dauer des Regens abnehmen, oder anders ausgedrückt: Die Starkregen oder Platzregen dauern immer nur wenige Minuten, während Regen geringerer Stärke stundenlang anhalten können.

Trägt man das Ergebnis eines Beobachtungszeitraumes in ein Koordinatensystem ein, dessen Abszissen Zeiten und dessen Ordinaten Regenstärken darstellen, so erhält man eine parabelähnliche Kurve, die sich mit zunehmender Zeitdauer der X-Achse nähert, die Regenstärkenkurve. Das ist unter anderem von Kayser (*34*) geschehen für die Jahre von 1893 bis 1902, als es sich darum handelte, das vorliegende Beobachtungsmaterial der Stadt Charlottenburg für die Berechnung der Kanalisation des Stadtteiles Westend auszuwerten (siehe Abb. 5). Die mittlere, stetig verlaufende Kurve stellt die mittlere Regenstärkenlinie dar, bei der ebenso viele Regenstärken über, wie unter der Kurve liegen.

Bei der Auswertung der Aufzeichnungen der Regenmesser ist zu beachten, daß die Regenstärke im Verlauf eines Regens Schwankungen unterworfen ist. Nur selten wird sich die Regenkurve für die kurze Dauer des Regens t_r durch eine Gerade ersetzen lassen. Vielmehr werden Abschnitte geringerer und größerer Stärke festzustellen sein. Die Starkregen, die bestimmend sind für die Berechnung, müssen also in einzelne Abschnitte zerlegt werden. Dabei genügt es, die Punkte des Intensitätswechsels als Begrenzung der einzelnen Abschnitte anzunehmen und für diese Abschnitte dann die Regenstärke zu ermitteln. Besonders häufig kommt der Fall vor, daß Starkregen einen schwachen Vorläufer und einen schwachen Nachläufer haben. Wollte man in dem Falle der Abb. 6 die mittlere Regenstärke zugrunde legen, so ergibt sich ein i_m für die ganze Länge der Kurve *abcd* von 46,7 l/s/ha, während für die Strecke der größten Regenstärke *bc* der entsprechende Wert 166,7 l/s/ha ausmacht. Ebenso ergibt die Kombination des Abschnittes *bc* mit einem der beiden anschließenden schwächeren Regen Werte, die stark von dem Werte des größten Regens abweichen, wie aus der Abbildung hervorgeht. Zweifellos ergeben sich ungünstigere Abflußverhältnisse, wenn einem Regen mit dem Verlauf *bc* ein Schwachregen *ab* vorausgeht. Breitung (*37*) trägt diesen besonderen Verhältnissen dadurch Rechnung, daß er zu den Regen von der Stärke i_2 noch einen Zuschlag $\frac{1}{2} i_2$ gibt. Abgesehen davon, daß dieser Zuschlag vollkommen willkürlich ist, kann er entbehrt werden mit Rücksicht darauf, daß zu Beginn des Regens in dem Kanalnetz ein Speicherraum zur Verfügung steht. Es vergeht also eine gewisse Spanne Zeit bis zur vollen Füllung des Kanals, so daß die geringere Regenmenge des Abschnittes *ab* ohne Einfluß ist für den weiteren Abflußvorgang.

Lindley hat nach den Angaben von Eigenbrodt (*42*) als erster zur weiteren zeichnerischen Auswertung der Ergebnisse der Regenmesser die Darstellung im logarithmischen Netze gewählt. Er trug die höchsten Werte der Regenstärken, die sich für jede Regendauer ergaben, als Funktion der Regendauer derart auf, daß er als Abszissen den Logarithmus der Dauer und als Ordinaten den Logarithmus der Regenstärken wählte. Dann geht die Kurve der Regenstärke über in eine Gerade, um die sich die höchsten Werte mehr oder weniger eng scharen, die Regenstärkenlinie. Die Gleichung dieser Geraden wird dargestellt durch die Formel $i = a/t^n$, worin n ein Exponent ist, der sich aus den Beobachtungen ableiten läßt und der Tangente des Neigungswinkels der Geraden entspricht, während a den Abschnitt der Geraden auf der Ordinatenachse für den Niederschlag von 1 min Dauer darstellt.

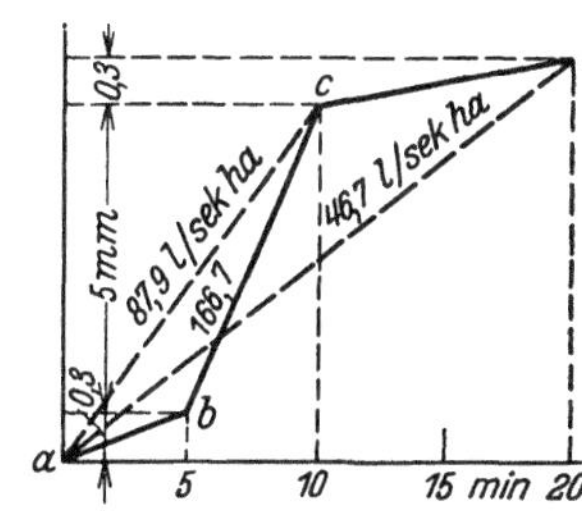

Abb. 6. Schwankungen der Regenstärken.

Die Ermittlung der Regenstärkenlinien wird dadurch vereinfacht, daß Regen unter einer gewissen Dauer außer Betracht bleiben können. An und für sich sollten für die oberen Strecken eines Kanalnetzes mit einer geringen Fließzeit die größeren Regenstärken bestimmend sein. Es ist jedoch davon auszugehen, daß für den Weg, den der Regentropfen, sei es in den Straßenrinnsteinen, sei es vom Dache durch das Fallrohr bis zum Kanal zurückzulegen hat, eine Zeit von einigen Minuten vergeht, so daß tatsächlich die größte Belastung der Kanäle durch einen Regen von mehreren Minuten Dauer gegeben ist. Die Mindestregendauer wird bei den verschiedenen Autoren verschieden angesetzt. Eine Zeit von 5 min dürfte zweckmäßig sein. Auf der anderen Seite ist die Begrenzung der Regenstärkenlinie dadurch festgelegt, daß die größte Fließzeit in einem zusammenhängenden Entwässerungssystem selten den Wert von 2 bis 3 Std. überschreitet. Es scheiden also alle Regen aus, die von längerer Dauer als etwa 150 bis 200 min sind.

Die Regenstärkenlinien sind naturgemäß für die verschiedenen Orte verschieden und in gleicher Weise, wie die jährlichen Regenhöhen abhängig von der geographischen Lage, der Höhe über dem Meeresspiegel, der Lage zu den Gebirgen und der orographischen Gestaltung. Immerhin kann aus dem Ergebnis für bestimmte Gebiete auf Grund ausreichenden Beobachtungsmaterials auf ähnlich liegende Verhältnisse an anderen Orten geschlossen werden. Abb. 7 gibt nach Reinhold (*44*) die Regenstärkenlinien verschiedener Orte an.

Jeder Regenstärke ist also eine bestimmte Regendauer zugeordnet, und die Aufgabe besteht darin, diejenigen Regenstärken ausfindig zu machen, die die größte Belastung der Leitungen ergeben. Dabei ist diese Regenstärke verschieden für die einzelnen Punkte eines Entwässerungsnetzes, und andererseits gibt es für jeden Punkt des Entwässerungsnetzes nicht nur einen Regen, sondern eine Regenreihe, die die größte Belastung der Leitungen zur Folge hat.

Wollte man die Leitungen nach den größten überhaupt vorkommenden Regen dimensionieren, z. B. in Charlottenburg nach der Geraden *2a*, in Danzig nach der Geraden *3a*, so würde das so große Abmessungen ergeben, daß die Kosten dafür unerschwinglich wären und in keinem richtigen Verhältnis zu der damit erreichten Wirkung ständen. Man muß sich also damit abfinden, einen Regen mittlerer Stärke der Berechnung zugrunde zu legen und nimmt ganz bewußt eine Überlastung der Leitungen in Kauf. Diesen Regen nennt man den Berechnungsregen.

Es gilt nunmehr, sich Klarheit darüber zu schaffen, welche Wirkung ein Regen von größerer Stärke als der Berechnungsregen zur Folge haben wird, um daraus Anhaltspunkte für die Auswahl der Berechnungsregen zu gewinnen. Wird

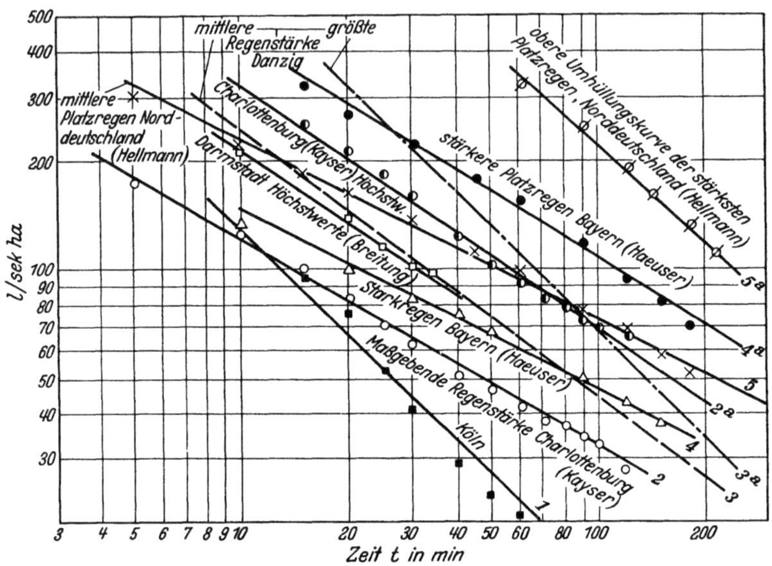

Abb. 7. Regenstärkenlinien verschiedener Orte[1].

einer geschlossenen Leitung mehr Wasser zugeführt als sie nach ihrem Querschnitt bei voller Belastung bei einem Wasserspiegelgefälle, das mit der Scheitellinie des Kanals zusammenfällt, zu leisten imstande ist, so tritt eine Erhöhung des Wasserspiegelgefälles ein, die Leitung kommt unter inneren Druck, der Kanal wird überlastet. Diese erhöhte Wasserspiegellinie ist so lange unbedenklich, als nicht das Wasser aus Kelleranschlußleitungen, auf den Höfen, an Tiefpunkten in den Straßen usw. heraustritt. Besonders gefährdet sind dabei die Kellerentwässerungseinrichtungen, weil diese vergleichsweise zu den übrigen Entwässerungspunkten tief liegen. Von der Tiefenlage der Straßenleitungen und der Lage der Keller zur Straßenoberfläche wird es abhängig sein, wie oft ein Überstauen der Leitungen eintritt. Die Festlegung des Berechnungsregens kommt also am letzten Ende darauf hinaus festzustellen, wie häufig kann ein Überstauen in Kauf genommen werden, oder wie groß ist der Schaden infolge Überstauens im Vergleich zu den höheren Baukosten. Es ist schwierig, hierüber genaue Unterlagen zu beschaffen, da die Verhältnisse auf allen Grundstücken bezüglich

[1] Nach Reinhold: Gesundh.-Ing. 1927. Seite 325.

der Benutzung der Keller anders liegen, so daß die Frage der zulässigen Überstauungshäufigkeit unter Würdigung der gesamten Verhältnisse nur gefühlsmäßig gelöst werden kann. Ein im ebenen Gelände liegendes Entwässerungsgebiet, das eine große Tiefenlage der Hauptsammler zur Folge hat, ferner geringe Nutzungen der Keller werden die Wahl des Berechnungsregens im Sinne der Zulässigkeit einer häufigeren Überlastung beeinflussen, während beispielsweise eine gewisse Wohlhabenheit der Gemeinde, die unter sonst gleichen Verhältnissen einen höheren Aufwand an Baukosten rechtfertigt, oder ein stark geneigtes Entwässerungsgebiet, in dem die Wassermassen sehr schnell zusammenströmen, es angezeigt erscheinen lassen, die zuzulassende Überschreitung des Berechnungsregens nach Möglichkeit einzuschränken.

Um auf dieser Grundlage den Berechnungsregen festzulegen, bedarf es natürlich eines Beobachtungsmaterials, das sich über eine Reihe von Jahren erstreckt. Die Auswertung desselben kann entweder tabellarisch erfolgen, wie dies Heyd in (*5*) beschreibt, oder auf graphischem Wege.

Beispielsweise ergibt sich auf Grund der Aufzeichnungen von Hannover während des 14jährigen Zeitraumes von 1887 bis 1900 folgende Tabelle 4, die die Anzahl der jährlichen Regenfälle von bestimmter Stärke und Dauer bezeichnet.

Tabelle 4.

Dauer min	Regenstärke mehr als l/s/ha										
	40	50	60	70	80	90	100	125	150	175	200
über 5	$9\,^{10}/_{14}$	$6\,^{9}/_{14}$	$5\,^{5}/_{14}$	$4\,^{5}/_{14}$	$3\,^{6}/_{14}$	$3\,^{1}/_{14}$	$2\,^{4}/_{14}$	$1\,^{7}/_{14}$	$\underline{1\,^{1}/_{14}}$	$^{9}/_{14}$	$^{6}/_{14}$
„ 10	5	$3\,^{7}/_{14}$	$2\,^{9}/_{14}$	$2\,^{2}/_{14}$	$1\,^{13}/_{14}$	$1\,^{11}/_{14}$	$1\,^{6}/_{14}$	$\underline{1\,^{1}/_{14}}$	$^{9}/_{14}$	$^{5}/_{14}$	$^{3}/_{14}$
„ 15	$3\,^{2}/_{14}$	2	$1\,^{8}/_{14}$	$1\,^{5}/_{14}$	$1\,^{3}/_{14}$	$\underline{1\,^{1}/_{14}}$	$^{10}/_{14}$	$^{8}/_{14}$	$^{4}/_{14}$	$^{1}/_{14}$	—
„ 20	$1\,^{13}/_{14}$	$1\,^{4}/_{14}$	$\underline{1}$	$^{12}/_{14}$	$^{10}/_{14}$	$^{10}/_{14}$	$^{6}/_{14}$	$^{4}/_{14}$	$^{2}/_{14}$	—	—
„ 30	$\underline{1\,^{1}/_{14}}$	$^{10}/_{14}$	$^{8}/_{14}$	$^{6}/_{14}$	$^{6}/_{14}$	$^{6}/_{14}$	$^{4}/_{14}$	$^{3}/_{14}$	$^{2}/_{14}$	—	—
„ 45	$^{6}/_{14}$	$^{4}/_{14}$	$^{4}/_{14}$	$^{2}/_{14}$	$^{2}/_{14}$	$^{2}/_{14}$	$^{1}/_{14}$	—	—	—	—

Aus dieser Tabelle ergeben sich die wirtschaftlich gleichwertigen Regen, das sind diejenigen Regen verschiedener Stärke und Dauer, die im Jahre gleich oft erreicht oder überschritten werden.

Hat man sich auf Grund allgemeiner Erwägungen dazu entschlossen, der Berechnung diejenigen Regenfälle zugrunde zu legen, die einmal im Jahre erreicht werden, deren zulässige Häufigkeit also $n = 1$ ist, so sind die unterstrichenen Regenfälle bestimmend, und nach der Größe des Zuflußgebietes wird an einem bestimmten Berechnungspunkt des Netzes der eine oder andere Regen die größte Abflußmenge ergeben. Diese Darstellung hat den Nachteil, daß die Regenfälle in Regen einer ganz bestimmten, willkürlich festzusetzenden Dauer zusammengefaßt werden müssen, wodurch Ungenauigkeiten entstehen. Demgegenüber hat das graphische Verfahren den Vorzug, daß man jeden Abschnitt des Regens nach der verschiedenen Regenstärke erfassen und für jede Überlastungshäufigkeit die zugehörigen Werte von Regendauer und Regenstärke ablesen kann.

In Abb. 8 ist eine Auswertung des Beobachtungsmaterials von Danzig nach diesen Gesichtspunkten gegeben, die Reinhold in (*44*) veröffentlicht hat. Die Ermittlung der einzelnen Punkte gleicher Häufigkeit erfolgt in einfachster Weise durch Auszählung der Punkte von oben nach unten, wobei zu beachten ist, daß die Punkte ein und desselben Berechnungsregens nur einmal gezählt werden. Sollen beispielsweise die Regen gesucht werden, die n-mal im Jahre erreicht oder übertroffen werden, und erstrecken sich die Regenbeobachtungen auf a Jahre, so ist jeweils von einer Vertikalen für eine bestimmte Regendauer t derjenige

Punkt festzustellen, der $a \cdot n$ übertroffen wird. Die Punkte gleicher Häufigkeit gruppieren sich um eine Gerade herum, die für diesen Fall die Regenstärkenlinie darstellt. Auf diese Weise erhält man verschiedene Geraden für verschiedene Werte von n, so daß der Einfluß der verschiedenen Überstauungshäufigkeit auf die Dimensionierung des Kanalnetzes sehr leicht ermittelt werden kann.

Im Hinblick darauf, daß bei der Auswahl von n dem subjektiven Ermessen des Entwurfsbearbeiters weiter Spielraum gewährt ist, ist es trotz der Zuverlässigkeit in der Auswertung der Regenbeobachtungen verständlich, daß die der Berechnung des Leitungsnetzes zugrunde gelegten Werte sehr stark voneinander abweichen. In den ersten Jahren der Kanalisationstechnik, als die Beziehung zwischen Regenstärke und Regendauer und der Abflußvorgang noch nicht be-

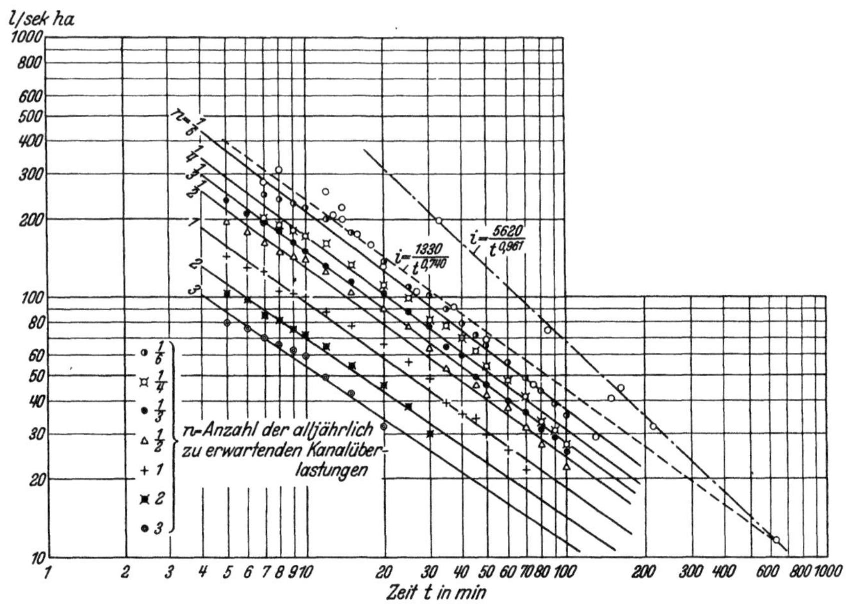

Abb. 8. Häufigkeiten der verschiedenen Zuflußstärken auf Grundlage des Danziger Beobachtungsmaterials[1].

kannt waren, ist vielfach sehr willkürlich verfahren worden, und eine einmal ausgewählte Regenstärke ist für das ganze Gebiet zugrunde gelegt worden. Tabelle 5 gibt einzelne Werte für verschiedene Städte an.

Tabelle 5. Regenstärken für verschiedene Städte.

Berlin nach dem Entwurf von Hobrecht	63,6 l/s/ha
Berlin Radial-System 11 nach dem Entwurf von Meier 1899	91,6 „
Charlottenburg für die Entwässerungsgebiete 1 und 3	83,4 „
Dresden	83,3 „
Nordhausen	80,0 „
Halle	125,0 „
Frankfurt/Main	180,0 „
Wien (Kernstadt)	125,0 „

Die auf ein Entwässerungsgebiet niederfallenden Regenmengen erfahren nun durch Verdunstung und Versickerung eine Verringerung, ehe sie in die Entwässerungsleitungen gelangen. Hierzu gehört auch derjenige Teil des Niederschlages, der von der Pflanzenwelt aufgenommen wird. Die Abflußmengen machen

[1] Nach Reinhold: Gesundh.-Ing. 1927. Seite 326.

also nur einen Bruchteil der Regenmengen aus. Das Verhältnis der von der Einheit der Fläche (1 ha) in die Kanäle gelangenden Wassermenge q zu der Niederschlagsmenge für die gleiche Flächeneinheit i bezeichnet man als Abflußbeiwert φ, so daß

$$q = \varphi i .$$

Der Wert φ ist abhängig

1. von der Oberflächenbefestigung, der Geländeneigung und dem geologischen Aufbau des Niederschlagsgebietes;
2. von der Regendauer und der Regenstärke;
3. von den klimatischen und Witterungsverhältnissen.

Er ist also starkem Wechsel bezüglich der Jahreszeiten unterworfen. Den Haupteinfluß hat die Oberflächenbefestigung, weshalb die meisten Entwurfsbearbeiter die Größe des Abflußbeiwertes variieren, je nachdem mehr oder weniger undurchlässige Befestigungen vorliegen. Der Einfluß der Geländeneigung ist meines Wissens noch nicht Gegenstand exakter Untersuchung gewesen.

Über die Abhängigkeit des Abflußbeiwertes von der Regendauer liegen Versuche vor von dem Mailänder Ingenieur Poggi (*38*). Er gibt die Beziehung durch eine Potenzkurve wieder:

$$\varphi = \mu t^y i^x ,$$

worin t die Niederschlagsdauer in min, i die Regenstärke in l/s/ha und μ, x und y feste Werte sind, die von den besonderen örtlichen Verhältnissen abhängen. Auf dieser Grundlage baut Reinhold (*45*) auf. Auf Grund von Versuchen, die in Danzig gemacht sind, hat er die Abhängigkeit des Abflußbeiwertes von Regendauer und Regenstärke für drei verschiedene Befestigungsarten ermittelt und eine graphische Darstellung gegeben, aus der für diese besonderen Fälle für jede Regenstärke der Wert von φ entnommen werden kann. Nach Imhoff (*12*) muß auf Grund von Schätzungen angenommen werden, daß der Abfluß bei mittlerer Bebauungsdichte infolge der Durchfeuchtung der Oberflächen in $2^1/_2$ Stunden um die Hälfte des ursprünglichen Wertes steigt und daß diese Steigerung allmählich eintritt.

Durch die richtige Berechnung des Abflußbeiwertes wird also die Menge des abzuführenden Regenwassers sehr wesentlich beeinflußt, so daß den städtischen Verwaltungen dringend empfohlen wird, entsprechende Versuche über das Verhältnis von Regenmenge und Zuflußmenge, die in die Kanäle gelangen, anzustellen.

Mangels ausreichender Unterlagen über die Abhängigkeit von den verschiedenen vorstehend aufgeführten Faktoren begnügt man sich damit, für die verschiedenen Arten der Befestigung Mittelwerte in Ansatz zu bringen und daraus für eine bestimmte Art der Bebauung den Abflußbeiwert zu ermitteln. Tabelle 6 gibt derartige Mittelwerte an.

Tabelle 6. Abflußbeiwerte für verschiedene Oberflächenbefestigungen.

Dächer	0,80 bis 0,95
Pflaster mit monolithischer Decke	0,90 „ 0,97
Pflaster mit gedichteten Fugen	0,80 „ 0,90
Pflaster mit nichtgedichteten Fugen	0,50 „ 0,65
Chaussierung	0,35 „ 0,50
Gärten und Anlagen	0,05 „ 0,20
Wald und Flächen in Kultur	0,05 „ 0,10

Aus dem Anteilsverhältnis der Dachflächen, Fahrdammflächen, Bürgersteigflächen usw. an der Gesamtfläche ergeben sich beispielsweise folgende Werte:

1. für ein Gebiet großstädtischer Bebauung

45% Dachfläche	$= 0{,}9 \cdot 45\%$	$= 40\%$
25% Hof- und Gartenfläche	$= 0{,}4 \cdot 25\%$	$= 10\%$
15% Fahrdammfläche	$= 0{,}8 \cdot 15\%$	$= 12\%$
15% Bürgersteigfläche	$= 0{,}4 \cdot 15\%$	$= 6\%$
	zusammen	68%

2. für ein Gebiet offener Bebauung

15% Dachfläche	$= 0{,}8 \cdot 15\%$	$= 12\%$
10% Befestigter Hof	$= 0{,}5 \cdot 10\%$	$= 5\%$
20% Straßen	$= 0{,}55 \cdot 20\%$	$= 11\%$
55% Gärten und Grünflächen	$= 0{,}05 \cdot 55\%$	$= 2{,}7\%$
	zusammen	30,7%

Als Näherungswerte kann man für die verschiedenen Arten der Bebauung nachstehende Werte der Tabelle 7 in Ansatz bringen.

Eine weitere Verringerung der Zuflußmengen zu den Kanälen gegenüber den Niederschlagsmengen kommt dadurch zustande, daß die Regenstärke eines Entwässerungsgebietes nicht überall die gleiche ist, und daß die Starkregen vielfach als Strichregen auftreten. Das kommt besonders zur Wirkung bei weit ausgedehnten Gebieten, indem die maximale Regenstärke nach allen Seiten abnimmt oder durch den Wetterzug nur ein Streifen eines größeren Gebietes betroffen wird.

Tabelle 7. Abflußbeiwerte für verschiedene Bebauungsarten.

Klasse	Bebauungsart	Abflußbeiwert %
1	sehr dicht	85
2	dicht	65
3	geschlossen	50
4	offen	30
5	locker	20

Man hat wohl versucht, einen Regendichtigkeitsbeiwert zu ermitteln, um auf diese Weise der ungleichmäßigen Verteilung der Niederschlagsmengen auf das Niederschlagsgebiet Rechnung zu tragen. Eine allgemeine Festsetzung dieses Wertes ist deshalb nicht angängig, weil die örtlichen Verhältnisse, die auf die Regenstärke und auf die Verteilung des Regens von Einfluß sind, überall anders liegen. Nur insoweit für ein Stadtgebiet eingehende Messungsergebnisse vorliegen, ist es berechtigt, diese als Grundlage für die ungleiche Dichtigkeit der Niederschläge auszuwerten. In allen anderen Fällen empfiehlt es sich, die verschiedene Regendichtigkeit außer acht zu lassen.

Das gilt auch für die Berücksichtigung einer vorherrschenden Regenzugrichtung. Auch hier sind die Beobachtungen zu spärlich, als daß sie zur allgemeinen Grundlage genommen werden könnten. Sprengel (*39*) hat für Offenbach Beobachtungen dieser Art angestellt und sie ausgewertet, um den Einfluß der Wetterzugrichtung auf die Abflußverzögerung in den Kanälen zu ermitteln.

Es empfiehlt sich also, mangels genügender Unterlagen nur den Abflußbeiwert zu berücksichtigen. Durch Multiplikation mit diesen wird aus der Regenstärkenlinie die Zuflußstärkenlinie.

Die größte sekundliche Abflußmenge in einem bestimmten Querschnitt. Für die Berechnung der Leitungen eines Netzes an einem bestimmten Punkte ist diejenige größte Wassermenge maßgebend, die an diesem Punkte überhaupt auftreten kann. Nimmt man einen Regen von konstanter Stärke an, so wird die Abflußmenge an dem zu untersuchenden Punkte allmählich ansteigen und zwar in dem Maße, als sich die Einzugsfläche während der Dauer des Niederschlags vergrößert. Die Abflußmenge wird ihren größten Wert erreichen, wenn von der gesamten Einzugsfläche das Niederschlagswasser den Punkt der Berechnung passiert, wenn also die Abflußzeit von dem äußersten Punkte, die größte Abflußzeit, gleich der Dauer des Niederschlags ist. Ist l der Weg, den der Wassertropfen von der äußersten Stelle bis zum Berechnungspunkte zurückzulegen hat und v die mittlere Geschwindigkeit auf diesem Wege, so gilt demnach für diesen Fall:

$$t_{\max} = \frac{l_{\max}}{v} = t_r\,.$$

Hält der Regen mit derselben Stärke noch weiter an, das heißt ist $t_r > t_{max}$, so erfährt die Abflußmenge keine weitere Vergrößerung, sie behält die Größe

$$Q_{max} = q \cdot F_{max},$$

wenn F_{max} die größte Einzugsfläche und q die von der Einheit der Fläche zum Abfluß gelangende Menge ist.

Sobald $t_r < t_{max}$, d. h. wenn der Regen aufhört, ehe der Regentropfen von dem äußersten Punkte der Einzugsfläche den betreffenden Querschnitt durchfließt, kann Q_{max} nicht zustande kommen, da nach Aufhören des Regens eine Verminderung der Abflußmenge eintritt, indem das gesamte Niederschlagsgebiet nicht gleichzeitig nach dem Punkte der Untersuchung entwässert. Die Leitungsstrecken im unmittelbaren Anschluß an den zu berechnenden Querschnitt erhalten nach Aufhören des Regens kein Wasser mehr aus ihren Einzugsgebieten. Der Höchstwert Q_1, der einige Zeit nach Beendigung des Regens entsteht, bleibt also hinter dem Werte Q zurück. Abb. 9 stellt den Abflußvorgang für die beiden genannten Fälle dar.

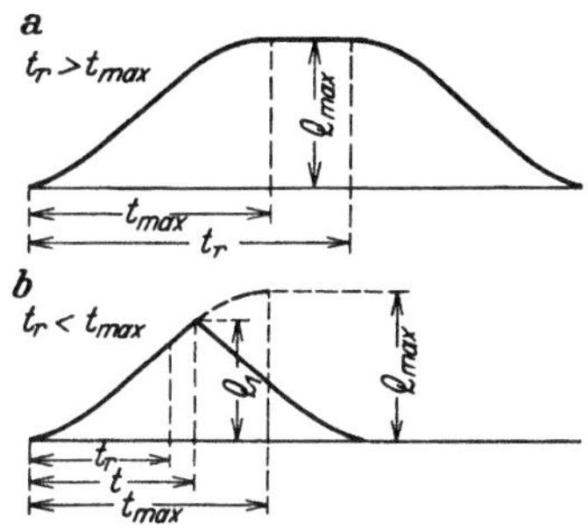

Abb. 9a und b. Allgemeine Abflußvorgänge.

Für den Fall b kann also die gesamte Einzugsfläche nicht zur Wirkung kommen. Vielmehr wird für eine bestimmte Regendauer t_r nur die der Fläche F_1 entsprechende Wassermenge Q_1 gleichzeitig nach dem Berechnungspunkt entwässern. Man sagt, die Wassermengen der in dem äußersten Bereich liegenden Flächen erfahren eine „Verzögerung", und die Differenz der Wassermengen $Q - Q_1$ würde einen Maßstab für die Verzögerung abgeben. Der Ausdruck ist insofern nicht glücklich gewählt, als tatsächlich die in den Kanälen abfließenden Wassermengen nicht zurückgehalten oder sonst in ihrem Abfluß behindert werden. Es soll damit nur zum Ausdruck kommen, daß die Wassermengen aus den äußersten Sammlern zu spät ankommen, um den gleichzeitigen Durchfluß der von der gesamten Einzugsfläche herrührenden Wassermengen zu ermöglichen. Mit Rücksicht darauf, daß der Begriff Verzögerung allgemein in der Literatur eingebürgert ist, mag er für den bezeichneten Vorgang beibehalten werden.

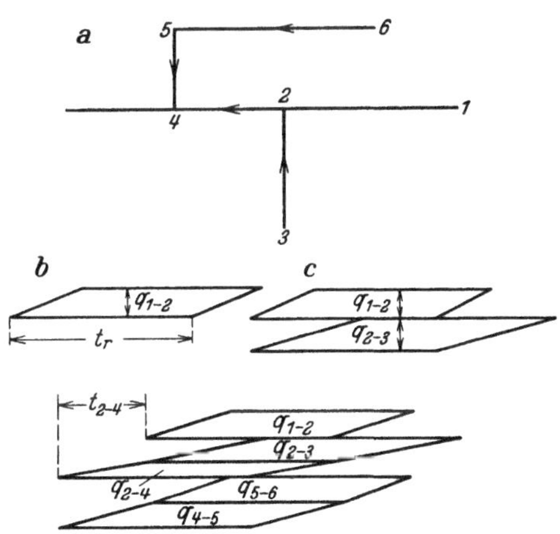

Abb. 10a und b. Spezieller Abflußvorgang.

Um ihn zu klären, sei der Abflußvorgang, der sich in einem Entwässerungsnetz abspielt, im einzelnen klargestellt. Ist Abb. 10a der oberste Teil eines Sammlergebietes, so wird für eine bestimmte Regendauer t_r die Wassermenge, die, von der Strecke *1—2* herrührend, den Punkt *2* durchläuft allmählich ansteigen. Unter der vereinfachenden Voraussetzung, daß die Einzugsfläche proportional der Länge zunimmt, ergibt sich die Abflußfigur 10b, deren Abszissen die Abflußzeiten und deren Ordinaten die Wassermengen darstellen. Die Wassermenge steigt allmählich bis zu einem Größtwerte an, der erreicht ist, wenn die gesamte Einzugsfläche ihr Wasser nach dem Punkte *2* sendet, bis zu der Zeit

$$t_{(1-2)} = \frac{l_{(1-2)}}{v_{(1-2)}}$$

und verbleibt auf dieser Höhe, bis der Regen aufhört, um dann in gleicher Weise wieder abzunehmen. Die Wassermengen, die von der Strecke *2—3* herrühren, werden in ähnlicher Weise ansteigen, wobei die Zeit bis zum Größtwert von dem Gefälle der Leitung abhängig ist. Beide summieren sich gemäß 10c. Die vereinigten Wassermengen $q_{(1-2)}$ und $q_{(2-3)}$ fließen dann weiter bis zum Punkte *4* und verbrauchen dazu die Zeit

$$t_{(2-4)} = \frac{l_{(2-4)}}{v_{(2-4)}}\,.$$

Der Abflußvorgang im Punkte *4* wird also erhalten, indem man die Abflußfigur $q_{(4-5)}$ und $q_{(5-6)}$ mit der zuerst erhaltenen derart kombiniert, daß die Spitzen um die Zeit $t_{(2-4)}$ gegeneinander versetzt sind. In dieser Weise fährt man fort, indem jeweils die Anfangspunkte der Abflußkurve der Leitungsstrecken, die an einem Punkte zusammenkommen, auf derselben Vertikalen angeordnet und die Flutfläche eines Punktes unterhalb um so viel gegenüber der Flutfläche eines

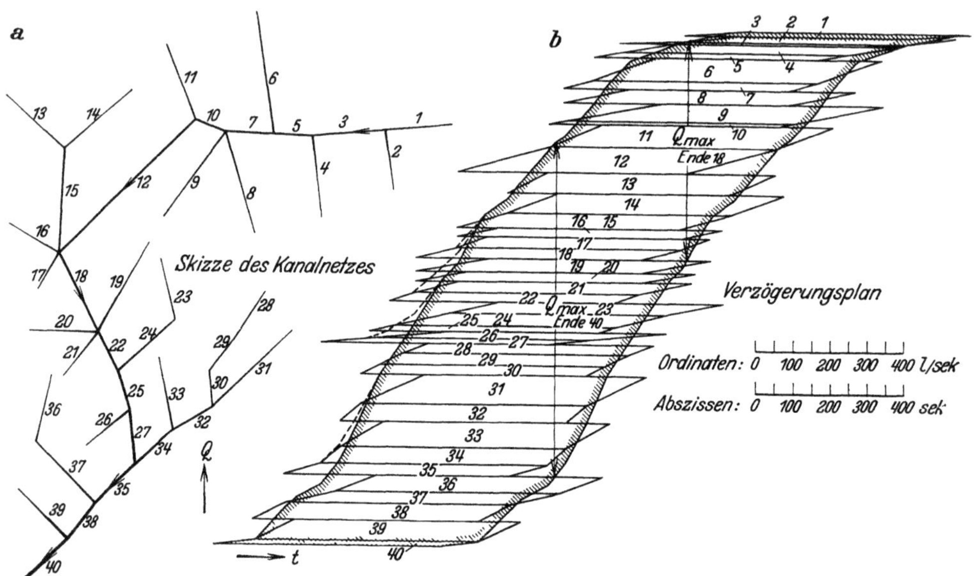

Abb. 11a und b. Verzögerungsplan.

Punktes oberhalb verschoben wird, als die Wassermenge braucht, um von einem Punkte zum anderen zu gelangen. Man erhält auf diese Weise den sogenannten Verzögerungsplan, wobei für jeden Zeitpunkt die abfließende Wassermenge durch die Summe q in der entsprechenden Vertikalen dargestellt wird. Zutreffender wird dieser Plan als Plan des Abflußvorgangs bezeichnet.

Die linke Begrenzung der Flutfläche heißt auch wohl Anlaufkurve und die rechte Ablaufkurve.

Zwecks Aufstellung eines Verzögerungsplanes werden zweckmäßig in Tabellenform die in den einzelnen Leitungsstrecken auftretenden Geschwindigkeiten bei voller Füllung, die zugehörigen Fließzeiten und die Wassermengen festgelegt, und diese Größen dann in der graphischen Darstellung verwertet.

Für ein größeres zusammenhängendes Sammlergebiet der Abb. 11a nimmt der Plan die Gestalt der Abb. 11b an. In derselben stellt die schraffierte Fläche die Flutfläche dar. Aus ihr wird für jeden beliebigen Punkt des Sammlers die größte durchlaufende Wassermenge dadurch erhalten, daß die größte Vertikale rechts des Punktes innerhalb der Flutfläche bestimmt wird. Die Darstellung ergibt, daß bei einem Regen von begrenzter Dauer die größte sekundliche Abflußmenge nicht gleich $\sum q$ ist, sondern kleiner und daß die absolute Größe dieses Wertes abhängt von der Regendauer. Die für einen Punkt des Leitungsnetzes festgestellte größte Wassermenge ist natürlich für alle Leitungsstrecken unterhalb im Sinne der Fließrichtung maßgebend.

Der gezeichnete Plan gilt naturgemäß nur für einen bestimmten Regen von der Dauer t_r. Ändert sich dieser und damit seine Regenstärke, so ergeben sich andere Werte von q und damit ein anderes $q_{\max}$. Es ist also erforderlich, für verschiedene Werte von t_r einen Verzögerungsplan zu zeichnen und daraus das maßgebende $q_{\max}$ zu entnehmen.

Dieses langwierige Verfahren kann umgangen und der Größtwert eindeutig ermittelt werden, wenn man die Einzugsfläche als Summenfläche aufzeichnet und den größten Zuwachs an Fläche in einer bestimmten Zeit mit der dieser Fläche entsprechenden Zuflußstärke kombiniert. Auf dieses von Eigenbrodt (*42*) ausgebildete Verfahren sei besonders verwiesen.

Bei der Wertung des Verfahrens zur Berücksichtigung der Verzögerung darf man nicht außer acht lassen, daß mehrere grundlegende Faktoren unsicher sind. Zunächst liegt ein in allen seinen Teilen bekanntes Entwässerungsnetz nicht vor. Für die oberen Teile des Sammlergebietes, die mit dem Stadterweiterungsgebiet zusammenfallen, kann die Führung der Leitungen erst zusammen mit der Aufstellung eines Bebauungsplanes festgelegt werden. Ferner ist die Annahme, daß die Geschwindigkeit v in allen Fällen der Geschwindigkeit bei voller Füllung entspricht, nicht zutreffend, und endlich besitzt der Regen, der über ein größeres Entwässerungsgebiet niedergeht, nicht überall die gleiche Stärke.

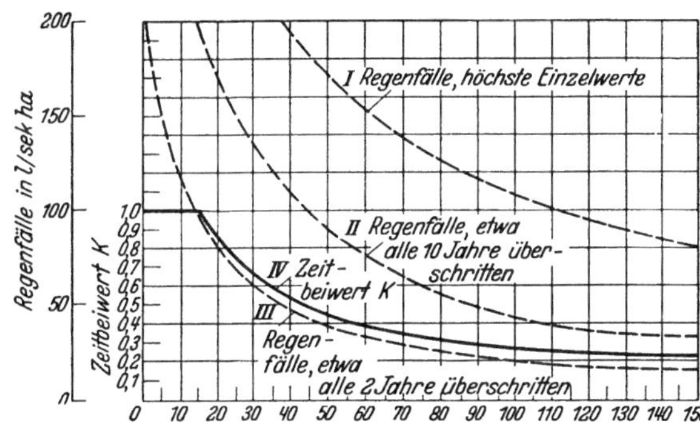

Abb. 12. Häufigkeit der Regenfälle verschiedener Stärke nach Imhoff.

Da die größten Abflußwerte etwa bei Regen von 10 bis 20 min Dauer mit der ihnen eigentümlichen Regenstärke zustande kommen, so wird für die oberen Teile eines Entwässerungsnetzes für die Fließzeit unter der genannten Regendauer eine Verzögerung praktisch nicht in Frage kommen. Bei einem Berechnungsregen von 15 min und einer mittleren Geschwindigkeit von $v = 1{,}2$ m/s werden beispielsweise alle Leitungsstrecken von der Länge

$$l = 1{,}2 \cdot 15 \cdot 60 = 1080\,\text{m}$$

nach diesem größten Regen dimensioniert werden, und erst unterhalb dieser Strecke kann die Abflußmenge durch Verzögerung verringert werden.

Die unsicheren Grundlagen bei der Ermittlung des Abflußvorganges rechtfertigen ein Verfahren, das von Imhoff (*12*) empfohlen wird. Danach soll für die Berechnung der größten Abflußmengen in einem bestimmten Querschnitt ein Regen mit einer Dauer gleich der größten Fließzeit bis zu diesem Querschnitt zugrunde gelegt werden. Wie sich aus durchgerechneten Beispielen ergibt, soll der Fehler in der Abflußmenge gegenüber den früheren Verfahren sich unterhalb der Grenzen halten, die durch die Unsicherheit der genannten grundlegenden Faktoren gegeben sind. Für verschiedene Überlastungshäufigkeiten ergeben sich danach Kurven der Abb. 12, aus denen für jeden Sammler die maßgebende Regenstärke entnommen und die größte Zuflußmenge durch Multiplikation mit der gesamten Einzugsfläche erhalten wird. Setzt man in der Kurve *III* den Höchstwert der Zuflußmenge, die bei 15 min Regendauer entsteht, nämlich 100 s/l/ha = 1, so gibt diese Kurve für jeden Berechnungsregen, der durch die Fließzeit festgelegt ist, einen Verzögerungsbeiwert μ, so daß

$$Q_{\max} = \varphi \mu i F,$$

wenn i die größte Zuflußmenge von 100 s/l/ha ist. Berücksichtigt man weiter, daß mit der Dauer des Regens die Menge des in die Kanäle gelangenden Regenwassers infolge abnehmender Versickerung und Verdunstung ansteigt, so kann man diesen Zeiteinfluß durch eine den ersten Kurven gleichlaufende Kurve erfassen, deren Ordinaten entsprechend größer sind. Der Wert μ geht auf diese Weise über in den Wert k, den Zeitbeiwert, der alle Zeiteinflüsse berücksichtigt, und die größte Abflußmenge ergibt sich zu

$$Q_{\max} = \varphi k i F.$$

Mit dem Vorschlage von Imhoff, einen Verzögerungsbeiwert einzuführen, wird die Lösung des ganzen Problems auf eine Form gebracht, die den ersten Bearbeitern vorgeschwebt hat, die sich mit der Verringerung der Einzugsflächen bei großen Entwässerungsgebieten beschäftigt haben. Es besteht jedoch ein grundsätzlicher Unterschied insofern, als diese den Verzögerungskoeffizienten als Funktion der Größe des Entwässerungsgebietes festlegten, während er in seiner letzten Entwicklung von der längsten Fließzeit und dem dieser entsprechenden Regenstärke abhängig gemacht wird.

Mit Rücksicht auf die Bedeutung, die die Berücksichtigung der Verzögerung in einer Reihe von wissenschaftlichen Arbeiten gefunden hat, sei die geschichtliche Entwicklung dieser Frage im nachstehenden kurz skizziert. Als erster hat der Schweizer Ingenieur Bürkli-Ziegler die Abflußmenge bestimmt aus der Regenmenge und einem Faktor, der von der Entwässerungsfläche abhängig ist. Für den Sonderfall, daß das durchschnittliche Gefälle $J = 1‰$ ist, ergibt sich die Formel

$$\mu = \frac{1}{\sqrt[4]{F}},$$

die in Deutschland unter dem Namen der Bürklischen Verzögerungsformel lange in Anwendung war. Verschiedene Ingenieure haben diese Formel dadurch zu verbessern versucht, daß sie den Wurzelexponenten vergrößerten, gleich 5, 6 usw. setzten und auf diese Weise den Wert von μ erhöhten. Sie hofften, auf diese Weise den tatsächlichen Verhältnissen, wie sie sich bei starken Regen ergeben haben, besser Rechnung zu tragen, von einer ernsthaften Prüfung der Grundlagen der Formel war jedoch keine Rede. Im Jahre 1893 hat Frühling im Handbuch der Ingenieur-Wissenschaften (*6*) erstmalig eine eingehende Kritik der Formel gegeben und darüber hinaus den Weg zur Klarstellung der ganzen Frage gewiesen, wie der Abflußvorgang sich tatsächlich abspielt. Auf seinen Arbeiten haben dann Hauff, Vicari, Breitung, Heyd weiter gebaut und die graphischen Methoden zur Erfassung des Abflußvorgangs entwickelt. Durch die Kombination des Abflußvorgangs mit den in den letzten Jahrzehnten gewonnenen Erkenntnissen über die Abhängigkeit von Regendauer und Regenstärke ist danach das Verfahren der Bestimmung der größten Abflußmenge von Eigenbrodt zu hoher Vollkommenheit entwickelt.

Bei jedem Entwurf für eine größere Kanalisationsanlage werden zur Zeit in Deutschland an Hand des zeichnerischen Verfahrens für den Abflußvorgang die Größtwerte der Abflußmengen für die verschiedenen Querschnitte ermittelt. Die oben beschriebene Kurvendarstellung von μ nach Imhoff gilt nur für das Gebiet der Emscher-Genossenschaft und darf nicht verallgemeinert werden. Dagegen kann das Verfahren als Näherungsverfahren gute Dienste leisten, sofern für das in Betracht kommende Entwässerungsgebiet die Beziehungen zwischen Regendauer und Regenstärke durch lange dauernde Beobachtungen geklärt sind. Bei einem bestehenden Entwässerungsnetz leistet der Verzögerungsplan wertvolle Dienste wenn es gilt festzustellen, ob ein neues Baugebiet an den vorhandenen Sammler angeschlossen werden kann oder nicht.

C. Das Aufspeicherungsvermögen der Kanäle.

Wird ein Kanalnetz in allen seinen Punkten nach der maßgebenden Einzugsfläche und der zugehörigen Abflußstärke berechnet, so werden die so erhaltenen Kanalquerschnitte jeweils nur bei den dem betreffenden Berechnungspunkte entsprechenden Abflußstärken voll in Anspruch genommen. Da im allgemeinen mit zunehmender Entfernung vom Anfang des Kanalnetzes die maßgebende Abflußzeit zunimmt und demnach die Regenstärke abnimmt, so sind für diese Regenstärken die oberhalb liegenden Kanalquerschnitte nicht vollkommen ausgenützt. Es bleibt oberhalb der Wasserlinie ein Raum, der als Speicherraum benutzt werden kann. Ist P_1 ein bestimmter Kanalquerschnitt und g_1 die zugehörige Abflußstärke, ist P_2 ein anderer in der Fließrichtung unterhalb davon liegender Querschnitt und g_2 die zugehörige Abflußstärke, so gilt $g_1 > g_2$. Für den Punkt P_1 ist demnach die maßgebende Wassermenge $Q_{\max} = g_1 F_1$. Die Abflußmenge, die für den Punkt P_2 bestimmend ist, ergibt dagegen nur ein $Q = g_2 F_1$, die kleiner als $Q_{\max}$ ist. Der Querschnitt im Punkte P_1 wird also durch den für den Punkt P_2 maßgebenden Regen nicht voll in Anspruch genommen. Und das gleiche gilt für alle oberhalb von P_2 liegenden Querschnitte.

Um den Speicherraum für die Berechnungen nutzbar zu machen, könnten also die Querschnitte in den unteren Teilen des Kanalnetzes kleiner gehalten werden, als sich nach den angegebenen Berechnungsverfahren ergibt. Der dadurch entstehende Rückstau wird ein Auffüllen der Speicherräume der oberen Strecken zur Folge haben, ohne daß der verringerte Querschnitt am Punkte P_2 eine Erhöhung der Wasserspiegellinie über die Scheitellinie hinaus erzeugt. Die genaue Erfassung der Vorgänge ist bei einem bestehenden Kanalnetz nicht schwierig, dagegen erfordert sie bei einem zu entwerfenden Netz sehr viel Rechnungsarbeit. Andererseits gilt für den Einfluß des Speicherraumes das gleiche wie bei der Verzögerung, daß nämlich gewisse vereinfachende Voraussetzungen gemacht werden müssen, die den Wert der ganzen Untersuchung in Frage stellen. Es ist deshalb im allgemeinen davon Abstand zu nehmen, das Aufspeicherungsvermögen der Kanäle in die Berechnung einzuführen.

Die Frage des Speicherraumes ist erstmalig erörtert von Schrank (*40*) und dann später näher behandelt von Eigenbrodt (*42*) und Reinhold (*43*).

D. Verhältnis zwischen Brauchwassermenge und Regenwassermenge.

Die Brauchwassermenge schwankt, wie aus der Tabelle 3 hervorgeht, je nach der Dichte der Bebauung und der Größe des Wasserverbrauchs zwischen 0,2 bis 2,7 l/s/ha. Als Mittel mag der Wert 0,8 bis 1,2 gelten. Die Regenmenge, die in den Kanälen zum Abfluß kommend der Berechnung zugrunde gelegt wird, ist von den verschiedensten Faktoren abhängig. Eine Menge von 50 bis 80 l/s/ha stellt einen Mittelwert dar. Danach beträgt die abzuführende Regenwassermenge etwa das 50- bis 60fache der Brauchwassermenge.

Für die Berechnung der Leitungen des Mischverfahrens kann deshalb bei kleineren Entwässerungsgebieten das Brauchwasser vollkommen vernachlässigt werden. Bei größeren Entwässerungsgebieten empfiehlt es sich, wenigstens bei der Berechnung der Hauptsammler den Regenwassermengen das Brauchwasser zuzuschlagen, um die Leistungsfähigkeit der Kanäle richtig zu berechnen.

Beim Trennverfahren unterscheiden sich die Abmessungen der Regenleitungen infolge des angegebenen Verhältnisses nur wenig von den Leitungen des Mischverfahrens. Die Brauchwasserleitungen dagegen erhalten vergleichsweise geringe Abmessungen. Da man aus Gründen der Unterhaltung unter ein kleinstes Maß, 20 cm, nicht heruntergeht, so reicht dieser Durchmesser aus, um ein verhältnismäßig großes Gebiet zu entwässern, wie aus folgender Überlegung hervorgeht: Das mittlere Gefälle der Leitungen betrage 3,0‰ und der kleinste Durchmesser der Brauchwasserleitung 20 cm. Dann ist diese Leitung imstande, 15 s/l abzuführen. Rechnet man mit einer Brauchwassermenge von 0,8 l/s/ha, so kann also mit der kleinsten Leitung ein Gebiet von rund 19 ha entwässert werden. Und erst bei einer weiteren Vergrößerung der Einzugsfläche wächst der Durchmesser allmählich an.

Anders liegen die Verhältnisse, soweit die Gesamtwassermenge über einen längeren Zeitraum bzw. die Jahreswassermenge in Frage kommt. Diese interessiert im Hinblick auf die Ausgestaltung der Kläranlage, namentlich bei den natürlichen biologischen Verfahren, und besonders für die Dimensionierung und den Kraftbedarf der Pumpwerke.

Um die Gesamtwassermengen zu bestimmen, sei ein Gebiet von 50 ha zugrunde gelegt mit einer Bevölkerungsdichte von 250 Einwohner/ha, d. h. ein Entwässerungsgebiet von 12500 Einwohnern. Nimmt man einen Wasserverbrauch von 100 l/Kopf/Tag an, so ergibt sich die Jahreswassermenge des Brauchwassers Q zu

$$Q_b = 36{,}5 \cdot 250 \cdot 50 = 456250\,\mathrm{m}^3 .$$

Zur Bestimmung der Jahresmenge des Regenwassers Q_r mag angenommen werden, daß der Ort eine jährliche Regenhöhe von 600 mm habe und daß von dieser 50% in die Kanäle gelange. Dann ist

$$Q_r = 0{,}5 \cdot 0{,}6 \cdot 50 \cdot 100 \cdot 100 = 150000\,\mathrm{m}^3 ,$$

d. h. die Regenwassermenge macht nur etwa 33% der Brauchwassermenge aus.

Die tatsächlich in den Pumpwerken der Stadt Berlin geförderten Wassermengen bestätigen diese Rechnung. Nach den Aufzeichnungen derselben beträgt die Menge des geförderten Regenwassers rund 40% der Brauchwassermenge.

E. Die in den Kanälen tatsächlich zum Abfluß gelangenden Wassermengen.

Die Annahme bezüglich der abzuführenden Regenwassermengen ergeben nur Annäherungswerte, wie wiederholt betont ist. Die tatsächlichen Verhältnisse sind viel zu vielgestaltig, als daß der Abflußvorgang rechnerisch genau erfaßt werden könnte. Genaue Werte können nur erhalten werden durch fortlaufende Messungen der in den Kanälen abfließenden Wassermengen. Setzt man diese in Beziehung zu den Regenwassermessungen, so ist die Möglichkeit gegeben, die Berechnungsgrundlagen nachzuprüfen und auf diese Weise das Problem der Klärung zuzuführen.

Für die Zwecke der exakten Messung genügt es nicht, an einem Punkte des Kanalnetzes die Wasserstände fortlaufend zu registrieren, sondern es muß gleichzeitig das Wasserspiegelgefälle, das sich bei jeder Füllung ändert, mit aufgenommen werden. Ein Apparat, der für diese Zwecke empfohlen werden kann, ist der selbsttätige Differenzpegel der Firma Fueß-Berlin. Er zeichnet die Wasserstandsunterschiede zwischen zwei bestimmten Punkten eines Kanals unabhängig von der jeweiligen Wassertiefe in natürlicher Größe auf. Zu dem Zwecke werden an zwei Meßstellen Rohrleitungen nach Schwimmerbrunnen geführt, in denen sich Schwimmkörper bewegen. Von diesen führen Drahtleitungen nach dem Pegelwerke und übertragen die jeweiligen Wasserstände der Meßstellen auf eine Achse, die mit zwei Kegelrädern ausgerüstet ist, welche durch ein Differentialgetriebe miteinander verbunden sind. Die Bewegung dieses Rades wird durch einen zweiarmigen Hebel auf einen Schreibstift übertragen. Außerdem wird die jeweilige Wassertiefe einer Meßstelle durch einen Kontrollschwimmpegel unmittelbar auf denselben Papierbogen im verkleinerten Maßstab aufgetragen.

F. Verteilung der Wassermengen auf die einzelnen Entwässerungsleitungen.

Die Belastung der Straßenleitungen ergibt sich aus dem Zufluß von den Straßensinkkästen und von den Hausanschlüssen. Sie der Größe nach im einzelnen bestimmen zu wollen, hätte deshalb keinen Sinn, weil eine Anpassung in der Wahl der Rohrleitungen an diese geringen Schwankungen der Wasserführung nicht möglich ist, denn für die Profile stehen nur gewisse handelsübliche Abmessungen zur Verfügung, die durch die Normen festgelegt sind und werkmäßig hergestellt werden. Es ist deshalb berechtigt, die Einzugsfläche einer Leitung durch die Mittellinie des Baublockes und durch die Winkelhalbierende zu begrenzen, wie dies in Abb. 13 dargestellt ist. Aus der Gesamtfläche wird die größte Brauchwassermenge und die größte Regenwassermenge, wie bereits dargelegt, bestimmt, und es ist Brauch, diese für die Dimensionierung der Leitung auf die ganze Länge des Blockes unter normalen Verhältnissen zugrunde zu legen. Dadurch wird noch eine gewisse Sicherheit erzielt, die im Hinblick auf vorkommende Überlastungen des Kanalnetzes erwünscht ist. Bei großen Blocklängen von 200 und mehr m, wie sie in den neueren Bebauungsplänen vorkommen, wird man die Flächen unterteilen und die Leitungen in ihrem Querschnitt den wechselnden Wassermengen anpassen.

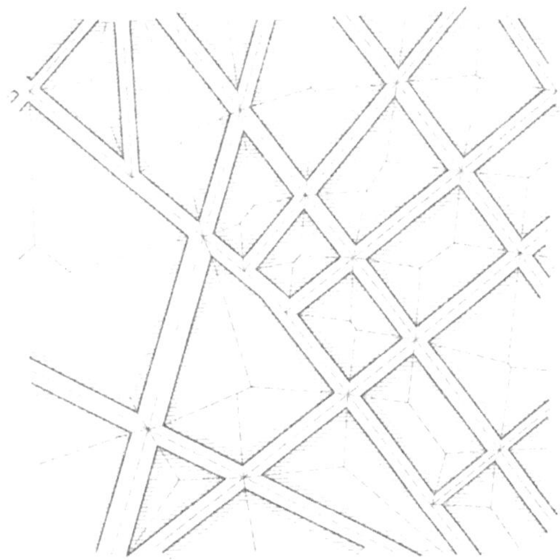

Abb. 13. Aufteilung eines bebauten Gebietes.

V. Die Ableitung des Abwassers.

A. Querschnittsbestimmung.

Für die Berechnung der Rohrleitungen sei unterstellt, daß eine gleichförmige Bewegung vorliege, d. h. daß alle Querschnitte untereinander gleich sind und daß die Geschwindigkeitsverteilung in den Querschnitten dieselbe sei und sich nicht mit der Zeit ändere. Für diesen Fall ergibt sich nach dem Bernoullischen Theorem die Druckgleichung zwischen den Stellen z und $z + dz$ der Leitungsachse:

$$\frac{dp}{\gamma} + dz = \zeta_1 \frac{v^2}{2g} ds,$$

worin $\frac{p}{\gamma}$ die Druckhöhe und $\frac{v^2}{2g}$ die Geschwindigkeitshöhe, ζ_1 ein auf die Längeneinheit bezogener Widerstandskoeffizient und ds das Bogenelement der Rohrachse bedeutet, siehe Forchheimer, Hydraulik. Der Quotient $\frac{d\left(\frac{p}{\gamma}+z\right)}{ds}$ stellt den Gefällsverlust der Längeneinheit oder das Druckgefälle dar und mag mit J bezeichnet werden. Dann ist

$$J = \zeta_1 \frac{v^2}{2g} = f(v).$$

Der Koeffizient ζ_1 ist in erster Linie von der Beschaffenheit der Rohrwandungen und von dem Gefälle abhängig.

Über den Bau der Funktion können nur Versuche Aufschluß geben. Auf Grund dieser schreibt man sie in offenen Läufen meist in der Gestalt:

$$v = c\sqrt{RJ}, \tag{1}$$

worin $R = \frac{F}{u} = \frac{\text{Querschnittsfläche}}{\text{benetzter Umfang}}$ den Profilradius und c eine Konstante darstellt.

Über die Natur von c haben Darcy-Bazin grundlegende Versuche angestellt, nach denen c abhängig ist von der Rauheit der Wandungen und von dem Profilradius. Die schweizerischen Ingenieure Ganguillet und Kutter machen auf Grund eingehender Versuche den Wert c außerdem von dem Gefälle abhängig.

Als Kuttersche Formel wird eine Abkürzung bezeichnet, nach der

$$c = \frac{100\sqrt{R}}{b+\sqrt{R}} \quad \text{und} \quad v = \frac{100\sqrt{R}}{b+\sqrt{R}}\sqrt{RJ}, \tag{1a}$$

worin b mit der Rauheit der Wandung veränderlich ist.

Diese Formel galt ursprünglich nur für offene Gerinne. Es stellte sich jedoch heraus, daß sie auch für Rohre in den vorkommenden Abmessungen gute Dienste leistet. Sie wird deshalb in der Kanalisationstechnik jetzt allgemein angewendet.

Bei der Benutzung der Formel (1a) ist die richtige Bemessung des Rauhigkeitsbeiwertes b von ausschlaggebender Bedeutung. Kutter unterscheidet je nach der Beschaffenheit der Kanalwände und Sohle 12 Rauhigkeitsbeiwerte. Unter diesen interessieren für die Kanalisationstechnik folgende:

gut geglätteter Zement und sorgfältig bearbeitetes Holz	$b = 0{,}15$
gut gefugte Bretter, große Eisen- und Eisenbetonleitungen	$b = 0{,}20$
sorgfältig hergestelltes Ziegelmauerwerk und reine Steinzeugkanäle. . . .	$b = 0{,}2 - 0{,}5$
Ziegelmauerwerk, Betonkanäle, im Gebrauch befindliche Steinzeugrohre .	$b = 0{,}30 - 0{,}35$
gewöhnliches Mörtelmauerwerk, älteres Ziegelmauerwerk u. roher Betonputz	$b = 0{,}45 - 0{,}50$

Bei der Auswahl von b ist zu berücksichtigen, daß ein Teil der Energie des fließenden Wassers durch die in den Rohrleitungen vorhandenen Ablagerungen aufgezehrt wird, so daß die Geschwindigkeit bei den in Betrieb befindlichen alten Rohrleitungen geringere Werte ergibt. Andererseits überziehen sich die Profile der städtischen Entwässerungsleitungen nach einer gewissen Betriebszeit mit einer Schmutzschicht, der sogenannten Sielhaut, so daß die verschiedenen Rauhigkeitsgrade der Wandungen allmählich sich ausgleichen. Hierdurch ist es begründet, für alle Arten von Rohren einen festen Durchschnittswert von b in Ansatz zu bringen. Als solcher gibt der Wert $b = 0{,}35$ Ergebnisse, die den Abflußverhältnissen gut Rechnung tragen.

Die Grundgleichungen für die Berechnung der Kanalisationsleitungen haben demnach die Form

$$v = \frac{100\sqrt{R}}{0{,}35+\sqrt{R}}\sqrt{RJ} \quad \text{und} \quad Q = vF. \tag{1b}$$

Unter den neuen Formeln, die v von dem Rauhigkeitsbeiwert abhängig machen, sei die Potenzformel von Forchheimer[1] genannt:

$$v = kR^{0,7}J^{0,5}. \tag{2}$$

[1] Forchheimer: Hydraulik. Leipzig und Berlin: B. G. Teubner 1930.

Für Kanalisationsleitungen kann k als Mittelwert $= 76$ gesetzt werden, so daß

$$v = 76 R^{0,7} J^{0,5}. \tag{2a}$$

Der Unterschied zwischen den Formeln (1b) und (2a) ist gering, wie Reinhold (*44*) nachweist, so daß neben der gekürzten Kutterschen Formel die Formel von Forchheimer Anwendung finden kann.

Da der Profilradius R mit zunehmender Größe der Querschnittsfläche F wächst, so ergibt sich bei demselben Gefälle und dem gleichen Rauhigkeitszustand eine wachsende Geschwindigkeit in den größeren Rohren. Um einen gewissen Kleinstwert der Geschwindigkeit nicht zu unterschreiten, können also die unteren Strecken eines Sammlergebietes mit geringerem Gefälle ausgerüstet werden als die oberen, oder das verfügbare Gefälle ist auf die einzelnen Leitungen eines Sammlers so zu verteilen, daß die oberen Strecken ein größeres Gefälle bekommen und das Gefälle allmählich abnimmt in dem Maße, als der Leitungsquerschnitt zunimmt. Es ergibt sich auf diese Weise eine konkave Form des Längsprofils.

Für kreisförmige Rohre mit voller Füllung gilt $R = \frac{d}{4}$. Es ergeben sich danach folgende Werte von c gemäß Tabelle 8:

Tabelle 8. Werte von c für Kreisprofile.

d	0,2	0,3	0,4	0,5	0,6	0,7	0,8	1,0	1,2	1,6
R	0,05	0,075	0,1	0,125	0,15	0,175	0,2	0,25	0,3	0,4
c	39	44	47	50	52	54	56	59	61	64

Neben den kreisförmigen Profilen sind vor allen Dingen die eiförmigen Profile mit den Abmessungen der Abb. 15 in Anwendung. Für diese ist $h = 1,5\,d$, $F = 1,149\,d^2$, $u = 3,965\,d$ und bei voller Füllung $R = 0,29\,d$.

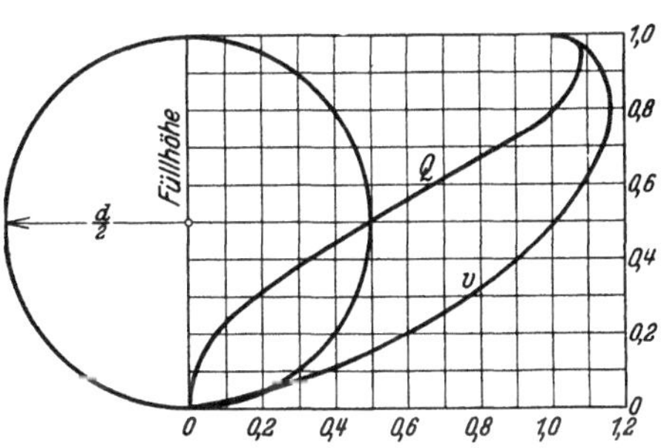

Abb. 14. Kreisprofil mit Füllungskurve.

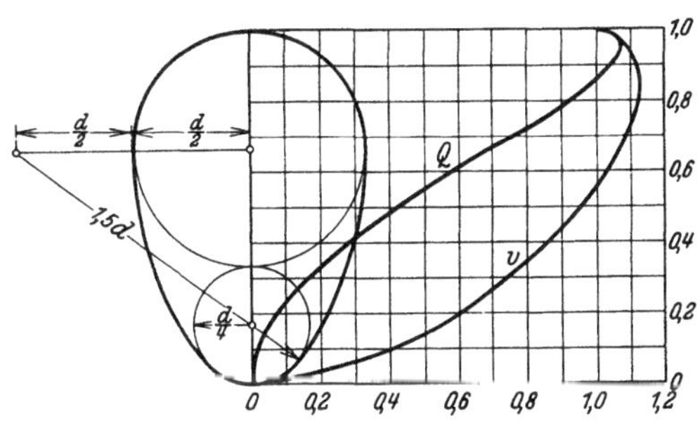

Abb. 15. Eiprofil mit Füllungskurve.

Für verschiedene Füllungshöhen kann man aus der Kutterschen Formel die Werte von Q und v ohne weiteres berechnen. Trägt man diese Werte graphisch auf, so ergibt sich die Darstellung der Abb. 14. Aus dieser geht hervor, daß die Leistungsfähigkeit des Kreisprofils bei voller Füllung bereits bei einer Füllungshöhe von $0,8\,d$ erreicht wird, und daß die größten Wassermengen bei $0,91\,d$ Füllung abfließen. Die Geschwindigkeit ist bei den Füllungen $0,5\,d$ und d die gleiche. Zwischen diesen beiden Füllungsgraden erreicht v Werte, die das 1,18fache der Werte bei voller Füllung ausmachen. Die Füllungshöhe bei Trockenwetterabfluß wird allgemein mit $^1/_6$ der Höhe des Kanals angesetzt.

Die Berechnung anderer Profile wie umgekehrte Eiprofile, Haubenprofile, Maulprofile usw. ist einfach aber umständlich. Es empfiehlt sich deshalb von einem Annäherungsverfahren Gebrauch zu machen, daß von Imhoff (*50*) mitgeteilt ist.

Danach werden die Querschnitte der verschieden gestalteten Profile in Beziehung gebracht zu einem Kreis gleicher Breite d. Das Verhältnis der Leistungsfähigkeit der beiden zu vergleichenden Querschnitte bleibt zwar mit wachsendem

d nicht gleich, vielmehr ist es eine Funktion des Profilradius R. Der Fehler, der dabei begangen wird, bleibt jedoch innerhalb der Grenzen, die man bei der Kanalisation allgemein zulassen kann. Sind die beiden Beiwerte v/v_1 und Q/Q_1 für einen bestimmten Querschnitt F einmal berechnet, so kann man mit ihrer Hilfe

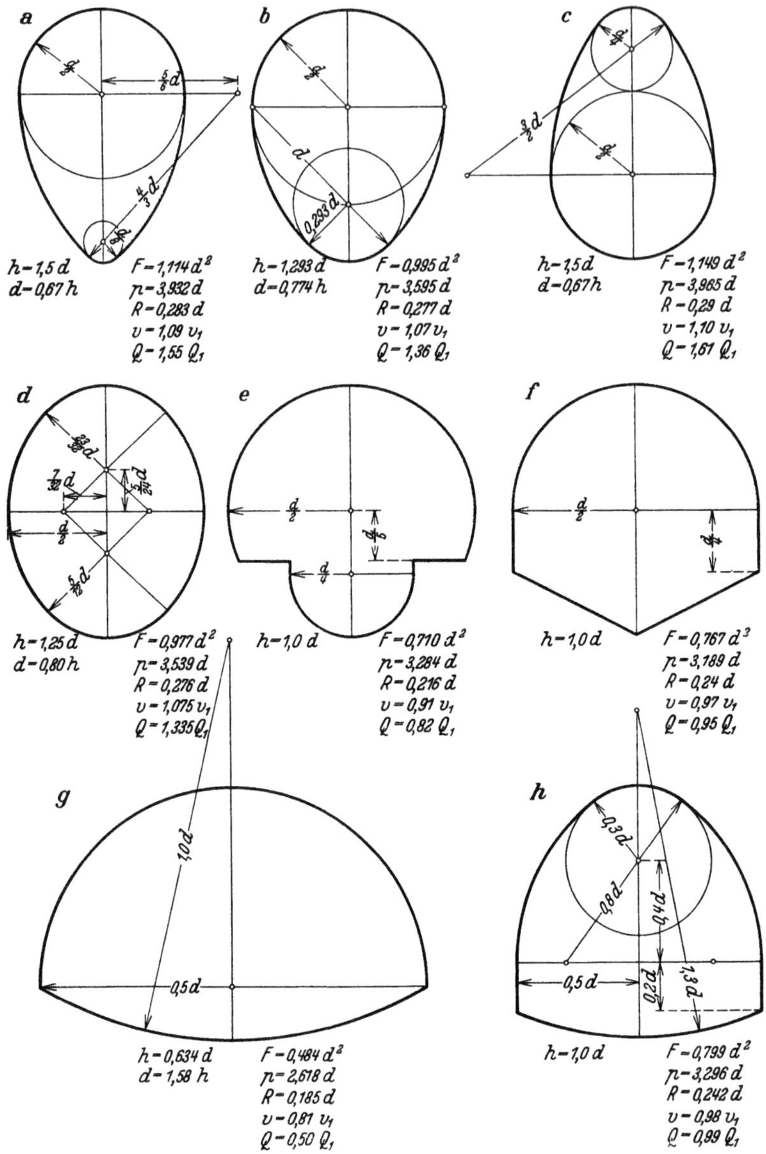

Abb. 16a bis h. Verschiedene Profile mit ihren Bestimmungsgrößen.

die für den Kreis aufgestellten Tabellen ohne weiteres benutzen, und in gleicher Weise die Kurve von Q und v für verschiedene Füllungsgrade ermitteln, vgl. (*8*).

Beispiel. Für das Profil Abb. 16a soll das Gefälle bestimmt werden, das benötigt wird, um 1180 l/s abzuführen bei $d = 0{,}8$ m. Dann gilt

$$Q_1 = \frac{Q}{1{,}55} = \frac{1180}{1{,}55} = 760 \text{ l/s}.$$

Für ein Kreisprofil mit $d = 0{,}8$ m erhält man bei dieser Wassermenge ein Gefälle von 3,64 ‰ und ein $v_1 = 1{,}51$ m/s. Die Geschwindigkeit in dem spitzen Eiprofil ergibt sich zu $v = 1{,}09 \cdot 1{,}51 = 1{,}64$ m/s.

Mit den Formeln (1b) sind die Beziehungen zwischen Q, F, J festgelegt. Sofern zwei dieser Größen gegeben sind, kann die dritte berechnet werden, und damit können alle in der Kanalisationstechnik vorkommenden Aufgaben gelöst werden. Im allgemeinen gilt es, aus der errechneten Wassermenge Q und dem durch die Oberflächengestaltung bestimmten Gefälle J den Querschnitt F der Leitung zu ermitteln. Die auftretenden Geschwindigkeiten v für verschiedene Füllungsgrade sind danach zu bestimmen.

Bei der praktischen Entwurfsarbeit bedient man sich für die am meisten vorkommenden Kreis- und Eiprofile zweckmäßig mechanischer Hilfsmittel, mit Hilfe deren die zugehörigen Werte Q, F und J sowie die zugehörige Geschwindigkeit v ohne weiteres ermittelt werden können. Als solche kommen in Frage:

a) Tabellen, aus denen für verschiedene Durchmesser bei wechselndem Gefälle die Werte für Q und v entnommen werden können.

b) Kurventafeln nach Art der Abb. 17a und 17b für Kreisprofile, 18a und 18b für Eiprofile.

Die Tafel entsteht wie folgt: Aus der Gleichung $Q = cF\sqrt{RJ}$ ergibt sich für einen bestimmten Durchmesser durch Logarithmieren

$$\log Q = \log c_1 + \tfrac{1}{2}\log J, \quad \text{wobei} \quad c_1 = c\,F\sqrt{R}.$$

Im logarithmischen System aufgetragen, bedeutet die Gleichung eine gerade Linie und für verschiedene Durchmesser ist die Richtung die gleiche, nämlich $\operatorname{tg}\varphi = \frac{1}{2}$. Durch die additive Konstante $\log c_1$, die nur vom Durchmesser abhängig ist, erhält man die parallele Kurvenschar.

In ähnlicher Weise ergeben sich bei variablen Q und variablen J die Kurven für die Geschwindigkeit v.

c) Nomogramme nach Art der Abb. 19a für kreis- und 19b für eiförmige Profile. Die Tafeln sind nach der bekannten Methode der fluchtrechten Punkte aufgestellt, über die zahlreiche Schriften Aufschluß geben.

B. Querschnittsform.

Bei den Leitungen des Mischverfahrens schwankt die Wasserführung in weiten Grenzen. Der Trockenwetterabfluß, der während der größten Zeit des Jahres die Leitung belastet, ergibt nur eine geringe Füllungshöhe, während die Regenwassermengen die Leitungen voll beanspruchen. Die **Anforderungen**, die an die Querschnittsausbildung zu stellen sind, gehen infolgedessen dahin, daß bei geringer Wasserführung eine kleinste, zulässige Geschwindigkeit v_{min} nicht unterschritten wird, da andernfalls die mitgeführten Schmutzstoffe sich ablagern und der Wasserabfluß behindert wird. Die Ausgestaltung der Sohle ist also im besonderen der Niedrigwasserführung anzupassen. Grundsätzlich ist in der Sohle der Wasserstrom zusammenzuhalten, damit die genügende Schwimmtiefe vorhanden ist, die erforderlich ist, um die mitgeführten Schwimm- und Sinkstoffe abzuschwemmen.

Diesen Anforderungen entspricht am besten die Ausgestaltung der Sohle in Kreisform oder Halbkreisform, da bei diesen der Profilradius $R = \frac{F}{u}$ seinen Größtwert aufweist. Das trifft naturgemäß nur zu bei voller Füllung oder bei Profilen mit besonderen Gerinnen für Trockenwetterabfluß dann, wenn das Brauchwasser das halbkreisförmige Gerinne gerade ausfüllt. Berücksichtigt man weiter die Schwankungen des Trockenwetterabflusses, der in den Nachtstunden nur einen Bruchteil der größten Brauchwassermenge ausmacht, so würde ein auf

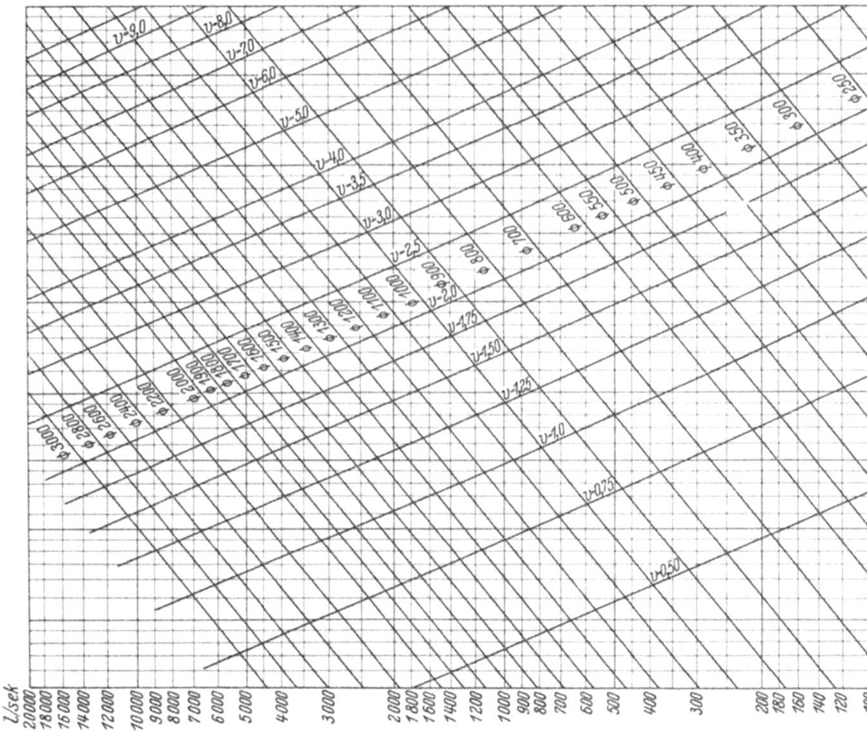

Abb. 17b.

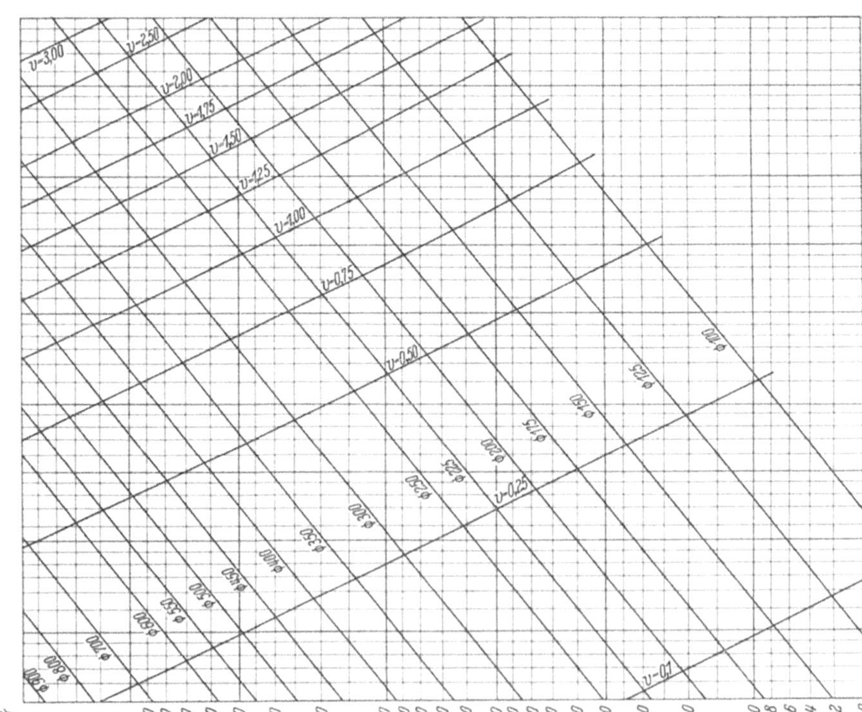

Abb. 17a.

Abb. 17a und b, Tafel zur Berechnung von Kreisprofilen.

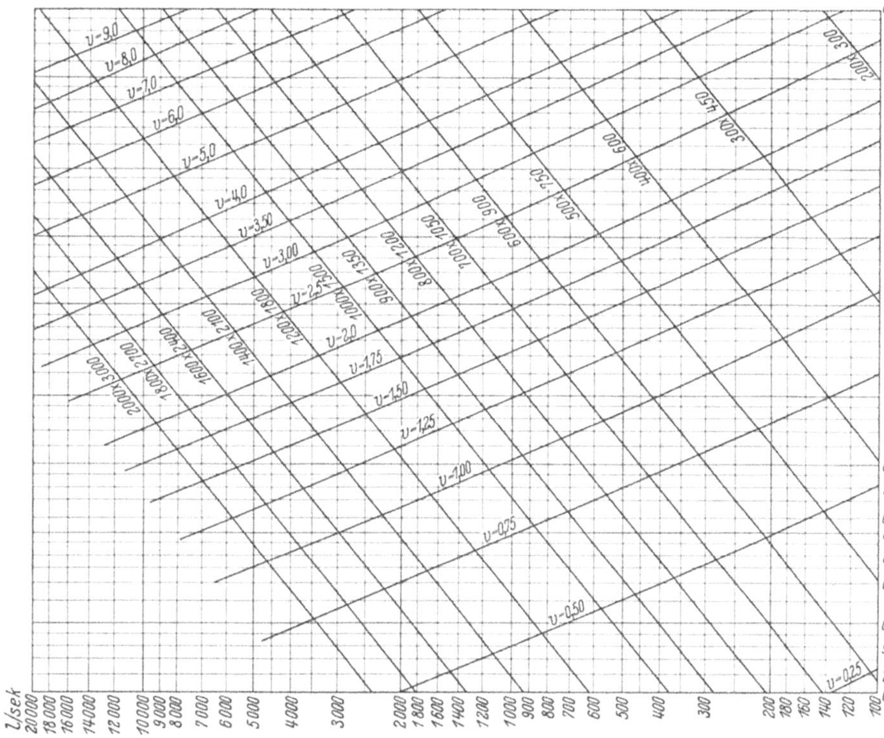

Abb. 18b.

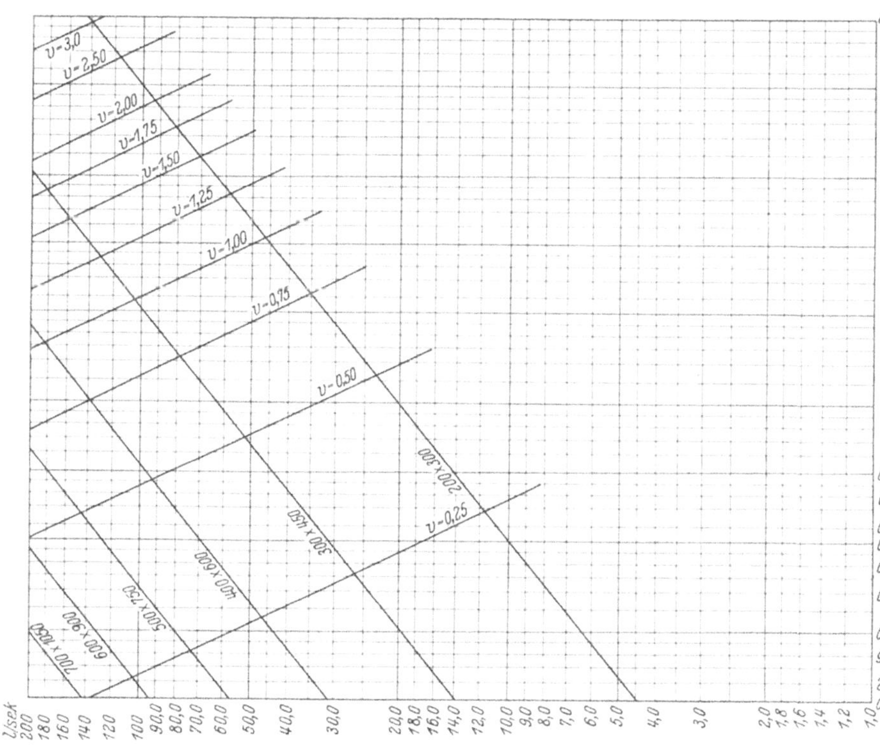

Abb. 18a.

Abb. 18a und b. Tafel zur Berechnung von Eiprofilen.

der Spitze stehendes Dreieck diesen Verhältnissen am besten Rechnung tragen. Da nun die Herstellung der Spitzenform gewisse technische Schwierigkeiten verursacht, wählt man vorzugsweise Formen, bei denen der Krümmungshalbmesser der Sohle klein ist.

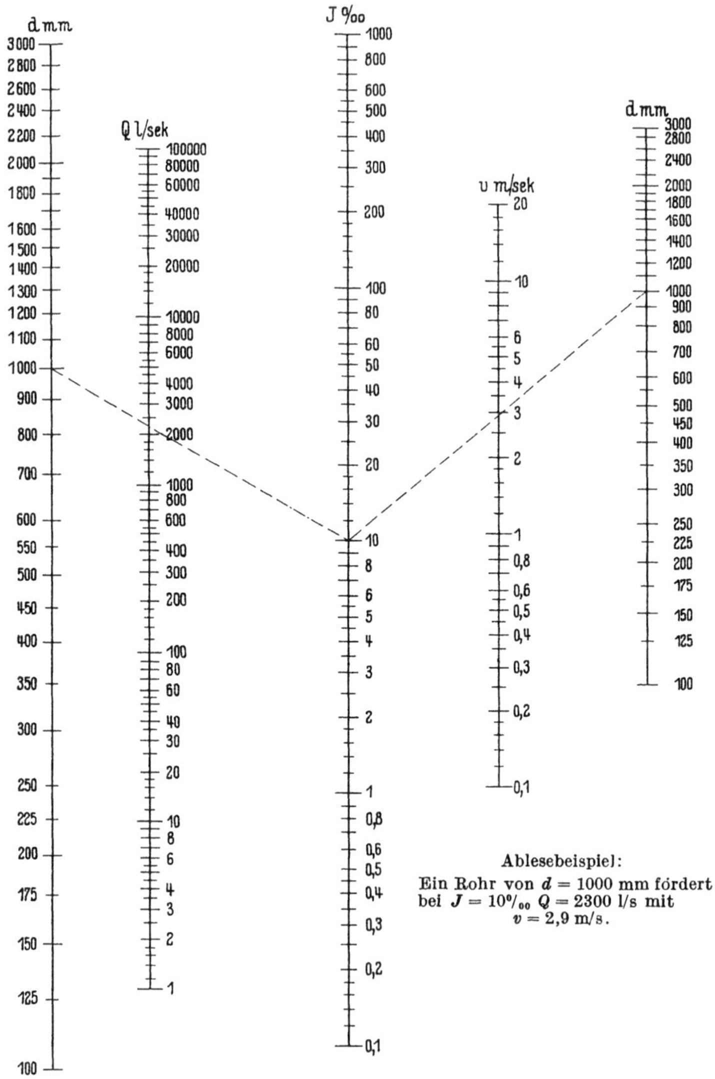

Abb. 19a. Nomogramm zur Berechnung von Kreisprofilen.

Hiernach kommen für die Leitungen des *Mischverfahrens* bei *kleinen* Durchmessern entweder das Kreisprofil, oder das Eiprofil in Frage. Sofern Wert darauf gelegt wird, Steinzeugmateıial zu verwenden (vgl. Abschnitt VI A), scheidet das Eiprofil aus, da die Herstellung desselben Schwierigkeiten macht. Für die *mittleren* Größen eignet sich in erster Linie das Eiprofil. Bei der Auswahl des Profils für die *großen* Sammler spielen noch mehrere andere Gesichtspunkte mit, wie weiter unten ausgeführt wird.

Beim *Trennverfahren* erhalten die Brauchwasserleitungen im allgemeinen Kreisform, bei größeren Abmessungen auch wohl Eiform. Die Regenwasserleitungen bedürfen keiner besonderen Sohlenausgestaltung, da bei ihnen infolge der geringen Schwankungen der Wasserführung die Gefahr der Ablagerung von Schmutzstoffen gering ist.

Außer den normalen Eiprofilen verwendet man das überhöhte Eiprofil (Abb. 16 a), wenn die Wasserspiegellinie hoch liegt, und das gedrückte oder um-

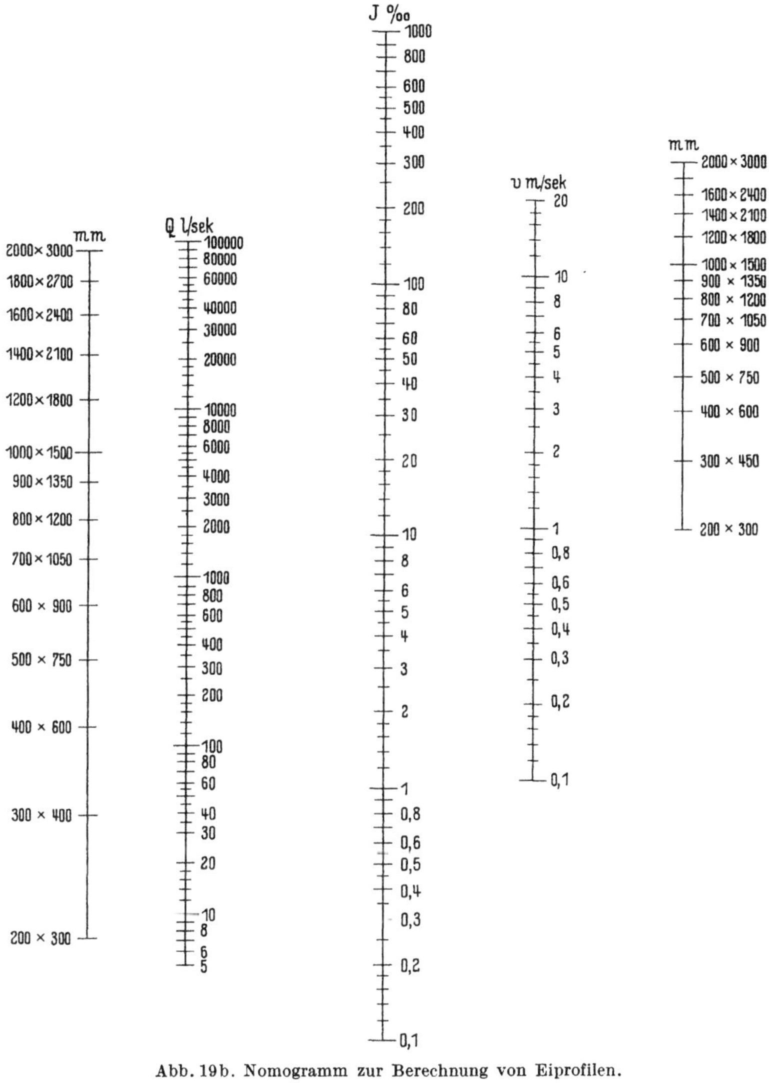

Abb. 19b. Nomogramm zur Berechnung von Eiprofilen.

gekehrte Eiprofil (Abb. 16b und 16c), wenn es gilt, die Wasserspiegellinie herunterzudrücken. Den gleichen Zweck erfüllt auch das symmetrische Profil gemäß Abb. 16d.

Die genannten Profile erfordern große Höhen und sind statisch ungünstig, soweit größere Abmessungen in Betracht kommen. Man wählt deshalb für diese Haubenprofile (Abb. 16h), oder Maulprofile (Abb. 16g), und rüstet diese erforderlichenfalls mit einer besonderen Schmutzwasserrinne aus (Abb. 16e und 16f). Durch die Auswahl der Profile hat man es danach in der Hand, sich den besonderen örtlichen Verhältnissen anzupassen. Verläuft beispielsweise die Wasserspiegellinie wenig über dem Grundwasserstand, oder sind die Gründungsverhältnisse schwierig, oder kann bei höherer Anordnung der Sohle eine Grundwasserhaltung vermieden werden, so wird man ein flaches Profil wählen, während unter normalen Verhältnissen aus statischen Gründen im allgemeinen dem Haubenprofil der Vorzug zu geben ist.

Bei großen Sammlern muß Wert darauf gelegt werden, daß während der Dauer des Trockenwetterabflusses die Leitungen begehbar sind. Die Wassertiefe darf also ein gewisses Maß nicht überschreiten, und außerdem darf die lebendige Kraft des abfließenden Wassers die in den Kanälen sich Bewegenden nicht gefährden. Nach Untersuchungen in Charlottenburg ist ein Kanal begehbar, wenn $h \leqq 0{,}65$ m und $h^2 v \leqq 0{,}21$ m³/s ist. Andernfalls muß das Wasserspiegelgefälle durch Einschalten von Abstürzen ermäßigt werden.

Ist die Bauhöhe an Kreuzungsstellen oder anderen Bauwerken begrenzt, so kommt wohl eine weitere Verbreiterung und eine ebene Decke in Frage.

Endlich sind bei allen Ingenieurbauwerken die Baukosten entscheidend für die Auswahl der Profile bei sonst gleicher Eignung für einen bestimmten Zweck.

Die Notauslässe haben Wassermengen abzuführen, die ein Mehrfaches der Trockenwetterabflußmenge ausmachen. Infolgedessen sind die Schwankungen in der Wasserführung sehr viel geringer als bei den normalen Sammlern, so daß in erster Linie die Maulprofile Verwendung finden. Da überdies meistens bei den Notauslässen die Wasserspiegellinie in geringer Tiefe unter der Erdoberfläche verläuft, so sind auch aus diesem Grunde gedrückte Profile angezeigt.

C. Tiefenlage und Gefälle.

1. Tiefenlage.

Die Mindesttiefenlage der Entwässerungsleitung wird bestimmt durch die Möglichkeit, die Keller zu entwässern, durch das Erfordernis, eine Überschwemmung der Keller tunlichst zu vermeiden, durch die Frostsicherheit der Leitungen und durch die Rücksichtnahme auf das Grundwasser.

Die erforderliche Tiefenlage der Kanäle kann in den meisten Fällen nur in den oberen Strecken frei gewählt werden. In dem weiteren Verlauf eines Sammlers ist sie dadurch festgelegt, daß ein durchlaufendes Gefälle von den oberen Leitungen bis zur Reinigungsanlage erforderlich ist. In flachem, ebenem Gelände werden infolgedessen die unteren Teile des Sammlers in größere Tiefen verlegt werden müssen, als durch die obengenannten Anforderungen bedingt ist. Man wird auch vielfach die Herstellung im Grundwasser nicht umgehen können. Dagegen wird man sich in geneigtem Gelände meistens dem Oberflächengefälle anpassen können, so daß die Tiefenlage abhängt von den obigen grundlegenden Gesichtspunkten.

Im allgemeinen muß angestrebt werden, die Entwässerungsleitungen so tief anzulegen, daß die Sohlen sämtlicher Keller entwässert werden können. Auf diese Weise ist die Benutzung der Keller für die verschiedenen Zwecke möglich. Es können Waschküchen im Keller untergebracht werden, es können auch die in vielen Städten noch üblichen Kellerwohnungen hygienisch einwandfrei gestaltet werden. Nimmt man eine mittlere Tiefenlage der Kellersohle von 1,3 bis 1,8 m unter der Straßenkrone an, so ergibt sich bei normalen Straßenbreiten und Grundstückstiefen unter Hinzurechnung von 0,5 m für das Gefälle der Anschlußleitungen, für die Abflußtiefe des Einlaufes und für die Lage des Einlaufstutzens über der Sohle der Straßenleitung im Mittel eine Tiefenlage von 1,8 bis 2,3 m.

In Großstädten wird in denjenigen Stadtteilen, wo tiefere Keller für Geschäftszwecke in größerer Zahl vorhanden sind, darauf bei der Festsetzung der Tiefenlage Rücksicht genommen, so daß dort Tiefen von 3,0 und mehr m angebracht sind. Dagegen können einzelne Tiefkeller, wie sie beispielsweise bei der Unterbringung von Aborten in großen Wirtschaftsbetrieben im Kellergeschoß vorkommen, nicht maßgebend sein für die festzulegende Tiefenlage der Kanäle. In einem solchen Fall muß vielmehr das Abwasser in die höher gelegenen Straßenleitungen gehoben werden.

Große Grundstückstiefen mit Hinterhausbebauung in einer oder mehreren Staffeln erfordern naturgemäß eine größere Tiefenlage, desgleichen große Straßenbreiten. Doch kann man im letzteren Fall durch Verlegen von zwei Leitungen, eine Leitung an jeder Straßenseite, an Länge des Anschlusses und damit an Gefälle sparen. Bei großen Profilen mit starken Schwankungen zwischen *NW* und *HW* muß ferner darauf Bedacht genommen werden, daß die Entwässerungsmöglichkeit der Keller nicht nur bei Trockenwetterabfluß, sondern auch bei Regenwasserführung gegeben ist.

Diese Anforderung deckt sich mit der zweiten grundlegenden Forderung, wonach die Leitungen so tief anzuordnen sind, daß eine Überschwemmung der Keller nach Möglichkeit ausgeschlossen wird. Das gilt jedoch nur für das Mischverfahren, nicht für das Trennverfahren, weil bei dem letzteren jedes Austreten von Wasser aus den Regenleitungen in den Keller ausgeschlossen ist, wie im Abschnitt III des näheren dargelegt ist. Die Kanäle so tief zu legen, daß bei jeder Überlastung die Wasserspiegellinie unter der Kellersohle bleibt, ist aus wirtschaftlichen Gründen ausgeschlossen, denn die Kosten der ganzen Ausführung wachsen mit der größeren Tiefenlage, wenngleich das Maß der Steigerung vielfach überschätzt wird. Es kann deshalb im allgemeinen wirtschaftlich verantwortet werden, wenn die höchste Wasserspiegellinie mindestens 2,0 m unter der Straßenoberfläche verläuft.

Die Frostsicherheit ist in unseren Breiten im allgemeinen gegeben durch die übliche Tiefenlage der Kanäle. Auch in denjenigen Fällen, wo der Kanal in den Frostbereich, der etwa bis 1,5 m tief geht, heranreicht, ist eine Gefährdung der Leitungen nicht zu befürchten, da das Abwasser auch im Winter Temperaturen aufweist, die mehrere Grade über 0 liegen. Gelangt Schmelzwasser in die Kanäle, so ist dies deshalb nicht in der Lage, die Temperatur des Wassers unter den Gefrierpunkt abzukühlen. Unter anderen klimatischen Verhältnissen mit langdauernden und starken Kälteperioden kann jedoch durch die Kanalluft eine bedenkliche Abkühlung des Wassers zustande kommen, so daß eine Lage in größeren Tiefen mit höheren Bodentemperaturen notwendig sein kann.

Beim Trennverfahren liegen die Brauchwasserleitungen in der durch die Kellertiefe festgelegten Lage. In der Anordnung der Regenwasserleitungen besteht Freiheit, wenn sie nur so hoch über der ersteren verlegt werden, daß die Anschlußleitungen zum Brauchwasserkanal unter der Regenleitung hindurchgeführt werden können. Die höchste Lage ist durch die Lage der Anschlußstutzen der Straßenabläufe begrenzt. Eine absolut frostsichere Lage der Regenleitungen ist in mittleren Breiten nicht unbedingt erforderlich, da das Schmelzwasser, was allein gefährlich werden könnte, erfahrungsgemäß den Bestand der Rohrleitung nicht gefährdet.

Die Rücksichtnahme auf das Grundwasser ist in doppelter Beziehung von Bedeutung. Einmal muß nach Möglichkeit vermieden werden, daß die Leitungen in den Grundwasserspiegel eintauchen, weil die Haltung des Grundwassers bei der Bauausführung erhebliche Kosten verursacht. Sofern es sich nur um wenige cm handelt, um die der Grundwasserspiegel gesenkt werden muß, genügt eine Oberflächenwasserhaltung, die mit erschwinglichen Kosten durchzuführen ist. Wenn aber mit Grundwasserabsenkung gearbeitet werden muß, bedeutet dies eine starke Verteuerung der Ausführung. Aus wirtschaftlichen Gründen ist also die Verlegung der Leitungen oberhalb des Grundwasserspiegels anzustreben, gegebenenfalls durch Wahl gedrückter Profile. Zum andern ist es vielfach erwünscht, im Zusammenhang mit der Kanalisation eine dauernde Absenkung des

Grundwasserspiegels zu halten, um die hygienischen Verhältnisse einer Wohngegend zu verbessern. In einem solchen Falle müssen die Leitungen notgedrungen unter dem mittleren Grundwasserspiegel verlegt werden. Das Nähere hierüber wird in Abschnitt V behandelt.

Wenn auf diese Weise die Tiefenlage der Entwässerungsleitungen festgelegt ist, so werden sich im allgemeinen keine Schwierigkeiten ergeben im Verhältnis zu anderen Leitungen im Straßenkörper. Die Anschlußleitungen der Kanalisation werden unter den verschiedenen Versorgungssträngen zur Straßenleitung geführt werden können.

2. Gefälle.

Unter Gefälle schlechtweg versteht man in der Kanalisationstechnik das Sohlengefälle der Leitungen. Dieses ist maßgebend für die Fortbewegung des Wassers bei Teilfüllung der Kanäle, im besonderen bei Trockenwetterabfluß. Für die Dimensionierung der Leitungen dagegen ist das Wasserspiegelgefälle bestimmend, das sich bei der Abführung der Wassermengen des Berechnungsregens ergibt. Bei voller Inanspruchnahme der Leitungen muß angestrebt werden, daß das Wasserspiegelgefälle mit der Scheitellinie des Kanals zusammenfällt. Das ist jedoch nur bei guten Gefällsverhältnissen erreichbar. In anderen Fällen wird die Wasserspiegellinie mehr oder weniger von der Scheitellinie abweichen. Sie kann ein stärkeres Gefälle haben, wenn beispielsweise wie in Abb. 20 aus besonderen Gründen eine größere Tiefenlage erwünscht ist. Sie kann ein schwächeres Gefälle haben zu Zeiten der Regenwasserführung im Hauptsammler wie in Abb. 21.

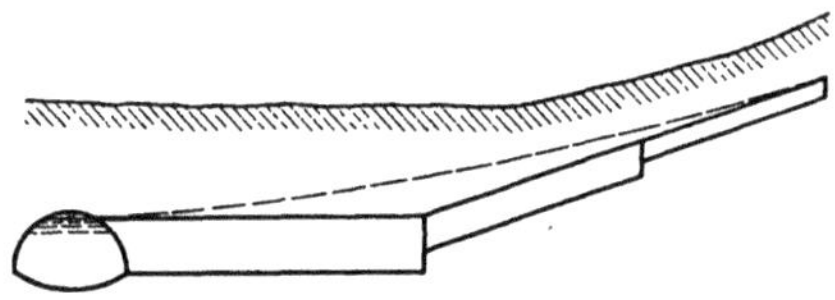

Abb. 20. Wasserspiegel in Beziehung zur Scheitellinie.

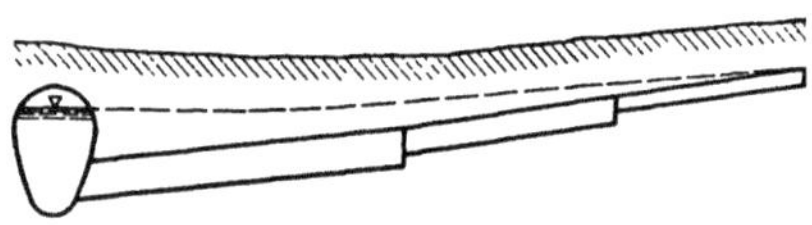

Abb. 21. Wasserspiegel in Beziehung zur Scheitellinie.

Die Kenntnis des genauen Verlaufs der Wasserspiegellinie bei einer bestimmten Belastung ist wichtig, wenn es sich darum handelt, die Überfallschwellen von Entlastungsanlagen zu bestimmen. Umgekehrt kann durch die örtlichen Verhältnisse, namentlich durch den Wasserstand des Vorfluters, die Höhenlage der Überfallschwellen vorbestimmt sein, so daß dadurch die Wasserspiegellinie festliegt, während sich das Sohlengefälle innerhalb gewisser Grenzen, die besonders durch den zulässigen Innendruck der Kanäle bestimmt sind, ändern kann.

Das kleinste Sohlengefälle muß der Bedingung entsprechen, daß die im Brauchwasser vorhandenen Schmutzstoffe, die sich teils an der Oberfläche bewegen, teils im Wasser schwimmend gehalten werden, teils auf der Sohle wandern, abgeschwemmt werden. Dazu gehört eine gewisse Geschwindigkeit und eine bestimmte Schwimmtiefe. Die letztere soll erfahrungsgemäß das Maß von 2 bis 3 cm nicht unterschreiten, da andernfalls eine Berührung der Schwimmstoffe mit der Sohle der Leitung und als Folge davon eine größere Reibung bei der Fortbewegung des Wassers eintritt. Die geringste zulässige Geschwindigkeit bei dieser Wassertiefe kann gleichfalls nur durch Erfahrung gewonnen werden, da der Charakter des Abwassers mit seinem stark schwankenden Gehalt an Schmutzstoffen aller Art eine genaue Bestimmung ausschließt. Im allgemeinen ist eine Geschwindigkeit $v = 0{,}4$ m/s als geringste Geschwindigkeit anzusprechen. Für die Schleppkraft, die erforderlich ist, um die Sinkstoffe weiter zu bewegen, gilt das gleiche, wie bei der Geschiebebewegung in Flüssen. Es ist $S = \gamma J R$, wenn γ das Eigengewicht des Wassers bezeichnet. Auf Grund von Versuchen von Weidlich (*51*) ergibt sich als kleinste Schleppkraft, bei der sich das Kanalnetz selbst rein hält, für Steinzeugrohre 0,25 kg/m² und für Zementrohre 0,35 kg/m². Bei einer mittleren Füllhöhe von 0,3 *h* ergeben sich daraus die in Tabelle 9 angegebenen Sohlengefälle, siehe Vicari (*52*).

Tabelle 9. Kleinste Gefälle in ‰, bei denen sich das Kanalnetz selbst reinhält.

1. Kreisprofil (Steinzeugrohre).

h/H	200	300	400	500	600	700
0,3	7	5	3,6	3	2,4	2,1

2. Eiprofil (Zementrohre).

h/H	200 × 300	300 × 450	400 × 600	500 × 750	600 × 900	700 × 1050
0,3	9	6	4,5	3,5	3	2,5

In den oberen Strecken des Sammlergebietes wird diese Geschwindigkeit vielfach nicht zu erreichen sein; zu gewissen Nachtstunden werden die Leitungen sogar vollkommen trocken laufen. Es werden infolgedessen Ablagerungen eintreten, die den Abfluß behindern und an Ausdehnung immer mehr und mehr zunehmen. Ein starker Regenfall wird meistens ausreichen, um diese fortzuschwemmen. Im Interesse eines ordnungsmäßigen Betriebs kann dieser jedoch nicht abgewartet werden, sondern es muß durch eine regelmäßige Spülung dafür Sorge getragen werden, daß die Leitungen von Ablagerungen frei bleiben. Das geschieht am besten unter Verwendung von selbsttätigen Spüleinrichtungen, die in ganz bestimmten Zeiträumen eine Sturzwelle erzeugen und auf diese Weise die Leitungen rein halten.

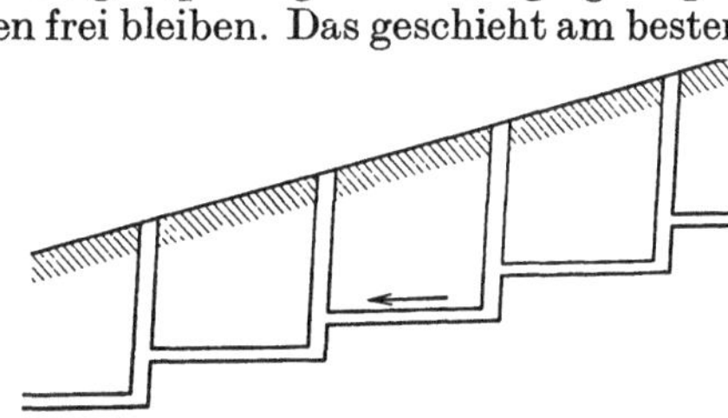

Abb. 22. Anordnung von Abstürzen.

Das größte zulässige Sohlengefälle ist in erster Linie durch die Rücksichtnahme auf den Bestand der Kanalsohle bestimmt. Der von dem Abwasser mitgeführte Sand übt eine schleifende Wirkung aus, die um so größer ist, je größer die Geschwindigkeit ist. Die zulässigen Grenzwerte für die Geschwindigkeit bei Trockenwetterablauf sind verschieden je nach dem Sohlenmaterial. Bei Betonrohren liegen sie etwa bei 1,1 bis 1,3 m/s, während bei Steinzeugschalen unbedenklich höhere Werte angenommen werden können. Andererseits dürfen die Geschwindigkeiten auch bei diesen ein gewisses Maß nicht überschreiten, damit das Wasser den Sinkstoffen nicht vorauseilt, und diese an der Sohle liegen bleiben. Der angegebene Mittelwert von 1,2 m/s hat deshalb für alle Arten von Rohrleitungen Geltung. Ihm entspricht eine Geschwindigkeit bei voller Füllung von 2,5 bis 3 m. Bei den Regenkanälen des Trennverfahrens können die Geschwindigkeiten bei voller Füllung noch höher, etwa mit 4 bis 5 m/s zugelassen werden, da die volle Füllung nur wenige Male im Jahre erreicht wird.

Werden diese Grenzgeschwindigkeiten beachtet, so kann mit einer normalen Lebensdauer der Kanäle gerechnet werden. Bei Material geringerer Schleifhärte, wie bei Betonkanälen, empfiehlt es sich deshalb, die Sohle von einem gewissen Gefälle an mit härterem Material in Gestalt von Steinzeugschalen auszukleiden, oder sie in einem besseren Mischungsverhältnis herzustellen. In Nordhausen hat Verfasser die Kanäle der Regenwasserleitungen, bei denen die Geschwindigkeit v größer als 2,0 m/s war, mit Steinzeugschalen ausgerüstet, um eine vorzeitige Zerstörung der Sohle zu verhindern.

Ergeben sich bei der Anpassung der Leitungen an die Oberflächengestaltung größere Geschwindigkeiten, so muß die Energie des abströmenden Wassers durch Abstürze gebrochen werden gemäß Abb. 22. Die Leitungsstrecken zwischen den einzelnen Abstürzen bekommen dann ein Gefälle, bei dem die vorstehend angegebenen größten Geschwindigkeiten nicht überschritten werden. Bei Kanälen größerer Abmessungen wird man den senkrechten Absturz zweckmäßig durch ein Abfallbauwerk ersetzen, bei dem die Energie der abfallenden Wassermengen in geeigneter Weise vernichtet wird. Das Nähere hierüber geht aus Abschnitt VI C hervor.

Das günstigste Gefälle bezüglich Reinhaltung der Kanäle liegt nach allgemeinen Erfahrungen dann vor, wenn bei Trockenwetterabfluß eine mittlere Geschwindigkeit von rund 0,8 m/s vorhanden ist. Dann wird in den Nachtstunden die verringerte Geschwindigkeit zureichen, um Ablagerungen zu verhindern, so daß eine Spülung nur ausnahmsweise in Frage kommt. Die hieraus sich ergebenden Gefälle sind in der Tabelle 10 eingetragen.

Tabelle 10. Erforderliche Gefälle für eine Geschwindigkeit von 0,80 m/s, wenn die Füllhöhe gleich $^1/_6\,h$ ist.

Kreisprofile.

d mm	200	300	400	500	600	700	800	900	1000	1100	1200
J ‰	37,20	18,60	11,70	8,15	6,02	4,75	3,85	3,21	2,68	2,36	2,05

Eiprofile.

Profil mm	200 × 300	300 × 450	400 × 600	500 × 750	600 × 900	700 × 1050
J ‰	26,00	13,3	8,50	5,82	4,40	3,45

Profil mm	800 × 1200	900 × 1350	1000 × 1500	1100 × 1650	1200 × 1800
J ‰	2,94	2,34	2,00	1,75	1,55

Diese erstrebenswerte Geschwindigkeit wird nur selten in dem größeren Teile eines Kanalnetzes zu erreichen sein. Ebensowenig wird es möglich sein, in einem durchgehenden Sammler ungefähr die gleiche mittlere Geschwindigkeit zu halten, was erwünscht ist, um Ablagerungen infolge Geschwindigkeitsänderungen zu vermeiden. Die Anpassung an die Oberflächengestaltung und die dadurch bedingte Ersparnis an Erdarbeiten wird meistens von ausschlaggebender Bedeutung sein, so daß die Anforderungen an die Geschwindigkeit demgegenüber zurücktreten müssen.

Die tatsächlich angewendeten Gefälle werden sich also im flachen Gelände sehr nahe an der unteren zulässigen Grenze und im hügeligen Gelände mehr in der Nähe der oberen zulässigen Grenze bewegen. In ebenem Gelände gehen die Gefällsverhältnisse sogar bis auf 0,5 bis 0,3‰ zurück, und in den Küstengebieten werden die Hauptsammler zuweilen waagerecht verlegt, wobei sich je nach der Füllung ein verschiedenes Wasserspiegelgefälle einstellt.

Das verfügbare absolute Gefälle wird, wie bereits im Abschnitt V A begründet ist, so verteilt, daß die oberen Strecken eines Sammlergebietes stärkeres Gefälle aufweisen und daß dieses mit der Vergrößerung der Profile allmählich abnimmt. In flachem Gelände muß man mit dem Gefälle sehr stark haushalten. Schon einige Zentimeter spielen eine Rolle, wenn es sich darum handelt, das Längsprofil eines Sammlers so festzusetzen, daß ein Heben auf die Reinigungsanlage oder in den Vorfluter vermieden wird. Die erforderliche Höhe kann auch gegebenenfalls durch eine größere Entwicklung des Hauptsammlers erreicht werden, indem dieser mit geringem Gefälle verlegt wird als der Wasserlauf aufweist, der die Abwässer aufzunehmen hat. Im übrigen ist jeder Gefällsverlust peinlichst zu vermeiden. Zu dem Zwecke sind bei Richtungsänderungen schlanke Kurven einzuschalten, die den Übergang von einer Richtung zur anderen vermitteln. Im Längsprofil ist ein stetiger Verlauf der Wasserlinie anzustreben, und außerdem sind die Übergänge aus einem kleineren Profil in ein größeres so zu gestalten, daß keine störenden Strömungen zustande kommen.

D. Lage der Leitungen im Straßenkörper.

In einer modernen Straße müssen die verschiedensten Leitungen untergebracht werden. Zunächst sind es die Versorgungsleitungen, die den Häusern Gas, Wasser und elektrische Energie zuführen. Neuerdings kommt die Lieferung von Wärme aus städtischen Fernheizwerken noch hinzu, deren Leitungen nicht unmittelbar in die Erde gebaut, sondern in Betonkanälen verlegt werden und infolgedessen den Straßenquerschnitt stark belasten. Außer den Versorgungsleitungen müssen noch die Verkehrsleitungen, wie Telephonkabel, Postkabel und Feuerkabel, sowie die Entwässerungsleitungen untergebracht werden. Zu diesen in jeder Straße einzubauenden Leitungen kommen noch in gewissen Straßenzügen die Transportleitungen verschiedenster Art, wie die Hauptstränge der Gas- und Wasserversorgung, Hauptkabel der allgemeinen Elektrizitätsversorgung, Speisekabel für die Straßenbahn, Druckrohrleitungen für die Kanalisation und andere.

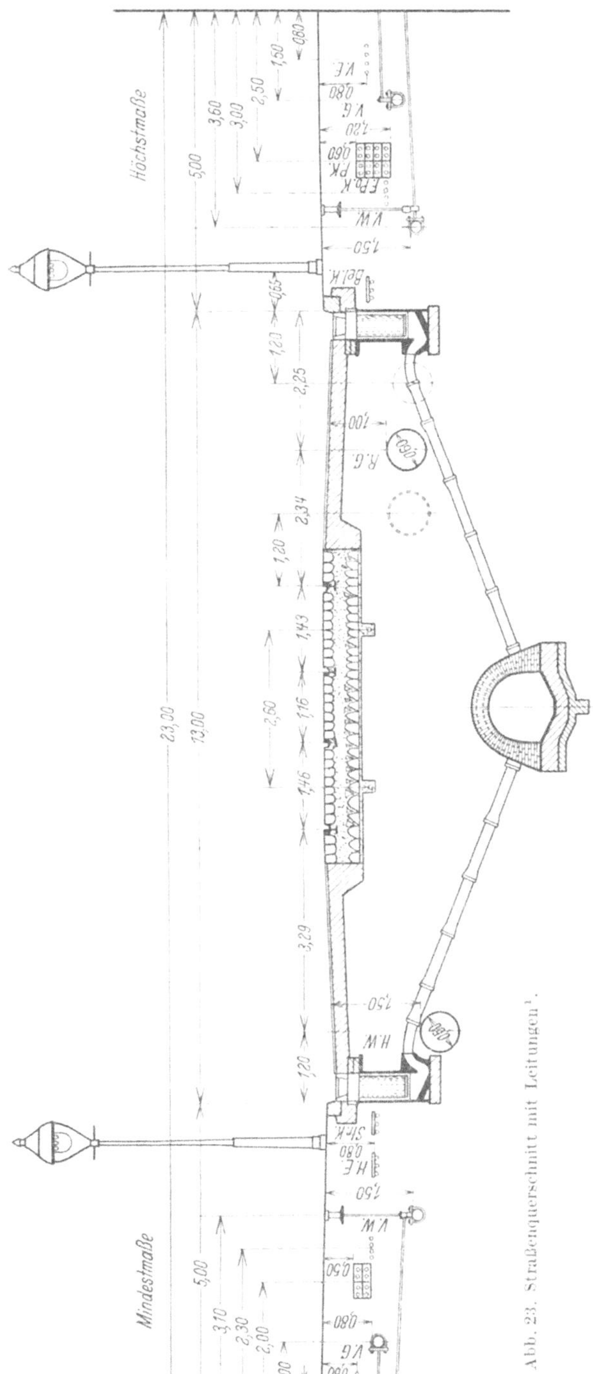

Abb. 23. Straßenquerschnitt mit Leitungen[1].

In den älteren Straßen unserer Städte fehlt es vollständig an einer planmäßigen Unterbringung der Leitungen im Straßenkörper. Je nach Bedarf und dem verfügbaren Raum wurden die Leitungen jeweils dort untergebracht, wo es für die Verwaltung am günstigsten war, ohne Rücksicht auf andere Bedürfnisse. Infolgedessen muß bei der Erbauung einer Kanalisation vielfach erst durch Umlegung vorhandener Leitungen Platz geschaffen werden für die Unterbringung der Entwässerungsleitungen. Für neu anzulegende Straßen haben sich sämtliche in Frage kommenden Verwaltungen auf ein Profil geeinigt, das in Abb. 23 dargestellt ist. Da-

[1] Nach May: Techn. Gemeindebl. 1931. Seite 86.

nach werden grundsätzlich die Versorgungs- und Verkehrsleitungen in jedem der beiden Bürgersteige untergebracht, und diejenigen Leitungen in den Fahrdamm verwiesen, die die geringsten Ansprüche an die Unterhaltung stellen und damit den Verkehr am wenigsten stören. Zu diesen gehören die Kanalisationsleitungen. Im allgemeinen wird also eine Leitung, beim Trennverfahren eine Doppelleitung, in der Fahrdammitte verlegt, und die Hausanschlüsse werden unter den übrigen Leitungen hindurchgeführt. Bei breiten Straßen kann es wirtschaftlich von Vorteil sein, auf jeder Straßenseite eine besondere Entwässerungsleitung einzubauen, wobei infolge der geringen Länge der Hausanschlußleitungen auch ihre Gefällsverhältnisse verbessert werden können. Die Grenze liegt etwa bei 25 bis 30 m Straßenbreite. Verläuft in einem Straßenzuge eine Untergrundbahn, so müssen notgedrungen beiderseits des Bahnkörpers Entwässerungsleitungen verlegt werden, die an geeigneter Stelle in kreuzende Leitungen einmünden oder durch Düker miteinander verbunden werden.

Die Leitungen des Trennverfahrens werden im allgemeinen aus Ersparnisgründen in einer Baugrube nebeneinander ebenfalls in der Mitte der Straße verlegt. Bei großen Abmessungen der Regenwasserleitungen und kleinen Brauchwasserprofilen kann es vorteilhaft sein, zwei Leitungen der letzteren Art zu verlegen, auch wenn die Straßenbreite die Verlegung zweier Leitungen an sich nicht rechtfertigt.

Die neuzeitliche Bauweise in den Stadterweiterungsgebieten, bei der die Häuser gleichen Grundrisses in langen Reihen oder Zeilen zusammengefaßt werden, hat verschiedentlich zur Verlegung einer Sammelleitung unter den Kellern des Längsbaues geführt. Dadurch entfallen die Hausanschlußleitungen im Straßenkörper, und die Falleitungen des Hauses können in einfachster Weise angeschlossen werden. Die Ansichten über die Zweckmäßigkeit einer derartigen Anordnung sind geteilt. Jedenfalls ist sie nur dort möglich, wo nur ein Bauherr in Frage kommt, so daß weder aus den Rechtsverhältnissen, noch aus den notwendigen Unterhaltungsarbeiten Schwierigkeiten entstehen.

Die Transportleitungen, die durchweg größere Abmessungen haben, sind gleichfalls im Fahrdamm unterzubringen. Um zu verhindern, daß mehrere Leitungen dieser Art in einer Straße verlegt werden müssen, und um teuere Kreuzungsbauwerke zu vermeiden, werden zweckmäßig besondere Straßenbenutzungspläne (Leitungspläne) für das ganze Stadtgebiet aufgestellt, die diejenigen Straßen festlegen, in denen die Transportleitungen der verschiedenen Verwaltungen untergebracht werden. Die Straßenzüge der Hauptsammler der Entwässerung sind im allgemeinen durch die Oberflächengestaltung vorbestimmt, so daß diesen der Vorrang vor den übrigen Hauptleitungen gebührt. Bei ebenem Gelände oder annähernd ebenem Gelände spielen noch andere Gesichtspunkte mit, wie Rücksichtnahme auf den Verkehr bei der Bauausführung, zweckmäßige Lage zum Vorfluter im Hinblick auf die Entlastung der Anlage und Wirtschaftlichkeit der Anlage.

E. Dauernde Absenkung des Grundwassers.

Mit dem Hauptzweck der Kanalisation, der Reinhaltung von Boden, Wasser und Luft, kann als Nebenzweck die dauernde Absenkung des Grundwassers ohne großen Aufwand erreicht werden. Sie kommt selbsttätig in gewissem Umfang dadurch zustande, daß die Baugrube als solche dränierend wirkt. Selbst wenn die wiederverfüllten Bodenmassen gründlich abgestampft und gewässert werden, so wird doch niemals die Dichte des gewachsenen Bodens erreicht. Es verbleiben Hohlräume, in denen sich das Wasser bewegen kann, und das Grundwasser wird sich, dem Gesetz des geringsten Widerstandes folgend, in der Baugrube und längs der Wandungen der Kanäle talwärts bewegen.

Andererseits muß Vorsorge getroffen werden, daß der natürliche Grundwasserstrom in seinem Ablauf durch die Kanalisationsbauten nicht behindert wird. Wenn beispielsweise ein Hauptsammler parallel zum Fluß in das Grundwasser verlegt werden muß, so wird die Vorflut in vielen Fällen gestört. Der Grundwasserstrom, der rechtwinklig in diesen einmündet, wird unterbrochen und aufgestaut, und die damit verbundene Erhöhung des Grundwasserstandes kann schlechte Folgen haben. In einem solchen Falle ist es notwendig, in regelmäßigen Abständen dükerartige Querverbindungen unter dem Kanal hindurch in Gestalt von Kiespackungen oder ähnlichem anzulegen.

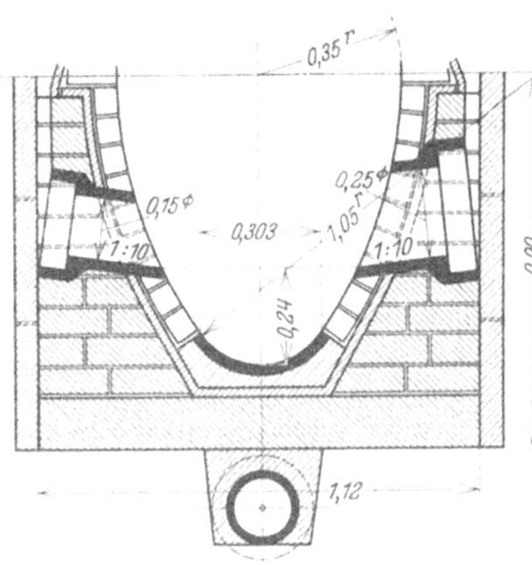

Abb. 24. Kanal mit Sickerleitung.

Um die dränierende Wirkung der Kanalisationsleitungen zu erhöhen, kann man unter der Sohle der Kanäle Kiespackungen anbringen oder besondere Sickerleitungen verlegen oder Sohlsteine verwenden, die in ihren Stoßfugen das Sickerwasser eintreten lassen und es längs des Kanals weiter leiten, siehe Abb. 24 und 25. An geeigneten Stellen ist dann eine selbständige Ausmündung in offene Gewässer vorzusehen. Ist dies nur mit hohen Kosten zu erreichen, so kann das Grundwasser in die Kanäle aufgenommen werden, wenn dadurch keine größeren Profile bedingt sind und die Reinigungsanlage die Mehrbelastung ohne weiteres tragen kann. Wenn aber das Abwasser gehoben werden muß, so muß im allgemeinen die Aufnahme des Grundwassers ausgeschlossen werden.

In den ersten Jahren des systematischen Ausbaues von Kanalisationsanlagen hat man wohl die Kanalwandungen mit offenen Fugen zur Ausführung gebracht, um dem Grundwasser den Eintritt in die Kanäle zu ermöglichen und auf diese Weise den Grundwasserspiegel abzusenken. Besonders sollten auch die Schwankungen des Grundwasserstandes verringert werden, weil nach der Ansicht namhafter Hygieniker, besonders der von Pettenkofer, die Zone wechselnden Grundwasserstandes der Herd für alle möglichen Krankheitskeime ist. Von dieser Art der Ausbildung ist man grundsätzlich abgekommen, weil bei niedrigem Grundwasserstand das Kanalwasser umgekehrt in das umgebende Erdreich austritt und damit das Grundwasser verunreinigt. Bei allen Kanalisationsausführungen wird deshalb jetzt auf die Erzielung wasserdichter Wandungen bei Kanälen aus Mauerwerk oder Beton und wasserdichter Stoßstellen bei Rohrleitungen der verschiedensten Art, die aus einzelnen Teilen zusammengesetzt sind, allergrößter Wert gelegt.

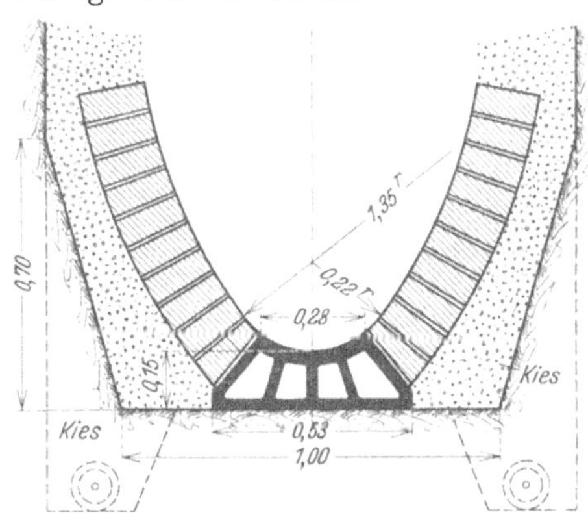

Abb. 25. Kanal mit offenen Sohlsteinen.

Bei der Ausgestaltung der Anlagen zur Absenkung des Grundwasserspiegels darf nicht übersehen werden, daß diese immer nur Nebenzweck ist. Es wird in den meisten Fällen wirtschaftlich nicht zu verantworten sein, etwa die Kanalisationsleitungen tiefer zu legen, um den Grundwasserspiegel zu senken, sondern der Aufwand dafür in Verbindung mit der Herstellung der Entwässerungsleitungen ist nur dann berechtigt, wenn diese aus anderen Gründen in das Grundwasser eintauchen. Die Aufnahme von Grundwasser in die Kanäle zwecks Trockenlegung von Kellern kann aus den angegebenen Gründen nur in Ausnahmefällen in Frage kommen und bedarf der besonderen Genehmigung. Beim Trennverfahren kann die Einführung von Grundwasser von Vorteil sein, da auf diese Weise die Kanäle rein gehalten werden, ohne daß besondere Kosten für Spülung erwachsen.

In Bergsenkungsgebieten müssen vielfach andere Grundsätze zur Anwendung kommen. Das Absenken des Grundwassers, das infolge Versackens der Oberfläche bestehende Gebäude durchfeuchtet oder Keller unter Wasser setzt, geschieht zweckmäßig in Verbindung mit der Einleitung des Grundwassers in die Kanäle, da dies die billigste Art der Beseitigung der Übelstände ist. Eine besondere Ausführung dieser Art stellt die Trockenlegung eines größeren Gebietes in Duisburg-Meiderich dar, die Verfasser in dem Jahre 1923 bis 1925 durchgeführt hat. Sie ist von Seegert (*53*) des näheren beschrieben und mag nachstehend kurz skizziert werden.

Infolge der bergbaulichen Senkungen, deren größtes Maß 4,0 m betrug, war der Grundwasserspiegel in mehreren Straßenzügen mehr als 1 m, in einigen

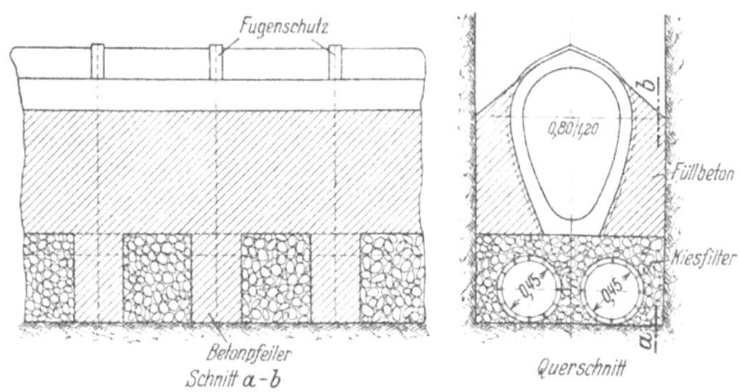

Abb. 26. Kanal mit Sickerrohrstrang.

Fällen bis unter die Kellerdecke angestiegen, so daß die Keller überhaupt nicht benutzbar waren und starke gesundheitliche Mißstände sich herausbildeten. Die Aufgabe, den Grundwasserstand so weit abzusenken, daß die Kellerräume wieder wasserfrei wurden, wurde im Zusammenhang mit der Erneuerung der versackten Kanalstrecken dadurch gelöst, daß im Zuge des alten Kanals neue Schmutzwasserkanäle, die im Rahmen des generellen Entwässerungsentwurfs neu bearbeitet waren, und darunter 2 Sickerrohrstränge von 0,25 bis 0,45 m Durchmesser verlegt wurden, siehe Abb. 26. Diese wurden vollkommen in Filterkies eingebettet, um ein Einschwemmen von Sand aus den tieferen Bodenschichten zu verhindern. Da ein nachträgliches Sacken des oberen Kanals infolge weiterer Verdichtung der Kiesschüttung nicht mit Sicherheit ausgeschlossen war, wurde dieser auf Betonpfeiler gegründet, die, in Abständen von 1,0 m angeordnet, für die Stoßstellen ein festes Lager ergaben. Schmutzwasser und Grundwasser werden in einem gemeinsamen Pumpenwerk, aber unabhängig voneinander, auf die Höhe eines vorhandenen, außerhalb des Bergsenkungsgebietes liegenden Kanals gehoben. Für die Grundwasserförderung dienen 2 Pumpen mit je 125 s/l Leistung. Der Erfolg der Maßnahmen hat durchaus den gehegten Erwartungen entsprochen, ohne daß die ursprünglich vorgesehenen Sickerleitungen nach den Grundstücken zur Ausführung gebracht werden mußten. Der Grundwasserspiegel wird im Mittel 1,0 m unter den Kellersohlen gehalten.

VI. Ausgestaltung der Entwässerungsleitungen.

A. Rohrleitungen und Kanäle.

Die Leitungen eines Entwässerungsnetzes werden zum überwiegenden Teil aus Rohren zusammengebaut, die werkmäßig hergestellt sind und als Fertigfabrikat zur Baustelle angeliefert werden. Für geringe Abmessungen kommen Steinzeugrohre oder Betonrohre in Frage, während bei größeren Abmessungen auch Eisenbetonrohre Verwendung finden. Zum kleineren Teil werden die Kanäle in der Baugrube hergestellt. Entscheidend dafür ist einmal die Wahl besonderer von der Kreis- und Eiform abweichender Profile und sodann das große Gewicht und die dadurch bedingte Schwierigkeit bei dem Verlegen. Hierbei spielt auch die Materialfrage eine Rolle. Wird unbedingt Wert darauf gelegt, nur ein den chemischen Einflüssen des Abwassers gegenüber absolut beständiges Material zu verwenden, so kommen praktisch die Steinzeugrohre bis zu 500 mm Durchmesser ($F = 0{,}196\ m^2$) in Frage. Darüber hinaus kann den Anforderungen nur entsprochen werden, wenn die Kanäle aus Klinkermaterial in der Baugrube hergestellt werden. Bei diesen strengen Materialanforderungen wird der Anteil der fertigen Rohre erheblich herabgemindert. Neuerdings steht in den geschleuderten Betonrohren mit Asphaltbetonfutter ein Material zur Verfügung, das einen vollkommen gleichwertigen Ersatz der Steinzeugrohre größerer Abmessungen darstellt.

1. Steinzeugrohre.

Baustoff. Das Steinzeug ist ein keramisches Produkt und stellt eine Abart der Tonwaren dar. Steinzeug nennt man dichte porzellanartige Waren mit buntfarbigen Scherben, der bei der Kochprobe bis zu 5% Wasser aufnehmen darf. Zu seiner Herstellung werden hochbildsame, reine Kieselsäure enthaltende Tone verwendet, die bei verhältnismäßig niederem Erhitzen sintern und sich dicht brennen, ohne ihre Gestalt wesentlich zu verändern. Die Masse nimmt Salzglasur an und ergibt auf diese Weise eine vollkommen dichte und widerstandsfähige Oberfläche. Diese besteht aus einem Tonerdenatronsilikat und wird dadurch erzeugt, daß bei einer Temperatur von mindestens 1300° Chlornatrium auf die Feuerung aufgeworfen wird. Da die Natrondämpfe den ganzen Ofenraum erfüllen, so wird die Oberfläche des Steinzeugrohres allseitig mit einem Überzug versehen, der mit der Tonmasse innig verbunden ist. Das Material zeichnet sich dadurch aus, daß das fertige Rohr vollkommen wasserundurchlässig und absolut widerstandsfähig gegen die Einwirkung von Säuren ist. Der Scherben ist so dicht, daß die Wasseraufnahme im Kochverfahren nur ausnahmsweise den zulässigen Grenzwert von 5% erreicht. Die Widerstandsfähigkeit gegen mechanische Einwirkungen ist infolge der großen Dichte und Härte derart, daß der Sand, der in den Kanälen fortbewegt wird, die Sohle nicht angreift. Die Härte ist 8 bis 9 der Härteskala.

Die Druckfestigkeit des Scherbens liegt bei 1700 bis 2000 kg/cm² und die Zugfestigkeit bei 70 bis 90 kg/cm².

Um ein gutes Anhaften der Dichtungsmasse zu erreichen, sind die Innenwand des Muffenendes und die Außenwand des Schwanzendes mit schraubenförmigen Rillen oder mit Riffelung versehen.

Von den Steinzeugrohren zu unterscheiden sind die Tonrohre oder Tongutrohre, deren Scherben porös ist und bis zu 10% Wasser aufnimmt. Diese Rohre sind für Kanalisationszwecke ungeeignet.

Form und Abmessungen. Die Steinzeugrohre sind durch DIN 1203 bis 1206 genormt. DIN 1203 siehe im Anhang 1. Die kreisrunden Rohre werden in Abmessungen von 100 bis 800 mm Durchmesser bei einer Baulänge von 1,0 m hergestellt. Außerdem sind Bogenrohre von 30°, 45°, 60° und 90°, Rohre mit Muffenstutzen und Muffenabzweigen und Übergangsrohre für Hausanschlußzwecke genormt, siehe Abb. 27.

Eiförmige Steinzeugrohre werden nur auf besonderen Auftrag hergestellt. Die Fabrikation ist schwieriger, weil sich das Material beim Brennen verzieht, so daß größere zulässige Abweichungen zugestanden werden müssen. Dadurch wird aber die Güte des Leitungsstranges an den Stoßstellen beeinträchtigt.

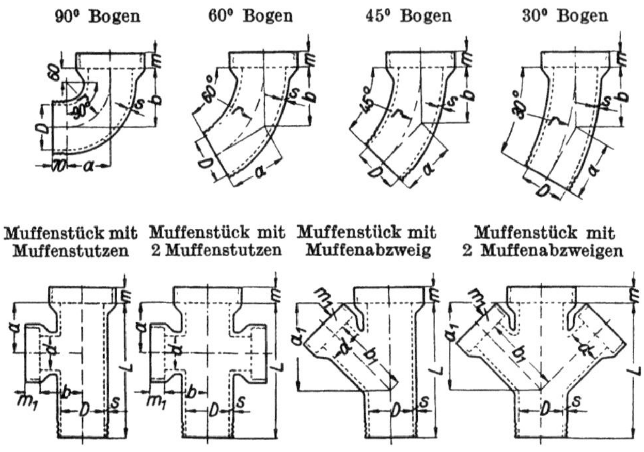

Abb. 27. Normen für Steinzeugrohre.

Festigkeitseigenschaften. Für die Beurteilung der Steinzeugrohre in statischer Beziehung interessiert in erster Linie die Widerstandsfähigkeit gegenüber der Auflast und den Verkehrsbeanspruchungen. Die Verhältnisse in der Baugrube, wo die Rohre hinterstampft werden und infolgedessen an der Baugrubenwand ein mehr oder minder wirksames Widerlager finden, sind prüfungsmäßig schwer zu erfassen. Deswegen werden die Rohre im allgemeinen auf Scheitelbelastung geprüft. Außerdem wird der Widerstand gegen Innendruck bestimmt. Das Materialprüfungsamt in Berlin-Dahlem hat die Art und Weise der Prüfung in den Mitteilungen vom Jahre 1905 in einer Veröffentlichung „Die Prüfung von Ton- und Zementrohren" des näheren beschrieben. Zur Prüfung wird die Prüfmaschine, die für Zementrohre vorgeschrieben ist (vergleiche Abb. 32), benutzt. Die Rohre lagern zwischen kiefernen Langhölzern gemäß Abb. 28, die an den Enden entsprechend der Form der Muffe ausgeschnitten sind. Etwaige Unebenheiten der Rohre werden durch flache Keile aus weichem Holz, die zwischen die Rohre und die Langhölzer eingelegt werden, nach Möglichkeit ausgeglichen. Die Ergebnisse der in den Jahren 1905 bis 1915 in der Abteilung für Baumaterialuntersuchungen ausgeführten Prüfungen sind in (*54*) zusammengestellt. Danach schwanken die Bruchlasten für äußeren Druck zwischen 2500 bis 4000 kg. Das Mittel beträgt 3850 kg. Zwischen der Größe des Durchmessers und der Festigkeit der Rohre besteht kein gesetzmäßiger Zusammenhang. Die Bruchlasten der kleineren Rohre schwanken innerhalb der gleichen Grenze wie die der größeren. Der Widerstand gegen Innendruck, ausgedrückt durch die Tangentialspannung, beträgt im Mittel 59,7 kg/cm². Wegen der geringen Anzahl der einzelnen Versuche ist jedoch diesem Ergebnis ein großer Wert nicht zuzumessen.

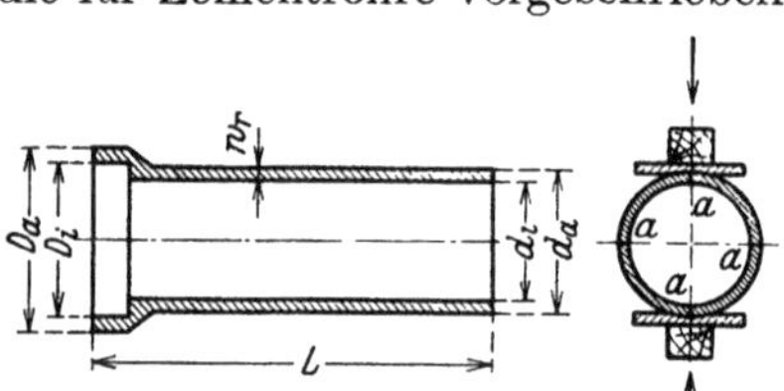

Abb. 28. Versuchsanordnung für die Prüfung von Steinzeugrohren.

Die tatsächliche Beanspruchung in der Baugrube ist natürlich eine andere. Hier handelt es sich um eine stetige Belastung über die gesamte Breite, deren Größe außer vom Gewicht der überlagerten Massen von einer Anzahl schwer oder kaum rechnerisch erfaßbarer Faktoren abhängt. Es sei nur an den Einfluß des Stampfens beim Einfüllen des Bodens erinnert. Man muß sich infolgedessen bei der Ermittlung der auftretenden Last mit einer groben Abschätzung auf Grund von Näherungsrechnungen begnügen. Aus Versuchsergebnissen und theoretischen Betrachtungen des Kräftespiels unter Berücksichtigung der Reibung kann man schließen, daß der Bodendruck keine lineare Funktion der Tiefe ist, sondern mit deren Wachsen langsamer zunimmt, um sich schließlich einem konstanten Wert zu nähern, d. h. die Massen werden infolge der Wandreibung, die der Schwerkraft entgegenwirkt, gewissermaßen aufgehängt. Frühling (*6*) nimmt an, daß der Druck unabhängig von der Baugrubenbreite in 5 m Tiefe diesen konstanten Wert erreicht hat. Außerdem macht er den ziemlich willkürlichen Ansatz, daß die Zunahme nach einer Fläche gemäß Abb. 29a erfolgt, die von 2 Parabeln begrenzt wird. Ihre Gleichung ist $(5-t)^2 = 2ay$. a ergibt sich aus der Bedingung, daß für $y = \frac{b}{2}$ der Wert $t = 0$ sein muß, zu $\frac{25}{b}$. Nach der obigen Annahme ist daher die Zunahme des Bodendruckes

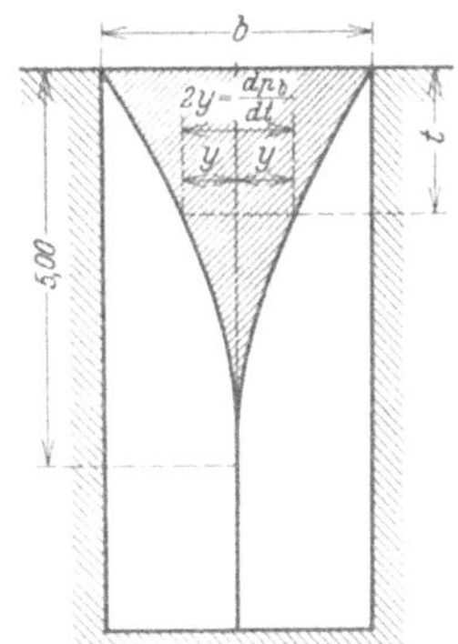

Abb. 29a. Abnahme der Auflast nach Frühling.

$$\frac{dp_b}{dt} = 2y = \frac{b(5-t)^2}{25}.$$

Der Bodendruck selbst wird dadurch erhalten, daß man das bestimmte Integral dieses Ausdruckes, das die Grenzen 0 und t besitzt, mit dem Raumgewicht γ in t/m^3 des Bodens multipliziert. Folglich erhält man

$$p_b = \gamma \cdot b \cdot \left(\frac{5}{3} - \frac{(5-t)^3}{75}\right) t/m^2.$$

Für $t \gtreqless 5$ m wird damit

$$p_b = \frac{5 \cdot \gamma b}{3},$$

da $\frac{dp}{dt}$ für $t = 5$ m den Wert 0 besitzt und auch für größere Werte von t beibehalten soll.

Eine andere Möglichkeit, die Größe p_b annähernd zu bestimmen, besteht in der Anwendung der Silotheorie[1] auf den vorliegenden Fall. Dabei wird man den Graben als unendlich langes Silo annehmen. Unter dieser vereinfachenden Annahme erhält man für das Verhältnis von waagrechtem Umfang zu waagrechter Fläche, das hier eine Rolle spielt, also für $\frac{2l + 2b}{2lb}$ den Wert $\frac{U}{F} = \frac{2}{b}$. Strenggenommen ist dieses Vorgehen nur bei ausgesprochen kohäsionslosen Böden, also Sand und Kies ohne Lehm- und Tongehalt, anwendbar. Für gemischte Böden wird es aber eine Annäherung ergeben. Zudem werden die tatsächlichen Verhältnisse den Annahmen nahekommen, wenn das Füllmaterial durch irgendwelche Umstände, z. B. Lage des Sammlers im Hochwassergebiet oder Hebung des Grundwasserspiegels durch Aufstau infolge Hochwassers im Vorfluter, nachträglich durchfeuchtet wird.

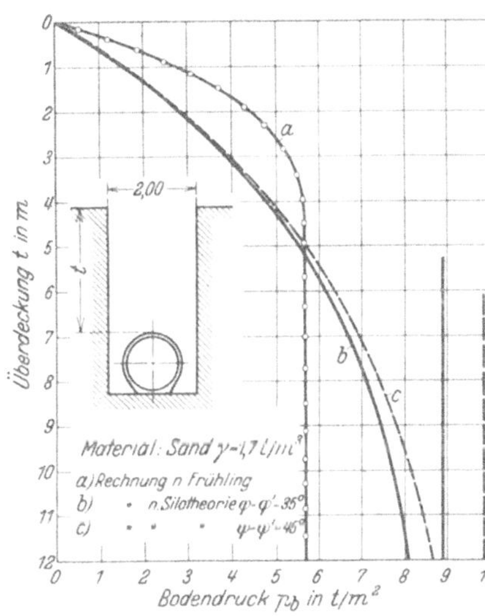

Abb. 29b. Beziehung zwischen Bodendruck und Überdeckung.

Um einen Anhalt über die Brauchbarkeit und Übereinstimmung der beiden erwähnten Methoden zu bekommen, sind in Abb. 29b für eine Baugrubenbreite

[1] Foerster: Taschenbuch für Bauingenieure Bd. 2 5. Aufl. S. 104. Berlin: Julius Springer 1928.

von 2 m die Bodendrücke unter verschiedenen Annahmen ermittelt und aufgetragen. Bei einer Überdeckungstiefe von etwa 5 m überschneiden sich die Kurven derart, daß bei Tiefen unter 5 m die Frühlingsche Formel größere Werte ergibt. Von 5 m ab werden die Drücke nach der Silotheorie beträchtlich höher und die rechts eingezeichnete Asymptote der Kurven für $\varphi = 35^0$ bzw. $\varphi = 45^0$ lassen erkennen, daß eine praktische Konstanz des Bodendruckes erst in einer Tiefe eintritt, bei der die Tunnelbauweise aus Kostengründen anzuwenden sein wird.

Dichtungsmaterialien. Zur Dichtung der Steinzeugrohre wurden ursprünglich Dichtungsstrick und Ton verwendet. Diese Art der Dichtung hat den Nachteil, daß der Ton im trockenen Boden Risse bekommt, wodurch die Dichtigkeit der ganzen Rohrleitung in Frage gestellt wird und Wurzeln von Straßenbäumen durch den Ton hindurch in die Rohrleitung eindringen. Abb. 30 stellt Verwurzelungen aus Rohrleitungen des Entwässerungsnetzes von Charlottenburg-Westend dar, die Verfasser hat ausbauen lassen müssen, weil der Abfluß voll-

Abb. 30. Verwurzelung von Steinzeugrohren.

kommen behindert war. Nach den schlechten Erfahrungen mit der Tondichtung wurde Portlandzement als Dichtungsmittel benutzt. Dadurch wurden zwar dichte Muffen erhalten, die Elastizität der Muffenverbindung, die wegen des nie vollständig vermeidbaren Setzens der Rohrleitung erwünscht ist, wurde jedoch aufgehoben, so daß auch diese Art der Dichtung nicht befriedigt. Den Anforderungen an eine gute Muffenverbindung entspricht am besten die aus Dichtungsstrick und Asphaltkitt hergestellte Dichtung, so daß diese bei den neueren Kanalisationsausführungen fast allgemein zur Anwendung kommt. Die Ausgußmasse ist durch DIN 1996 „Vorschriften für die Lieferung von Asphalt und Teer, sowie von asphalt- und teerenthaltenden Massen" bestimmt. Danach besteht sie aus einem innigen Gemisch von Asphalt oder Pech mit zementfeinen Mineralstoffen, wie Schamottemehl, feinstem Quarzmehl und ähnlichem. Im allgemeinen ist dem Asphalt als Bindemittel mit Rücksicht auf seine größere Beständigkeit und seine größere Widerstandsfähigkeit gegen höhere Temperaturen der Vorzug zu geben.

Die Prüfung der Rohre auf Dichtigkeit erfolgt für jede Haltung, d. h. für jeden Rohrstrang zwischen zwei Schächten in der Weise, daß die Leitung durch schmiedeeiserne Scheiben mit Gummidichtung, die mit Streben festgelegt werden, verschlossen wird und danach Kohlensäure aus Stahlflaschen unter Druck eingeführt wird. Die Leitung muß einem Druck von ¼ Atm. während der Dauer von 10 Min. widerstehen, ohne daß ein Druckabfall zustande kommt.

Verlegen und Dichten. Die Baugruben werden so schmal als möglich ausgehoben. Nur der unbedingt erforderliche Arbeitsraum ist der äußeren Begrenzung der Rohre zuzuschlagen. Dadurch wird die Sicherheit des Widerlagers, das durch den gestampften Boden gebildet wird, erhöht. Auf die vorbereitete Sohle werden die Rohre in der Weise verlegt, daß um das Schwanzende ein Dichtungsstrick gelegt und das Rohr mit diesem in die Muffe des fertig verlegten Rohres hineingeschoben wird. Danach wird das Rohr durch Verstemmen des Dichtungsstrickes und Beistampfen von Boden in seiner Lage festgelegt. Unabhängig davon werden von einem anderen Arbeiter um die schon verlegten Rohre Dichtungsringe herumgelegt und die Nester zum Eingießen des Asphaltkittes hergestellt. Das Vergießen selbst erfolgt jeweils in größerer Zahl, 5 bis 8 Stück, je nach dem Durchmesser, um den flüssigen Inhalt des Kessels in einer Hitze zu entleeren. Nachdem der Asphaltkitt erkaltet ist, werden die Dichtungsringe wieder abgenommen, und die Rohre von dem Hilfsarbeiter mit einem Handstampfer sorgfältig beigestampft. Um eine vollständig dichte Rohrleitung zu erhalten, ist darauf zu achten, daß Muffen und Schwanzende absolut trocken und sauber sind, da nur auf diese Weise ein vollkommenes Anhaften der Dichtungsmasse an dem Rohre erzielt wird.

2. Betonrohre (Zementrohre).

Für die Zusammensetzung des Betons, seine Aufbereitung und Verarbeitung sind die vom Deutschen Ausschuß für Eisenbeton aufgestellten Bestimmungen für Ausführungen von Bauwerken aus Beton und Eisenbeton maßgebend. Ein bestimmtes Mischungsverhältnis wird nicht vorgeschrieben. Vielmehr bleibt es dem Unternehmer überlassen, je nach der Beschaffenheit der Zuschlagsstoffe und der Verarbeitung das Mischungsverhältnis und die Rohrwandstärke frei zu wählen. Die Bruchlast bei Scheitelbelastung muß jedoch den in den Normen festgelegten Werten entsprechen. Im allgemeinen wird eine Mischung von 1:4 und 1:5 angewendet. Die Herstellung erfolgt entweder durch Stampfarbeit oder nach dem Rüttelverfahren. Im letzteren ergeben sich größere Festigkeiten.

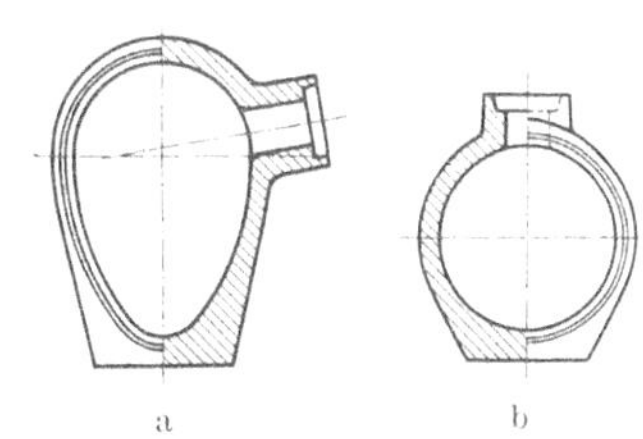

Abb. 31a und b. Einlässe von Betonrohren.

Für die Kanalisationstechnik kommen nur runde Rohre mit Fuß und eiförmige Rohre mit Fuß gemäß DIN 1201 zur Anwendung, siehe Anhang Nr. 2. Die ersteren werden in Abmessungen von 100 bis 1000 mm, die letzteren in Abmessungen von 200 × 300 bis 1000 × 1500 mm hergestellt. Die Baulänge liegt je nach dem Gewicht zwischen 0,75 bis 1,0 m. Die Sohlen- und Scheitelstärken sind aus statischen Gründen größer als die übrige Wandstärke. Die Verbindung der Rohre untereinander geschieht mittels eines Falzes, der zwar nicht genormt ist, aber im allgemeinen bei den verschiedenen Herstellerfirmen die gleiche Ausbildung hat, so daß Rohre verschiedenen Ursprungs hintereinander verwendet werden können.

Zum Anschluß der Hausleitungen dienen Seiteneinlässe in Kämpferhöhe und Scheiteleinlässe gemäß Abb. 31a und b.

Die geforderten Bruchlasten schwanken bei den Kreisrohren von 2000 kg/m bei den kleinsten Abmessungen bis 3000 kg/m bei den größten Abmessungen. Die Bruchlasten der eiförmigen Rohre sind höher und liegen in den Grenzen von 3000 bis 4400 kg/m. Die Prüfung der Zementrohre ist durch die „Leitsätze für die Prüfung von Zementrohren", herausgegeben vom Betonverein im Jahre 1909, festgelegt. Zur Erzielung eines einheitlichen Prüfungsverfahrens ist die Rohrprüfungspresse nach Koenen (Abb. 32) vorgeschrieben. Das Rohr wird auf ein erdfeuchtes Sandbett von 2 bis 5 cm Stärke in einem Lattenrahmen aufgelegt und der Prüfungsdruck wird durch eine Schneide von 5 mm Breite übertragen.

Nach den Untersuchungen des Materialprüfungsamtes in Berlin-Dahlem werden die geforderten Bruchlasten fast durchweg, zum Teil sogar erheblich, überschritten, so daß ganz allgemein ein Fortschritt in der Güte der Rohre festzustellen ist. Im übrigen ist die Gewähr für ein den Anforderungen der Kanalisation entsprechendes Rohr nur dann gegeben, wenn die Rohre von einer Fabrik bezogen werden, die über gute Rohmaterialien verfügt und die erforderliche Erfahrungen in der Herstellung aufweist.

Abb. 32. Rohrprüfungspresse nach Koenen.

Um die Festigkeit gegenüber der schleifenden Wirkung des an der Sohle sich bewegenden Sandes zu erhöhen, läßt das Tiefbauamt der Stadt Dresden schon seit 2 Jahrzehnten die Sohle der Betonrohre auf eine Tiefe von 20 mm von der inneren Wandung an mit einem Mörtel des Mischungsverhältnisses 1 : 1 ausrüsten. Diese Rohre haben sich bestens bewährt und zeigen nicht die geringsten Angriffe an der Sohle.

Verlegen. Um eine sichere Lage der Zementrohre zu erhalten, ist die Baugrube entsprechend vorzubereiten, d. h. es muß eine feste tragfähige Sohle, erforderlichenfalls durch Sand- oder Kiesschüttung, hergestellt und etwaiges Grundwasser bis zur Erhärtung des Mörtels gehalten werden. Das Verlegen geschieht in der Weise, daß der Stumpffalz des verlegten Rohres auf der unteren Hälfte und der Spitzfalz des einzuschiebenden Rohres auf der anderen Hälfte mit einer Zementmörtelschicht versehen wird, so daß bei dem Einschieben des Rohres der Mörtel innen und außen aus der Fuge quillt. Hierauf wird das Rohr nach Richtung und Gefälle genau festgelegt und die Stoßverbindungen innen und außen sorgfältig nachgestampft und geglättet. Für den Mörtel wird eine Mischung von 1 Teil Zement zu 1 bis 2 Teilen feinen Sandes gewählt. Der Rohrstrang wird zweckmäßig gleich nach dem Verlegen gleichmäßig verfüllt und eingestampft.

Bei der üblichen Tiefenlage der Rohrleitungen von 2 bis 4 m und bei Verwendung guten Hinterfüllungsmaterials können die runden Rohre bis 800 mm ohne besondere Sicherung verlegt werden. Dagegen empfiehlt es sich nach den Erfahrungen des Verfassers die größeren Rohre bis zu Kämpferhöhe einzubetonieren. Das ist auch zweckmäßig, wenn geeignetes Füllmaterial nicht zur Verfügung steht. Tonige Massen dazu zu verwenden, ist bedenklich, weil sie unter Wasserandrang quellen.

3. Betonrohre im Schleuderverfahren hergestellt.

Die Herstellung von Kanalisationsrohren im Schleuderverfahren hat gegenüber den durch Stampfen oder Rütteln hergestellten Rohren den Vorzug, daß unter der Einwirkung der Zentrifugalkraft eine Verdichtung des Betons zustande kommt und daß sich an der Rohrinnenseite eine Schicht bildet, in der sich der Zement anreichert. Infolgedessen haben die Rohre eine große Wasserdichtigkeit und hohen Widerstand gegen mechanische und chemische Einflüsse. Zudem werden die Rohre in größerer Baulänge als die gewöhnlichen Betonrohre hergestellt, so daß bei ihrer Verwendung die Zahl der Stoßstellen und die damit verbundene Verdichtungsarbeit verringert wird. Als Nachteile dieser Rohre ist anzuführen, daß die Baugrubenbreite wegen der Kreisform größer ausfällt als bei den gleich leistungsfähigen Eiprofilen und daß die Abführung des Trockenwetterabflusses ungünstiger ist wegen der geringeren Wassertiefe.

Die verschiedenen Verfahren benutzen alle eine um eine horizontale Achse drehbare Form, in die ein gut plastischer Mörtel eingebracht wird. Sie unterscheiden sich nur durch die Art des Antriebs und des Einbringens des Betons, sowie durch die Entwässerungseinrichtungen.

a) Hume-Rohre.

(Hersteller: Deutsche Hume-Röhren-A.G., Kirchhain [Niederlausitz].)

Die Herstellung erfolgt derart, daß mehrere Rohrformen gleichzeitig in Drehung versetzt werden. Das Einbringen des Betons geschieht von Hand an den Stirnseiten. Nachdem das Material je nach der Zusammensetzung und der Lufttemperatur 8 bis 15 Min. geschleudert ist, wird die Schleuderung unterbrochen und das überschüssige Wasser abgezogen. Bei der zweiten Schleudertour wird das Innere des Rohres durch eine Eisenstange, die von zwei Arbeitern gegen das Rohr gedrückt wird, geglättet und danach mit einem Wasserstrahl abgespritzt. Vor der letzten Schleuderung werden schadhafte Stellen mit Zementpulver ausgebessert. Danach wird das Rohr während des letzten Arbeitsganges ebenfalls geglättet und schließlich das überschüssige Wasser herausgebürstet. Nach der Beendigung des Schleuderprozesses bleiben die Rohre zunächst in der eisernen Form und werden 8 bis 12 Std. einer Temperatur von etwa 50^0 ausgesetzt, wodurch die Abbindung des Betons beschleunigt wird. Die normale Länge beträgt 2 m bei einem Rohrdurchmesser von 200 mm und 2,5 m bei den größeren Profilen.

Rohren, die zur Aufnahme größerer Drucke bestimmt sind, werden nach einem besonderen Drahtwickelverfahren armiert.

b) Vianini-Rohre.

(Hersteller: Züblin & Co., Stuttgart, und Carstanjen & Co., Duisburg.)

Die Maschine besteht aus zwei drehbaren Planscheiben, zwischen denen dic Mantelform eingespannt wird. Die Spiralbewehrung des Rohres wird als fertiges Gerippe mit Längseisen vorher in diese Form eingebracht. Die eine Scheibe besitzt eine zentrische Öffnung, durch die der sogenannte Löffel eingeführt wird. Nachdem die Maschine in Drehung versetzt ist, wird die Betonmischung, die nach bestimmten Korngrößenverhältnissen zusammengesetzt ist, eingebracht. Bei größeren Abmessungen wird zweimal beschickt, wodurch das Entmischen des Betons bei stärkeren Wandungen verhindert wird. Jede Portion bildet für sich eine Schale, die in sich so dicht ist, daß die schweren Zuschlagsstoffe der folgenden Portion nicht mehr durchdringen. Zuletzt wird eine dichte Zementschicht besonderer Zusammensetzung eingeschleudert.

Die Rohre werden normal mit einer Muffe hergestellt. Bei den Rohren von 250 bis 1000 mm Durchmesser beträgt die maximale Länge 3,6 m.

Über die Gesichtspunkte, die für die Wahl der Rohre gegenüber gewöhnlichen Eiprofilen maßgebend sind, unterrichtet eine Veröffentlichung von Stecher und Loesch, München (*83*).

c) Dywidag-Rohre.

(Hersteller: Dyckerhoff & Widmann A.G., Cossebaude bei Dresden.)

Es werden nichtbewehrte, sowie einfach- und doppelspiralbewehrte Schleuderbetonrohre hergestellt. Die Form besteht aus zwei Schalen und wird mit der vorher genau festgelegten Menge Mörtels gefüllt und durch Stirnwände vollständig geschlossen. In der Schleuderbank wird die Form auf Laufrollen gesetzt und nach genauer Zentrierung mittels der Einspannungsvorrichtung durch Antreiben dieser Rollen in Umdrehung versetzt. Die fertigen Rohre bleiben noch einige Zeit in der Form und werden dann abtransportiert. Die normale Baulänge beträgt 2,5 m. Die spiralarmierten Rohre werden bis 5,0 m Länge geliefert. Die Verbindung wird bei den kleineren Lichtweiten als angesetzte Glockenmuffe, bei größeren Rohren als Überschiebring in Eisenbeton ausgebildet.

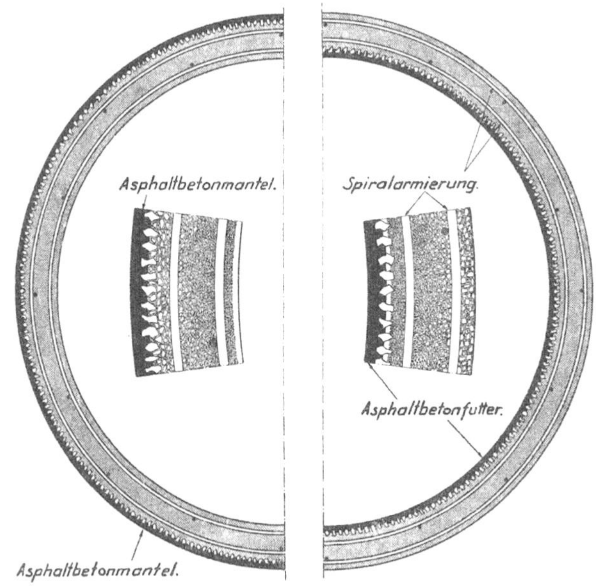

Abb. 33. Betonrohre mit Asphaltbetonmantel.

Eine weitere Ausdehnung des Anwendungsgebietes dieser Rohre ist dadurch gegeben, daß nach einem neuen Verfahren entweder die Innenflächen oder die Außenflächen oder auch beide Flächen einen angeschleuderten Asphaltbetonmantel erhalten, der eine innige Verbindung mit dem Steingerüst des Betons eingeht (Abb. 33).

Rohre mit innerem Asphaltbetonfutter sind am Platze, wenn aggressive Abwässer abzuleiten sind oder wenn Gefahr besteht, daß bei gewöhnlichem Beton die Rohre sonst durch die schleifende Wirkung des Sandes angegriffen werden. Sie ersetzen also in gewissem Sinne die Steinzeugrohre größerer Abmessungen. Rohre mit Außenfutter sind vollständig widerstandsfähig gegen die angreifende Wirkung des Grundwassers oder des Bodens.

4. Steinzeugrohre oder Betonrohre?

Um die Frage zu klären, welchen Rohren, den Steinzeugrohren oder den Zementbetonrohren, in der Kanalisationstechnik der Vorzug zu geben ist, muß auf die verschiedenen Anforderungen, denen das Rohr zu entsprechen hat, eingegangen werden.

a) Das Rohr muß genügende Druckfestigkeit haben, um die Auflasten und die Verkehrslasten ohne Gefahr für seinen Bestand aufzunehmen, und es muß genügende Zugfestigkeit aufweisen, um bei etwaigen Überlastungen der Rohrleitungen dem sich ergebenden inneren Überdruck widerstehen zu können. Wie unter A. 1 und 2 dieses Abschnittes ausgeführt ist, liegen sowohl die geforderten, als die tatsächlich festgestellten Druckfestigkeiten bei Zementrohren im allgemeinen über den der Steinzeugrohre. Bei Steinzeugrohren muß deshalb unter normalen Verhältnissen von 450 mm aufwärts das Rohr mit Beton umhüllt werden, während Zementrohre erst etwa von einem Durchmesser von

800 mm an dieses Schutzmittels bedürfen. In beiden Fällen ist die Verwendung geeigneten Hinterfüllungsmaterials und sorgfältige Verlegungs- und Hinterfüllungsarbeit unbedingte Voraussetzung.

Die Grenzwerte der Zugfestigkeit werden in der Kanalisationspraxis überhaupt nie erreicht, so daß in dieser Beziehung ein Unterschied nicht festzustellen ist.

b) Das Rohr muß genügend widerstandsfähig sein gegen die schleifende Wirkung der an der Sohle sich bewegenden Geschiebe. Diese bestehen hauptsächlich aus Straßensand, ferner Putzsand, Kaffeegrund und dgl. und wirken wie ein Schleifmittel auf das Sohlenmaterial. Ihre Menge ist um so größer, je weniger gut die Straßenbefestigung ist und je weniger vollkommen der Sand, der auf die Straßenoberfläche gelangt, in den Straßenabläufen zurückgehalten wird. Das Verhalten der beiden Rohrmaterialien in dieser Beziehung kann am besten durch Feststellung der Abnutzbarkeit nachgeprüft werden. Hierüber liegen Versuche des Materialprüfungsamtes Berlin-Dahlem vor, siehe Forbath (*62*). Danach war der Verlust unter dem Sandstrahlgebläse bei den untersuchten Betonrohren geringer als bei den Steinzeugrohren und Steinzeugschalen. Die Münchener Versuche mit Schleuderbetonrohren (*83*) bestätigen dies. Der spezifische Volumenverlust unter dem Sandstrahlgebläse war bei den Knauffschen Platten (Steinzeugplatten) größer als beim Schleuderbeton, während beim Schleifverfahren, bei dem die abgeschliffenen Materialteilchen als Schleifmittel wirken, das Steinzeug günstiger abschnitt. Auch Ros (*76*) kommt zu einem ähnlichen Ergebnis.

In letzter Zeit (November 1928) sind von dem Versuchs- und Materialprüfungsamt an der Technischen Hochschule Dresden im Auftrage der Firma Dyckerhoff & Widmann vergleichende Versuche über die Verschleißfestigkeit von Steinzeug-, Stampfbeton- und Schleuderbetonrohren angestellt worden. Sämtliche Probekörper sind dem unter 3 Atm. Dampfdruck stehenden Sandstrahlgebläse 2 Min. lang ausgesetzt worden. Im Jahre 1930 sind diese Versuche auf die geschleuderten Asphaltbetonrohre ausgedehnt worden. Das Ergebnis der Versuche ist in der nachstehenden Tabelle 11 zusammengefaßt.

Tabelle 11.

Probekörper	Abnutzungsgröße cm^3/cm^2	Bemerkungen
Steinzeugrohre	0,50	Rohre 1. Wahl
Steinzeugrohre	0,74	
Steinzeugrohre	0,27	
Steinzeugrohre	0,31	
Stampfbetonrohr	0,44	siehe S. 57—60
Stampfbetonrohr mit harter Sohle	0,38	
Schleuderbetonrohr	0,16	
Schleuderbetonrohre mit Asphaltbetonauskleidung	0,03	

Wenn auch diese Versuche für die gewöhnlichen Betonrohre nicht verallgemeinert werden können, so zeigen sie doch, daß bei richtiger Zusammensetzung der Zuschlagsstoffe der Betonrohre die Widerstandsfähigkeit der Kanalsohle gegen Abnützung derjenigen bei Steinzeugrohren sehr nahekommt, bei Rohren besonderer Herstellungsart diese sogar übertrifft.

c) Das Rohr muß gegen chemische Einwirkungen gesichert sein. In dieser Beziehung ist das Steinzeugrohr dem gewöhnlichen Betonrohr überlegen, da es chemischen Einflüssen gegenüber absolut widerstandsfähig ist. Bei den Betonrohren können sowohl von außen durch die Beschaffenheit des Füllbodens und des Grundwassers, als auch von innen durch den Charakter des abzuführenden Abwassers Angriffe und Zerstörungen zustande kommen. Soweit Schutzmaßnahmen gegen die Einwirkung von außen in Betracht kommen, so gelten dieselben Grundsätze wie bei Betonbauten überhaupt, d. h. wenn sulfathaltiges Grundwasser oder Moorwasser die Leitungen umspült oder wenn der Boden kalkhaltig ist, so bedarf es eines besonderen Schutzes. Dieser wird am besten durch bituminöse Anstrichmittel erreicht, die eine feste Verbindung mit dem Beton eingehen.

Gegen die Einwirkung des abfließenden Abwassers wird das Betonrohr im allgemeinen dadurch geschützt, daß sich nach verhältnismäßig kurzer Zeit des Betriebs an den Innenwandungen ein fettiger, schleimiger Überzug bildet, die sogenannte Sielhaut, die eine nachteilige Einwirkung des Wassers auf den Beton verhindert. Nur für den Fall, daß infolge zu großer Geschwindigkeit durch mechanische Einwirkung diese Haut zerstört wird, besteht die Möglichkeit, daß das Abwasser die Sohle angreift, wenn anders der Charakter derart ist, daß schädliche Einwirkungen auf den Beton zustande kommen.

Normales städtisches Abwasser hat alkalischen Charakter mit einem pH-Wert, der zwischen 7,2 bis 7,8 liegt. Infolge seines großen Säurebindungsvermögens reagiert auch städtisches Abwasser, das mit gewerblichem Abwasser gemischt ist, noch alkalisch, so daß Gefahr für den Beton durch Einwirkung von Säuren unter den üblichen Verhältnissen nicht vorliegt. Nur in Ausnahmefällen, wenn industrielle Betriebe große Mengen sauren Abwassers in die Kanalisation leiten und ausreichendes Verdünnungswasser nicht zur Verfügung steht, müssen Schutzmaßnahmen ergriffen werden. Aus diesem nur unter besonderen Verhältnissen vorkommenden Anlasse aber das Betonrohr von der Verwendung in der Kanalisationstechnik überhaupt ausschließen zu wollen, hieße, gegen die Grundregeln der Technik, mit dem geringsten Aufwand an Mitteln den zu erstrebenden Zweck zu erreichen, verstoßen. In einem solchen Falle sind geeignete Vorkehrungen zu treffen, um den Charakter der industriellen Abwässer am Orte des Entstehens unschädlich zu machen. Wenn aber für einen ordnungsmäßigen Betrieb dieser Anlage keine Gewähr gegeben ist, so ist das Betonrohr entweder gegen die chemischen Einwirkungen durch einen Überzug widerstandsfähig zu machen oder auf gewisse Längen das gegenüber diesen Einwirkungen unempfindliche Steinzeugrohr zu verwenden.

Will man der Möglichkeit Rechnung tragen, daß zukünftig sich ansiedelnde Industrien aggressive Wässer der Kanalisation zuführen, so empfiehlt es sich, in den durch den Flächenaufteilungsplan ausgewiesenen Industrievierteln Steinzeugrohre vorzugsweise zu verlegen.

d) Die Rohrwandungen sollen möglichst glatt und vollkommen dicht sein. Eine glatte Wandung ist erforderlich, um ein Hängenbleiben der mitgeführten Schwebe- und Sinkstoffe zu verhindern und die Reibungsverluste im Interesse der Leistungsfähigkeit so niedrig als möglich zu halten. Das Steinzeugrohr ist infolge seiner Salzglasur in dieser Beziehung günstiger als das Betonrohr, der Unterschied in der Beschaffenheit der Wandungen wird jedoch im Betrieb bald durch die Bildung der Sielhaut ausgeglichen, so daß bei der Berechnung der Rohrleitung für beide Materialien der gleiche Rauhigkeitsbeiwert in Ansatz zu bringen ist.

Bezüglich der Dichtigkeit der Wandungen besteht zwischen beiden Rohren kein Unterschied. Beide Scherben haben zwar eine gewisse Wasseraufnahmefähigkeit, die bei guten Fabrikaten etwa bei 2 bis 3% liegt. Das Steinzeugrohr ist jedoch durch die Glasur und das Betonrohr durch die bei der Herstellung zur Anwendung gebrachte Technik innen mit einem wasserdichten Überzug versehen.

e) Bezüglich der Formgebung, der zulässigen Abmessungen und der Baulänge gebührt dem Betonrohr der Vorzug gegenüber dem Steinzeugrohr. Indem die Betonrohre in eisernen Formen gestampft werden, ist die Gewähr dafür gegeben, daß die Abmessungen der fertigen Rohre den Vorschriften genau entsprechen, so daß die Rohre genau ineinander passen und die Wandungen des Rohrstranges keine Unebenheiten aufweisen. Demgegenüber kommt bei den

Steinzeugrohren leicht ein Verziehen beim Brennen zustande, so daß besonders bei den großen Abmessungen nur durch sorgfältiges Aussortieren die erforderliche Güte in den Formen zu erreichen ist. Wegen dieser Schwierigkeiten werden Steinzeugrohre in Eiform nur auf besonderen Wunsch hergestellt. Die Kosten sind infolgedessen für diese Rohre unverhältnismäßig hoch, so daß mit wenigen Ausnahmen von der Verwendung Abstand genommen wird. Auf die schwierige Herstellung bei großen Abmessungen ist es auch zurückzuführen, daß Rohre von mehr als 600 mm Durchmesser praktisch und wirtschaftlich ausscheiden, während die großen Betonrohre ebenso genau herstellbar sind, wie die kleineren Rohre und ihre Grenzen nur in dem zulässigen Gewicht finden, das durch die Bewegung in der Baugrube gegeben ist.

Die Baulänge ist bei beiden Rohrarten auf 1,0 m festgelegt, sie kann jedoch bei den im Schleuderverfahren hergestellten Rohren überschritten werden, ohne daß dadurch die Güte des Fabrikates hinsichtlich der Formgebung leidet. Auf diese Weise wird die Zahl der Stöße verringert, was gleich bedeutend ist mit einer Verbesserung des Rohrstranges, da die Stoßstellen in verschiedener Hinsicht schwache Punkte in der Rohrleitung darstellen.

f) Was die Kosten der beiden Rohrarten endlich anlangt, so sind die Betonrohre nicht unwesentlich billiger als die Steinzeugrohre. Je nach der Lage zu den Steinzeuglieferwerken und den vorhandenen Betonerzeugungsstellen sind die Preise bei den mittleren Größen von 250 bis 400 mm Durchmesser um 30 bis 50% niedriger, Steinzeugrohre erster Klasse zugrunde gelegt. Bei Verwendung von Schleuderbetonrohren ist die Differenz etwas geringer, da bei diesen infolge der besonderen Art der Herstellung ein höherer Preis herauskommt, dem allerdings auch eine hohe Güte des Materials entspricht.

Die gesamten Kosten der Rohrleitung, Beschaffungspreis und Verlegungskosten, ergeben eine weitere Vergrößerung der Spannung zugunsten der Betonrohre, da ihre Verlegung gegenüber den Steinzeugrohren um 10 bis 15% billiger ist.

g) Faßt man das Ergebnis der vorstehenden Untersuchung zusammen, so ergibt sich, daß bei den üblichen Gefällsverhältnissen und bei normalem städtischen Abwasser das Steinzeugrohr und das Zementbetonrohr gleichwertig sind in bezug auf diejenigen Eigenschaften, die von einem guten Rohrmaterial gefordert werden müssen. Nur in denjenigen Gebieten, in denen schädliche chemische Abwässer anfallen oder zu erwarten sind, ist dem Steinzeugrohr der Vorzug zu geben. Das gleiche gilt für die Gefällsstrecken, bei denen die angegebenen Grenzgeschwindigkeiten überschritten werden. Im Hinblick auf die erheblichen Kostenunterschiede wird deshalb in Zeiten wirtschaftlicher Not im allgemeinen das Zementrohr zur Ausführung gewählt werden. Die grundsätzliche Verwendung von Steinzeugrohren für alle Leitungsstrecken kann nur in denjenigen Fällen verantwortet werden, wo es sich um finanziell leistungsstarke Gemeinden handelt, die den gesunden Grundsatz der Kanalisationstechnik, daß das Beste gerade gut genug sei, in vollem Umfange zu verwirklichen in der Lage sind.

5. Kanäle aus Mauerwerk.

Kanäle aus Bruchstein kommen in der neuzeitlichen Kanalisationstechnik überhaupt nicht mehr zur Anwendung, da das Bearbeiten der Steine viel Handarbeit erfordert. Bruchsteine werden nur noch als Werkstücke für Wehrrücken, Gratausbildungen und für ähnliche Zwecke benutzt. Aber auch das sind nur Ausnahmen, da sich diese Teile ebensogut unter Zuhilfenahme der Schleifwirkung in Klinkermauerwerk ausbilden lassen.

Kanäle aus Ziegelsteinen oder Klinker kamen in den Jahren des Ausbaues der großstädtischen Kanalisationsanlagen dann zur Anwendung, wenn der notwendige Querschnitt die üblichen Abmessungen der Steinzeugrohre überschritt. Seitdem in dem Beton mit oder ohne Eisenarmierung ein Material gegeben ist, dessen Eigenschaften in wissenschaftlicher Beziehung vollkommen geklärt sind und das eine vielgestaltige Formgebung in einfachster Weise gestattet, treten die gemauerten Kanäle in der Häufigkeit der Anwendung immer mehr zurück.

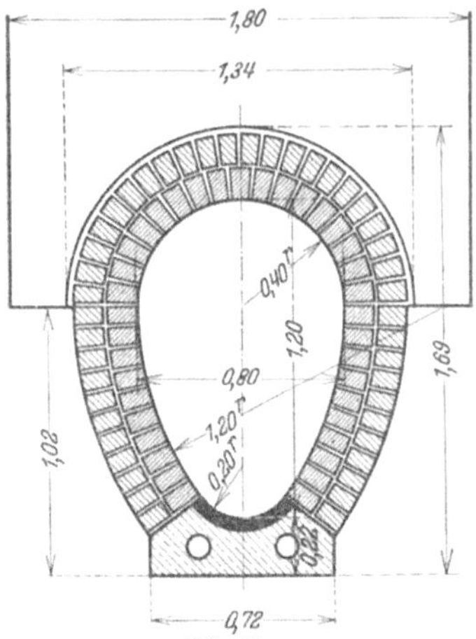

Abb. 34a.

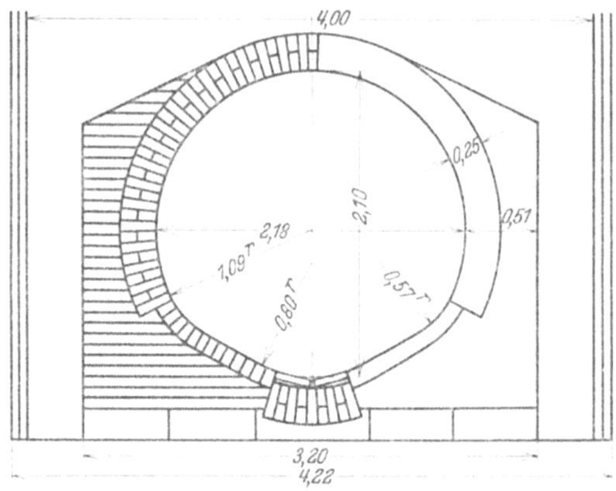

Abb. 34b.

Immerhin weisen diese gewisse Vorzüge gegenüber den Betonkanälen auf, so daß sie durchaus neben diesen auf die Dauer bestehen können. Dazu gehört in erster Linie die Widerstandsfähigkeit gut gebrannter Klinker gegen chemische Einwirkungen. Sodann ist bei dieser Ausführung Gewähr dafür gegeben, daß die Güte der Baustoffe überall die gleiche ist, während bei Betonausführungen eine

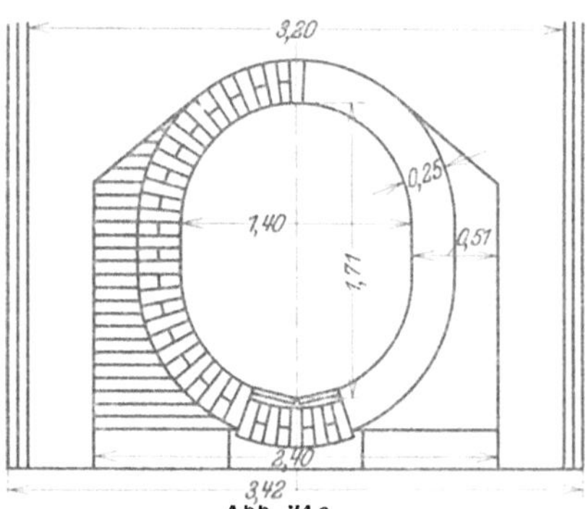

Abb. 34c.

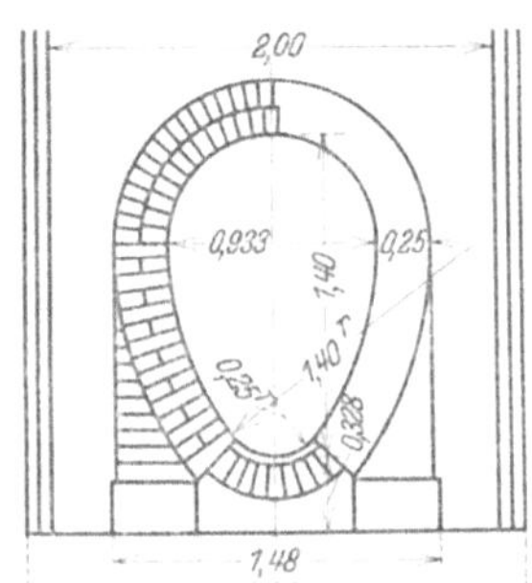

Abb. 34d.

Abb. 34a bis l. Profile aus Mauerwerk bei verschiedenen Kanalisationsverwaltungen.

sorgfältige Überwachung und eine laufende Untersuchung der verwendeten Baustoffe und ihrer Zusammensetzung unbedingtes Erfordernis ist.

a) Baustoffe.

Für die inneren Wandungen der Kanäle sollen nur beste Klinkersteine mit der durch DIN 105 vorgeschriebenen Druckfestigkeit von 350 kg/cm² verwendet werden. Bei diesen Klinkern überschreitet die Wasseraufnahmefähigkeit nicht das zulässige Maß von 5%. Für Hintermauerungszwecke werden mit Vorteil Hartbrandziegel geringerer Druckfestigkeit benutzt. Die Mauersteine müssen möglichst vollkantig und von annähernd ebenen Flächen begrenzt sein. Sie dürfen weder geworfen, noch verbrannt, noch durch Schlick, Ton oder Lehm verunreinigt sein und müssen beim Schlag mit dem Hammer einen hellen Ton ergeben. Bei kleinen Profilen mit kleinen Krümmungsradien ist die Verwendung von Formsteinen empfehlenswert. Doch ist es zweckmäßig, ihre Zahl aus praktischen Gründen nach Möglichkeit zu beschränken. Alle Steine sind vor der Verwendung mindestens 10 Min. lang in reines Wasser zu stellen, um zu verhindern, daß das Wasser aus dem Mörtel durch die Steine herausgesaugt wird.

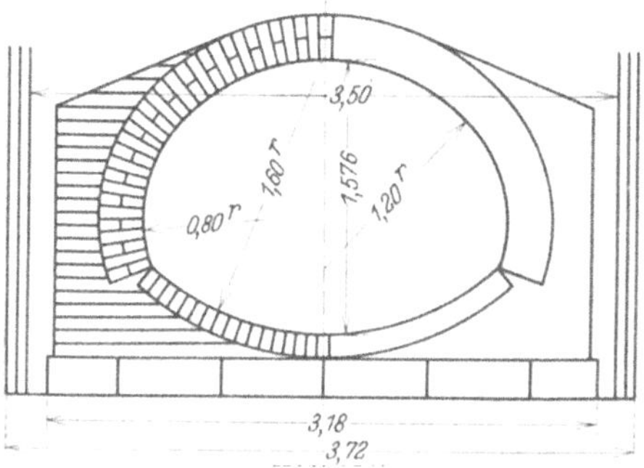

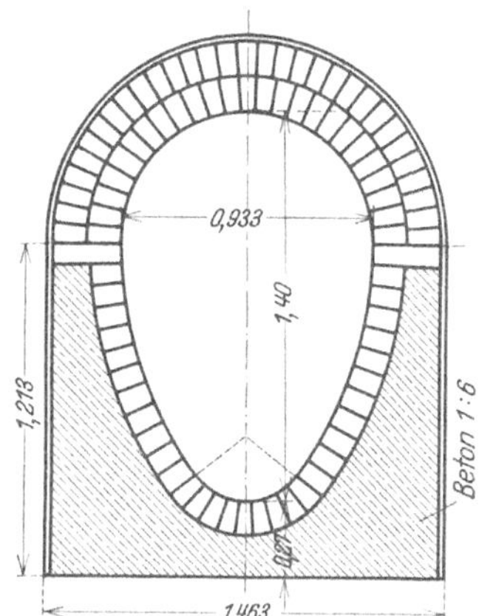

Als Mörtel kommt Zementmörtel im Mischungsverhältnis 1:3 in Frage. Für das Ausfugen ist ein Mörtel von dem Mischungsverhältnis 1:2 zu benutzen.

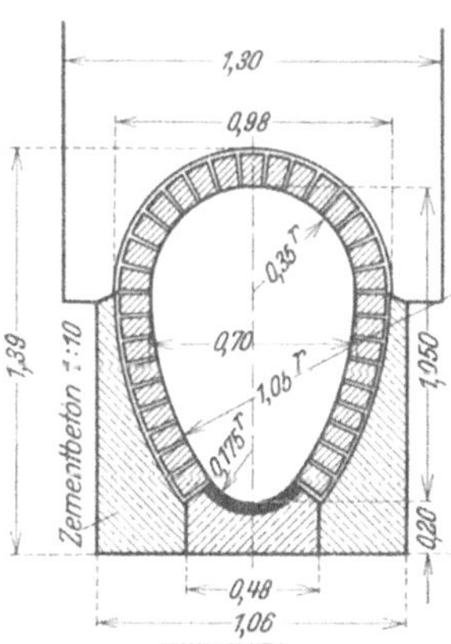

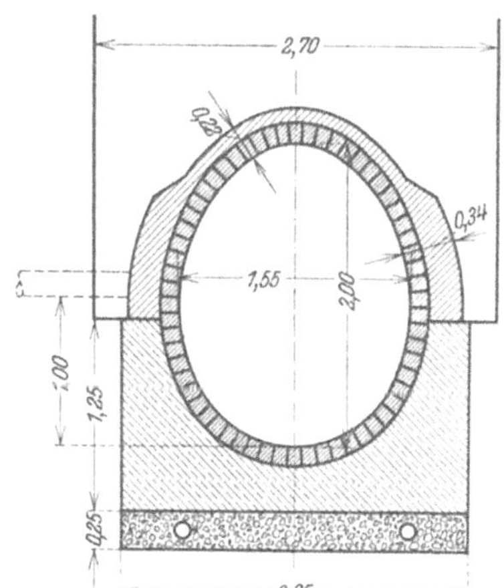

Abb. 34a bis l. Profile aus Mauerwerk bei verschiedenen Kanalisationsverwaltungen.

Der Zusatz von Traß bietet gewisse Vorzüge bezüglich der Dichtigkeit und der elastischen Eigenschaften des Mörtels. Vor allem aber bewirkt er eine Bindung des im Portlandzement verbliebenen freien Kalkes, wodurch die Widerstandsfähigkeit gegen chemische Einwirkungen erhöht wird.

Zur Sicherung der Sohle gegen die angreifende Wirkung der in dem Abwasser mitgeführten Sinkstoffe werden vielfach Steinzeugschalen, gegebenenfalls mit anschließenden Steinzeugplatten, oder Steinzeugsohlstücke angewendet. Um eine gute Gründung zu erreichen, werden auch wohl Sohlstücke größerer Abmessungen aus Beton verlegt, die bei nicht vollkommen trockener Baugrube Schäden der Grundwasserführung vermeiden lassen.

Bei der Auswahl der Baustoffe, und zwar sowohl der Mauersteine, als auch des Mörtels, ist die allergrößte Sorgfalt zu verwenden. Mauersteine, die in größerem Maße eingesprengte Stücke von gebranntem Kalk (Kalziumoxyd) enthalten und

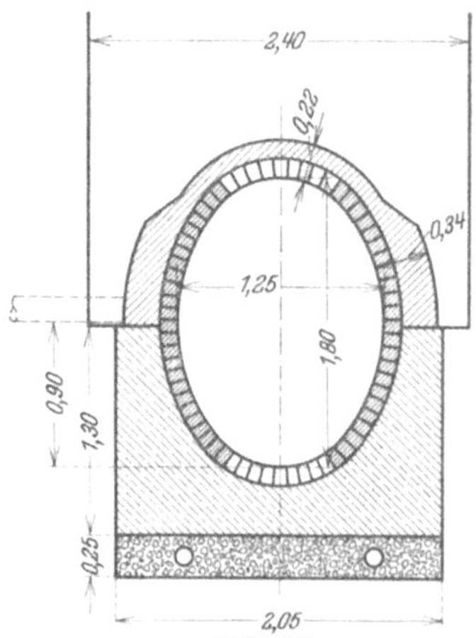

Abb. 34i.

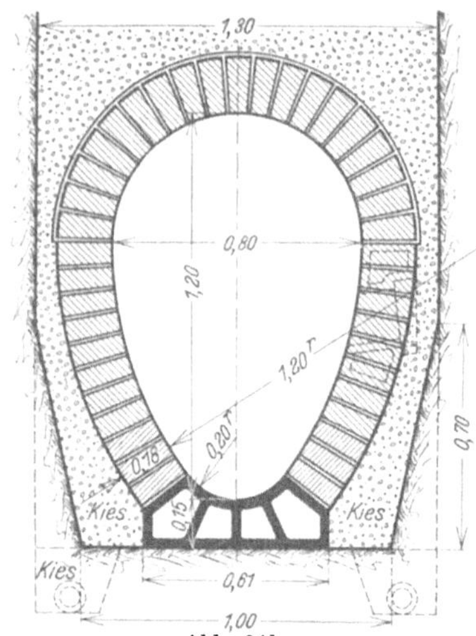

Abb. 34k.

porös sind, sind gefährdet durch die in den Kanälen aus dem Schwefelwasserstoff der Kanalluft sich bildende Schwefelsäure. Diese ergibt mit dem Kalk zusammen Gips, der infolge Vergrößerung des Volumens ein Zersprengen und Abblättern der Steine zur Folge hat. Auch der in dem Zementmörtel vorhandene Ätzkalk (Kalkhydrat) wird in der Oberfläche in Gips umgesetzt und ergibt eine weiße schmierige Masse, die vom Hochwasser abgespült werden kann, so daß der Mörtel dem Einfluß der Schwefelsäure von neuem ausgesetzt wird. Näheres hierüber siehe Bredtschneider (*61*).

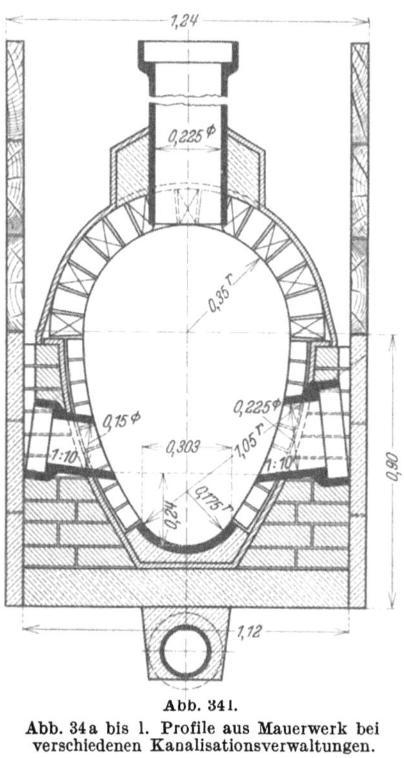

Abb. 34l.

Abb. 34a bis l. Profile aus Mauerwerk bei verschiedenen Kanalisationsverwaltungen.

b) Ausführung.

Die Ausführung erfolgt bei Wandstärken mehr als ½ Stein stark meistens in einzelnen Ringen, um eine zusammenhängende abdichtende Mörtelfläche zu erhalten, siehe Abb. 34. Die für die Standfestigkeit des Profils wichtige Ausbildung der Widerlager geschieht in verschiedener Weise je nach der Bodenbeschaffenheit und der Güte des Hinterfüllungsmaterials. Bei standfähigem Boden, bei dem die Begrenzung der Baugrube sich dem Profil genau anpassen läßt, wird das Mauerwerk unmittelbar an den gewachsenen Boden angelegt, wie in dem Profil der Stadt Leipzig (Abb. 34a). Bei nicht standfähigem Boden kann verschieden verfahren werden. In den meisten Fällen wird das Profil in sich derart verstärkt, daß es die auftretenden Druckkräfte aufzunehmen vermag.

Abb. 34b bis e stellt Profile der Stadt Charlottenburg dar mit Klinkerhintermauerung, Abb. 34f gibt dasselbe Profil der Stadtentwässerung Berlin nach der Norm vom Jahre 1930. Eine andere Möglichkeit besteht darin, den Raum zwischen der Erdwand und dem Profil mit Mauerwerk oder Beton auszufüllen, siehe Abb. 34g bis i. Endlich kann ein sicheres Widerlager auch in der Weise geschaffen werden, daß gutes Hinterfüllungsmaterial, wozu besonders grober Kies geeignet ist, in einzelnen Lagen eingebracht und gut abgestampft wird, wie dies die Stadtentwässerung von Stuttgart (Abb. 34k) und Frankfurt/Main (Abb. 34l) tut.

Die **Hausleitungen** werden entweder mit Rohrstücken über Trockenwetterabflußhöhe oder bei größeren Tiefen des Kanals mit Scheitelanlässen angeschlossen, oder es werden besondere Formstücke verwendet, die sich der Gestalt des Mauerwerkes anpassen (Abb. 34l).

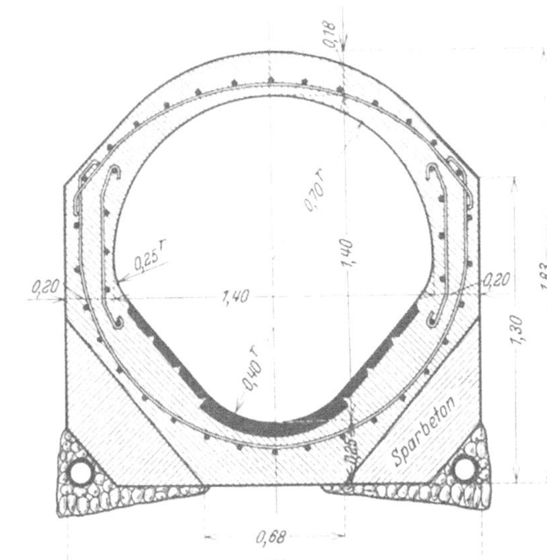

Abb. 35a.

6. Kanäle aus Beton und Eisenbeton.

Diese haben gegenüber den gemauerten Kanälen verschiedene Vorzüge. Vor allem sind es die geringeren Herstellungskosten, die die Ausführung von Betonkanälen bei größeren Profilen allgemein begünstigen. Wenn das Sand- und Kiesmaterial für den Beton in geeigneter Zusammensetzung aus der Baugrube oder in der Nähe derselben gewonnen werden kann, so wird die Wirtschaftlichkeit der Betonausführung gegenüber der aus Mauerwerk noch weiter erhöht. Der Baufortschritt ist bei den Betonkanälen im allgemeinen größer als bei gemauerten Kanälen, was besonders bei der Herstellung im Grundwasser von Bedeutung ist. Die Möglichkeit, in Beton in einfachster Weise die verschiedensten Formen zu bilden, spielt ferner eine Rolle, sobald es sich darum handelt, Sonderbauwerke der verschiedensten Art herzustellen. Auch kann man sich durch Verstärkung des Betons mittels Eiseneinlagen in bester Weise den tatsächlichen Beanspruchungen der Baukörper anpassen. Anderer-

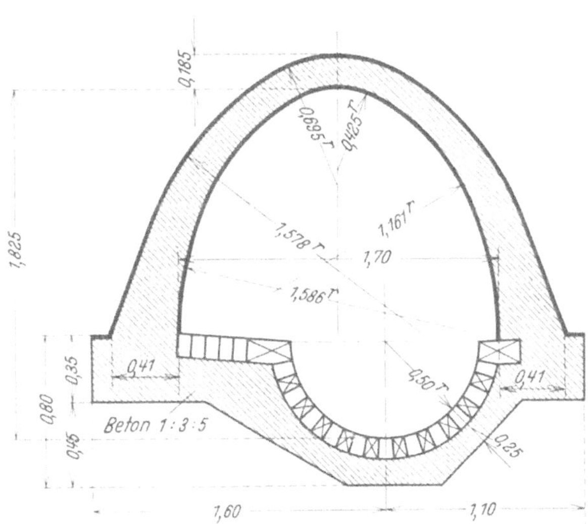

Abb. 35b.

Abb. 35a bis f. Profile aus Beton und Eisenbeton bei verschiedenen Kanalisationsverwaltungen.

seits stehen diesen Vorzügen gewisse Nachteile gegenüber, wie unter 5a des näheren ausgeführt ist.

a) Baustoffe und Ausführung.

Für die Auswahl der Baustoffe, Zement, Sand, Kies und andere Zuschläge, für das Mischungsverhältnis, die Zubereitung der Betonmasse und ihre Verarbeitung gelten die jeweiligen Bestimmungen des Ausschusses für Eisenbeton, die in

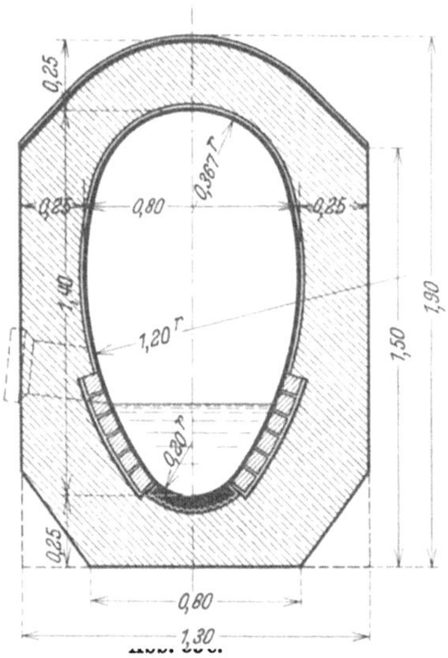

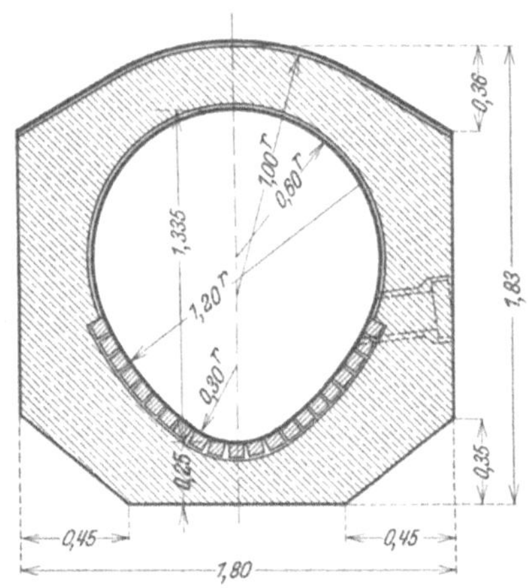

Abb. 35d.

DIN 1967 zusammengefaßt sind. Auf diese sei besonders verwiesen. Der Zusatz von Traß ist aus den bei den gemauerten Kanälen angegebenen Gründen empfehlenswert. Eines besonderen Schutzes des Betons bedarf es unter normalen Verhältnissen nicht. Es muß jedoch dafür Sorge getragen werden, daß die innere Leibung des Profils eine gewisse Glätte hat, da erfahrungsgemäß sich die schützende Sielhaut auf glatten Flächen rascher bildet als auf rauhen. Das kann ohne besondere Maßnahmen erreicht werden durch die Anwendung von eisernen Schalungen. Bei Holzschalungen empfiehlt es sich, einen inneren Putz aufzubringen.

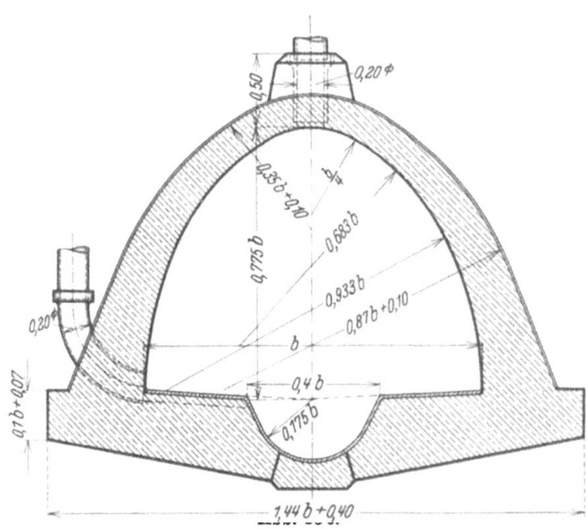

Abb. 35a bis f. Profile aus Beton und Eisenbeton bei verschiedenen Kanalisationsverwaltungen.

Zum Schutz des Betons gegen die schleifende Wirkung des mitgeführten Sandes wird im Bereich des Trockenwetterabflusses, vielfach auch ohne daß die auftretenden Geschwindigkeiten dies erfordern, die Sohle mit härterem Material ausgekleidet, und zwar entweder mit Steinzeugschalen und Platten wie in Abb. **35a**, oder mit Klinkern wie in Abb. 35b, c, d. Die Innenflächen oberhalb der Mittelwasserspiegellinie werden auch wohl mit bituminösen Anstrichmitteln, wie Inertol, Siderosthen und anderen versehen, um eine schädliche Einwirkung der Kanalgase auf den Beton auszuschließen. Ein Schutz gegen die Einwirkung des Bodenwassers oder des Grundwassers ist nur in den allgemein bekannten Fällen notwendig, wenn aggressive Wässer vorliegen. Dieser kann entweder in Gestalt eines gewöhnlichen Putzes aufgebracht oder im Torkretverfahren aufgespritzt werden, wodurch das Eindringen von Wasser praktisch ausgeschlossen wird.

Eine Kombination von Mauerwerk und Beton kommt auch zuweilen in der Weise zur Anwendung, daß das Gewölbe mit Rücksicht auf mögliche Bewegungen aus Klinkermauerwerk hergestellt, und die übrigen Innenflächen mit Klinker ausgekleidet werden, während Widerlager und Sohle in Beton ausgeführt werden (Abb. 36a und b).

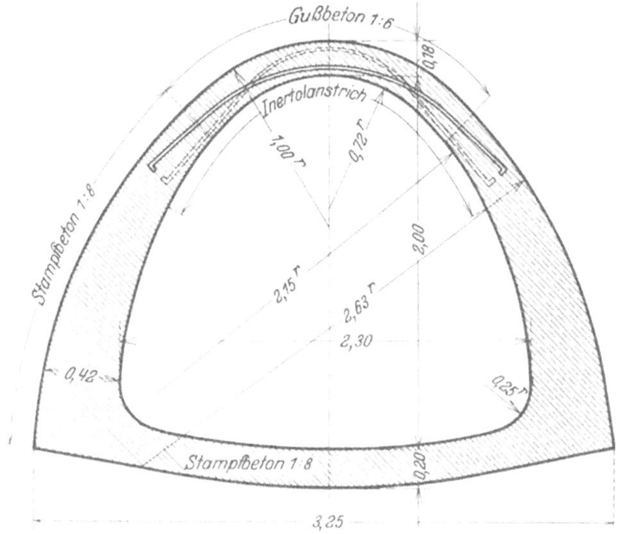

Abb. 35f.

Abb. 35a bis f. Profile aus Beton und Eisenbeton bei verschiedenen Kanalisationsverwaltungen.

b) Form und Abmessungen.

Die Festlegung der Form und Abmessung des Profils ist das Ergebnis der statischen Untersuchung. Im allgemeinen, namentlich bei größeren Profilen, wird

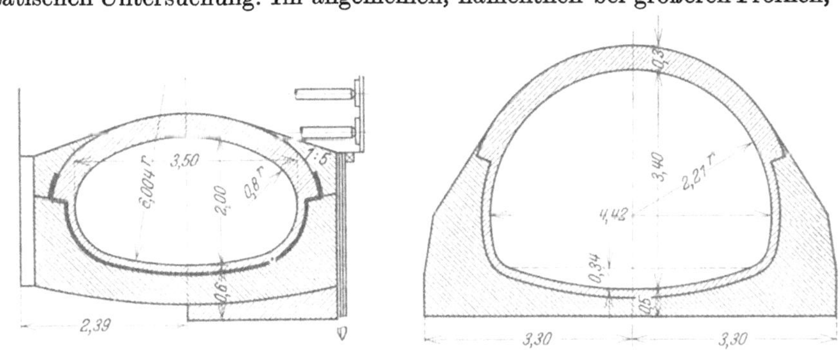

Abb. 36a und b. Profile aus Beton und Klinkermauerwerk (nach Hahn und Langbein).

man Druckgewölbe anwenden, die sich dem Verlauf der Drucklinie anpassen. Durch Armierung des Profils kann man an Wandstärke und damit an Baugrubenbreite nicht unerheblich sparen, wie das Profil des Hauptsammlers der Stadt Hagen in Westfalen (Abb. 35a) zeigt. Im einzelnen Falle ist durch Kostenvergleich festzustellen, welche Ausführungsart wirtschaftlich günstiger ist.

Die in früheren Jahren vorhandene Abneigung gegen die Verwendung von Eisenbeton in der Kanalisationstechnik, die man zuweilen noch antrifft, ist in keiner Weise mehr begründet, da bei der den Vorschriften entsprechenden Ausführung diese Bauart sich in gleicher Weise bewährt hat, wie die Ausführung in Beton oder Mauerwerk. Zudem bietet sie, namentlich bei den besonderen Bauwerken der Kanalisation, mancherlei Vorzüge, wie gute Anpassung an die auftretende Beanspruchung, leichter Einbau von Schiebern und anderem Zubehör, Verringerung der Baukörperabmessung bei größter Standsicherheit usw.

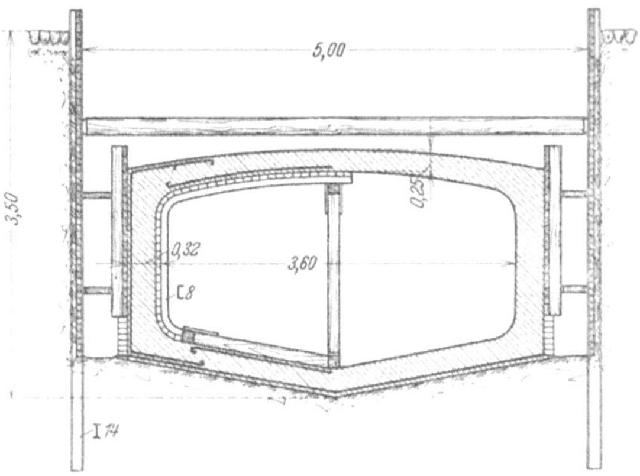

Abb. 37. Querschnitt des Hauptsammlers in Lichtenberg.

Abb. 35e zeigt das Normalprofil der Dresdener Hauptsammler.

Abb. 35f stellt eine interessante Ausgestaltung des Abwasserkanals bei Duisburg dar, der vom Ruhr-Verband hergestellt ist. Bei diesem ist nur der Scheitel mit Eisen armiert, und der obere Teil des Gewölbes in Gußbeton 1:6 ausgeführt, während der übrige Teil aus Stampfbeton 1:8 hergestellt ist.

Abb. 37 zeigt den Querschnitt des Hauptsammlers in Lichtenberg b. Berlin. Die Forderung eines großen Profils und die geringe Überdachungshöhe zwangen zu einem Kastenprofil in Eisenbetonbauweise. Dieses ist als geschlossener Rahmen berechnet und unter Verwendung von freitragenden Lehren aus [-Eisen hergestellt worden. Näheres siehe (*66*).

7. Leitungen des Trennverfahrens mit unterirdischer Regenwasserabführung.

Zur Vereinfachung mögen die Brauchwasserleitungen mit *B*-Leitungen und die Regenwasserleitungen mit *R*-Leitungen bezeichnet werden.

Beim Trennverfahren gehen die Abmessungen der *B*-Leitungen nur in den seltensten Fällen über 50 cm Durchmesser Kreisprofil hinaus. Es kommen infolgedessen für diese sowohl Stein-

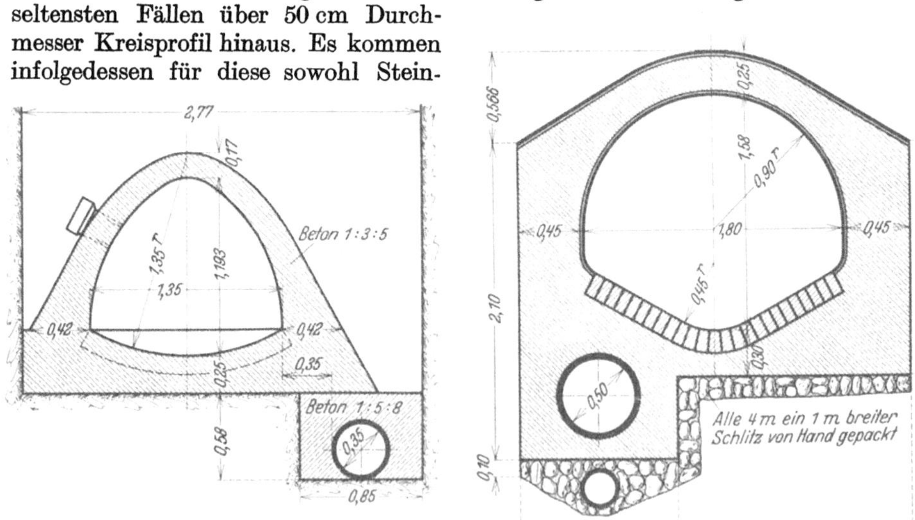

Abb. 38a.

Abb. 38a bis c. Gegenseitige Lage von Kanal und Leitung beim Trennverfahren.

zeugrohre, als auch Betonrohre zur Anwendung. Die *R*-Leitungen, die sich in ihren Abmessungen nur wenig von den Leitungen des Mischverfahrens unterscheiden, werden meistens in Beton hergestellt. Die Sohle wird dabei, auch wenn es die auftretende Geschwindigkeit nach den entwickelten Grundsätzen nicht erfordert, vielfach mit Klinkern ausgekleidet, siehe Abb. 38a und b.

Beide Leitungen werden, wenn irgend angängig, aus Ersparnis-

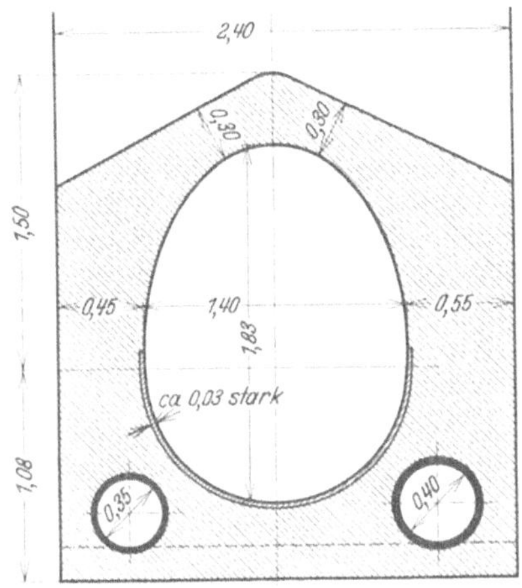

Abb. 38c. Gegenseitige Lage von Kanal und Leitung beim Trennverfahren.

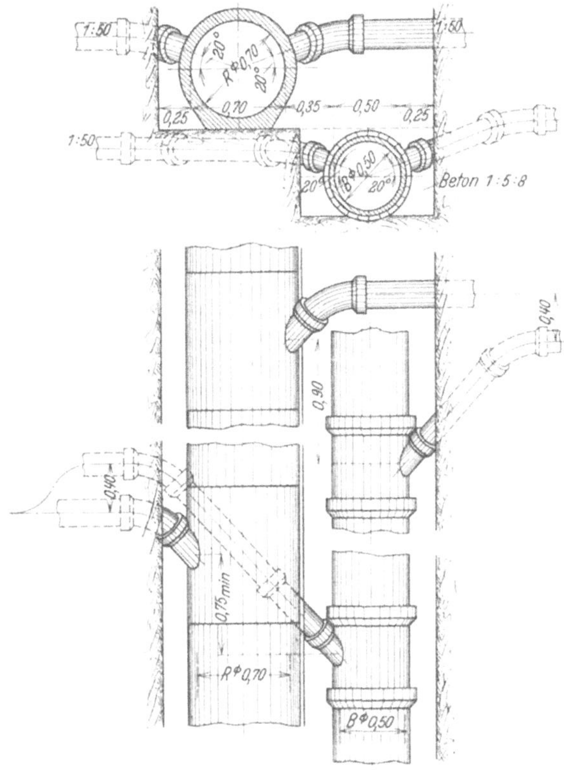

Abb. 39. Gegenseitige Lage der Rohrleitungen beim Trennverfahren.

gründen in einer Baugrube dicht nebeneinander verlegt. Für die Achsenentfernung der beiden ist bestimmend, daß an den Schächten eine Trennwand von 1 Stein Stärke = 25 cm zwischen den Leitungen aufgeführt werden muß. Daraus ergeben sich Abstände der inneren Wandungen von etwa 40 cm. Die Höhenlage beider Leitungen zueinander ist dadurch festgelegt, daß von beiden Seiten Anschlüsse möglich sein müssen. Da das *B*-Rohr im allgemeinen tiefer angeordnet ist als das *R*-Rohr, so werden die Anschlüsse des ersteren unter den *R*-Leitungen hindurchgeführt werden müssen. Der Vertikalabstand beider schwankt je nach der Größe der Rohre, siehe Abb. 39.

Um die Stufe, die bei einer gemeinsamen Verlegung in einer Baugrube bei den normalen Rohrleitungen nicht zu umgehen ist, zu sichern, wird das *B*-Rohr zweckmäßig mit Beton umhüllt. Bei größeren Abmessungen der *R*-Rohre kann das *B*-Rohr in die Wandungen des ersteren eingebaut werden, vgl. Abb. 38c.

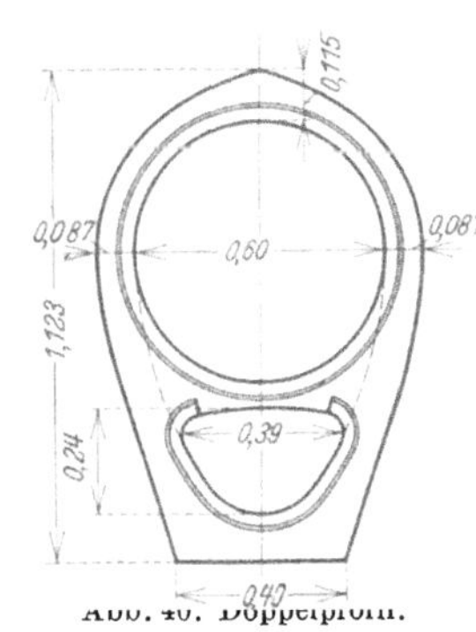

Abb. 40. Doppelprofil.

Das Bestreben, die Schwierigkeiten der Verlegung zu umgehen und das ganze System zu vereinfachen, hat Metzger-Bromberg dazu veranlaßt, beide Leitungen in einem Profil zu vereinigen und eine Doppelleitung aus Zementbeton herzustellen gemäß Abb. 40. Dabei wird das untere Rohr der *B*-Leitung durch besondere Verschlußstücke, die in den Schächten in der Zwischenwand eingebaut werden, zugängig gemacht. Diese Doppelleitungen sind im Osten unseres Vaterlandes in mehreren Städten zur Anwendung gekommen, wie Bromberg,

Insterburg, Marienberg. Die Erfahrungen, die damit gesammelt sind, ermutigen jedoch nicht dazu, sie weiter zu verwenden. Tatsächlich sind sie später auch nur für kleine Teilgebiete eingebaut worden. Die hauptsächlichsten Gründe dafür sind folgende: Es ergeben sich Unzuträglichkeiten, wenn der Deckel zwischen den beiden Leitungen von den Bedienungsmannschaften nicht ordnungsmäßig geschlossen wird, die Unterhaltung der B-Leitung ist sehr erschwert, ein genaues Anpassen der Rohrleitungen an die abzuführende Wassermenge ist nicht möglich, da die Zahl der Doppelprofile aus wirtschaftlichen Gründen nur eine beschränkte ist.

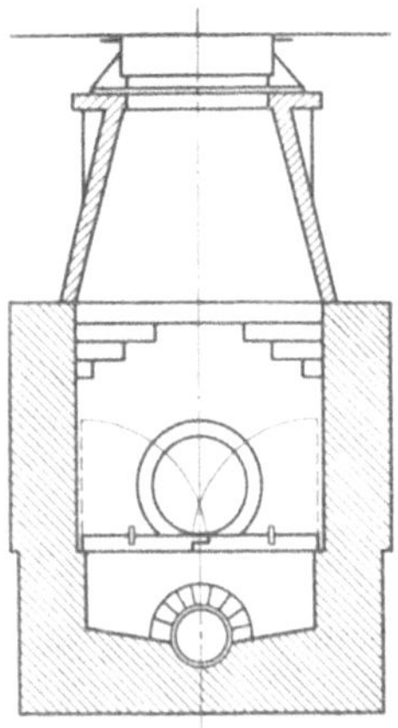

Abb. 41. Anordnung der Leitungen nach dem Vorschlag der Stadt Braunschweig[1].

In Braunschweig ist seit dem Jahre 1926 eine Anordnung in Gebrauch, bei der die selbständige R-Leitung senkrecht über der tiefer liegenden B-Leitung verlegt wird. Die Trennung der beiden Leitungen in den Schächten wird durch Eisenbetonplatten bewirkt, deren Abmessungen gleich der lichten Weite des Schachtes sind (Abb. 41). Durch diese Konstruktion würden die beiden letzten der obengenannten Unzuträglichkeiten aus dem Wege geräumt sein. Es bleibt jedoch noch die Frage offen, wie eine Lüftung der B-Leitung zustande kommt. Auf jeden Fall ergibt sich eine erhebliche Ersparnis an Erdarbeiten. Die Erfahrungen im Betriebe sollen nach der Veröffentlichung hierüber (*84*) gute sein.

8. Offene Abwassersammler.

Die offenen Abwassersammler sind von der Emscher-Genossenschaft in Essen systematisch ausgebildet und im großen Ausmaße zur Anwendung gebracht worden. Die Veranlassung dazu waren die besonderen Verhältnisse des Gebietes der Genossenschaft. Dieses weist infolge des umgehenden Bergbaues Bodensenkungen auf, zufolge deren ungleichmäßige Setzungen der Kanäle und Störungen des Abflusses an der Tagesordnung sind. Es handelte sich also darum, die Profile der Entwässerungskanäle so auszugestalten, daß eine Vertiefung der Kanalsohle mit dem geringsten Aufwand an Mitteln durchführbar ist.

Diesen Anforderungen entspricht am besten der offene Graben. Eintretende Senkungen des Kanals, die bei geschlossenen Profilen eine Zerstörung des Mauerwerkes zur Folge haben, können bei ihm keinen Schaden anrichten. Ist die Vorflut infolge Absenkens eines Teils des Kanals unterbrochen, so kann der untere Teil in einfachster Weise durch Ausschachten vertieft werden. Zu diesen Vorzügen, die besonders im Bergsenkungsgebiet wertvoll sind, kommen noch weitere allgemeiner Art hinzu. Die Leistungsfähigkeit eines offenen Grabens nimmt bei der üblichen Ausgestaltung mit Böschungen mit zunehmender Füllung sehr stark zu, so daß die Regenwasserabflußmengen glatt abgeführt werden können. Dadurch, daß das Abwasser in den offenen Sammlern der Einwirkung von Licht und Luft ausgesetzt ist, hat es die Möglichkeit, Luftsauerstoff aufzunehmen und den Abbau der fäulnisfähigen organischen Stoffe einzuleiten. Das Abwasser wird also für die weitere Behandlung im Sinne der Mineralisierung der organischen Stoffe günstig beeinflußt. Endlich betragen die Kosten für einen derartigen offenen Sammler nur etwa 20 bis 40% der Kosten eines geschlossenen Sammlers. Auf diese Vorzüge ist es zurückzuführen, wenn im Gebiete der Emscher-Genossenschaft mehr als 200 km und in dem des Ruhr-Verbandes bislang 50 km von offenen Abwasserkanälen ausgeführt sind. In beiden Fällen handelt es sich darum, die

[1] Nach Landmann: Gesundh.-Ing. 1931. S. 575.

das Gebiet zahlreich durchziehenden Gräben, die ungeklärtes Abwasser führen, so auszugestalten, daß eine unbehinderte Ableitung des Abwassers jederzeit sichergestellt ist und daß die Kosten dafür in erträglichen Grenzen bleiben.

In hygienischer Beziehung könnten vielleicht gewisse Bedenken gegen die Benutzung offener Gräben zur Abführung des Abwassers erhoben werden. Der Anblick des abfließenden Schmutzwassers ist in ästhetischer Beziehung nicht einwandfrei. Außerdem können üble Gerüche entstehen, und die Verbreitung von Krankheitskeimen kann gefördert werden. Die Erfahrungen, die sich nunmehr auf einen Zeitraum von 25 Jahren erstrecken, gehen jedoch dahin, daß die offenen Kanäle in hygienischer Beziehung unbedenklich sind, wenn gewisse Anforderungen erfüllt sind, denen in den Gebieten der genannten Genossenschaften grundsätzlich entsprochen wird. Das wird bestätigt durch Prof. Dr. K. Günther, ehemaligen Vorstand der Wasser-, Boden- und Lufthygiene Berlin (*28*). Er kommt auf Grund von theoretischen Erwägungen und eingehenden Untersuchungen, die von den Beobachtungen der zuständigen Kreisärzte gestützt werden, zu dem Ergebnis, daß gegen die offenen Abwasserkanäle weder in hygienischer noch in ästhetischer Beziehung Bedenken zu erheben sind. Das wird durch folgende Maßnahmen erreicht: Um den häßlichen Anblick zu vermeiden, werden die offenen Kanäle an der Kreuzung mit öffentlichen Verkehrswegen aller Art durch geschlossene Kanäle ersetzt. Üble Gerüche werden dadurch verhindert, daß das Abwasser möglichst frisch in die Kanäle gelangt und während seines ganzen Ablaufes keine Gelegenheit hat, Schlamm abzusetzen oder zu stagnieren. Durch die Einwirkung von Luft und Licht wird die Bildung fäulnisfähiger Gase hintangehalten. Die Kanäle werden mit Zäunen oder Hecken eingeschlossen, so daß vor allem für spielende Kinder jede Infektion ausgeschlossen ist.

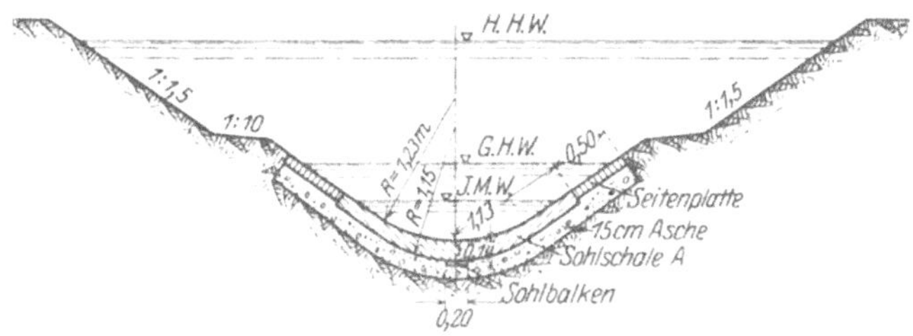

Abb. 42. Ausbildung der offenen Sammler bei der Emscher-Genossenschaft[1].

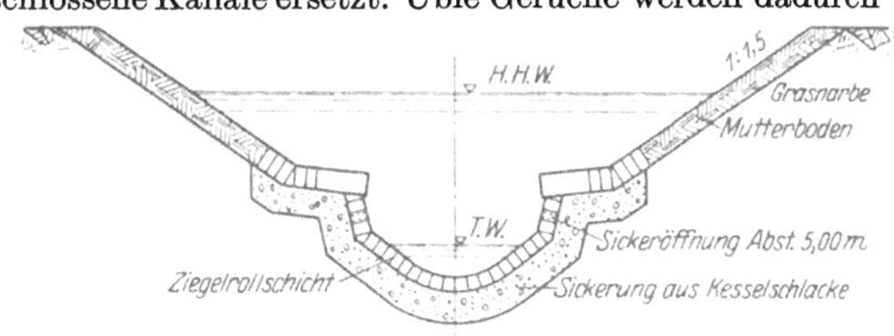

Abb. 43. Ausbildung der offenen Sammler bei der Emscher-Genossenschaft[2].

Die technische Ausbildung der offenen Abwasserkanäle muß den Anforderungen entsprechen, daß eine Ausspülung der Böschungen bei Hochwasserführung vermieden wird und daß die Rauhigkeit der Wandungen im Interesse der glatten Abführung des Brauchwassers nach Möglichkeit gering ist. Zu diesem Zweck kommt fast allgemein der Dreiecksquerschnitt zur Anwendung und das Profil wird mit Betonplatten ausgekleidet. Abb. 42 stellt einen Regelquerschnitt des offenen Abwasserkanals bei der Emscher-Genossenschaft dar, der Querschnitt der Abb. 43, der in den letzten Jahren bei derselben Genossenschaft zur Anwendung gekommen ist, hat den Vorzug, daß die Wasserspiegeloberfläche bei sinkender Sohle nicht größer wird. Die Betonplatten werden zweckmäßig werkmäßig hergestellt, um die Gewähr für größtmögliche Dichtigkeit und Festigkeit zu haben, und besitzen

[1] Nach Steckhau: Bautechn. 1927 S. 407.
[2] Nach Steckhau: Bautechn. 1927 S. 432.

Nut und Feder zur gegenseitigen Sicherung, während sie in der Längsrichtung mit stumpfem Stoß verlegt werden. Die Fuge in der Mitte wirkt bei Bewegungen des Bodens als Gelenk. Ist das Grundwasser sulfathaltig oder besteht Gefahr, daß das in die Kanäle abfließende Wasser den Beton angreift, wie beispielsweise das Wasser, das von den Schlackenhalden zum Abfluß kommt, so wird an Stelle der Betonplatten Klinkermauerwerk verwendet, das gegen chemische Einflüsse vollständig widerstandsfähig ist.

Kommen offene Abwasserkanäle außerhalb des Bergsenkungsgebietes zur Anwendung, d. h. kommt eine nachträgliche Vertiefung der Sohle nicht in Frage, so kann an Stelle von Beton oder Klinkermauerwerk eine Auskleidung mit einem bituminösen Belag von Vorteil sein, der bei Werkkanälen verschiedentlich mit gutem Erfolg verlegt ist. Dieser bietet den Vorteil, daß er den Kanal wasserdicht gegen das umgebende Erdreich abschließt, daß er der Einwirkung der Naturkräfte besser Widerstand leistet, und daß er durch chemische Angriffe nicht zerstört werden kann.

Das Anwendungsgebiet offener Abwasserkanäle beschränkt sich nicht allein auf die Gebiete, wo Bergbau umgeht. Sie können mit Vorteil verwendet werden, wenn außerhalb der bebauten Stadtlage lange Strecken bis zum Vorfluter oder bis zur Kläranlage zurückzulegen sind. Durch diese Ausführung werden nicht nur erhebliche Ersparnisse erzielt, sondern die Kanalisation leistungsschwacher Gemeinden wird dadurch vielfach erst ermöglicht. In die offenen Kanäle können auch die Abflüsse weiterer Entwässerungsgebiete aufgenommen werden, da sie sehr überlastungsfähig sind. Rückt die Bebauung an die Kanäle heran, so kann man ohne weiteres den offenen Kanal durch einen geschlossenen ersetzen und sich auf diese Art in bester Weise den wirtschaftlichen Verhältnissen des Entwässerungsgebietes anpassen.

B. Normalbauwerke.

Unter Normalbauwerken versteht man diejenigen Bauwerke der Kanalisation, die in regelmäßiger Form und in großer Zahl ausgeführt werden und deren Aufgaben und Konstruktionsgrundlagen grundsätzlich die gleichen sind. Mit Rücksicht auf die große Zahl dieser Bauwerke ist ihre konstruktive und wirtschaftliche Ausbildung von großem Einfluß auf die Gesamtkosten der Kanalisation. Darüber hinaus ist die Anwendung der als richtig anerkannten Grundsätze bei diesen kleinen Bauwerken bestimmend für den Aufwand an Unterhaltungs- und Betriebskosten der ganzen Kanalisationsanlage einschließlich der Kläranlage.

Zu diesen Normalbauwerken gehören die Straßenabläufe, die Einsteigeschächte und die Schneeeinwurfschächte. Lampenlöcher, die früher als Ersatz von Einsteigeschächten aus Ersparnisgründen vielfach angewendet wurden, werden jetzt kaum mehr ausgeführt. Während die Straßenabläufe für ein und dieselbe Straßenbefestigungsart immer die gleiche Ausbildung aufweisen, bedingen die örtlichen Verhältnisse, die verschiedenen Tiefenlagen, die verschiedenen Durchmesser der zusammenzuführenden Rohrleitungen und die verschiedenen Richtungs- und Gefällswechsel in den Einsteigeschächten mannigfache Abarten, die besonders bei den Schächten des Trennverfahrens eine große Anzahl von Normalien notwendig machen.

1. Straßenabläufe.

„Straßenablauf" ist die durch den Normenausschuß festgelegte Bezeichnung für diejenige Einrichtung, die das Niederschlagswasser der Straße auffängt und den Kanalisationsleitungen zuführt. Sie werden auch wohl Straßeneinlauf,

Straßensinkkasten, Einfallschrote, Trummen oder in Norddeutschland vielfach Gullies genannt.

In ihrer einfachsten Ausgestaltung haben sie nur die Aufgabe, die Zuführung des von den Straßen abfließenden Wassers zu den Straßenleitungen zu vermitteln. In der am meisten angewendeten Form obliegt ihnen außerdem die Zurückhaltung des von den Straßen abgeschwemmten mehr oder minder groben Sandmaterials. Bei gewissen Ausführungen werden darüber hinaus die feineren Schmutzstoffe zurückgehalten. Bei den ersten Kanalisationsanlagen waren die Abläufe sämtlich mit Geruchverschlüssen ausgerüstet, um ein Austreten der Kanalgase und die damit in Verbindung stehenden Belästigungen der Fußgänger zu vermeiden. Nachdem die Vorgänge bezüglich der Lüftung des Kanalnetzes näher erforscht sind und dementsprechend geeignete Einrichtungen getroffen werden, bedarf es dieser Schutzvorrichtung nicht mehr. Vielmehr leisten die Straßenabläufe ohne Geruchverschlüsse wertvolle Dienste, um im Regenfall die Luft aus den Straßenleitungen austreten zu lassen, während sie bei Trockenwetterabfluß den Eintritt der Frischluft zu den Straßenleitungen ermöglichen. Geruchverschlüsse sind also nur noch bei schlecht gelüfteten Entwässerungsnetzen notwendig, bei Neuanlagen muß von der Anwendung derselben im Interesse einer dauernden Lufterneuerung Abstand genommen werden. Näheres hierüber siehe in dem Abschnitt über Lüftung des Entwässerungsnetzes.

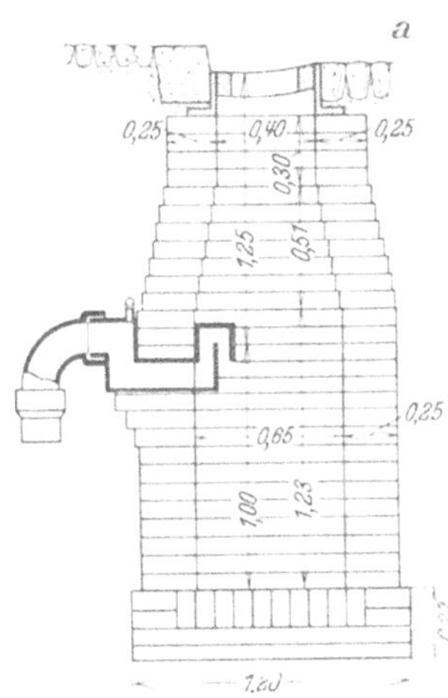

Abb. 44a.

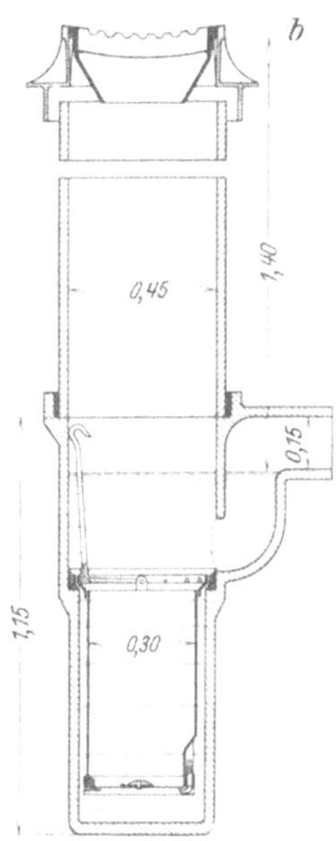

Abb. 44b.

Abb. 44a bis d. Sinkkästen verschiedener Ausgestaltung.

Die ältesten Straßenabläufe, die bei den ersten Kanalbauten allgemein in Anwendung waren, bestanden aus viereckigen Schächten in Mauerwerk. Der Anschlußstutzen befand sich in gewisser Höhe über der Sohle, wodurch ein Schlammsumpf geschaffen wurde, in dem sich die mitgeführten Schmutzstoffe absetzten und der mittels Handbagger gereinigt wurde. Der Geruchverschluß war als Wasserverschluß ausgebildet und wurde entweder durch eine Tauchplatte oder durch ein siphonartig gestaltetes Steinzeugrohr geschaffen. Nach diesen Grundsätzen ist der Sinkkasten der Charlottenburger Stadtentwässerung gebaut, siehe Abb. 44a.

Die umständliche Reinigungsarbeit der alten Straßenabläufe gab Veranlassung dazu, diese dadurch zu verbessern, daß an Stelle der viereckigen Form die runde Form trat und in diese ein Schlammeimer eingehängt wurde, der die Förderung des Schlammes in einfachster Weise durch Heben des Eimers ermöglichte. Die ersten Konstruktionen befriedigten wenig, weil sich zwischen Ablaufwand und Eimer leicht Steine und Sand ansammelten, so daß die Eimer vollständig festgeklemmt wurden. Erst als der Eimer auf einem festen Rand auflagerte, wie bei der Ausführung der Firma Geiger, Abb. 44b, ergab sich ein einfacher Betrieb. Dabei wurde der Wasserverschluß auf verschiedene Weise durch Tauchnasen oder Knieverschlüsse erreicht. Als Material für den Straßenablauf wird sowohl

Beton als auch Steinzeug verwendet. Straßenabläufe von Eisen wurden wegen der hohen Kosten und der Rostgefahr nur in einigen Sonderausführungen angewendet. Die Bautiefe für diese Konstruktionen beträgt je nach der Rohrdeckung und der Eimerhöhe 1,8 bis 2,2 m. Um an Erdaushub zu sparen, besteht die weitere Verbesserung darin, daß der Eimer frei in den Sinkkasten eingehängt oder eingestellt wird und das Wasser durch einen Trichter am Einlauf der Mitte des Eimers zugeführt wird. Wenn die Wandungen des Eimers ohne Lochungen sind, wirkt er als Schlammfang. Durch kleine Löcher kann in einfachster Weise eine Entwässerung des Schlammes erreicht werden. Wenn größere Öffnungen in der Eimerwand angebracht werden, entsteht ein G e r ö l l f a n g, der je nach der Größe der Öffnungen Schmutzstoffe bestimmter Größenordnung zurückhält, Abb. 44c und d.

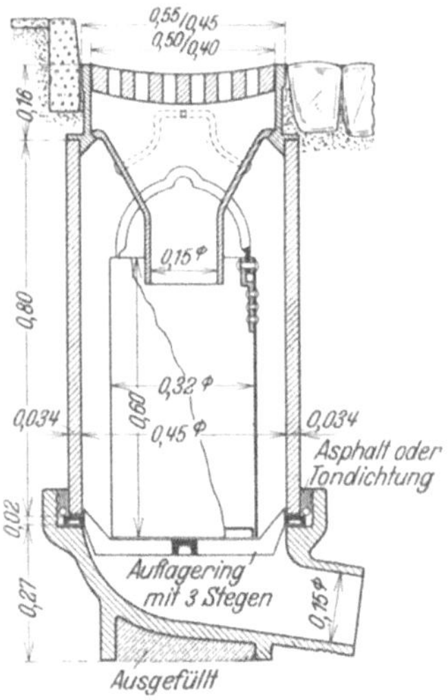

Abb. 44c.

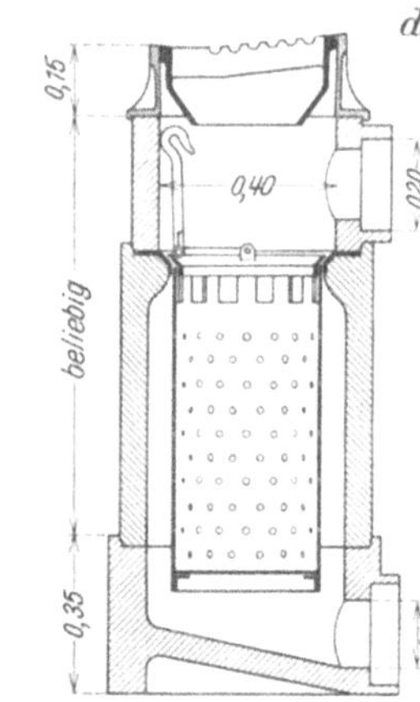

Abb. 44d.

Abb. 44a bis d. Sinkkästen verschiedener Ausgestaltung.

Die weitere Entwicklung geht dahin, das Zurückhalten von Schmutzstoffen in den Straßenabläufen vollständig zu vermeiden und die gesamten Schmutzstoffe dem Kanal zum Weitertransport zu übergeben. Der Straßenablauf besteht dann nur noch aus einem trichterförmigen gußeisernen Rohr, das durch einen Rost oder Seiteneinlaufstück überdeckt ist und die Niederschlagswässer der Anschlußleitung zuführt. Ausbildungen dieser Art stellt die Abb. 45 dar, und zwar a mit oberem Einlauf, b mit seitlichem Einlauf nach dem Muster von Dresden.

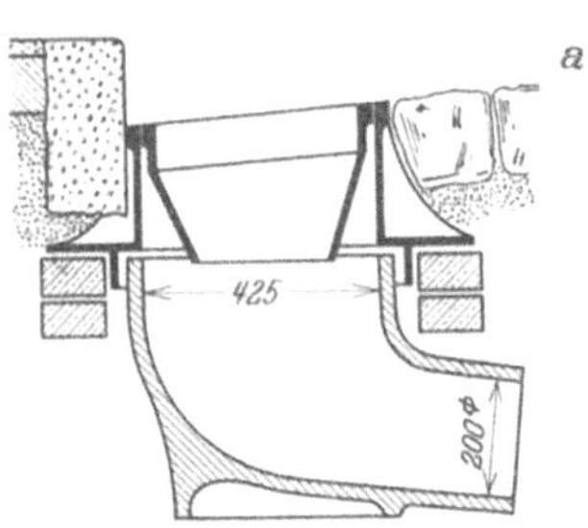

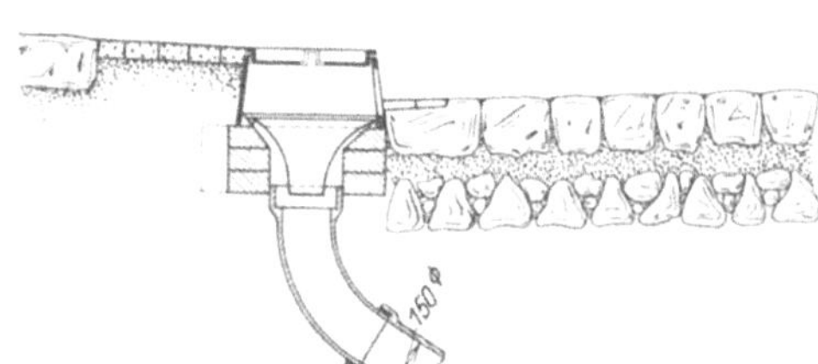

Abb. 45a und b. Regeneinlässe verschiedener Ausgestaltung.

Der Fortfall von Schlammfang und Wasserverschluß bei Straßenabläufen ist erstmalig von G e n z m e r im Jahre 1912 (*65*) vorgeschlagen worden. Er begründete seinen Vorschlag in erster Linie damit, daß das in den Schlammfängen stagnierende Wasser in Fäulnis übergehe und daß dadurch das Abwasser infiziert und die Behandlung in der Kläranlage erschwert werde. Dieser Zustand ist sicherlich unerwünscht. Es entsteht jedoch die Frage, ob die Beseitigung sämtlicher Sink- und Schwimmstoffe durch das abfließende Wasser nicht andere nachteilige Wirkungen zur Folge hat und ob die geringeren Bau- und Betriebskosten der Straßenabläufe nicht wettgemacht werden durch höhere Aufwendungen in der Beseitigung des Schlammes aus den Kanälen. Die nachteiligen Wirkungen können darin bestehen, daß sich die schweren Stoffe in den Kanälen zu Boden setzen, daß sie die Veranlassung zu weiteren Ablagerungen von Schmutzstoffen geben und daß auf diese Weise die Leistungsfähigkeit stark verringert wird, wenn nicht gar Verstopfungen zustande kommen. Diese Ablagerungen werden vielfach mit einfacher Spülung nicht zu beseitigen sein, sondern es werden Reinigungsgeräte zur Anwendung kommen müssen. Die Menge und Beschaffenheit dieser Ablagerungen wird natürlich abhängig sein von der Art und Beschaffenheit des Pflastermaterials, von dem Straßenreinigungsbetrieb und von den Gefällsverhältnissen der Leitungen. Infolge dieser verschiedenartigen Vorbedingungen ist es erklärlich, daß die Erfahrungen in einigen Städten, wie z. B. in Dresden, welches schon seit einem Jahrzehnt Straßenabläufe ohne Geruchverschluß und

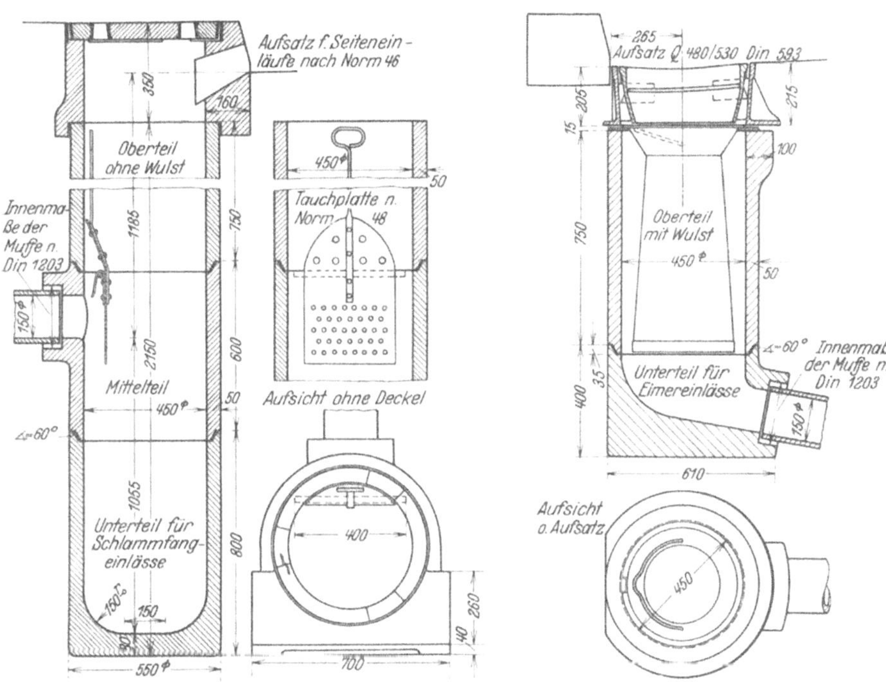

Abb. 46a. Abb. 46b.

Abb. 46a und b. Ausbildung der Straßenabläufe in Berlin.

Schlammeimer benutzt, gute sind, während die Verwaltungen anderer Städte aus betriebstechnischen und wirtschaftlichen Gründen Bedenken tragen, die Schlammeimer zu beseitigen. Auch die Stadt Berlin lehnt nach der Veröffentlichung von v. Glasser (*80*) auf Grund von Versuchen die Verwendung von Straßensinkkästen ohne Schlammfang ab, und zwar sowohl für das Misch-, als auch für das Trennsystem und nicht nur wegen der vermehrten Ablagerungen und Verstopfungen in den Kanälen beider Systeme, sondern auch hinsichtlich der unzulässigen Belastung und der Abnutzung der Pumpwerke beim Mischsystem. Die Stadtentwässerung Berlin verwendet jetzt in der Hauptsache den in Abb. 46a dargestellten Sinkkasten. Unter besonderen Verhältnissen, namentlich bei chaussierten Straßen, wird der Sinkkasten gemäß Abb. 46b mit hochliegendem Eimer eingebaut.

Die größere Wirtschaftlichkeit bei der Verwendung von Straßenabläufen ohne Schlammfang steht, wenn anders die Verhältnisse es zulassen, außer Zweifel.

Es kann dadurch erheblich an Anlagekosten gespart werden. Beträgt doch bei der Beschleusung von Wohnstraßen, die bei den Stadterweiterungen in überwiegendem Maße in Frage kommen, der Kostenanteil der normalen Abläufe 15 und mehr Prozent. Die Betriebskosten für die Beseitigung des Schlammes spielen nicht mehr die Rolle, wie in den Jahren, als der neue Vorschlag auftauchte. Durch die Einführung von Schlammsaugwagen ist es gelungen, diese erheblich herabzudrücken und außerdem den ganzen Arbeitsvorgang derart zu vereinfachen, daß eine Belästigung der Passanten nicht mehr zustande kommt. Vergleichsweise betragen die Kosten für die Beseitigung des Kanalgutes aus begehbaren Kanälen nach den Untersuchungen von Krahwinkel (*75*) ein Mehrfaches der Kosten für die Beseitigung des Sinkkastengutes. Näheres hierüber siehe im Abschnitt über Reinigung und Unterhaltung des Kanalnetzes.

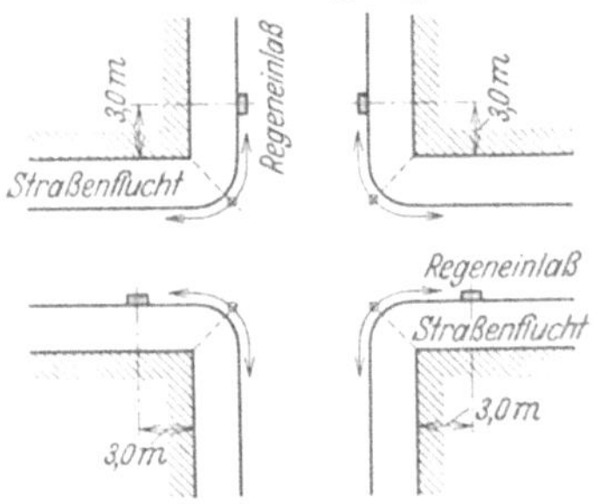

Abb. 47. Anordnung der Regeneinlässe (nach Hahn und Langbein).

Faßt man das Für und Wider in der Verwendung von Straßensinkkästen ohne Schlammfang, worüber eine reiche Literatur vorliegt, zusammen, so kann der Beseitigung der Schlammfänge unter allen Umständen nicht das Wort geredet werden. Es bedarf vielmehr der Berücksichtigung aller der angezogenen Verhältnisse, um die Frage für ein ganzes Stadtgebiet oder Teile desselben zur Entscheidung zu bringen. In vielen Fällen wird die Weglassung von Schlammfängen angängig und zweckmäßig sein. Im besonderen liegt es nahe, beim Trennverfahren auf Schlammfänge zu verzichten, da die in den Regenleitungen entstehenden Ablagerungen ohne Einfluß auf die Abführung des Trockenwetterabflusses sind und bei dem nächsten Regen in den meisten Fällen beseitigt werden.

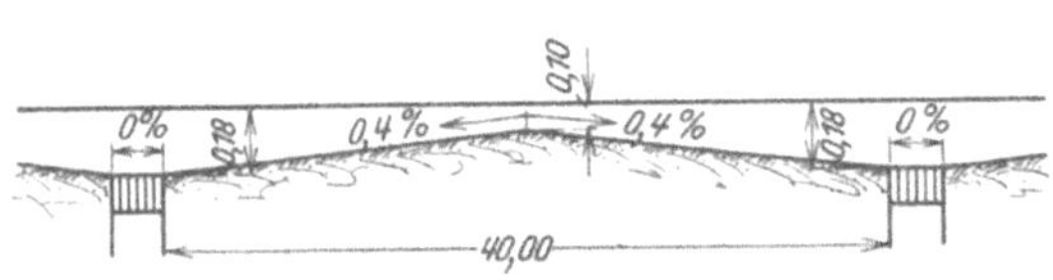

Abb. 48a.

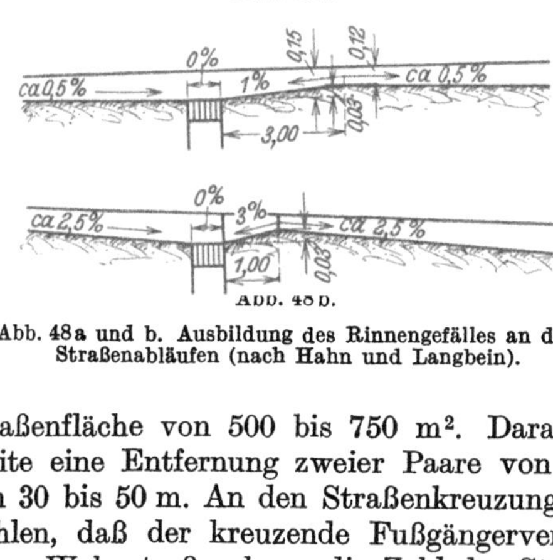

Abb. 48b.

Abb. 48a und b. Ausbildung des Rinnengefälles an den Straßenabläufen (nach Hahn und Langbein).

Was die Grundsätze für den Einbau der Straßenabläufe anlangt, so gelten diese mit wenigen Ausnahmen in gleicher Weise für Abläufe mit oder ohne Schlammfang. Im ersteren Falle ist es erwünscht, die Abläufe etwas enger zu setzen, um bei einem ordnungsmäßigen Betrieb die Reinigung nicht zu häufig vornehmen zu müssen. Man rechnet im allgemeinen für einen Straßenablauf eine Straßenfläche von 500 bis 750 m². Daraus ergibt sich je nach der Straßenbreite eine Entfernung zweier Paare von gegenüberliegenden Straßenabläufen von 30 bis 50 m. An den Straßenkreuzungen ist die Lage wie in Abb. 47 so zu wählen, daß der kreuzende Fußgängerverkehr nicht beeinträchtigt wird. Bei engen Wohnstraßen kann die Zahl der Straßenabläufe dadurch verringert werden, daß der Fahrdamm entweder einseitiges Gefälle bekommt, oder daß auf der einen Seite eine Vorkammer angeordnet wird, die mittels eines eisernen Rohres in geringer Tiefenlage mit dem Ablauf verbunden wird. Als geringstes Rinnengefälle ist 0,4% anzusetzen. Bei horizontalen Straßen muß infolgedessen das Gerinne unabhängig von dem Verlauf der Straßenkrone gemäß Abb. 48a ausgestaltet werden. Nimmt man als größtes zulässiges Maß des Auftrittes 18 cm an, so ergibt sich hieraus eine Entfernung der Rinnenschächte von 40 m. Bei Straßen mit Gefällen größer als 0,4% wird man die Rinnen parallel der Dammkrone durchgehen lassen und die Straßenabläufe entweder vertieft anordnen, oder durch Anwendung kurzer Gegengefälle verhindern, daß das Wasser über die Einlauföffnungen hinwegfließt. Die in Berlin übliche Ausbildung geht aus Abb. 48b hervor. Bei stark geneigten Straßen ist die Rostfläche zu vergrößern, um ein sicheres Auffangen des Wassers zu erreichen, wie dies beispielsweise bei dem Rost der Luitpold-Hütte, Amberg (Abb. 49) der Fall ist.

Die Lage des Straßenablaufes im Querprofil war früher allgemein derart, daß er unter dem Gerinne eingebaut wurde. Nur in Ausnahmefällen, wenn der Raum durch Rohrleitungen in Anspruch genommen war, wurde im Gerinne nur ein Einlauf und der eigentliche Schachtkörper im Bürgersteig untergebracht. Bei dem neuzeitlichen Pflaster, das in den meisten Fällen Walzarbeit erfordert, empfiehlt es sich, den Straßenablauf im Bürgersteig, unmittelbar an den Bordstein anschließend, oder im Zuge des Bordsteins unterzubringen und durch einen seitlichen Einlauf das Wasser zuzuführen, wie dies in Abb. 45b dargestellt ist.

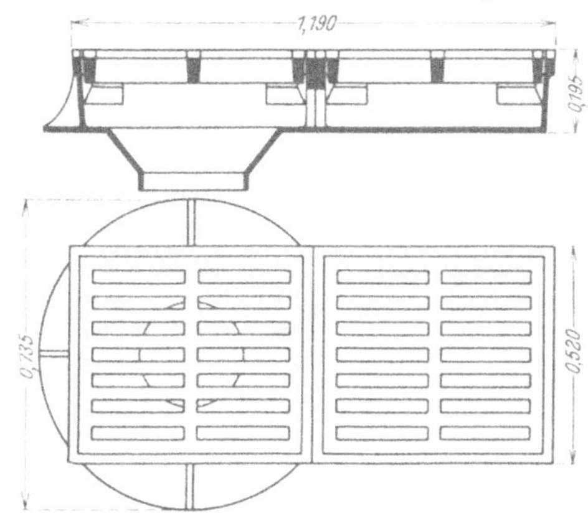

Abb. 49. Ausbildung eines Rostes für steile Straßen.

Bei der Lage im Fahrdamm wird ein schwerer gußeiserner Deckel, der in einem ebensolchen Rahmen lagert, notwendig. Die Ausgestaltung im einzelnen mit Breitrost und Schmalrost ist durch DIN 593 und 1207 festgelegt. Bei der Lage im Bürgersteig bedarf es nur einer leichten Abdeckung, die mit Holz oder Asphalt ausgefüllt ist.

2. Einsteigeschächte.

Die Einsteigeschächte bilden die Zugangspunkte zu den Straßenleitungen, von denen aus die Reinigung und Spülung der Leitungen durchgeführt werden kann. Außerdem vermitteln sie die Richtungsänderungen im Grundriß und Aufriß beim Übergang von einer Haltung in die andere. Aus dieser doppelten Zweckbestimmung ergibt sich die Notwendigkeit, bei jeder Einmündung von Seitenkanälen einen Einsteigeschacht anzuordnen.

Bei den älteren Kanalisationsbauausführungen hatte der Einsteigeschacht noch die weitere Aufgabe zu erfüllen, die von dem Wasser mitgeführten Sinkstoffe zum Ausfällen zu bringen, um sie danach aus dem Leitungsnetz entfernen zu können. Zu dem Ende besaß er einen gegenüber der durchgehenden Sohle der Kanäle vertieften Schacht, in dem sich infolge der Geschwindigkeitsverringerung die genannten Stoffe absetzten. Die Folge davon war, daß diese Stoffe in Fäulnis übergingen und das darüberwegfließende Wasser dauernd infizierten. Bei größeren Regengüssen wurde zwar ein Teil des Sandes weitergeführt, eine gründliche Reinigung aber konnte nur von Hand erreicht werden und wurde verständlicherweise nur in größeren Zeiträumen ausgeführt. War diese Ausbildung schon in den Zeiten bedenklich, als die Abwässer unmittelbar dem Vorfluter zugeleitet wurden, da bei Regen die Kanäle ein stark verschmutztes Abwasser abführten, so ist sie absolut zu verwerfen bei Neuanlagen, da die weitere Behandlung des angefaulten Abwassers in den Reinigungsanlagen Schwierigkeiten macht. Oberster Grundsatz in der Kanalisationstechnik muß sein, Ablagerungen von

Schmutzstoffen in allen Teilen des Netzes peinlichst zu vermeiden, um das Abwasser frisch zu halten. Wenn durch die ganze Ausgestaltung des Netzes dafür Sorge getragen wird, daß das Abwasser auf dem kürzesten Wege und so schnell als möglich der Reinigungsanlage oder dem Vorfluter zuströmt, so sind die günstigsten Vorbedingungen für die Unschädlichmachung des Abwassers gegeben. Die Behandlung von frischem Abwasser ist sowohl für die mechanische Vorklärung, als auch für die biologische Reinigung einfacher und billiger durchzuführen, als wenn das Abwasser bereits angefault ist. Auch der Vorfluter vermag die ihm zugeführten Schmutzstoffe organischer Art schneller und vollkommener abzubauen, wenn ihm das Abwasser im frischen Zustand übergeben wird. Vertiefungen der Schachtsohle in den Einsteigeschächten sind also grundsätzlich und unter allen Umständen zu vermeiden. Statt dessen sind die Leitungen so durch die Schächte zu führen, daß keine Geschwindigkeitsänderung zustande kommt und daß beim Richtungswechsel der Verbrauch an Energie möglichst gering ist.

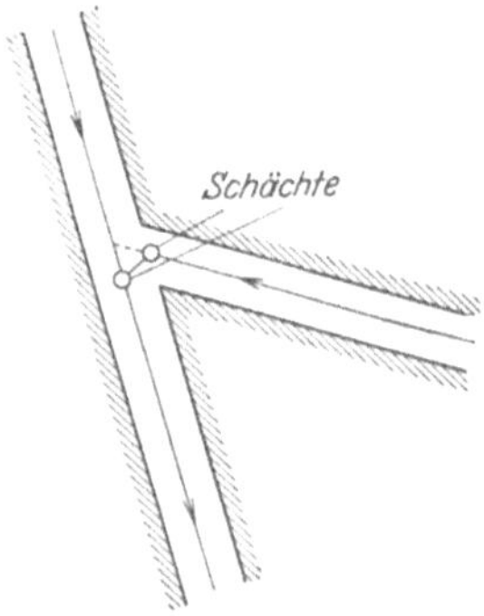

Abb. 50. Schachtanordnung bei spitzwinkliger Einmündung zweier Leitungen.

a) Allgemeine Anordnung.

Um den Zustand der Rohrleitungen jederzeit untersuchen zu können, muß bei nicht begehbaren und bekriechbaren Leitungen die Strecke zwischen zwei Schächten genau gerade sein. Die Entfernung zwischen den Schächten ist durch die bei der Untersuchung anzuwendenden Hilfsmittel, Kanalspiegel und Kanallampe, und durch die Unterhaltungsgerätschaften festgelegt. Sie beträgt im Mittel bei Rohrkanälen 40 bis 45 m, in Ausnahmefällen kann dieses Maß bis auf 55 m erhöht werden. Bei begehbaren Leitungen beträgt die Entfernung 100 bis 150 m. Da an der Einmündung von Straßen ein Schacht zur Aufnahme der Nebenrohrleitungen angeordnet werden muß, so ist die Verteilung in einfachster Weise gegeben, indem die Entfernung zwischen zwei Straßen nach den obigen Maßen untergeteilt wird. Bei gekrümmten Straßen ist die Entfernung je nach dem Maß der Krümmung kürzer. Sie ergibt sich durch den geraden Linienzug, der die Kurve ersetzt, aus der Forderung, daß die Leitung den Bürgersteig möglichst nicht unterfahren soll. Richtungsänderungen bis 90° können bei der normalen Schachtausbildung in der Sohle vermittelt werden. Bei spitzwinkeliger Zusammenführung zweier Leitungen werden an Stelle des Schachtes im Schnittpunkte der Leitungen zwei Schächte angeordnet, Abb. 50.

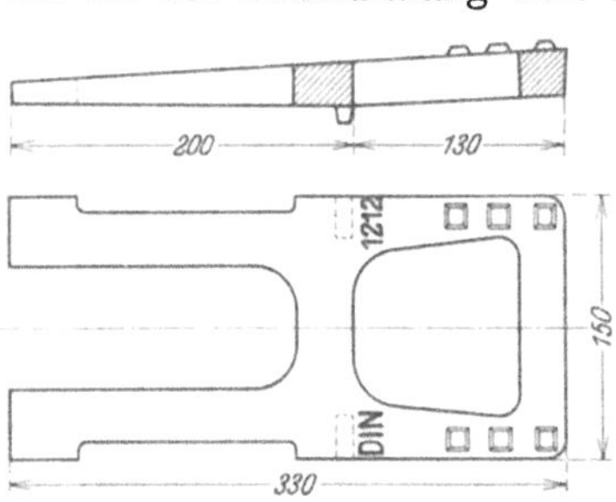

Abb. 51. Steigeisen.

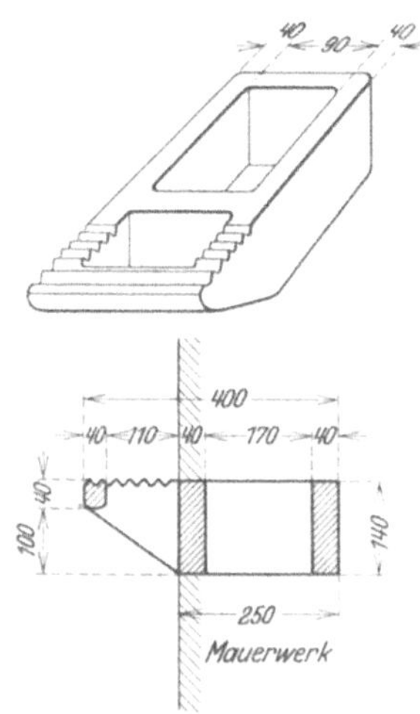

Abb. 52. Steigestein.

b) Ausgestaltung und Abmessungen.

Die Schächte haben meistens einen kreisförmigen Querschnitt, da dies in statischer Beziehung am günstigsten ist, was besonders bei großen Tiefen von Bedeutung ist. Der lichte Durchmesser ist in der Regel 1,0 m. Er ist notwendig und ausreichend, um die Arbeiten im Schacht ordnungsmäßig vornehmen zu können. Der quadratische Querschnitt ist zwar einfacher herzustellen und bietet größere Sicherheiten, der Materialaufwand ist jedoch größer. Der Schacht liegt über der Leitung und wird zu der Einsteigeöffnung nach oben zusammengezogen, und zwar in der Weise, daß die Wand zur Aufnahme der Steigeisen möglichst durchgeht, da durch eine größere Auskragung das Besteigen erschwert ist. Bei gemauerten Schächten ist die Wand 1 Stein stark. Betonschächte werden entweder in der Baugrube in Schalung mit der gleichen Wandstärke gestampft oder aus fertigen Ringen zusammengesetzt. Diese Brunnenringe sind durch DIN 1202 genormt.

Die Sohle ist so auszubilden, daß das Wasser glatt abfließen kann. Zu dem Zwecke wird ein Gerinne, das sich den einmündenden Leitungen anpaßt, in der Sohle ausgespart. Die Tiefe des Gerinnes ist derart, daß das Wasser bei Trockenwetterabfluß zusammengehalten wird. Das Gerinne selbst wird entweder in Beton mit Glattstrich oder in Klinker oder in Steinzeug hergestellt.

Abb. 53. Runder Schachtdeckel.

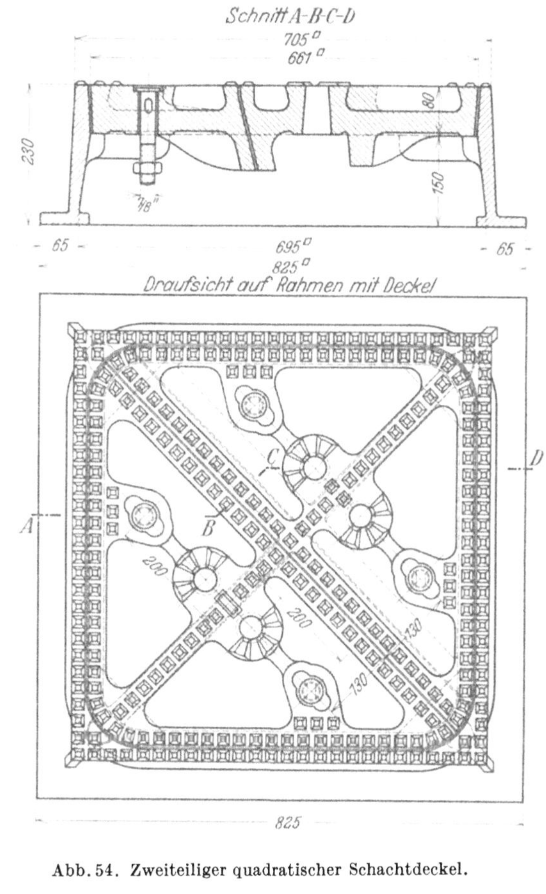

Abb. 54. Zweiteiliger quadratischer Schachtdeckel.

Um ein Besteigen des Schachtes zu ermöglichen, werden in der Wand, die im Aufriß am wenigsten ausgekragt, Steigeeisen oder Steigesteine eingebaut. Die ersteren bestehen in den meisten Fällen aus Gußeisen und sind in 2 verschiedenen Längen durch DIN 1211 und 1212 genormt (Abb. 51). Es werden auch wohl Steigekästen in die Wandungen eingemauert, die den Querschnitt vollkommen frei halten. Beide haben den Nachteil, daß das Eisen unter der Einwirkung der Kanalluft leicht rostet. Aus diesem Grunde sind von Stadtbaurat Dr. Henneking-Magdeburg Steigesteine aus Steinzeug ausgebildet gemäß Abb. 52, die von der Verkaufsgesellschaft Deutscher Steinzeugwerke geliefert werden und sich gut bewährt haben.

Die Schachtabdeckung schließt den Einsteigeschacht in Höhe der Straßenoberfläche ab und muß mit Lüftungseinrichtungen versehen sein, so daß die Luft ein- und austreten kann. Die Schlupfweite soll aus konstruktiven Gründen möglichst gering gehalten werden. Ein Maß von 55 cm dürfte einen Kleinstwert darstellen. Bei manchen Verwaltungen betragen die Abmessungen bis 60 und 70 cm. Bei den meisten Ausführungen besteht die Abdeckung aus einem runden gußeisernen Rahmen, in die ein gußeiserner Deckel eingelegt wird. Diese bestehen entweder ganz aus Eisen mit Riffelung oder besitzen Asphalt- oder Holzfüllung.

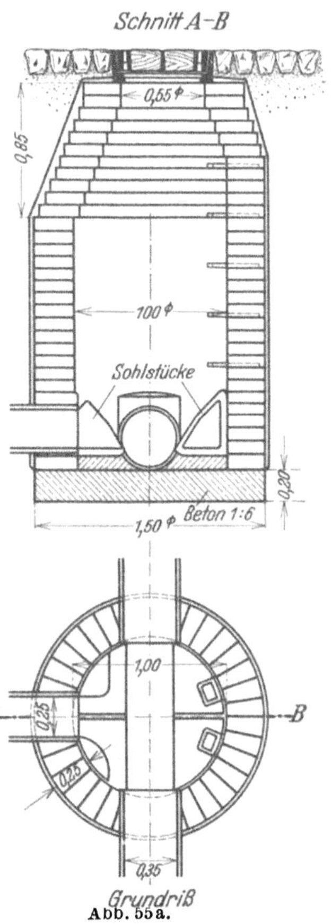

Abb. 55a.

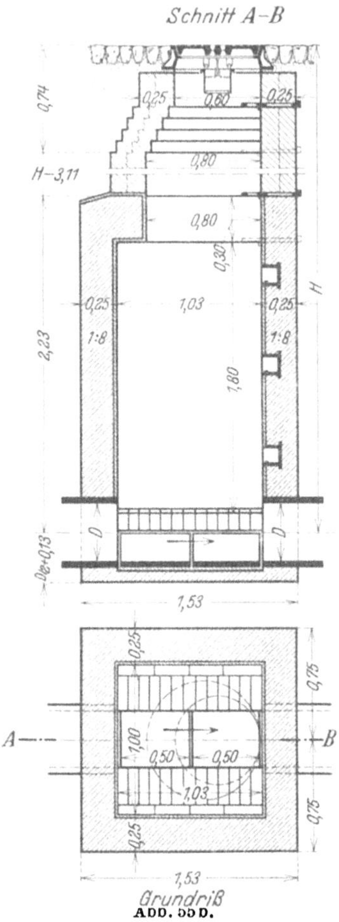

Abb. 55b.

Abb. 55a bis d. Einsteigeschächte verschiedener Ausbildung.

Die letzteren sind aus Gründen der Verkehrssicherheit vorzuziehen. Bei dem gewöhnlichen Einlegedeckel sind zum Öffnen zwei Mann erforderlich. Der Scharnierdeckel, der um eine Horizontalachse drehbar ist, hat demgegenüber den Vorzug, daß er sich durch einen Mann öffnen läßt, und daß ein böswilliges Entfernen der Deckel ausgeschlossen ist. Von der Firma Geiger-Karlsruhe ist ein Sicherheitsscharnier ausgebildet, das ein vollkommenes Umlegen des Deckels gestattet, siehe Abb. 53.

Die Deckel sind mit Lüftungsöffnungen zu versehen. Bei ihrer Formgebung ist auf den üblichen Hufbeschlag der betreffenden Gegend, d. h. auf die Abmessungen von Griff und Stollen der Pferde Rücksicht zu nehmen, um zu verhindern, daß diese im Deckel hängen bleiben. Am besten eignen sich hierzu kreisförmige Öffnungen, die sich nach unten erweitern. Unter den Öffnungen werden Eimer angebracht, die den durchfallenden Schmutz auffangen.

Ein gutes Aufliegen runder oder viereckiger Deckel im Rahmen ist nur sehr schwer zu erreichen. Die Deckel klappern meistens im Rahmen, wodurch unliebsame Stöße entstehen. Verfasser hat deshalb in seinem früheren Wirkungskreis

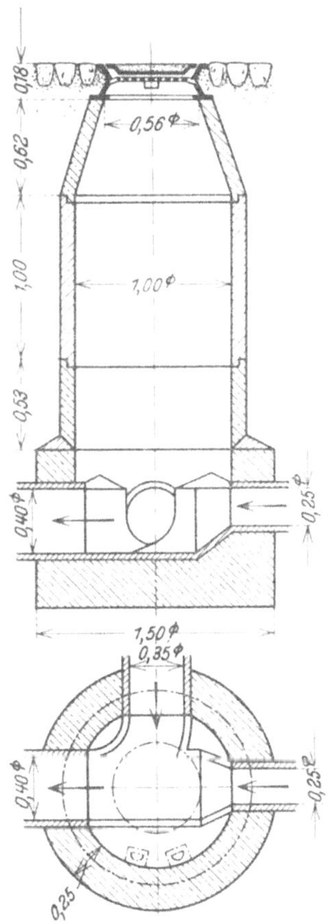

Abb. 55c.

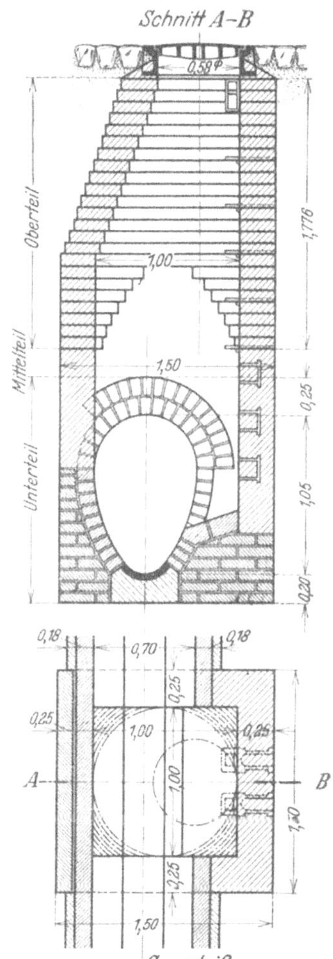

Abb. 55d.

Abb. 55a bis d. Einsteigeschächte verschiedener Ausbildung.

in Duisburg mit bestem Erfolge Schachtdeckel nach Kölner Muster eingeführt, die aus 2 Dreiecksdeckeln bestehen und in der Berührungsfläche abgeschrägt sind, so daß ein sicheres Aufliegen erreicht wird, siehe Abb. 54.

Abb. 55 stellt verschiedene Formen von Normalschächten für Rohrleitungen dar, durch die vorstehende Ausführungen näher erläutert werden. — Bei den bekriechbaren und begehbaren Profilen größerer Abmessungen wird der Einsteigeschacht exzentrisch derart aufgesetzt, daß die eine Wandung des Profils nach oben verlängert wird. Im übrigen ist der Aufbau der gleiche wie bei den Rohrleitungen, siehe Abb. 55d. Bei Kanälen mit starker Wasserführung kann es aus Betriebsgründen zweckmäßig sein, die Einsteigeöffnung seitlich vom Kanal anzuordnen, wie dies bei der Ausgestaltung des Seiteneingangs in Köln (Abb. 56) der Fall ist.

Beim Trennverfahren werden die Schächte über jeder der beiden Rohrleitungen selbständig ausgebildet und zu einem Doppelschacht zusammengefaßt. Sie liegen bei durchgehenden Leitungen nebeneinander. Münden außerdem andere Leitungen ein, so werden sie gegeneinander versetzt angeordnet, um die Kurvenausbildung besser unterbringen zu können. Durch die gerade Zwischenwand ergibt sich für jeden Schacht die Form eines Rechteckes. Im übrigen sind sie vollständig selbständig, so daß jede Leitung für sich gespült und gereinigt werden kann. Die Zwischenwand hat in geringer Tiefe unter der Oberfläche eine Öffnung, um die Lüftungseinrichtung des zweiten Schachtdeckels für die bei plötzlicher Füllung der Regenleitung verdrängte Luft nutzbar zu machen. Erforderlichenfalls werden besondere Öffnungen für Spülzwecke vorgesehen, um die Brauchwasserleitung aus der Regenwasserleitung zu spülen. Abb. 57 stellt eine Schachtform dar, die Verfasser für die Kanalisation von Nordhausen als Normalie ausgebildet hat. Die lichte Weite der Schächte ist 0,8 bis 1,2 m und bedingt die Verwendung von Vorkammern. In Elberfeld, das zum größeren Teil nach dem Trennverfahren kanalisiert ist, sind die lichten Maße 1,1 × 1,25 m bei gekrümmten Wandungen, wodurch die Unterbringung der Kurven im Schachte ermöglicht wird, siehe Abb. 58.

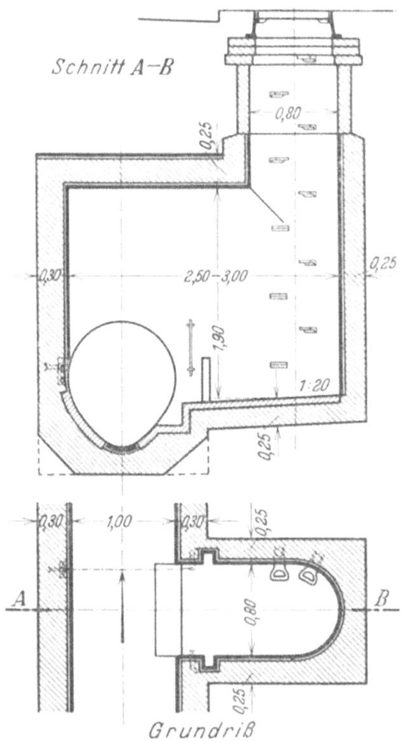

Abb. 56. Einsteigeschacht seitlich der Kanalachse.

3. Schnee-Einwurfsschächte.

Das Entwässerungsnetz kann unbedenklich für die Beseitigung des Schnees in Anspruch genommen werden, wenn nur solche Sammler dazu benutzt werden, die eine genügende Wasserführung haben, d. h. Sammler von mindestens 1,20 m Höhe. Unter dieser Voraussetzung reicht die dem Abwasser innewohnende Wärme aus, um den Schnee zum Schmelzen zu bringen, sofern dieser nicht in zu großen Mengen eingebracht wird. Die dadurch herbeigeführte Erniedrigung der Temperatur ist unbedenklich und wird durch die Wärme des umgebenden Erdreichs nach kurzem Lauf wieder ausgeglichen. Nur in der Nähe der Kläranlage, vor Pumpwerken und Dükern empfiehlt es sich, aus Gründen des Betriebs von der Anlage von Schnee-Einwurfsschächten Abstand zu nehmen. In Berlin besteht beispielsweise die Vorschrift, daß im Bereich des Mischsystems Kanalstrecken vom Pumpwerk bis 400 m oberhalb grundsätzlich von Schnee-Einwurfsschächten ausgeschlossen bleiben. Beim Trennsystem muß von der Anlage von Schnee-Einwurfsschächten unter Zuhilfenahme der Kanalisation im allgemeinen Abstand genommen werden, da die Wassermengen der Brauchwasserleitung zu gering sind. Große Regenwassersammler können nur ausnahmsweise unter ganz besonders günstigen örtlichen Verhältnissen für den genannten Zweck in Anspruch genommen werden, wie beispielsweise in Lichtenberg bei Berlin.

Um Verstopfungen zu vermeiden, wird der Schnee zweckmäßig von Hand eingeschaufelt. Außerdem ist der Einwurfsschacht so auszugestalten, daß ein

Arbeiter im Schacht mittels Gerätes den Schnee verteilen kann. Trotzdem auf diese Weise von den Bedienungsmannschaften Sperrstoffe aller Art von den Kanälen ferngehalten werden, ist es nicht zu vermeiden, daß Sand in größeren Mengen mit in die Kanäle gelangt, so daß nach jedem Winter eine besondere Reinigung der Kanalstrecke unterhalb der Schnee-Einwurfsschächte sich erforderlich macht. Die Kosten hierfür bleiben aber erheblich unter dem Aufwand, der notwendig ist, wenn der Schnee auf größere Entfernung abgefahren werden muß. Aus diesem Grunde empfiehlt es sich, eine gleichmäßige Verteilung von Schnee-Einwurfsschächten über das ganze Entwässerungsgebiet vorzunehmen.

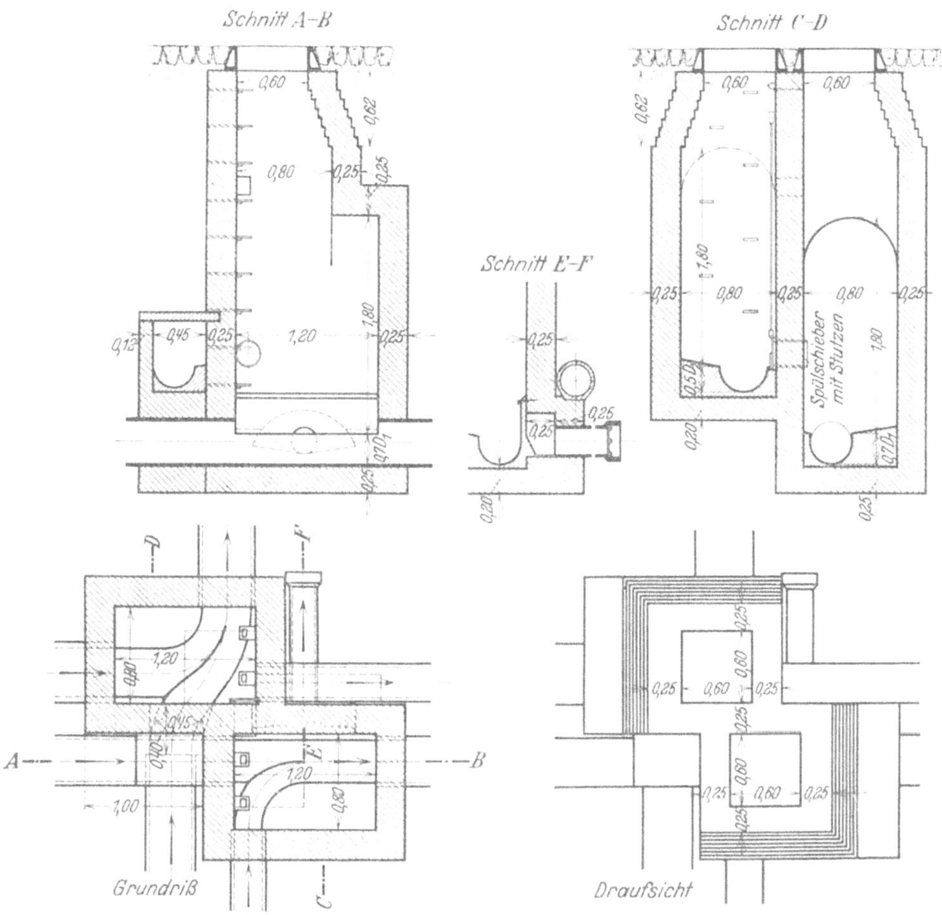

Die Schächte werden zweckmäßig außerhalb des Verkehrsraumes des Durchgangsverkehrs an Plätzen, Straßenerweiterungen und ähnlichen Stellen untergebracht, um eine Beeinträchtigung des Verkehrs durch die Schneefahrzeuge zu vermeiden. Bei größerer Dichte der Schächte kann der Schnee mit Handkarren oder Elektrokarren den Schächten zugeführt werden, so daß sich die Inanspruchnahme größerer Fahrzeuge ganz erübrigt.

Die Ausgestaltung der Einwurfsschächte ist sehr einfach, wenn ein großer Kanal zur Verfügung steht. Es handelt sich nur darum, eine geeignete Plattform für die Bedienungsmannschaften im Kanal zu schaffen. Der Schnee-Einwurfsschacht in Köln (Abb. 59) entspricht dieser Forderung. In Charlottenburg sind in größerer Zahl solche nach Abb. 60 eingebaut worden. Zum Einwerfen stehen 2 Öffnungen, deren jede mit einer gewöhnlichen Abdeckung versehen ist, zur Verfügung, während der Arbeitsraum durch eine besondere Öffnung zugängig gemacht ist.

C. Sonderbauwerke.

Sonderbauwerke der Kanalisation kommen hauptsächlich zustande, wenn es sich darum handelt, größere begehbare Profile zusammenzuführen oder anormale Höhenunterschiede zu vermitteln oder die Hauptsammler durch abgehende

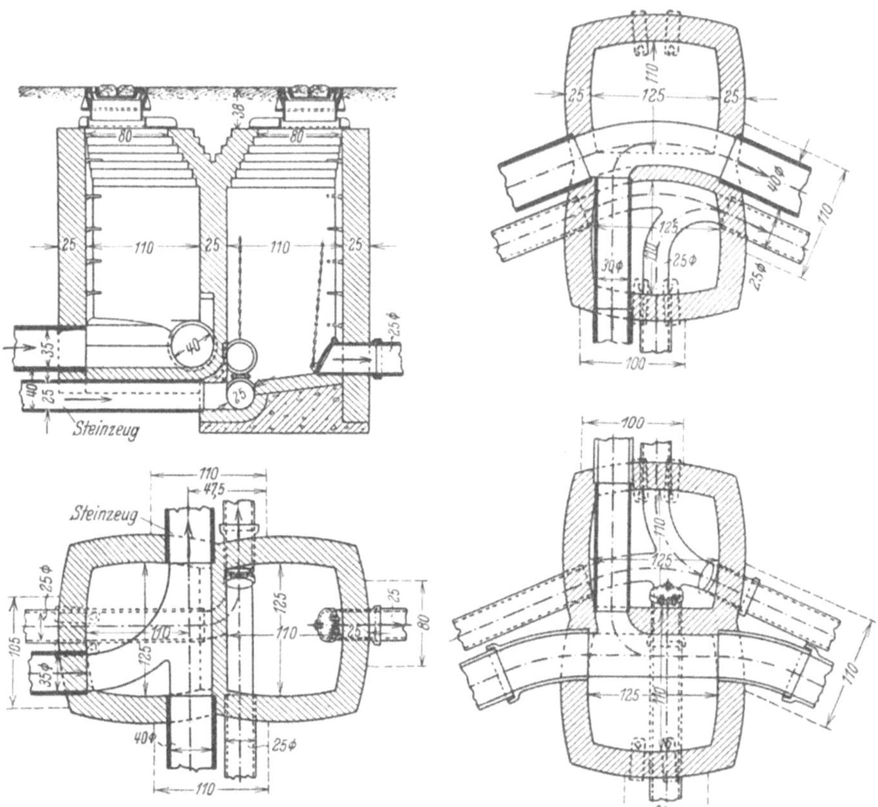

Abb. 58. Einsteigeschacht beim Trennverfahren in Elberfeld[1].

Notauslaßkanäle zu entlasten. Außerdem bedingt die Kreuzung von größeren Sammlern mit anderen Verkehrswegen oder unterirdischen Bauwerken vielfach schwierige Konstruktionen, bei denen die der Kanalisationstechnik eigentümlichen Anforderungen eine besondere Ausgestaltung zur Folge haben. Der Einbau von Untergrundbahnen im besonderen hat häufig eine grundlegende Umgestaltung eines Entwässerungsnetzes und kostspielige Bauwerke zur Folge, wodurch die Gesamtkosten der Bahnherstellung wesentlich beeinflußt werden. Dem Wesen der Leitungen entsprechend kommen die Sonderbauwerke hauptsächlich in dem Gebiet der großen Sammler vor. Ihre Eigenart ist dadurch bestimmt, daß der verfügbare Raum zur Unterbringung vielfach beschränkt ist und daß bei unterirdischen Bauwerken besonders sparsam konstruiert werden muß, um die Kosten niedrig zu halten.

[1] Nach Henneking: Gesundh.-Ing. 1910. S. 819.

1. Vereinigungsbauwerke.

Rohrleitungen kleinerer Abmessungen können unschwer in bekriechbare oder begehbare Leitungen eingeführt werden, indem an der Vereinigungsstelle ein Einsteigeschacht hergestellt wird, von dem aus beide Leitungen zugängig sind. Handelt es sich aber darum, zwei oder mehrere Profile größerer Abmessungen zusammenzuführen, so sind gewisse Grundsätze maßgebend, um einen einwandfreien Betrieb des Netzes zu gewährleisten. Die Zusammenführung muß stets so erfolgen, daß plötzliche Profiländerungen vermieden werden, weil dadurch infolge der veränderten Geschwindigkeiten Ablagerungen in den Kanälen zustande kommen. Ebenso sind die notwendigen Richtungswechsel allmählich zu vermitteln, um den dazu erforderlichen Aufwand an Strömungsenergie tunlichst einzuschränken. Ferner ist ein Rückstau in den Kanälen nach Möglichkeit auszuschließen, da dieser die gesamten Abflußverhältnisse der oberhalb des Bauwerkes anschließenden Strecken ungünstig beeinflußt. Hieraus ergeben sich folgende zwei Grundforderungen: Der Krümmungsradius der Kanalachse darf einen Kleinstwert von etwa 5,0 m nicht unterschreiten. Die Kanalsohlen sind in ihrer gegenseitigen Höhenlage bei geringem verfügbaren Gefälle so anzuordnen, daß die Wasserspiegellinien bei Trockenwetterabfluß auf gleicher Höhe liegen. Ist reichliches Gefälle vorhanden, so kann Rückstau in die Nebenleitungen dadurch ausgeschlossen werden, daß diese mit ihrer Sohle oberhalb der Mittelwasserlinie des Hauptsammlers einmünden, siehe Abb. 61. Auf diese Weise wird jede nachteilige Einwirkung auf die Wasserführung in der Nebenleitung vermieden, wenngleich ein gewisser Rückstau in der Hauptleitung in Kauf genommen werden muß. Dieser kann jedoch durch Erhöhung der Leistungsfähigkeit des anschließenden Profils, sei es durch Erweiterung oder durch ein besseres Längsgefälle, so verringert werden, daß er praktisch ohne Bedeutung ist. Vom Standpunkt des Betriebs schließlich muß bei der Ausgestaltung der Verbindungsbauwerke, wie überhaupt aller Bauwerke, dafür Sorge getragen werden, daß

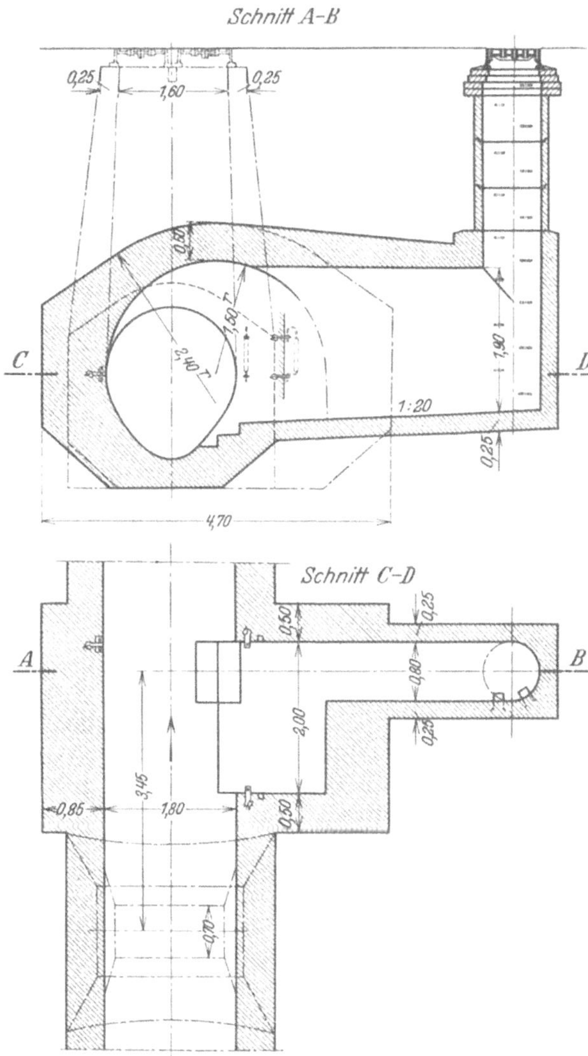

Abb. 59. Schnee-Einwurfschacht in Köln.

die Hochpunkte entlüftet werden, um ein Ansammeln von schädlichen oder explosiblen Gasen zu vermeiden. Das kann entweder geschehen durch Entlüftungen zum nächsten Schacht hin oder durch Anordnung einer selbständigen Entlüftungsleitung bis zur Straßendecke.

Diesen Grundsätzen entspricht das in Abb. 62 dargestellte Bauwerk für die Vereinigung zweier bekriechbaren Kanäle aus der Kanalisation von Nordhausen.

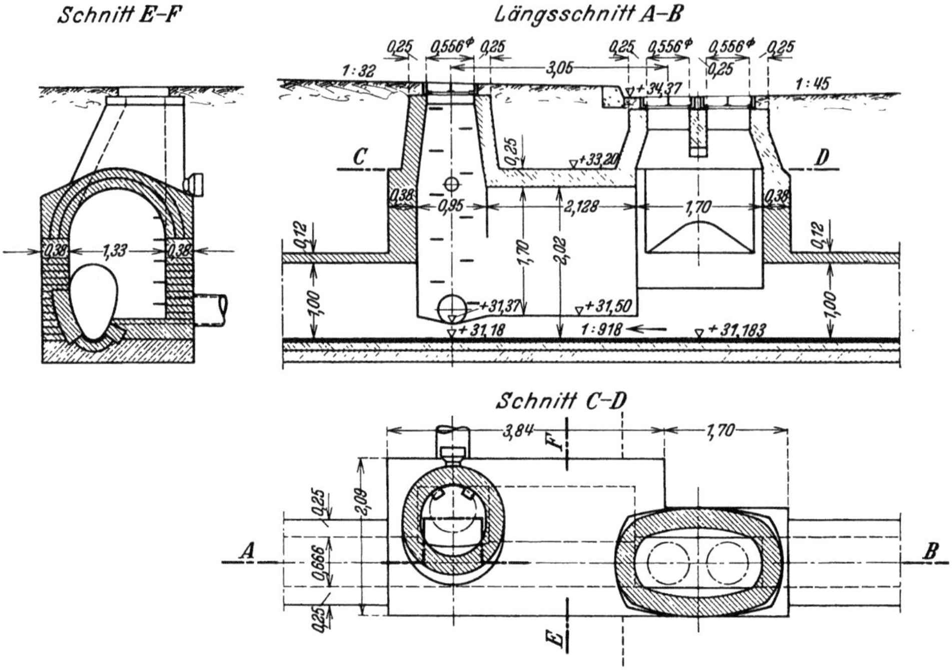

Abb. 60. Schnee-Einwurfschacht in Charlottenburg.

2. Absturzbauwerke.

Wird das größte zulässige Grenzgefälle einer Leitung überschritten (vgl. Abschnitt V, C), so muß das Gefälle durch zwischengeschaltete Abstürze gebrochen werden. Die unmittelbare Einführung einer hochliegenden Leitung in einen Schacht ist deshalb nicht zulässig, weil durch das dauernd abfallende Wasser die Unterhaltungsarbeit in dem Schacht unmöglich wäre und der Schacht sehr stark verschmutzt würde. Die Einführung erfolgt deshalb bei Rohrleitungen kleineren Durchmessers derart, daß der eigentliche Absturz in einer senkrechten Falleitung außerhalb des Schachtes bewirkt wird und daß diese in Höhe der Sohle oder ein geringes Maß darüber in den Schacht einmündet. Das in Abb. 63 dargestellte Absturzbauwerk, das Verfasser für Nordhausen ausgebildet hat, kommt für kleinere Rohrleitungen, das in Abb. 64 dargestellte, das Verfasser in Charlottenburg gebaut hat, für größere Profile in Frage. In beiden Fällen ist die Unterhaltung der hochliegenden Leitungen in der üblichen Weise möglich. Bei größeren Profilen wird die Gewalt des abstürzenden Wassers entweder durch eine Treppenanlage vernichtet, oder die Sohle wird kaskadenartig ausgestaltet. Ein Absturzbauwerk aus der Kanalisation von Nordhausen, das in einem Punkte einen Höhenunterschied von rund 8,8 m vermittelt, zeigt Abb. 65. Es gilt in dieser Form in erster Linie für Regenwasserkanäle. Die

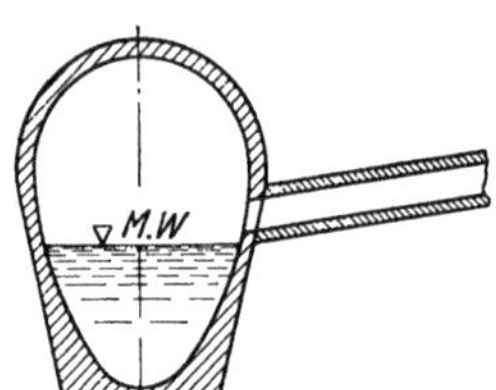

Abb. 61. Einmündung einer Rohrleitung in einen gemauerten Kanal.

Abfallinie ist nach einer Parabel ausgebildet, die sich aus der Geschwindigkeit der größten einmündenden Wassermengen ergibt. Das Wasser schlägt auf ein Wasserpolster auf, so daß die Energie des Wassers vernichtet wird. Durch reichliche Lüftung ist dafür Sorge getragen, daß die frei werdende Luft entweichen kann. Sohle und Wandungen sind mit Klinkern bester Sorte ausgekleidet.

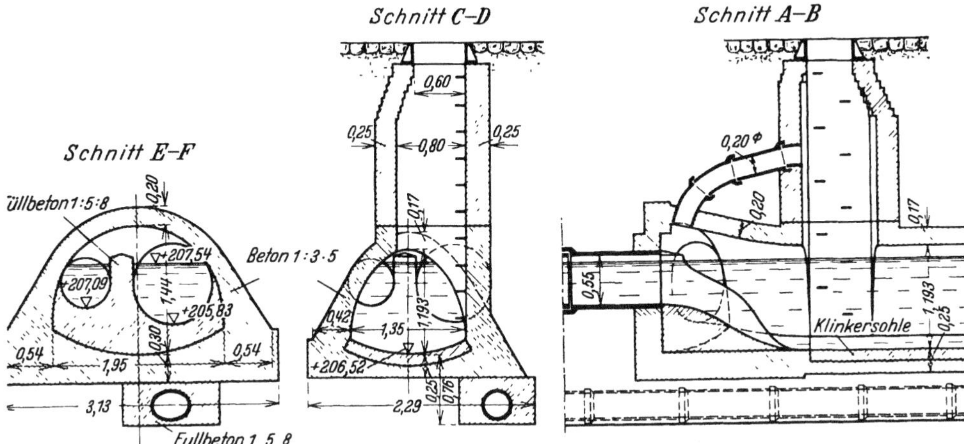

Abb. 62. Zusammenführung zweier Kanäle.

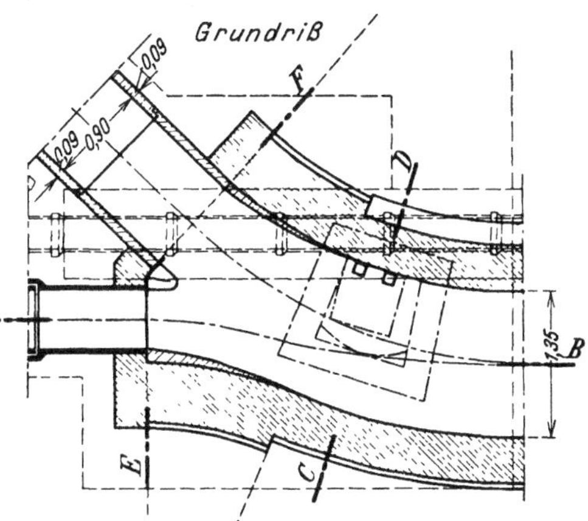

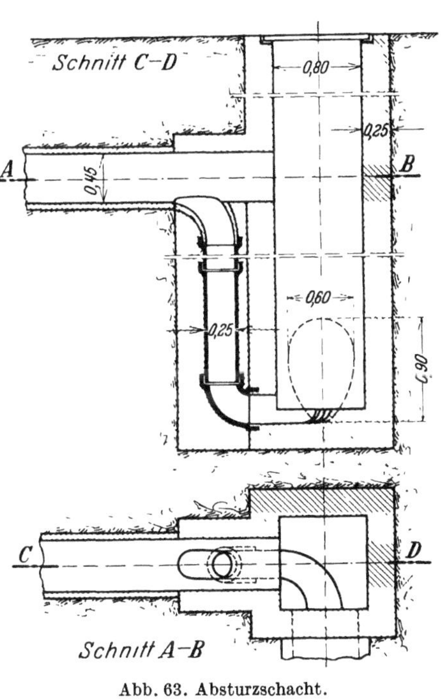

Abb. 63. Absturzschacht.

3. Überfallbauwerke.

Wie in Abschnitt IV, B ausgeführt ist, können die in die Kanäle gelangenden Wassermengen nicht in voller Menge dem Hauptsammler übergeben werden, der die Abwässer der Reinigungsanlage oder der Vorflut zuführt. Wollte man die gesamten Abwässer weiterleiten, so würden sich für den Hauptsammler Abmessungen ergeben, daß seine Herstellung die finanzielle Leistungsfähigkeit der Gemeinden überschreiten würde und er sehr schwer in den vorhandenen Straßen unterzubringen wäre. Man entlastet deshalb die Leitung an geeigneten Punkten und führt von einem gewissen Verdünnungsverhältnis ab das überschüssige Wasser dem Vorfluter oder anderen erreichbaren öffentlichen Wasserläufen zu.

Die grundsätzliche Ausbildung gibt Abb. 66. Das ist unbedenklich, da das Abwasser mehr oder minder stark verdünnt ist und in diesem Zustand im allgemeinen von dem Flußwasser aufgenommen werden kann, ohne daß Schäden oder Belästigungen entstehen. Das Maß der Verdünnung hängt von der Wasserführung, dem Reinheitsgrad und dem besonderen Charakter des Vorfluters ab und wird durch die Aufsichtsbehörde unter Würdigung der gesamten Verhältnisse

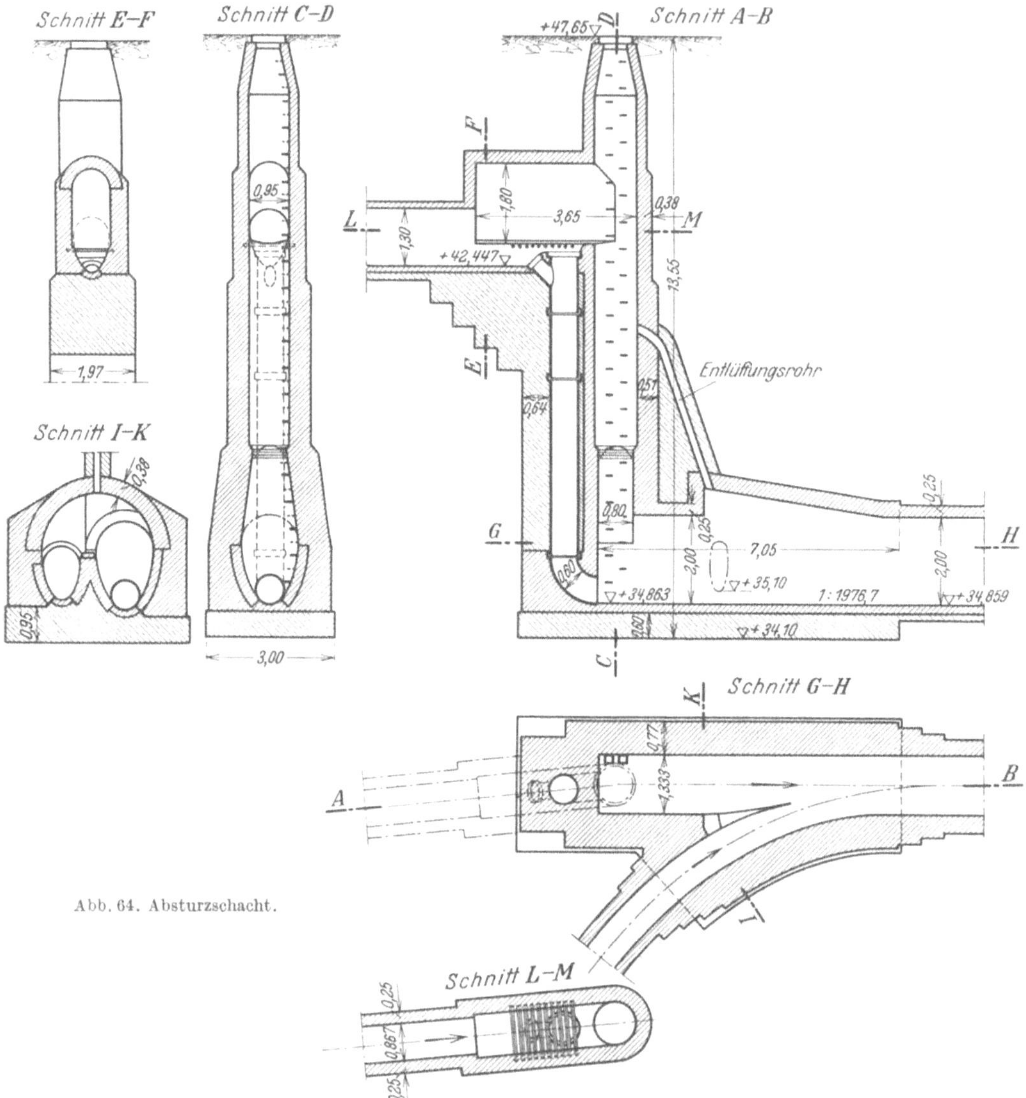

Abb. 64. Absturzschacht.

vorgeschrieben. Es kann gering sein bei Flußläufen mit großer Wasserführung, die das Abwasser nach kurzem Lauf abzubauen imstande sind. Und es muß größer sein in den Fällen, in denen die mittlere Wasserführung des Vorfluters gering ist, oder das Wasser schon verschmutzt ankommt. Je nach diesen Verhältnissen schwankt die Verdünnung zwischen 1 + 4 und 1 + 8, wobei die Brauchwassermenge aus dem Jahresmittel bei gleichmäßiger Verteilung über 10 Std. = 1 gesetzt wird und die Verdünnungsmenge durch ein Mehrfaches dieser angegeben wird. In Ausnahmefällen kommt bei großen Vorflutern, wie bei den Städten am Rheine, wohl ein Verdünnungsverhältnis 1 + 3 und umgekehrt, wenn die Verhältnisse sehr ungünstig liegen, ein solches bis zu 1 + 10 in Frage.

Die Einrichtungen, die das Abwerfen der überschüssigen Wassermenge ge-

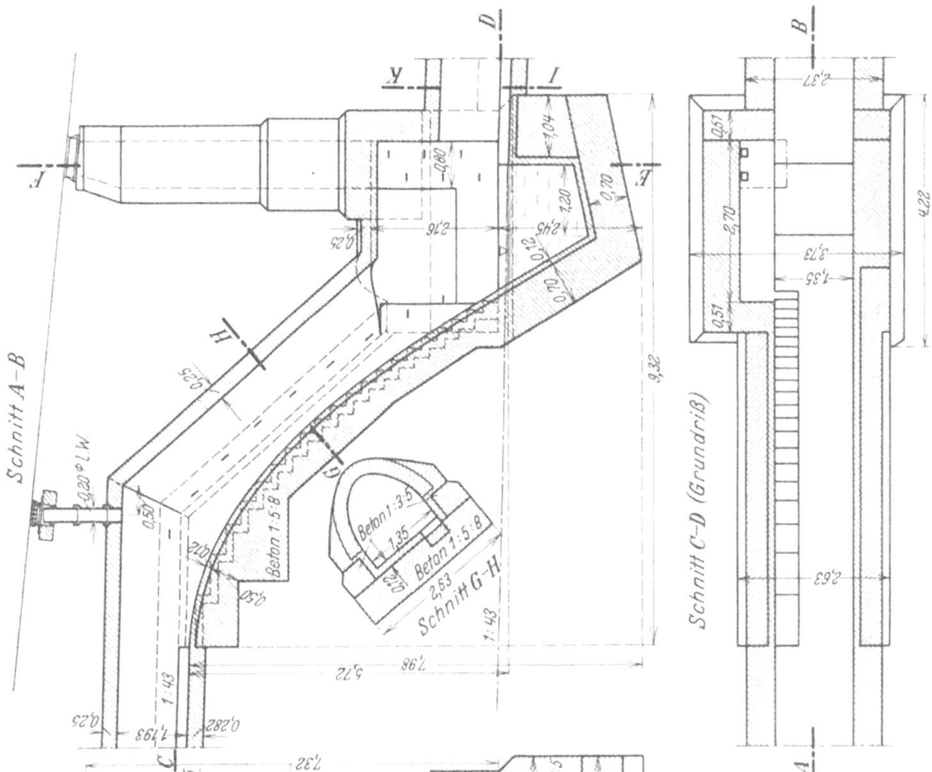
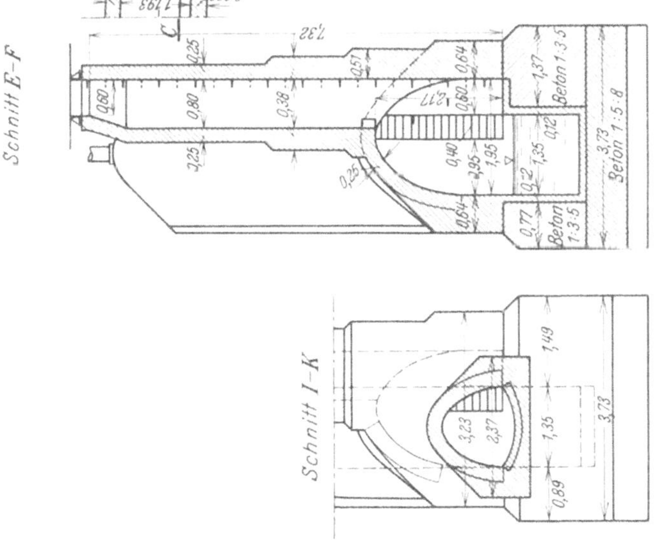

Abb. 65. Absturzschacht für große Höhen.

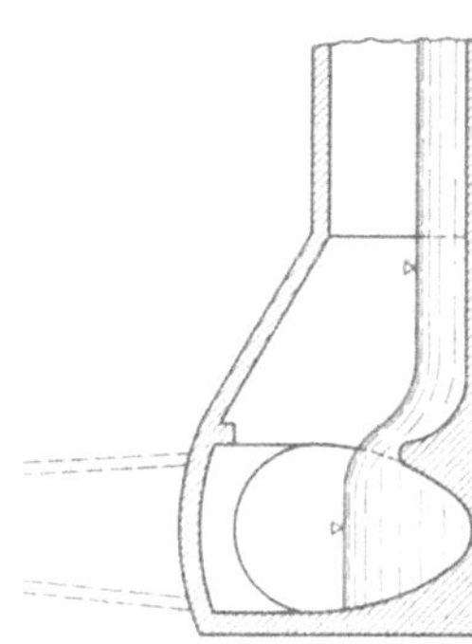

Abb. 66. Überfallbauwerk (schematisch).

statten, heißen Überfallbauwerke, Regenüberfälle oder Notauslässe. Sie kommen naturgemäß nur beim Mischverfahren zur Anwendung, da im Trennverfahren jede Regenwassermenge auf kürzestem Wege dem Vorfluter zugeleitet wird. Die von den Überfallbauwerken ausgehenden Kanäle, die das überschüssige Wasser dem Wasserlauf zuführen, werden mit Notauslaßkanal, kurz auch mit Notauslässen, bezeichnet. Die Ausmündungen dieser Kanäle bedürfen bei großen Abmessungen besonderer Ausgestaltung, um eine Gefährdung des Schiffsverkehrs zu vermeiden. Das Überschußwasser wird im allgemeinen dem Vor-

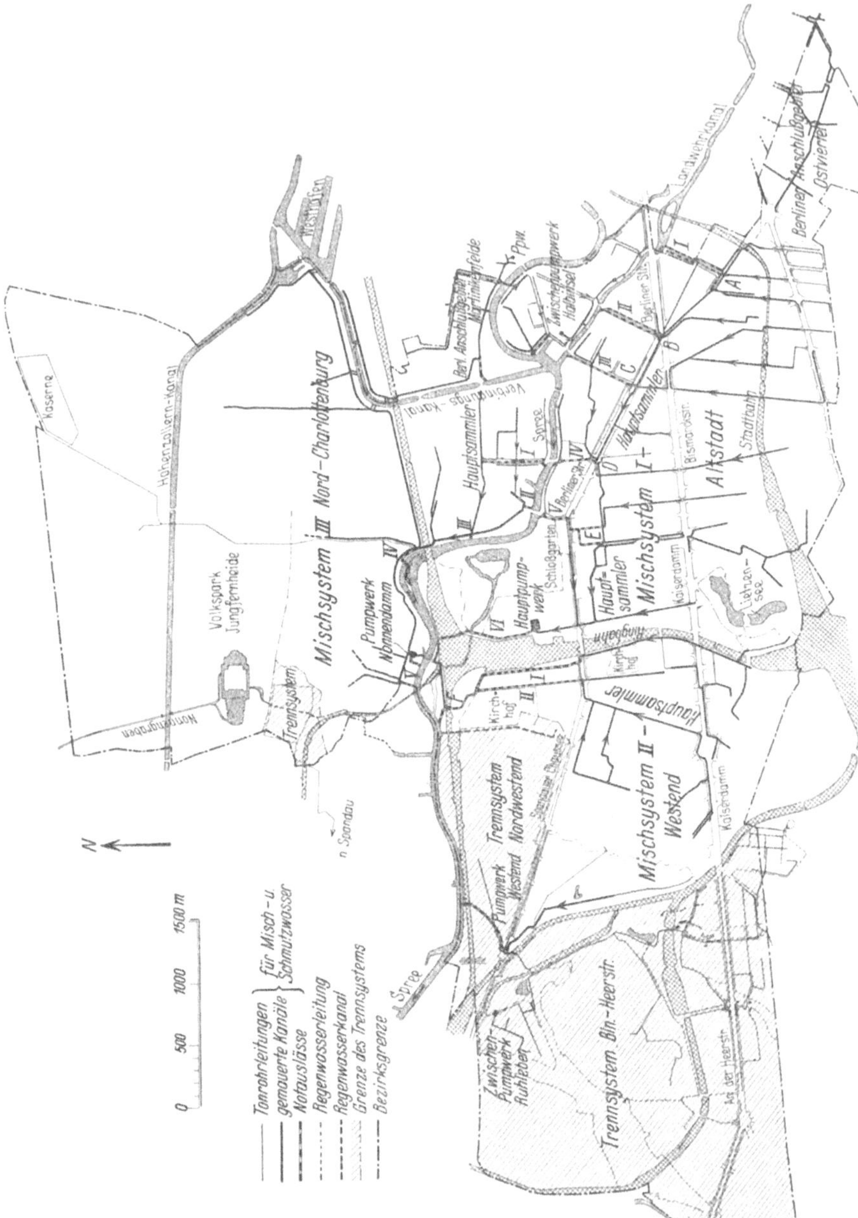

Abb. 67. Plan der Kanalisation von Charlottenburg.

fluter ohne jede weitere Behandlung übergeben. Nur unter besonderen Verhältnissen, bei der Einmündung von Notauslässen in Hafenbecken, Schiffahrtskanäle u. a., sind Kläranlagen angebracht, die das Wasser durch Absitzenlassen reinigen und auf diese Weise ein Versanden und Verschlammen der Vorflut verhindern. Näheres über die Ausgestaltung der Notauslaßkläranlagen siehe Abschnitt XIX.

a) Allgemeine Anordnung.

Die Grundsätze, die für die Ausgestaltung der Notauslässe maßgebend sind, lassen sich etwa wie folgt zusammenfassen:

1. Die Entlastung des Entwässerungsnetzes durch Notauslässe soll möglichst häufig vorgenommen werden, um die Abmessungen der Sammler tunlichst zu verringern. Von der Länge der Notauslaßleitungen wird es abhängig sein, ob eine Entlastung wirtschaftlich berechtigt ist. Im einzelnen Falle muß durch einen Kostenvergleich darüber entschieden werden. Im übrigen erheischen bei der Entscheidung der Frage die örtlichen Verhältnisse Berücksichtigung. Beispielsweise kann die Anlage einer Badeanstalt oder einer Entnahmestelle für Industriewasser die Ausmündung eines Notauslasses unmittelbar oberhalb davon unmöglich machen.

2. Die Notauslässe sind unmittelbar nach dem Zusammenfließen größerer Wassermengen, d. h. hinter der Einmündung von Nebensammlern anzuordnen. Dadurch werden die Kosten der Entlastungsanlage niedrig gehalten. Denn für einen Notauslaßkanal mit großer Leistungsfähigkeit werden die Kosten für die Einheit des abzuführenden Wassers günstiger als bei mehreren Leitungen kleinerer Abmessungen.

3. Der Notauslaß wird zweckmäßig an den Stellen abgezweigt, wo die Sammler dem Vorfluter am nächsten kommen. Besondere örtliche Verhältnisse, wie geringe Breite der Straße, starke Belastung der Straße mit anderen Leitungen und ähnliches können eine Verschiebung notwendig machen.

4. Außer dem Hauptwasserlauf, der den Abfluß der Kläranlage übernimmt, sind nach Möglichkeit kleinere Wasserläufe für die Entlastung in Anspruch zu nehmen. Die Zulässigkeit dieser Maßnahme entscheidet die Aufsichtsbehörde.

5. Dem Hauptnotauslaß, d. h. dem Notauslaß unmittelbar oberhalb der Kläranlage oder des Pumpwerkes kommt die Hauptbedeutung zu insofern, als von seiner Ausbildung der ordnungsmäßige Betrieb dieser Anlage abhängig ist. Er bedarf besonderer Ausgestaltung unter dem Gesichtspunkte, daß eine Überlastung der Kläranlage über die normale Leistungsfähigkeit des Hauptsammlers hinaus vermieden werden muß.

Betrachtet man die in dem Entwässerungsnetz der früheren Stadt Charlottenburg (Abb. 67) vorgesehenen Entlastungsanlagen im Hinblick auf die vorstehenden Grundsätze, so ergibt sich folgendes: Der Hauptsammler des Mischsystems *I* ist gleichlaufend zur Spree so geführt worden, daß die Notauslaßleitungen möglichst geringe Länge erhalten. Die Notauslässe mehrerer Überfallbauwerke sind zu einer Leitung zusammengefaßt wie bei *D* und *E*. Wo sich die Gelegenheit dazu bot, wurden die Leitungen, die den Zug der Notauslässe kreuzen, durch kleinere Überfälle, wie bei den Notauslässen *3* und *5*, entlastet. Beim Mischsystem *II* ist zu berücksichtigen, daß der derzeitige Zustand nur einen Zwischenzustand darstellt. Das Abwasser wird vorübergehend dem System *I* zugeführt solange, bis bei *F* ein neues Pumpwerk erbaut sein wird. Die Leitungen *I* und *II* werden also nur vorübergehend als Notauslässe benutzt. Im Mischsystem *III* ließ die Führung der Leitungen längs der Spree eine häufige Entlastung zu. Der Notauslaß *3* mündet nicht in den ihm zunächst liegenden Schleusenkanal, weil hier nur eine geringe Strömung vorhanden ist, sondern ist mittels Dükers unter diesem hinweggeführt und mündet unterhalb des Sammlers in die Spree. Die Notauslässe haben sämtlich Dammbalkenverschlüsse, die bei eintretendem Hochwasser von den Unterhaltungsmannschaften bedient werden.

Als weiteres Beispiel sei das Entwässerungsnetz der Stadt Dresden (Abb. 68) herangezogen. Die Ausbildung der beiden Hauptsammler als ausgesprochene Abfangskanäle auf beiden Seiten der Elbe gibt die Möglichkeit, sie mit geringem Aufwand zu entlasten. Davon ist bei jedem einmündenden Nebensammler mit nur wenigen Ausnahmen Gebrauch gemacht worden, wie aus dem Lageplan im einzelnen hervorgeht. Die Notauslässe besitzen hinter dem Überfallbauwerk Schieberverschlüsse, die das Profil vollständig abschließen, so daß in diesem Zustand die Tätigkeit vollständig unterbunden wird. Diese Konstruktion ist deshalb angebracht, weil der Wasserstand der Elbe sehr schnell ansteigt. Die Schieber brauchen jedoch infolge der verschiedenen Höhen der Überfälle nicht alle gleichzeitig betätigt zu werden, so daß eine teilweise Entlastung des Hauptsammlers verbleibt. Wenn bei einem gewissen höchsten Stand die gesamten

Schieber geschlossen werden müssen, dann müssen die gesamten Regenwassermengen, die die Kanäle führen, im Pumpwerk gehoben werden.

b) Ausbildung.

Die Entlastungsanlagen sind in der überwiegenden Zahl der Anwendungsformen so ausgebildet, daß die Entlastung selbsttätig eintritt, indem von einem gewissen Wasserstand an das Überschußwasser über einen festen Wehrrücken abfließt. Nur in Ausnahmefällen wird durch die Betätigung von Verschlußorganen das Profil für die abströmenden Wassermengen freigegeben.

Die Länge der Überfallschwelle ergibt sich aus der nachstehenden Berechnung. Sie ist recht eigentlich bestimmend für die ganze Ausbildung. In den ersten Jahren der Kanalisationstechnik wurde der Wehrrücken durchgehend gleichlaufend zur Hauptströmungsrichtung angeordnet, d. h. es wurde ein Streichwehr eingebaut, siehe Abb. 69, Ausführung in Stuttgart. Um die Geschwindig-

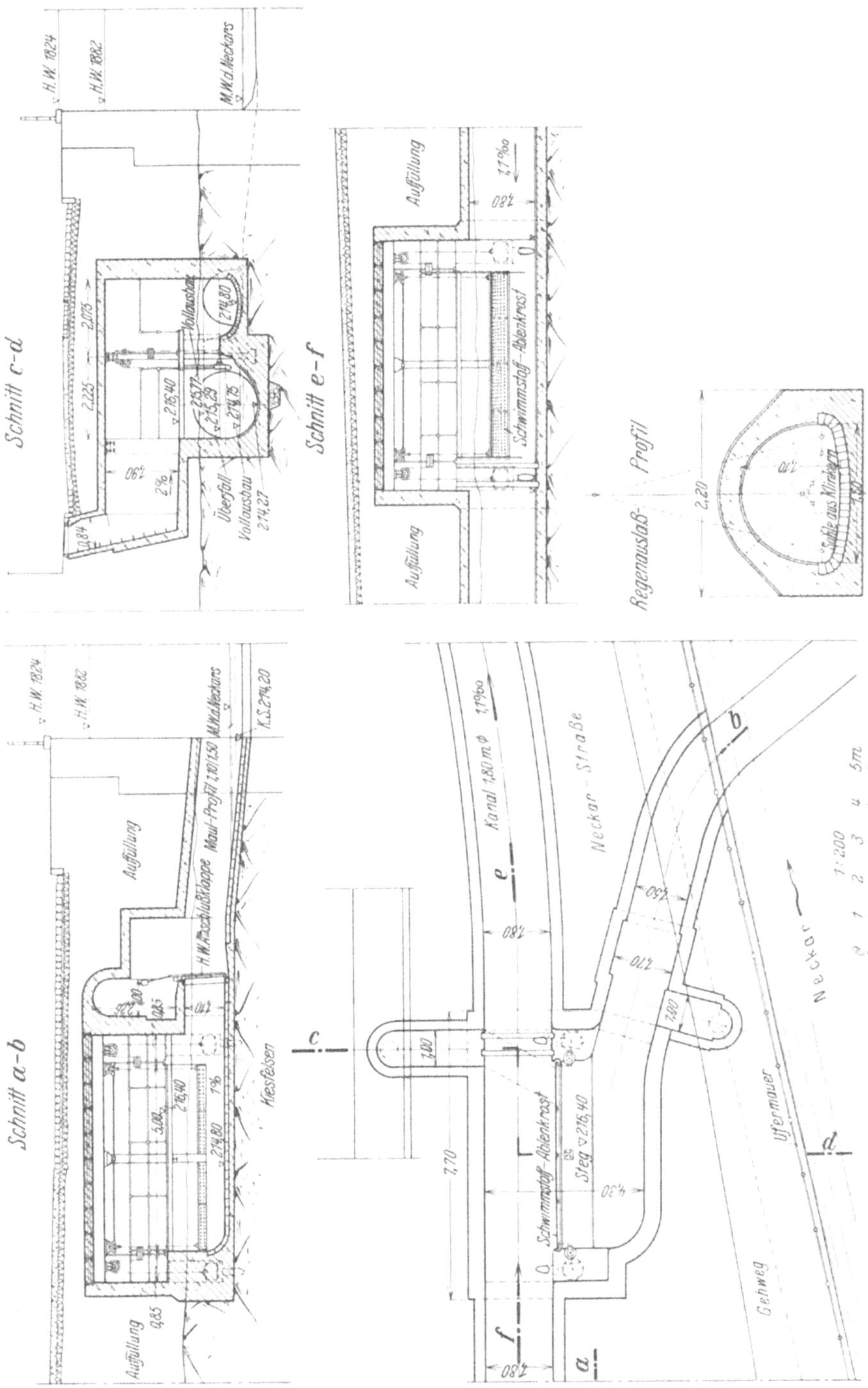

Abb. 69. Ausbildung eines Überfallbauwerkes.

keit des ankommenden Wassers für die Leistungsfähigkeit des Wehres nutzbar zu machen, empfiehlt es sich, das Überfallwehr möglichst zur Strömungsrichtung geneigt anzulegen, dadurch wird an Länge des Überfalles gespart. Der günstigste Fall liegt dann vor, wenn das Wehr rechtwinkelig zur Strömungsrichtung verläuft. Aber auch schon geringe Winkeländerungen ergeben eine Erhöhung der Leistungsfähigkeit des Überfalles. Bei der Ausführung nach Abb. 70, die in Charlottenburg angewendet worden ist, wird die Krümmung des Sammlers in geschickter Weise für den genannten Zweck ausgenützt.

Die Höhenlage der Überfallschwelle wird so gewählt, daß nach Erreichung des vorgeschriebenen Verdünnungsgrades im Kanal das Überschuß-

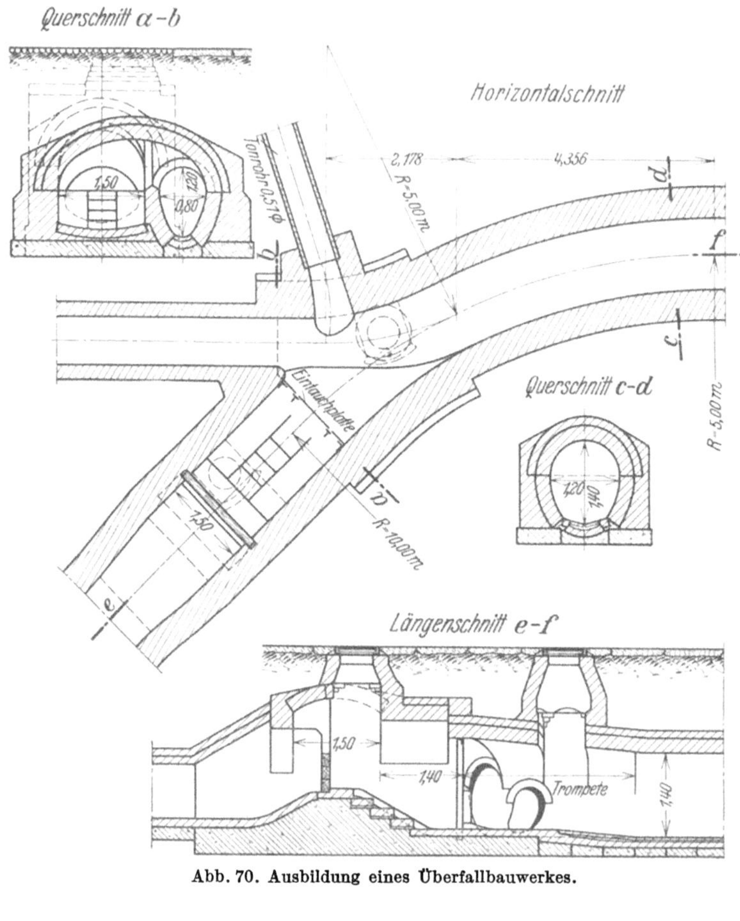

Abb. 70. Ausbildung eines Überfallbauwerkes.

wasser abströmt. Um die Zahl und Dauer der Tätigkeiten des Notauslasses nach Möglichkeit einzuschränken, hat man früher die Schwellen grundsätzlich mindestens in ⅔ der lichten Höhe des Sammlers angeordnet, ohne auf das Verdünnungsverhältnis im einzelnen einzugehen. Eine derartige allgemeine Regel ist bei den neuen Ausführungen allgemein verlassen. Die Schwelle wird in jedem Falle so festgelegt, wie es das vorgeschriebene Verdünnungsverhältnis erfordert. Nur in dem besonderen Falle, daß ein genügendes Gefälle zwischen Oberkante Wehrrücken und Vorfluter nicht zur Verfügung steht, kann von diesem Grundsatz abgewichen und eine höhere Anordnung gewählt werden.

Um zu verhindern, daß die Schwimmstoffe, die in den Kanälen abfließen, über die Überfallschwelle hinweg in den Vorfluter gelangen, werden vielfach vor der Schwelle Tauchplatten eingebaut. Sie ragen von oben in die durch die Schwelle festgelegte Wasserspiegellinie hinein und sollen ein Abgleiten der

Schwimmstoffe längs der Platte herbeiführen. Die Erfahrung der Stadtentwässerung von Berlin (*13*) geht jedoch dahin, daß infolge Verringerung des Abflußquerschnittes die Wassergeschwindigkeit größer wird und dadurch die angesammelten Schmutzstoffe in die Notauslaßkanäle mitgerissen werden. Infolgedessen wird in Berlin jetzt von der Anwendung der Tauchplatten Abstand genommen. Diese Übelstände werden vermieden durch den beweglichen Ablenkrost der Michelbacherhütte (Abb. 69). Dieser hat eine durchbrochene Tauchplatte, die auf zwei Schwimmern ruht und ist mittels zweier Gegengewichte so ausbalanciert, daß sie immer ein gewisses Maß in die Schwimmschicht eintaucht. Auf diese Weise werden die in der Oberschicht des Abwassers mitgeführten Schwimmstoffe zurückgehalten und an der Tauchplatte entlang nach dem Hauptkanal abgelenkt.

Da das Flußbett der meisten unserer Flüsse nur wenig in das Gelände eingeschnitten ist, so wird häufig eine Höhenlage des Wehrrückens über *HHW* des Vorfluters nicht möglich sein. Es muß also zu gewissen Zeiten im Jahre mit einem Überstauen des Überfalles durch das Hochwasser gerechnet werden, und es sind deshalb geeignete Vorkehrungen zu treffen. Ist der Unterschied der verschiedenen Wasserstände nur gering, so wird man einen Dammbalkenverschluß vorsehen unter Benutzung von hölzernen Dammbalken. Diese werden bei steigendem Wasserstand von Hand eingesetzt und haben den Vorteil, daß man sich dem Wasserstand des Vorfluters anpassen kann, ohne daß die Möglichkeit der Entlastung vollkommen ausgeschlossen wird. Bei größeren Schwankungen des Wasserstandes und bei solchen Vorflutern, die zufolge ihres besonderen Niederschlagsgebietes sehr schnell ansteigen, benutzt man wohl selbsttätige Klappen, Schieber oder Türen, die ein schnelles Abschließen zulassen. Näheres hierüber siehe diesen Abschnitt unter 4.

Die Notauslaßkanäle stellen die Verbindung zwischen dem Überfallbauwerk und dem Vorfluter her, d. h. sie führen das Überschußwasser dem Vorfluter zu. Da das verfügbare Gefälle in den meisten Fällen nur gering ist, kommen für diese Kanäle in erster Linie gedrückte Profile in Betracht. Die für die Berechnung der Leitungen maßgebende Wassermenge Q_n und das Gefälle J_n ergeben sich wie folgt: Ist die Leistungsfähigkeit des zu entlastenden Sammlers bei voller Füllung Q_s und das Verdünnungswasser, das bei der Füllung bis zur Überfallschwelle in dem Kanal weiterfließt, Q_v, so ist $Q_n = Q_s - Q_v$. Wird der Sammler über seine Leistungsfähigkeit bei voller Füllung hinaus durch Erhöhung der Wasserspiegellinie bei Sturzregen beansprucht, so wird auch die Strahldicke am Überfall größer. Die Wasserspiegellinie des Notauslaßkanals wird erhöht und damit seine Leistungsfähigkeit gesteigert, wobei in gleicher Weise, wie bei Sammlern, in diesem Falle ein gewisser innerer Überdruck in Kauf genommen werden muß.

Das Gefälle J_n für die Wassermenge Q_n wird bestimmt aus der Differenz des Wasserspiegels am Überfall und dem ungünstigsten Wasserstand im Vorfluter. Für den letzteren braucht das höchste Winterhochwasser nicht in Ansatz gebracht werden, da erfahrungsgemäß die größten Niederschläge nicht mit diesem zusammenfallen. Es entspricht den tatsächlichen Verhältnissen, wenn als höchster Wasserstand im Vorfluter bei der größten Belastung des Kanalnetzes das Sommerhochwasser zugrunde gelegt wird. Das Sohlengefälle des Notauslaßkanals wird zweckmäßig parallel der für die Berechnung maßgebenden Wasserspiegellinie angenommen, so zwar, daß sich diese mit der Scheitellinie des Notauslaßkanals deckt. Dabei wird ein Einstauen des Vorfluters in die Notauslässe auch zu Zeiten von *NW* nicht zu vermeiden sein. Das ist jedoch ganz unbedenklich, und nur aus Gründen der Herstellung muß angestrebt werden, mit der Ausmündung über *NW* zu bleiben.

c) Berechnung.

Die Berechnung der Länge des Streichwehres geschieht nach Frühling (*5*) nach der Formel für gewöhnliche Wehre auf der Grundlage, daß die Überströmungshöhe längs des ganzen Überfalles konstant ist. Diese Annahme trifft aber nicht zu. Die Frage, wie die Senkungskurve tatsächlich verläuft, ist noch nicht geklärt.

Nach den Versuchen von Engels im Wasserbau-Laboratorium der Technischen Hochschule Dresden vom Jahre 1918 (*68*) steigt die Wasserspiegellinie längs des Wehrrückens an gemäß Abb. 71, unter der Voraussetzung, daß die Überfallkante parallel der Kanalsohle ist. Für die Wassermenge Q, die über das Überfallwehr abfließt, gilt

a) bei geraden Wehren (Richtung des Wehres parallel der Achse des Kanals)

$$Q = Q_o - Q_u = \tfrac{2}{3}\mu \sqrt{2g}\,\sqrt[3]{l^{2,5} h_{1u}^{5,0}},$$

b) für schiefe Wehre (Richtung des Wehres geneigt zur Achse des Kanals)

$$Q = Q_o - Q_u = \tfrac{2}{3}\mu \sqrt{2g}\,\sqrt[3]{l^{2,7} h_{1u}^{4,8}}.$$

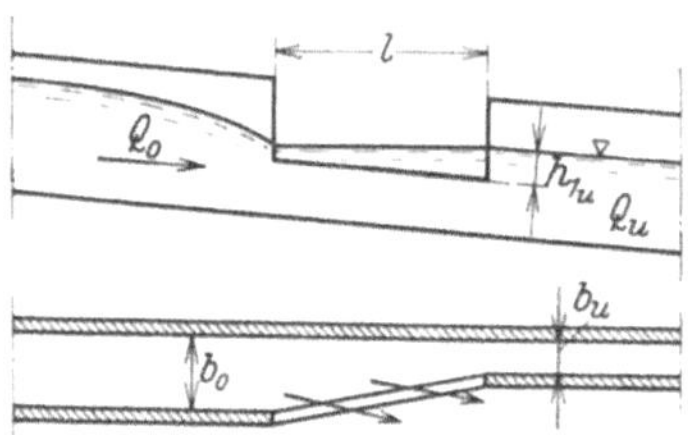

Abb. 71. Wasserspiegellinie bei Streichwehren nach Engels.

Dabei ist h_{1u} zu ermitteln aus der Füllungshöhe, die sich für die weiterzuleitende Wassermenge im Kanal unterhalb des Wehres ergibt. Je nach der Ausbildung der Krone, ob rund oder eckig, kann man $\tfrac{2}{3}\mu = 0{,}57$ bzw. 0,49 annehmen. Ein guter Mittelwert ist

$$\tfrac{2}{3}\mu \sqrt{2g} = 2{,}2\,.$$

Diese Formel gilt jedoch nur für rechteckige Gerinne und für Verhältnisse, bei denen der Wert $\frac{Q_o}{Q_u}$ klein ist, während bei Notauslaßüberfällen der Kanalisation die Wassermenge Q_u nur einen Teilbetrag der ankommenden Wassermenge ausmacht.

Versuche, die den Verhältnissen bei der Kanalisation besser Rechnung tragen, sind bei der Technischen Hochschule Dresden in Angriff genommen.

4. Ausmündungsbauwerke und Hochwasserverschlüsse.

Es gibt vier verschiedene Arten von Ausmündungen des Entwässerungsnetzes in den Vorfluter:

a) Ausmündung des Hauptsammlers (Mischverfahren oder Trennverfahren) unmittelbar in den Vorfluter, ohne daß eine Klärung vorgenommen wird.

b) Ausmündung des Abflusses der Kläranlage.

c) Ausmündung von Notauslässen.

d) Ausmündung der Regenleitungen des Trennverfahrens.

Bei diesen Ausmündungen sind besondere Einrichtungen nur in den Fällen erforderlich, wenn es sich darum handelt, eine gründliche Durchmischung des eingeführten Wassers mit dem Flußwasser zu erzielen, oder wenn der Abfluß derart stark ist, daß eine Gefährdung der Schiffahrt durch die abströmenden Wassermengen zu befürchten ist. Das erstere kommt bei a) in Frage. Das letztere im Falle c) und d). Die Ausmündung eines Kläranlagenabflusses bedarf im allgemeinen keiner besonderen Ausgestaltung im Hinblick auf die Wassermenge, da diese durch das festgesetzte Verdünnungsverhältnis begrenzt ist. Dagegen wird es bei den meisten mechanischen Reinigungsanlagen erwünscht sein, in gleicher Weise wie bei den Notauslässen den Abfluß des Wassers bis zum Stromstrich zu führen.

Um ein gründliches Durchmischen des Abwassers mit dem Fluß zu erreichen und dadurch Verschmutzungen des Flußlaufes längs des Ufers unmittelbar an der Einmündung zu vermeiden, müssen die Abwässer mittels eiserner Rohrleitungen, die unter der Sohle des Flusses verlegt werden, in diesen an geeigneter Stelle eingeführt werden. Ihre Länge hängt von den jeweiligen Strömungsverhältnissen ab. Sie wird geringer ausfallen, wenn für die Einmündung ein einbuchtendes Ufer gewählt werden kann, während ausbuchtende Ufer, wenn irgend möglich, ausgeschlossen werden müssen. Im einzelnen kann durch Versuche festgestellt werden, welche Entfernung als Mindestlänge notwendig ist.

Die Gesichtspunkte, die bei der konstruktiven Durchbildung und der Verlegung beachtet werden müssen, seien an Hand eines Beispiels, der Verlegung eines 130 m langen Stichrohres in den Rhein bei Duisburg, näher erörtert nach der Veröffentlichung von Spetzler (77). Die Länge der Rohrleitung war in diesem Fall dadurch bestimmt, daß bei keinem Wasserstand der Abfluß aus der Kläranlage in die Ruhrmündung und die anschließenden Ruhrhäfen gelangen durfte, um ein Verschlammen zu verhindern. Sie ergab sich auf Grund von Versuchen zu rund 100 m und wurde im Genehmigungsverfahren zu rund 128 m festgesetzt. Das Rohr hat einen Durchmesser von 1,50 m, die Überschüttungshöhe ist im Mittel 1,50 m. Die Verlegungsrinne wurde 3,20 m tief ausgebaggert bei einer Sohlenbreite von 2,50 m und unterstromseitig mit einer Böschung 1 : 3, oberstromseitig mit einer solchen von 1 : 4 versehen. Das Mundstück der Leitung wurde als stumpfwinkeliger Krümmer ausgebildet und erhielt eine Drehung stromab. Das für ähnliche Ausführungen früher fast ausschließlich angewendete Verfahren, die Rohre von eingerammten festen Gerüsten abzusenken, konnte hier nicht angewendet werden, da die Schiffahrtsverhältnisse eine Einengung des Profils in der erforderlichen Breite nicht zuließen. Es wurde deshalb das

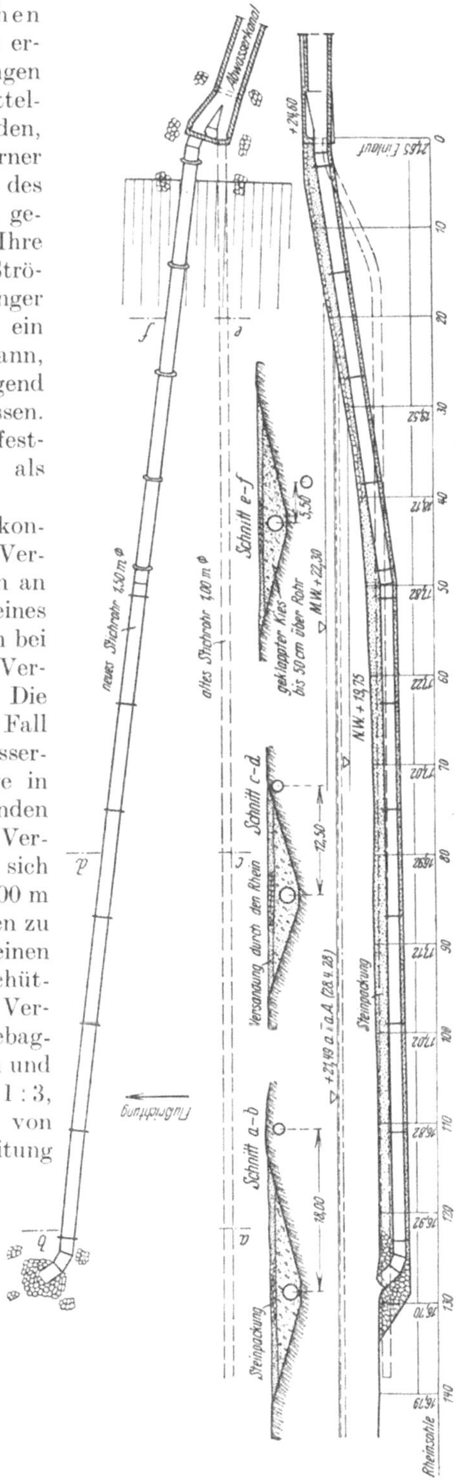

Abb. 72. Ausbildung des Ausmündungsrohres des Hauptsammlers in Duisburg[1].

[1] Nach Spetzler: Bautechn. 1929 S. 199.

Rohr von schwimmenden Hebeböcken aus versenkt, die das Rohr trugen und nach der Verlegungsrinne verfuhren. Dort wurde es durch Wasserballast versenkt. Nachdem das Rohr seine planmäßige Überschüttung erhalten hatte, wurde eine Sicherung durch eine 6 m breite und 0,4 m starke Basaltsteinschüttung vorgenommen. Die eigentliche Versenkungsarbeit nahm nicht mehr als 6 Stunden in Anspruch. Abb. 72 gibt Lage- und Höhenpläne, Abb. 73 stellt den Rohrstrang fertig zur Absenkung dar.

Die Ausmündung von großen Notauslässen unter Rücksichtnahme auf die Schiffahrt muß so ausgebildet sein, daß die Strömungsrichtung des abfließenden Wassers der des Vorfluters angeglichen wird. Nach diesem Grundsatz hat Verfasser das Ausmündungsbauwerk in Charlottenburg gemäß Abb. 74 ausgeführt. Noch vollkommener wird die gewünschte Wirkung erreicht, wenn die lebendige Energie des Wassers in geeigneter Weise vernichtet wird. Bei der Ausführung der Mündungsbauwerke der Berliner Stadtentwässerung wird darauf

Abb. 73. Zustand vor dem Versenken des Rohrstranges.

besonderer Wert gelegt. Auf Grund von Modellversuchen der Staatlichen Versuchsanstalt für Wasserbau und Schiffahrt werden mehrere senkrechte Zungen, die im Grundriß gegen die Strömungsrichtung abgebogen sind, und ein Wasserpolster an der Mündungssohle eingebaut, siehe Abb. 75. Die Erfahrungen, die damit gemacht sind, sind sehr günstig, so daß diese Ausbildung zur Nachahmung empfohlen werden kann.

Die Ausmündung der Entwässerungsleitungen in die Wasserläufe bedarf im allgemeinen einer Verschlußeinrichtung, die ein Abschließen der Leitungen bei höheren Wasserständen ermöglicht. Nur in Ausnahmefällen, wenn die Sohle der Mündungsstrecke über *HHW* liegt, kann eine derartige Einrichtung entbehrt werden.

In der einfachsten Form bestehen diese Verschlußeinrichtungen in Dammbalken aus Holz oder Eisen, die in ausgesparte Schlitze von Hand eingelassen werden. Bei Notauslässen werden sie zweckmäßig über der Überfallschwelle angeordnet, weil dadurch an Verschlußhöhe gespart wird und die Bedienung bequemer ist. Dammbalken werden angewendet, wenn die Schwankungen des Wasserspiegels gering sind. Dieser Fall liegt beispielsweise vor bei der Spree, so daß die Notauslässe in Berlin durchweg Verschlüsse dieser Art haben, wie aus Abb. 74 hervorgeht.

Ein weiterer Abschluß kann durch Klappen oder Schieber erreicht werden. Sie zeichnen sich gegenüber den Dammbalken dadurch aus, daß eine vollkommene Dichtung erzielt wird und die Zeit für das Schließen sehr kurz ist.

Die Klappen sind an einer horizontalen Achse oberhalb des lichten Profils aufgehängt und durch ein Gewicht ausbalanciert, so daß durch den Überdruck nur die Reibung in den Lagern überwunden werden muß. Durch besondere

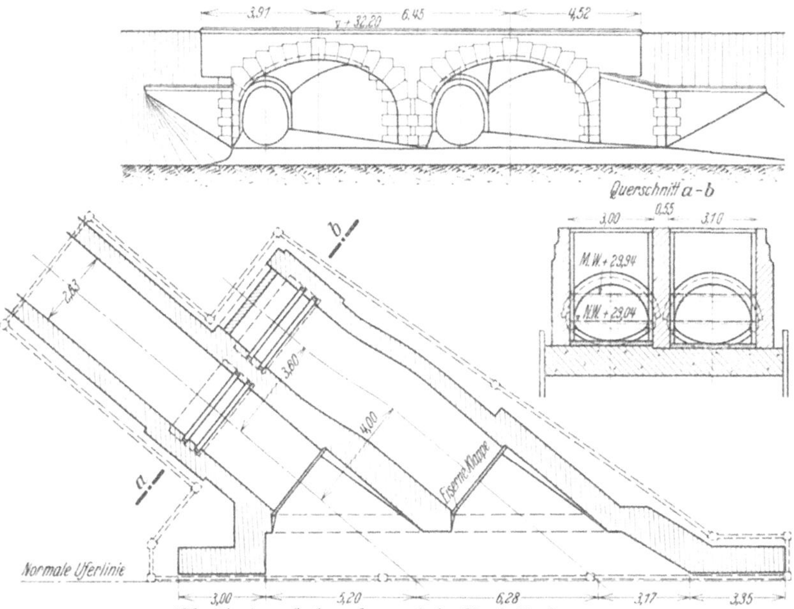

Abb. 74. Ausmündungsbauwerk in Charlottenburg.

Einrichtungen, die von Hand zu bedienen sind, können die Klappen auch wohl an die Vorderfläche angedrückt werden, so daß bei länger andauerndem Hochwasser ein sicherer Verschluß gewährleistet ist. Die Klappen schließen also in

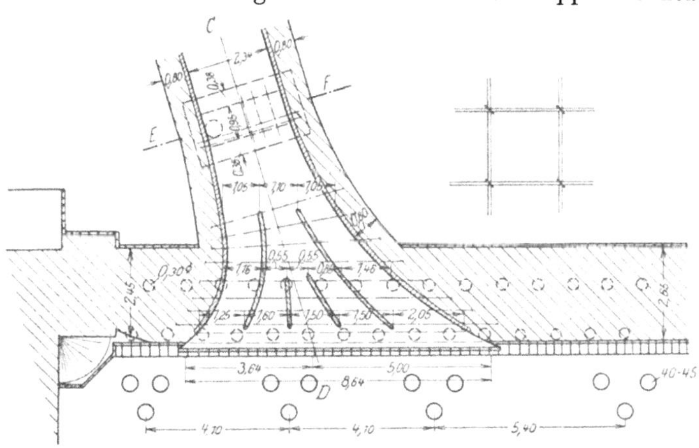

Abb. 75. Ausmündungsbauwerk in Berlin (nach Hahn und Langbein).

der Ruhestellung den Auslaßkanal ab und geben das Profil unter innerem Überdruck jeweils so weit frei, als der Druckhöhe des fließenden Wassers entspricht.

Abb. 76 zeigt eine Hochwasserverschlußklappe für einen Notauslaß der Kanalisation der Stadt Köln. Sie besitzt Gegengewichte, die nach vorn umgelegt werden können, so daß ein Anpressen des Deckels auf den Rahmen und damit ein dichter Abschluß herbeigeführt werden kann.

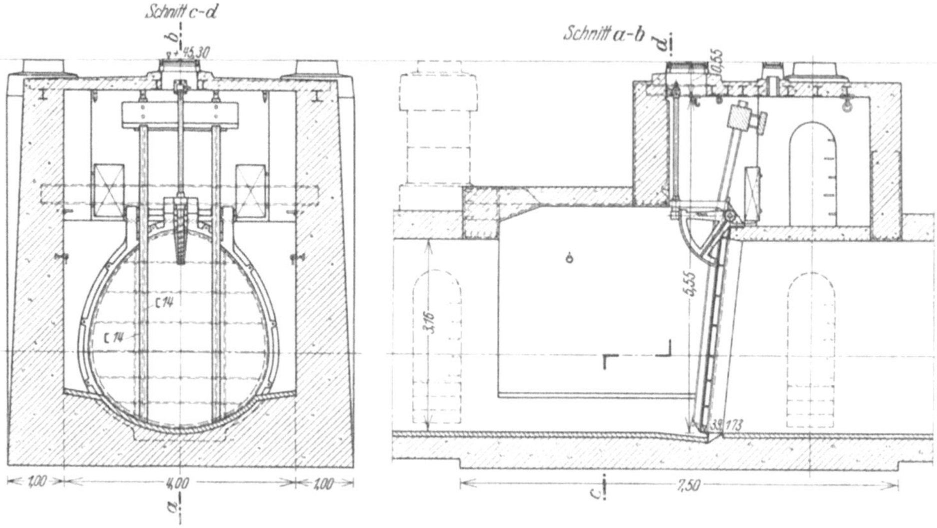

Abb. 76. Hochwasserabschlußklappe.

Die Schieber bewegen sich in senkrechter Richtung. Bei unzureichender Überdeckung kann auch eine Bewegung in horizontalem Sinn gewählt werden. Für die ersteren kommen besonders die Kettenrollenzugschieber zur Anwendung. Bei diesen ist das Schneckengetriebe mit seinen großen Reibungsverlusten und seiner geringen Geschwindigkeit ersetzt durch einen geschlossenen Kettenrollenzug. In diesen ist auf der Hinterseite der Schieberdeckel und auf der Vorderseite ein Gegengewicht eingeschaltet; dadurch wird ein Gewichtsausgleich erzielt, so daß nur die durch die Gewichtsbelastung und den Wasserdruck hervorgerufenen Reibungswiderstände zu überwinden bleiben. Auch Schieber größerer Abmessungen können auf diese Weise in wenigen Sekunden mit geringem Kraftaufwand geschlossen werden. Die vollkommene Abdichtung der Schieber wird durch einen Rollenkeilverschluß erzielt, der in einfachster Weise nachstellbar ist. Ein Festklemmen der Schieber wie bei Parallelkeilverschlüssen ist bei diesen ausgeschlossen. Bei der Konstruktion der Firma Geiger wird die eine der Keilflächen in den Führungsleisten durch eine auf einem verstellbaren Exzenterzapfen sitzende Rolle ersetzt, gegen die sich die Keilschuhe des Schieberdeckels anlegen. Bei der Ausführung der Passavant-Werke (Mittelbacher Hütte) haben die Rollen eine doppelte Aufgabe. Sie dienen in der Schlußstellung als Keilrolle und bei der Bewegung des Schiebers als Lauf- und Führungsrolle, um eine gleitende Reibung auszuschließen.

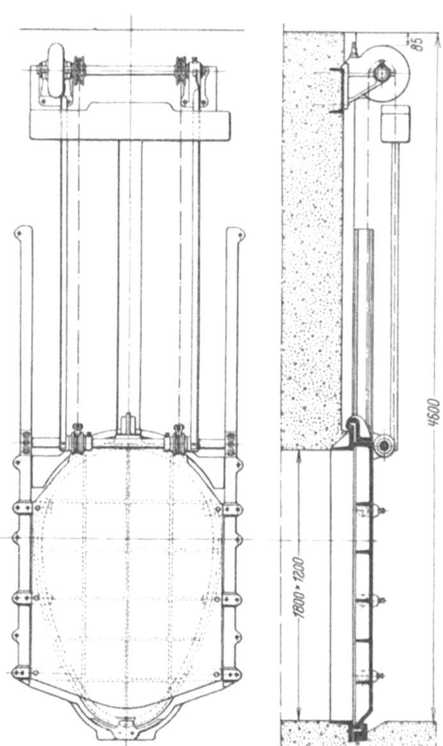

Abb. 77. Hochwasserabschlußschieber.

Der Kettenrollenzugschieber der Firma Passavant, Abb. 77, zeichnet sich noch dadurch aus, daß der feste Rahmen zweiteilig ist. Ein Rahmenteil wird in das Mauerwerk fest eingebaut, während der andere nach Fertigstellung der Bauarbeiten

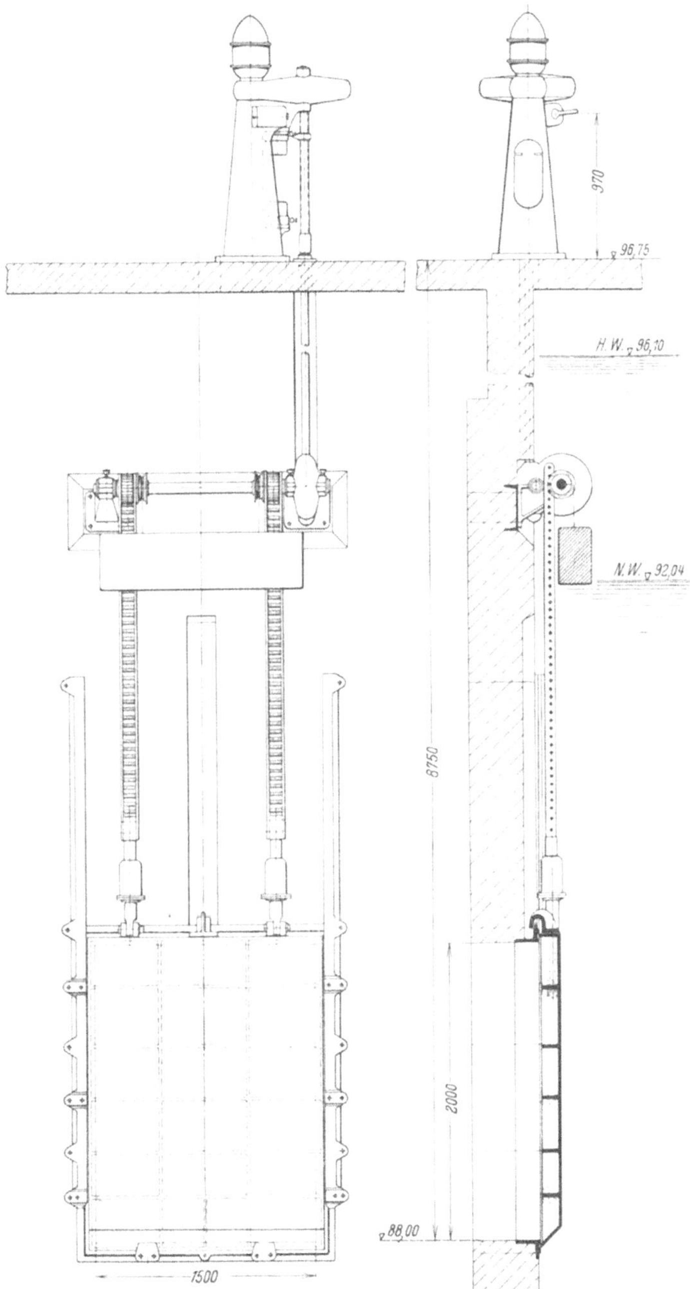

Abb. 78. Hochwasserabschlußschieber.

auf den ersten aufgeschraubt wird. Auf diese Weise werden Beschädigungen der Dichtungsflächen vermieden und ein gutes Anpassen des Schiebers an den Rahmen erreicht. — Der Zahnstangenschieber der Firma Passavant (Abb. 78) wird mit Vorteil angewendet, wenn genügende Bauhöhe zur Verfügung steht.

5. Kreuzungsbauwerke.

Bei der Kreuzung mit anderen Leitungen im Straßenkörper muß der Kanalisationsleitung vor anderen der Vorrang eingeräumt werden, weil die Schwerkraftleitung eine durchgehende Sohle erfordert und infolgedessen in ihrer Höhenlage verhältnismäßig starr festgelegt ist. Das gilt besonders für die Leitungen,

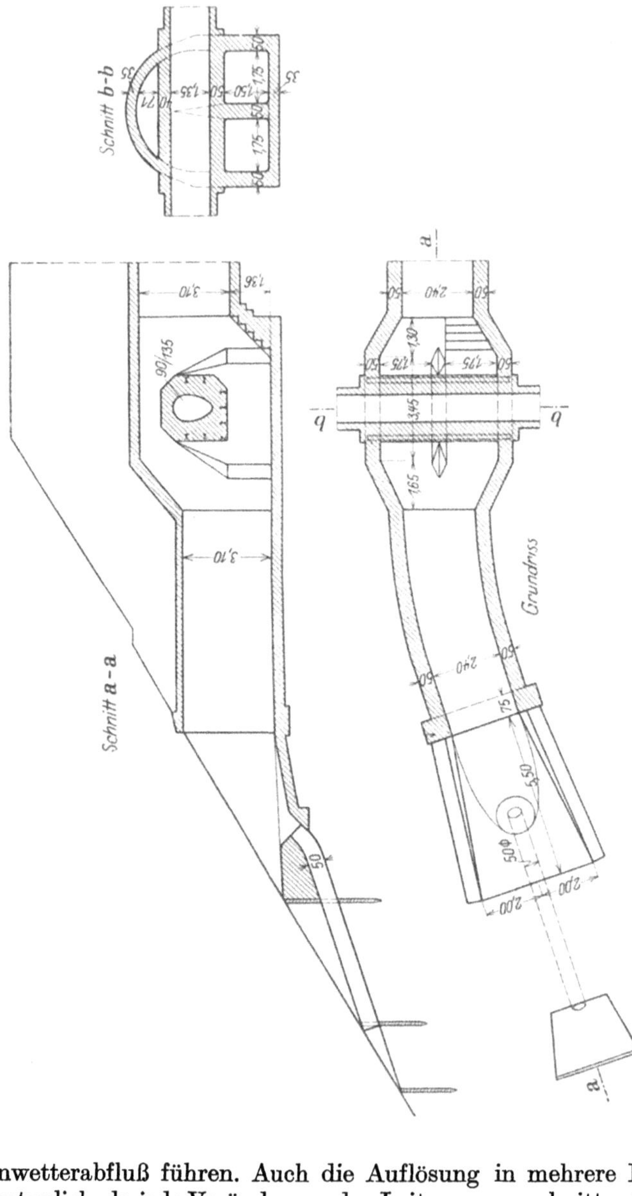

Abb. 79. Kreuzungsbauwerk[1]

die Trockenwetterabfluß führen. Auch die Auflösung in mehrere Leitungen ist bei diesen untunlich, da jede Veränderung des Leitungsquerschnittes Geschwindigkeitsänderungen und damit Ablagerungen zur Folge hat. Infolgedessen müssen die kreuzenden Leitungen entweder umgelegt oder so umgestaltet werden, daß der Querschnitt der Entwässerungsleitung in der notwendigen Höhenlage frei ge-

[1] Nach Seegert: Bauing. 1928 S. 596.

macht wird. Das ist bei Druckrohrleitungen verhältnismäßig einfach. Bei anderen Ableitungen mit durchgehendem Sohlengefälle kann durch Verbreiterung des Profils die Einschränkung der Höhe wettgemacht werden. Abb. 79 stellt die Kreuzung des Bachkanals in Duisburg mit einem Entwässerungskanal dar, der sehr tief liegt und nicht umgelegt werden konnte. Der notwendige Querschnitt des ersteren wurde durch einen Absturz und durch Verbreiterung des Querschnittes geschaffen.

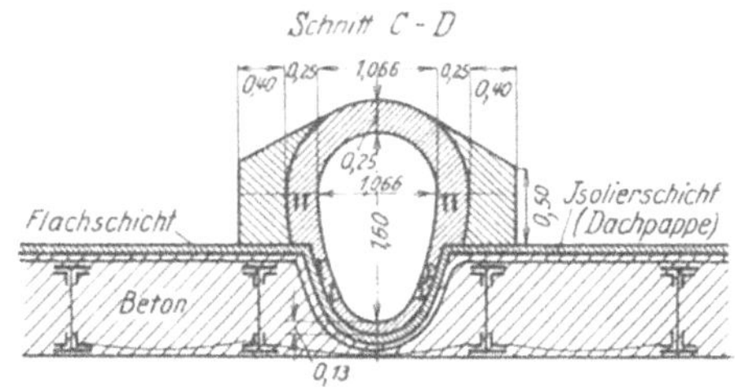

Bei den Notauslässen und den Regenleitungen des Trennverfahrens stehen keine Bedenken entgegen, die Hauptleitung durch mehrere kleinere Leitungen mit geringer Höhe zu ersetzen oder geringe Vertiefungen

Abb. 80. Kreuzungsbauwerk eines Notauslasses (nach Hahn und Langbein).

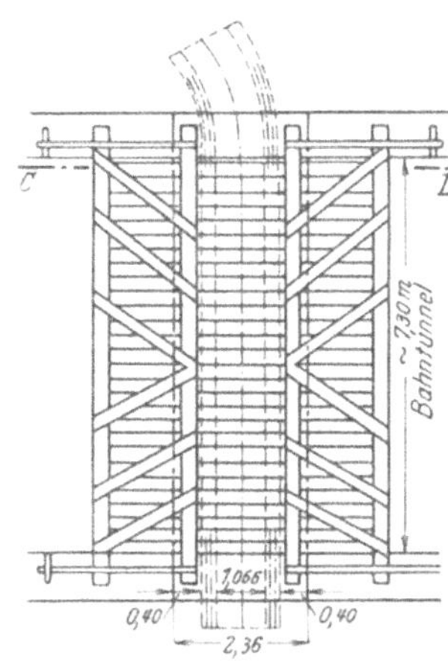

Abb. 81a.

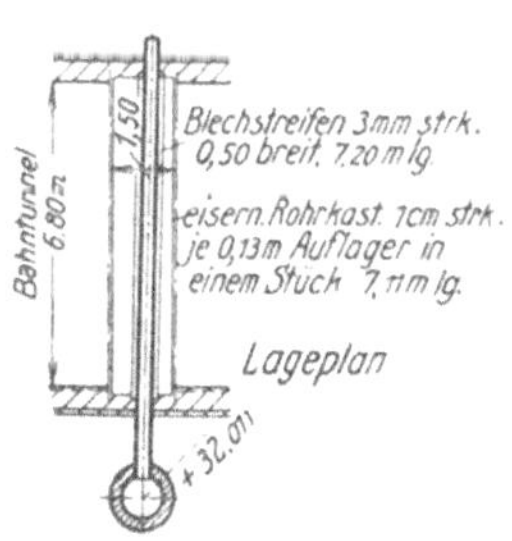

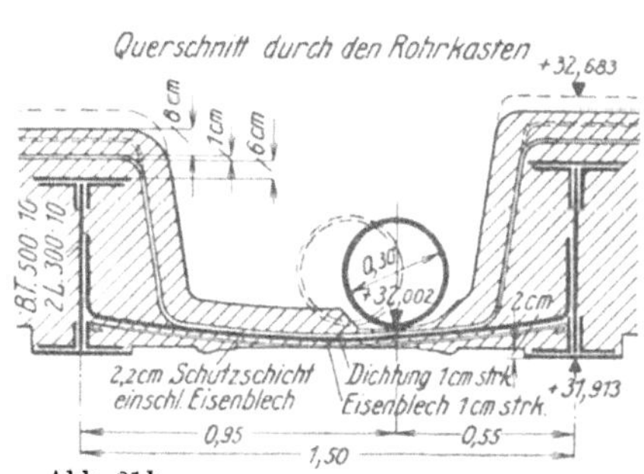

Abb. 81b.

Abb. 81a und b. Überführung von Kanälen über die Untergrundbahn (nach Hahn und Langbein).

der Sohle vorzunehmen. Es muß jedoch dafür Sorge getragen werden, daß der Übergang von dem normalen Profil zu dem vertieften möglichst stetig und schlank erfolgt und daß auch sonst alle plötzlichen Querschnittsänderungen unterbleiben, wie dies in Abb. 80 bei der Kreuzung des Schöneberger Notauslasses mit dem Berliner Sammler geschehen ist.

Beim Einbau von Untergrundbahnen in großstädtischen Straßen, die mit allen Leitungen ausgerüstet sind, wird sich eine Lage der Bahn im Raume der Entwässerungsleitung nicht vermeiden lassen, da auch die erstere in ihrer Höhenlage ziemlich starr festgelegt ist. Nur in Ausnahmefällen wird eine Verlegung oberhalb des Tunnels möglich sein. Läuft die Sohle der Entwässerungsleitung nur wenig oberhalb des lichten Profils der Bahn, so kann durch eine Ausbildung nach Art der Abb. 81, die in Berlin verschiedentlich zur Anwendung gekommen ist, eine Kreuzung bewirkt werden, ohne daß die durchgehende Sohle unterbrochen wird. Die Konstruktionshöhe des Bahntunnels wird dabei auf wenige Zentimeter vermindert, indem ein eisernes Blech die Last des Kanals aufnimmt. Wird das lichte Profil

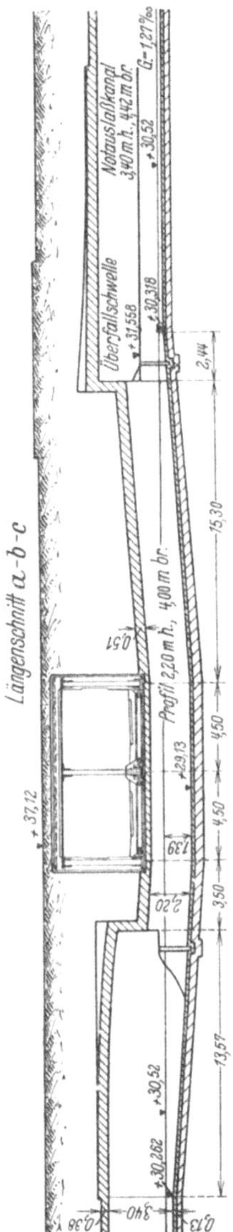

Abb. 82a.

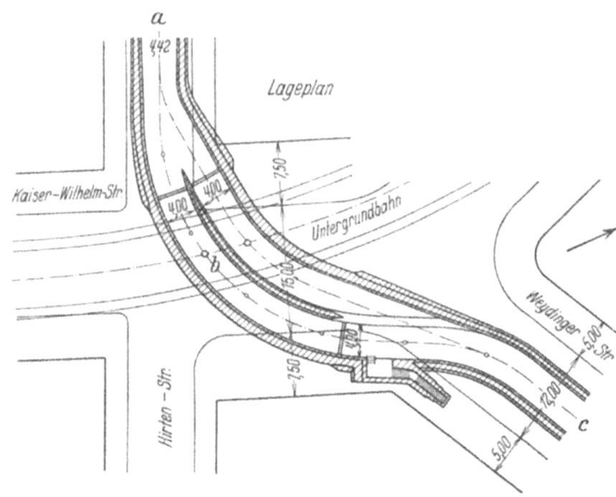

Abb. 82b.

Abb. 82a und b. Kreuzung von Notauslaß und Untergrundbahn (nach Hahn und Langbein).

der Entwässerungsleitung von oben beschränkt, so kann die Rohrleitung in zwei Leitungen von geringerer Höhe aufgelöst werden, wie in Berlin bei der Kreuzung des Notauslasses des Profils System XI mit der Untergrundbahn, siehe Abb. 82. In der Mehrzahl der Fälle wird jedoch mit den genannten Hilfsmitteln nicht auszukommen sein, das gilt namentlich für die Unterpflasterbahnen, bei denen die Deckung zwischen Tunneldecke und Straßenpflaster nur 0,7 bis 1 m beträgt. Unter diesen Verhältnissen muß die Sohle der Entwässerungsleitung notgedrungen auf die Länge des kreuzenden Verkehrsweges unter die durchgehende Sohle abgesenkt werden. Eine derartige Ausbildung wird als Düker bezeichnet und soll in dem nachstehenden Abschnitt mit Rücksicht auf die Bedeutung, die derartige Ausführungen für die Großstädte haben, besonders behandelt werden.

D. Dükerleitungen.

Wird eine Gefällsleitung zwischen zwei Punkten A und B mittels eines abfallenden und aufsteigenden Astes abgesenkt, während außerhalb von A und B das durchgehende Sohlengefälle eingehalten wird, so entsteht ein Düker[1].

[1] Man spricht auch wohl von einem Dücker, indem die Bezeichnung von „sich ducken“ hergeleitet wird.

Derartige Absenkungen können aus den verschiedensten Ursachen notwendig werden. Ein Wasserlauf, der ein Entwässerungsgebiet durchzieht, eine im Einschnitt geführte Eisenbahn, vorhandene Leitungen und Einbauten, deren Höhelage nicht oder nur mit Aufwand großer Kosten zu verändern ist, können von den Entwässerungsleitungen vielfach nur gekreuzt werden, wenn diese untertauchen, d. h. unter dem Hindernis hindurchgeführt werden. Die ganze Rohrleitung auf dieses Maß abzusenken, würde eine untragbare Erhöhung der Kosten zur Folge haben. Dagegen kann durch Anordnung eines Dükers der gleiche Zweck erreicht werden, ohne daß die Leitungen im übrigen eine Änderung erfahren müssen. An die Anwendung von Dükern für brauchwasserführende Leitungen ist man nur sehr zaghaft herangegangen, da die Unterhaltung einer derartigen Rohrleitung Schwierigkeiten zu bieten schien. Die Erfahrungen haben jedoch gelehrt, daß bei richtiger Durchbildung der Düker diese unbedenklich in ein Entwässerungsnetz eingebaut werden können. In den letzten Jahrzehnten der großstädtischen Entwicklung sind es besonders die Untergrundbahnen, die eine Dükerung der Entwässerungsleitungen bedingt haben. So sind in Berlin durch den Bau der Untergrundbahn nach dem Stand vom Jahre 1928 mehr als 100 Düker zu den vorhandenen hinzugekommen.

Das Maß t zwischen der Sohle der Abflußleitung und der Sohle des Dükerrohres bezeichnet man als Tiefe des Dükers. Ist diese größer als der Durchmesser des Dükerrohres, so handelt es sich um einen vollkommenen Düker, im anderen Falle, wenn der Scheitel der Dükerleitung höher liegt als die Sohle der ankommenden Leitung, um einen unvollkommenen, Abb. 83. Bei der ersteren Art ist das eigentliche Dükerrohr dauernd mit Wasser gefüllt, während bei der zweiten Art nur eine Teilfüllung zustande kommt. In jedem Falle wird der wasserführende Querschnitt bei Trockenwetterabfluß vergrößert, so daß die Geschwindigkeit des abfließenden Wassers verringert wird, wenn die Rohrleitung in ihren Abmessungen sowie das Gefälle zwischen den Punkten A und B unverändert bleibt. Die Folge davon würden Ablagerungen sein, die schwierig zu beseitigen sind. Um sie zu vermeiden, muß sowohl der Querschnitt auf die Länge A—B verkleinert, als auch auf dieser Strecke ein größeres Gefälle zwischengeschaltet werden. Bei stärkeren Schwankungen der Wasserführung in den Leitungen, die beim Mischverfahren die Regel bilden, wird gleichwohl bei normalem Brauchwasser eine Geschwindigkeitsverringerung nicht zu umgehen sein, d. h. mit einer Leitung können die Anforderungen, die sich aus der wechselnden Wasserführung ergeben, nicht erfüllt werden. Man löst deshalb die Leitung in mehrere Dükerleitungen auf, so zwar, daß beim Trockenwetterabfluß nur ein kleines Brauchwasserrohr in Tätigkeit tritt und daß bei Regenfällen nacheinander die größeren Rohre in Anspruch genommen werden. Das kann erreicht werden, indem in der Einlaufkammer entweder die Rohre in verschiedener Höhenlage angeordnet werden, oder indem Überfälle vorgesehen werden, die von einer gewissen Füllung an das Wasser den Regenrohren zuführen.

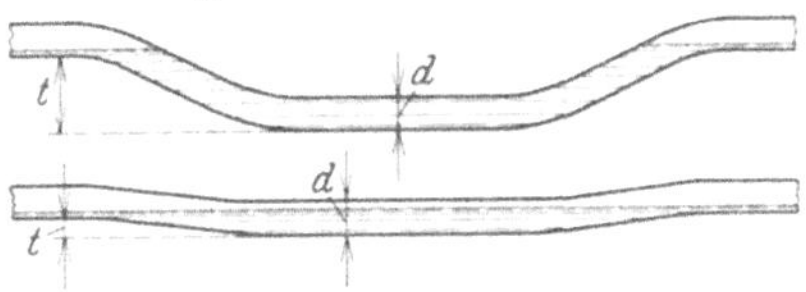

Abb. 83. Verschiedene Dükerarten.

Damit sind die Konstruktionsgrundlagen der Düker für die verschiedenen Leitungen festgelegt. Ein Düker im Mischverfahren besteht notwendigerweise mindestens aus zwei Rohren, ein Rohr für Brauchwasserführung und eines für Regenwasserführung. Mehrere Regenrohre können darüber hinaus vorteilhaft sein, um bei kleineren Regen nur einen Teil des verfügbaren Querschnittes der Regenrohre in Anspruch nehmen zu müssen. Führen die Düker nur Regenwasser, wie Notauslaßdüker und Düker der Regenleitung des Trennverfahrens, so wird man zweckmäßig nach denselben Grundsätzen verfahren und zwei oder mehrere Rohre gleichen Durchmessers anordnen, die nacheinander in Tätigkeit treten.

Bei reinen Brauchwasserdükern wird bei den geringen Schwankungen der Wasserführung nur ein Rohr erforderlich. Dagegen empfiehlt es sich, aus Gründen der Unterhaltung ein zweites Rohr desselben Durchmessers anzuordnen mit Einrichtungen, die ein Abschließen jedes Rohres zulassen.

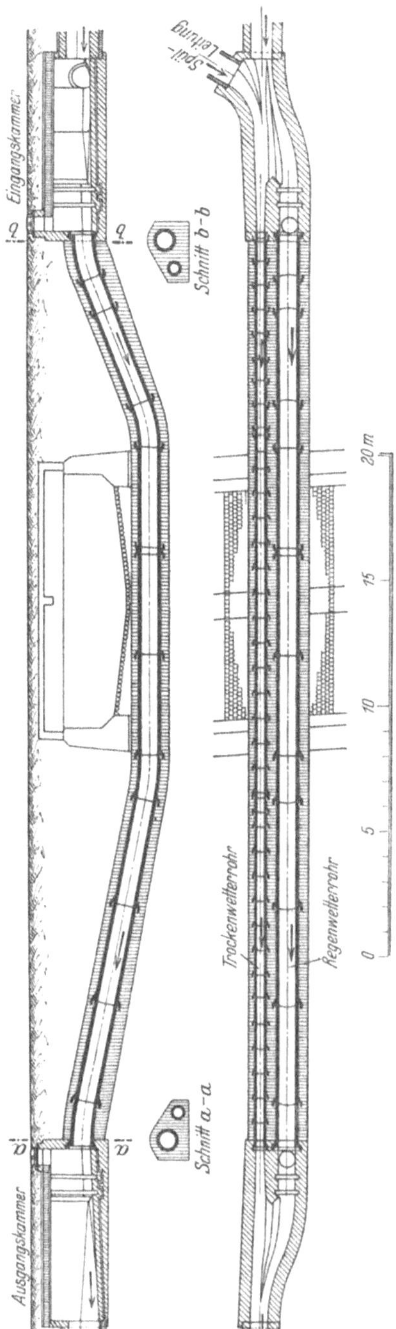

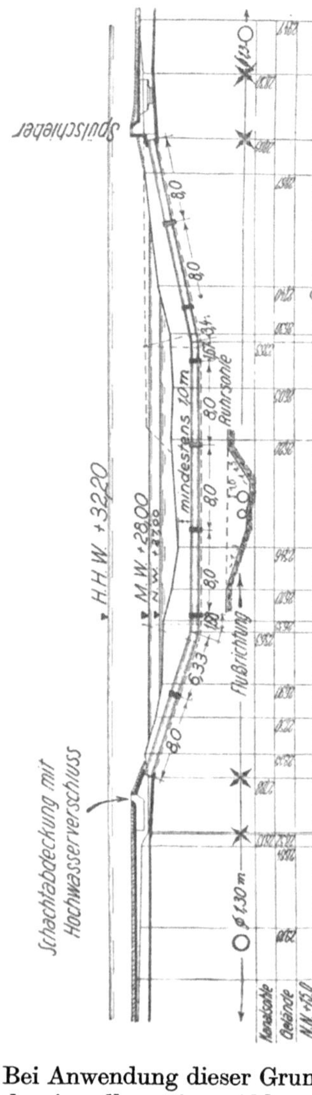

Abb. 84. Flußdüker in Leipzig[1].

Bei Anwendung dieser Grundsätze werden im allgemeinen Ablagerungen in den Dükerrohren vermieden werden. Der Düker wird sich um so vollkommener rein halten, je flacher der aufsteigende Ast ist, d. h. je leichter sich die Sinkstoffe am Boden nach oben bewegen können. Eine Entlastung der Dükerleitungen durch einen vorgeschalteten Sandfang wird in jedem Fall nur einen Teil der Stoffe zurück-

[1] Nach Liebich: Techn. Gemeindebl. 1928 S. 159.

halten, die der Dükerleitung gefährlich werden können. Sie ist in früheren Jahrzehnten allgemein angewendet worden und ist bei Dükerleitungen größerer Länge auch nach den mittlerweile gesammelten Erfahrungen am Platze. So hat beispielsweise der Elbdüker der Kanalisation von Dresden und Magdeburg Sandfänge, die mit maschinellen Räumungseinrichtungen versehen sind. Für Düker geringerer Länge kann ein Sandfang entbehrt werden. Der Düker in Leipzig unter der regulierten Parthe, Abb. 84, entspricht diesen Grundsätzen und hat sich im Betrieb bewährt, desgleichen der Düker unter der Ruhr, der vom Ruhr-Verband verlegt worden ist, Abb. 85. Die Betriebserfahrungen mit den Dükern unter der Untergrundbahn in Berlin und Hamburg haben gleichfalls bewiesen, daß bei richtiger Anordnung die mitgeführten Schmutzstoffe durch die Strömungsenergie des fließenden Wassers durch den Düker hindurch und auf der anderen Seite wieder hochgetragen werden.

Bei den Dükern unter der Untergrundbahn in Charlottenburg, die die ersten ihrer Art darstellen, ist grundsätzlich auf einen Sandfang verzichtet worden. Da Erfahrungen noch nicht vorlagen, ist Vorsorge getroffen worden, daß das eigentliche Dükerrohr gereinigt werden kann. Zu dem Zwecke ist dieses auf beiden Seiten zu besonderen Kammern verlängert worden, die von oben selbständig zugängig gemacht sind, siehe Abb. 86. Der Betrieb hat jedoch ergeben, daß eine Reinigung der Dükerrohre mit Gerätschaften nicht erforderlich ist. Aus diesem Grunde sind bei den späteren Ausführungen in Berlin und Hamburg die Verlängerungsstutzen mit den Kammern in Fortfall gekommen. Eine zweite Abart der ursprünglichen Untergrundbahndüker besteht darin, daß der aufsteigende Schenkel als senkrechtes Rohr ausgebildet wird, während der geneigte Einlauf bestehen bleibt. Diese Ausführung hat den Vorteil, daß die von dem Abwasser mitgeführten Stoffe an einer Stelle zur Ablagerung gebracht werden und daß sie an dieser Stelle nach Leerpumpen der Schächte mit der eingebauten Wasserstrahlpumpe bequem herausgefördert werden können.

Nach den Untersuchungen von Liebau (*70*) sind geneigte Steigerohre überall da am Platze, wo sie mit einer Steigung 1 : 2 oder geringer eingebaut werden können, andernfalls ist ein senkrechtes Rohr vorzuziehen. Ob diese theoretischen Untersuchungen mit der Praxis übereinstimmen, bei der Sinkstoffe und Reibungszahl wechseln, bedarf noch der Nachprüfung. Die Ansicht der maßgebenden Stelle der Berliner Stadtentwässerung geht dahin, daß grundsätzlich der Ausbildung mit senkrechten Steigerohren der Vorzug gegeben wird. Die Ausbildung im einzelnen geht aus der Abb. 87 hervor.

Ein Hamburger Düker normaler Ausgestaltung gibt Abb. 88.

a) Material und Verlegung.

Als Material kommt für die eigentlichen Dükerrohre nur Gußeisen oder Schmiedeeisen in Betracht, da infolge des Wasserüberdruckes im Innern Zugspannungen entstehen. Eines besonderen Schutzes der eisernen Rohre innen bedarf es nicht. Der übliche Anstrich derselben mit Teer oder Asphalt ist ausreichend, da die sich bildende Sielhaut das Rohr schützt. Die Rohre werden meistens in Beton verlegt, um ihre gegenseitige Lage zu sichern, sie können aber auch ohne weiteres im Erdboden verlegt werden. Die Herstellung von Dükern unter Untergrundbahnen erfolgt im Zusammenhang mit den Bahnarbeiten, indem die Wasserhaltung für diese Zwecke mit benutzt wird. Bei der Kreuzung mit Flußläufen wird das Dükerrohr als Ganzes in die entsprechend vorbereitete Rinne versenkt. Die Art der Verlegung des Elbdükers in Dresden ist in (*232*) und die von Hamburg in (*58*) des näheren beschrieben.

b) Berechnung.

Bei der Berechnung der Dükerleitungen ist davon auszugehen, daß die Geschwindigkeit im Brauchwasserrohre ein gewisses Maß, wenn möglich 1 m/s, nicht unterschreiten soll. Für diese Forderung ergibt sich aus Gleichung

$$Q = v \frac{d^2}{4} \pi ,$$

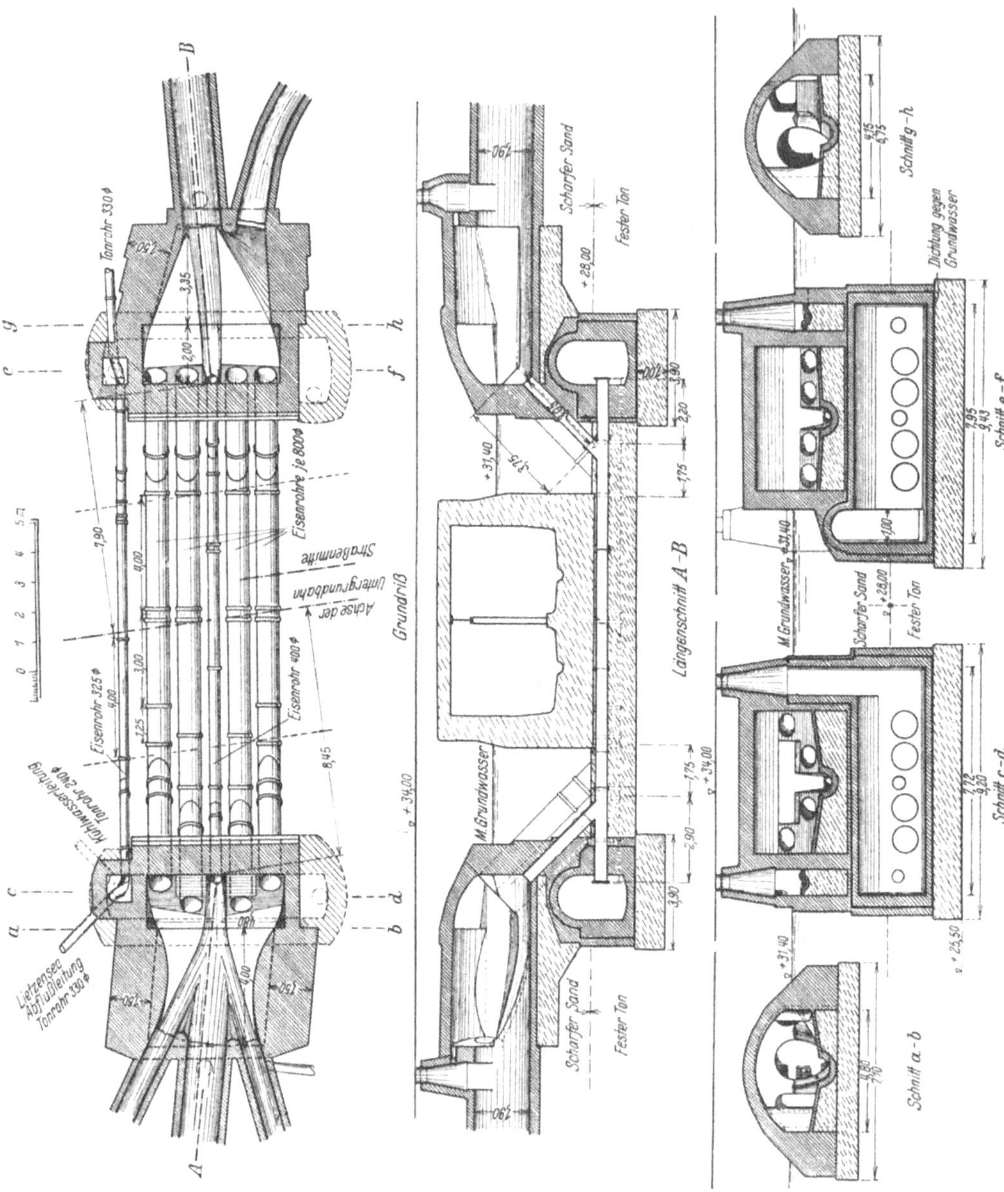

Abb. 86. Düker unter der Untergrundbahn in Charlottenburg[1].

der Durchmesser, und damit aus

$$v = c \sqrt{k J}$$

das notwendige Gefälle J. Aus dem Gefälle und der Länge des Dükers folgt der

[1] Nach Kayser und Wilh. Geißler: Techn. Gemeindebl. 1907/08 S. 24.

notwendige Höhenunterschied, dem dann noch die besonderen Verluste zuzuschlagen sind, die durch die Gestaltung und die Abmessungen des Dükerrohres

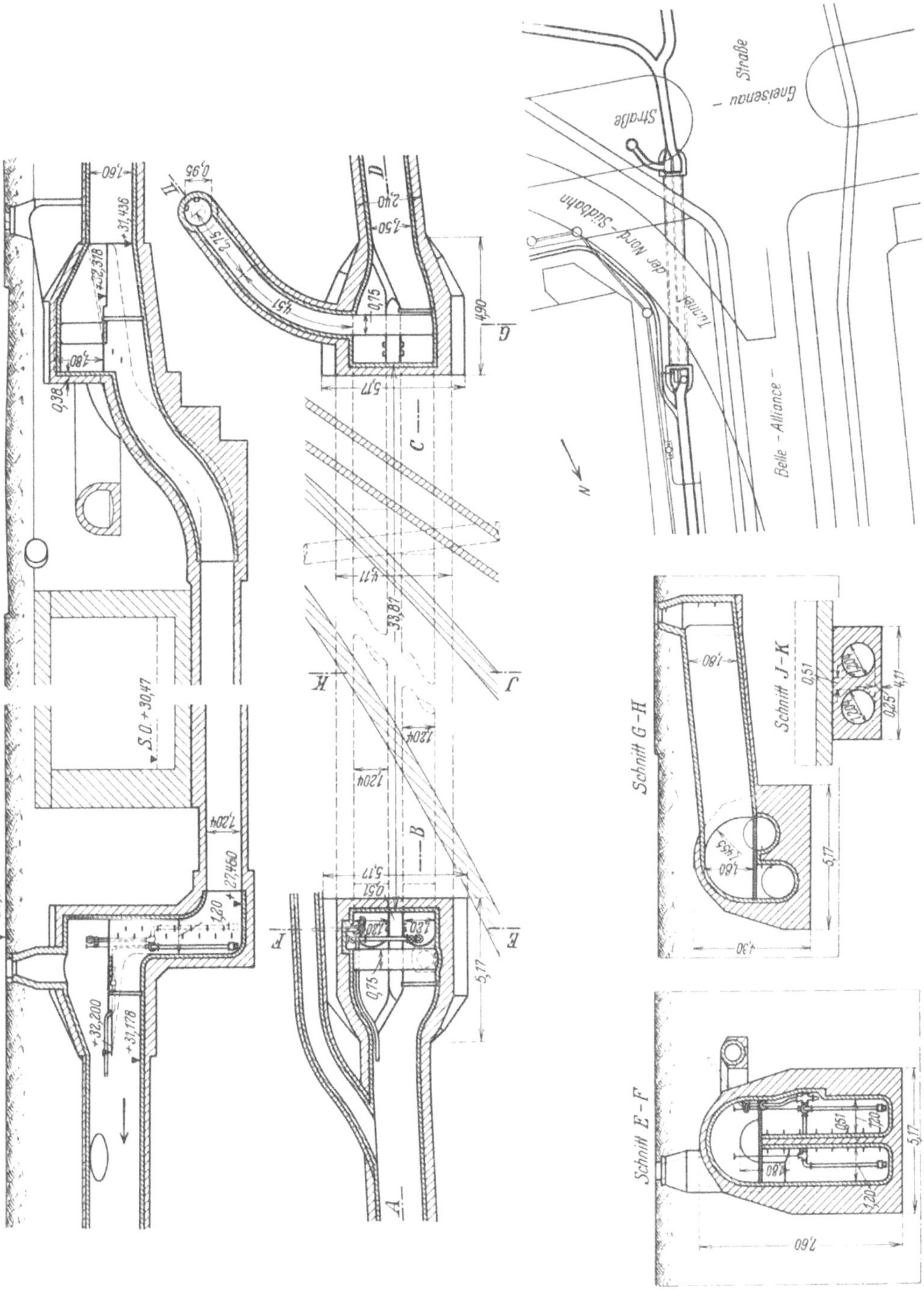

Abb. 87. Untergrundbahndüker in Berlin.

bedingt sind, da: der Austrittswiderstand, die Verluste
in den Krümmu: Geschwindigkeitsänderung.

Drückt man den gesamten Verlust an Druckhöhe als Geschwindigkeitshöhe aus, so ist

$$h = k\,v^2,$$

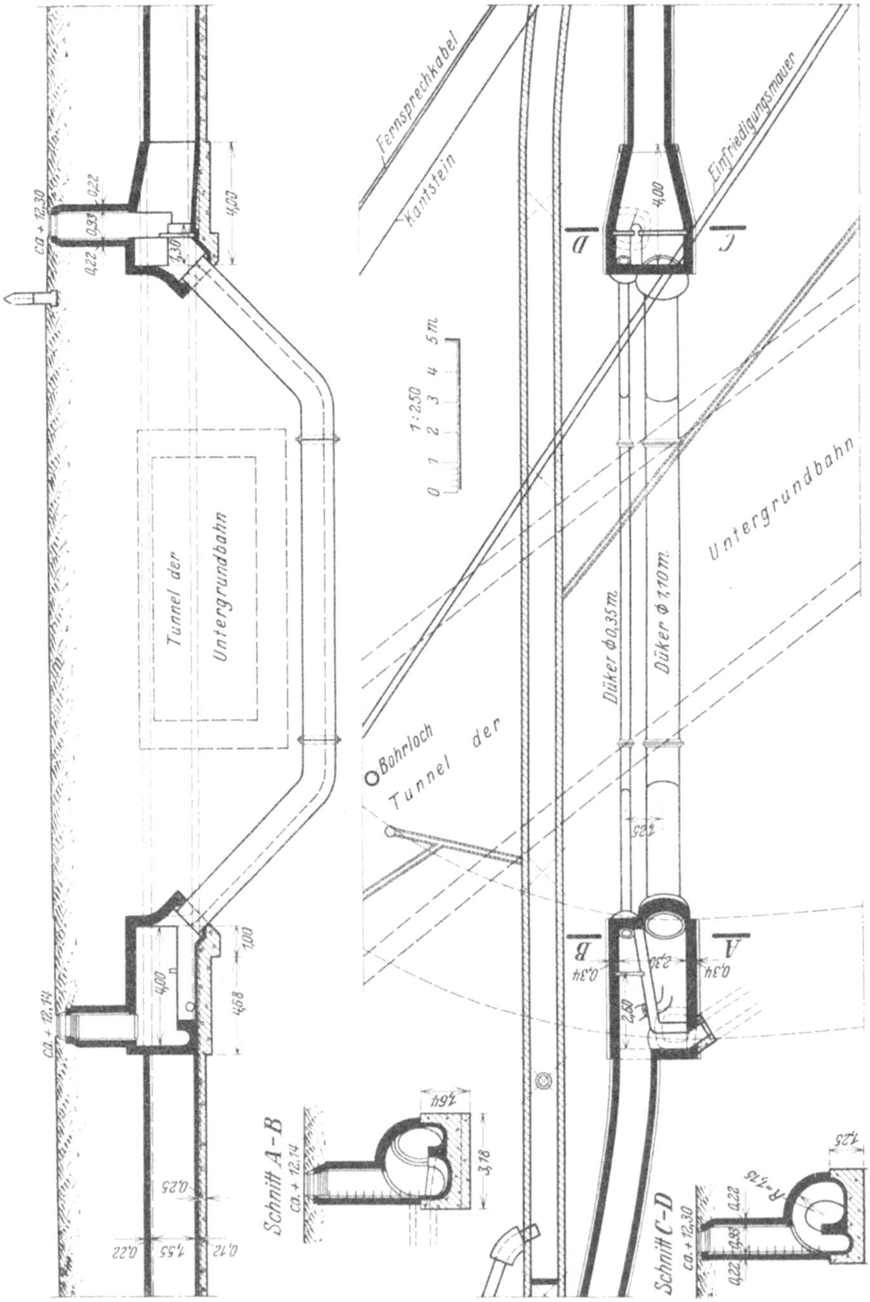

Abb. 88. Düker unter der Hamburger Untergrundbahn.

und der Beiwert k ist zu bestimmen aus

$$k = \frac{1}{2g}\,(w_1 + w_2 + w_3 + w_4).$$

Hierin ist

w_1 = Einfluß der Widerstände des geraden Rohres,
w_2 — Einfluß des Eintritts- und Austrittswiderstandes,
w_3 = Einfluß der Krümmungswiderstände,
w_4 = Einfluß der Geschwindigkeitsänderung.

w_1 ergibt sich aus der Kutterschen Formel [(1), S. 36] wie folgt: Es ist

$$v = c\sqrt{R\frac{h}{l}},$$

daraus

$$h = \frac{v^2 l}{c^2 R} = \frac{2g}{c^2}\,\frac{l}{R}\,\frac{v^2}{2g}$$

und für $R = \frac{d}{4}$

$$h = \frac{8g}{c^2}\,\frac{l}{d}\,\frac{v^2}{2g},$$

demnach

$$w_1 = \frac{8g}{c^2}\,\frac{l}{d} = \lambda\frac{l}{d},$$

worin c gemäß Gleichung (1a) zu errechnen ist.

Da der Einlauf mit einem allmählichen Übergang von dem ankommenden Kanal zum Dükerrohr trompetenartig ausgebildet wird, so kann w' genau genug gesetzt werden

$$w' = 0{,}1.$$

Das gleiche gilt für den Austrittswiderstand, so daß

$$w_2 = 0{,}2$$

ist.

Für die Krümmungsverluste gilt nach Weißbach

$$w_3 = \frac{\delta^0}{90^0}\left(0{,}13 + 0{,}16\,\frac{d^{3,5}}{\varrho}\right),$$

wenn ϱ den Krümmungsradius und δ den Krümmungswinkel darstellt.

Der Einfluß der Geschwindigkeitsänderung endlich ist: $\frac{v^2}{2g}\left(1 - \frac{v_0^2}{v^2}\right)$, so daß $w_4 = \left(1 - \frac{v_0^2}{v^2}\right)$.

In den meisten Fällen wird es sich darum handeln, einen Düker nachträglich in ein bestehendes Entwässerungsnetz einzubauen. Diese Notwendigkeit ist vor allem dann gegeben, wenn ein Untergrundbahnnetz geschaffen wird. Da das Gefälle der oberhalb und unterhalb anschließenden Strecken nicht verändert werden kann, so muß ein gewisser Aufstau in Kauf genommen werden, der notwendig ist, um die rechnungsmäßige Geschwindigkeit im Dükerrohr zu erzeugen. Als zulässiges Maß für den Rückstau kann etwa 10 cm angenommen werden. Das reicht im allgemeinen aus, um die besonderen Widerstände im Dükerrohr zu überwinden. Andererseits ist dabei eine schädliche Einwirkung auf die oberhalb des Dükers verlaufenden Strecken nicht zu befürchten. Wie aus dem nachstehenden Beispiel hervorgeht, beträgt der Rückstau rd. 6 cm, und die Erfahrung hat gezeigt, daß nennenswerte Ablagerungen oberhalb nicht eintreten.

Besteht der Düker aus mehreren Rohren mit den Querschnitten f_1, f_2 und f_3 und bezeichnet man die zugehörigen Geschwindigkeiten v_1, v_2, v_3, so gilt für die volle Füllung der Kanäle

$$Q = f_1 v_1 + f_1 v_2 + f_3 v_3, \tag{1}$$

wenn Q die abzuführende Gesamtwassermenge ist. Die verbrauchte Druckhöhe (der Stau) muß für alle Rohre gleich sein. Sie kann genau genug proportional der Wassergeschwindigkeit im Düker angenommen werden. Demnach

$$h = k_1 v_1^2 = k_2 v_2^2 = k_3 v_3^2, \tag{2}$$

wobei die Beiwerte k für jedes einzelne Rohr wie vorstehend zu bestimmen sind.

Aus Gleichung (2) folgt:

$$v_1 = \frac{\sqrt{h}}{\sqrt{k_1}}, \quad v_2 = \frac{\sqrt{h}}{\sqrt{k_2}}, \quad v_3 = \frac{\sqrt{h}}{\sqrt{k_3}}.$$

Das ergibt in Gleichung (1) eingesetzt

$$Q = \sqrt{h}\left(f_1 \frac{1}{\sqrt{k_1}} + f_2 \frac{1}{\sqrt{k_2}} + f_3 \frac{1}{\sqrt{k_3}}\right),$$

$$h = \frac{Q^2}{\left(f_1 \frac{1}{\sqrt{k_1}} + f_2 \frac{1}{\sqrt{k_2}} + f_3 \frac{1}{\sqrt{k_3}}\right)}.$$

Bei der Bestimmung der k Werte muß man zunächst die Werte von v aus dem Werte der ankommenden Geschwindigkeit v_0 schätzen, daraus einen Annäherungswert von h und mit diesem die Werte v_1, v_2, v_3 bestimmen. Aus einer zweiten Rechnung folgt dann der genaue Wert von h.

Im Hinblick auf die grundsätzliche Bedeutung, die den ersten Dükern unter der Untergrundbahn in Charlottenburg zukommt, sei der Düker gemäß Abb. 86 an Hand von (*59*) des näheren beschrieben. Die Untergrundbahn durchschneidet am Sophie-Charlotte-Platz mehrere Hauptsammlerkanäle. Diese sind vor der Dükerung zusammengefaßt und münden in eine obere Kammer, von der aus die Dükerrohre in verschiedener Höhenlage abgehen. An dieser Stelle kreuzt weiter eine Abflußleitung des Lietzensees, die unabhängig von den übrigen Leitungen gedükert ist. Der eigentliche Kanaldüker besteht aus 5 gußeisernen Rohren. Das Brauchwasserrohr, das etwa 109 s/l führt, wird durch ein in der Sohle des Hauptsammelkanals liegendes Rohr von 49 cm durchgeführt. Bei Regen treten zunächst zwei Rohre von etwa 80 cm Durchmesser, deren Sohle in der Abmündung 50 cm höher liegt als die Kanalsohle, in Tätigkeit. Nur bei Starkregen werden die beiden weiteren Rohre von 80 cm Durchmesser, die mit ihrem Scheitel 10 cm unter dem höchsten Wasserspiegel der Kanäle liegen, in Wirksamkeit kommen. An der Ausmündung liegen sämtliche Regenrohre gleich hoch, und zwar 50 cm über der Sohle des Kanals. Das durch den Düker abgeleitete Wasser verteilt sich in dem Endschacht in zwei Sammler. Der eine derselben soll nur bei Regenwasser in Anspruch genommen werden und wird deshalb an der Abmündungsstelle durch eine Überfallschwelle abgeschlossen. Bei Regenwetter beträgt die Geschwindigkeit im Schmutzwasserkanal 0,55 m/s, die Geschwindigkeit in den Regenleitungen 1,03 m/s. Der durch den Düker erfolgte Stau errechnet sich zu 5,9 cm.

c) Unterhaltung und Erfahrungen im Betrieb.

Die Unterhaltung der Düker erfordert keine besonderen Maßnahmen. Es genügt, wenn bei der regelmäßigen Reinigungsarbeit etwaige Ablagerungen mit beseitigt werden. Das geschieht in einfachster Weise dadurch, daß eine hölzerne Kugel, die um ein geringes kleiner ist, als der Durchmesser der zu reinigenden Leitung, am oberen Ende des Dükerrohres eingeführt wird. In Moskau sind Eiskugeln zu diesem Zwecke verwendet worden, die den Vorzug haben, daß beim Steckenbleiben der Kugel Schäden nicht entstehen können. Durch den Druck des angestauten Wassers wird die Kugel, etwaige Ablagerungsstoffe vor sich hertreibend, im Rohr vorwärts bewegt und gelangt nach kurzer Zeit in der unteren Kammer zum Vorschein. Eine andere Möglichkeit besteht darin, daß durch Zusetzen des Rohres in der oberen Kammer das ankommende Wasser aufgestaut wird, und daß plötzlich der Querschnitt freigegeben wird, so daß das Wasser mit erhöhter Geschwindigkeit durchströmt. Zu dem gleichen Zweck werden auch wohl besondere Spülkammern vorgesehen. Diese Maßnahmen sind nach den Erfahrungen nur bei Brauchwasserrohren erforderlich. Die Regenrohre erhalten sich im allgemeinen von selbst rein. Wenigstens konnten in Charlottenburg in mehrjährigem Betriebe keine Rückstände in den Regenwasserrohren festgestellt werden. Die Erfahrungen, die in Berlin mit Dükern beim weiteren Ausbau des Untergrundbahnnetzes gemacht wurden, bestätigen im großen und ganzen die vorstehenden Angaben. Nach der Mitteilung der Verwaltung (*13*) arbeiten Misch- und Schmutzwasserdüker unter günstigen Verhältnissen jahrelang ohne Reinigung. Um gegen alle Vorkommnisse gerüstet zu sein, werden jedoch die größeren Düker in der Regel mit Wasserstrahlpumpen ausgerüstet, die in kurzer Zeit ein Leerpumpen der Rohre und im Anschluß daran das Herausnehmen von Sand und Schlamm gestatten.

Auf Grund dieser Erfahrungen muß das Urteil über die Zuverlässigkeit von Dükern der Entwässerungsleitungen dahin zusammengefaßt werden, daß sie unbedenklich zugelassen werden können, auch wenn sie nur ein geringes Gefälle aufweisen. Nur in Ausnahmefällen, wo die gewünschte Geschwindigkeit nicht erzielt werden kann, erfordert diese Anlage besondere Aufmerksamkeit im Betrieb.

E. Heberleitungen.

Ein Heber entsteht, wenn zwei Wasserspiegel verschiedener Höhenlage durch eine Leitung, die sich über die Wasserspiegellinie erhebt, derart verbunden werden, daß das Wasser vom *OW*-Spiegel zum *UW*-Spiegel gelangen kann. Voraussetzung für die Wirksamkeit einer Heberleitung ist, daß die Spiegeldifferenz ausreicht, um die Widerstände in der Verbindungsleitung zu überwinden und daß die aus dem Wasser sich ausscheidenden Gase abgesaugt werden. Der Grenzwert für die größte Hebung H ist festgelegt durch den atmosphärischen Druck, der in unseren Breiten = 10 m Wassersäule gesetzt werden kann. Praktisch liegt die größte Hebungshöhe etwa bei 7 m, wenn man 3 m für die Reibung und die erforderliche Sicherheit in Ansatz bringt.

Heberleitungen werden im Wasserwerksbetrieb für die Hebung des Reinwassers vielfach angewendet, namentlich zur Hebung des Grundwassers aus den einzelnen Brunnen in die Sammelleitungen. Sie wirken vollständig zuverlässig, wenn die aus dem Wasser abgeschiedenen Gase ständig abgezogen werden. Bei Brauchwasserleitungen ist der Betrieb aus mehrfachen Gründen schwieriger. Das Eindringen von Luft am Anfange des Heberrohres, wo der Zufluß stark wechselt, muß durch besondere Einrichtungen verhütet werden. Am Austrittsende ist diese Aufgabe leichter zu erfüllen, weil der Wasserspiegel beständig gehalten werden kann. Infolge des in den Heberrohren herrschenden Unterdruckes werden Gase in größeren und wechselnden Mengen frei, und durch die mitgeführten Schmutzstoffe verstopfen sich die Entlüftungsvorrichtungen leicht. Die hieraus sich ergebenden Betriebsstörungen haben eine größere Ausdehnung von Heberleitungen in den Entwässerungsnetzen der deutschen Städte verhindert. Die neuere Technik ist jedoch in der Lage, Entlüftungseinrichtungen zu bauen, die unbedingt betriebssicher sind, so daß von diesem Standpunkt aus die Anwendung unbedenklich ist. Dagegen haftet allen diesen Einrichtungen der Nachteil an, daß sie einer ständigen sorgfältigen Überwachung bedürfen und daß die dauernde Benutzung einer Kraftquelle nötig ist. Außerdem werden sich in den Einlauf- und Ablaufschächten ständig Schlammablagerungen bilden, die die Beschaffenheit des abströmenden Abwassers ungünstig beeinflussen. Es empfiehlt sich deshalb, von einer Heberleitung nur in solchen Fällen Gebrauch zu machen, wenn die Anwendung anderer Hilfsmittel unverhältnismäßig hohe Kosten verursacht. Bei Kreuzungen mit Wasserläufen beispielsweise wird man in erster Linie Düker anwenden, weil der Betrieb einfacher ist und Schlammablagerungen nicht entstehen. Bietet aber die Verlegung eines Dükers in technischer und wirtschaftlicher Beziehung große Schwierigkeiten, so kann eine Heberleitung in Verbindung mit einer Brückenkonstruktion eine empfehlenswerte Lösung darstellen.

Größere Heberleitungen sind in Potsdam, Spandau und Breslau ausgeführt. Über die technische Ausbildung der Heberleitung, sowie über die Betriebserfahrungen damit, macht Genzmer in (*10*) ausführliche Angaben, auf die verwiesen sei.

F. Rückhaltebecken.

Sämtliche Leitungen, die Regenwasser führen, sind in ihrer Belastung starken Schwankungen unterworfen. Bei den Kanälen des Mischverfahrens beträgt beispielsweise die Wasserführung bei voller Füllung das 50- bis 80fache der Wasserführung bei Trockenwetterabfluß. Ebenso beträgt bei reinen Regenwasserleitungen die Berechnungsmenge ein Mehrfaches der mittleren Wasserführung. Wenn man auch alle diese Leitungen aus wirtschaftlichen Gründen nicht nach den größten überhaupt vorkommenden Regen dimensioniert, so erfordert der Berechnungsregen gleichwohl große Querschnitte, die nur wenige Male im Jahre auf verhältnismäßig kurze Zeit in Anspruch genommen werden. Wenn es möglich ist, einen Teil der in den Kanälen abströmenden Regenwassermengen zurückzuhalten, um sie nach Ablauf des Regens allmählich bei geringer Wasserführung abfließen zu lassen, so werden die Kanäle unterhalb sehr stark entlastet. Der notwendige Querschnitt wird um so kleiner ausfallen, je mehr von den Regenwassermengen vorübergehend aufgespeichert wird. Derartige Anlagen bezeichnet man als Rückhaltebecken oder Aufhaltebecken. Zu ihrer Herstellung werden zweckmäßig vorhandene Teiche, Mulden, Täler usw. benutzt, in Gegenden der geschlossenen Bebauung müssen meistens für diese Zwecke unterirdische Behälter geschaffen werden. Günstig ist es, wenn die Sohle der Rückhaltebecken nach einem Entwässerungskanal Vorflut hat. Andernfalls müssen die zurückgehaltenen Wassermengen in den Vorfluter maschinell gehoben werden. Ein Nachteil der Rückhaltebecken besteht darin, daß mit jedem Aufspeichern das Wasser zur Ruhe kommt und infolgedessen die mitgeführten Schwimm- und Schwebestoffe abgelagert werden. Diese müssen dann in geeigneter Weise beseitigt werden. Die aufgespeicherten Wassermengen werden zweckmäßig für Spülzwecke benützt. Durch entsprechende Verbindungsleitungen wird es möglich sein, einen größeren Teil der Entwässerungsleitungen auf diese Weise vollkommen zu spülen.

Man kann die Rückhaltebecken nach ihrer Zweckbestimmung wie folgt unterteilen:

1. Rückhaltebecken in Sammelkanälen des Mischverfahrens, in Regenwasserleitungen des Trennverfahrens und in den Notauslaßkanälen.

In allen diesen Fällen wird das in den Kanälen bei starken Niederschlägen abfließende Wasser von einer bestimmten Füllung an aufgespeichert. Infolgedessen sind zur Weiterleitung der Wassermengen unterhalb der Becken erheblich geringere Querschnitte notwendig. Die Frage, ob mit der Anlegung eines Rückhaltebeckens ein wirtschaftlicher Vorteil verbunden ist, bedarf in jedem Falle eingehender Prüfung. Sie ist nur dann zu bejahen, wenn die Ersparnisse an Kanalbaukosten größer sind als Aufwand zur Herstellung der Becken, wobei etwaige Betriebskosten für das Becken zu berücksichtigen sind.

Die Sammler des Mischverfahrens werden im allgemeinen durch Notauslässe entlastet. In den Fällen jedoch, in denen der an den Überfall anschließende Kanal unverhältnismäßig lang wird oder in denen der Vorfluter erst auf weite Entfernung zu erreichen ist, kann es vorteilhaft sein, den Sammler durch ein Rückhaltebecken zu entlasten. Da die Becken in gleicher Weise wie die Notauslässe erst bei einer gewissen Verdünnung in Tätigkeit treten, die unter Würdigung der örtlichen Verhältnisse festzusetzen ist, ist das aufzuspeichernde Wasser verhältnismäßig rein und der Speicherraum kann als offenes Becken ausgestaltet werden, ohne Belästigungen für die Umgebung zur Folge zu haben. Es müssen jedoch geeignete Einrichtungen zur Zurückhaltung der Schwimmstoffe getroffen werden. Besser ist es jedoch aus ästhetischen Gründen, wenn die Becken als unterirdische Behälter ausgebildet werden. Man kann die erforderlichen Speicherräume auch dadurch schaffen, daß man größere Profile einbaut als der Berechnungsregen verlangt. Über die Ausgestaltung dieser Anlagen siehe (*86*).

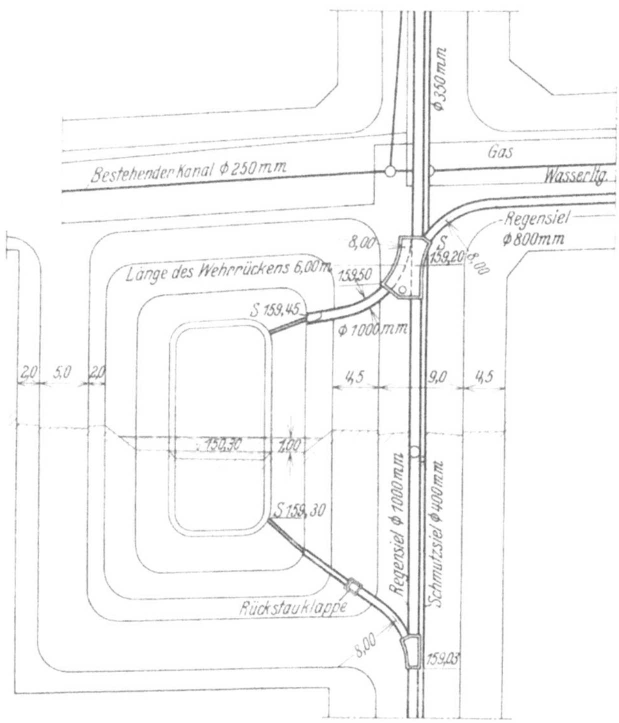

Abb. 89. Rückhaltebecken[1].

Bei den Regenleitungen des Trennverfahrens ist das offene Becken die Regel.

In Abb. 89 ist ein Rückhaltebecken der Kanalisation von Oppeln dargestellt, das Schmah (*63*) näher beschrieben hat. Die vereinigten Sammler werden durch ein Überfallbauwerk entlastet, das alle Wassermengen über 1440 l/s dem Rückhaltebecken zuführt. Der Fassungsraum, der aus der Abflußkurve unter gewissen Voraussetzungen ermittelt ist, beträgt 680 m³. Durch Einschalten des Beckens trat an Stelle eines Kastenprofils von $1{,}6 \times 1{,}0$ m lichte Weite ein Kreisprofil von 1 m Durchmesser. Das aufgespeicherte Wasser gelangt durch ein Rohr von 60 cm Durchmesser Weite zum Abfluß, sobald die Regenmenge im Hauptkanal so weit gesunken ist, daß dieser nicht mehr voll beansprucht wird. Eine Rückstauklappe in diesem verhindert ein Eintreten des Wassers aus dem Kanal in das Rückhaltebecken. Das Becken selbst ist als flache Mulde mit gärtnerischen Anlagen ausgebildet und hat in der Mitte einen kleinen Teich, der durch fließendes Grundwasser aus der Dränage der Kanäle gespeist wird.

In dem Entwurf für die Entwässerung der früheren Stadt Wilmersdorf bei Berlin wird der Regenwassersammler durch ein Aufhaltebecken entlastet, das 68000 m³ aufspeichern kann. Die Lage und Ausdehnung des Beckens war durch die besonderen örtlichen Verhältnisse gegeben. Es wurde dazu ein Sumpfstreifen

[1] Nach Schmah: Gesundh.-Ing. 1910. S. 533.

benutzt von 800 m Länge und 120 m Breite, in dem der tragfähige Baugrund in 8 m und mehr Tiefe anstand, so daß das Gelände als Bauland ungeeignet war. Das im Aufhaltebecken angesammelte Wasser wird durch Öffnen von Schiebern in einen benachbarten Sammelkanal abgelassen. Das Profil desselben konnte auf eine Länge von 5 km bedeutend kleiner gehalten werden. Vor der Einmündung der Hauptsammelkanäle in das Becken ist eine Grobfilteranlage zum Zurückhalten grober Sink- und Schwimmstoffe eingebaut.

Ein bemerkenswertes Beispiel für ein unterirdisches Rückhaltebecken ist im Zuge des Sälzer-Bach-Kanals in Essen im Jahre 1923 zur Ausführung gekommen, siehe Abb. 90. Infolge Bergsenkungen und dadurch herbeigeführte Gefällsverschlechterungen war die Leistungsfähigkeit des Kanals erheblich eingeschränkt, so daß er die Regenwassermengen nicht mehr aufnehmen konnte und Überschwemmungen und Rückstau schon bei jedem mittleren Regen auftraten. Die Herstellung eines Entlastungskanals war wirtschaftlich und technisch nicht möglich. Er hätte bis zum nächsten Vorfluter eine Länge von mehr als 2 km erhalten, und die Ausführung auf dem Kruppschen Werkgelände hätte große Schwierigkeiten verursacht. Da für ein offenes Becken Gelände nicht zur Verfügung stand, so mußte ein unterirdisches Becken angelegt werden. Die Ausführung im offenen Einschnitt war nicht möglich, weil dadurch der Betrieb auf dem Werkbahnhofe sehr stark behindert wäre, so daß notgedrungen das Becken im Tunnelbau hergestellt wurde. Und zwar wurde der Speicherraum in Gestalt eines Kanals von 478 m Länge und mit einem lichten Kreisprofil von 2,20 bzw. 2,45 m Durchmesser geschaffen. Die Größe ist so bemessen, daß das Überschußwasser bei den stärksten Niederschlägen aufgenommen werden kann und ergab sich zu 2000 m³. Die Entleerung des Beckens am Ende geschieht mittels einer 0,50 m weiten Betonrohrleitung, die durch Schieber abgedrosselt werden kann.

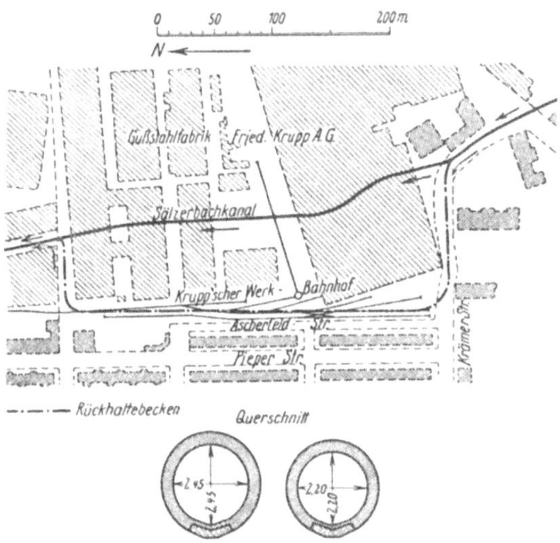

Abb. 90. Unterirdisches Rückhaltebecken[1].

Unter besonderen Verhältnissen kann es wirtschaftlich günstig sein, den Hauptsammler des Mischverfahrens zwar durch Notauslässe zu entlasten, in die Notauslaßkanäle bei größerer Länge Aufenthaltsbecken einzuschalten, um an Baukosten durch Profilverkleinerung zu sparen. Auf diese Weise wird gegenüber der Ausführung im Hauptsammler eine Belastung der Kläranlage mit dem aufgespeicherten Wasser vermieden.

2. Rückhaltebecken zur Aufnahme der Niederschläge von unbebauten Außenbezirken.

Kleinere Wasserläufe innerhalb des Stadtgebietes oder Stadtbäche nehmen nicht nur die Niederschlagsmenge des bebauten Stadtgebietes auf, sondern bilden häufig die Vorflut auch für Außenbezirke, die nach der bebauten Stadtlage entwässern. In manchem Falle wird es zweckmäßig sein, diese Bäche in

[1] Nach Nack: Bautechn. 1927. S. 476.

das Entwässerungsnetz einzubeziehen, in anderm Falle wird der Stadtbach in geschlossener Leitung selbständig durch das Stadtgebiet hindurchgeführt werden müssen. Unter besonderen Umständen werden auch nach der ersten Ausführung besondere Maßnahmen sich als notwendig herausstellen, wenn infolge fortschreitender Bebauung die Wasserführung stark zugenommen hat. In allen diesen Fällen leistet ein Rückhaltebecken wertvolle Dienste. Wenn ein Teil des Niederschlagswassers bei den großen Regen vorübergehend aufgespeichert wird, bedarf es geringerer Leitungsquerschnitte, als wenn die großen Wassermengen abgeführt werden müssen. Der erforderliche Speicherraum kann in den Außenbezirken in der Regel mit geringem Aufwand geschaffen werden, indem die natürliche Gestaltung des Geländes ausgenützt wird. So kann etwa durch einen Staudamm eine Talsenke abgeschlossen oder vorhandene Mulden und Teiche können ausgebaut werden. Ein charakteristisches Beispiel hierfür bietet der sog. große Woog, ein künstlicher Stausee in Darmstadt.

3. Rückhaltebecken als Vorfluter für ein Stadterweiterungsgebiet.

Der planmäßig arbeitende Ingenieur wird die Gebiete, die für die nächsten 2 bis 3 Jahrzehnte für die Stadterweiterung in Frage kommen bei der Dimensionierung der Kanäle berücksichtigen. Geht die Erweiterung jedoch andere Wege oder ergibt sich die Notwendigkeit, nicht vorhergesehene Gebiete mit einer ordnungsmäßigen Entwässerung auszurüsten, so muß entweder ein selbständiger Kanal neu verlegt werden, oder das bestehende Kanalnetz wird mit benutzt. Der Trockenwetterabfluß kann anstandslos mit aufgenommen werden. Die Niederschlagswassermengen können jedoch durch das bestehende Netz nur abgeleitet werden, wenn sie vorübergehend aufgespeichert und nach Ablauf der Regenmengen des alten Stadtgebietes allmählich den Leitungen zugeführt werden. In einem solchen Falle wird das Neubaugebiet zweckmäßig nach dem Trennverfahren kanalisiert, da das Zurückhalten des reinen Regenwassers keine besonderen Maßnahmen für die Reinhaltung des Beckens erfordert. Aber auch in dem Gebiet des Mischverfahrens kann ein Rückhaltebecken mit Vorteil zwischen einem neu aufzuschließenden Außengebiet und dem vorhandenen Entwässerungsnetz zwischengeschaltet werden, wie dies beispielsweise in Frankfurt am Main nach der Eingemeindung zweier Vororte im Norden der Stadt geplant ist.

Bei langsam fortschreitender Bebauung eines neuen Stadtteiles ist es wirtschaftlich auch durchaus zu rechtfertigen, im ersten Ausbau den Hauptsammler mit geringeren Abmessungen zu verlegen, als es der vollständige Ausbau erfordert, und später, wenn diese Kanäle voll in Anspruch genommen sind, durch Vorschalten eines Rückhaltebeckens den vorhandenen Sammler zu entlasten und danach die vermehrten Wassermengen mit abzuführen.

4. Rückhaltebecken zur Entlastung der natürlichen Vorfluter.

Sind die Vorfluter kleine Bäche, die bei starken Niederschlägen die Wassermengen nicht aufzunehmen vermögen, weil die Abflußbeiwerte gegenüber dem früheren Zustand innerhalb der bebauten Stadt sich erhöht haben, so kann die mit einer Überlastung der Bäche verbundene Gefahr dadurch abgewendet werden, daß die Wassermassen aufgespeichert und allmählich an den Vorfluter abgegeben werden. Als Muster dafür diene die Anlage der Stadt Remscheid. Diese ist nach dem Trennverfahren kanalisiert und benutzt als Vorfluter die Bäche, welche das Stadtgebiet nach allen Richtungen durchziehen. Bei dem großen Zuflußgebiet und den starken Gefällen schwellen die Bäche während häufiger Regen sehr stark an. Mehrere Rückhaltebecken fassen jedoch die abstürzenden Wassermengen und geben sie danach allmählich ab.

Von den genannten vier Arten von Rückhaltebecken zu unterscheiden sind die sog. Regenwasserbecken, die zur Entlastung der Reinigungsanlage oder der Pumpwerke dienen. Diese sollen verhindern, daß die Regenwassermengen, die die Reinigungsanlage nicht zu verarbeiten vermag, ungeklärt in den Vorfluter abströmen. Zu dem Zwecke werden sie von einer bestimmten Zuflußmenge an in Becken aufgenommen, in dem sie durch Sedimentation gereinigt werden. Das Wasser dieser Becken kann auch wohl nach Eintritt der normalen Belastung der Kläranlage zur weiteren Behandlung zugeführt werden. Näheres hierüber siehe im Abschnitt XIX.

VII. Allgemeine Anordnung des Entwässerungsnetzes.

Der Kanal, der die gesamten Abwässer eines Entwässerungsgebietes aufnimmt und der Kläranlage oder dem Pumpwerk zuführt, wird als Hauptsammler, die in ihn unmittelbar einmündenden Kanäle, denen ein kleineres oder größeres Entwässerungsgebiet zukommt, werden als Nebensammler bezeichnet. Die Flächen, die nach einem Sammler entwässern, bilden sein Einzugsgebiet.

A. Aufteilung des Entwässerungsgebietes.

Die Führung des Hauptsammlers ist zunächst durch die Grundrißgestaltung des Entwässerungsgebietes bestimmt. Sie ist so zu wählen, daß die Wassermengen möglichst schnell zusammengefaßt werden, da die Kosten für die Einheit der abgeleiteten Wassermengen um so geringer ausfallen, je größer die Leistungsfähigkeit der Leitungen ist. Weiterhin gilt als Grundsatz, die Wassermengen jeweils auf dem kürzesten Wege dem Sammler zuzuleiten. Hieraus folgt die Lage des Hauptsammlers in der Schwerlinie des bebauten Gebietes gemäß Abb. 91.

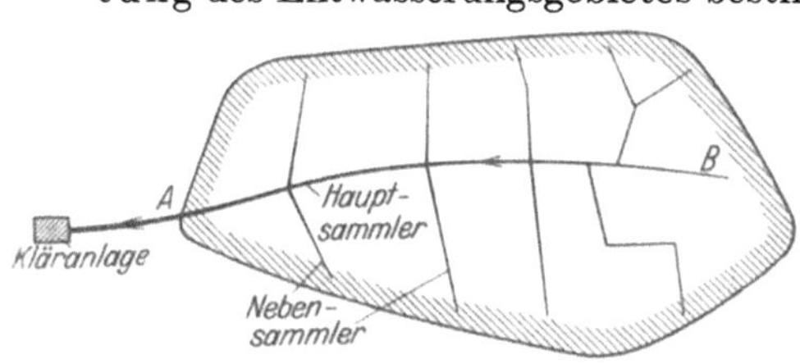

Abb. 91. Lage des Hauptsammlers.

So einfach und klar ist jedoch in den seltensten Fällen der Verlauf des Hauptsammlers vorbestimmt, nämlich dann nur, wenn das Gelände vollkommen eben ist und der Vorfluter für die Aufnahme der Abwässer außerhalb des Stadtgebietes liegt. In den meisten Fällen wird die Oberflächengestaltung und die Lage des Vorfluters im Stadtgebiet für den Verlauf der Hauptsammler bestimmend sein. Der überwiegende Teil der Städte und Siedlungen liegt an Flüssen oder kleineren Wasserläufen, die Tiefpunkte bedeuten und deren Gefälle im allgemeinen mit dem Oberflächengefälle gleich läuft. Daraus folgt die günstigste Lage des Hauptsammlers längs des Flußlaufes, entweder auf einem oder jedem der beiden Ufer. Der Verlauf der Nebensammler wird in erster Linie durch die Oberflächengestaltung festgelegt. Die Wasserscheiden werden die Begrenzungslinie der Einzugsgebiete abgeben, und der Sammler selbst wird sich in seiner Spur der niedrigsten Höhenkurve anschließen.

Liegt ein ausgesprochenes Tal, das die Spur des Hauptsammlers bestimmt, nicht vor, so ist die Oberflächengestaltung in erster Linie maßgebend für seinen Verlauf, und im übrigen wird der natürliche Ablauf der Oberflächenwässer die Grundlage für die weitere Unterteilung abgeben. Ferner muß der Hauptsammler möglichst so geführt werden, daß er mit dem geringsten Aufwand an Mitteln durch Notauslässe entlastet werden kann. Er wird sich also dem Lauf des Vorfluters nach Möglichkeit anschmiegen.

Als weiterer Bestimmungsfaktor kommt endlich noch die Lage der Kläranlage oder des Pumpwerkes hinzu, das die Abwässer aus dem Bereich der menschlichen Siedlungen hinausfördert. Wenn das Abwasser der Kläranlage mit natürlichem Gefälle zufließt, was unbedingt anzustreben ist, so ist ihre Lage am Vorfluter unterhalb der bebauten Stadtlage oder an einem geeigneten Tiefpunkte, der in der Richtung auf den Vorfluter liegt, festgelegt und dadurch die Richtung des Hauptsammlers bestimmt.

Wenn irgend möglich, ist das gesamte Abwasser an einem Punkte zum Zwecke des Klärens oder Hebens zusammenzuführen. Auf diese Weise wird der Betrieb dieser Anlagen am wirtschaftlichsten, und außerdem ist in einer zentralen Anlage am besten die Gewähr dafür gegeben, daß der Betrieb ordnungsmäßig gehandhabt wird.

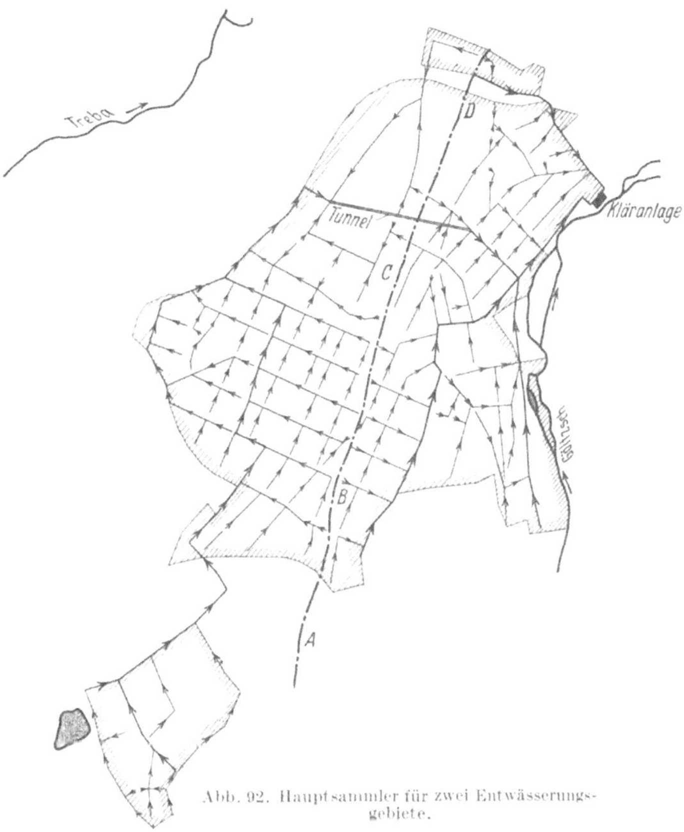

Abb. 92. Hauptsammler für zwei Entwässerungsgebiete.

Oberflächengestaltung im Zusammenhang mit dem Verlauf des Vorfluters und der Lage der Kläranlage (des Pumpwerkes) ergeben also im allgemeinen eindeutig den Verlauf des Hauptsammlers.

Handelt es sich um ein Gebiet, das nach verschiedenen, voneinander unabhängigen Vorflutern entwässert, so ist auch in diesem Falle das Zusammenfassen der gesamten Abwässer an einem Punkte in den meisten Fällen am günstigsten. Das kann geschehen, indem vom Tiefpunkte des einen Gebietes ein Kanal im Tunnel nach dem anderen Gebiete geführt wird oder indem das Abwasser des einen Gebietes über die Wasserscheide gehoben wird. Im einzelnen ist von Fall zu Fall durch Vergleich festzustellen, welche Lösung die wirtschaftlichste ist.

Als Beispiel hierfür möge der Entwurf für die Stadt Falkenstein i. V. aus dem Seminar der Technischen Hochschule Dresden, Abb. 92, dienen. Das Stadtgebiet zerfällt durch die Wasserscheidenlinie *ABCD* in zwei Entwässerungsgebiete, die annähernd einander gleich sind. Nach Lage der Verhältnisse ist das Trennverfahren das Gegebene. Der Tunnel würde eine Länge von 485 m haben, das gewählte begehbare Profil ist $1{,}70 \times 1{,}00$ m und hat einen Ausbruch von 3 m^3/lfdm. Auf der Grundlage eines Preises von 150 M./m ergibt sich eine Bausumme von $485 \cdot 150 = 72\,750$ M. Bei einem Zinsfuß von 6% und einem Abschreibungssatz von 1% betragen danach die Jahreskosten 5092 M. Demgegenüber steht für den Fall, daß die Abwässer mittels einer Druckrohrleitung über die Wasserscheide gehoben werden, nach genauer Berechnung ein Jahresaufwand von 5650 M. Die Differenz beträgt also zugunsten des Tunnelbaues mehr als 10%. Sie wird erheblich größer, wenn das Mischverfahren in Frage kommt. Außerdem ist dem Tunnelbau auch deswegen der Vorzug zu geben, weil sich der Betrieb in diesem Falle einfacher gestaltet.

Ist der Verlauf der Hauptsammler und Nebensammler durch die vorstehend entwickelten Gesichtspunkte im großen und ganzen festgelegt, so sind für die Führung im einzelnen die vorhandenen oder die im Bebauungsplan vorgesehenen Straßen bestimmend. Die Sammler größerer Abmessungen sind tunlichst in breiten, schlanken Straßenzügen unterzubringen, deren Lauf der allgemein festgelegten Spur am besten entspricht. Schmälere Straßen mit starken Krümmungen sind zu meiden, da sie meistens durch die vorhandenen Leitungen vollständig in Anspruch genommen sind. Handelt es sich um die Entwässerung eines bebauten Gebietes oder eines Stadterweiterungsgebietes, für das ein Bebauungsplan festliegt, so muß unter den verschiedenen Lösungsmöglichkeiten diejenige ausgesucht werden, die in bezug auf die Kosten am günstigsten ist. Ist ein Bebauungsplan noch nicht vorhanden, so kann durch Anpassen desselben an die Bedürfnisse der Kanalisation erheblich an Aufschließungskosten gespart werden. Näheres hierüber siehe in dem Abschnitt unter Bebauungspläne und Entwässerung.

Die Unterbringung in öffentlichen Straßen und Platzgelände ist grundsätzlich die Regel. Die Verlegung auf Gelände in Privatbesitz kann nur in ganz besonderen Fällen in Frage kommen, wenn damit erhebliche Ersparnisse verbunden sind. Die Zustimmung des Eigentümers, die dazu notwendig ist, wird aber meistens nur mit großen Opfern zu erreichen sein, da jedes Grundstück durch eine derartige Inanspruchnahme an Wert verliert. Am besten ist es, wenn Grundstücke, deren Benutzung für die Kanalisation wichtig ist, vor Verlegung des Entwässerungsplanes von der Gemeinde erworben werden.

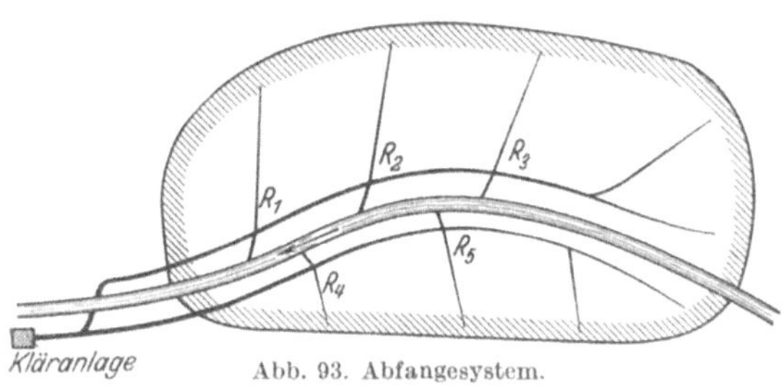

Abb. 93. Abfangesystem.

Liegt ein Teil des Entwässerungsgebietes im Vergleich zu der allgemeinen Höhenlage besonders tief, so wird dadurch das Längsprofil des Hauptsammlers auf die ganze Strecke unterhalb herunter gedrückt, und ein Mehraufwand an Erdarbeiten und Maurerarbeiten ist die Folge. Unter Umständen wird dadurch die unmittelbare Vorflut des Hauptsammlers in Frage gestellt, so daß sich ein Heben des gesamten Abwassers als notwendig erweisen würde. In solchen Fällen ist es angezeigt, ein derartiges Gebiet als besonderes Tiefgebiet auszuweisen, die Abwässer dieses Gebietes am tiefsten Punkte zu sammeln und von dort entweder in einen höher liegenden Kanal zu heben, oder unmittelbar mittels Druckrohres der Kläranlage zuzuführen.

Ebenso kann durch die Lage eines Teilgebietes unter einem bestimmten Wasserstand des Vorfluters sich eine Unterteilung eines Gebietes notwendig machen. Durch die Höhe des kritischen Wasserstandes, beispielsweise von HHW, werden zwei Gebiete gegeneinander abgegrenzt, deren eins in jedem Falle natürliche Vorflut hat, während die Abwässer des anderen zu gewissen Zeiten gehoben werden müssen. Auf diese Weise ergeben sich verschiedene Höhenzonen, deren jede einen selbständigen Sammler erhält.

Wie aus dem Vorstehenden hervorgeht, ist es also die Gesamtheit der örtlichen Verhältnisse, die die Anordnung des Entwässerungsnetzes bestimmend beeinflussen. Infolgedessen können allgemeine Regeln zur Anwendung eines bestimmten Systems nicht gegeben werden. Gleichwohl dient eine systematische Gruppierung der angewendeten Entwässerungsverfahren zur Klärung der ganzen Verhältnisse. Es sollen deshalb im nachfolgenden die verschiedenen Arten behandelt werden.

1. Das Abfangesystem.

Es entsteht, wenn die mehr oder minder rechtwinkelig zur Talsohle verlaufenden Nebensammler durch einen Hauptsammler parallel zum Fluß abgefangen werden. Bei einer Ausdehnung der bebauten Stadtfläche an beiden Ufern werden zweckmäßig zwei derartige Sammler verlegt und diese an geeigneter Stelle mittels eines Dükers zusammengeführt, so daß nur eine Kläranlage notwendig wird. Im Mischverfahren wird in den meisten Fällen hinter der Einmündung der Neben-

Abb. 94. Entwässerungssystem von Nordhausen.

sammler ein Notauslaß eingebaut, der die überschüssigen Regenwassermengen unmittelbar dem Vorfluter zuleitet. Es können auch mehrere Entlastungsanlagen dieser Art zusammengefaßt werden, siehe Abb. 93. Das Abfangesystem ist bei Städten, die an Flußläufen liegen, die Regel, sofern die Wasserführung und die besondere Art des Vorfluters eine vollkommene Reinigung notwendig machen.

Die Beispiele für diese Art eines Entwässerungssystems sind sehr zahlreich. Von deutschen Städten seien Dresden, Abb. 68, Nordhausen, Abb. 94, und Gera, Abb. 95, angeführt. Aus diesen Plänen geht die besondere Art dieses Systems ohne weiteres hervor. In Dresden und Gera ist die Verbindung der beiderseitigen Sammler durch Düker hergestellt, während in Nordhausen der Vorfluter mit Rücksicht auf die schwierigen Grundwasserverhältnisse mit einer Kanalbrücke oberhalb von HHW gekreuzt wird.

2. Das Parallelsystem.

Verschiedene Umstände können die Verlegung eines Hauptsammlers in unmittelbarer Nähe des Flusses als untunlich erscheinen lassen. Wenn z. B. schlechte Bodenverhältnisse oder starker Grundwasserandrang Schwierigkeiten machen

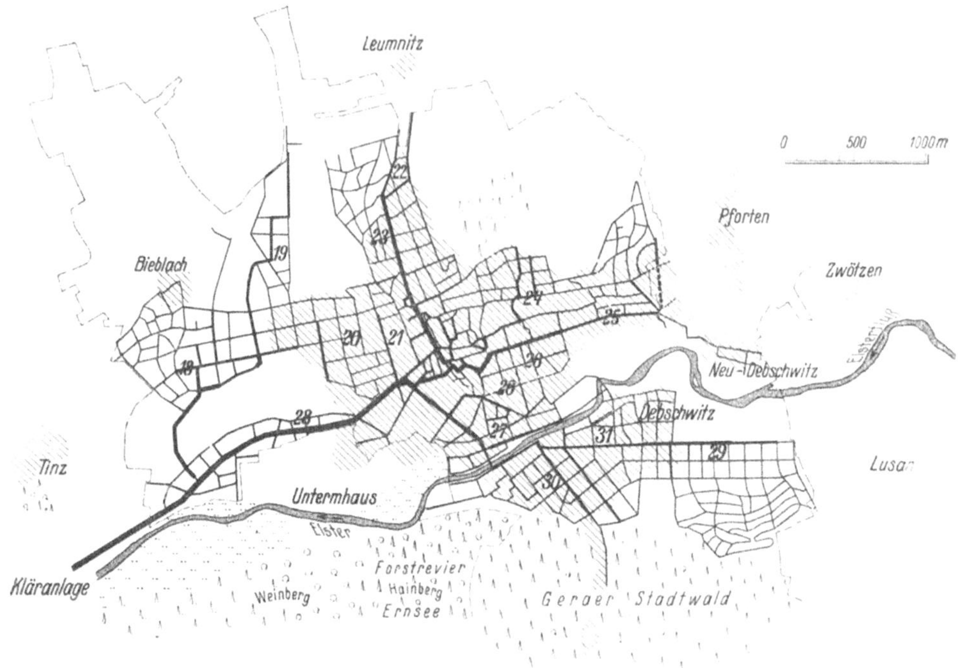

Abb. 95. Entwässerungssystem von Gera.

oder wenn die Überfallschwellen der Regenauslässe im Verhältnis zu dem Wasserstande des Flusses sehr tief angeordnet werden müssen oder wenn das Gelände sehr steil zum Fluß abfällt, so daß große Wassermassen schnell zusammenströmen, oder wenn die Vorflut des Hauptsammlers bei gewissen Wasserständen behindert wird, dann werden zweckmäßigerweise zwei oder mehrere parallele Sammler verlegt gemäß Abb. 96. Der Vorzug dieses Systems besteht darin, daß bei der Ausdehnung der Stadt eine Erweiterung des Entwässerungsnetzes in einfachster Weise möglich ist.

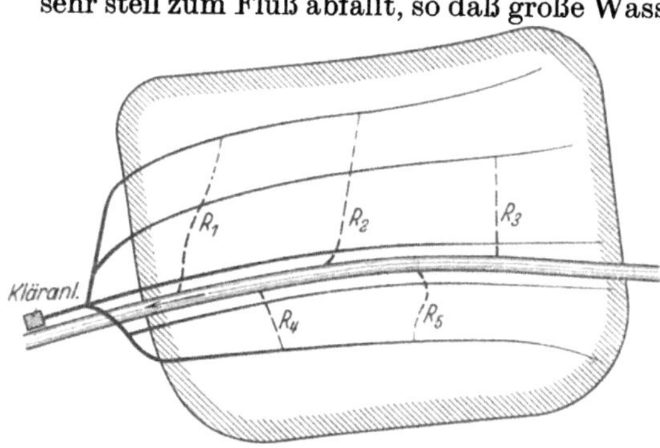

Abb. 96. Parallelsystem.

Ein typisches Beispiel hierfür ist die Entwässerung der Stadt Frankfurt a. M., Abb. 97. Das Entwässerungsgebiet ist in zwei Zonen, eine Bergzone und eine Talzone, eingeteilt. Die Begrenzung zwischen beiden ist im allgemeinen durch die Höhenkurve + 100 *NN* gegeben, die 3,0 m über *HHW* des Maines verläuft. Die Talzone besitzt bei normalem Wasserstand des Flusses freie Vorflut, bei höherem Wasserstand muß das gesamte Abwasser gehoben werden. Außerdem ist noch ein kleines Gebiet von 4,5 ha Größe in der Altstadt vorhanden, das auch bei gewöhnlichen Wasserständen der künstlichen Vorflut durch ein Pumpwerk bedarf.

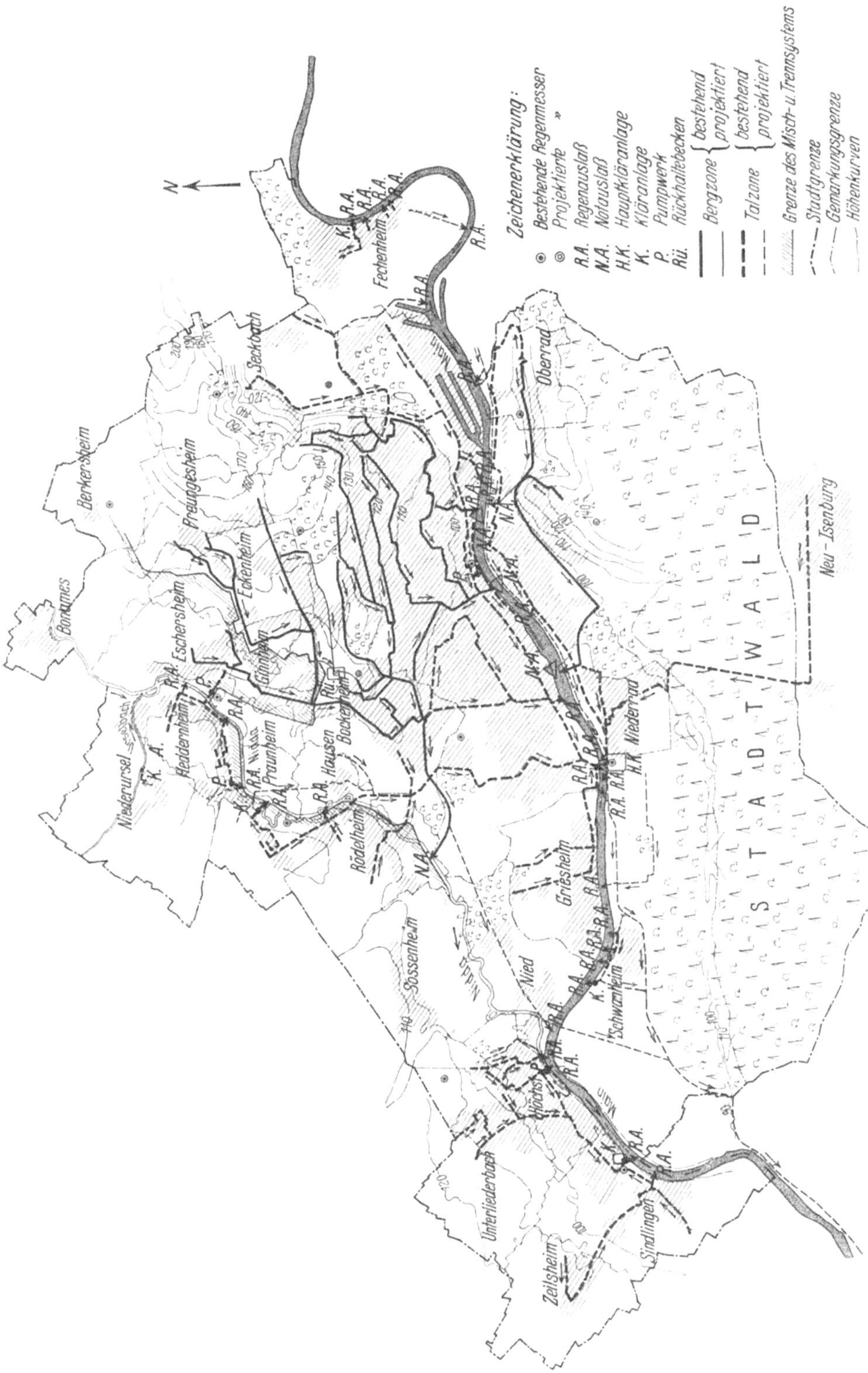

Abb. 97. Entwässerungssystem von Frankfurt a. M.

3. Verästelungssystem.

Bei diesem System kommen mehrere Sammler gleicher Größenordnung an einem Punkte oder in größerer Nähe zusammen, so daß die Hauptstränge nach allen Seiten ausstrahlen. Es entsteht, wenn ausgesprochene Faktoren, die die Entwässerung beeinflussen, nicht vorhanden sind, d. h. in mehr oder weniger ebenem Gelände. Diese Anordnung ist besonders dann gegeben, wenn das Abwasser gehoben werden muß. Es kann dann das Pumpwerk in dem Schwerpunkt

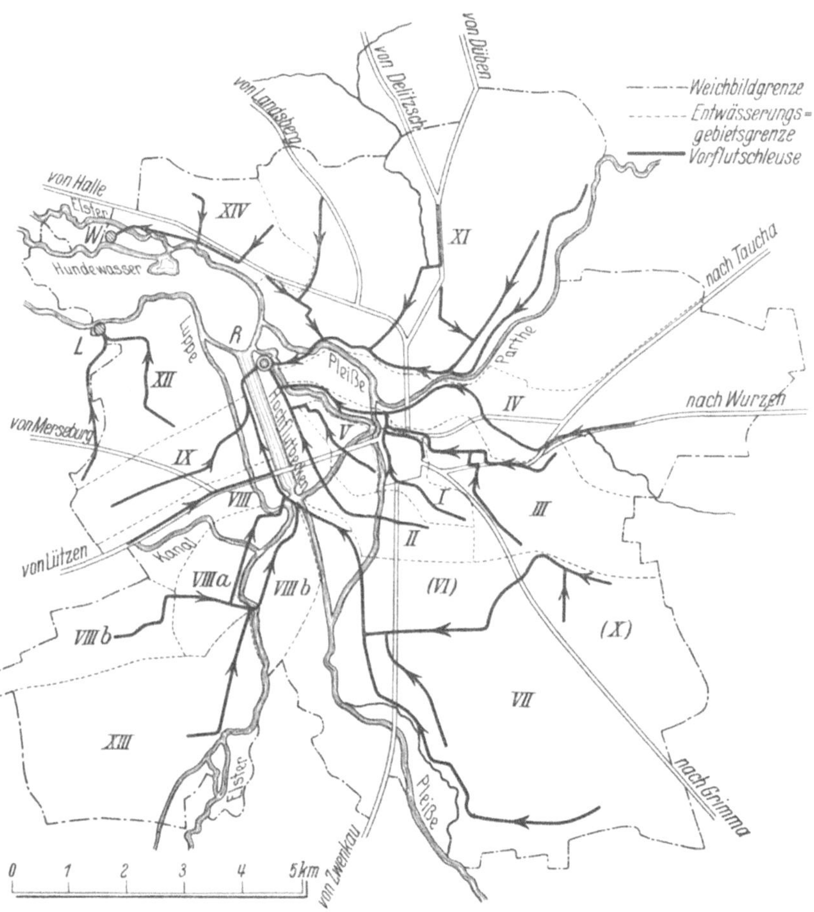

Abb. 98. Entwässerungssystem von Leipzig[1].

des ganzen Entwässerungsgebietes verlegt werden und auf diese Weise die Länge der Zuführungsleitungen auf ein Mindestmaß herabgedrückt werden. Außerdem bietet es den Vorzug, daß zukünftige Erweiterungsmöglichkeiten von Fall zu Fall ohne großen Aufwand berücksichtigt werden können, da sich die Vergrößerungen der Leitungsquerschnitte auf verhältnismäßig kurze Längen erstrecken. Ein Beispiel dieser Art ist die Entwässerung der Stadt Leipzig, Abb. 98. Bei der Hauptkläranlage, die unweit der inneren Stadt in einem Grüngebiet untergebracht ist, kommen 6 Hauptsammler zusammen. Die Abwässer werden dort auf die Höhe der Kläranlage gehoben, wo sie mechanisch gereinigt werden, und fließen danach in den Vorfluter.

[1] Nach Liebich: Techn. Gemeindebl. 1928 S. 157.

4. Das Radialsystem.

Dieses ist eine Abart des Vorgenannten. Es kommt zur Anwendung, wenn das Entwässerungsgebiet so groß ist, daß die Zusammenführung der gesamten Abwässer an einem Punkte untunlich ist. In diesem Falle wird das Gebiet in eine Anzahl von Teilgebieten zerlegt, deren Grenzen durch vorhandene Wasserläufe und Wasserscheiden bestimmt sind. Die Abwässer eines jeden Gebietes werden in einem Tiefpunkte gesammelt und von dort mittels Pumpwerkes der Reinigungsanlage zugeführt.

Die Bezeichnung Radialsystem stammt daher, daß die einzelnen Gebiete sektorförmige Gestalt haben und daß die Hauptsammler annähernd radial nach Tiefpunkten verlaufen, die in der Mitte des Stadtgebietes liegen. Jedes Radial-System bildet für sich ein selbständiges Ganze. Geht die Erweiterung der Stadt über den Umfang hinaus, der bei der Bemessung der Kanalgrößen zugrunde gelegt ist, so kann dem bestehenden System ein neues angegliedert werden, ohne an dem vorhandenen etwas zu ändern. Andererseits kann jedes Gebiet für sich je nach dem vorliegenden Bedürfnis ausgebaut werden.

Am klarsten ist dieses System bei der Entwässerung der Stadt Berlin zur Anwendung gekommen. Der ursprüngliche Entwurf für die eigentliche Kernstadt sah 2 Sammler längs der Spree und die Zusammenfassung der gesamten Abwässer an einem Punkte vor. Hier sollten die gesamten Abwässer in die Spree gehoben werden. Bei den großen zu überwindenden Entfernungen mußten die Hauptsammler derart tief verlegt werden, daß ihre Ausführung mit den damals zur Verfügung stehenden Mitteln der Grundwasserhaltung überhaupt nicht oder nur mit dem größten Aufwand möglich gewesen wäre. Der zur Ausführung gebrachte Entwurf nach dem Radialsystem bot demgegenüber den Vorteil, daß die einzelnen Sammler nur ein geringes Maß in das Grundwasser eintauchten, daß die Gefällsverhältnisse verbessert wurden und daß man sich mit der Aufteilung in einzelne Systeme in bester Weise der Oberflächengestaltung anpassen konnte. Die ursprüngliche Planung von Hobrecht teilt die gesamte Stadtfläche in 12 Radialsysteme ein, deren Größe zwischen 272 bis 861 ha schwankt. Das Pumpwerk wurde an dem tiefsten Punkt so angeordnet, daß eine Entlastung in einen öffentlichen Wasserlauf möglich war. Von dem Pumpwerk wurde das Abwasser durch eiserne Druckrohrleitungen nach dem zugehörigen Rieselfeld in der Umgebung der Stadt gefördert. Den Stand der Kanalisation vom Jahre 1906 gibt Abb. 99 wieder. Durch die Bildung der neuen Stadtgemeinde Berlin im Jahre 1920 wurde die Kernstadt mit den Gemeinden ringsum zu einem Entwässerungsgebiet zusammengeschlossen. Hatte bis dahin jede Vorortgemeinde ihre Entwässerungsanlage selbständig ausgebaut und betrieben, indem sie sich im allgemeinen auf ihr Gemeindegebiet beschränkte, so wurde jetzt das gesamte Gebiet nach großen Gesichtspunkten umgestaltet, so daß ein einheitliches, den natürlichen Gefälls- und Wasserverhältnissen angepaßtes Gebilde zustande kam. Unwirtschaftliche Abwasserpumpwerke wurden stillgelegt, unzweckmäßig gelegene Rieselfelder wurden außer Betrieb gesetzt und künstliche Kläranlagen durch Rieselfelder ersetzt. Die Druckrohrstränge wurden so weit als möglich gruppenweise zusammengefaßt. Ein genereller Entwässerungsplan ordnet alle Verhältnisse nach einheitlichen Grundsätzen. Zur Zeit sind 63 Hauptpumpwerke und 20 Überpumpwerke in Betrieb.

5. Das Teilsystem.

Es stellt eine Abart des vorstehenden Systems dar, die nur unter besonderen Verhältnissen anwendbar ist, und zwar kommt es in erster Linie bei großen Vorflutern in Frage, die eine Einleitung der Abwässer an mehreren Punkten gestatten, ohne daß eine gründliche Reinigung notwendig ist. Die einzelnen Gebiete werden nach ihrer natürlichen Gestaltung so gebildet, daß sich der geringste Aufwand an Leitungen ergibt, und die Abwässer jeden Gebietes werden selbständig dem Vorfluter übergeben. Die Reinigungsanlage besteht in diesem Falle nur aus Sandfang und Rechen- oder Siebanlage, so daß mehrere Anlagen dieser Art wirtschaftlich durchaus gerechtfertigt sind.

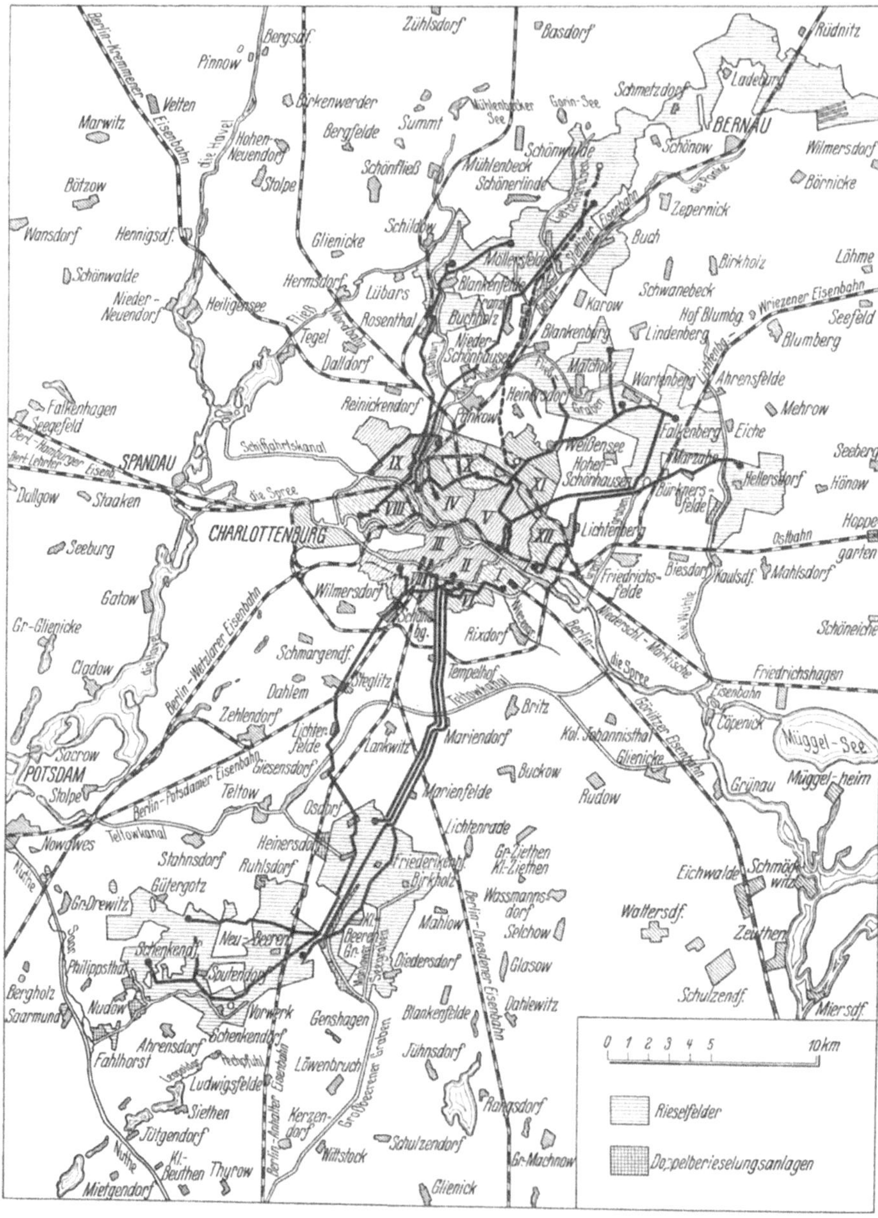

Abb. 99. Entwässerungssystem von Berlin (nach Hahn und Langbein).

Das Entwässerungsnetz von Duisburg (Abb. 100) zerfällt in 5 selbständige Gebiete, die nach dem Rhein entwässern. Der nördlichste Teil auf dem rechten Ufer der Ruhr gehört zum Gebiete der Emscher-Genossenschaft. Die gesamten Abwässer werden mittels eines Pumpwerkes am Beekerbach zur Reinigungsanlage gehoben. Die Kernstadt im Süden der Ruhr führt ihr Abwasser der Ruhrverbands-Kläranlage zu, die sie maschinell reinigt und in einem Auslaßkanal in den Rheinstrom führt. Außerdem schließen drei weitere Gebiete mit selbständigen Abwasserreinigungsanlagen an, die die gröbsten Schwimm- und Sinkstoffe von ihm fernhalten.

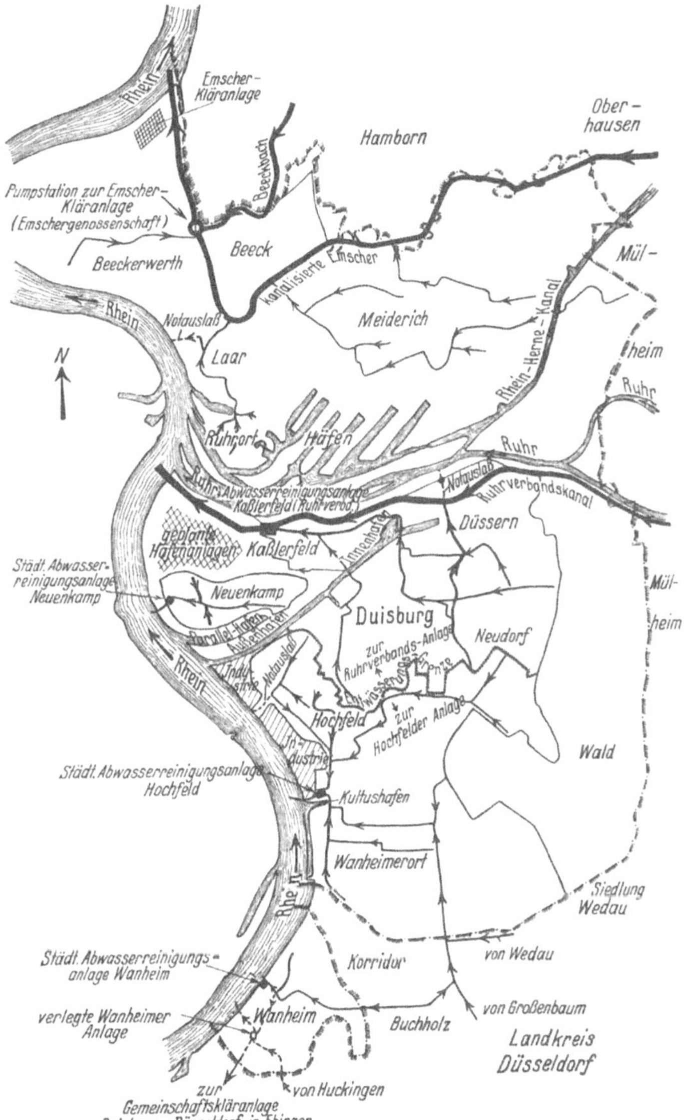

Abb. 100. Entwässerungssystem von Duisburg[1].

6. Das Ring- oder Randsammlersystem.

Fällt das zu entwässernde Gebiet nach der Grenze der Bebauung ab, so müssen die Abwässer durch einen das Stadtgebiet ganz oder teilweise umschließenden Ringkanal abgefangen werden. Die Nebensammler führen ihr Wasser dem Hauptsammler mehr oder minder rechtwinkelig zu.

[1] Nach Seegert: Gesundh.-Ing. 1929 S. 259.

7. Zusammenfassung mehrerer Gemeinden zum Zwecke der Entwässerung.

Grenzen an das zu entwässernde Gebiet andere Städte oder Vorortgemeinden mit eigenen Verwaltungen, so kann die Entwässerung an den kommunalen Grenzen nicht haltmachen, wenn die Vorflut für diese Gemeinde durch das erste Gebiet hindurchgeht. Es liegt im Wesen der Entwässerungsleitungen als Gravitationsleitungen, daß die Spur des Hauptsammlers für die Außenbezirke ziemlich eindeutig festliegt. Nur in dem Falle, daß die gesamten Abwässer zum Zwecke der Reinigung fortgepumpt werden, sind die Nachbargemeinden bezüglich der Ausgestaltung ihrer Entwässerungsanlage selbständig. Die Notauslässe aber müssen notgedrungen durch das tiefer gelegene Gebiet geführt werden, so daß eine vertragliche Regelung zwischen benachbarten Gemeinden über die Frage der Abwasserbeseitigung erforderlich ist.

Auch wenn mehrere zusammenliegende Gemeinden nicht unbedingt aufeinander angewiesen sind, bietet die gemeinsame Regelung der Abwasserbeseitigung in vielen Fällen Vorteile für alle Beteiligten. Der Bau und Betrieb einer gemeinsamen Anlage ist meistens billiger, als wenn jede Gemeinde ihre eigene Anlage herstellt und unterhält. Die Frage der Unterbringung der Reinigungsanlage wird im allgemeinen Interesse geregelt, und die Schwierigkeiten, die meistens auftreten, wenn die verschiedenen Gemeindegebiete ineinandergreifen, werden aus dem Wege geräumt.

Der Zusammenschluß mehrerer Gemeinden zum Zwecke des Baues und Betriebes einer gemeinsamen Entwässerungsanlage geschieht meistens in der Form von Entwässerungsverbänden. In Preußen ist es auf Grund des Zweckverbandsgesetzes vom 19. Juli 1911 möglich, Städte und Landgemeinden entweder mit allseitigem Einverständnis oder im Wege des Zwanges zusammenzuschließen. Von dieser Möglichkeit ist in mehreren Fällen Gebrauch gemacht worden, namentlich dann, wenn es sich um Vorortgemeinden in der Nähe einer Großstadt handelte.

Ist in den genannten Fällen die örtliche Lage bestimmend für den Zusammenschluß, so kann ein gemeinsames Interesse mehrerer Gemeinden auch dann vorliegen, wenn diese auf ein und denselben Vorfluter angewiesen sind. Diesen so zu regulieren, daß er die eingeleiteten Abwässer aufzunehmen und abzubauen vermag, oder die Kläranlage so auszugestalten, daß der Gemeingebrauch des Wassers nicht beeinträchtigt wird, muß gemeinsame Aufgabe aller Anlieger am Flusse sein. Sie kann aber nicht von einer Gemeinde allein gelöst werden, sondern bedarf des Zusammenwirkens aller Beteiligten. In einem solchen Falle schließen sich alle Abwassererzeuger, Gemeinden und Industrie, zweckmäßig zu einer Abwasser-Genossenschaft zusammen, die das gesamte Flußgebiet hinsichtlich der Verbesserung der Wasserführung betreut. Die Anwendung des Zweckverbandsgesetzes ist in diesem Falle nicht möglich, da dieses nur öffentlichrechtliche Körperschaften umfaßt. Es bedarf deshalb in einem solchen Falle einer besonderen Gesetzgebung. Da die Hauptaufgabe in erster Linie darin besteht, die Klärung der Abwässer vom Standpunkt des gesamten Flußgebietes herbeizuführen, so sollen diese Abwasser-Genossenschaften im zweiten Teile, der die Abwasserreinigung behandelt, näher erläutert werden.

B. Beziehung zwischen dem Längsprofil des Hauptsammlers und der Vorflut.

Die Höhenlage des Hauptsammlers ist, wenn irgend möglich, so zu wählen, daß an der Hauptübergabestelle bei jedem Wasserstand des Flußlaufes der natürliche Abfluß möglich ist. Dieser günstigste Zustand wird in vielen Fällen nicht zu erreichen sein. Steigt der Wasserstand im Vorfluter zu gewissen Zeiten über die Sohle des Sammlers an der Ausmündung, ohne den Abfluß wesentlich zu behindern, so ergibt sich ein Anstauen in dem Hauptsammler und ein Rückstau in den Kanälen. Dadurch wird die Leistungsfähigkeit derselben behindert. Es kommen auch Ablagerungen in den unteren Strecken zustande. Füllt der steigende Wasserstand des Vorfluters gar den größten Teil des Profils des Hauptsammlers aus, so muß das Abwasser während der Dauer der hohen Wasserstände gehoben werden. Der ungünstigste Fall liegt dann vor, wenn die Sohle des Hauptsammlers unter *NW* ausmündet. Dann müssen die gesamten Abwässer dauernd künstlich in den Vorfluter gehoben werden.

Durch die Zwischenschaltung einer Kläranlage zwischen Sammler und Vorfluter werden je nach der Art des zu wählenden Reinigungsverfahrens diese Verhältnisse mehr oder minder beeinflußt. Die maschinellen und mechanischen Reinigungsverfahren verbrauchen nur wenige Zentimeter Gefälle, 20 bis 30 cm reichen dazu aus. Das gleiche gilt für die neuzeitlichen künstlichen biologischen Reinigungsverfahren, bei denen das Abwasser in Becken weiter behandelt wird. Durch diese Anlagen werden also die Vorflutverhältnisse nur unwesentlich geändert. Anders liegen die Dinge, wenn die Abwässer auf die Reinigungsanlage gehoben werden müssen, sei es auf Tropfkörper, sei es auf Rieselfelder. Dann kann der Wasserstand im Hauptsammler an der Mündungsstelle jederzeit in Höhe der Sohle gehalten werden, so daß andere Rücksichten für die Festsetzung des Längsprofils bestimmend sind: Man wird den Sammler so legen, daß möglichst günstige Gefällsverhältnisse herauskommen. Andererseits muß aus Ersparnisgründen vermieden werden, daß der Sammler tief einschneidet oder daß eine Grundwasserhaltung in größerem Ausmaße notwendig wird. Aber auch in diesem Falle bestehen beim Mischverfahren zwischen der Höhenlage des Hauptsammlers und der Vorflut noch gewisse Abhängigkeiten. Die Wasserspiegellinie nämlich muß so verlaufen, daß bei normalem Flußwasserstand ein Abströmen des Notauslaßwassers über die Schwelle möglich ist und ein Aufhöhen der Überfallschwelle oder ein Abschließen der Notauslaßkanäle nur bei Hochwasserständen erforderlich wird.

Aus diesen Überlegungen folgt, daß ein unmittelbares Abfließen der Wassermengen durch die Kläranlage hindurch in den Vorfluter mit allen Mitteln angestrebt werden muß. Um das zu erreichen, muß man unter Umständen mit Zentimetern haushalten. Durch Verringerung der Gefälle in dem unteren Teile des Hauptsammlers oder durch Verlegen der Einmündungsstelle weiter unterhalb, auch wohl in das Unterwasser einer Staustufe, werden zwar gewisse Mehraufwendungen an Bau- und Betriebskosten nicht zu umgehen sein. Diese werden jedoch wettgemacht, wenn dadurch das Heben des Abwassers erspart wird.

Kann ein Rückstau in die Kanäle infolge hohen Wasserstandes des Vorfluters nicht ausgeschlossen werden, so gilt es zu prüfen, wie oft dieser zustande kommt, um daraus das Maß der erforderlichen Unterhaltungslast zu ermitteln. Zu diesem Zwecke benutzt man die Wasserstandsdauerlinie, die angibt, wievielmal im Jahre ein bestimmter Wasserstand im Vorfluter überschritten wird. Auch die Höhe des Staues kann daraus unmittelbar abgelesen werden. Damit ist zwar die Tiefenlage des Hauptsammlers nicht eindeutig festgelegt, sondern es bleibt der Beurteilung durch den entwerfenden Ingenieur noch ein weiter Spielraum. Seine Aufgabe ist es, abzuwägen, welche Anzahl der zugelassenen Rückstaufälle vom Standpunkt der Unterhaltung tragbar ist und inwieweit einer Gefährdung der Keller durch den Rückstau in Kauf genommen werden kann.

C. Beziehung zwischen Stadterweiterung und Entwässerung.

Bei der Aufstellung der Entwürfe für die Stadterweiterung muß von Anfang an auf die Bedürfnisse der Entwässerung Rücksicht genommen werden, wenn eine der Hauptaufgaben derselben, nämlich die Förderung der öffentlichen Gesundheitspflege mit dem geringsten Aufwand an Mitteln zu erreichen, erfüllt werden soll. Das ist nur möglich, wenn der Bearbeiter die Grundregeln der Entwässerungstechnik beherrscht. Andernfalls werden die Kosten der Entwässerungsanlage sich nicht unwesentlich erhöhen. Das gilt für die Stadterweiterungsgebiete der Großstädte ebenso wie für die Siedlungen bescheideneren Ausmaßes, die sich an den Umkreis der Bebauung anlagern.

Abb. 101. Tiefenlage der Straßenleitungen in bewegtem Gelände.

Die Bearbeitung eines Entwurfes für die Stadterweiterung geht jetzt nach den allgemeinen Grundsätzen des Städtebaues in der Weise vor sich, daß zunächst ein sogenannter Flächenaufteilungsplan aufgestellt wird, der den Verlauf der Verkehrswege und die Art der Nutzung des Geländes im einzelnen bestimmt. In diesen Plänen werden nur die Hauptstraßenzüge eingetragen, sie stellen in gewissem Sinne das Gerippe der Stadterweiterung dar. Der späteren Entwicklung bleibt es vorbehalten, die Aufteilung im einzelnen durch Bebauungspläne vorzunehmen. Durch den Flächenaufteilungsplan werden also die Hauptsammler in ihrer Führung in gewissem Sinne festgelegt. Deshalb sind die Straßenzüge, die dafür in Betracht kommen, so anzuordnen, daß der Grundsatz, die Wassermengen auf dem kürzesten Wege unter möglichst vollkommener Ausnutzung des verfügbaren Gefälles der Reinigungsanlage zuzuführen, gewahrt bleibt. Bei der Aufstellung des Bebauungsplanes in bewegtem Gelände muß besonders darauf geachtet werden, daß das Wasser nicht auf Umwegen dem Hauptsammler zugeleitet wird und daß spitzwinkelige Einmündungen vermieden werden. An Tiefenlage der Leitungen kann in bewegtem Gelände gespart werden, wenn die Straßenzüge der tiefsten Einsenkungslinie folgen, so daß das zu bebauende Gelände von der Straße aus ansteigt. Aus dem Vergleich der verschiedenen Anordnung in Abb. 101 geht ohne weiteres hervor, daß die Anordnung nach b) erheblich wirtschaftlicher ist.

Abb. 102. Abhängigkeit des Stadterweiterungsgebietes von der Kanalisation.

Verläuft eine Straße am Hang, so wird aus den gleichen Erwägungen heraus nur einseitig, nämlich an der ansteigenden Seite bebaut. Dadurch wird die Art der Geländeaufteilung im Bebauungsplan in Abhängigkeit von der Entwässerung bestimmt.

Auf die Begrenzung eines aufzuschließenden Neubaugebietes hat die Rücksichtnahme auf die Entwässerungsmöglichkeit bestimmenden Einfluß. Das kommt besonders in bewegtem Gelände zum Ausdruck. Abb. 102 möge die Oberflächengestaltung eines Erweiterungsgebietes darstellen. Das Gelände fällt nach allen Seiten ziemlich gleichmäßig ab, nach Westen flacher, nach Osten etwas steiler. Die Linienzüge *HFG* und *JDC* stellen Wasserscheiden dar. Das westlich davon gelegene Gebiet hat die natürliche Vorflut nach dem Hauptbach, während das östlich gelegene Gebiet nach dem Nebenbach entwässert. Durch die Verlängerung des Sammlers *II* können die Abwässer des östlichen Gebietes bis zu einer gewissen Höhenlage mit nach dem Hauptbach geführt werden. Die Begrenzung des Gebietes ist durch den Linienzug *GFEDC* festgelegt. Wollte man das Gebiet östlich des Linienzuges in die Bebauung einbeziehen, so müßte der Sammler *II*, der jetzt in der Höhenlage + 98 NN ausmündet, tiefer gelegt werden. Das würde entweder eine Verschiebung der Hauptkläranlage nach Norden und eine Verlängerung der beiden Sammler zur Folge haben, wenn man nicht aus wirtschaftlichen Gründen vorzieht, bei *K* die gesamten Abwässer zu heben. Die andere Möglichkeit besteht darin, bei *k* eine zweite Kläranlage zu bauen, oder mittels Pumpwerkes die Abwässer auf die Höhe des Sammlers *II* zu heben.

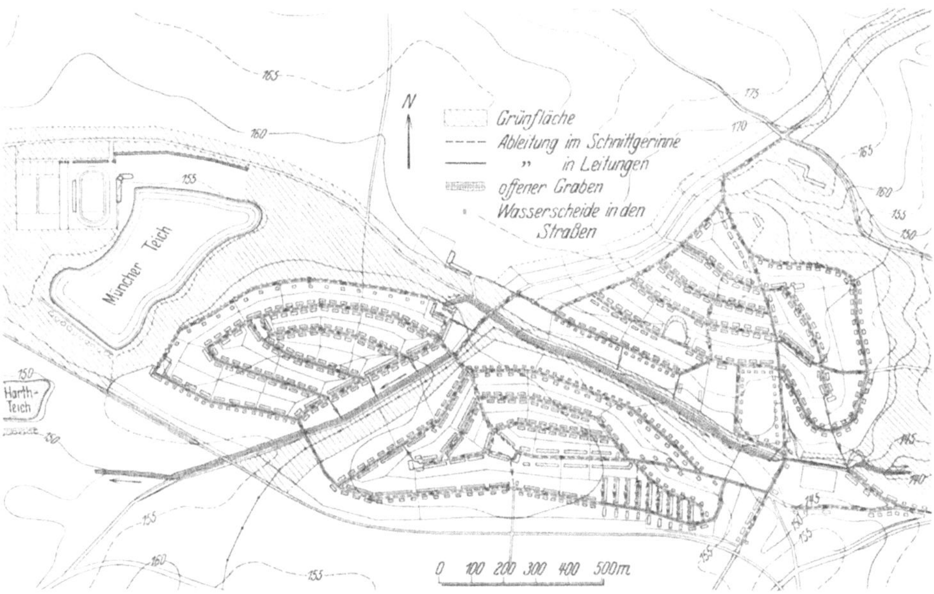

Abb. 103. Bebauungsplan in Abhängigkeit von der Ableitung der Regenwässer.

In allen Fällen bedeutet die Ausdehnung des Siedlungsgebietes nach Osten einen Mehraufwand an Bau- bzw. Betriebskosten, so daß das Erweiterungsgebiet mit Rücksicht auf die Entwässerung aus wirtschaftlichen Gründen nach dem genannten Linienzug begrenzt werden muß.

Ähnliche Gesichtspunkte gelten, wenn in einem im allgemeinen eben gelegenen Entwässerungsgebiet ein Teilgebiet unter der mittleren Ordinate liegt. Soll dieses mit an die Entwässerung angeschlossen werden, so muß entweder der Hauptsammler tiefer gelegt oder das Gefälle verschlechtert werden. Unter Umständen ist durch diese Rücksichtnahme ein durchgehendes Gefälle zum Vorfluter nicht mehr möglich, so daß das Abwasser gehoben werden muß. Auch in diesem Fall ist es wirtschaftlich gerechtfertigt, dieses für die Entwässerung ungünstig gelegene Gebiet von der Bebauung auszuschließen.

Beim Trennverfahren ist die Verbundenheit zwischen Bebauungsplan und Entwässerung noch inniger als beim Mischverfahren. Das trifft besonders dann zu, wenn das Regenwasser oberirdisch abgeleitet wird. Zu diesem Zwecke müssen vorhandene Bäche und offene Gräben erhalten bleiben, um als Hauptsammler für die Regenwässer benutzt werden zu können, vorhandene Mulden oder Senken müssen als Grünstreifen ausgewiesen werden, damit sie zu dem gleichen Zweck nutzbar gemacht werden können, und die Straßen sind nach Richtung und Gefälle so anzulegen, daß das oberirdisch abfließende Wasser Vorflut nach den natürlichen Rezipienten hat. Es ist ohne weiteres ersichtlich, daß auf diese Weise die ganze Aufteilung des Geländes durch die Entwässerung bestimmt wird.

Aus dem Beispiel (Abb. 103), das in dem Städtebauseminar der Technischen Hochschule Dresden bearbeitet ist, sind diese Zusammenhänge ohne weiteres ersichtlich. In den beiden Talmulden verlaufen neben den Straßen die offenen Regenwasserrinnen. Sie sind mit ganz flachen Böschungen ausgebildet, so daß sie als Teil des Grünstreifens wirken. Die Straßenwässer verlaufen bis auf eine Länge von 400 bis 500 m oberirdisch, danach werden sie in unterirdischen Leitungen weitergeführt, die in die offenen Gerinne einmünden.

Ist in einem ebenen Gelände eine natürliche Vorflut nicht ohne weiteres gegeben, so daß das Abwasser gehoben werden muß, so können durch die Anwendung des Trennverfahrens in Verbindung mit Zierteichen und Wasserbecken große Ersparnisse an den laufenden Kosten gemacht werden. Wenn das Regenwasser vorübergehend aufgespeichert wird, können kleinere Pumpeinheiten eingebaut und das Heben des Regenwassers auf eine größere Zeit verteilt werden.

Diese Anlagen geben verständlicherweise dem ganzen Gebiet einen bestimmten Charakter und beweisen den innigen Zusammenhang zwischen Kanalisation und Bebauungsplan.

VIII. Bearbeitung des Entwurfs.

A. Planunterlagen und Form des Entwurfs.

Die Anforderungen, die an die Richtigkeit und Zuverlässigkeit der Planunterlagen für einen Entwässerungsentwurf zu stellen sind, sind sehr hoch. Sie müssen sowohl nach Grundrißlage, als auch nach Höhenplan ein genaues Bild der natürlichen Verhältnisse geben. Ungenauigkeiten oder gar Fehler in den Plänen können sich sehr nachteilig für den ganzen Entwurf auswirken und können die Kosten für die Ausführung sehr stark im ungünstigen Sinne beeinflussen.

Im allgemeinen wird ein Höhenplan für eine Stadt oder Landgemeinde, die noch keine ordnungsmäßige Entwässerung besitzt, nicht vorliegen. Es empfiehlt sich deshalb, als erste Maßnahme eine genaue Höhenaufnahme eines Entwässerungsgebietes in Auftrag zu geben. Die Kosten, die für diese Arbeit aufgewendet werden, sind in jedem Falle sehr gut angelegt, denn ein genauer Höhenplan ist die unbedingte Grundlage für jeden Entwurf.

Für den allgemeinen Entwurf eignen sich am besten Lagepläne im Maßstab 1 : 10000 bis 1 : 20000 für Großstädte und 1 : 5000 für Mittel- und Kleinstädte. Zur Gewinnung derselben bei größeren Entwässerungsgebieten wird mit Vorteil die Luftbildmessung vom Flugzeug aus herangezogen. Die auf diese Weise hergestellten Pläne sind erheblich billiger und außerdem übersichtlicher und aufschlußreicher. Im Längsprofil wird der Längenmaßstab gleich dem des Lageplans gewählt, während der Höhenmaßstab am besten 1 : 100, bei starken Gefällsverhältnissen auch wohl 1 : 200 ist. Außerdem dient ein Übersichtsplan im Maßstab 1 : 25000 (Meßtischblatt) dazu, die Lage des Entwässerungsgebietes in seinen Beziehungen zu der weiteren Umgebung und den Lauf des Vorfluters oberhalb und unterhalb des Entwurfsgebietes festzulegen. In Abb. 104 ist ein Ausschnitt aus einem Grundrißplan Maßstab 1 : 5000 und in Abb. 105 das zugehörige Längsprofil zur Darstellung gebracht[1]. Die Art der Darstellung im einzelnen möge aus diesen Plänen entnommen werden.

---

[1] Der abweichende Maßstab der Abbildungen ist durch drucktechnische Erfordernisse bedingt.

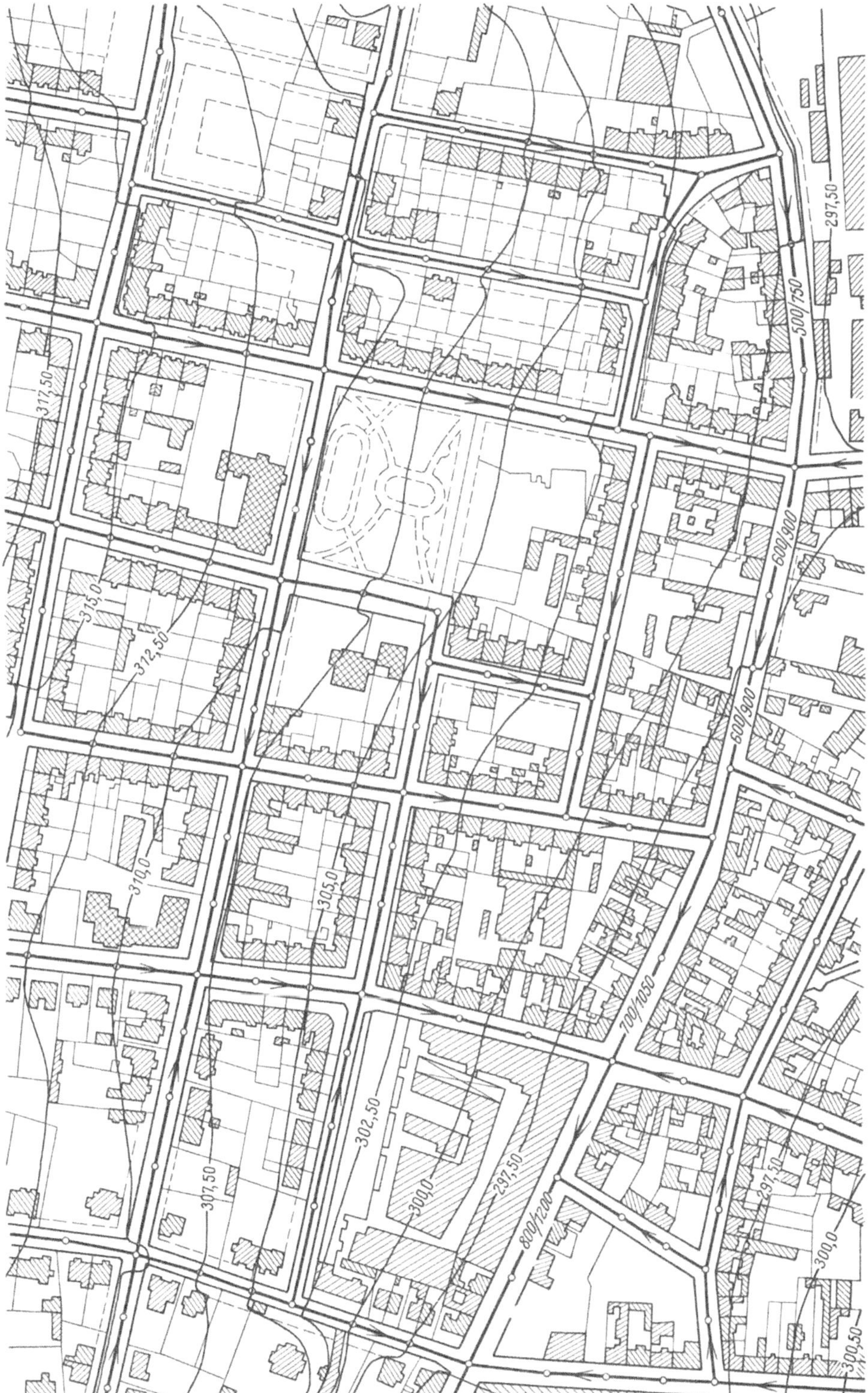

Abb. 104. Lageplan.

Die Berechnung der Wassermengen, die Ermittlung der notwendigen Profile und die Bestimmung der Geschwindigkeiten geschieht zweckmäßig an Hand einer Tabelle. Als Muster dafür diene die Tabelle 12. Aus dem Ergebnis dieser Berechnungen wird die Profilgröße in den Lageplan und das Längsprofil übertragen. Die einzelnen Strecken eines Sammlers werden entweder durch 2 Schachtnummern bezeichnet, oder besser wird eine Stationierung in Richtung des Gefälles durchgeführt in der Weise, wie dies bei Flußläufen geschieht. Dadurch wird das Auffinden in den Tabellen sehr erleichtert. Weiß (*90*) empfiehlt auf Grund seiner Erfahrungen bei der Aufstellung von Entwässerungsplänen großstädtischer Erweiterungsgebiete, für die vollständige Bebauungspläne noch nicht vorliegen, zunächst mit Lageplänen und Tabellen zu arbeiten und diese als Karteikarten auszubilden. Veränderungen an den Planungen, die nicht zu vermeiden sind, können dann in einfachster Weise durch Auswechseln der Karten vorgenommen werden. Erst wenn der Bebauungsplan von den städtischen Körperschaften endgültig genehmigt ist, werden die Berechnungsgrößen in die Längsprofile ausgetragen, die die Unterlage für die Bauausführung schaffen.

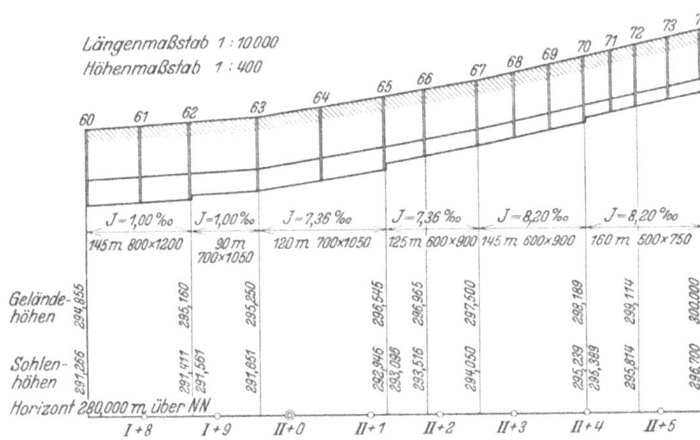

Abb. 105. Längsprofil.

Die Bauzeichnungen, die die Grundlage für die Ausführung geben, sind im Maßstab 1 : 500 anzufertigen. Sie enthalten außer den notwendigen Anlagen für die Entwässerung die Lage aller übrigen Leitungen mit sämtlichem Zubehör, soweit sie feststellbar sind. Sind die Unterlagen dafür mangelhaft, so muß in Zweifelsfällen vor Aufstellung der Bauzeichnungen durch Ausheben von Schlitzen senkrecht zur geplanten Entwässerungsleitung die genaue Lage der übrigen Leitungen festgestellt werden. Abb. 106 stellt das Muster einer Bauzeichnung dar.

B. Begrenzung des Entwurfs.

Jeder Entwurf für eine Entwässerungsanlage hat eine natürliche Begrenzung. Sie ist gegeben durch die Wasserscheiden ringsum und legt das Gebiet fest, dessen Niederschlagswässer nach dem zu bearbeitenden Gebiet abfließen. Diese können nur dann in die Entwässerungsleitung aufgenommen werden, wenn dadurch die Abmessungen nicht zu stark vergrößert werden. Im allgemeinen empfiehlt es sich, bestehende Bachläufe und Wassergräben zur Abführung der Niederschlagswässer beizubehalten und alle Einrichtungen zu treffen, daß Verschmutzungen dieser Wasserläufe ferngehalten werden. Auf die Anwendung von Rückhaltebecken zwecks Verringerung der Abflußprofile sei besonders verwiesen. Bei größeren Niederschlagsgebieten außerhalb der bebauten

Stadt ohne ausgesprochenen Vorfluter können die Wassermengen durch einen Graben abgefangen und um die Stadt herumgeleitet werden.

Die künstliche Begrenzung des Entwurfs liegt dadurch fest, daß aus wirtschaftlichen Gründen nur das Erweiterungsgebiet der nächsten Jahrzehnte in die Planung einbezogen werden kann. Wollte man das ganze Stadtgebiet

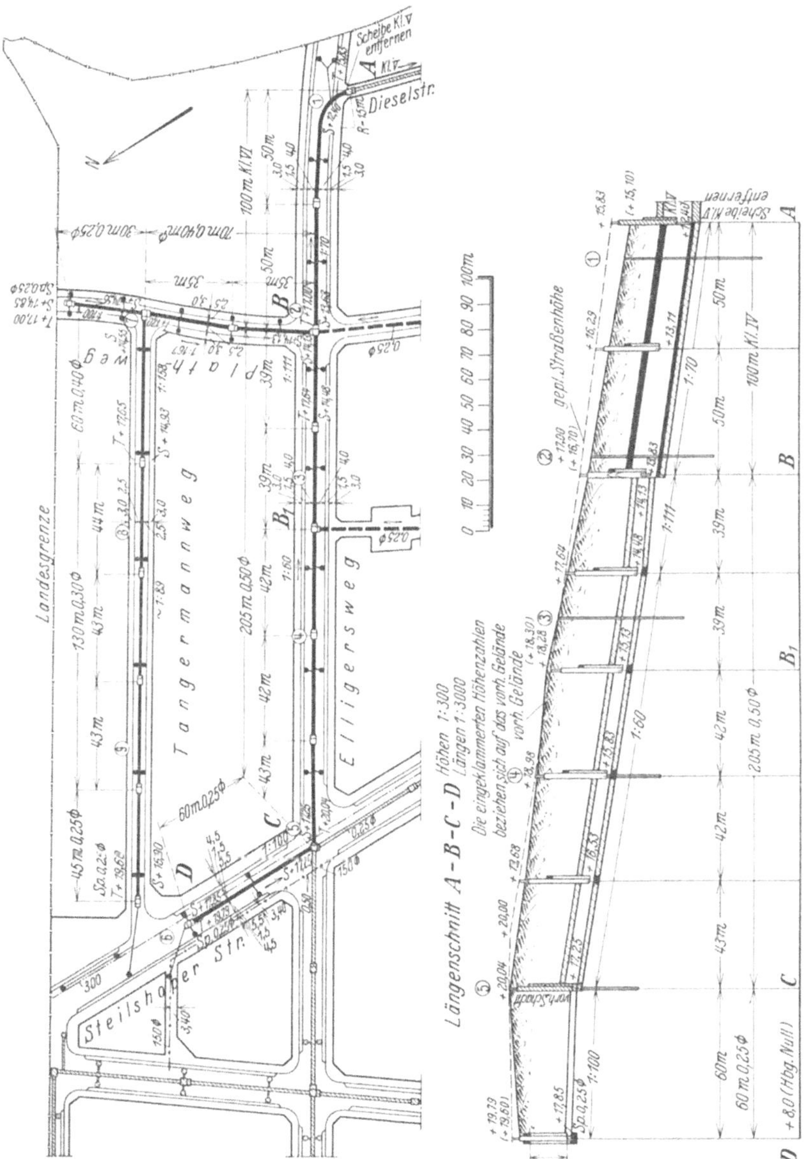

Abb. 106. Bauzeichnung.

vorhandene Siele — geplante Siele — herzustellende Siele — Schacht mit einer Kammer — Schacht mit zwei Kammern — herzustellende Kantsteintrummen — „ Straßentrummen — (1) Bohrloch — Sp Spülansatzrohr — vorhandene Gasleitung — „ Wasserleitung

berücksichtigen, so würden die Aufwendungen für die Hauptsammler, die sich daraus ergeben, unverhältnismäßig hoch werden, ohne daß damit greifbare Vorteile verbunden wären. Es würde die Gegenwart zugunsten der Zukunft stark belastet werden. Das Maß der Ausdehnung des Entwässerungsplanes hängt davon ab, wie die Entwicklungsmöglichkeit für das betreffende Gebiet zu beurteilen ist. Ist damit zu rechnen, daß ein starker Bevölkerungszuwachs anhält, so wird man unter Berücksichtigung der örtlichen Verhältnisse die Grenzen weiter ziehen,

Tabelle 12.

1	2	3	4		5	6	7	8	9	10	11	12	13	14	15	16	17	18	19	20	21	22	23	24
Nummer des Gebietes	Name der Straße	Strecke von Schacht bis Schacht Nr.	Länge		Gebietsgröße	Einwohner	Brauchwasser für die Flächeneinheit	Brauchwasser gesamt	Gewerbliches Abwasser	Regenmenge für die Flächeneinheit	Regenmenge gesamt	Abflußbeiwert	Regenwasserzulauf	Regenwasser unter Berücksichtigung des Verzögerungsplanes	Regen- + Brauch- + gewerbliches Wasser	Querschnitt (Form und Abmessungen)	bei voller Füllung				bei Trockenwetter			
			einzeln	zusammen													Wassermenge	Gefälle	Geschwindigkeit	Leistung	Wassermenge	Gefälle	Geschwindigkeit	Füllhöhe

während bei langsam wachsenden Gemeinden nur ein bescheidenes Erweiterungsgebiet in den Entwurf eingezogen werden kann.

Die Entscheidung über diese Frage hängt am letzten Ende von wirtschaftlichen Erwägungen ab und kann nur auf Grund von Schätzungen getroffen werden. Die Faktoren, die von Einfluß sind, sind so vielgestaltig und schwankend, daß sie rechnerisch nicht erfaßt werden können. Im allgemeinen wird man das Richtige treffen, wenn man die voraussichtliche Stadterweiterung der nächsten 20 bis 30 Jahre zugrunde legt und danach die Wassermengen bestimmt.

Die praktische Begrenzung des Entwurfsplanes kommt also darauf hinaus, daß man zunächst die voraussichtliche Bevölkerungszunahme aus der bisherigen Entwicklung der Bevölkerungszahl und danach an Hand des Flächenaufteilungsplanes diejenigen Wohngebiete festlegt, die wahrscheinlich für den genannten Zeitraum der Bebauung erschlossen werden. Liegt ein Flächenaufteilungsplan nicht vor, so kann nur allgemein aus der Eignung der verschiedenen Geländeabschnitte und der voraussichtlichen Bevölkerungsdichte auf die Erweiterungsgebiete geschlossen werden.

Wenn in einem späteren Zeitraum die auf dieser Grundlage ermittelten Abmessungen der Leitungen nicht mehr ausreichen, so müssen neue Leitungen, erforderlichenfalls in derselben Spur, verlegt werden. Eine Erhöhung der Leistungsfähigkeit bestehender Entwässerungsnetze zur Aufnahme größerer Wassermengen, als ursprünglich vorgesehen sind, ist nur möglich, wenn ein gewisser Aufstau in den Leitungen zugelassen wird. Wie Hahn (*13*) gezeigt hat, genügt ein verhältnismäßig geringer Stau, um die Leistungsfähigkeit zu steigern, und im übrigen wird durch die Herstellung von Zusatzkanälen oder von neuen Notauslässen ein bestehendes Netz mit verhältnismäßig geringem Aufwand in den Stand gesetzt, größere Wassermengen aufzunehmen.

C. Notwendige Ermittlungen über den Charakter des Vorfluters.

Wie in Abschnitt VII, 2 des näheren ausgeführt ist, hängt der Hauptsammler in seiner Höhenlage von dem Wasserstand im Vorfluter ab. Es müssen dazu die größten Wasserstände aus den zur Verfügung stehenden Unterlagen ermittelt werden. Am besten werden die wechselnden Wasserstände in Gestalt einer Wasserstandsdauerlinie dargestellt. Aus dieser kann in bekannter Weise in Verbindung mit Gefälle und Profilgröße die Wassermengendauerlinie bestimmt werden, die für das zuzulassende Verdünnungsverhältnis ausschlaggebend ist.

Von der Größe der Wasserführung und ihrer zeitlichen Verteilung ist auch die Frage der Reinigung der anfallenden Abwässer abhängig, ob eine mechanische Reinigung genügt oder ob eine biologische Reinigung gefordert werden muß. Diese Frage hat zwar auf die Ableitung der Abwässer keinen unmittelbaren Einfluß, beide, Abwasserbeseitigung und Abwasserreinigung, gehören jedoch zusammen, so daß es sich empfiehlt, die Vorarbeiten von allem Anfang an auf die regelmäßige Untersuchung der Wasserbeschaffenheit auszudehnen.

D. Weitere Feststellungen.

Zu den Grundlagen für die Aufstellung des Entwurfes gehört weiterhin die Kenntnis der Untergrund- und Wasserstandsverhältnisse. Beide beeinflussen die Planung insofern, daß ungünstigen Verhältnissen dieser Art nach Möglichkeit aus dem Wege gegangen werden muß. Wenn in der normalen Tiefe der Entwässerungsleitungen Felsen ansteht oder das Grundwasser angefahren wird, so muß die Tiefenlage nach Möglichkeit verringert werden. Bei der Aufstellung eines Entwässerungsplanes für Neubauland kann man diesen Anforderungen dadurch entsprechen, daß man die Straßenhöhen und die zulässigen Kellertiefen entsprechend festsetzt. Wenn es sich jedoch darum handelt, ein bebautes Gebiet zu entwässern, so müssen die Kellertiefen jedes einzelnen Hauses gemessen und danach das Längsprofil des Straßenkanals bestimmt werden. Anormal tiefe Keller können dabei keine Berücksichtigung erfahren, sie müssen durch Heben des Abwassers entwässert werden, wenn dies nach der Benutzung erforderlich wird.

Die genaue Feststellung der Untergrundverhältnisse und Grundwasserstände ist erforderlich für die Aufstellung eines Kostenanschlages, der jedem Entwurf beizugeben ist.

Zu jedem Entwurf für einen Entwässerungsplan gehört endlich ein Erläuterungsbericht, der die Grundlagen für den Entwurf im einzelnen festlegt und begründet. Darüber hinaus ist noch folgendes aufzunehmen: Angaben über die bestehenden Entwässerungsverhältnisse und die Art der Fäkalienbeseitigung, Mitteilung über die Anzahl und die Unterbringung von gewerblichen Anlagen und über die Art ihrer Abwässer, Bericht über die Art und Leistungsfähigkeit der Wasserversorgung.

IX. Bauausführung.

A. Ausschachten, Aussteifen, Verfüllen.

1. Ausschachten.

Die Herstellung der Entwässerungsleitungen in bebauten Straßen wird dadurch erschwert, daß der verfügbare Raum zum Ablagern des geförderten Bodens und zur Unterbringung der Baumaterialien vielfach sehr beschränkt ist, daß vorhandene Leitungen, die die Baugrube kreuzen oder in ihrer Nähe verlaufen, einer sorgfältigen Sicherung bedürfen und daß besondere Schutzmaßnahmen notwendig sind, um ein Beschädigen der Häuser, die in alten Städten nur flach gegründet sind, zu verhindern. Liegt die Aufgabe vor, ein Stadterweiterungsgebiet aufzuschließen, so werden die Kanalisationsleitungen als die am tiefsten liegenden Leitungen zuerst eingebaut, und die Bauausführung ist dann sehr viel einfacher und kann sich mancherlei Hilfsmittel zunutze machen, die in den engen, bebauten Straßen der alten Stadt nicht anwendbar sind.

Das Lösen des Bodens geschieht meistens von Hand. Je nach der Beschaffenheit desselben werden Schaufeln, Spaten, Hacken und Picke benutzt. Das Lösen des Bodens mittels Greifern kommt nur bei großen Abmessungen der Baugruben in Betracht und verlangt eine Aussteifung, die die Baugrube auf gewisse Längen von jedem Einbau freihält, siehe Abb. 107. Baggermaschinen zum Ausheben der Leitungsgräben werden vielfach in jungfräulichem Gelände in Amerika mit gutem Erfolge angewendet, sofern standfester Boden vorliegt. Der gelöste Boden wird im normalen Baubetrieb mit Menschenkraft gefördert. In einem Wurf kann ein Höhenunterschied bis etwa 2,0 m überwunden werden, bei größeren Tiefen werden Pritschen verlegt, mittels deren der Boden von Stufe zu Stufe gehoben wird. Bei Tiefenlagen von 2,5 m und mehr ist es wirtschaftlich, sich maschineller Hebezeuge zu bedienen. Der Boden wird dann von Hand in Fördergefäße geladen und in diesen mittels eines Kranes gehoben. Eine Ausführung dieser Art siehe Abb. 108.

Abb. 107. Baugrubenaussteifung mit eisernen Spundwänden.

2. Aussteifen.

Bei standfesten Böden der verschiedenen Art ist nur ein gelegentliches Sichern der beiden Erdwände gegeneinander mit Bohlen und Spreizen notwendig. Bei allen Bodenarten dagegen, die nicht standfest sind, bedarf es einer guten Absteifung. Diese ist mit ganz besonderer Sorgfalt einzubauen, da die geringste Bewegung des Bodens die in der Nähe befindlichen Leitungen anderer Verwaltungen gefährdet. In Nord- und Mitteldeutschland wird im allgemeinen der Horizontaleinbau angewendet, während in Süddeutschland der Einbau mit vertikalen Bohlen bevorzugt wird.

Die horizontalen Bohlen sind 4,0 bis 4,5 m lang, 30 cm breit und 5 m stark. Durch senkrechte Brusthölzer von 1,0 m Länge werden je 4 Bohlen zu einer Wand zusammengefaßt und durch hölzerne Spreizen gegeneinander gesichert (Abb. 109). Der Ersatz dieser hölzernen Spreizen durch eiserne, mittels Schraubenspindel in ihrer Länge veränderliche Steifen hat sich nicht bewährt. Versuche dieser Art sind immer wieder aufgegeben worden. Dagegen kann bei Kanalbauten in unmittelbarer Nähe fremder Leitungen oder von Hausfundamenten die Ausrüstung der hölzernen Spreizen mit einem eisernen Schuh und Schraubenspindel empfohlen werden. Bei der Stadtentwässerung von Berlin ist ein solcher gemäß Abb. 110, den die Firma Borsig liefert, mit gutem Erfolg in Gebrauch.

Abb. 108. Fördergerät.

Die senkrechten Bohlen werden mittels Schlagarbeit in den Boden eingetrieben, die einzelnen Schüsse müssen gegeneinander versetzt und durch Keile gesichert werden. Die einzelne Wand wird durch Längsholmen zusammengefaßt und gegen die entsprechenden Holmen auf der gegenüberliegenden Seite abgesteift (Abb. 111). Bei dieser Art der Absteifung ist der Verschleiß größer als bei den horizontalen Bohlen. Außerdem ist das Entsteifen schwieriger und infolgedessen die Sicherung der Baugrubenwand schlechter. Im allgemeinen wird deshalb dem Ausbau mit waagerechten Bohlen der Vorzug gegeben. Nur in den Fällen, in denen Wasser in der Baugrube durch Pumpen gehalten werden muß, bieten die senkrechten Bohlen Vorteile, weil sie vor dem Ausschachten eingerammt werden können und auf diese Weise ein Fließen des mit Wasser gesättigten Bodens verhindert wird.

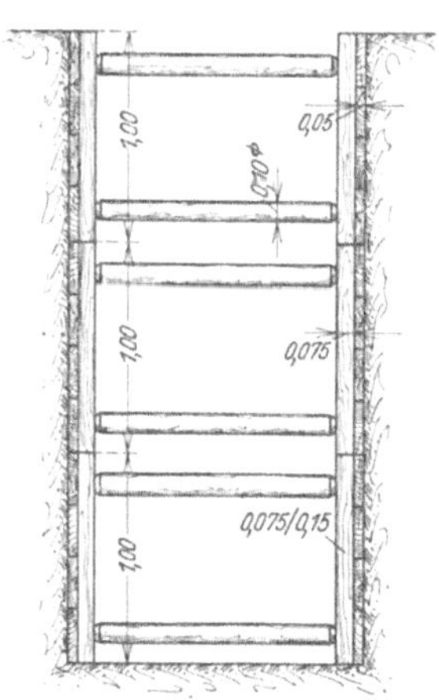

Abb. 109. Baugrubenaussteifung mit horizontalen Dielen.

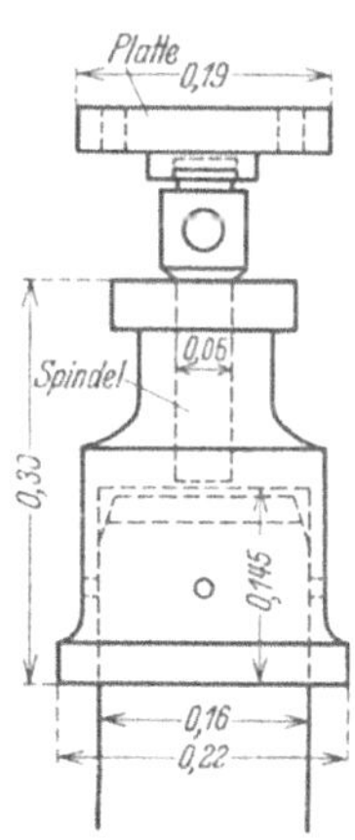

Abb. 110. Schraubenspindel (nach Hahn und Langbein).

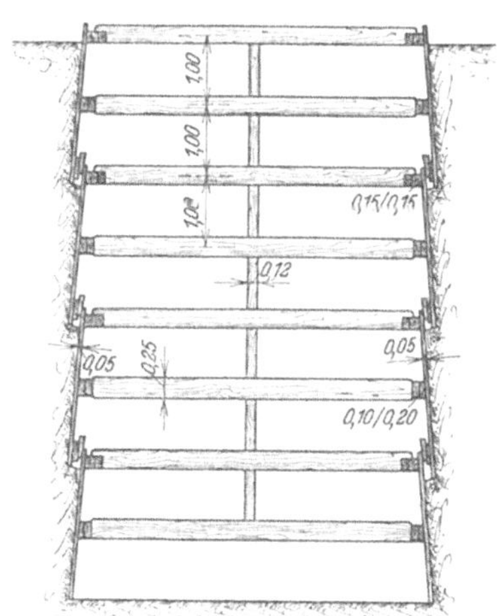

Abb. 111. Baugrubenaussteifung mit vertikalen Dielen.

Beim Einbau größerer Profile wird mit Vorteil eine Aussteifungsart angewendet, die der bei Untergrundbahnbauten nachgebildet ist. Es werden I-Eisenträger in Entfernungen von 2 bis 3 m eingerammt, die etwa 2,0 m unter die Sohle der Baugrube herabreichen. Zwischen diesen werden in dem Maße, als die Ausschachtung fortschreitet, hölzerne Bohlen eingezogen und gegen die Flansche der Träger abgespreizt. Quersteifen brauchen bei den üblichen Tiefen nur am Kopfe der eisernen Träger eingebaut zu werden. Beim Verfüllen werden die Bohlen einzeln ausgebaut und danach die Träger wieder gezogen. Diese Konstruktion hat den großen Vorzug, daß der Arbeitsraum in der Baugrube in keiner Weise eingeschränkt ist. Die Mehrkosten gegenüber der alten Ausführungsart werden durch schnelleres ungehindertes Arbeiten wieder eingebracht. Eine Ausführung dieser Art bei der Herstellung des Hauptsammlers des Ruhr-Verbandes in Duisburg zeigt Abb. 112.

Abb. 112. Baugrubenaussteifung mit vertikalen I-Trägern und horizontalen Bohlen.

Ist ein senkrechter Verbau bei stark wasserführendem Boden (Fließsand) oder bei rolligem Sandboden angebracht, so leisten an Stelle der senkrechten Holzbohlen **eiserne Spundwände** oder **Blechtafeln** gute Dienste. Für diesen Zweck können die bekannten eisernen Spundwände nach **Larssen**, die von der Dortmunder Union hergestellt werden, besonders bei großen Tiefen angewendet werden. Sie werden in jeder beliebigen Länge hergestellt und mittels Rammen, die seitlich der Baugrube stehen, eingerammt. Abb. 112 zeigt die Verwendung dieser eisernen Spundwände beim Bau des Hauptsammlers des Ruhr-Verbandes in Duisburg.

Seit einigen Jahren fertigt diese Firma nach Vorschlag des Stadtbaurates **Seegert**-Duisburg sogenannte Kanaldielen. Diese bestehen aus einer schmiedeeisernen Walzblechtafel von 4 bis 5 mm Stärke, die Versteifungsrippen hat. In Abb. 113 stellt a) die Union-Kanaldiele der Dortmunder Union dar, b) die Kanaldiele der Humboldt-Werke in Köln-Kalk, die der ersteren nachgebildet ist. Die Dielen werden meist in Längen von 2,25 m geliefert und haben eine nutzbare Breite von 0,245 bzw. 0,220 m. Die Übelstände der Holzdielen, daß sie großem Verschleiß unterliegen und schwer und unhandlich sind, vermeidet die eiserne Diele. Zudem ist sie den hölzernen Dielen gegenüber dadurch überlegen, daß sie leicht eingerammt und gezogen werden kann, und daß sie einen dichten Abschluß gibt. Das Einrammen kann entweder von Hand geschehen oder besser unter Verwendung einer Preßluft- oder Explosionsramme.

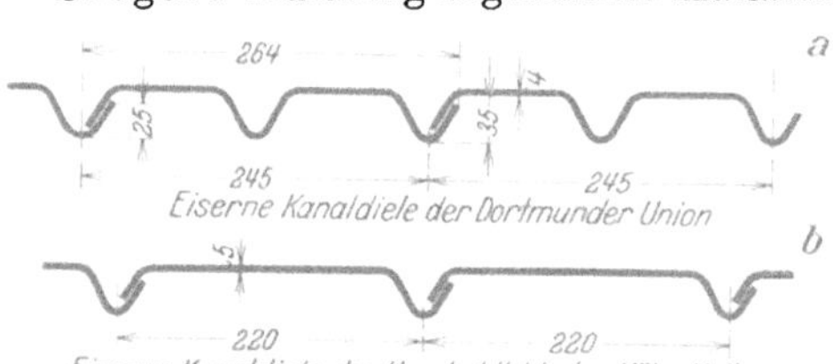

Abb. 113. Kanaldielen.

3. Verfüllen und Entsteifen.

Das Einbetten und Verfüllen der Leitung soll nach Möglichkeit mit reinem Sand- oder Kiesboden geschehen. Für das weitere Verfüllen oberhalb der Rohrleitung kann gröberer Boden, auch sonst ungeeigneter Boden, wie Ton und Lehm verwendet werden. Der Boden ist in Höhe der Rohrleitungen besonders gut einzustampfen, um ein festes Widerlager für die Rohrleitungen zu schaffen. Aber auch der Boden oberhalb der Rohrleitung muß sorgfältig abgerammt werden, damit sich die Oberfläche nicht nachträglich setzt und benachbarte Leitungen gefährdet werden. An Stelle der Handstampfer empfiehlt es sich, Preßluftstampfer anzuwenden. Wenn die Beschaffenheit des Bodens es zuläßt, d. h. wenn er keine quellfähigen Bestandteile wie Lehm und Ton enthält, ist er einzuschlemmen und nach dem Schlemmen in einzelnen Lagen zu stampfen.

Das Entsteifen ist für die Sicherheit der Versorgungsleitungen in der Baugrube noch wichtiger als das Aussteifen. Es muß mit dem Verfüllen gleichen Schritt halten und bei gefährdeten Stellen oder in losem Sand muß Bohle für Bohle herausgenommen werden. Beim Lösen der Steifen müssen Erschütterungen des umgebenden Erdreichs soweit als irgend möglich vermieden werden.

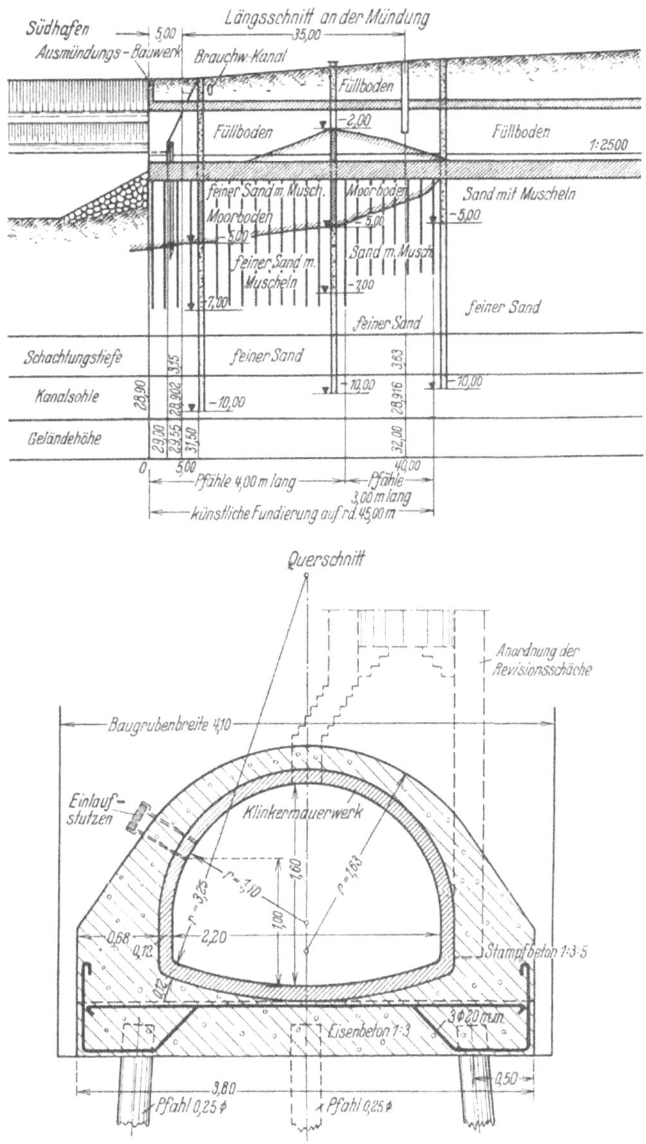

Abb. 114. Pfahlgründung mit Eisenbetonrost (nach Hahn und Langbein).

B. Künstliche Gründung.

Die Höhenlage der Sohle, die planmäßig festgelegt ist, muß nicht nur absolut genau bei der Bauausführung erreicht werden, es muß auch dafür Sorge getragen werden, daß keine Änderung durch nachträgliches Setzen zustande kommt. Das kann geschehen, wenn in der Sohle des Kanals zusammendrückbare Schichten, wie Torf, Moor und ähnliche Bodenarten anstehen. Ist ihre Mächtigkeit nur gering und liegen sie nur wenig unter der Sohle, so werden diese nicht tragfähigen Schichten durch Ausheben entfernt und statt ihrer wird ein kiesiger oder sandiger Boden eingefüllt. Bei größerer Tiefenlage und Mächtigkeit ist eine künstliche Gründung nicht zu umgehen. In den meisten Fällen wird der Zweck, den Druck des Kanals auf den tragfähigen Untergrund zu übertragen, durch eine Pfahlgründung am besten erreicht werden, wobei entweder hölzerne Pfähle oder Eisenbetonpfähle Verwendung finden können. Die Auflageplatte wird entweder mittels Querholmen und eines Bohlenbelags geschaffen (das ist natürlich nur möglich, wenn das tragende Holzwerk dauernd unter dem Grundwasser bleibt) oder die Pfahlköpfe werden einbetoniert. Bei Moorböden muß der Beton gegen die Einwirkung des Moorwassers geschützt werden. Zu dem Zwecke wird entweder das ganze Profil mit einem bituminösen Anstrich versehen oder in Asphaltfilzpappe eingehüllt. Die andere Möglichkeit besteht darin, daß der Beton durch geeignete Beimischungen widerstandsfähig gegen die aggressiven Wässer gemacht wird.

Abb. 114 zeigt die künstliche Gründung eines Regenwasserkanals auf dem Spandauer Südhafengelände. Der Moorboden, auf dem der Kanal verlegt werden mußte, wurde mit hölzernen Pfählen von 25 cm Durchmesser durchfahren. Die Sohle ist aus Eisenbeton hergestellt. Sein Mischungsverhältnis von 1 : 3 wurde als eine ausreichende Sicherung gegen die Moorwässer erachtet, während die Außenflächen oberhalb mit Inertol angestrichen wurden. Abb. 115 zeigt eine Pfahlrostgründung des Hauptvorflutkanals in Kiel.

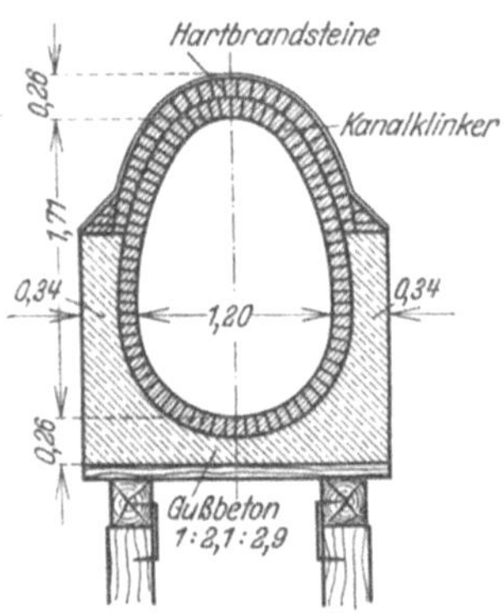

Abb. 115. Pfahlgründung mit hölzernem Rost.

C. Wasserhaltung.

Die Wasserhaltung ist verschieden je nach dem Maß, um das die Sohle der Entwässerungsleitungen unter den Grundwasserspiegel zur Zeit der Bauausführung eintaucht und je nach den Bodenverhältnissen. Die beiden Arten, die zur Anwendung kommen, sind die Tageshaltung, auch wohl offene Wasserhaltung oder Oberflächenwasserhaltung genannt, und die Absenkung des Grundwassers. Die erstere ist in der Ausführung billiger, wenngleich die Güte der Arbeit bei dieser Wasserhaltung vielfach zu wünschen übrigläßt. Mit Rücksicht auf die Wirtschaftlichkeit muß man bestrebt sein, soweit als irgend möglich damit auszukommen. Bei kiesig-sandigen Böden ist dies mit der normalen Aussteifung bis 0,3 m Eintauchtiefe im Mittel möglich. Bei lehmigen und tonigen Böden kann das Wasser auch bei größeren Tiefen oberflächlich gehalten werden. Wendet man in dem unteren wasserführenden Teil der Baugrube senkrechte Absteifungswände an, sei es aus Holz oder aus Eisen, so können größere Tiefen überwunden werden. Das Verfahren hat jedoch technisch und wirtschaftlich seine Grenzen. Sind stark wasserführende Schichten zu durchfahren, und taucht die Entwässerungsleitung so weit in das Grundwasser ein, daß die einfachen Mittel der Tageswasserhaltung versagen, so kommt das Verfahren der Grundwasserabsenkung zur Anwendung, das ein Arbeiten in vollkommen trockener Baugrube gestattet. Vorbedingung dafür ist, daß der Boden das Wasser leicht abgibt, daß es also nicht kapillar gebunden ist, wie bei manchen tonigen Böden.

Um das Grundwasser in der Sohle der Baugrube oberflächlich abzuleiten, wird entweder eine Kiesschüttung oder bei starkem Wasserandrang eine Längsdränage verlegt, die mit durchlässigem Material verfüllt wird. Abb. 116 zeigt ein Beispiel für die Trockenhaltung einer Baugrube in der Nähe von Berlin, wo zwei Dränrohre von 0,16 m Durchmesser verwendet worden sind. In Pumpensümpfen, die in gewissen Abständen angeordnet werden, wird das Wasser dann entweder mittels Handpumpe oder maschinell angetriebenen Pumpen zutage gefördert. Die Tageshaltung hat den Nachteil, daß das Grundwasser dauernd nachströmt und dabei feine Bodenteilchen mit sich führt, durch die das umgebende Erdreich gelockert und angrenzende Bauteile gefährdet werden. Diese Gefahr ist besonders groß, wenn Quellsand oder Fließsand angeschnitten wird, der sich unter dem Druck des Grundwassers bewegt. Durch Spundwände verhindert man zwar das Fließen von der Seite her, der gefährliche Auftrieb von unten bleibt dagegen bestehen. Bei der Emscher-Genossenschaft ist deshalb ein sog. Sicherheitspumpensumpf ausgebildet worden (*102*). Er besteht aus zwei konzentrischen miteinander fest verbundenen Filterrohren, deren Zwischenraum mit Filterkies entsprechender Korngröße ausgefüllt wird. Das untere Ende besitzt ein Verschlußstück mit einer Federklappe, die sich unter Druck von außen schließt. Die Länge beträgt 2 bis 3 m, der äußere Durchmesser 35 bis 50 cm und die Stärke des Kiesmantels 5 cm, siehe Abb. 117. Der Pumpensumpf wird von der

Abb. 116. Baugrubenentwässerung mittels Dränage (nach Hahn und Langbein).

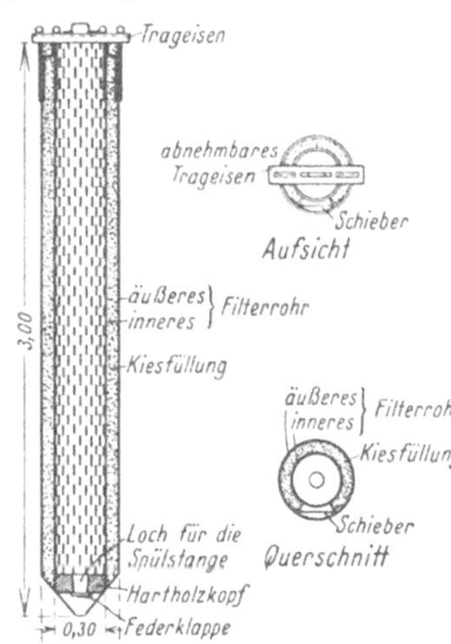

Abb. 117. Sicherheitspumpensumpf der Emscher-Genossenschaft[1].

Sohle der trockenen Baugrube aus mittels eines Rohres eingespült und das in ihm zusammenströmende Wasser mittels Pumpen gefördert. Von dem Pumpensumpf ausgehend wird dann eine Dränage verlegt, die die vollständige Absenkung der Wasserspiegellinie unter die Baugrubensohle bewirkt. Abb. 118 zeigt systematisch den Arbeitsvorgang beim Verlegen einer Rohrleitung. Dieses Verfahren hat sich bei der Emscher-Genossenschaft bewährt und hat den Vorzug größerer Schnelligkeit in der Herstellung eines Pumpensumpfes und größerer Sicherheit gegen die ausspülende Wirkung des geförderten Wassers bei geringen Kosten.

Am vollkommensten wird die Trockenhaltung einer Baugrube erreicht durch die Grundwasserabsenkung. Das Wesen derselben besteht darin, daß der Grundwasserspiegel durch Wasserentnahme aus Brunnen soweit ge-

[1] Nach Ramshorn: Bautechn. 1930 S. 302.

senkt wird, daß die Baugrube vollständig trocken wird und die Aussteifungsarbeiten in der üblichen Weise vorgenommen werden können. Bei diesem Verfahren läßt sich das Mitreißen von feinen Bodenteilchen mit Sicherheit vermeiden. Eine Gefahr für benachbarte Baulichkeiten besteht nur insofern, als bei manchen Bodenarten durch das vorübergehende Trockenlegen eine Volumenverminderung erzeugt wird, die Setzungen zur Folge haben kann. Derartige Vorgänge sind möglich bei Tonboden, Kleiboden und bei moorigen Schichten, so daß in diesen Fällen die Möglichkeit der Anwendung des Verfahrens sorgfältig geprüft werden muß.

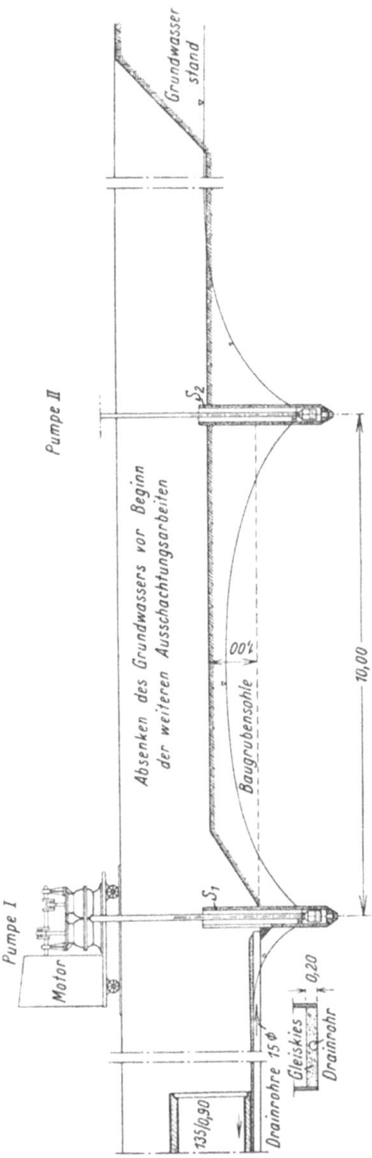

Abb. 118. Grundwasserabsenkung mittels Sicherheitspumpensumpfes[1].

Technisch wird der Zweck der Grundwassersenkung dadurch erreicht, daß in gewissen Abständen Rohrbrunnen abgeteuft werden, in die eine Saugeleitung eingehängt wird. Die Entfernung der Brunnen richtet sich nach der Größe des Wasserandranges, nach den Bodenverhältnissen und nach der gewünschten Absenkungstiefe. Die einzelnen Saugerohre werden an eine Sammelleitung angeschlossen, die mit einer Pumpanlage verbunden ist. Auf der Druckseite derselben schließt eine Druckleitung an, die das geförderte Wasser dem nächsten geeigneten Vorfluter zuführt. Durch das Abpumpen des Grundwassers senkt sich der Wasserspiegel nach dem Brunnen oder der Brunnenreihe nach einer Kurve, die von dem Durchlässigkeitsgrad der Bodenschichten abhängig ist. Die Absenkungskurve muß unterhalb der Sohle der Baugrube verlaufen, um ein Arbeiten im Trockenen zu ermöglichen. Bei den Kanalisationsbauausführungen wird meistens eine Brunnenreihe parallel der Baugrubenachse verlegt. Bei Absenkungstiefen bis zu etwa 3 bis 4 m und bei kiesig-sandigem Boden, für den dieses Verfahren in erster Linie in Betracht kommt, genügen Brunnenentfernungen von etwa 8 bis 12 m bei einem Brunnendurchmesser von 150 mm. Die gesamte Anordnung ergibt sich aus Abb. 119.

Die Brunnen sind entweder **Filterbrunnen**, **Kiesschüttungsbrunnen** oder **Kiespackungsbrunnen**. Mit Rücksicht auf den vorübergehenden Charakter der Absenkungsanlage, die mit fortschreitender Baugrube jeweils mit vorrückt, werden meistens **Filterbrunnen** benutzt, bestehend aus einem durchlochten Rohr, auf dem ein engmaschiges kupfernes Filtergewebe befestigt ist. Die Maschenweite richtet sich nach der Feinheit des Bodens. Die Wiederverwendung dieser Brunnen ist dadurch begrenzt, daß beim Ziehen der Brunnen das Filtergewebe vielfach beschädigt wird. Das wird vermieden bei der aus einzelnen Ringen bestehenden Konstruktion gemäß Abb. 120, die von der Firma Radlik & Co., Berlin, in die

[1] Nach **Ramshorn**: Bautechn. 1930 S. 302.

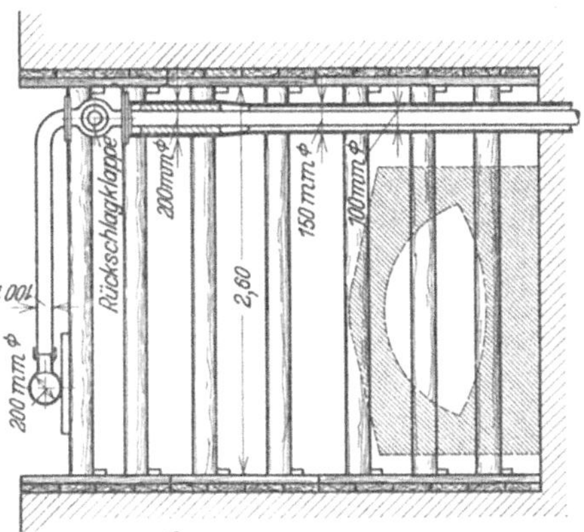

Filterpraxis eingeführt sind. Die Schlitzweite zwischen den einzelnen Ringen kann je nach der Bodenbeschaffenheit gewählt werden, so daß dieses Filter auch bei den Böden feinster Korngröße anwendbar ist.

Bei den Kiesschüttungsbrunnen ist das Gewebe gleichfalls vermieden. Das Zurückhalten der feinsten Bodenteilchen erfolgt durch eine Sandsperre, die um das gelochte Rohr herum so angeordnet wird, daß die Korngröße von innen nach außen abnimmt. Dadurch ergeben sich Bohrweiten von mindestens 450 mm. Die Leistungsfähigkeit dieser Brunnen ist zwar erheblich größer als bei den Filterbrunnen, ihre Herstellung erfordert jedoch sehr viel mehr Zeit, so daß sie nur bei großen Kanalisationsbauten angewendet werden.

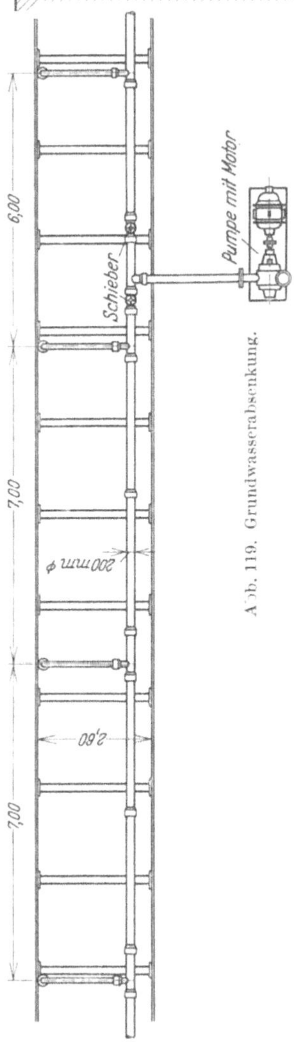

Abb. 119. Grundwasserabsenkung.

Bei den Kiespackungsfiltern wird das Zurückhalten des feinen Sandes durch eine Kiespackung erreicht, die in Taschen konzentrisch um das Filter verlaufend über Tage eingebracht wird. Von den verschiedenen Konstruktionen dieser Art sei das Taschenfilter der Firma Hempel-Charlottenburg erwähnt, das von Schmah bei der Kanalisation der Stadt Ülzen angewendet worden ist (*112*). Der Durchmesser der Bohrrohre war 420 mm im Mittel und das Taschenfilter hatte einen Durchmesser von 330 mm. Das Saugerohr hatte zur Erleichterung des Ziehens der ganzen Konstruktion denselben Durchmesser wie das Taschenfilter. Die Leistungsfähigkeit eines derartigen Brunnens betrug ein Mehrfaches der Filterbrunnen, so daß die Entfernung entsprechend größer gewählt werden konnte. An jedem Brunnen wurde eine Kreiselpumpe von 150 mm lichter Weite unmittelbar angeschlossen, die außerhalb der Baugrube in einem Schacht untergebracht war. Auf diese Weise war die Baugrube vollkommen frei von Leitungen. Eine weitere Steigerung der Leistungsfähigkeit wurde dadurch erreicht, daß eine Bohrlochpumpe in das Saugerohr eingehängt wurde. Der Außendurchmesser der zweistufigen Maschine war 225 mm und der stehende Motor stand mittels einer Laterne über Tage, siehe Abb. 121. Nach den Untersuchungen von Schmah

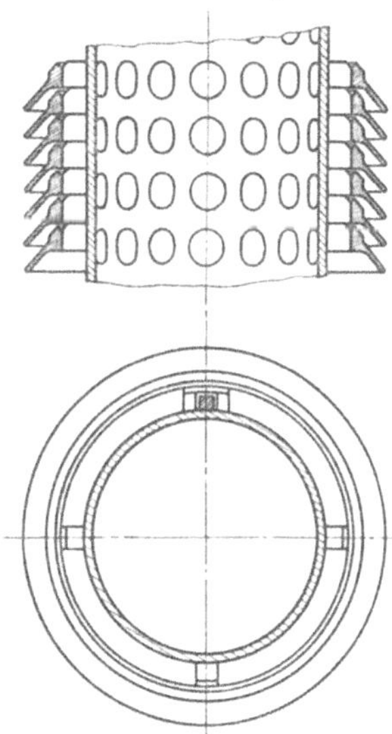

Abb. 120. Ringfilter.

beträgt die Leistungsfähigkeit eines derartigen Brunnens bis zu 110 m³/h, während aus einem Filterbrunnen der üblichen Abmessungen etwa 10 m³/h bei 7,0 m manometrischer Saugehöhe gefördert werden können. Bei den besonderen Untergrundverhältnissen, die in Ülzen vorlagen, konnte durch das Zusammenarbeiten von 2 Brunnen dieser Art bei 120 m Abstand in der Mitte eine Absenkung von 2,0 m erzielt werden.

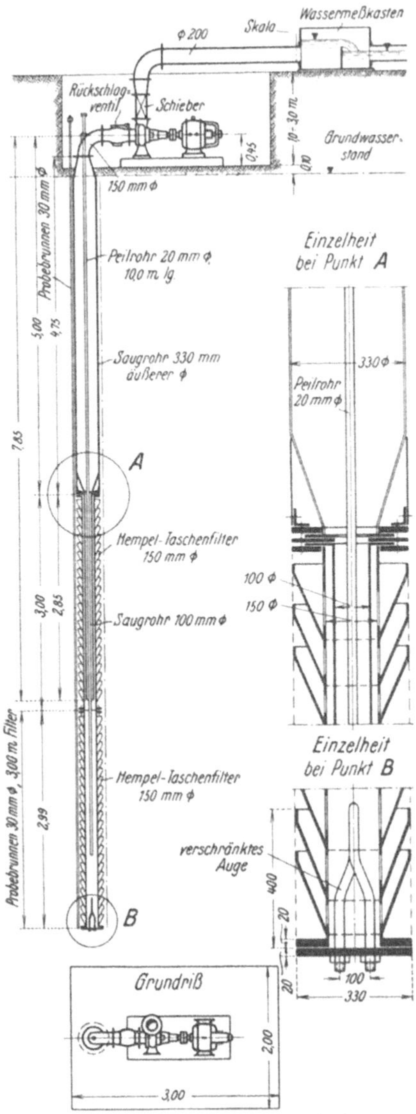

Abb. 121. Grundwasserabsenkung mittels Kiespackungsfilters[1].

Eine bemerkenswerte Kanalbauausführung ist im Jahre 1929 in Köln gemacht worden (*105*). Ein rechtsrheinischer Entwässerungskanal mußte in nächster Nähe des Rheines auf eine größere Strecke mit Rücksicht auf die Verkehrsverhältnisse und die Sicherheit der Gebäude an der Straße im Tunnelbau hergestellt werden. Bei mittleren Rheinwasserständen steigt das Grundwasser über die Sohle des Kanals an, so daß bei dem groben Kies, der durchfahren werden mußte, mit starkem Wasserandrang zu rechnen war. Den Schwierigkeiten, die eine Beseitigung des Wassers beim Vortrieb ergeben hätte, ging man dadurch aus dem Wege, daß eine Senkung des Grundwassers mittels Tiefbrunnen angelegt wurde. Die dabei zu verwendenden Tauchpumpen können in jeder Tiefenlage eingebaut werden und ermöglichen die Senkung des Grundwassers in jeder gewünschten Weise. Die Brunnen wurden vollständig getrennt von der eigentlichen Vorbaustrecke seitlich des Kanalprofils angeordnet und die Druckleitung für die Pumpen über Tage verlegt. Auf diese Weise war es möglich, den Vortrieb in der üblichen Weise mittels Getriebezimmerung zu bewirken, siehe Abb. 122. Bezüglich der theoretischen Grundlagen für die Planung von Absenkungsanlagen und dem Einfluß der Durchlässigkeit des Untergrundes auf die Ausbildung derselben, sowie über die Ausgestaltung der Anlage im einzelnen, muß auf die einschlägige Literatur verwiesen werden.

In diesem Zusammenhang verdient erwähnt zu werden, daß das Grundwasserabsenkungsverfahren zuerst von Stadtbaurat Bredtschneider-Charlottenburg systematisch ausgebildet und bei der Ausführung der Kanalisationsarbeiten im Jahre 1897 zur Anwendung gebracht ist. Ihm gebührt zwar nicht die Urheberschaft für dieses Verfahren — es ist schon früher bei Wasserwerksbauten zur Anwendung gekommen —, dagegen hat er mit diesem Verfahren reiche Erfahrungen gesammelt. Auf Grund dieser ließ er die Fortsetzung der Schnellbahn nach Charlottenburg nur in Gestalt einer

[1] Nach Schmah: Bautechn. 1931 S. 230.

Untergrundbahn zu unter Hinweis auf dieses Verfahren. Der Bau der Untergrundbahnen hat dann den Anstoß zu der großartigen Entwicklung dieses Verfahrens gegeben.

D. Herstellung im Tunnelbau.

Die Entwässerungsleitungen können in offenen Baugruben bis zu Tiefen von 10 und mehr m verlegt werden, ohne daß technische Schwierigkeiten entstehen. Nur die Lagerung des Bodens kann bei diesen Tiefen zu Bedenken Anlaß

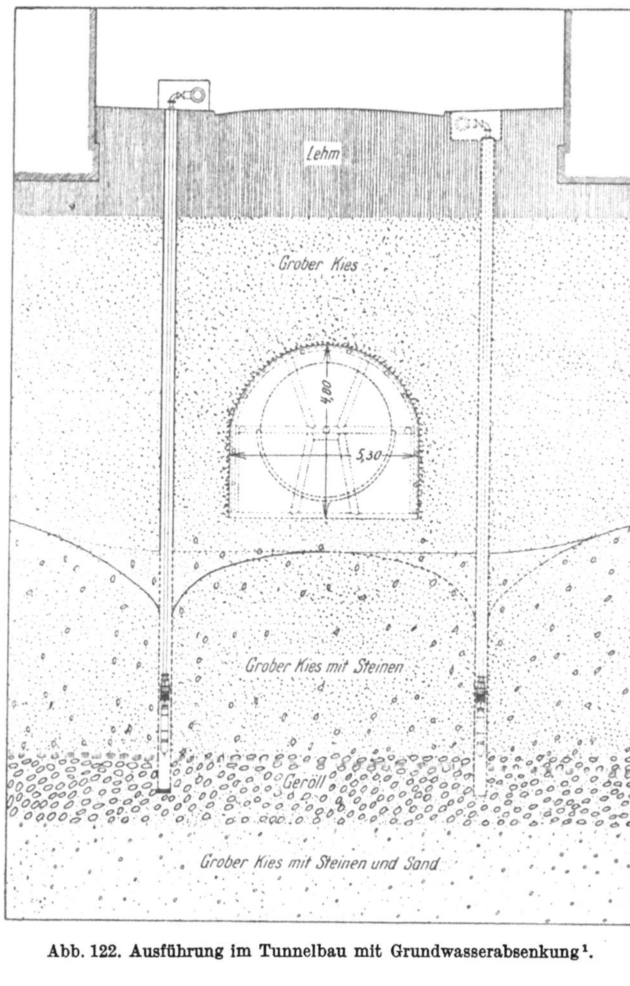

Abb. 122. Ausführung im Tunnelbau mit Grundwasserabsenkung[1].

geben. Beim Aufschichten neben der Baugrube in großer Höhe, namentlich bei einseitiger Lagerung, wird bei nachgiebigem Boden der Erddruck derart vergrößert, daß die gesamte Aussteifung ausweicht und dadurch die Sicherheit der Baugrube in Frage gestellt wird. Die Anwendung der Tunnelbaumethoden bei großen Tiefen gibt bei Ausführung durch einen erfahrenen Unternehmer vollständige Sicherheit in dieser Beziehung, wenngleich die Ausführung selbst schwieriger ist und besondere Sorgfalt angewendet werden muß, um die gleiche Güte der Arbeit zu erreichen.

---

[1] Nach Sichardt: Bautechn. 1929 S. 404.

Von einer gewissen Tiefe an, wird die Herstellung im Tunnelbau auch billiger als die Verlegung in offener Baugrube. Feste Angaben hierüber lassen sich naturgemäß nicht machen. Die Kosten werden vielmehr weitgehend durch die Bodenarten und die ganzen örtlichen Verhältnisse bestimmt. Als Anhalt mag dienen, daß die Grenze, bei der die Kosten sich das Gleichgewicht halten, etwa zwischen 8 bis 10 m liegt. Bei Tiefenlagen von mehr als 8 m ist also durch Kostenvergleich zu prüfen, welches der beiden Verfahren das wirtschaftlichere ist. Auch wenn die Sohle der unterirdischen Leitung unter dem Grundwasser verläuft, ist das Verfahren mittels Tunnelbaues anwendbar, sofern das Grundwasser mittels Absenken beseitigt werden kann, siehe Abb. 122.

Abb. 123. Tunnelbau mit eisernen Ringen[1].

Neben der großen Tiefenlage ist es die Rücksichtnahme auf den Verkehr, die die Ausführung im Tunnelbau zur unbedingten Notwendigkeit machen kann. Beim Kreuzen der Entwässerungsleitungen mit starken Verkehrsknotenpunkten ist vielfach, namentlich im Gebiet der engbebauten Stadt, die Inanspruchnahme der Oberfläche durch die Baugrube unmöglich. Bei Kreuzungen mit Eisenbahnanlagen bietet zwar ein Verlegen in offener Baugrube keine unüberwindlichen Schwierigkeiten, die Ausführung wird jedoch durch den darüber hingehenden Zugverkehr sehr stark behindert und durch die notwendigen Sicherheitsmaßnahmen gestört, so daß im allgemeinen der Tunnelbaumethode der Vorzug zu geben ist.

Ein besonderer Anlaß lag vor für die Herstellung eines Kanals im Tunnelbau beim Ausbau des Systems II in Charlottenburg, den Verfasser im Jahre 1906/07 durchgeführt hat. Der Kanal mußte unter einem noch in Betrieb befindlichen Kirchhofe der Luisengemeinde durchgeführt werden, und jede Störung des Kirchhofbetriebes mußte peinlichst vermieden werden. Er verläuft unter einem Hauptweg in der Mitte zwischen den beiderseitigen Erbbegräbnissen, und ist trotz der geringen Tiefenlage (die Deckung betrug 1,7 bis 2,7 m) hergestellt worden, ohne daß Beschädigungen an der Oberfläche entstanden sind.

Der Bauvorgang ist naturgemäß von dem besonderen Charakter des Gebirges abhängig. Ein im festen Gestein aufgefahrener Stollen bedarf für gewöhnlich keiner besonderen Auszimmerung. Das Tunnelprofil wird dann je nach dem Gebirgsdruck mit eisernen Rahmen und Bohlen gesichert, die gegen den Rahmen verkeilt werden. Abb. 123 stellt die Aussteifung für den Tunnel des Hauptkanals in Elberfeld dar. Die eisernen Rahmen bestehen aus mehreren einzelnen Teilen, die durch Laschen miteinander verbunden sind, und waren auf hölzernen Lagerschwellen abgestützt.

In der überwiegenden Zahl der Fälle wird der Untergrund in unseren Städten

[1] Nach Henneking: Gesundh.-Ing. 1910.

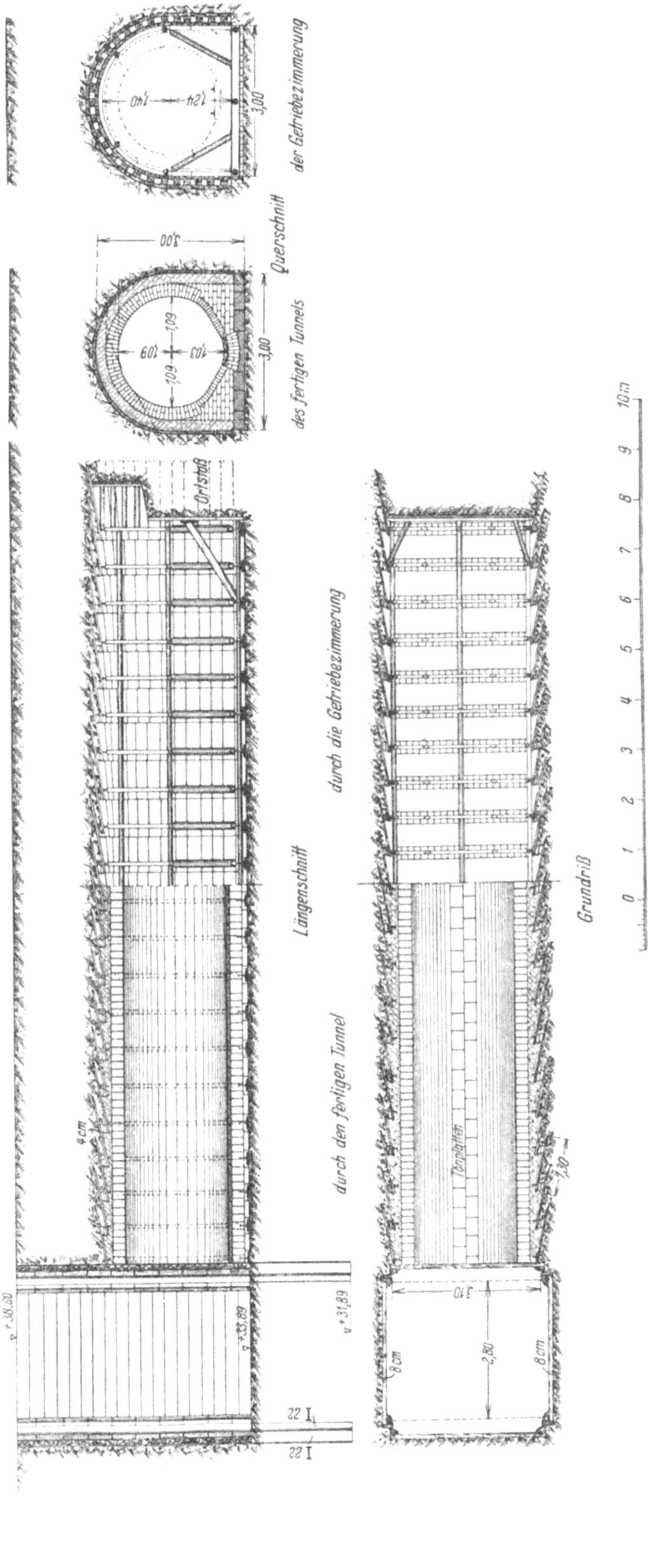

Abb. 124. Tunnelbau mit Getriebezimmerung in Charlottenburg[1].

[1] Nach Geißler: Techn. Gemeindebl. 1906/07 S. 265.

derart sein, daß ein Abschachten ohne sofortiges Abstützen nicht möglich ist. Es kommt deshalb meistens die Getriebezimmerung zur Anwendung. Als Beispiel sei der obenerwähnte Tunnelbau in Charlottenburg näher beschrieben.

Die Türstockrahmen bestanden aus 93 mm hohen eisernen Grubenschienen, die an der Sohle mittels I Nr. 16 fest verbunden wurden. Um den Rahmen bequem einbringen zu können, ist er in 2 gerade Stücke und in 1 Bogenstück aufgelöst, die an Ort durch kräftige Laschen miteinander verbunden wurden. Die Entfernung betrug 0,75 m. Die Länge der Seiten- und Firstbohlen war 1,30 m bei 4 cm Stärke. Bei Beginn des Tunnelbaues wurden zunächst an beiden Enden senkrechte Schächte von 2,80 × 3,10 m nutzbarer Breite hergestellt. Der Vortrieb geschah in der Weise, daß die Bohlen mittels schweren Fäusteln in das

Abb. 125. Ansicht des Tunnels in Charlottenburg [1].

Gebirge eingetrieben wurden. Sodann wurden die Zumachebretter der Reihe nach vor Ort von oben entfernt, das Gebirge an dieser Stelle herausgenommen und sofort ein neues Zumachebrett an den Vortrieb herangedrückt und mittels Spreizenbolzen gegen den Rahmen abgesteift. Die Ausmauerung geschah von der Mitte nach beiden Seiten fortschreitend. Dabei blieben sowohl die einzelnen Rahmen als auch die Bohlen an Ort, da die Gewinnungskosten in keinem Verhältnis zum Materialwert gestanden hätten und überdies zu befürchten gewesen wäre, daß bei der Entfernung der Zimmerung Hohlräume entständen. Abb. 124 gibt die näheren Einzelheiten und Abb. 125 ein Bild des Tunnels mit der begonnenen Ausmauerung.

Abb. 126. Union-Stollendielen.

Die Gründe, die bestimmend waren für den Ersatz von senkrechten hölzernen Bohlen durch eiserne Blechtafeln, gelten in gleicher Weise für die Getriebepfähle. Die Dortmunder Union hat deshalb aus den Kanaldielen sog. Union-Stollendielen entwickelt in 2 Formen *A* und *B*, die beliebig aneinander-

[1] Nach Geißler: Techn. Gemeindebl. 1906/07 S. 265.

gereiht werden können und in Abb. 126 dargestellt sind. Sie sind 1,75 m lang. Ihre Vorzüge sind geringer Eindringungswiderstand und infolgedessen leichtes Vortreiben und geringe Erschütterungen, Überdecken der einzelnen Getriebebleche und großes Widerstandsmoment. Die Dielen haben sich beim Stollenbau für Entwässerungskanäle bestens bewährt. Abb. 127 stellt eine Ausführung in der Nähe des Hauptbahnhofes Duisburg dar. Bei dieser war das lichte Profil des fertigen Kanals nur 90 × 135 cm, so daß im oberen Teile des Querschnittes sehr kleine Krümmungshalbmesser auftraten. Der Zwischenraum zwischen den Blechen ist an den Köpfen ausbetoniert.

Eine Ausführung besonderer Art stellt die Herstellung der neuen Hamburger Stammsiele in den Jahren 1899 bis 1902 dar. Der Kanal hat 2,4 m i. L. und liegt bis zu 20 m unter Oberfläche. Die stark wechselnden Bodenarten zwischen festem Ton und schwimmendem Triebsand gaben Veranlassung, den Vortrieb mittels eines eisernen Brustschildes durchzuführen. Dieses wurde mittels hydraulischer Pressen, in denen ein Druck bis zu 500 Atm. herrschte und die sich gegen das fertige Mauerwerk stemmten, vorgepreßt. Um das Wasser zurückzuhalten, war ein Luftdruck bis zu 11 m Wassersäule erforderlich. Die Wandung des Sieles ist nicht, wie sonst bei den Ausführungen üblich, aus Eisen, sondern im Interesse der Kostenersparnis im Schutze des Brustschildes aus Mauerwerk hergestellt.

Abb. 127. Tunnelbau mittels Stollendielen.

X. Anlagen zum Heben der Abwässer.

A. Allgemeine Anforderungen.

Ein Heben der Abwässer kann aus folgenden Anlässen notwendig werden:

1. wenn ein Teilgebiet so tief liegt, daß seine Abwässer nicht mit natürlichem Gefälle in das Leitungsnetz abfließen können,

2. wenn die natürliche Vorflut des Entwässerungsnetzes bei gewissen Wasserständen des Vorfluters unterbunden ist,

3. wenn eine natürliche Vorflut nach einem öffentlichen Wasserlauf überhaupt nicht besteht,

4. wenn die Reinigung des Abwassers eine Druckhöhe verlangt, die bei natürlichem Gefälle nicht zur Verfügung steht,

5. wenn das Abwasser zur Landbehandlung auf größere Entfernungen weggefördert werden muß,

6. wenn durch das künstliche Heben die Baukosten für eine Kläranlage wesentlich verringert oder mehrere Kläranlagen zu einer Anlage vereinigt werden können.

Die Pumparbeit wird in allen diesen Fällen auf die ganze Dauer des Jahres erforderlich sein. In dem Falle 2 wird das Abwasser nur zu gewissen Zeiten gehoben werden müssen. Die Leistungen der Pumpen schwanken in weiten Grenzen, sofern Brauchwässer und Regenwässer zu fördern sind, da das letztere das 30- und mehrfache des ersteren ausmachen kann. Für den Fall, daß bei gewissen Wasserständen des Vorfluters die Tätigkeit der Notauslässe vollständig unterbunden ist, müssen die Maschinensätze so gewählt werden, daß sie die gesamten in den Kanälen abfließenden Wassermengen ohne jede Entlastung wegzupumpen vermögen, während bei der Entlastung durch Notauslässe nur das 3- bis 6fache der Brauchwassermenge je nach den Verhältnissen des Vorfluters bewältigt werden muß. Ist nur Brauchwasser zu fördern, so sind die Schwankungen in der Förderleistung geringer. Die Hubhöhe ist bei den üblichen Abwasseranlagen nur gering. Es handelt sich in der Mehrzahl der Fälle um nur wenige Meter. Die Reibungshöhe weist gleichfalls meistens nur geringe Werte auf, da die Druckleitungen geringe Längen haben. Nur in dem Fall, daß die Abwässer auf größere Entfernungen, beispielsweise zur Landbehandlung, fortgedrückt werden müssen, kann die gesamte Förderhöhe 50 und mehr m ausmachen.

Es ist nicht Aufgabe dieses Lehrbuches, eine eingehende Behandlung der Fördereinrichtungen zu geben. Es kann sich nur darum handeln, Sonderheiten, die durch den Charakter des Fördergutes, nämlich des Abwassers, bedingt sind, zu erörtern und allgemeine Richtlinien für die Auswahl und Anordnung der Pumpen und Betriebsmaschinen zu geben.

Bei der Ausgestaltung der Abwasserpumpwerke sind folgende von den Reinwasserpumpwerken abweichende Hauptgesichtspunkte zu beachten. Die Pumpen müssen leicht zugänglich sein, so daß etwaige Verstopfungen in kürzester Frist beseitigt werden können. Die Pumpen sollen betriebssicher sein, d. h. gegen mitgeführte Stoffe, wie Lappen, Lumpen, Holzstücke usw. möglichst unempfindlich sein. Die Pumpen müssen in kürzester Zeit betriebsbereit sein, um plötzlich ankommende Wassermengen zu heben, damit Schlammablagerungen im Pumpensumpf und Rückstau in den Kanälen vermieden werden, und endlich darf das Abwasser beim Lauf durch das Pumpwerk und durch das Druckrohr möglichst wenig verändert werden, d. h. es soll die Zeit der Förderung bei langen Druckrohrleitungen nach Möglichkeit abgekürzt werden. Im übrigen gilt natürlich, wie bei allen Betriebseinrichtungen, die Forderung größter Wirtschaftlichkeit.

Eine Vorreinigung des Abwassers vor dem Pumpen ist nur in bescheidenem Ausmaße erforderlich. Die alten Berliner Pumpwerke besitzen Sandfänge in Gestalt eines runden Brunnens, in dem ein senkrechter Rechen, als Durchmesserrechen ausgebildet, eingebaut ist. Sandfang und Rechen werden von Hand gereinigt. Verfasser hat erstmalig in Groß-Berlin in den Jahren 1907/08 den Versuch gemacht, zunächst den Rechen und danach den Sandfang auszuschalten, und hat damit Erfolg gehabt. Die in den Pumpwerken aufgestellten großen Kolbenpumpen wurden mit den Sperrstoffen fertig. Bei den großen Durchgangsquerschnitten gingen sie entweder glatt durch die Pumpen hindurch, oder sie wurden zerschlagen. Ein Beweis für die Leistungsfähigkeit in dieser Beziehung wurde dadurch sehr handgreiflich erbracht, daß eines Tages auf dem Rieselfelde der Stadt Charlottenburg ein großer Kanalstiefel ankam. Nur größere Lappen und Lumpen wurden vereinzelt dem Betrieb gefährlich und zwangen dazu, die Pumpen aufzunehmen. Nach den Erfahrungen, die seit dieser Zeit gesammelt sind, ist es bei großen Maschineneinheiten unbedenklich, das Fördern sämtlicher Sperrstoffe und des anfallenden Kanalsandes den Pumpen zu übertragen. Auch die Kreiselpumpen sind in dieser Beziehung viel weniger empfindlich, als man früher annahm. Die für Abwasserförderung gebauten Pumpen größerer Abmessungen sind in der Lage, alle durch die Kanäle hereingebrachten Schmutzstoffe zu bewältigen. Bei kleinen Maschinensätzen empfiehlt es sich, einen Rechen etwa von 3 bis 5 cm Schlitzweite der Pumpe vorzuschalten, um grobe Sperrstoffe von ihr fernzuhalten.

B. Pumpen und Antriebsmaschinen.

Die Pumpen sind entweder Kolbenpumpen oder Kreiselpumpen. Außerdem kann unter gewissen Voraussetzungen ein pneumatisches Heben mittels Saug- und Druckkessels Vorteile bieten.

In den ersten Jahren des Kanalisationsbetriebes waren ausschließlich Kolbenpumpen in Anwendung. Für ihre Ausgestaltung waren die Erfahrungen vorbildlich, die in Groß-Berlin gesammelt worden sind. Die Kreiselpumpen wurden lange Zeit, auch nach der Verbesserung ihrer Konstruktion für Abwasserförderung, als nicht geeignet erachtet. Erst als in Gestalt des Elektromotors eine Antriebsmaschine zur Verfügung stand, die die gleiche Umdrehungszahl wie die Kreiselpumpe hatte, so daß beide unmittelbar gekuppelt werden konnten, hat sich die elektrisch betriebene Kreiselpumpe im Kanalisationsbetrieb eingeführt, zunächst nur für die Förderung von Regenwasser, später auch für die Förderung von Schmutzwasser.

Kolbenpumpen. Die Pumpen kommen meistens als Doppelpumpen, seltener als einzelne Pumpen, mit Scheibenkolben oder Tauchkolben zur Anwendung. Sie werden unmittelbar von dem Dampfkolben der Verbundmaschinen angetrieben. Der wichtigste Bestandteil, von dem die Leistungsfähigkeit der Pumpe wesentlich abhängt, sind die Klappenventile. Diese waren bei den ersten Ausführungen nur gewichtsbeschwerte Hängeklappen, die sich unter ihrem eigenen Gewicht schlossen. Die Folge davon war, daß nur eine geringe Umdrehungszahl, bis zu 20 je Minute, zugelassen werden konnte, wodurch die Wirtschaftlichkeit der Pumpmaschinen stark beeinträchtigt war. In der weiteren Entwicklung wurde die schnellaufende Pumpe mit gesteuerten Klappen eingeführt, bei der die Umdrehungszahl auf das 4fache gesteigert werden konnte und eine bessere Ausnützung der Dampfmaschinen sich ergab. Vermöge des großen Durchgangsquerschnittes sind diese Pumpen als Abwasserpumpen besonders geeignet, so daß mitgeführte sperrige Stoffe ohne Gefährdung des Betriebes die Pumpen passieren können. Der einzige Nachteil, der diesen Pumpen anhaftete, bestand darin, daß die Welle, durch die die Ventile gesteuert wurden, an der Durchdringung des Pumpengehäuses infolge des vom Kanalwasser mitgeführten Sandes einem starken Verschleiß unterlag. Dieser wurde behoben durch die Einführung von federbelasteten Ventilen, die vollständig im Pumpengehäuse eingeschlossen waren.

Diese so gestalteten Kolbenpumpen sind auch heute noch in technischer und wirtschaftlicher Beziehung durchaus brauchbare Fördermaschinen. Sie haben den Vorzug eines günstigen Wirkungsgrades, der etwa zwischen 85 bis 90% liegt, und können sich den schwankenden Betriebsverhältnissen, die durch den wechselnden Wasserzufluß bedingt sind, in bester Weise durch Änderung der Drehzahl anpassen. Auch die bei den Kolbenpumpen in erster Linie in Frage kommende Dampfkraft arbeitet durchaus wirtschaftlich, so daß Kolbenpumpen mit Dampfmaschine dann in Frage kommen, wenn im Dauerbetrieb große Wassermengen zu haben sind. Es werden auch wohl Kolbenpumpen mit Elektromotoren mittels Riemenantriebs gekuppelt (Abb. 128). In diesem Aggregat ist dann der Vorteil der sofortigen Betriebsbereitschaft, der durch den Elektromotor gegeben ist, verbunden mit einem guten Wirkungsgrad.

Zentrifugalpumpen. Sie haben gegenüber Kolbenpumpen den Vorzug, daß sie ein geringes Gewicht haben, daß der Raumbedarf für ihre Unterbringung kleiner ist und infolgedessen die Gesamtkosten der Anlage erheblich geringer sind. Infolge ihrer Schnelläufigkeit sind sie besonders geeignet, mit Elektromotoren gekuppelt zu werden und geben auf diese Weise eine Pumpmaschine, die jederzeit betriebsbereit und einfach zu bedienen ist. Dagegen sind diese Pumpen den Kolbenpumpen gegenüber dadurch im Nachteil, daß der Wirkungsgrad ungünstiger ist, und daß sich die Maschine nur schlecht einer Änderung der Fördermenge und Druckhöhe anpassen kann. Der Wirkungsgrad schwankt bei guten Anlagen zwischen 70 bis 80%. Bei guter Ausführung und geschickter Anpassung an die Betriebsverhältnisse kann leicht ein Wirkungsgrad von 75% erreicht werden.

Als Betriebskraft kommt für diese Maschinen in erster Linie die elektrische Energie in Frage. Dadurch ist diese Pumpmaschine der mit Dampf betriebenen Kolbenpumpe wirtschaftlich weiter unterlegen, da im allgemeinen der elektrische Strom von Werken bezogen werden muß, die wirtschaftlich selbständig sind, und der Strompreis beim Bezug von fremden Werken für die Einheit der Energie höher ist als bei der eigenen Dampferzeugungsanlage. Die elektrisch angetriebene Kreiselpumpe kommt deshalb vorzugsweise als Regenwasserpumpe beim Mischverfahren zur Anwendung, bei dem die Pumpzeit im ganzen nur kurz ist und eine sofortige Betriebsbereitschaft unbedingt erforderlich ist. Desgleichen behauptet die Kreiselpumpe unbedingt das Feld, wenn das Abwasser nicht dauernd gehoben zu werden braucht, sondern die Pumpzeit beschränkt ist, wie in dem Fall zu 2. Das Anwendungsgebiet erstreckt sich endlich auf alle Betriebe, die zur Ersparnis an Bedienungskosten selbsttätig ausgebildet werden. Hier ermöglicht die elektrisch angetriebene Kreiselpumpe einen durchaus sicheren Betrieb, der sich den verschiedenen Belastungsverhältnissen in einfachster Weise anpaßt.

Abb. 128. Kolbenpumpe mit Elektromotor (nach Hahn und Langbein).

Der Nachteil der elektrisch betriebenen Kreiselpumpe besteht darin, daß sie nur in geringem Ausmaße sich den wechselnden Druckhöhen anpassen kann, d. h. daß die Förderleistung bei wechselndem Druck zurückgeht. Es gibt zwar verschiedene Regeleinrichtungen, um die Umlaufzahl den Druckverhältnissen entsprechend zu regulieren, wie Polumschalter usw. Ihre Wirkung ist jedoch beschränkt. Es ist deshalb besonderer Wert darauf zu legen, durch Unterteilung der Anlage in einzelne Maschinensätze sich den auftretenden Schwankungen so vollkommen als möglich anzupassen und dadurch den Wirkungsgrad der gesamten Anlage zu verbessern. Man wählt gewöhnlich zwei Pumpen verschiedener Leistungsfähigkeit für den Trockenwetterabfluß mit einer Reserve und außerdem Regenwasserpumpen größerer Stärke, die zusammen die größten ankommenden Regenwassermengen zu fördern imstande sind. Im einzelnen Falle ist durch genaue Berechnung zu bestimmen, auf welche Weise der Betrieb am günstigsten geführt wird. Aus Gründen der Betriebssicherheit kann auch wohl die ganze Anlage in zwei Teile untergeteilt werden, denen die elektrische Energie unabhängig voneinander zugeführt wird.

Eine andere Möglichkeit, die unzweckmäßige Belastung auszugleichen und den Wirkungsgrad der Anlage zu verbessern, besteht darin, ein Rückhaltebecken der Pumpanlage vorzuschalten. Dieses speichert die Wassermenge auf und aus ihm entnimmt bei einem bestimmten Wasserstand die Pumpe das Wasser, um es mit gleichmäßiger Belastung zu fördern. Allen diesen Anlagen haftet, wie bereits ausgeführt, der Übelstand an, daß während des Aufenthaltes das Wassers im Becken dieses die Schmutzstoffe nach unten abgibt und das Becken

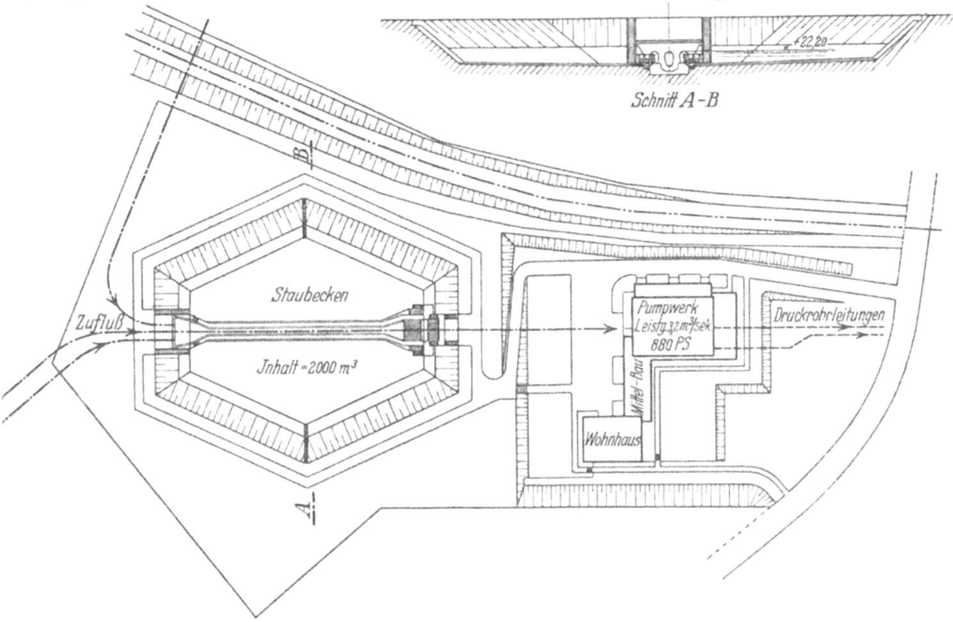

Abb. 129. Staubecken am Pumpwerk Hamborn-Schmidthorst.

verschlammt, wodurch das darüber abfließende Wasser ungünstig beeinflußt wird. Es müssen also besondere Einrichtungen zur Beseitigung des Schlammes getroffen werden. Beschränkt man die Inanspruchnahme des Rückhaltebeckens auf die Regenwasserführung, so ist die Schlammablagerung nur gering, so daß sich der Betrieb einfacher gestaltet. Ein Staubecken, das in erster Linie die Sicherheit des Betriebes gewährleisten soll, ist bei dem Pumpwerk Hamborn-Schmidthorst geschaffen. Es hat nur einen verhältnismäßig kleinen Inhalt von 2000 m³ und hat die Aufgabe, die höchsten Zuflußspitzen auszugleichen und bei plötzlich eintretenden Störungen infolge Ausbleibens elektrischen Stroms einen schädigenden Rückstau in die Kanäle und in die Keller der angeschlossenen Häuser zu vermeiden, siehe Abb. 129.

Die Pumpen wurden vor einigen Jahren nur mit horizontalen Drehachsen gebaut. Das Saugerohr schließt axial an, während das Druckrohr tangential von dem Gehäuse abgeht. Abb. 130 stellt ein Pumpenaggregat für kleinere und mittlere Wassermengen der Firma Gebr. Sulzer A.G.-Ludwigshafen dar. Bei großen Druckhöhen, die bei der Förderung des Abwassers auf Rieselfelder vorkommen, ist eine Vereinigung der verschiedenen Stufen in einem Gehäuse wie bei Reinwasser nicht möglich, da die Umlenkung der Bewegungsrichtung zu Verstopfungen Anlaß gibt. In einem solchen Falle werden zwei oder mehrere selbständige Pumpen aufgestellt, die nacheinander beaufschlagt werden, wie beispielsweise im Pumpwerk Reichenberger Straße in Berlin (Abb. 131)[1]. Die

Abb. 130. Limax-Kreiselpumpe (Gebr. Sulzer A.-G., Ludwigshafen).

Pumpe hat die Aufgabe, die Regenwassermenge nach dem rund 12 km entfernten Rieselfelde zu drücken. Sie fördert in zwei Stufen 210 bis 250 l/s auf 44 bzw. 39 m Gesamtförderhöhe und ist mit einem Elektromotor von 250 PS ge-

Abb. 131. Regenwasserpumpen im Pumpwerk Reichenberger Straße in Berlin.

kuppelt bei 970 Umdrehungen in einer Minute. Durch die reichlich vorgesehenen Reinigungsöffnungen ist es möglich, Verstopfungen in wenigen Minuten zu beseitigen.

Neuerdings wird die Kreiselpumpe liegend mit senkrechter Welle gebaut und diese Welle mit dem darüberliegenden Motor unmittelbar gekuppelt, siehe Abb. 132. Diese Bauart hat den großen Vorzug, daß die Pumpe unmittel-

[1] Lieferwerk: Maschinenbau-A.G. vorm. Ehrhardt & Sehmer, Saarbrücken, Abt. Pumpenbau der Maffei-Schwartzkopff-Werke.

bar über dem Wasserspiegel eingebaut werden kann, so daß das Saugerohr ganz kurz wird, oder gar unter dem Wasserspiegel, so daß die Pumpe vollläuft und jeder Zeit angelassen werden kann. Unabhängig davon kann der Motor so hoch aufgestellt worden, daß er in jedem Fall hochwasserfrei liegt und im Störungsfalle nicht in Gefahr kommt, überflutet zu werden. Ferner beansprucht die ganze Anlage infolge der Anordnung übereinander verhältnismäßig kleine Räume, was besonders bei unterirdischem Einbau oder bei schwieriger Grundwasserhaltung von Bedeutung ist. Infolge dieser Vorzüge kommen die Maschinensätze mit senkrechter Welle in immer größerem Ausmaße zur Anwendung.

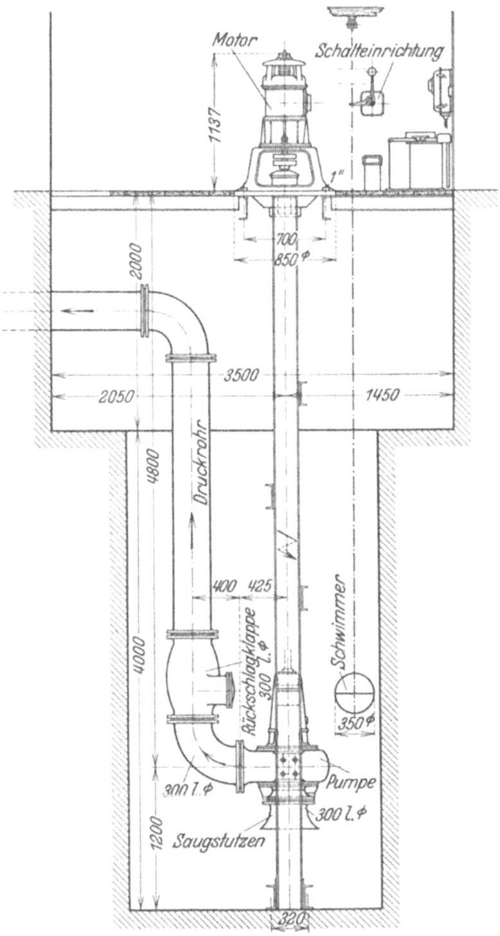

Abb. 132a.

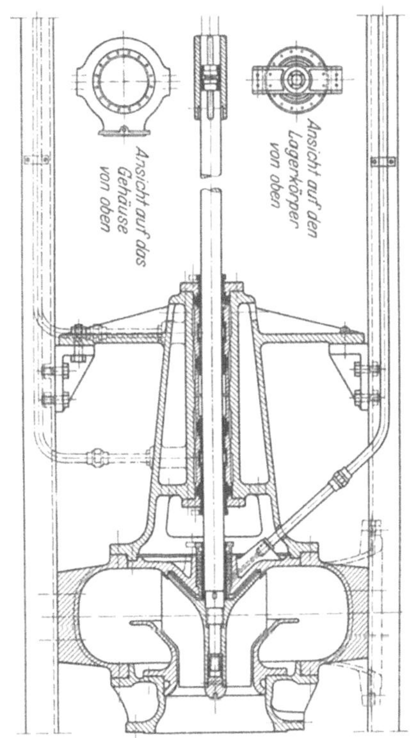

Abb. 132b.

Abb. 132a und b. Kreiselpumpe mit senkrechter Welle.

Neben den Elektromotoren kommt auch der Dieselmotor als Antriebsmaschine für Kreiselpumpen in Frage. Für seine Verwendung bestimmend ist die Möglichkeit, die Umlaufszahl in weiten Grenzen zu regulieren, und der Umstand, daß er trotz der höheren Anlagekosten gegenüber den Elektromotoren im Betrieb am billigsten ist. Er kann unmittelbar mit der Pumpe gekuppelt werden. Betrieblich günstiger ist es, wenn seine Umdrehungszahl von etwa 200 bis 300 in der Minute durch eine Zahnradübersetzung auf die für die Kreiselpumpe wirtschaftlichste Drehzahl gesteigert wird. Ferner ist er in wenigen Minuten betriebsfertig und im ganzen sehr anspruchslos bezüglich der Bedienung. Wegen der letzteren Eigenschaften ist der Dieselmotor in den Pumpwerken der Stadt

Berlin in größerer Anzahl als Zusatzmaschine für Regenwasserförderung aufgestellt worden.

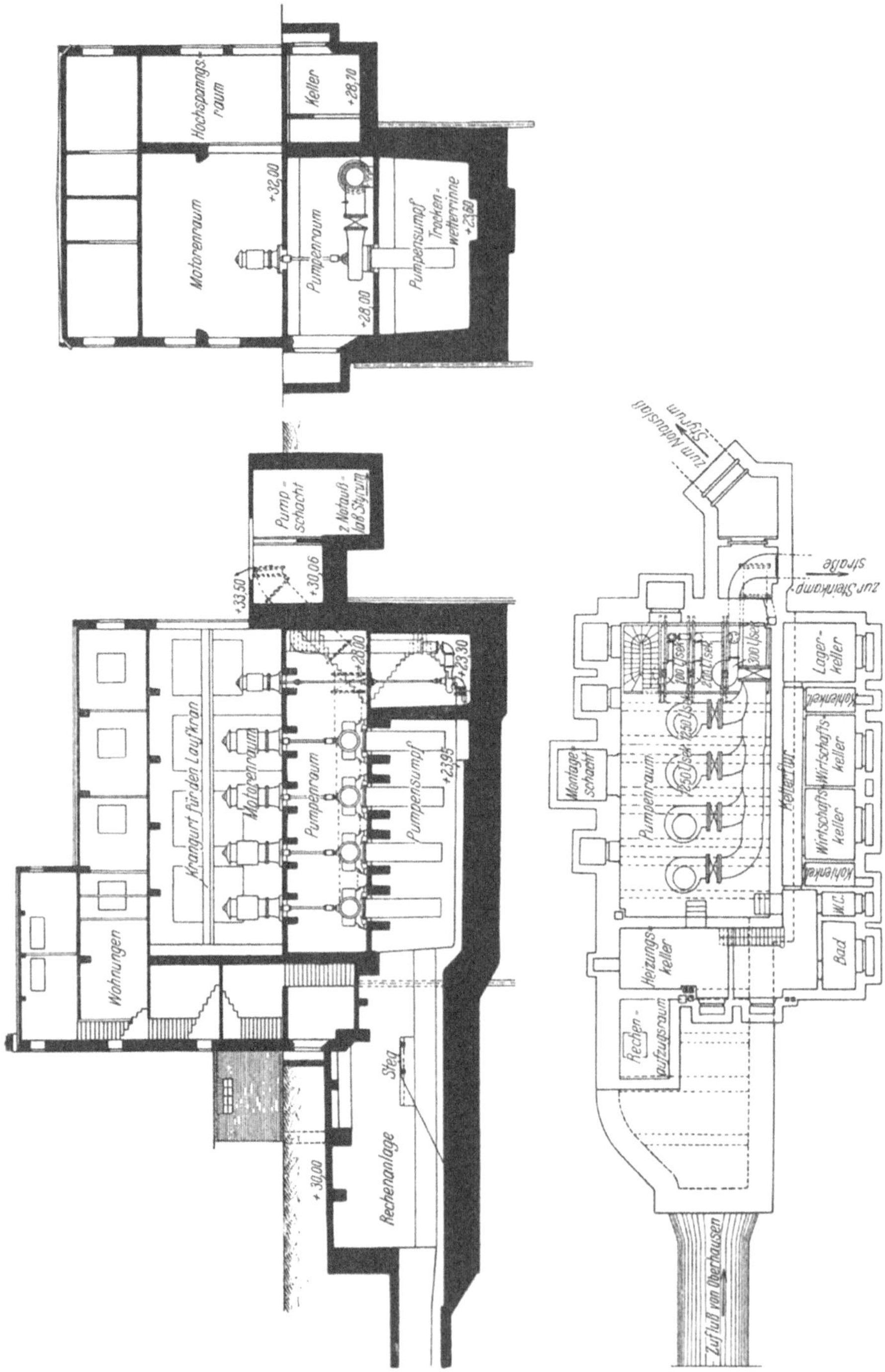

Abb. 133. Pumpwerk Oberhausen-Altstaaden.

Die entwickelten Konstruktionsgrundsätze sollen nachstehend an Hand einzelner Beispiele noch näher erläutert werden.

1. Pumpwerk Oberhausen-Altstaaden des Ruhr-Verbandes (*124*), Abb. 133.

Das Pumpwerk fördert die gesamten Abwässer der beiden Tiefgebiete der Stadt Oberhausen. Das Profil des einmündenden Kanals ist für eine errechnete Wassermenge von 3,75 m^3/s ausgeführt. Die ankommenden Wassermengen gehen zunächst durch einen Flachrechen von 4 cm Schlitzweite, der von Hand gereinigt wird und gelangen danach in den Pumpensumpf. Im Pumpwerk sind drei Maschinensätze für Trockenwetterabfluß mit 100, 200 und 300 l/s Leistung und zwei Maschinensätze von je 250 l/s Leistung für Regenwetter aufgestellt. Die Trockenwetterpumpen sind so tief angeordnet, daß sich besondere Saugerohre erübrigen und werden automatisch betrieben. Die Motore springen nacheinander bei einem bestimmten Wasserstand im Pumpensumpf selbsttätig an und schalten sich selbsttätig wieder aus. Die Regenwasserpumpen werden von Hand mit Druckknopfbedienung angelassen. Die Trockenwetterpumpen werden mit Niederspannungsstrom von 380 V und die Regenwasserpumpen mit Hochspannungsstrom von 5000 V gespeist. Das Pumpwerk hebt das gesamte Abwasser um 5,26 m auf die Höhe des Hauptsammlers, der zum Rhein führt.

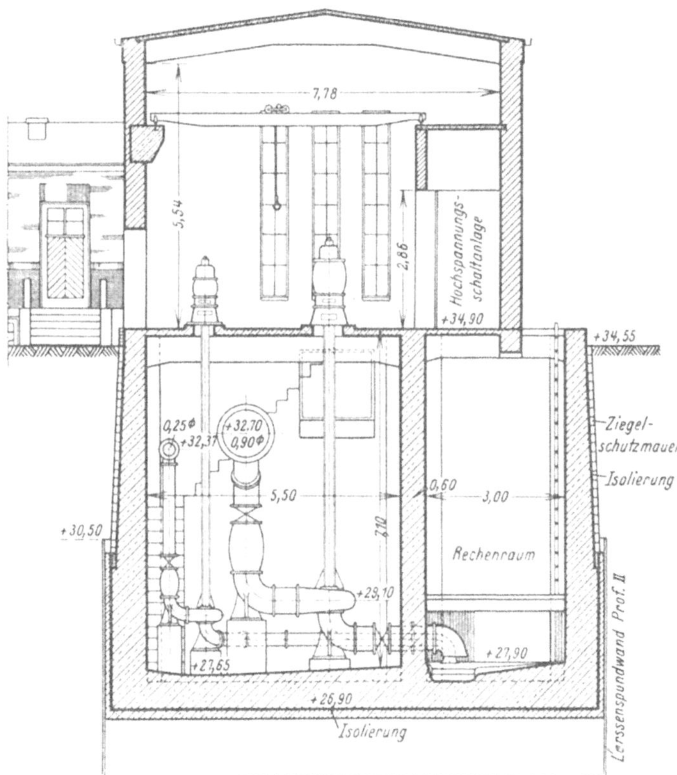

Abb. 134. Pumpwerk Sterkrade [1].

2. Pumpwerk Sterkrade der Emscher-Genossenschaft (*129*), Abb. 134.

Das Einzugsgebiet des Pumpwerkes ist rund 110 ha groß. Die Abwässer dieses Gebietes werden in die Emscher gehoben. Das Pumpwerk ist vorläufig auf 1,1 m^3/s ausgebaut und soll später auf 2,1 m^3/s erweitert werden. Es sind vorhanden eine Pumpe von 100 s/l und zwei Pumpen von je 500 l/s. Die Förderhöhe beträgt 4 bis 4,5 m. Die Pumpen sind tief gelagert und unmittelbar mit den Drehstrommotoren durch eine senkrechte Welle gekuppelt. Die Saugerohre saugen aus einem daneben liegenden Pumpensumpf, der über Tag entlüftet ist, und in den das Abwasser eintritt, nachdem es einen Rechenraum passiert hat. Der mit 5000 V ankommende Strom wird durch Umformer auf die Betriebsspannung von 380 V umgeformt. Die Inbetriebsetzung geschieht selbsttätig durch Schwimmer. An die Trockenwetterpumpe schließt ein Druck-

[1] Nach Ramshorn: Bautechnik 1930 S. 331.

rohr von 0,25 m Durchmesser an, während die Regenwasserpumpe in ein zweites Druckrohr von 0,5 m Durchmesser fördert.

3. Beispiel für kleinere Abwasserpumpwerke.

Als typisches Beispiel für kleinere Abwasserpumpwerke möge in Abb. 135 eine der neuesten Ausführungen der Emscher-Genossenschaft nach (*129*) näher beschrieben werden.

Das Pumpwerk hat bei Trockenwetter einen Zufluß von 50 l/s und bei Regenwetter einen höchsten Zufluß von 1300 l/s. Das Abwasser wird in einem offenen Graben herangeführt, der durch Aufstau als Rückhaltebecken benutzt werden kann. Infolgedessen war es möglich, die größte Pumpleistung auf 700 l/s herunterzudrücken. Pumpensumpf, Pumpenraum und Motorraum sind in einem runden Brunnen von 5,5 m übereinander angeordnet, so daß sich eine sehr günstige Raumnützung ergibt. Die Pumpen sind unter der Sohle des Zuflußkanals eingebaut, wodurch sich besondere Ansaugeeinrichtungen erübrigen. Der Antrieb geschieht durch elektrische Motoren mit senkrechter Welle. Eisenkonstruktionen legen die gegenseitige Lage von Motor und Pumpe fest und tragen die Zwischenlager der Welle. Der Betrieb ist vollkommen selbsttätig durch Schwimmerübertragung geregelt. Die Sohle des Brunnens ist so ausgebildet, daß etwaige Schlammablagerungen durch das Arbeiten der Pumpen beseitigt werden.

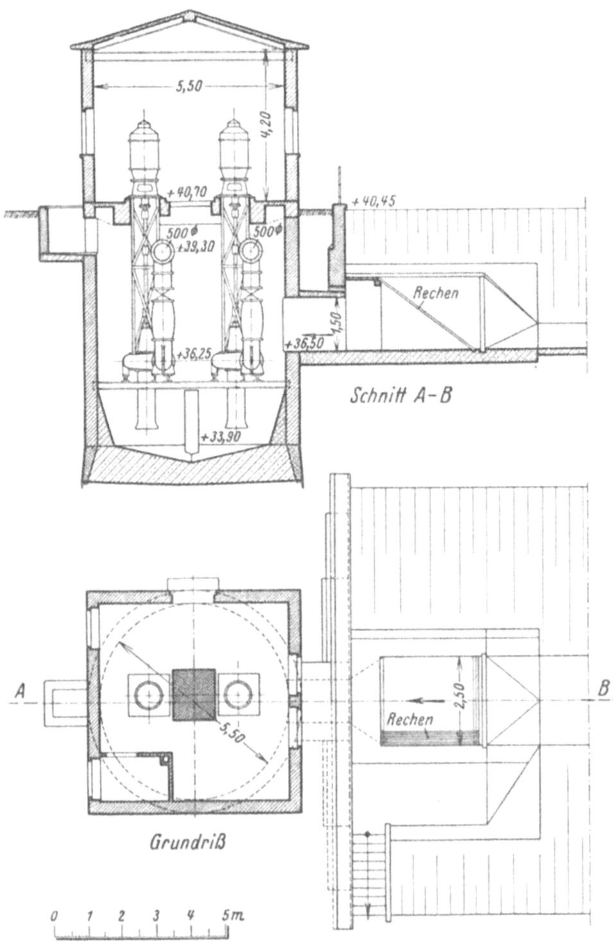

Abb. 135. Abwasserpumpwerk der Emscher-Genossenschaft [1].

C. Pneumatische Pumpwerke.

Bei diesem Verfahren werden zwei Kessel abwechselnd evakuiert und unter Druckluft gesetzt. Durch die Luftverdünnung wird das Abwasser angesaugt und durch Einführen von Druckluft wird es weiter gefördert. Die Vorteile bestehen darin, daß in der Tiefe der Brunnen keine bewegten Maschinenteile notwendig sind und daß die ganze Anlage unempfindlich gegen Schlamm und Sand ist, so daß sie voll-

[1] Nach Ramshorn: Bautechnik 1930 S. 332.

ständig betriebssicher arbeitet. Der Wirkungsgrad dieser Pumpwerke weicht bei guten Konstruktionen nur wenig von dem der Kreiselpumpen ab. Sie beanspruchen aber verhältnismäßig große Räume. Unter besonderen Verhältnissen können sie gleichwohl in der Gesamtwirkung den anderen Hebewerken überlegen sein.

Abb. 136 stellt ein Pumpwerk der Kanalisation der Stadt Breslau dar, das von der Firma Radlik & Co.-Berlin konstruiert ist. Die Leistung beträgt 260 m^3/h bei einer maximalen Förderhöhe von 7,4 m. Der Kompressor saugt gleichzeitig den einen Kessel leer, während der andere unter Druck gesetzt wird. Bei dem dargestellten Betriebszustand ist der rechte Kessel Druckkessel, der linke Saugkessel. Die ganze Hebeanlage wird bei einem bestimmten Wasserstand durch Schwimmschalter eingeschaltet und die Umsteuerung geschieht selbsttätig. Die Anlage ist vollständig betriebssicher und fördert bei den großen Querschnittsabmessungen alle im Wasser mitgeführten Schmutzstoffe, so daß sich jede Vorreinigung erübrigt.

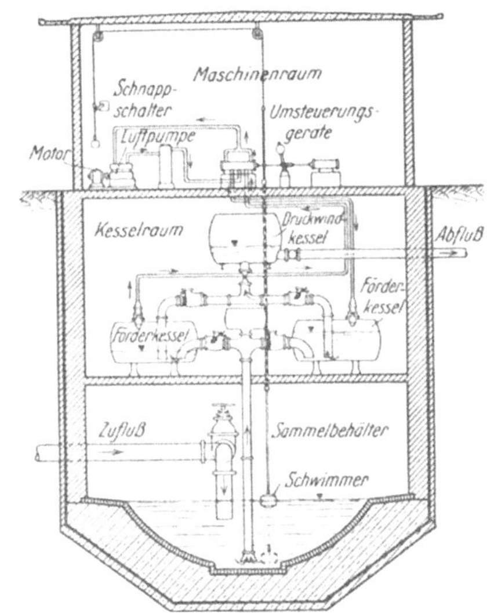

Abb. 136. Pneumatisches Pumpwerk in Breslau.

D. Druckrohrleitungen.

Für die Druckleitungen der Abwasserhebewerke sind die gleichen Gesichtspunkte ausschlaggebend wie für die Druckleitungen der Wasserversorgung, die die Verbindung zwischen den tiefliegenden Gewinnungsstellen und den hochliegenden Speicherräumen darstellen. Die besondere Art des Fördergutes hat auf die Gestaltung nur insoweit Einfluß, als reichlich Entlüftungseinrichtungen vorgesehen werden müssen, um die Gase, die sich in dem Abwasser bilden, aus der Leitung entfernen zu können.

Die statische Förderhöhe ist bei dem Heben des Abwassers meistens gering. Die Widerstandshöhe, die abhängig ist von der Länge der Leitung, bewegt sich gleichfalls häufig in engen Grenzen. Nur bei langen Druckrohrleitungen zum Fördern des Abwassers auf weit entfernt liegende Rieselfelder ergeben sich höhere Werte. Die größte Länge der Berliner Druckrohre beträgt 25,2 km und die höchste manometrische Förderhöhe 55 m.

1. Rohrmaterial und Rohrverbindungen.

Als Rohrmaterial kommen in Frage: *Gußeisen*, *Schmiedeeisen*, *Schleuderbeton*. Bis zu Anfang dieses Jahrhunderts wurden ausschließlich gußeiserne Rohre verwendet. Das Material ist rostbeständig, und die Rohre bieten mit ihrer verhältnismäßig großen Wandstärke Sicherheit gegen innere und äußere Angriffe. Nur in besonderen Fällen, in denen an das Material sehr große Anforderungen hinsichtlich der Festigkeit und Elastizität zu stellen waren, wurde den schmiedeeisernen Rohren der Vorzug gegeben, wie beispielsweise bei Flußkreuzungen (Dükern), bei Eisenbahnkreuzungen, auf Brücken usw. Seit reichlich zwei Jahrzehnten treten die schmiedeeisernen Rohre mit den gußeisernen in scharfen Wettbewerb. Sie bestehen aus überlappten Blechen von 34 bis 45 kg/mm^2 Festigkeit und einer Mindestdehnung von 20%. Sie werden mittels Wassergases zusammengeschweißt und mit Hämmern oder Rollen gründlich zusammengearbeitet. Die Schweißnaht hat eine Festigkeit von mindestens 90% der Mindestfestigkeit des vollen Bleches. Bei kleineren Abmessungen kommt auch wohl die autogene Schweißung zur Anwendung.

Die Widerstandsfähigkeit der beiden Eisensorten gegen Verrosten war in früheren Jahren vor allem bestimmend für die Auswahl. Man war vielfach der Meinung, daß das schmiedeeiserne Rohr in dieser Beziehung unterlegen sei. Diese Frage tritt jedoch bei dem jetzigen Stand der Technik zurück, nachdem es gelungen ist, die Rohre mit einem Überzuge zu versehen, der allen Anforderungen entspricht. Eine Rostbildung von innen ist bei den Kanalisationsrohren nicht zu befürchten, da das Wasser in den meisten Fällen alkalisch ist. Dazu kommt noch, daß sich die innere Rohrwandung sehr bald mit einer fettigen schleimigen Haut überzieht, die eine innere Schutzschicht bildet und das Eisen gegen jeden Angriff im Innern schützt. Die Zerstörung durch Rost unter äußeren Einflüssen wird durch den Rostschutz, den der Schweißrohr-Verband Mühlheim an der Ruhr jetzt allgemein anwendet, mit Sicherheit verhindert. Wie Abb. 137 dartut, wird das Rohr zunächst innen und außen mit einem Grundanstrich versehen und danach eine Bitumenmasse aufgestrichen. Das so vorbehandelte Rohr wird mit einer mit Bitumen durchtränkten Wollfilzpappe umwickelt, die nochmals mit Bitumen angestrichen und zum Schutz gegen strahlende Wärme mit Talkum abgestreut wird. Ist danach die Rostfrage in erster Linie eine Rostschutzfrage, die bei beiden Rohren als gelöst gelten kann, so ergeben sich bei dem Vergleich gewisse Unterschiede. Das überlappte Schweißrohr hat folgende Vorzüge gegenüber dem gußeisernen Rohr:

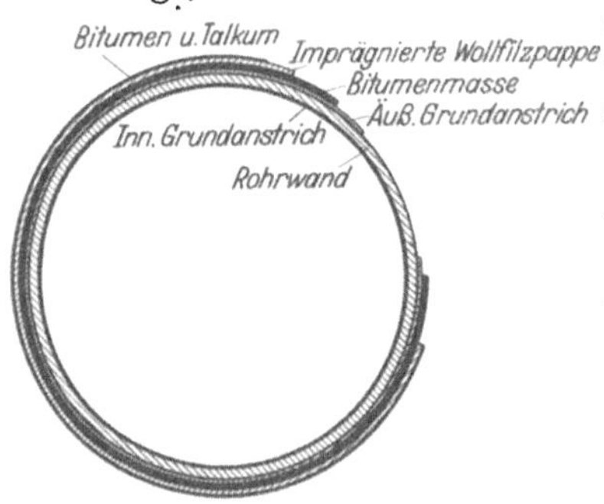

Abb. 137. Rostschutz der eisernen Rohre des Schweißrohr-Verbandes.

1. Es besitzt eine größere Elastizität und größere Bruchsicherheit. Beim Verlegen der Rohre in städtischen Straßen ist dies von großer Bedeutung, da Bewegungen in dem umgebenden Erdreich infolge der starken Belastung mit Leitungen aller Art nicht zu vermeiden sind.

2. Die Spannungen in den Rohren, die zuweilen bei gußeisernen Rohren gefährlich werden, sind durch Ausglühen der Rohre und durch das Vergüten der Schweißnaht ausgeschlossen.

3. Es besitzt eine normale Baulänge von 8,0 m. In Ausnahmefällen können mit einer Rundnaht Längen bis zu 16 m hergestellt werden. Infolge der großen Baulängen wird an Muffenverbindungen, die immer Gefahren des Rohrstrangs darstellen, gespart und die Montagezeit abgekürzt.

4. Es hat ein geringes Gewicht, so daß es leichter zu bewegen ist und die Transportkosten geringer ausfallen.

5. Es ist bei den großen Abmessungen wirtschaftlicher.

Der Vorzug der gußeisernen Rohre liegt in der steiferen Muffe, wodurch eine größere Sicherheit gegen Undichtwerden der Muffenverbindungen gegeben ist. Einen erheblichen Fortschritt gegenüber den stehend gegossenen Rohren stellen die im Schleudergußverfahren hergestellten Rohre dar. Bei ihnen sind innere Spannungen, die den ersteren zuweilen gefährlich werden und zum Bruch führen, durch die Art der Herstellung ausgeschlossen. Außerdem haben die Rohre eine größere Biegefestigkeit, höhere Korrosionsbeständigkeit und größere Baulänge.

Das Anwendungsgebiet der beiden Rohrarten dürfte sich danach wie folgt abgrenzen lassen: Bei Rohren größerer Abmessungen von 500 mm und mehr Durchmesser kommt in erster Linie das schmiedeeiserne Rohr in Frage. Bei kleineren Abmessungen sind beide etwa gleichwertig. In städtischen Straßen verdient das schmiedeeiserne Rohr den Vorzug, während in den unbebauten Außengebieten unbedenklich beide Rohrarten Verwendung finden können. Liegen Bodenarten mit aggressiven Eigenschaften vor, so bedarf es in jedem Falle eines guten äußeren Schutzes.

Die Verbindung der Rohre untereinander geschieht bei gußeisernen Rohren durchweg mit Muffen. Im Interesse der Betriebssicherheit, d. h. um ein Herauspressen der Dichtungsmaterialien zu vermeiden, werden an Stelle der zylindrischen Muffen solche konischer Form verwendet. Abb. 138 stellt die Muffe der Druckrohre der Berliner Stadtentwässerung dar. Bei großen Drücken wird die Muffe noch durch besondere Ringe gesichert. Die schmiedeeisernen Rohre werden auf der normalen Strecke gleichfalls mit Muffen verlegt, die eine gewisse Bewegung des Rohrstrangs zulassen. Abb. 139 zeigt die Konstruktion der Muffe

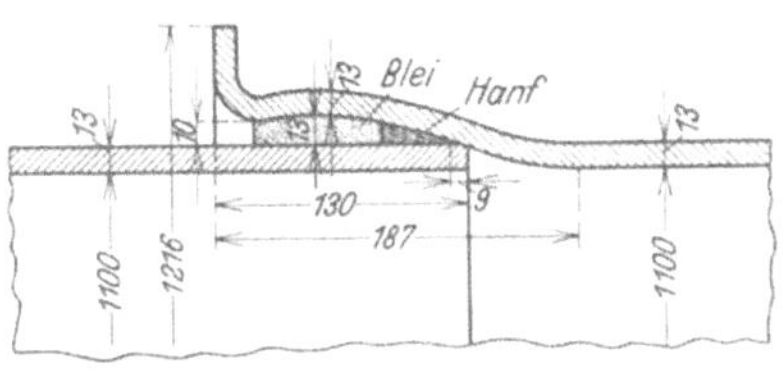

Abb. 138. Muffe der Berliner Druckrohre.

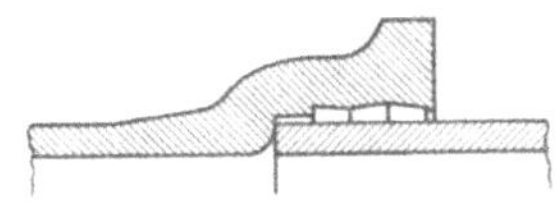

Abb. 139. Muffe des 3. Charlottenburger Druckrohres.

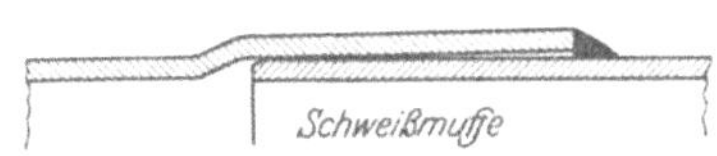

Abb. 140. Schweißmuffe.

für das 3. Charlottenburger Druckrohr. Nur auf Teilstrecken, die eine unbedingte Sicherung der Rohre gegeneinander fordern, wird von der Flanschenverbindung Gebrauch gemacht. Neuerdings rückt die Schweißverbindung gemäß Abb. 140 immer mehr in den Vordergrund, weil sie ein unbedingtes Dichthalten gewährleistet.

Die Schleuderbetonrohre werden bei der Verwendung als Druckrohre mit Eisen armiert. Wegen der verschiedenen Herstellungsverfahren sei auf Abschnitt VI A verwiesen. Die Eisenanlagen bestehen für gewöhnlich aus spiralförmig verlaufenden Rundstäben, die untereinander mit Längseisen verbunden sind. Die Verbindung der Rohre untereinander geschieht entweder mit Muffen, die mit Bitumen gedichtet und mit Zementmörtel ausgefüllt werden, oder mittels eiserner Überschiebringe. Seit einigen Jahren wird von der Firma Dyckerhoff & Widmann, Rohrwerke Cossebaude bei Dresden, ein Rohr hergestellt, das ein vollständiges Blechrohr als Kern besitzt und außerdem innen und außen armiert ist. Es ist demzufolge besonders für Rohre mit größeren Innendrücken geeignet. Eine zuverlässigere Rohrverbindung, die bei Eisenbetonrohren Schwierigkeiten macht, ist dadurch erreicht worden, daß dem Blechmantel eine Muffe und am Schwanzende ein Versteifungsring aufgeschweißt ist, die eine Abdichtung in der üblichen Weise mittels Teerstrickes und Blei gestatten. Die Ausbildung im einzelnen geht aus Abb. 141 hervor. Da der Beton weder gegen die Aggressivität des geförderten Wassers, noch gegen die des Grundwassers gesichert ist, werden neuerdings von derselben Firma Schleuderbetonrohre in der gewöhnlichen Weise armiert, mit Asphaltbetonmantel und Asphaltbetonfutter hergestellt, die als vollkommen säurebeständig anzusprechen sind. Sie haben außerdem den großen Vorzug, daß sie selbst gegen hohen inneren Druck absolut dicht sind.

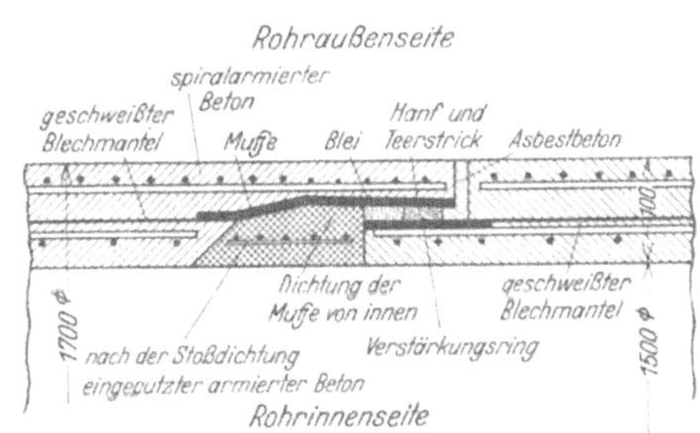

Abb. 141. Muffenverbindung der Schleuderbetonrohre.

Die Eisenbetonrohre haben gegenüber den eisernen Rohren den Vorzug geringerer Rauhigkeit, wie durch Versuche des Wasserbau-Laboratoriums der Technischen Hochschule Dresden nachgewiesen ist. Dieser Rauhigkeitsbeiwert ändert sich nur wenig mit der Länge der Betriebsdauer, während bei eisernen Rohren infolge der eintretenden Inkrustierung der Druckabfall in den Leitungen zunimmt. Außerdem sind die Betonrohre bei größeren Abmessungen wirtschaftlicher als die schmiedeeisernen Rohre, mit denen sie in erster Linie konkurrieren.

2. Rohrausrüstung.

An den Hochpunkten der Leitungen sind Entlüftungseinrichtungen einzubauen, die ein Ablassen der angesammelten Luft gestatten. Auch an Punkten, bei denen der Richtungswechsel im Längsprofil nur geringfügig ist, empfiehlt es sich derartige Einrichtungen vorzusehen, um das Ansammeln von Gasen und die dadurch bedingten Stöße zu vermeiden. Selbsttätige Ablaßeinrichtungen sind im allgemeinen nicht empfehlenswert, da sie sich infolge der mitgeführten Schmutzstoffe leicht verstopfen. Die Entlüftungseinrichtungen sind in regelmäßigen Zeitspannen von dem Druckrohrwärter zu bedienen. Auf diese Weise ist nicht nur eine gewisse Sicherheit des Betriebes gegeben, sondern es sind damit auch wirtschaftliche Ersparnisse verbunden, weil größere Gasansammlungen den nutzbaren Querschnitt der Leitungen einengen und größere Förderhöhen zur Folge haben.

An den Tiefpunkten des Druckrohres sind Entlastungseinrichtungen einzubauen, die ein Entleeren des Rohres bei vorkommenden Schäden in kürzester Zeit zulassen. Wenn ein Fortleiten des Wassers mit natürlichem Gefälle nicht möglich ist, müssen Einrichtungen getroffen werden, mittels deren das Wasser fortgepumpt werden kann. Bei den Druckrohren in Berlin sind deshalb an verschiedenen Stellen Schächte eingebaut, die mit elektrisch betriebenen Kreiselpumpen ausgerüstet sind, mittels deren das Wasser in ein anderes, in der Nähe befindliches Druckrohr gehoben werden kann. Bei längeren Strecken, die an einem Tiefpunkt beiderseits anschließen, oder bei langen Strecken, die nach einem Punkt entwässern, findet auch wohl eine Unterteilung durch Schieber statt, so daß für den Fall eines Rohrbruches die Länge des zu entwässernden Stranges beschränkt werden kann.

3. Bestimmung des Durchmessers.

Für die Berechnung des Durchmessers aus der zu fördernden Wassermenge Q und der gesamten Hubhöhe gelten die gleichen Gesetze wie bei der Bewegung des Wassers in Gefällsleitungen. An Stelle des relativen Gefälles der Wasserspiegellinie tritt das Gefälle, das sich bei Verteilung der gesamten Förderhöhe auf die Länge der Rohrleitungen ergibt. Die im Abschnitt V A gegebenen Hilfsmittel zur Berechnung, im besonderen die Tafeln Abb. 17, können infolgedessen ohne weiteres zur Berechnung der Druckrohrleitungen benutzt werden.

Da die Wassermengen, die die Abwasserpumpwerke im Mischverfahren zu fördern haben, starken Schwankungen unterliegen, sind gewisse Grenzwerte zu beachten. Eine geringste Geschwindigkeit von 0,4 m/s darf bei Trockenwetterabfluß nicht unterschritten werden, um Ablagerungen in den Tiefpunkten des Rohres auszuschließen. Andererseits darf beim Fördern von Regenwasser die Druckbelastung ein gewisses Maß nicht überschreiten, das durch die Art der Muffenverbindung gegeben ist. Bei normalen konischen Muffen liegt bei den größeren Rohren die Grenze etwa bei 60 m Wassersäule. Bei hohen Drücken ist die gewöhnliche Muffenverbindung nicht mehr unbedingt zuverlässig, und es bedarf besonderer Sicherheitseinrichtungen, um das Austreten des Dichtungsmaterials auszuschließen.

Der wirtschaftlichste Durchmesser liegt dann vor, wenn die gesamten Jahreskosten einen Kleinstwert ergeben, nämlich der Kapitaldienst der Anlagekosten für die Rohrleitung und die Fördermaschinen, die reinen Förderkosten und der Unterhaltungsaufwand. Alle drei Faktoren sind von dem Rohrdurchmesser abhängig.

Da die Kosten für die Einheit der Leistung der Fördermaschinen nur in geringen Grenzen schwanken, können für die vergleichenden Untersuchungen die Kosten der Maschinen ausscheiden. Die Unterhaltungskosten werden zweckmäßig in einem Prozentsatz der Baukosten ausgedrückt und dem Betrag für Verzinsung und Abschreibung zugeschlagen.

Die Rohrkosten kann man für diese Ermittlungen als Funktion des Rohrdurchmessers annehmen. Nach Dahlhaus *(131)* lassen sich die Kosten mit guter Annäherung durch folgende zwei Gleichungen darstellen:

$$0{,}20 < d < 0{,}40 \qquad K_{\mathrm{lfdm}} = 170\, d^{1,25},$$

$$0{,}45 < d < 1{,}00 \qquad K_{\mathrm{lfdm}} = 180\, d^{1,50}.$$

Hieraus ergibt sich der Jahresaufwand für Verzinsung und Abschreibung als lineare Funktion von d. Nimmt man dazu noch einen gewissen Prozentsatz für die Unterhaltungskosten, die gleichfalls von d abhängig sind, so sind damit die festen Kosten als Prozentsatz des Anlagekapitals bestimmt.

Die Betriebskosten ergeben sich aus der theoretischen Leistung unter Berücksichtigung des Gesamtwirkungsgrades und aus dem Preise für eine Betriebsstoffeinheit. Die theoretische Leistung wieder setzt sich aus einem konstanten Werte zur Überwindung der statischen Förderhöhe und aus einem variablen Werte für die Überwindung der Reibungshöhe zusammen, die je nach der Wassermenge schwankt. Ist q m³/s die Fördermenge, so ist

$$N_{theor} = q\, h_s + q\, h_r \text{ mt/s}.$$

Nach der Widerstandsformel für Kreisrohre ist

$$h_r = \frac{6{,}48}{c^2} \cdot \frac{q^2 l}{d^5} \text{ m}.$$

Dabei ist l die Rohrlänge, die bei der weiteren Rechnung $= 1$ gesetzt werden soll.

Als jährliche theoretische Arbeit ergibt sich für t Std. tägliche Betriebszeit

$$A_{theor} = 1314000 \cdot t \left(q\, h_s + \frac{6{,}48}{c^2} \cdot \frac{q^3}{d^5}\right) \text{ mt}.$$

Der Gesamtwirkungsgrad der Förderanlage mag in der Weise berücksichtigt werden, daß die in Groß, Handbuch der Wasserversorgung angegebenen Werte über die Arbeit in mt gehobenen Wassers, die eine Betriebsstoffeinheit unter Berücksichtigung des Wirkungsgrades leistet, benutzt werden gemäß Tabelle 13.

Tabelle 13. Arbeit einer Betriebsstoffeinheit.

Bei Dampfmaschinen mit 1 kg Steinkohle	
(kleinere und mittlere Anlagen)	100 bis 200 mt
(große Anlagen)	200 „ 400 „
Bei Benzinmotoren mit 1 kg Benzin	800 „ 850 „
Bei Dieselmotoren mit 1 kg Rohöl	1200 „ 1500 „
Bei elektrisch angetriebenen Kolbenpumpen mit 1 kWh	250 „ 270 „
Bei elektrisch angetriebenen Kreiselpumpen mit 1 kWh	180 „ 220 „

Ist die Anzahl der mt $= a$ und der Preis der Betriebsstoffeinheit $= b$, so erhält man für die effektiven Hebungskosten

$$K_b = \frac{A_{theor} \cdot b}{a}.$$

Die Preise für b sind aus der Tabelle 14 zu entnehmen.

Tabelle 14. Preise für Betriebsstoffe.

1 kg Steinkohle	2,8 Pfg.
1 kg Benzin	35 „
1 kg Rohöl	15 „
1 kWh	3 bis 15 Pfg.

Trägt man die auf diese Weise für die verschiedenen Durchmesser ermittelten Werte graphisch auf, so erhält man eine Darstellung nach Art der Abb. 142. In dieser stellt Kurve *I* den jährlichen Kapitaldienst für 1 lfdm Rohr, Kurve *II* die Reibungskosten der Jahresarbeit für 1 lfdm Rohr unter Weglassung der Kosten für das Heben auf die statische Höhe und Kurve *III* die Summenkurve der Kosten dar. Aus dieser kann der wirtschaftlichere Durchmesser ohne weiteres entnommen werden.

4. Erfahrungen im Betrieb.

Die Erfahrungen im Betrieb beziehen sich in erster Linie darauf, ob die mit dem Abwasser mitgeführten Schwebe- und Sinkstoffe zu bedenklichen Ablagerungen in den Tiefpunkten der Rohrleitungen Veranlassung gegeben haben oder nicht. Wenn dem Pumpwerke eine Vorreinigungsanlage in Gestalt eines Sandfanges und eines engmaschigen Rechens vorgeschaltet ist, ist diese Frage ohne weiteres zu verneinen. Dagegen war es bislang zweifelhaft, ob beim Ausschalten des Sandfangs im besonderen der mitgeführte Sand sich an geeigneten Stellen festsetzt und den verfügbaren Querschnitt allmählich immer mehr und mehr einschränkt. In dieser Beziehung bringen die Berliner Beobachtungen und Versuche (*120*) erfreuliche Klarheit. Durch diese ist festgestellt, daß die sich bildenden Ablagerungen durch die in den Rohren bei Regenwetter auftretenden größeren Geschwindigkeiten fortgespült werden und daß im ganzen nennenswerte Ablagerungen nicht zustande kommen. Es kann infolgedessen unbedenklich empfohlen werden, bei größeren Rohrleitungen die gesamten Schmutzstoffe, die die Abwässer führen, mit diesen zusammen fortzupumpen, d. h. auf jene Vorreinigung zu verzichten.

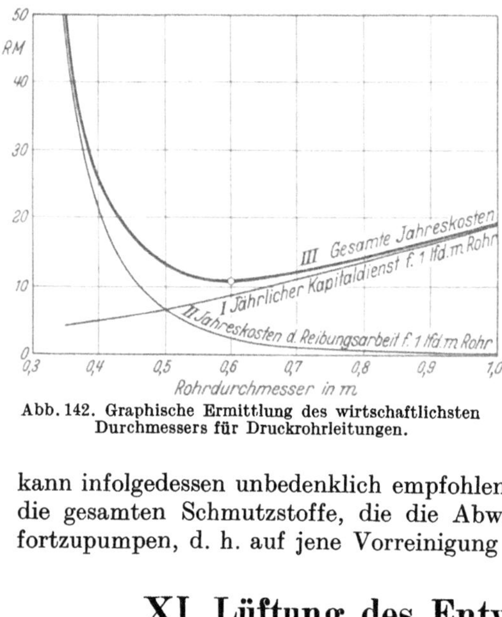

Abb. 142. Graphische Ermittlung des wirtschaftlichsten Durchmessers für Druckrohrleitungen.

XI. Lüftung des Entwässerungsnetzes.

Die Lüftung verfolgt den Zweck, Gesundheitsschädigungen der in der Kanalluft arbeitenden Menschen zu verhindern, Sachschäden zu vermeiden, die durch Explosion entstehen können, und ganz allgemein Belästigungen, die durch das Austreten von übelriechender Luft aus den Kanälen entstehen, soweit als irgend möglich auszuschließen.

Die aus normalem städtischen Abwasser aufsteigenden Gase bestehen etwa zu 70% aus Methan, zu 10% aus Schwefelwasserstoff und zu 10% aus Kohlensäure. Sie können erst von einer gewissen Konzentration an Gesundheitsschädigungen hervorrufen. Dieses Gemisch ist leichter als Luft und wird sich deshalb bei einem gut gelüfteten Kanalnetz nicht ansammeln können, es sei denn, daß bei einzelnen Bauwerken keine Gelegenheit gegeben ist zum Entweichen des Luftgasgemisches. Die Gefahren, die durch die Bildung der Kanalgase entstehen, werden herabgemindert, wenn bei Anlage des ganzen Entwässerungsnetzes dafür Sorge getragen wird, daß Schlamm an keiner Stelle zur Ablagerung kommt und in Fäulnis übergehen kann.

Seit dem Aufkommen des Kraftfahrzeuges mit Explosionsmotor, der mit Benzin oder Benzol angetrieben wird, sind die Gefahren des Ansammelns von gefährlichen Gasen in dem Kanalnetz erheblich vermehrt worden, und in dem Maße, als der Bestand an Kraftfahrzeugen zunimmt, wird es immer dringlicher, eine Entgasung des Kanalnetzes an besonders gefährdeten Stellen durchzuführen. Die Gase von Benzin und Benzol haben ein spezifisches Gewicht von 2,69, die von Spiritus, der gleichfalls für Betriebszwecke in Frage kommt, ein solches von 1,6 bezogen auf Luft von 0° C und 760 mm Druck. Die Gase sind also schwerer als Luft und werden sich über dem Wasserspiegel ansammeln. Ihr Entstehen wird begünstigt durch Bewegung in der Kanalleitung und durch die Oberflächenvergrößerung.

Die Kanalluft besteht aber nur in Ausnahmefällen aus Schwergasen allein. In den meisten Fällen werden sie mit Leichtgasen im Gemisch vorkommen, und von dem Anteilsverhältnis der ersteren wird es abhängig sein, ob das Gasluftgemisch schwerer oder leichter als die Außenluft ist. Es werden also durch die natürliche Entlüftung des Kanalnetzes im allgemeinen die Schwergase mit entfernt werden. Nur bei besonderen Verhältnissen, unterhalb der Einführung von Großgaragen und Automobilwerkstätten, vor Dükern, in Pumpensümpfen usw. wird ein einwandfreier Zustand der Kanalluft nur durch künstliche Lüftung erzielt werden können.

Um die Gefährlichkeit der Kanalgase zu charakterisieren, seien in Tabelle 15 die Explosionsgrenzen und die toxikologischen Grenzen nach (*141*) angegeben. Die Werte sind Mittelwerte und hängen, soweit die erstere Tabelle in Frage kommt,

Tabelle 15.

a) Explosionsgrenzen der Kanalgase.

Gasart	untere Explosionsgrenze in % Gasgehalt der Luft
Benzin, Benzol	1,0 bis 1,4
Kohlenoxyd	ca. 16,5
Azetylen	ca. 3,0
Methan	ca. 6,0
Leuchtgas	7 bis 8
Schwefelwasserstoff	0,1

b) Toxikologische Grenzen der Kanalgase.

	%-Gehalt in ½ bis 1 Std. tödlich	%-Gehalt in ½ bis 1 Std. lebensgefährliche Erkrankung	%-Gehalt in 6 Stunden keine wesentlichen Symptome
Schwefelwasserstoff	0,039	0,03	0,0078
Benzin	1,08	0,93	0,16
Benzol	0,84	0,70	0,14
Methan	wenig giftig		
Kohlensäure	4,53	3,03	0 505
Kohlenoxyd	0,16	0,12	0,008
Leuchtgas	entsprechend dem Gehalt an Kohlenoxyd		
Azetylen	in reinem Zustand wenig giftig		
Chlor	0,0031	0,0016	0,0001

von dem Luftdruck, der Temperatur und der Feuchtigkeit ab, während die Grenzen für die Giftigkeit der Gase von der individuellen Empfindlichkeit des Menschen bestimmt werden. Aus der Zusammenstellung geht hervor, daß verhältnismäßig geringe Gasmengen ein explosibles Gemisch geben und daß noch geringere Mengen genügen, um den Tod des Menschen herbeizuführen. Berücksichtigt man weiter, daß 1 l Benzin 200 bis 250 l Gas erzeugt, so erhellt, daß die Gefahren, die dem Kanalisationsbetrieb drohen, durch die Zunahme der Kraftfahrzeuge erheblich gesteigert worden sind. Dadurch ist es auch zu erklären, daß in den letzten Jahren eine Reihe von Kanalexplosionen vorgekommen sind, die zum Teil erheblichen Sachschaden angerichtet haben.

Im Jahre 1929 sind weitere schwere Explosionen in Gelsenkirchen, Solingen und Prag bekannt geworden.

Um den Zustand der Luft in den Kanälen festzustellen, bedient man sich einer nach dem Davyschen Prinzip gebauten Sicherheitslampe, wobei das Verhalten der Flamme einen Maßstab für die Gefährlichkeit der Gase abgibt. Diese zeigt jedoch gewisse Arten schädlicher Gase nicht an. Neuerdings sind sog. Diffusionsgasanzeiger auf den Markt gebracht worden. Sie beruhen auf dem Prinzip, daß die Geschwindigkeit, mit der Gase verschiedenen spezifischen Gewichtes eine durchlässige Scheidewand durchströmen, abhängig ist von der Differenz der Gasteildrücke zu beiden Seiten der Trennwand. Der Apparat besteht also aus zwei Kammern, einer Luftkammer und einer Gaskammer. Wird in die letztere ein leichtes Gas eingebracht, so durcheilt dieses die trennende Membrane schneller, als die schwere Luft zur Gaskammer abströmt, und es entsteht in der Gaskammer ein Unterdruck, der an einem Manometer unmittelbar abgelesen werden kann, siehe Abb. 143. Die Anschauungen über die Brauchbarkeit dieses Apparates gehen zur Zeit noch auseinander. Während in Düsseldorf (*137*) mit dem Diffusionsanzeiger in mehreren Fällen gefährliche Gasansammlungen festgestellt werden konnten, stehen nach den Erfahrungen in Hamburg (*141*) der Verwendung im praktischen Kanalbetrieb noch Schwierigkeiten entgegen.

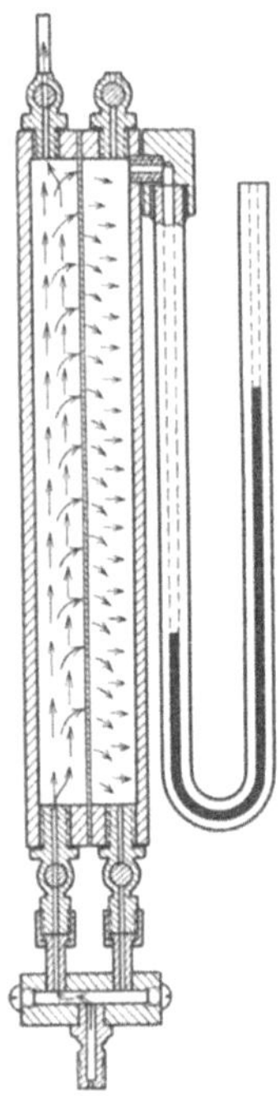

Abb. 143. Diffusionsgasanzeiger[1].

A. Natürliche Entlüftung.

Die Straßenleitungen des Entwässerungsnetzes stehen mit der atmosphärischen Luft vielfach in Verbindung, und zwar durch die Öffnungen in den Abdeckungen der Einsteigebrunnen, durch die Straßenabläufe, sofern kein Wasserverschluß vorhanden ist, durch die Fallrohre im Innern der Häuser, an die verschiedene Entwässerungsstellen angeschlossen sind, und durch die Regenrohre. Voraussetzung für die Wirkung der Fallrohre als Lüftungsrohre ist, daß keine Hauptwasserverschlüsse in den Hausanschlußleitungen eingebaut sind. Diese waren früher allgemein üblich, sie werden aber jetzt nicht mehr eingebaut, um eine gute Entlüftung des ganzen Netzes zu erzielen, während sie in England und in Amerika noch vielfach in Anwendung sind. Die Verhältnisse beim Mischverfahren sind in Abb. 144 und die beim Trennverfahren in Abb. 145 dargestellt.

Durch die Verbindung mit der Außenluft wird tatsächlich in dem Leitungsnetz ein steter Luftwechsel erzeugt, wie die Erfahrung lehrt und durch den Gesundheitsstand der in den Kanälen Arbeitenden bestätigt wird. Im allgemeinen wird die Frischluft durch die Einsteigebrunnen und durch die Straßenabläufe in das Kanalnetz einströmen und durch die Fallrohre aus den Häusern wieder abströmen. Bei Niederschlägen werden die Regenrohre als Entlüftungsrohre ausscheiden, da ihr Querschnitt durch das fallende Regenwasser beansprucht wird. Die Brauchwasserrohre im Innern der Häuser werden so lange die Entlüftung übernehmen, bis der Wasserspiegel im Kanal über den Anschlußstutzen hinaus angestiegen ist. Danach muß die durch die Regenwassermengen verdrängte Luft durch die Einsteigebrunnen entweichen. Die austretende Kanalluft kann bei

[1] Nach Ringel: Gesundh.-Ing. 1929 S. 760.

Gewitterregen durch den Geruch wahrgenommen werden. Ihre Menge ist zuweilen so groß, daß die Deckel der Einsteigebrunnen herausgeschleudert werden. Durch die vollständige Füllung wird also in den regenwasserführenden Leitungen eine künstliche Erneuerung der Luft bewirkt, während in den Brauchwasserleitungen des Trennverfahrens eine Lufterneuerung nur durch die natürliche Entlüftung zustande kommt. Da aber beim Mischverfahren die vollständige Füllung der Kanäle nur wenige Male im Jahre eintritt, so kommt bei beiden Entwässerungsverfahren den Verhältnissen, wie sie beim Trockenwetter vorliegen, die Hauptbedeutung zu.

Die Bewegung der Luft in den Kanälen wird allgemein der Strömungsrichtung gleichlaufen, indem die Luft von dem abströmenden Abwasser an der Oberfläche mitgerissen wird. Als wirksame Kraft für die Luftbewegung in vertikaler Richtung kommt entweder die Temperaturdifferenz zwischen Außenluft und Kanalluft oder die absaugende Wirkung des über den Ausmündungen der Fallrohrleitungen hinstreichenden Windes in Frage. Der Unterschied in dem spezifischen Gewicht der Außen- und Innenluft spielt keine Rolle, da er zu gering ist. Die Temperaturspannungen sind verschieden je nach der Jahreszeit und den Witterungsverhältnissen. In dem größten Teil des Jahres wird die atmosphärische Luft kälter sein als die Kanalluft. Nach Untersuchungen, die in Dresden im Jahre 1901 angestellt sind, überwiegt auch in den Sommermonaten die Wärme der Leitungsluft gegenüber der Außenluft. Wesentlich ist die Temperatur in den Fallrohren. Dieser kommt die Wärme, die an den Kochstellen usw. erzeugt wird, zugute. Die Fallrohre wirken infolgedessen schornsteinartig und erzeugen einen kräftigen Luftstrom, der die Kanalluft über Dach führt. Die Regenrohre werden in gleicher Weise wirken, wenn z. B. die eine Seite einer Straße von der Sonne bestrahlt wird. Nach den Versuchen, die Bredtschneider bei Leitungen des Mischverfahrens angestellt hat *(30)*, ist der Einfluß der Temperaturdifferenz auf die Entlüftung des Kanalnetzes nicht allzu hoch anzuschlagen. Eine größere Bedeutung für die Entlüftungswirkung scheint der absaugenden Kraft des Windes, der über die Dächer streicht, zuzumessen sein. Er wirkt wie ein Ejektor, namentlich bei den Leitungen, die über Dach geführt sind, und saugt die Luft aus den senkrechten Rohren an. Nach den Untersuchungen von Kohlmann *(133)* hat die herrschende Windrichtung im Freien keinen starken Einfluß auf Richtung und Geschwindigkeit des Luftzuges in den Entwässerungsleitungen. Wie dem aber auch sei, keine Zweifel bestehen darüber, daß an den Lüftungsöffnungen der Einsteigeschächte ein von außen nach innen gerichteter Luftstrom herrscht, so daß hier die Frischluft einströmt, während das Abströmen durch die Fallrohre erfolgt.

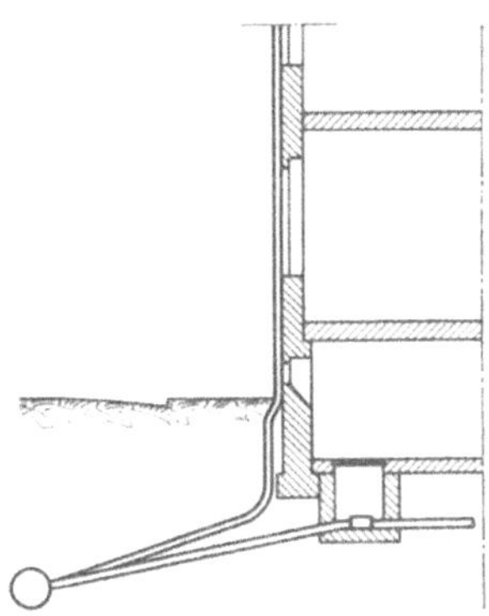

Abb. 144. Entlüftung beim Mischverfahren.

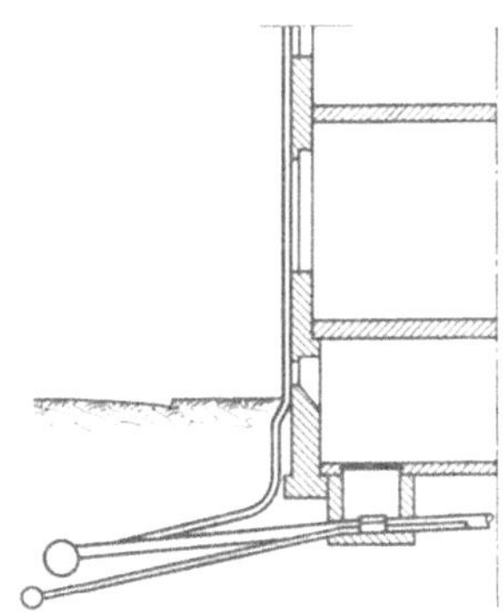

Abb. 145. Entlüftung beim Trennverfahren.

Wird im übrigen durch häufiges Reinigen und Spülen der Kanäle dafür Sorge getragen, daß Ablagerungen in dem Entwässerungsnetz, die die Veranlassung zur Gasbildung geben, vermieden werden, so wird ein Austreten der Kanalluft, was nicht ganz zu verhindern ist, Belästigungen nicht ergeben.

B. Künstliche Entlüftung.

Die schädlichen Schwergase können entweder durch Preßluft aus dem Kanal herausgedrückt oder abgesaugt werden. Das erstere Verfahren ist wiederholt versucht worden. Es hat jedoch zu keinem brauchbaren Ergebnis geführt. Dagegen kann durch künstlichen Saugzug ein Kanal auf größere Längen vollständig entgast werden. Bei der Stadtentwässerung von Berlin ist ein Verfahren in Anwendung, das von dem Oberingenieur Gerlach vorgeschlagen ist. Dabei werden die Schwergase durch einen auf dem Wasserspiegel schwimmenden Absaugekörper unmittelbar über der Wasseroberfläche abgesaugt. Das verwendete Gerät, das von den Siemens-Schuckert-Werken-Berlin geliefert wird, besteht aus einem Zentrifugalentlüfter, der mit einem 1-PS-Gleichstrom-Nebenschlußmotor unmittelbar gekuppelt ist. Auf den Entlüfter ist ein Aufsatzrohr aufgesetzt, das die Gase nach oben abführt. Axial schließt an den Entlüfter eine metallene Schlauchleitung an, die sich in dem Schacht als festes Rohr fortsetzt. An ihrem unteren Ende ist der schwimmende Saugkörper befestigt, der oberhalb der Wasserfläche mit Öffnungen zum Eintreten der Gase versehen ist, siehe Abb. 146. Aus den Versuchen, die mit diesem Apparat angestellt sind, geht hervor, daß die Leistungsfähigkeit sehr gut ist und daß in einer gewöhnlichen Kanalstrecke mit zahlreichen Hausanschlüssen die Saugwirkung sich auf Längen von 200 bis 300 m erstreckt, ohne daß irgendwelche Absperrvorrichtungen angewendet wurden. Der Kanalentgaser ist also ein brauchbares Gerät, um in den Fällen, in denen gefährliche Gase festgestellt worden sind, diese zu entfernen und durch Frischluft zu ersetzen.

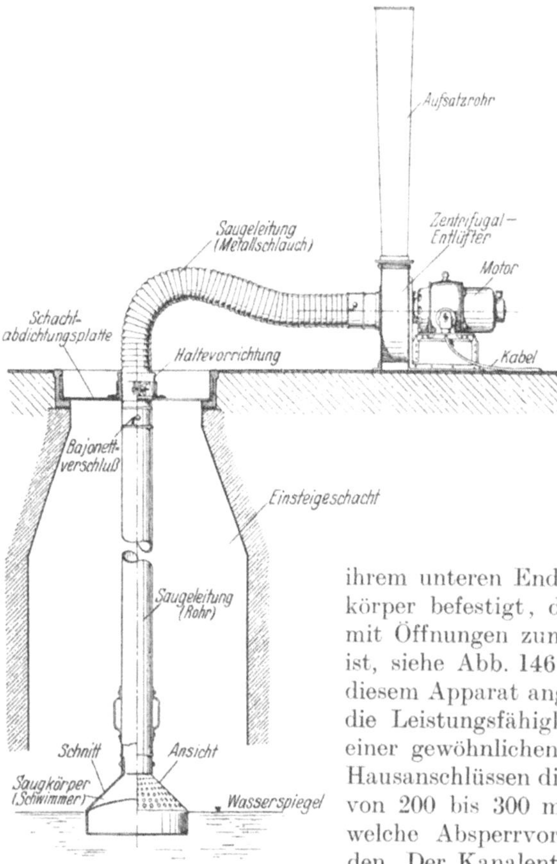

Abb. 146. Absaugeapparat.

An besonders gefährdeten Stellen kann auch eine stationäre Anlage der gleichen Art, deren Leistungsfähigkeit den vorliegenden Bedürfnissen angepaßt wird, gute Dienste leisten. So ist in Berlin-Treptow in dem Sammelbecken vor dem Pumpwerk eine Entlüftungsanlage eingebaut, um dieses und die anschließenden Zuflußkanäle zu entlüften, die durch mehrere Automobilfabriken besonders gefährdet sind (*135*). Die Anlage besteht aus zwei Saugeleitungen von je 300 mm Durchmesser. Der eine Saugekörper ist in dem Sammelbecken, der andere in einem besonders hergestellten Schacht der Zuflußleitung untergebracht. Der Entgaser hat eine Leistung von 1,38 m^3/s gegen 50 mm Wassersäule bei 1435 Umdrehungen/min und 1,5 kW Kraftbedarf. Das Ausblaserohr besitzt einen Durchmesser von 450 mm und ist 14,5 m über Gelände hochgeführt, um eine Geruchsbelästigung der Nachbarschaft zu verhüten, siehe Abb. 147.

Die Gefahren, die infolge Eindringens von Schwergasen in die Kanäle für den Bestand der Rohrleitungen und für Leben und Gesundheit der mit der Kanalunterhaltung Betrauten drohen, können vermindert werden, wenn an allen Stellen, an denen die Möglichkeit besteht, daß Treibstoffe von Kraftwagen in die Kanäle gelangen, sog. Benzinabscheider eingebaut und ordnungsmäßig bedient werden. Gleichwohl gibt es noch verschiedene Möglichkeiten, wie Unfälle, bei denen ein Benzintank ausläuft usw., die nicht erfaßt werden können. Aus diesen Gründen ist zunächst die Feststellung eines gefährlichen Vergasungszustandes und danach die Beseitigung dieses Übelstandes mit den angegebenen Mitteln angesichts der stetigen Zunahme der Kraftfahrzeuge besonders wichtig.

XII. Betriebliche Instandhaltung des Entwässerungsnetzes.

Die von dem Abwasser mitgeführten Sink-, Schwebe- und Schwimmstoffe werden bei guten Gefällsverhältnissen von Haltung zu Haltung, von den Nebensammlern zum Hauptsammler fortgeschwemmt werden, bis sie in der Kläranlage unschädlich gemacht werden oder das Abwasser unmittelbar dem Vorfluter übergeben wird. Wenn in der Nachtzeit infolge starker Verringerung der Wasserführung Ablagerungen sich bilden, so werden diese durch die Räumungskraft der zunehmenden Wassermengen am Tage beseitigt, und die Leitungen werden sich von selbst rein halten. Bei ungünstigen Gefällsverhältnissen dagegen wird es vielfach nicht zu umgehen sein, daß sich der mitgeführte Sand und ähnliche schwere Stoffe an der Sohle bei Gefällswechseln und bei Staueinwirkungen irgendwelcher Art ablagern. Eine anfänglich geringfügige Masse derartiger Stoffe auf der Sohle der Leitung liegend, gibt dann die Veranlassung dazu, daß sich immer mehr und mehr Stoffe an diese anlagern, und daß sie durch die verklebenden Eigenschaften der Abwasserbestandteile zu einer festen Masse zusammengekittet werden. Diese kann vielfach nur mit entsprechenden Gerätschaften aus dem Kanal wieder entfernt werden. Ihre Beseitigung aber ist notwendig, weil andernfalls die Leistungsfähigkeit der Leitungen eingeschränkt wird.

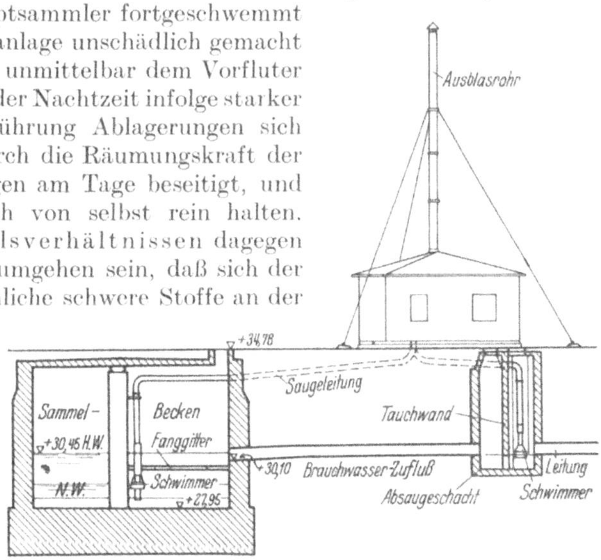

Abb. 147. Stationäre Absaugeanlage[1].

Diese Schlammablagerungen sind aber noch aus einem anderen Grunde bedenklich. Der Schlamm, der reichlich mit organischen Stoffen durchsetzt ist, wird nach kurzer Zeit in Fäulnis übergehen und auf diese Weise sowohl das Abwasser infizieren, als auch die Kanalluft mit Faulgasen anreichern. Die Frischerhaltung des Abwassers, die mit allen Mitteln angestrebt werden muß, wird dadurch unmöglich gemacht, und überdies entstehen die Belästigungen, die aus schlechter Kanalluft folgen. Es liegt also sowohl im Interesse der Erhaltung der Leistungsfähigkeit der Kanäle, als auch im Sinne der grundsätzlichen Anforderungen an den Zustand des Abwassers, wenn durch eine ordnungsmäßige Instand-

[1] Nach Pfaue: Gesundh.-Ing. 1930 S. 316.

haltung des Kanalnetzes derartigen Ablagerungen vorgebeugt oder diese, wenn sie schon nicht vollständig vermieden werden können, rechtzeitig wieder beseitigt werden, ehe sie größeren Schaden anrichten können.

Die auf den Grundstücken vorgesehenen Einrichtungen, die die Aufgabe haben, Sinkstoffe und sperrige Stoffe dem Kanal fernzuhalten, werden diesen entlasten, wenn sie ordnungsmäßig bedient werden. Jede Betriebsverwaltung sollte es sich deshalb angelegen sein lassen, diese Einrichtungen in regelmäßigen Zeiträumen auf ihre Brauchbarkeit zu untersuchen. Es bleiben aber trotzdem noch genügend Stoffe, die in den Rohrleitungen Schäden hervorrufen können.

Die Instandhaltung der Rohrleitung geschieht entweder durch Spülung oder durch Reinigung mittels Gerätschaften.

A. Spülung.

Bei der Reinigung durch Spülen wird das Wasser entweder in einem Strom, der stärker ist als die gewöhnliche Wasserführung, während längerer Zeit durch die Leitungen hindurchgeführt oder in geeigneten Behältern aufgestaut und dann plötzlich abgelassen. Die dabei entstehende Flutwelle führt die Ablagerungen mit fort und reinigt auf diese Weise das Kanalnetz. Die Reinigungswirkung ist um so vollkommener, je größer die Spülwassermenge und die zur Verfügung stehende Druckhöhe ist.

Die erstere Anwendungsform ist nur angebracht in den Fällen, wo größere Wassermengen ohne große Aufwendungen nutzbar gemacht werden können. Kann beispielsweise das Wasser von Flußläufen, Teichen oder Seen, und sei es auch nur zu gewissen Jahreszeiten, in die Kanäle eingeführt werden, so kann mit diesem Wasser unter Umständen je nach den örtlichen Verhältnissen ein größeres zusammenhängendes Gebiet gespült werden. Müssen künstliche Speicherräume für Spülzwecke geschaffen werden, so sind die Abmessungen naturgemäß beschränkt, und die Reinigungswirkung wird durch eine Stoßwelle erzeugt, die beim plötzlichen Ablassen des Behälterinhaltes entsteht. Der Behälter wird entweder aus in der Nähe vorbeifließenden offenen Wasserläufen oder aus Grundwasser, das in Dränagen gesammelt wird, oder durch Regenwasser gespeist. Spülbehälter größeren Ausmaßes an den oberen Enden der Kanäle, bestimmt einen größeren Teil eines Entwässerungsnetzes zu erfassen, sind bei dem Bau der Kanalisationsanlagen der deutschen Großstädte mehrfach hergestellt worden. Die Erfahrungen gehen jedoch dahin, daß ihre Wirkung nur eine beschränkte ist. Es werden nur die unmittelbar anschließenden Haltungen wirklich gründlich gesäubert, während die Spülwelle in den anschließenden wasserführenden Querschnitten bald an Stoßkraft verliert, so daß die Reinigungswirkung nachläßt. Man zieht es deshalb neuerdings vor, kleinere Spülbehälter in großer Zahl gleichmäßig über das ganze Entwässerungsgebiet zu verteilen. Als derartige Behälter können entweder die vorhandenen Schächte benutzt und entsprechend ausgebaut werden, oder es werden selbständige Spülbehälter geschaffen. Die Füllung geschieht mit Fremdwasser, indem das Wasser von Springbrunnen oder Kondenswasser oder ähnliche Quellen benutzt werden, oder wenn diese nicht zur Verfügung stehen, indem unmittelbar aus der öffentlichen Wasserleitung Wasser dem Spülschacht zugeleitet wird. Verbietet sich die Benutzung des Reinwassers aus wirtschaftlichen Gründen, so kann durch Aufstau des Kanalwassers ein Spülvorrat angesammelt werden. Dabei ist man naturgemäß von der zufließenden Abwassermenge abhängig, so daß die Spülarbeit, namentlich in den oberen Strecken, die deren besonders bedürfen, nur langsam vonstatten geht. Aus diesem Grunde wird man deshalb die Nutzung des eigenen Wassers der Kanäle nur in den Fällen anwenden, wenn die anderen Möglichkeiten ausscheiden müssen.

Die *Absperrorgane*, die den Verschluß der zu spülenden Leitungen bewirken, so lange bis ein genügender Wasservorrat aufgespeichert ist, werden entweder von der Betriebskolonne mitgeführt und von Fall zu Fall eingesetzt,

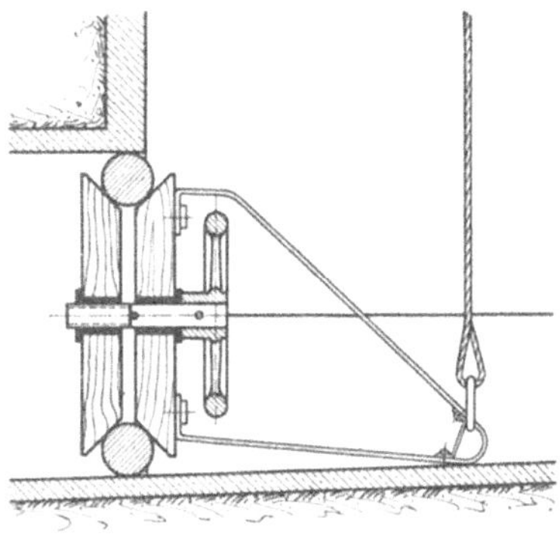

Abb. 148. Stuttgarter Spülklappe.

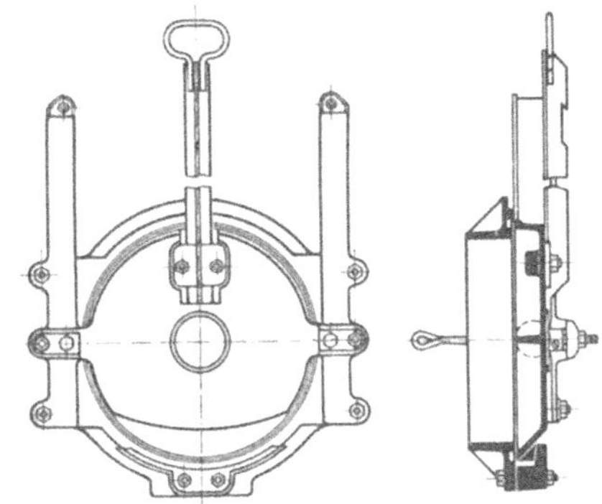

Abb. 149. Handzugschieber.

oder sind fest mit den Schächten verbunden. In der einfachsten Form werden dazu konisch begrenzte, hölzerne Stöpsel benutzt. Eine vollkommenere Konstruktion ist die unter dem Namen Stuttgarter Spülklappe bekannt gewordene Einrichtung zum Absperren der Leitungen, die in der Abb. 148 dargestellt ist. Sie ersetzt die ortsfesten Spülschieber und verlangt keine besonderen Einbauten in den Schächten. Sie besteht aus zwei am Rande konisch ausgearbeiteten Holzscheiben, zwischen denen ein Gummiring lagert. Dieser wird durch Gegeneinanderpressen der Scheiben mittels Spindel und Handrad an die Rohrwandung gedrückt und bewirkt ein vollständiges Abdichten. Durch einen Seilzug kann die Klappe von der Straße aus gedreht und der Querschnitt freigegeben werden. Die als Spülschächte zu benutzenden Einsteigebrunnen erhalten ein Überlaufrohr, um den höchsten Wasserstand im Brunnen und damit das Maß des Rückstaues in den anschließenden Leitungen zu begrenzen. Er ist so zu wählen, daß eine schädliche Einwirkung auf die Hausentwässerungsanlage ausgeschlossen wird.

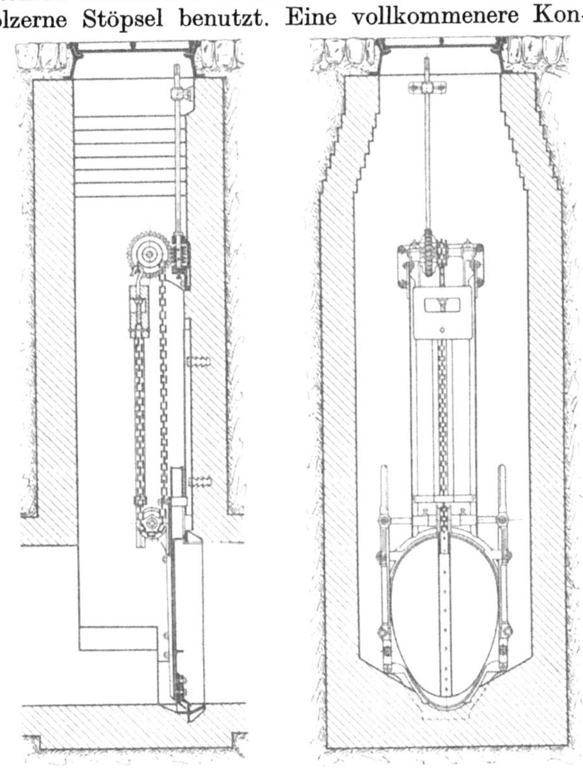

Abb. 150. Kettenrollenzugschieber.

Die fest mit dem Schacht verbundenen Absperreinrichtungen sind *Handzugschieber* zum Spülen von Rohrkanälen bis zu lichter Weite von 500 mm Kreisprofil und der entsprechenden Eiform, Abb. 149, *Kettenrollenzug-*

schieber für mittlere und größere Profile, die infolge Gewichtsausgleiches in wenigen Sekunden selbst bei vollem Wasserdruck leicht aufgezogen werden können, Abb. 150, und Spültüren, die das Profil des Kanals teilweise oder vollständig abschließen, Abb. 151. Sie springen selbsttätig bei einem bestimmten Wasserdruck auf und werden bei kleineren Abmessungen durch Zuschlagen von Hand, bei größeren Abmessungen mittels eines Schneckengetriebes geschlossen.

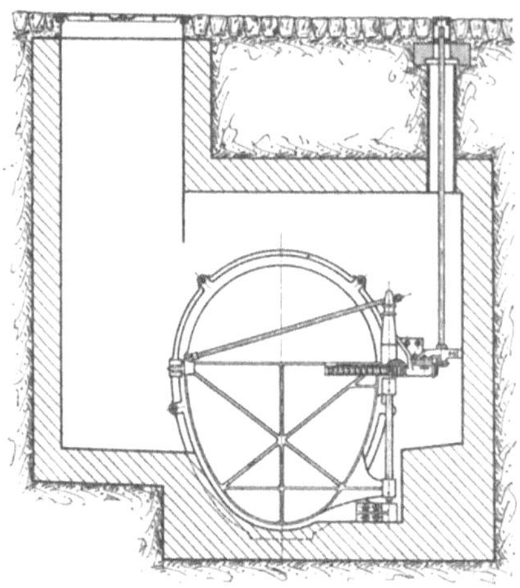

Abb. 151. Spültür.

In den oberen Strecken eines Sammlersystems, wo die Wassermengen gering sind, oder auf Strecken, auf denen infolge schlechter Gefällsverhältnisse erfahrungsgemäß mit regelmäßigen Ablagerungen zu rechnen ist, werden mit Vorteil selbsttätige Spüleinrichtungen eingebaut, die in bestimmten Zeitabständen die anschließenden Leitungsstrecken durch Freigeben einer aufgespeicherten Wassermenge spülen. Derartige Kanalspüler werden von den maßgebenden Firmen in den verschiedensten Konstruktionen gebaut. Unter diesen sei der Kanalspüler System Passavant (Michelbacher Hütte) näher beschrieben, der in Abb. 152 im Schnitt und in Abb. 153 in Ansicht dargestellt ist. Er zeichnet sich dadurch aus, daß keine beweglichen Teile vorhanden sind, die leicht zu Betriebsstörungen Anlaß geben können, und daß der ganze Apparat vollständig zuverlässig und ohne Bedienung arbeitet. Er besteht aus einem Hauptwasserverschluß V, einem Nebenwasser-

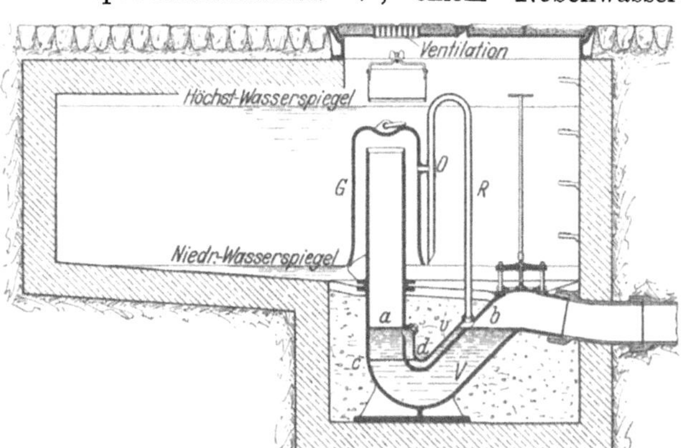

Abb. 152. Selbsttätige Spüleinrichtung.

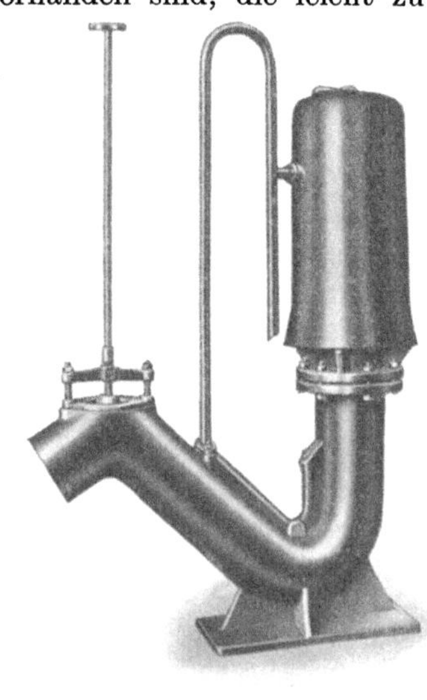

Abb. 153. Selbsttätige Spüleinrichtung.

verschluß v und einem Glockenheber G. Die Glocke ist mit der Auslaufseite des Wasserverschlusses durch ein Rohr R verbunden. Steigt das Wasser im Spülbehälter, so steigt es auch innerhalb der Glocke, und die Luft entweicht aus der Glocke durch R so lange, bis die Rohröffnung O abgeschlossen wird. Das weiter steigende Wasser übt einen Druck auf die Luft innerhalb der Glocke aus und bewirkt, daß das Wasser im linken Schenkel von der Linie $a\ b$ bis zu $c\ d$ heruntergedrückt wird. Ist diese Stellung erreicht, so wird bei weiterer Drucksteigerung das Wasser aus dem Nebenverschluß herausgeschleudert, die Luft entweicht und der Heber tritt in Tätigkeit, indem sich das Wasser durch das Standrohr nach dem Überlauf ergießt. Dabei ist es vollkommen gleichgültig, wie rasch sich der Spülbehälter füllt. Es wird immer der gleiche Überstau erreicht, der durch das Verhältnis von Hauptwasserverschluß zu Nebenwasserverschluß und zu der Luft der Glocke bestimmt ist.

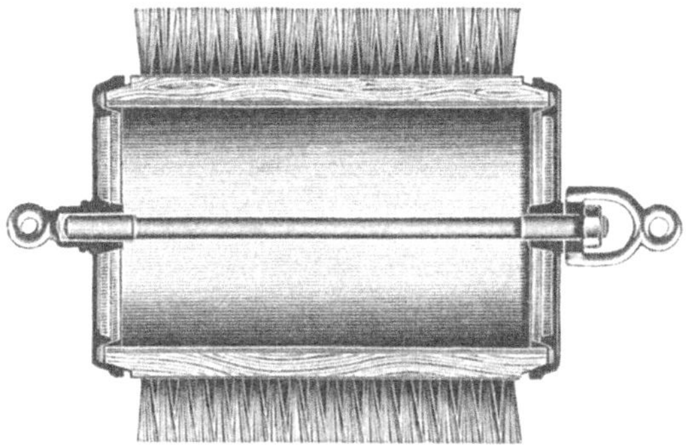

Abb. 154a.

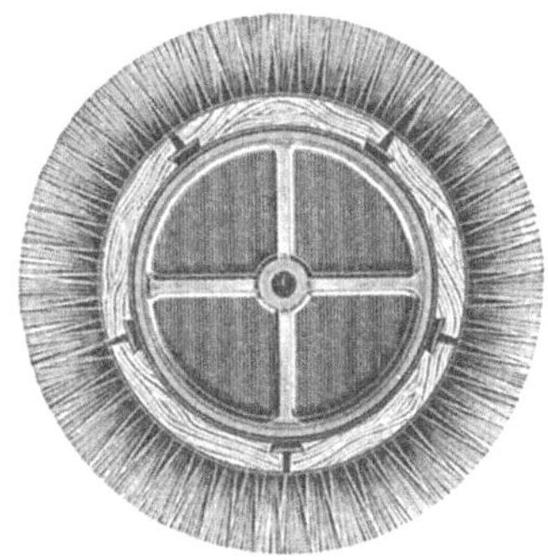

Abb. 154b.

Abb. 154a bis c. Rohrbürsten.

B. Reinigung mittels Gerätschaften.

Die Reinigung der Kanäle mittels Spülens erfordert eine große Wassermenge und einen erheblichen Arbeitsaufwand, und die erzielte Reinigungswirkung steht vielfach in keinem Verhältnis zu den gemachten Aufwendungen. Der Wirkungsgrad der Reinigungsarbeit kann verbessert werden, wenn in Verbindung mit der Spülung Reinigungsgeräte zur Anwendung kommen.

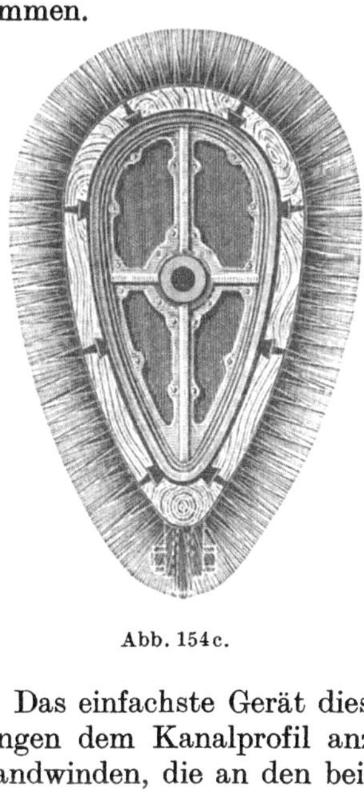

Abb. 154c.

Abb. 155. Doppelwinde.

Das einfachste Gerät dieser Art ist die Rohrbürste, die sich in ihren Abmessungen dem Kanalprofil anzupassen hat (Abb. 154). Sie wurde früher mittels Handwinden, die an den beiden Endschächten der zu reinigenden Haltung aufgestellt waren, durch den Kanal gezogen. Die Arbeitsleistung ist dann später verbessert worden durch die Verwendung von elektrisch betriebenen Winden, die einen größeren Zug auszuüben gestatten. Aber auch bei diesen ergibt das Zusammenwirken der Mannschaften, die in 50 bis 60 m Entfernung im Verkehrsgetriebe tätig sein müssen, gewisse Schwierigkeiten. Diese sind behoben worden durch die von den Siemens-Schuckert-Werken herausgebrachte Doppel-

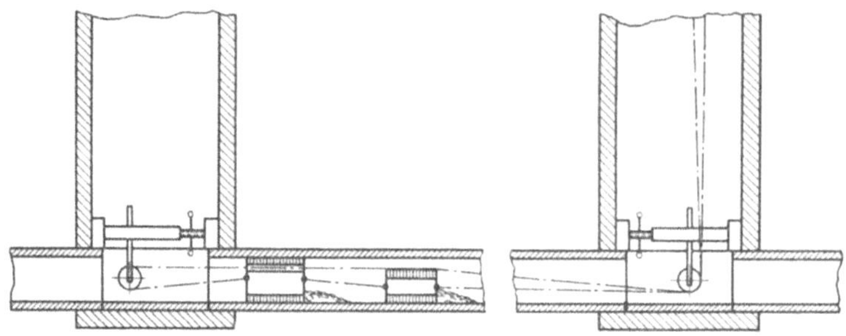

Abb. 156. Ausbildung des Seilzuges einer Doppelwinde.

winde, die von einem Schacht aus die Bewegung der Bürsten in beiden Richtungen zuläßt (Abb. 155). Der doppelte Seilzug wird durch eine Spannrolle in dem unteren Teil der Schächte gemäß Abb. 156 festgelegt und ermöglicht bei einem Zug von 450 kg mehrere Bürsten in kurzen Abständen hintereinander zu schalten oder Gummischeiben durch die Kanäle zu ziehen. Sind die Ablagerungsmassen in den Kanälen bereits verkrustet, so daß die Reinigung mit Bürsten Schwierigkeiten macht, so können diese mittels eiserner Gerätschaften zunächst gelockert werden.

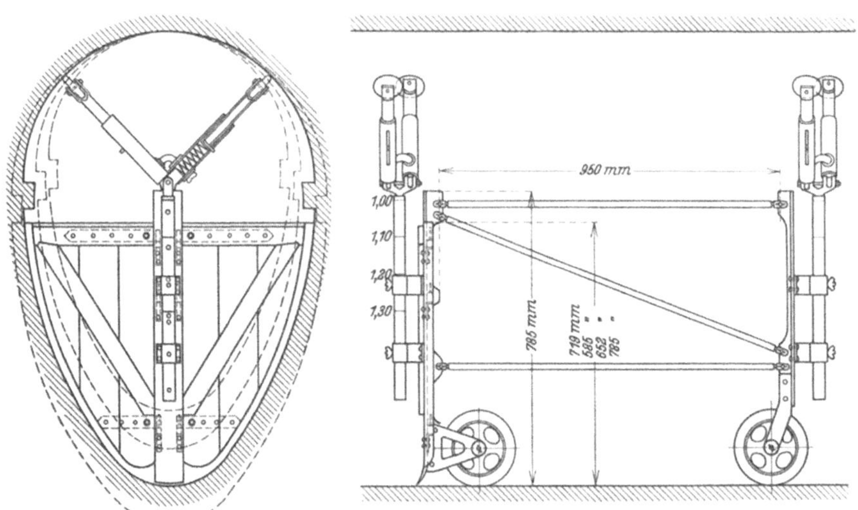

Abb. 157. Spülschild.

Das Bestreben, die bei diesen Einrichtungen von außen zugeführte Kraft zur Bewegung der Gerätschaften zu ersetzen durch die Energie des aufgespeicherten Kanalwassers, führte zur Ausgestaltung des Spülschildes. Dieses ist ein bewegliches Gerät, das den Kanalquerschnitt bis auf ein geringes Maß absperrt. Dadurch wird einmal ein Aufstau im Kanal selbst erzielt, durch den das Gerät in dem Sinne der Fließrichtung fortbewegt wird, und außerdem wird ein Spülstrom erzeugt, der besonders die Bodenablagerungen lockert und weiterführt. Eine ältere Konstruktion dieser Art zeigt Abb. 157. Der Schild wird durch Rollen an der Sohle und im Scheitel des Kanals geführt und erzeugt durch den Aufstau hinter dem Schild einen Spülstrom, der die Ablagerungen löst. Die Wirkung ist noch vollkommener bei dem Reinigungsapparat der Firma Kirchner-Mannheim, Iltis genannt (Abb. 158). Bei diesem wird der Spülstrom in ein oder mehreren Rohren zusammengefaßt, wodurch die Reinigungswirkung gesteigert wird. Bei kleineren Profilen wird der Querschnitt ganz, bei größeren bis zur Kämpferhöhe abgesperrt. Vor der Sperrscheibe, die am Umfang mit Ledermanschetten ausgerüstet ist, ist eine kleinere Scheibe angeordnet, die am Umfang mit kräftigen Bürsten besetzt ist. Bei dem Frankfurter Spülwagen sind das Schild und der Rohrstutzen durch einen konischen Blechkasten ersetzt, der in seinem hinteren Teil dem Profil des Kanals bis Kämpferhöhe entspricht, in seinem vorderen Teile aber eine bedeutende Verjüngung besitzt, wodurch die Wirkung eines Strahlrohres erreicht wird (Abb. 159). Nach den Mitteilungen des Tiefbauamtes leistet dieser Wagen ein Mehrfaches der vorgenannten Apparate.

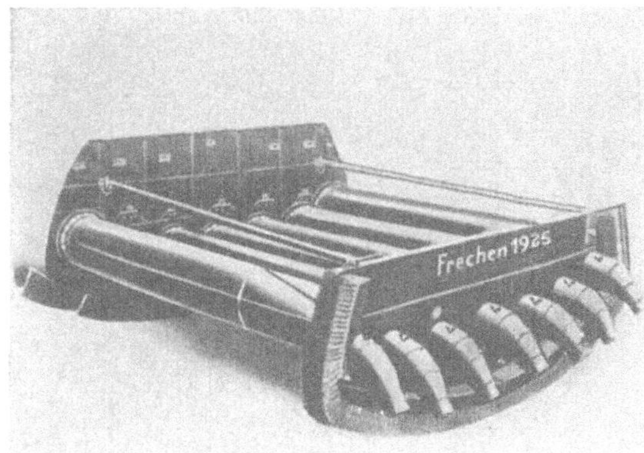

Abb. 158. Reinigungsapparat Iltis.

Bei den großen Sammlern der Entwässerungsleitungen kommen grundsätzlich die gleichen Spülschilde zur Anwendung. Sie werden meistens in dem Kanal zusammengebaut und haben je nach dem Profil ein oder mehrere Öffnungen, durch die das gestaute Kanalwasser abströmt. Die gleiche Wirkung wird erzielt durch Spülschiffe, das sind Schiffe, die in den großen Kanälen schwimmen und vor Kopf ein Eintauchschild tragen, das den wasserführenden Querschnitt bis auf ein geringes Maß an der Sohle abschließt. Derartige Spülschiffe dienen bei der Stadtentwässerung von Düsseldorf und von Paris zur Räumung der Sinkstoffe.

Abb. 159. Frankfurter Spülwagen.

C. Sinkkastenreinigung.

Die primitivste Art der Sinkkastenreinigung, die bei den alten Sinkkästen mit Schlammfang allgemein in Übung war und auch heutzutage sich noch mannigfacher Anwendung erfreut, ist das Ausbaggern des Schlammfanges mittels Stielbaggern. Diese Arbeit belästigt nicht nur den Verkehr stark, sondern ist auch sehr unwirtschaftlich.

Bei den eingehängten Eimern, seien es Geröllfänge oberhalb des Abflußstutzens oder Schlammeimer unterhalb des Abflußstutzens, ist das Fördern des in dem Sandfang angesammelten Gutes erheblich wirtschaftlicher gestaltet. Man bedient sich dazu geeigneter Hebezeuge, die auf einen Wagen montiert sind, der die Schlammmengen aufzunehmen und abzutransportieren bestimmt ist. Neuerdings sind für diesen Zweck die Elektrokarren in Anwendung (Abb. 160). Diese sind mit drehbaren Kranen ausgerüstet und haben den Vorzug großer Beweglichkeit, leichter Bedienung und guter Wirtschaftlichkeit. Der Aktionsradius liegt bei den normalen Akkumulatorenbatterien etwa bei 50 km, so daß er im normalen Betrieb ausreicht, um den Schlamm nach geeigneten Schlammlagerplätzen abzufördern.

Abb. 160. Elektrokarren für Sinkkastenreinigung.

Sofern Sinkkästen mit tiefliegendem Schlammfang als notwendig erachtet werden, kann unter Fortfall der Sinkkasteneimer die Reinigung durch Verwendung von Unterdruckförderern wirtschaftlich gestaltet werden. Bei diesen wird der Schlamm mittels Vakuums ausgesaugt und in einen Schlammkessel gefördert, der auf einem entsprechenden Fahrgestell

Abb. 161. Reinigungswagen für Sinkkästen.

montiert ist. Die Wagen sind meistens, um auch getrockneten Schlamm gut fördern zu können, mit Spülwasserbehältern ausgerüstet. Abb. 161 stellt einen Reinigungswagen System Schorling-Hannover mit Vertikalschlauchführung dar. Der vordere kleine Kessel ist der Spülwasserbehälter und der hintere größere Kessel der Schlammsammelkessel. Das geförderte Gut wird aus dem Wagen durch Umkippen entleert. Die Leistungssteigerung gegenüber dem Elektrokarren ist nach den Untersuchungen von Ringel (*154*) erheblich.

XIII. Haus- und Grundstücksentwässerungen.

Soll die Stadtentwässerung ihre Aufgabe richtig erfüllen, so müssen die Grundsätze, die für ihre Ausgestaltung maßgebend sind, auch für die Haus- und Grundstücksentwässerungen bestimmend sein, und die ganze Ausbildung der Grundstücksentwässerung hat sich dem Verfahren anzupassen, nach dem die Stadt entwässert wird. Infolgedessen kann es auch nicht dem Belieben des einzelnen Grundstückseigentümers überlassen werden, wie er sein Haus entwässern will, sondern es müssen allgemeine Vorschriften zur Geltung gebracht werden, die in jeder Beziehung ein gutes Zusammenwirken zwischen Stadtentwässerungsnetz und Grundstücksentwässerung gewährleisten. Zwischen der Vereinigung der technischen Oberbeamten deutscher Städte, dem Reichsverband im Installateur- und Klempnergewerbe und dem Reichsverband des deutschen Tiefbaugewerbes sind technische Vorschriften für den Bau und Betrieb von Grundstücksentwässerungen im Januar 1927 vereinbart worden und als DIN 1986 herausgegeben. Sie sind im Anhang unter Nr. 3 wörtlich wiedergegeben. Im Zusammenhang damit sind Grundsätze für rechtliche und verwaltungstechnische Vorschriften als DIN 1987 aufgestellt, die die Art und den Umfang der Entwässerung und das Verfahren zur Einholung der Genehmigung im einzelnen regeln. Auf die beiden Vorschriften sei besonders verwiesen. Im nachstehenden sollen nur die Fragen grundsätzlicher Art erörtert und außerdem die Ausbildung der einzelnen Entwässerungseinrichtungen behandelt werden.

A. Zahl und Lage der Anschlüsse.

Die Leitungen auf dem Grundstück werden unterschieden in Grundleitungen, die mit geringem Gefälle unter Gelände oder im Keller verlegt werden, und in Fallrohre, die senkrecht verlaufen und in die ersteren einmünden. Die Fallrohre führen entweder Brauchwasser oder Regenwasser. Die gemeinsame Abführung von Brauchwasser und Regenwasser in einem Rohre ist unzulässig, weil dadurch mannigfache Unzuträglichkeiten entstehen können.

Die Brauchwasserrohre und die Regenwasserrohre sind nach Möglichkeit unabhängig voneinander an die Straßenleitung anzuschließen, da auf diese Weise am besten ein vollkommener Luftwechsel sichergestellt ist. Bei schmalen Hausfronten wird aus wirtschaftlichen Gründen die Zusammenführung aller Fallrohre in eine gemeinsame Grundleitung nicht zu umgehen sein. Beim Trennverfahren besteht in allen Fällen die Notwendigkeit, die Fallrohre für Regenwasser unabhängig von denen für Brauchwasser in die Straßenleitung zu entwässern.

Die Grundleitungen werden tunlichst rechtwinkelig zur Straßenleitung verlegt und an diese mittels Krümmers angeschlossen. Die Höhenlage der Anschlußstutzen bei den kreisrunden Steinzeugrohren, die keinen Fuß besitzen, ist so zu wählen, daß die Achse des Stutzens im Aufriß einen Winkel von etwa 45° gegen die Horizontale bildet. Bei gemauerten Kanälen kommen zwei Ausführungsformen vor. Der Hausanschlußstutzen wird entweder über der Wasserlinie des Trockenwetterabflusses eingeführt, was für die Unterhaltungsarbeiten von Vorteil ist, oder in Kämpferhöhe, was für den Luftwechsel in den Kanälen günstiger ist. Die Regenrohre sind aus Gründen der Lüftung möglichst im Scheitel einzuführen. Bei allen Leitungen (Tonrohrleitungen und Kanälen), bei denen die Stutzen für die Anschlüsse tiefer als 4,0 m unter Straßenoberfläche liegen, sind diese bis etwa 2,0 m unter Straßenoberfläche gemäß Abb. 162 hochzuführen. Das geschieht bei Tonrohren durch Verwendung von Gabelrohren mit senkrechtem Abzweig und bei Kanälen durch Aufsetzen von senkrechten Rohren. Diese Ausführung empfiehlt sich auch bei geringerer Tiefenlage der Straßenleitungen als angegeben, wenn Grundwasser ansteht.

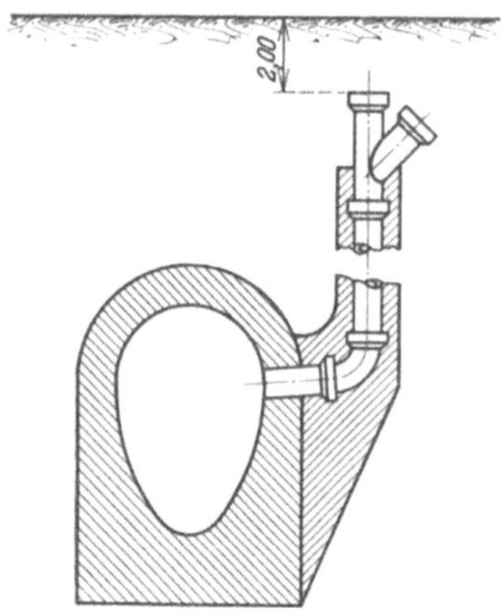

Abb. 162a.

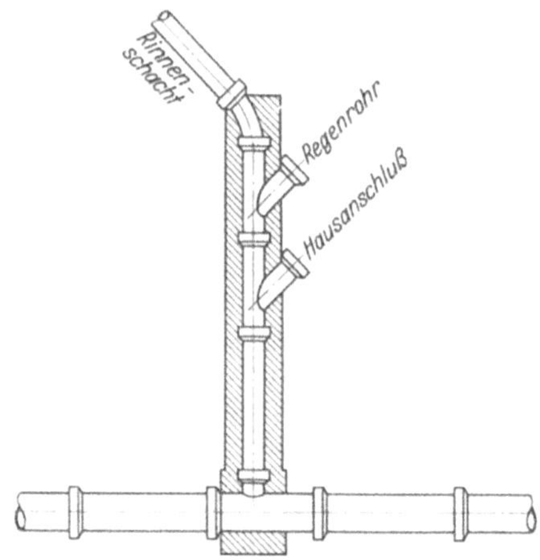

Abb. 162b.

Abb. 162a und b. Hochführung von Hausanschlüssen.

B. Lüftung und Wasserverschlüsse.

Sollen die Fallrohre ihre Aufgabe der Erneuerung der Luft in dem Kanalnetz erfüllen (vgl. Abschnitt XI), so müssen sie mit dem Straßennetz in unmittelbarer Verbindung stehen. Ein Hauptwasserverschluß in der Grundleitung kann deshalb in keinem Fall in Frage kommen. In den ersten Jahren der Kanalisationstechnik war dieser allgemein in Anwendung, um ein Austreten von Kanalgasen in die Häuser auszuschließen. Erst später brach sich die Überzeugung Bahn, daß alle Belästigungen durch die Kanalgase am besten vermieden werden, wenn der Luftwechsel in jeder Form begünstigt wird. Die Frage der Berechtigung des Hauptwasserverschlusses ist dann jahrelang heiß umkämpft worden, bis jetzt in Deutschland ganz allgemein die Anschauung besteht, daß eine Erneuerung der Luft am vollkommensten erreicht wird, wenn die Fallrohre als Abzugsrohre nutzbar gemacht werden. Zu dem Zwecke sind die Fallrohre ohne Querschnittsverringerung luftdicht über Dach zu führen. In England und Amerika herrscht noch die Auffassung, daß durch ein Abschließen der Kanäle gegenüber den Grundstücksentwässerungsanlagen am besten die Belästigungen aller Art vermieden werden. Die notwendige Verdünnung der Kanalluft wird in diesen Ländern durch künstliche Lüftungseinrichtungen erzielt.

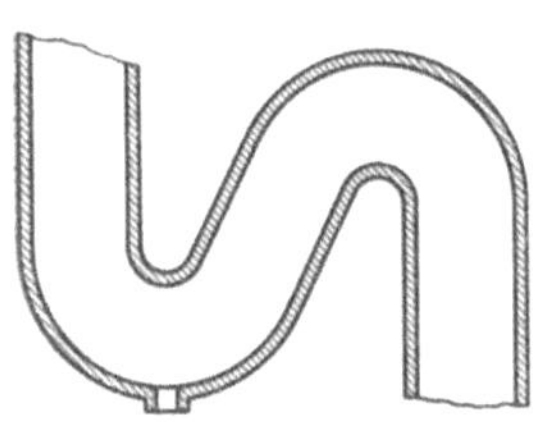

Abb. 163. Geruchverschluß.

Wenn die Fallrohre für die Lüftung nutzbar gemacht werden, so folgt daraus die Notwendigkeit, alle Anschlußstellen mit Geruchverschlüssen zu versehen, um das Austreten von Kanalgasen mit Sicherheit zu vermeiden. Sie bestehen in der gewöhnlichen Ausführungsform aus U-förmigen Rohren, wie in Abb. 163. Diese Verschlüsse wirken nur dann zuverlässig, wenn die Verschlußhöhe und die Rohrweite gewisse Mindestgrößen nicht unterschreiten und wenn der Verschluß möglichst nahe dem Fallrohr angebracht wird. Die notwendigen Maße hierfür sind in DIN 1986 § 3 gegeben. Sind diese Vorbedingungen nicht erfüllt, so besteht Gefahr, daß die in dem Fallrohr abstürzenden Wassermengen die Wasserverschlüsse leersaugen. Man kann dieser Gefahr dadurch begegnen, daß von dem Scheitel des Wasserverschlusses ein selbständiges Entlüftungsrohr nach dem Fallrohr geführt wird, gemäß Abb. 164, oder daß schwerabsaugbare Verschlüsse verwendet werden. Unter den mannigfachen Konstruktionen, die besonders in den Vereinigten Staaten von Amerika ausgebildet sind, seien zwei hervorgehoben. Bei der einen wird der Wasserverschluß topfförmig erweitert, um durch eine größere Wassermenge der Saugewirkung größeren Widerstand entgegenzusetzen. Diese Verschlüsse haben jedoch den Nachteil, daß sich infolge des größeren Wasserquerschnittes Schlamm in den Töpfen absetzt. Sie sind also nicht selbstreinigend. Bei der zweiten Gruppe, den flaschenförmigen Wasserverschlüssen, wird zwischen Zu- und Abflußschenkel ein rohrförmiges Zwischenstück eingeschaltet, wodurch eine Verlängerung des Wasserverschlusses erreicht wird. Der Flaschenverschluß der Abb. 165 stellt in gewissem Sinn zwei hintereinander angeordnete Wasserverschlüsse dar, wodurch ein Leersaugen mit Sicherheit verhindert wird.

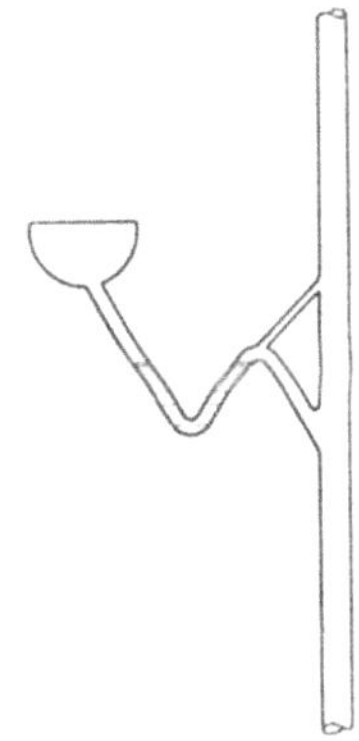

Abb. 164. Geruchverschluß mit selbständigem Entlüftungsrohr.

Die Versuche von Karsten (*162*), die im Gegensatz zu manchen anderen Versuchen dieser Art an Abwasserleitungen unter Verhältnissen durchgeführt sind, wie sie tatsächlich vorliegen, beweisen, daß ein selbständiges Leersaugen bei offenen Fallrohren überhaupt nicht vorkommt. Es ist deshalb begründet, wenn in Deutschland allgemein von besonderen Maßnahmen zum Verhindern des Absaugens Abstand genommen wird. Ein Brechen des Wasserverschlusses durch Verdunsten ist bei keiner Konstruktion unvermeidbar, wenngleich die mit besonderen Lüftungsrohren ausgerüsteten Verschlüsse dieser Gefahr in stärkerem Maße ausgesetzt sind, als die übrigen Verschlüsse. Da aber nach den technischen Vorschriften zu jeder Ablaufstelle mit Geruchverschluß eine Zapfstelle gehört, so ist bei der normalen Benutzung nicht damit zu rechnen, daß der Verschluß durch Verdunsten aufgehoben wird.

C. Schutz gegen Rückstau.

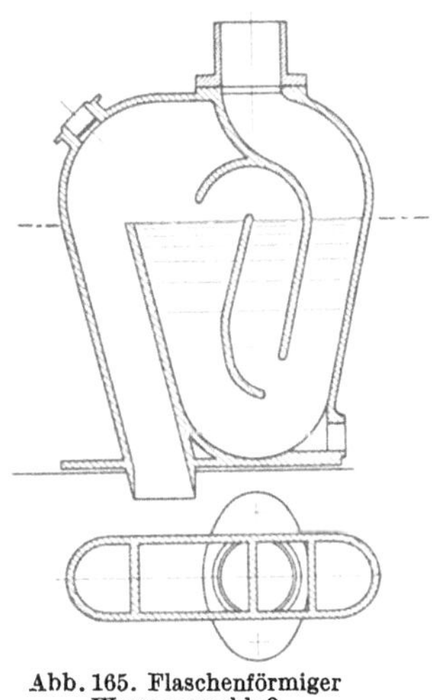

Abb. 165. Flaschenförmiger Wasserverschluß.

Um das Grundstück vor Rückstau zu sichern, muß bei der Ausbildung der Entwässerungsanlage auf die Rückstauhöhe, die im Kanal bei großen Niederschlägen vorkommen kann, Rücksicht genommen werden. Der Anschluß von Ablaufstellen, die unter der Rückstauhöhe liegen, an die Entwässerungsanlage ist nur unter der Bedingung zulässig, daß die betreffende Leitung mit einem Rückstauverschluß versehen wird.

Die Rückstauhöhe schwankt je nach der Stärke der Niederschläge. Aus verwaltungstechnischen Gründen ist es erwünscht, mit gewissen festen Maßen zu rechnen. Manche Städte setzen deshalb diese Höhe auf 1,0 m über dem Scheitel des Straßenkanals fest. Andere Städte, wie beispielsweise Berlin, nehmen die Straßenoberfläche an der Anschlußstelle der Grundstücksentwässerung als Maß für die Rückstauhöhe an. Die letztere Festsetzung entspricht den Verhältnissen bei Sammlern im Flachlande, wo geringe Gefälle in Frage kommen, während in Steilstrecken mit einem niederen Werte auszukommen ist.

Liegen Keller oder sonstige Flächen so tief, daß sie nicht unmittelbar nach der Straßenleitung entwässern können, so muß die Entwässerung durch künstliches Heben des Abwassers bewirkt werden. Das trifft besonders auf die Tiefkeller der Großstädte zu, die für gewerbliche Zwecke benutzt werden.

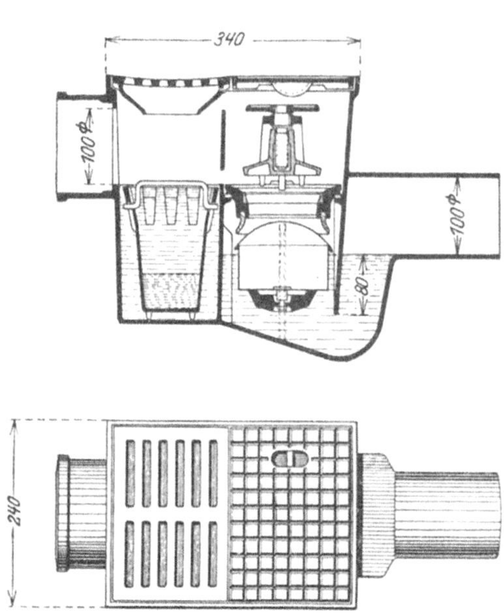

Abb. 166. Rückstaudoppelverschluß „Primus".

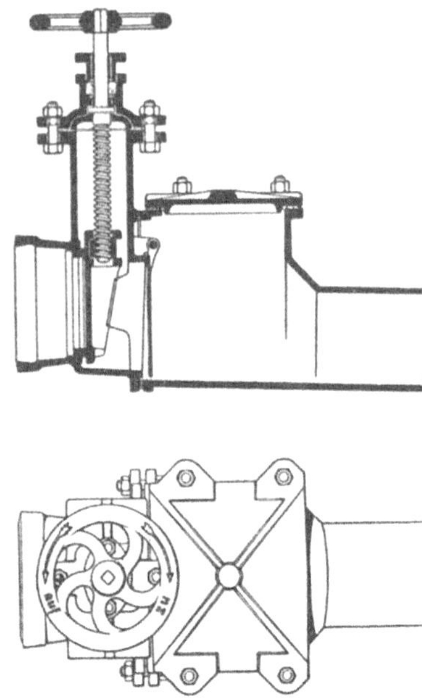

Abb. 167. Rückstaudoppelverschluß „Triplex".

Die Rückstauverschlüsse sollen nach DIN 1997 aus zwei voneinander unabhängigen Verschlüssen bestehen, von denen der eine von Hand zu bedienen ist, während der andere selbsttätig wirken soll. Sie sind so anzuordnen, daß der letztere in der Fließrichtung hinter dem ersteren liegt, daß also der selbsttätige

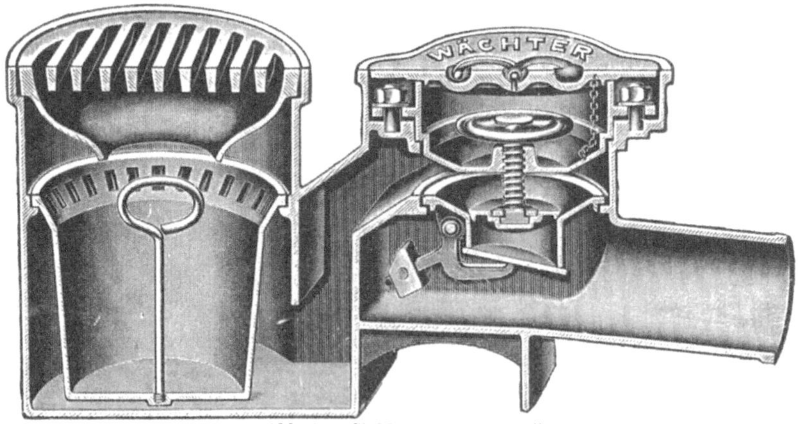

Abb. 168. Sinkkasten „Wächter"

Verschluß bei Rückstau des Kanalwassers zuerst in Tätigkeit tritt, damit die von dem rückstauenden Wasser vorgeschobenen Schmutzstoffe dem von Hand zu bedienenden Verschluß ferngehalten werden.

Die Ausgestaltung der Vorrichtung, die den selbsttätigen Schutz gegen Rückstau gewährleistet, beruht entweder auf dem Schwimmerprinzip oder auf dem

Klappenprinzip. Bei dem ersteren wird eine Kugel oder ein Körper mit kugelförmigem Abschluß gegen eine entsprechende Dichtungsfläche gepreßt, bei dem letzteren wird eine Pendelklappe, die sich unter der normalen Wasserführung leicht öffnet, gegen eine Dichtungsfläche gedrückt. Dem ersteren Grundsatz entspricht der Rückstaudoppelverschluß des Kellersinkkastens „Primus", Abb. 166, der von den Passavant-Werken hergestellt wird, dem zweiten Grundsatz der Rückstaudoppelverschluß „Triplex" der gleichen Firma (Abb. 167). Bei dem Sinkkasten der Essener Eisenwerke-Katernberg, Wächter genannt (Abb. 168), wird der Verschluß durch eine horizontale Klappe erreicht, die durch einen gewichtsbelasteten Hebel an die Dichtungsfläche angedrückt wird. Die Klappenverschlüsse haben den Vorzug, daß sie stets verschlossen sind, daß also nicht erst das Rückstauwasser durch Heben eines Schwimmers den Verschluß herstellen muß.

D. Wasserablaufstellen.

Die Wasserablaufstellen in einem modernen Hause sind sehr zahlreich. Es gehören dazu außer den Aborten, die besonders behandelt werden, die Küchenausgüsse, Spültische, Spülausgüsse, Wasserbecken, Badeabläufe und die verschiedenen Sinkkästen, wie Kellersinkkästen, Deckensinkkästen und Hofsinkkästen. Für alle diese gilt, daß sie mit Geruchverschlüssen ausgerüstet sein müssen und daß über jeder Ablaufstelle, mit Ausnahme der Sinkkästen, eine Zapfstelle der Wasserleitung anzuordnen ist, um die Gewähr dafür zu haben, daß der Wasserverschluß immer mit Wasser gefüllt ist. Alle Ablaufstellen, mit Ausnahme der Aborte, müssen außerdem Siebe oder Roste erhalten, deren Öffnungen zusammengenommen die Hälfte des freien Querschnittes des Geruchsverschlusses nicht überschreiten dürfen, damit beim Ausschütten größerer Wassermengen sich kein geschlossener Wasserpfropfen in der Falleitung bilden kann, der den Wasserverschluß abzusaugen imstande ist.

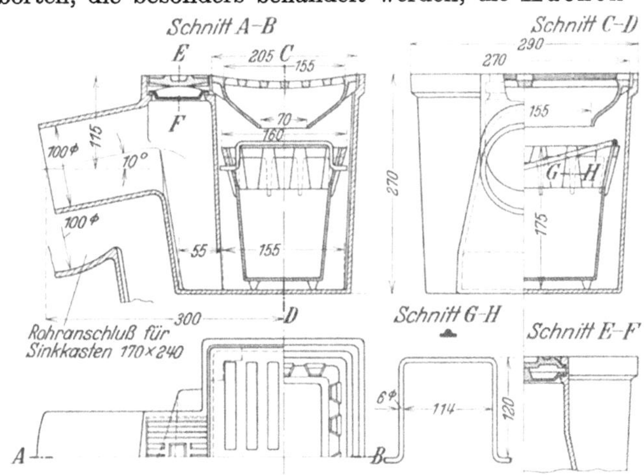

Abb. 169. Kellersinkkasten.

Die Ausbildung der einzelnen Entwässerungsobjekte ist sehr vielseitig nach Form und Material. Unter dem Angebotenen die richtige Auswahl zu treffen, und den für den einzelnen Fall geeigneten Installationsartikel einzubauen, ist Sache des Architekten, der die Inneneinrichtung des Hauses herstellt. Es soll deshalb hier nicht näher darauf eingegangen werden. Dagegen interessieren vom Standpunkt der Straßenentwässerung die Sinkkästen insofern, als durch diese die gröberen Sinkstoffe der Straßenleitung ferngehalten werden sollen. Es sei deshalb in Abb. 169 ein Kellersinkkasten mit Putzöffnung gemäß DIN 591 und in Abb. 170 ein Deckensinkkasten gemäß DIN 592 im Bilde gegeben[1]. Für die Hofsinkkästen gelten die gleichen Grundsätze, wie bei den Straßensinkkästen, vgl. Abschnitt VI B.

[1] Wiedergabe erfolgt mit Genehmigung des Deutschen Normenausschusses. Verbindlich ist die jeweils neueste Ausgabe des Normblattes im Dinformat A 4, das durch den Beuth-Verlag GmbH, Berlin S 14, zu beziehen ist.

E. Spülaborte.

Die Spülaborte müssen nach ganz bestimmten Grundsätzen ausgestaltet werden, wenn der Hauptzweck der Kanalisation, die Fäkalien durch Abschwem-

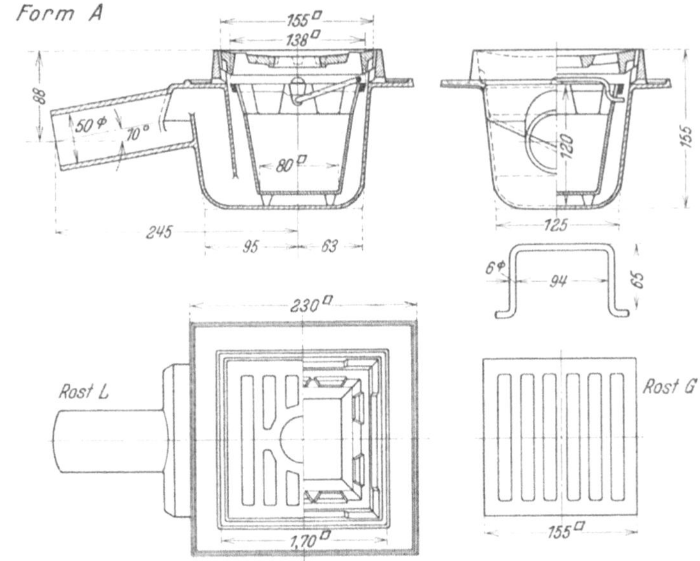

Abb. 170. Deckensinkkasten.

men zu beseitigen, in vollkommener Weise erreicht werden soll. Dazu gehört die Bemessung der Spülwassermenge und die Höhe des Spülbehälters über dem

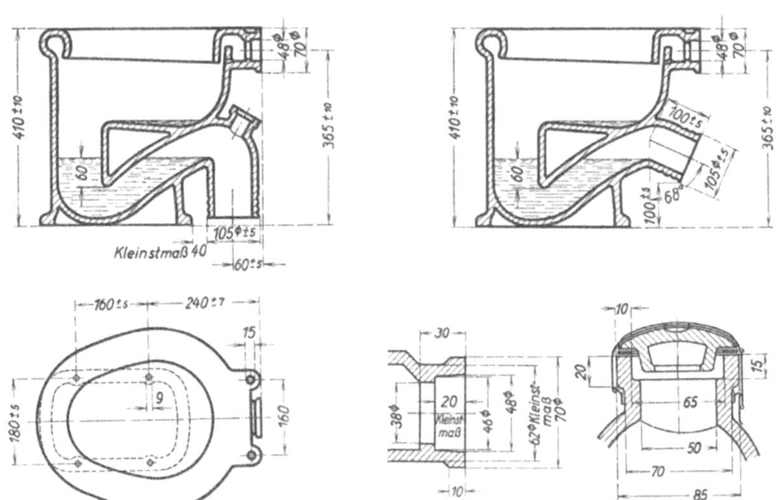

Abb. 171. Flachspülklosett.

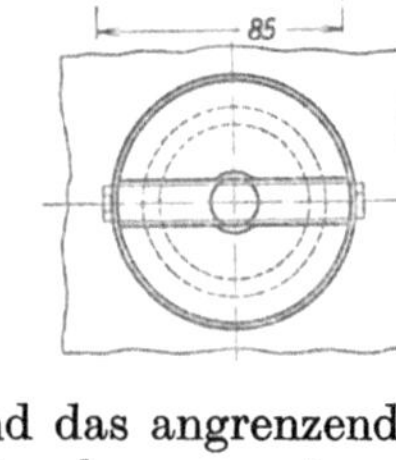

Becken, durch die die Räumungskraft des Spülwassers bestimmt wird. Durch DIN 1986 ist die kleinste Wassermenge auf 6 l und die geringste Höhe von Unterkante Spülbehälter bis Oberkante Becken auf 1,8 m festgesetzt. Soll unter diesen Verhältnissen der Wasserverschluß und das angrenzende Fallrohr sich von selbst rein halten, so darf der lichte Durchmesser ein gewisses

Maß nicht überschreiten. Andererseits ist durch die Beschaffenheit der abzuführenden Schmutzstoffe eine untere Grenze gegeben, die notwendig ist, um Verstopfungen zu vermeiden. Nach der Normung entspricht ein Außenmaß des Ablaufrohres von 105 mm gleich einem lichten Durchmesser von 80 bis 85 mm am besten diesen Bedingungen. Die Tiefe des Wasserverschlusses ist allgemein auf 60 mm festgesetzt und genügt, um ein Leersaugen des Verschlusses mit Sicherheit zu verhindern.

Die beiden Hauptarten der Wasserklosette sind das Flachspülklosett, Abb. 171 gemäß DIN 1381[1], und das Tiefspülklosett, Abb. 172 gemäß DIN 1382[1]. Die Klosette haben sämtlich einen außenliegenden Abgang, der entweder senkrecht nach unten, oder schräg nach hinten gerichtet ist. Bei den ersteren fallen die Fäkal-

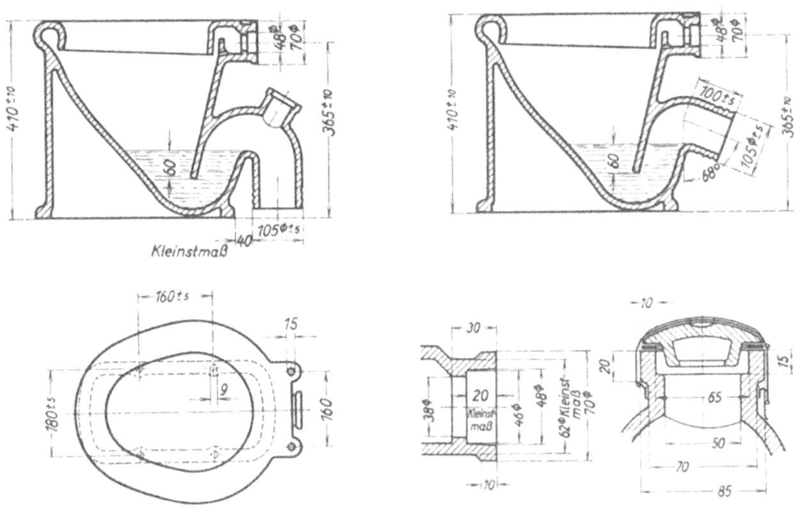

Abb. 172. Tiefspülklosett.

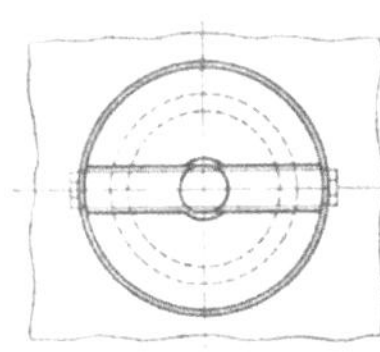

stoffe in eine Schale mit flachem Wasser, die ausreicht, um das Anhaften der Schmutzstoffe zu vermeiden. Der Geruchverschluß liegt unterhalb der Mulde. Die Spülkraft des abstürzenden Wassers wird bei diesem Becken nicht unmittelbar für das Reinhalten des Wasserverschlusses ausgenutzt, so daß sich an den inneren Wandungen leicht übelriechende Krusten bilden können. Bei Tiefspülklosetten gelangen die Fäkalstoffe sofort in tiefes Wasser. Es verlangt infolge des größeren Wasserquerschnittes einen kräftigen Spülstrom, trotzdem wird das zurückbleibende Wasser nach der Spülung nicht immer vollständig klar erhalten. Von den beiden Arten wird das Flachspülklosett fast ausnahmslos in den Wohnungen angewendet, während das Tiefspülklosett in der Hauptsache nur von Schulen und Krankenhäusern bevorzugt wird.

Bei der dritten Art, dem Absaugeklosett, wird der Geruchverschluß infolge seiner besonderen Form von dem Spülwasser kräftig leergesaugt. Infolgedessen ist dazu keine stürzende Wassersäule erforderlich, sondern es genügt ein tiefhängender Spülbehälter, der in kurzer Zeit seinen Inhalt in das Becken entleert.

Die Spülung der Aborte soll im allgemeinen durch Spülbehälter erfolgen, die von der Wasserleitung aufgefüllt werden. Es ist jedoch auch angängig, die Becken unmittelbar aus der Wasserleitung zu spülen. In diesem Fall muß jedoch dafür Sorge

[1] Wiedergabe erfolgt mit Genehmigung des Deutschen Normenausschusses. Verbindlich ist die jeweils neueste Ausgabe des Normblattes im Dinformat A 4, das durch den Beuth-Verlag GmbH, Berlin S 14, zu beziehen ist.

getragen werden, daß ein Rücksaugen der Abtrittsstoffe in die Wasserleitung in keinem Fall eintreten kann. Das kann erreicht werden durch Unterbrechung des Spülwasserrohres, so daß sich kein geschlossener Wasserstrahl bilden kann.

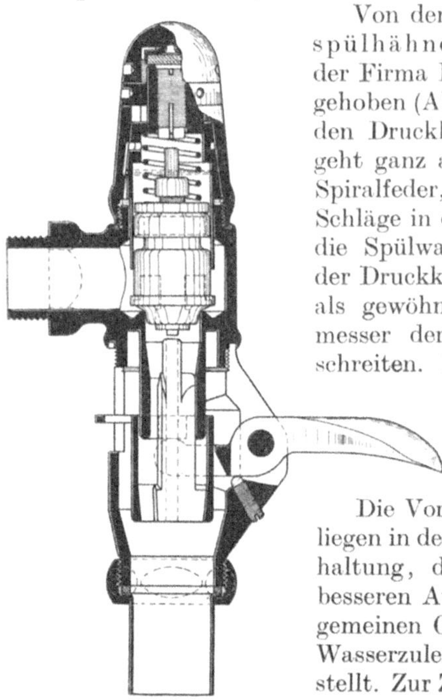

Abb. 173. Druckspülhahn.

Von den vielen auf dem Markte befindlichen Druckspülhähnen, die diesen Bedingungen entsprechen, sei der der Firma Benkiser in Ludwigsburg bei Stuttgart hervorgehoben (Abb. 173). Er besitzt ein Kolbenventil, das durch den Druckknopf emporgehoben wird, und das Schließen geht ganz allmählich vor sich je nach der Spannung der Spiralfeder, die einstellbar ist. Auf diese Weise werden Schläge in der Wasserleitung vermieden. Gleichzeitig kann die Spülwassermenge reguliert werden. Bei Anwendung der Druckknopfspülung müssen die Steigeleitungen größer als gewöhnlich dimensioniert werden, und der Durchmesser der Anschlußleitung darf 40 mm nicht unterschreiten. Das Rücksaugen ist bei dieser Konstruktion dadurch ausgeschlossen, daß das äußere Gehäuse eine Schlitzöffnung hat, die die Bildung eines zusammenhängenden Wasserfadens verhindert.

Die Vorteile der Spülhähne gegenüber den Spülkästen liegen in der einfacheren Installation, der geringeren Unterhaltung, der geringeren Frostempfindlichkeit und dem besseren Aussehen. Bezüglich der Kosten besteht im allgemeinen Gleichheit, wenn man den Mehraufwand für die Wasserzuleitungen bei Druckspülhähnen mit in Rechnung stellt. Zur Zeit besteht bei vielen Wasserwerken noch Widerstand gegenüber der Anwendung der Druckspülhähne, der sich in erster Linie auf die Gefahr des Rücksaugens und auf die Schwierigkeiten erstreckt, die sich bei zu geringer Dimensionierung der Leitungen ergeben. Bei richtiger Installation der Wasserleitungsanlage im Neubaufalle bestehen jedoch keine Bedenken, diese als einwandfrei befundenen Apparate zum Einbau zuzulassen. Über die Erfahrungen in Stuttgart siehe (*169*).

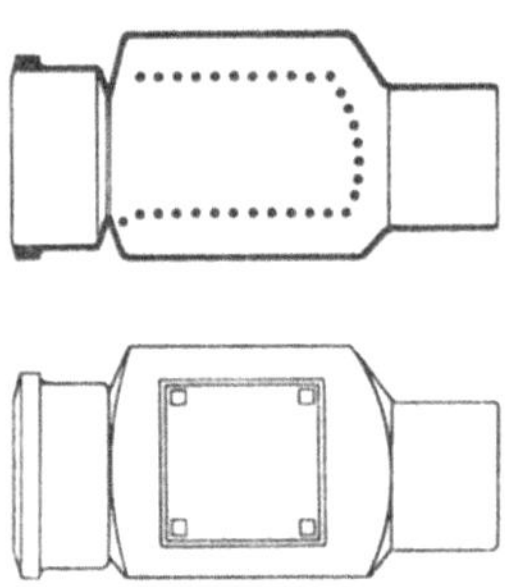

Abb. 174. Regenrohrschmutzfänger.

F. Abscheider.

Die Abscheider sollen von den Straßenleitungen alle Stoffe fernhalten, die den betrieblichen Zustand der Straßenleitung beeinträchtigen oder die den Bestand der Rohrleitung und die Gesundheit der Unterhaltungsmannschaften gefährden können. Nach ihrer Zweckbestimmung lassen sie sich in 4 Gruppen einteilen:

1. Sandfänge, die die in den Kellern, auf Zwischenböden, auf denen Wasser abfließt, und in den Höfen anfallenden Sandmengen zurückhalten. Ihre Ausbildung ist in dem vorstehenden Abschnitt D näher behandelt.

2. Regenrohrschmutzfänger. Sie kommen nur in Frage bei Rohren, wo die Gefahr besteht, daß die Grundleitungen durch Laub oder Bruchstücke des Dachdeckungsmaterials verstopft werden. Ihr Einbau ist also beschränkt auf Gebiete mit starkem Laubanfall und auf ältere Häuser, wo der Zustand der Dächer schlecht ist. Bei dem Regenrohrschmutzfänger System Liese ist in ein längliches Gehäuse ein Korb aus Rundstäben eingebaut, deren Abstand so gewählt ist, daß grobe Stoffe zurückgehalten werden (Abb. 174). Bei den Schmutzfängern System Passavant (Abb. 175) ist ein gußeiserner Korbeimer exzentrisch

so aufgehängt, daß zwischen Eimer und Gehäuse ein Spalt bleibt, durch den ein genügender Luftwechsel möglich ist. Bei den Regenrohrsinkkästen (Abb. 176),

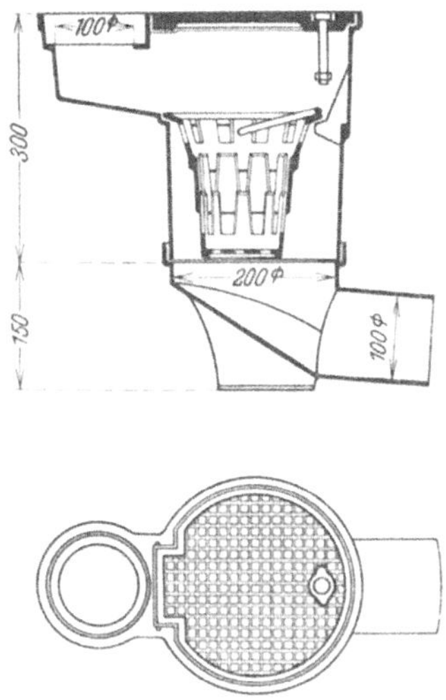

Abb. 175. Regenrohrschmutzfänger System Passavant.

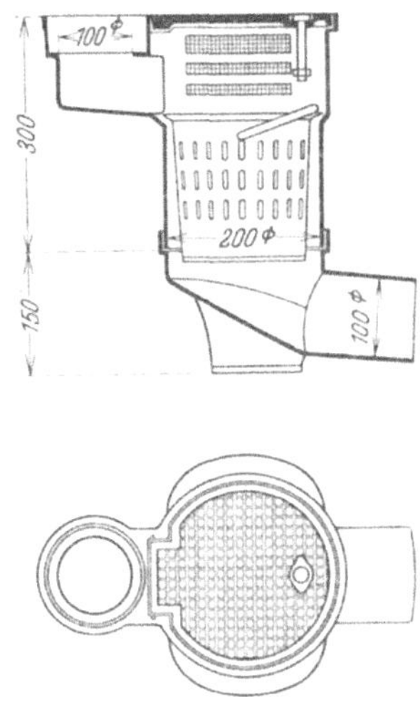

Abb. 176. Regenrohrschmutzfänger mit seitlichem Überlauf.

die Sand und Schlamm zurückhalten sollen, ist dies in ähnlicher Weise dadurch erreicht, daß seitliche Überläufe angeordnet sind.

3. Fettabscheider. Sie sind einzuschalten in die Entwässerungsleitungen von gewerblichen Betrieben, in denen viel Fett anfällt, wie Gastwirtschaften, Schlächtereien, Wurst- und Konservenfabriken, Seifenfabriken usw. Ihre Aufgabe ist, das Fett so weit als möglich zurückzuhalten, um Fettansatz in den Leitungen und die sich daraus ergebenden Fäulniserscheinungen zu vermeiden. Das gewonnene Fett ist für verschiedene technische Zwecke verwendbar und kann bei regelmäßiger Entnahme die Aufwendungen für die Beschaffung des Fettfängers in kurzer Zeit decken. Die Fettfänger werden zweckmäßig in unmittelbarer Nähe des Ausgusses untergebracht. Bei mehreren Leitungen, die Fett liefern, wie z. B. bei Schlachthöfen, empfiehlt es sich, einen größeren Fettfänger unterhalb der Zusammenführung sämtlicher Leitungen einzubauen.

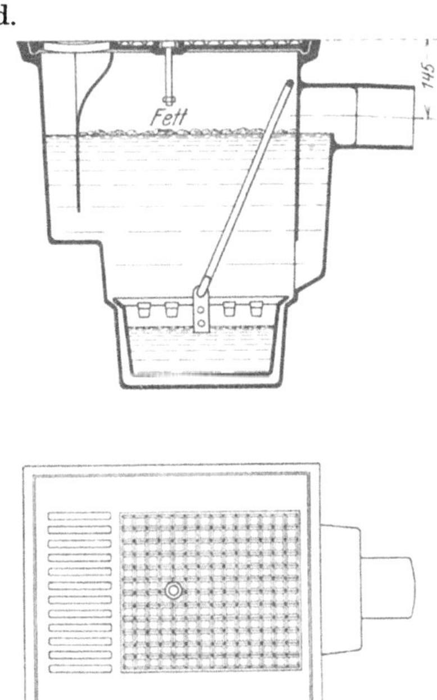

Abb. 177. Fettfang.

Die Wirkung der Fettfänger beruht darauf, daß die Geschwindigkeit des abfließenden Wassers in einem größeren Raum vermindert wird und daß dadurch die Fetteilchen die Möglichkeit haben, sich nach oben auszuscheiden. Mit der Vergrößerung des Abflußquerschnittes ist naturgemäß ein Absetzen der mitgeführten Sinkstoffe verbunden. Aus diesem Grunde muß jeder Fettfänger mit einem Schlammfang ausgerüstet sein, oder aber ein solcher wird dem Fettfänger vorgeschaltet. Im übrigen ist anzustreben, das Fett in möglichst reiner Form zu gewinnen und nachträgliche Verunreinigungen zu vermeiden. Bei der einfachsten Form der Fettfänger (Abb. 177) besteht der Nachteil, daß von den Sinkstoffen am Boden Schlammfladen aufsteigen und in die darüber liegende Fettschicht gelangen, wodurch das Fett zur weiteren Verwendung ungeeignet wird. Es empfiehlt sich deshalb, Schlammeimer und Fettgewinnungsraum voneinander zu trennen, und die ganze Anordnung so zu treffen, daß sich der Eimer unabhängig von der Beseitigung des Fettes entleeren läßt. Die Ausführung der Passavant-Werke entspricht diesen Grundsätzen. Bei der ersten Konstruktion (Abb. 178) wird der Schlamm, der sich an dem Boden des eigentlichen Fettfängers ansammelt, infolge der besonderen Gestaltung des Abflusses durch den Abwasserstrom mit weggeführt, bei der zweiten Konstruktion (Abb. 179) wird das Abwasser zwischen Fett- und Schlammraum eingeführt und dadurch in Verbindung mit der besonders gestalteten Trennwand eine gute Fettausbeute erzielt. Der Wirkungsgrad dieser Fettabscheider geht bis zu 95%.

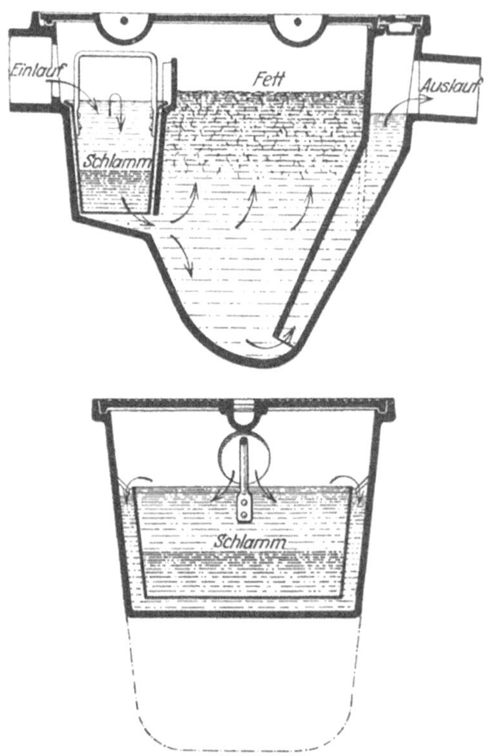

Abb. 178. Fettfang nach Passavant.

4. Benzinabscheider. Wie bereits in Abschnitt XI ausgeführt, ist es zur Sicherheit der Kanäle und zum Schutze von Leben und Gesundheit der Unterhaltungsmannschaften dringend notwendig, alle feuer- und explosionsgefährlichen Stoffe dem Entwässerungsnetz fernzuhalten. Das geschieht am einfachsten und zweckmäßigsten an den Stellen, wo derartige Flüssigkeiten anfallen, d. h. in den Garagen, bei den Kraftfahrzeugreparaturstellen, bei den Tankstellen usw. Die Apparate, die die Aufgabe haben die Leichtflüssigkeiten zurückzuhalten, heißen schlechtweg Benzinabscheider. (In früheren Zeiten gingen sie auch wohl unter dem Namen Benzolabscheider.)

Ihre Konstruktion beruht auf dem physikalischen Gesetz, daß bei einem Gemisch von zwei Flüssigkeiten verschiedenen spezifischen Gewichts, sich die leichte Flüssigkeit nach oben ausscheidet, wenn die Geschwindigkeit des abfließenden Gemisches so weit verringert wird, daß der Auftrieb der Leichtflüssigkeit gegenüber der Bewegungsenergie überwiegt. Die Einrichtung ist im übrigen so zu treffen, daß die abgeschiedene Flüssigkeit durch nachströmende Wassermengen nicht wieder mit weggeführt werden kann. Wird in einem Benzinabscheider nach Erreichung eines bestimmten Standes der Leichtflüssigkeit der Zufluß zum Kanal abgeschlossen, so tritt beim weiteren Zuströmen von Flüssigkeit diese auf die zu entwässernde Fläche über, wodurch die Bedienungsmannschaften aufmerksam gemacht werden, und es hängt von der regelmäßigen Unterhaltungsarbeit ab, ob der Abscheider seinen Zweck auf die Dauer erfüllt oder nicht. In diesem Falle haben wir es mit Abscheidern mit selbsttätigem Abschluß zu tun. Außerdem gibt es Abscheider ohne selbsttätigen Abfluß. Diese müssen, wenn sie ihren Zweck erfüllen sollen, ein größeres Aufspeicherungsvermögen haben als die ersteren.

Es entspricht der Bedeutung der Benzinabscheider für die ganze Kanalisationstechnik, wenn in gemeinsamer Arbeit des deutschen Städtetages, der Vereinigung der technischen Oberbeamten und dem Verein deutscher Eisengießereien Baugrundsätze für Benzinabscheider im Jahre 1930 festgesetzt worden sind. Diese sind als DIN 1999 herausgegeben und enthalten folgende hauptsächlichsten Bestimmungen[1].

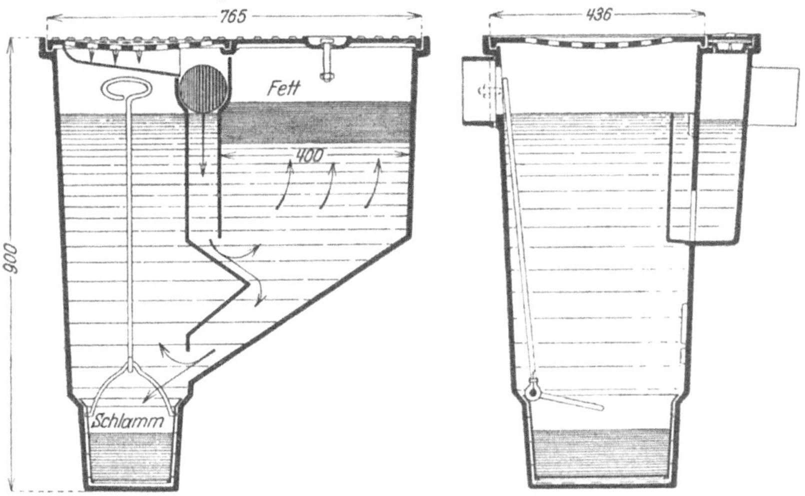

Abb. 179. Fettfang nach Passavant.

1. Die Benzinabscheider müssen die ihnen vermischt oder unvermischt zufließenden Leichtflüssigkeiten zu 95% aus dem Wasser ausscheiden.

2. Die abgeschiedene Leichtflüssigkeit darf in der Abscheidekammer nicht von neuem Wasserzufluß durchbrochen oder aufgerührt werden und muß auf einfache Weise entfernt werden können.

3. Durch Verschlammung darf die Möglichkeit eines Übertrittes der Leichtflüssigkeit in die Abflußleitung nicht vergrößert werden.

Für die Abscheider mit selbsttätigem Abfluß gilt außerdem:

4. der Abfluß muß durch die angesammelte Leichtflüssigkeit eingeleitet werden. Eine Drosselung der abfließenden Wassermengen darf durch die Abschlußvorrichtung nicht hervorgerufen werden.

Außerdem sind die Größenverhältnisse der Abscheider und die Abmessungen der Zu- und Abläufe festgelegt.

Um die Sicherheit zu haben, daß diese Baugrundsätze auch richtig ausgelegt werden, hat man

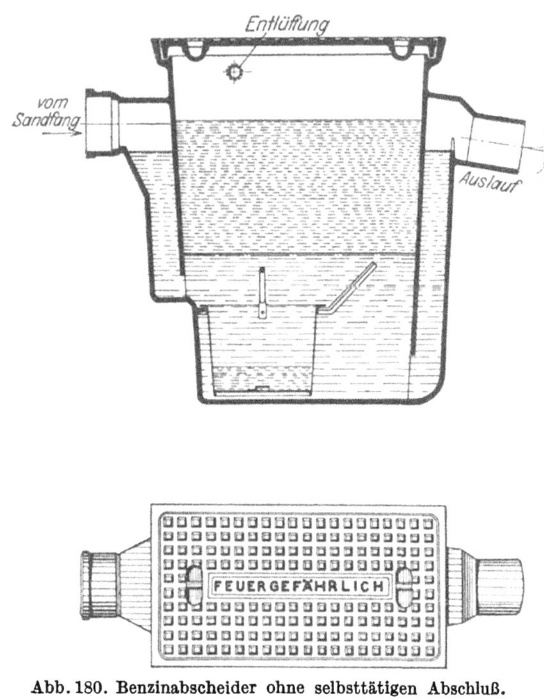

Abb. 180. Benzinabscheider ohne selbsttätigen Abschluß.

[1] Wiedergabe erfolgt mit Genehmigung des Deutschen Normenausschusses. Verbindlich ist die jeweils neueste Ausgabe des Normblattes im Dinformat A 4, das durch den Beuth-Verlag GmbH., Berlin S 14, zu beziehen ist.

von seiten der Städte einen Prüfungsausschuß eingesetzt, der nach einer festgesetzten Prüfordnung alle Apparate auf ihre Wirkungsweise untersucht. Es ist damit die Gewähr dafür gegeben, daß für die Folge nur Apparate zum Einbau

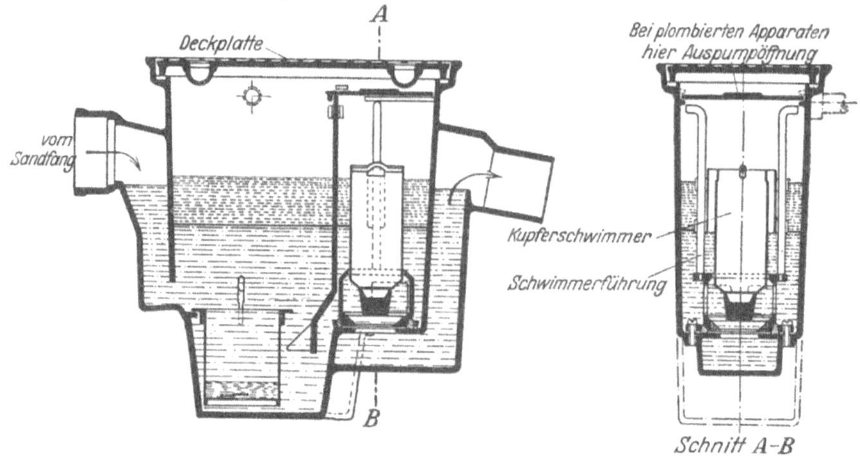

Abb. 181. Benzinabscheider mit selbsttätigem Abschluß.

kommen, die den notwendigen Anforderungen entsprechen und daß die vielfach auf dem Markte befindlichen minderwertigen Produkte allmählich verschwinden.

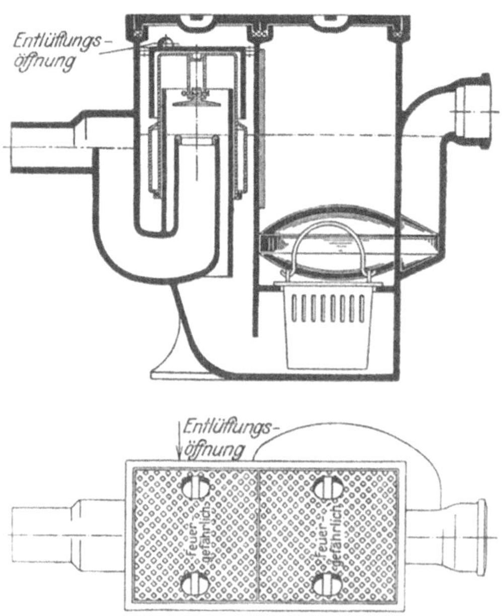

Abb. 182. Benzinabscheider „Solus".

In Abb. 180 ist ein Benzinabscheider ohne selbsttätigen Abschluß, der von den Passavant-Werken konstruiert und vom Prüfungsausschuß zum Einbau zugelassen ist, dargestellt. Er besitzt einen großen Speicherraum und wird in vier verschiedenen Größen für Abflußmengen von 0,5 bis 2 l/s gebaut. Abb. 181 stellt einen Abscheider mit selbsttätigem Abschluß derselben Firma dar, Curator genannt. Das Verschlußorgan besteht aus einem oben offenen Schwimmer, der beim Absinken eine entsprechende Öffnung abschließt. Er besitzt zwei Leitkanäle mit Öffnungen, durch die bei einem bestimmten Stand der Leichtflüssigkeit diese übertritt und in den Schwimmer eindringt, so daß dieser absinkt. Der Benzinabscheider Solus (System Linnmann) der Essener Eisenwerke (Abb. 182) ist dadurch ausgezeichnet, daß die Abschlußvorrichtung an der Wasseroberfläche liegt und daß infolgedessen ein Verschlammen derselben unmöglich ist. Auch dieser Apparat ist vom Prüfausschuß als den Bedingungen entsprechend anerkannt. Sollen die Abscheider ihre Aufgabe richtig erfüllen, so muß ein Sandfang ausreichender Abmessung vorgeschaltet werden. Je nach der zu erhaltenden Abflußmenge wählt man dafür entweder die marktgängige gußeiserne Konstruktion, oder bei starker Beanspruchung und größeren Abflußmengen einen gemauerten Schacht.

Die in dem Abscheider zurückgehaltenen Stoffe sind infolge ihres hohen Wassergehaltes und der Verunreinigungen nicht ohne weiteres wieder verwendbar. Sie müssen also abtransportiert oder so untergebracht werden, daß sie nicht

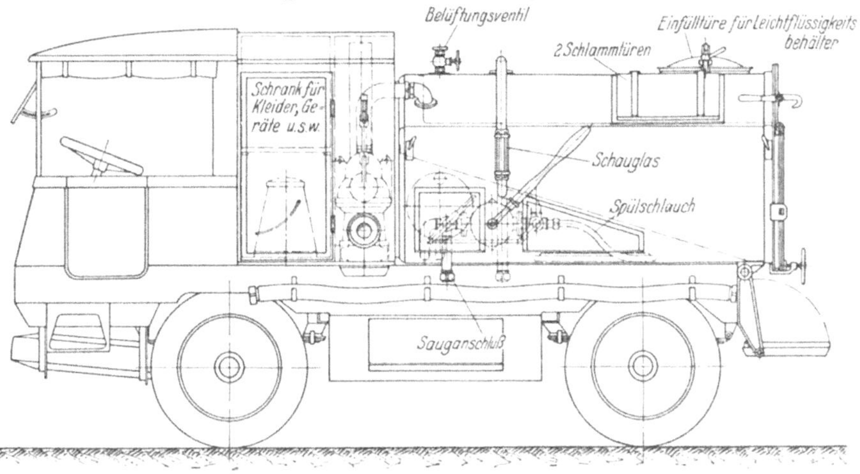

Abb. 183a.

Abb. 183a und b. Elektrokarren zum Entleeren von Benzinabscheidern.

wieder in die Kanäle gelangen können. Die letztere Gefahr liegt besonders nahe, indem die mit der Räumung betrauten Personen das Abfangegut aus Gründen der Bequemlichkeit in die Kanäle schütten. Dieses Vorgehen ist zwar nicht entschuldbar, wohl aber verständlich, wenn man berücksichtigt, daß der Unterbringung des Abfangegutes Schwierigkeiten begegnen. Für die Sicherheit der Kanäle genügt deswegen nicht allein, behördlicherseits die Aufstellung von Benzinabscheidern zu fordern und zu überwachen, es müssen auch Vorkehrungen getroffen werden, um die abgefangene Leichtflüssigkeit zu sammeln und unschädlich zu machen. Das kann in der Weise geschehen, daß eine besondere Organisation geschaffen wird, in der die Grundstücksbesitzer, die Benzinabscheider haben, zusammengeschlossen sind oder daß die Stadt durch das Amt für Stadtentwässerung oder Feuerlöschwesen die Abfuhr gegen eine entsprechende Gebühr bewirken läßt. Einrichtungen dieser Art bestehen in Dortmund, Düsseldorf, Essen, Frankfurt/Main usw. und haben sich gut bewährt.

Abb. 183b.

Die weitere Verwertung der in dem Abscheidegut vorhandenen Stoffe durch Regeneration ist möglich, sie ist jedoch nur wirtschaftlich, wenn eine entsprechend große Zahl von Abscheidern erfaßt wird. Für die Unterhaltung der Benzinabscheider und für das Einsammeln des Abfangegutes eignet sich der Elektrokarren besonders gut, da er infolge seiner kleinen Abmessungen in der Lage ist, auch enge Garagen zu befahren. Abb. 183a stellt ein Fahrzeug dieser Art der Maschinenfabrik

Eßlingen im Schnitt, und Abb. 183b in Ansicht dar. Es besitzt einen Schlammbehälter und einen zweiten kleineren Behälter zur Aufnahme des Benzinwassergemisches. Das Füllen des ersteren geschieht mittels einer Diaphragmapumpe, das des letzteren mit einer Flügelpumpe. Diese kann auch zum Nachspülen besonders verschmutzter Verschlüsse durch Reinwasser benutzt werden.

Trotz der genannten Vorsichtsmaßnahmen gelangen erfahrungsgemäß Leichtflüssigkeiten in die Abwasserkanäle, weil die Abscheider häufig mangelhaft bedient werden und weil sie bei der besten Konstruktion nicht die Gesamtmenge der gefährlichen Stoffe zurückhalten. Andererseits aber wird auf den Grundstücken, auf denen diese Stoffe in großer Menge anfallen, wie Lagerplätze für Brennstoffe und Öle, Großgaragen, Chemische Fabriken der verschiedenen Art, Lederfabriken usw. immer Gefahr bestehen, daß durch Unachtsamkeit eine Ent-

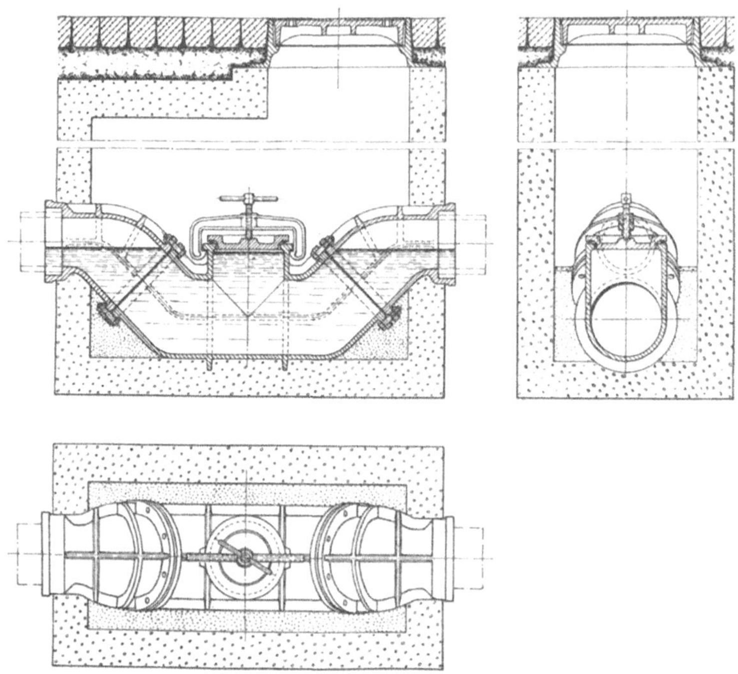

Abb. 184. Explosionsfänger.

zündung in der Grundstücksleitung zustande kommt, die sich dann in der Straßenleitung fortsetzt und an denjenigen Stellen, wo ein gefährliches Gemisch vorhanden ist, zu schweren Explosionen führt. Um zu verhindern, daß sich Brände und Explosionen von dem Gefahrenherd auf große Entfernung in die Kanäle fortpflanzen und dort Schaden anrichten, kann man sich der sogenannten Explosionsfänger bedienen. Diese verhindern also die schädliche Auswirkung gefährlicher Gemische nicht, sondern sie fangen diese nur ab und machen sie auf diese Weise unschädlich.

Der Explosionsfänger ist ein Flüssigkeitsverschluß besonderer Formgebung, dessen Querschnittsfläche ein Mehrfaches der Fläche der anschließenden Leitung darstellt. Seine Wirkungsweise beruht auf der Verringerung der Durchflußgeschwindigkeit, die bei einseitigem Druck auf der einen Seite verhindert, daß die Flüssigkeit aus der Sperrvorrichtung herausgetrieben wird. Der Apparat beugt also nur einer weiteren Fortsetzung eines Explosionsfalles vor. Abb. 184 stellt den Explosionsfänger System Ringel dar, der von den Passavant-Werken hergestellt wird. Er besteht aus einem gußeisernen Rohr in Dükerform und besitzt einen lösbaren Deckel, der mittels eines kräftigen Bügels auf den Apparat aufgepreßt werden kann. Aus den Versuchen, die in dem Explosionslaboratorium in Düsseldorf mit diesem und ähnlichen Apparaten angestellt sind (*179*), geht einwandfrei hervor, daß diese Apparate auch bei dem stärksten Explosionsdruck die Ausdehnung eines derartigen Ereignisses mit Sicherheit zu verhindern vermögen.

Müssen derartige Vorkehrungen in erster Linie zur Sicherheit der Straßenkanäle gegen die Leitungen der Grundstücksentwässerung eingebaut werden, so dienen sie umgekehrt auch zur Sicherheit der Grundstücksleitungen gegen Gefahren der geschilderten Art, die von den Straßenkanälen drohen. Sie verhindern also ein Übertreten von Explosionen auf Betriebe, die in dieser Beziehung besonders gefährdet sind. Aus diesem Grunde sollte im beiderseitigen Interesse der Einbau derartiger Explosionsfänger gefordert werden.

G. Allgemeine Anordnung.

Die Grundleitungen werden meistens unter der Sohle der Keller verlegt, um gegebenenfalls Kellerräume entwässern zu können. Ihre Lage im Grundriß ist aus wirtschaftlichen Gründen so festgelegt, daß die Anschlußleitungen möglichst kurz sind. Sie können auch an der inneren Seite der Querwandungen aufgehängt werden, wenn die Benutzung der Keller eine höhere Lage gestattet. Bei freistehenden Häusern der offenen Bebauung werden sie im allgemeinen außerhalb der Häuser geführt, so daß die Unterhaltungsarbeiten vorgenommen werden können, ohne daß ein Betreten der Keller erforderlich ist. Die Tiefenlage ist bestimmt durch die Frostsicherheit. Sie ist so zu wählen, daß die Deckung über dem Rohr außerhalb der Gebäude mindestens 0,80 m beträgt. Das Gefälle der Grundleitungen soll möglichst 20‰ nicht unterschreiten, um eine selbsttätige Reinhaltung zu erzielen und die notwendigen Spülungen auf ein Kleinstmaß zurückzuführen. Die Weite der Leitungen im Mischverfahren ist bestimmt durch die Größe und Befestigungsart der zu entwässernden Hof- und Dachflächen. Der der Berechnung zugrunde zu legende Regen ist entsprechend der geringeren Fließzeit bis zur Straßenleitung höher anzusetzen, als es bei den Straßenleitungen üblich ist. Ein Wert von 160 bis 180 l/s/ha dürfte den tatsächlichen Verhältnissen am besten nahekommen. Im übrigen gelten bezüglich der Richtungs- und Gefällswechsel, der Zusammenführung der Leitungen usw. die gleichen Grundsätze wie bei den Straßenleitungen.

Die Fallrohre im Innern des Hauses fassen die gleichartigen Entwässerungsobjekte der verschiedenen Geschosse zusammen, die aus Zweckmäßigkeitsgründen übereinander eingebaut werden. Es ist vorteilhafter und für den Betrieb günstiger, lange Anschlußleitungen zu den Fallrohren zu vermeiden. Aus diesem Grunde werden die verschiedenen Einlaufstellen ein und desselben Raumes nicht in ein Fallrohr geführt, sondern zwei Fallrohre mit der Lage des Wasserverschlusses in unmittelbarer Nähe derselben angeordnet, wie aus Abb. 186 hervorgeht. Die Regenfallrohre sollen auch beim Mischverfahren tunlichst selbständig an die Straßenleitung angeschlossen werden, um die Entlüftung sicherzustellen. Bei schmalen Fronten wird man sie aus Zweckmäßigkeitsgründen in die allgemeinen Grundleitungen einbinden. Regenfallrohre der hinteren Hausfront und von Seitengebäuden können auch wohl über gepflasterten Rinnen ausmünden, die das Wasser einem Regensinkkasten zuführen.

Die Fallrohre im Innern der Gebäude bestehen entweder aus Gußeisen, Flußeisen oder Bleirohren. Die gußeisernen Abflußrohre sind als *NA*-Rohre in DIN 364 genormt. Ihre Wandstärke beträgt bei den kleinen Abmessungen 5 mm und bei den großen 6 mm. Die Länge schwankt zwischen 250 bis 2000 cm. Steinzeugrohre können für die Grundleitungen der Gebäude Verwendung finden, wenn die Rohrleitung im Keller mindestens 30 cm Überdeckung aufweist. Außerhalb der Gebäude ist die Verwendung von Steinzeugrohren das Gegebene.

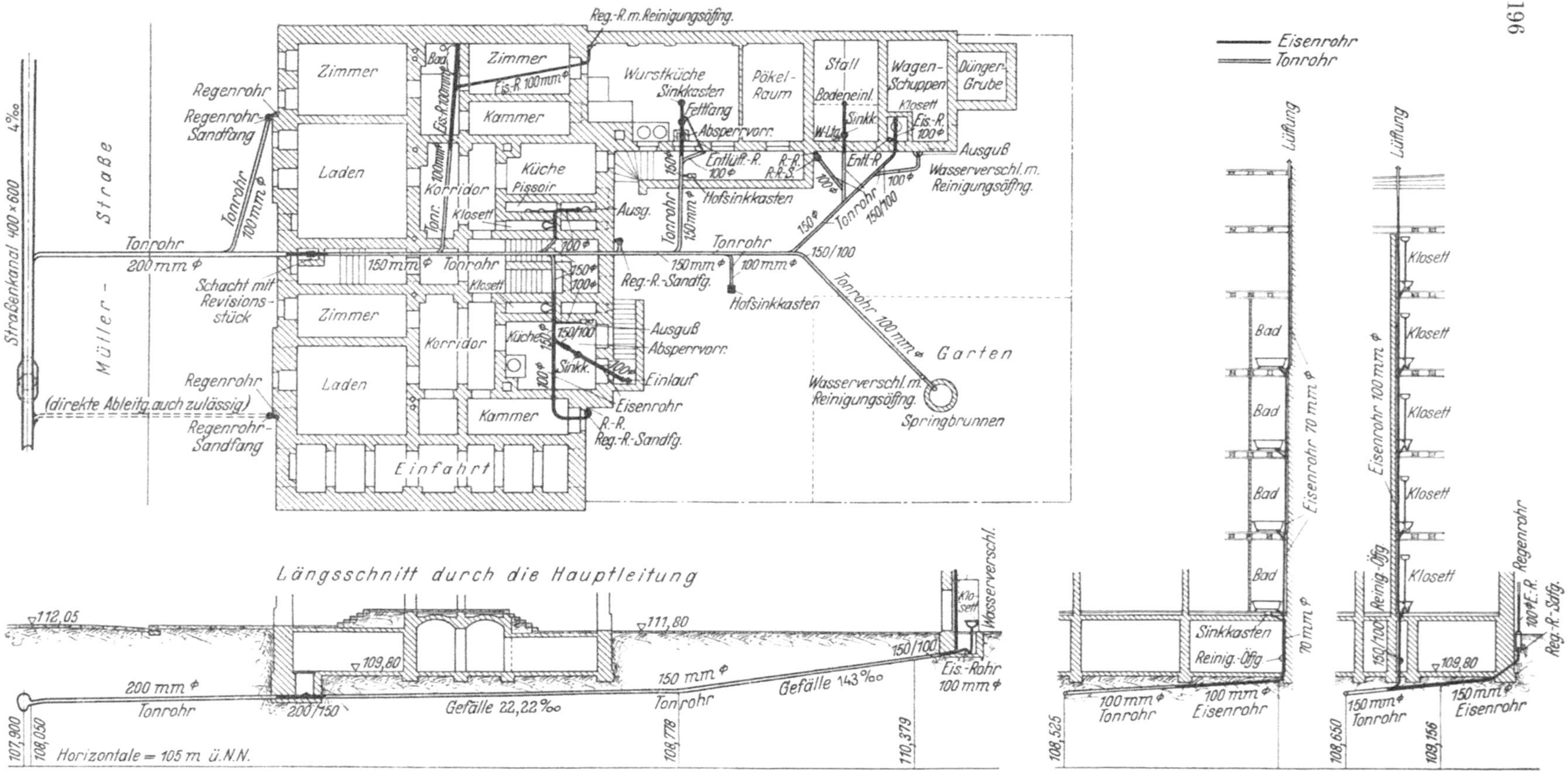

Abb. 185. Grundstücksentwässerung im Mischverfahren.

Reinigungsöffnungen sind in dem ganzen Grundstücksentwässerungsnetz möglichst zahlreich anzubringen, damit bei Verstopfungen jede Leitung durchgezogen werden kann. Das gilt sowohl für den Richtungswechsel im Grundriß, als auch für den im Aufriß, d. h. für den Übergang von Fallrohren zu der Grundleitung. Außerdem ist in die Grundleitung eine Hauptreinigungsöffnung einzubauen, die ein Durchstoßen der Anschlußleitung zwischen Grund-

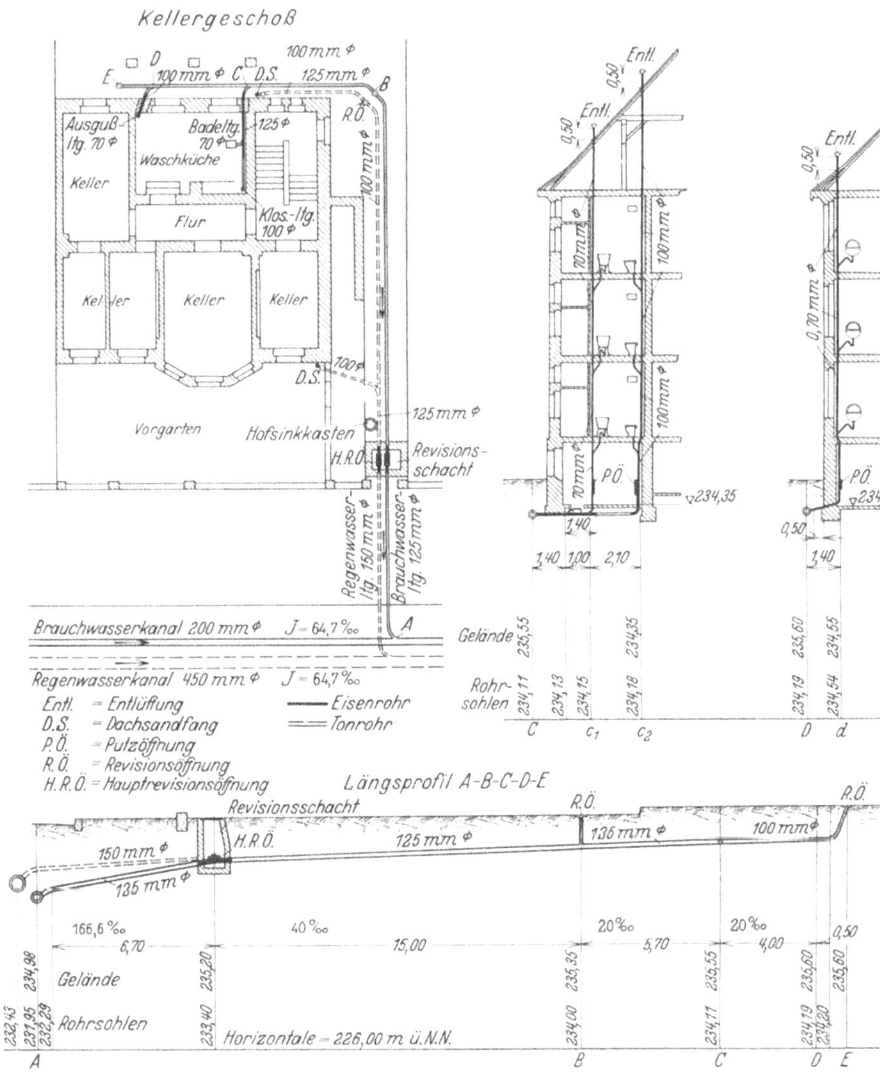

Abb. 186. Grundstücksentwässerung im Trennverfahren.

stücksgrenze und Straßenleitung gestattet. Sie liegt bei Straßen ohne Vorgärten im Keller des Gebäudes, während sie bei Straßen mit Vorgärten je nach der Tiefe desselben und der Entfernung der Straßenleitung entweder im Gebäude oder im Vorgarten unterzubringen ist.

In Abb. 185 ist eine Grundstücksentwässerung im Mischverfahren nach den Vorschriften der Stadt Dresden zur Darstellung gebracht, und zwar für eine großstädtische Bebauung in geschlossener Reihe. Abb. 186 stellt eine Grundstücksentwässerungsanlage des Trennverfahrens dar. Sie entspricht der Normalie, die von der Stadt Nordhausen beim Ausbau der Kanalisation herausgegeben worden ist. Alles Nähere über die Ausgestaltung der Anlage geht aus diesen Zeichnungen hervor, so daß sich ein weiteres Eingehen darauf erübrigt.

XIV. Baukosten.

Alle Angaben über die Kosten der Herstellung des Entwässerungsnetzes können nach Lage der Verhältnisse keinen Anspruch auf Zuverlässigkeit machen und haben infolgedessen nur bedingten Wert. Ist es schon ganz allgemein bei Tiefbauarbeiten schwierig, die mannigfachen Faktoren, die auf die Höhe der Kosten von Einfluß sind, zu berücksichtigen, so gilt dies im besonderen bei der Ausführung von Entwässerungsleitungen. Diese sind in hohem Maße örtlich und zeitlich bedingt. Die Beschaffenheit des Untergrundes, ob Stichboden oder Hackboden oder Felsboden bei dem Aushub der Baugruben zu lösen ist, die Grundwasserverhältnisse, die Oberflächengestaltung, die Art der Befestigung der Straßenoberfläche, die Ausführung in engen oder breiten Straßen, die Notwendigkeit der Umlegung vorhandener Leitungen, alle diese Umstände beeinflussen die Ausführungskosten in einem Maße, daß der Aufwand an einem Orte ein Mehrfaches dessen an einem andern Orte sein kann. Dazu kommt noch, daß die jeweilige Wirtschaftslage sehr stark auf die Kosten einwirkt, weil der Lohnanteil bei den Kanalisationsarbeiten unverhältnismäßig hoch ist. Das ist dadurch begründet, daß bei der geringen Breite der Baugrube die Anwendung maschineller Hilfsmittel zum Lösen des Bodens nur ausnahmsweise möglich ist, und daß das Heben des Bodens in der Hauptsache gleichfalls von Hand geschehen muß. Der Lohn des Tiefbauarbeiters ist also ein wichtiger Faktor für die Höhe der entstehenden Baukosten. Er schwankt sowohl in den verschiedenen Gegenden eines Wirtschaftsgebietes, als auch zeitlich in Abhängigkeit von den ganzen Wirtschaftsverhältnissen. Es ist deshalb angezeigt, die Kosten für die Erdarbeiten, die den Hauptanteil ausmachen, in Tiefbauarbeiterstunden auszudrücken. Setzt man dann jeweils die an dem Orte gültigen Preise dafür ein, so erhält man die Kosten für die Erdarbeiten mit ziemlicher Genauigkeit. Die übrigen Kosten, nämlich die Kosten für die zur Verwendung kommenden Baustoffe, sind von Fall zu Fall zu schätzen oder durch Nachfrage bei den Lieferfirmen im einzelnen festzustellen. Da die zu verwendenden Rohre zum überwiegenden Teil Handelsware sind, so ist es verhältnismäßig einfach, sich ein klares Bild über die Kosten der Materialbeschaffung zu machen.

Trotz der Unsicherheit, die jeder Kostenermittlung für Kanalisationsarbeiten anhaftet, sollen im nachfolgenden allgemeine Angaben für die Baukosten gemacht werden, die nach dem Gesagten nur ungefähre Anhaltspunkte abgeben können. Es soll unterschieden werden zwischen den Gesamtkosten eines Entwässerungsnetzes und den Einzelkosten bei der Ausführung einer Straßenleitung.

A. Gesamtkosten.

Die Gesamtkosten können entweder zu der Größe der zu entwässernden Fläche oder zu der Zahl der Einwohner in Beziehung gebracht werden. Bei der Zugrundelegung der Fläche werden verständlicherweise brauchbare Werte nur dann erzielt werden können, wenn ein geschlossenes Siedlungsgebiet vorliegt. Handelt es sich um die Entwässerung langgestreckter Ortschaften oder um eine solche in Streusiedlungen, so versagt der Flächenmaßstab, weil die Kanallänge im Verhältnis zu der Fläche sehr groß wird. Die Kostenangabe auf den Kopf der Bevölkerung bezogen ist noch mehr mit Unsicherheitsfaktoren behaftet. Je nach der Bevölkerungsdichte, die sowohl innerhalb eines Siedlungsgebietes, als auch außerhalb eines solchen wechselt, werden die Kosten stark schwanken.

Es können also im speziellen Fall zum Vergleich nur die ermittelten Kosten von Entwässerungsgebieten herangezogen werden, bei denen die Verhältnisse bezüglich der Bevölkerungsdichte einigermaßen gleichartig liegen. Die Zahlen in Tabelle 16 geben also ganz rohe Anhaltspunkte und sind als solche zu werten.

Tabelle 16.

Stadt	Verfahren	Bevölkerungsdichte Einw./ha	Kanallänge je ha	Baukosten in M.		Quelle
				je ha	je Einw.	
1. Berlin						
Baukl. II . .	Mischverf.	100	100	9400	94	
„ IIa .	„	150	110	10200	68	
„ III .	„	240	110	10200	42,5	Hahn u. Langbein: 50 Jahre Berliner Stadtentwässerung
„ IIIa .	„	300	110	11500	38,3	
„ IV. .	„	400	110	12000	30	
„ IVa .	„	500	110	12200	24,4	
„ I . .	Trennverf. (vollst.)	50	100	9500	190	
„ II . .	„	100	100	10800	108	
2. Charlottenburg System I . .	Mischverf.	350	—	12200	35	Bericht der Verwaltung
3. Nordhausen .	Trennverf. (vollst.)	145	—	7600	55	Geißler: Techn. Gemeindeblatt 1911
4. Ronneburg .	Mischverf.	60	—	2500	38	Genzmer: Wie entwirft man Ortsentwässerungspläne
5. Neugersdorf .	Trennverf.	80	—	11100	138	

B. Einzelkosten.

Die Einzelkosten der Straßenleitung sind abhängig von der Größe des einzubauenden Profils. Die Grundlagen zur Kostenermittlung hierfür mögen beschränkt werden auf die Rohrkanäle, die den überwiegenden Teil aller Leitungen ausmachen. Man kann rechnen, daß je nach den örtlichen Verhältnissen und dem gewählten Entwässerungsverfahren diese 80 bis 90% der gesamten Leitungslänge betragen. Dieser Prozentsatz erhöht sich noch weiter, wenn an Stelle von gemauerten Kanälen, die noch vielfach mit Rücksicht auf die bessere Widerstandsfähigkeit gegen die Angriffe des Abwassers bevorzugt werden, maschinell hergestellte Schleuderbetonrohre mit Asphaltfutter verwendet werden. Eine vergleichende Kostenberechnung über die beiden Ausführungsarten wird weiter unten mitgeteilt.

Die Kosten einer Rohrleitung setzen sich aus folgenden Leistungen zusammen:

a) Die eigentlichen Erdarbeiten, wie Ausschachten, Absteifen, Verfüllen, Stampfen, ferner Aufbrechen und Wiederherstellen der Oberfläche und Abfahren des überflüssigen Bodens.

b) Beschaffen und Verlegen der Rohre einschließlich Lieferung der Dichtungsmaterialien.

c) Herstellen der Schächte und Straßenabläufe einschließlich Beschaffung der Materialien.

d) Nebenarbeiten, wie Wasserhaltung, Sicherung benachbarter Leitungen, Sicherung von Häusern usw.

Der Aufwand zu a) in Erdarbeiterstunden ausgedrückt ist für kreisförmige und eiförmige Rohrleitungen in Abb. 187a und b in Anlehnung an die Arbeit von

Holzapfel (*184*) graphisch dargestellt. Die Kosten sind für die Baugrubentiefen von 2, 4 und 6 m ermittelt. Zwischen diesen Punkten kann die Kurve als geradlinig angenommen werden, so daß für jede Tiefe die Zahl der Erdarbeiterstunden abgegriffen werden kann. Dabei ist als Oberflächenbefestigung eine Chaussierung in Ansatz gebracht und die Transportweite des überschüssigen Bodens im Mittel zu 800 m angenommen. Im einzelnen sind die Grundwerte wie folgt angesetzt:

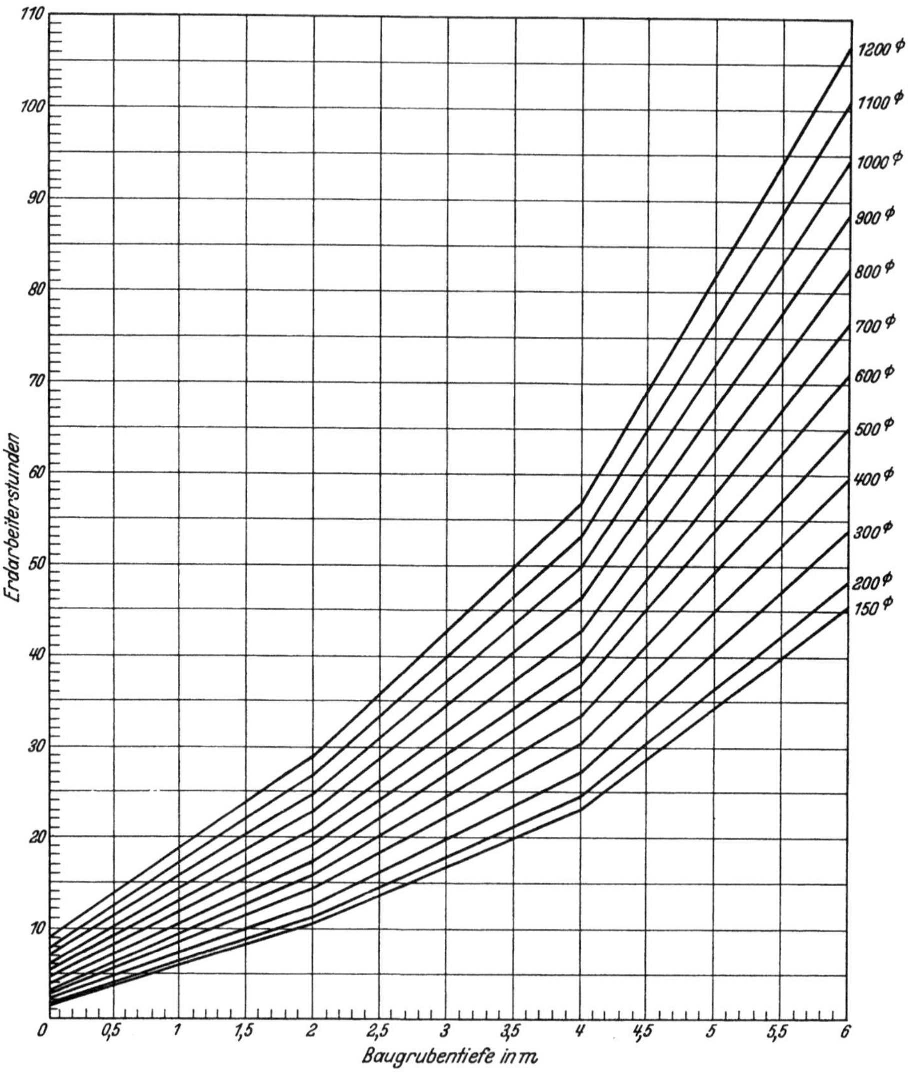

Abb. 187a. Kosten der Erdarbeiten für Kreisrohre.

Baugrubenbreite = größte lichte Breite des Profils + 0,70 m.

1 m³ Stichboden zu lösen einschl. Absteifen, Verfüllen und Stampfen erfordert bei einer Tiefe von 2 bis 4 m im Mittel	5,2	Erdarb.-Std.
bei Tiefen von 4 bis 6 m im Mittel	6,3	„
1 m³ Hackboden desgl. bei Tiefen von 2 bis 4 m im Mittel	7,2	„
bei Tiefen von 4 bis 6 m im Mittel	8,6	„
1 m² Chaussierung aufzubrechen und wiederherstellen erfordert	1,8	„
1 m³ verdrängten Boden (Auflockerungskoeffizient 1,2) aufzuladen und auf eine Entfernung von 800 m anzufahren ist gleichzusetzen den Kosten von	4,3	„

Die Kosten zu b) sind in Abb. 188 graphisch aufgetragen. Die Kosten für das Beschaffen der Rohre entsprechen den Preisen des Jahres 1931 und betragen etwa 120% der Friedenspreise. Die Kosten für das Verlegen sind bei beiden Rohrarten, den Steinzeugrohren und den Betonrohren, absolut genommen annähernd die gleichen. Die Kosten zu c) werden zweckmäßig auf die Rohrlängeneinheit umgelegt. Der Aufwand für einen Einsteigeschacht beträgt bei einer

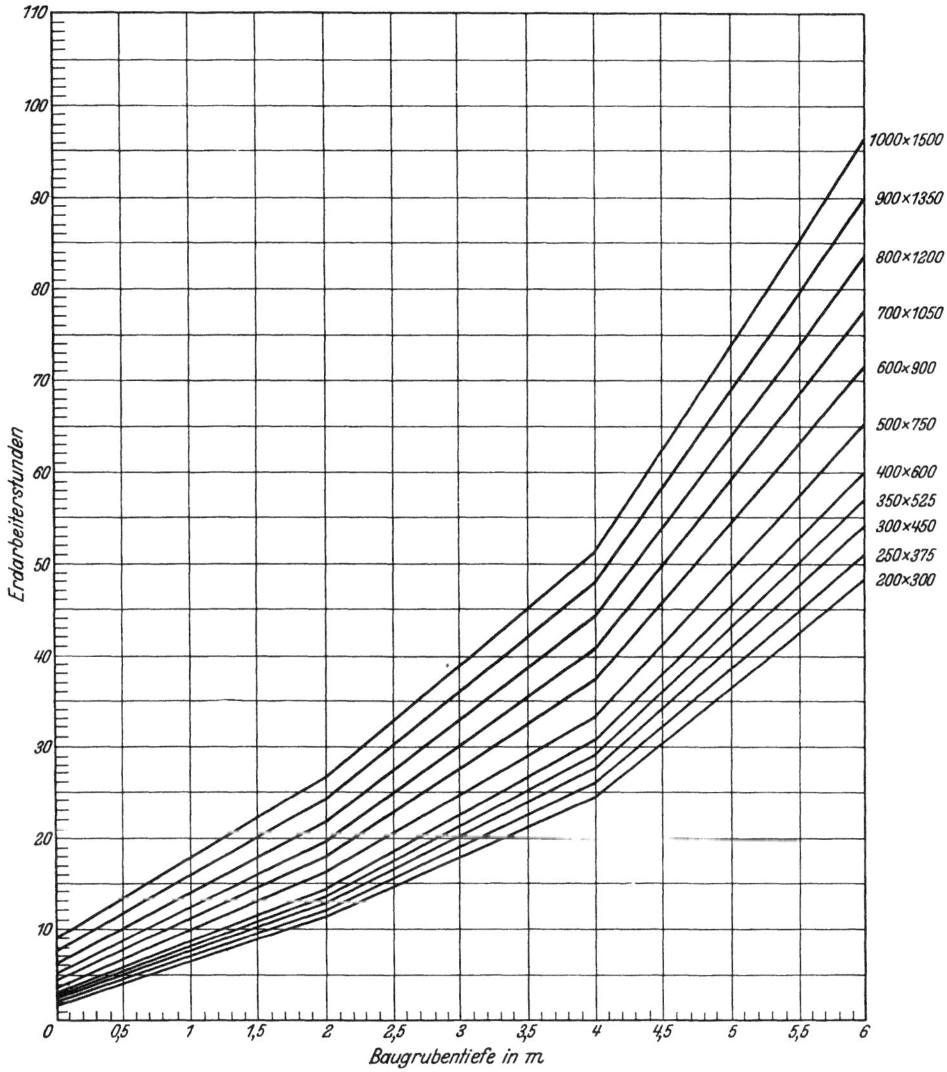

Abb. 187b. Kosten der Erdarbeiten für Eiprofile.

Tiefe von 2,5 bis 4,5 m je nach der Ausstattung 200 bis 350 M. Bei einer durchschnittlichen Entfernung von 50 m ergibt sich danach als Zuschlag für die Einsteigeschächte ein Betrag von 4 bis 7 M. je lfdm Leitung.

Für die Straßenabläufe mag bei einer mittleren Straßenbreite eine Entfernung von 50 m zugrunde gelegt werden. Ein Ablauf kostet je nach der Ausgestaltung 60 bis 150 M. Auf 50 m entfällt danach für 2 Straßenabläufe der Preis von 120 bis 300 M. oder 2,4 bis 6,0 M. je lfdm.

Aus der Herstellung von Einsteigeschächten und Straßenabläufen zusammen werden danach die Kosten für 1 lfdm Kanal um 6,4 bis 13,6 M. erhöht. Die Kosten zu d) müssen von Fall zu Fall besonders geschätzt werden.

Beispiel: Es sind die Kosten für die Herstellung eines Rohrkanals aus kreisförmigen Betonprofilen (Durchmesser 300 mm) bei 3 m Verlegungstiefe zu ermitteln. Preis der Erdarbeiterstunde 0,90 M.

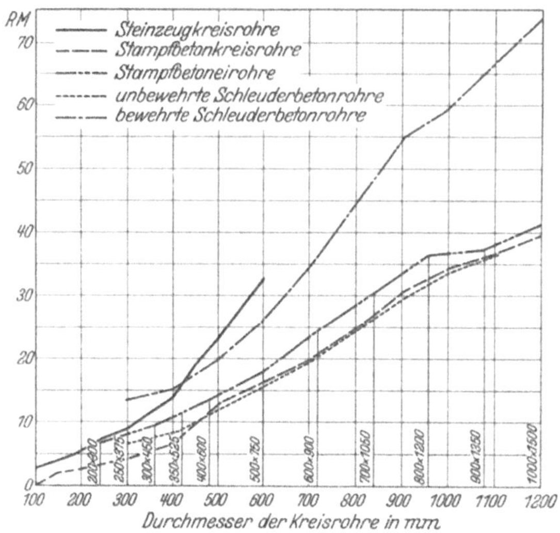

Abb. 188. Kosten der verschiedenen Rohre.

Erdarbeiten gemäß Abb. 187a $20 \cdot 0{,}90 =$	18,— M.
Kosten für Beschaffen und Verlegen der Rohre gemäß Abb. 188	4,90 „
Zuschlag für Schächte und Sinkkästen	7,— „
	29,90 M.

C. Kostenvergleich.

Im Hinblick auf die Bedeutung, die dem Betonrohr mit Asphaltbetonfutter zukommt, möge noch ein Vergleich der Kosten dieser Rohre gegenüber einem gemauerten Klinkerkanal gleicher hydraulischer Leistungsfähigkeit gegeben werden. Da die genannten Rohre bezüglich der Widerstandsfähigkeit gegen die Schleifwirkung als auch gegen die chemischen Einflüsse den gemauerten Kanälen zum mindesten gleichwertig, wenn nicht gar überlegen sind, so ist mit der Verwendung der Asphaltbetonrohre die Möglichkeit gegeben, den Anteil der werkmäßig hergestellten Leitungen ohne Beeinträchtigung der Güte zu steigern. Dadurch wird der Baufortschritt erheblich gefördert und die Belästigung für den Verkehr auf ein Mindestmaß zurückgeführt.

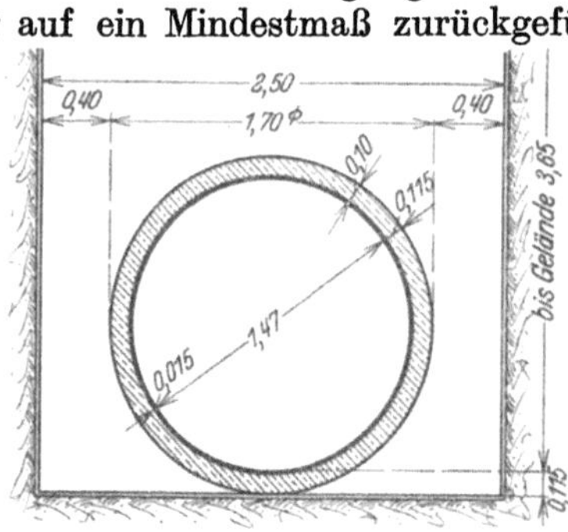

Abb. 189a.

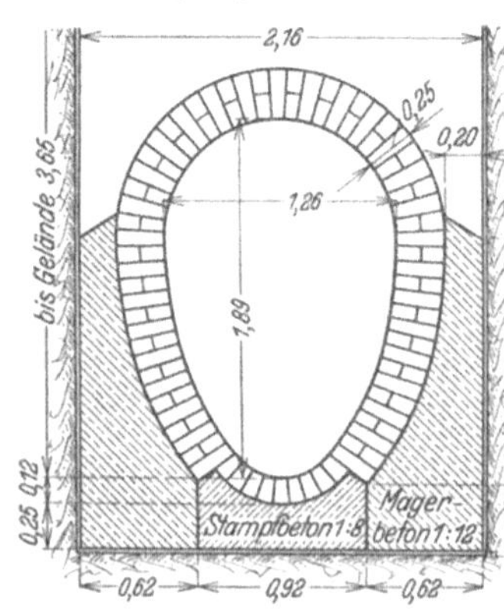

Abb. 189b.

Abb. 189a und b. Vergleich zwischen Betonrohr mit Asphaltbetonfutter und gemauertem Kanal.

Sofern eine Wasserhaltung notwendig ist, werden außerdem die Kosten dafür infolge Abkürzung der Bauzeit wesentlich gemindert.

Auf Grund speziellen Kostenanschlages ergeben sich folgende Werte:

1. Asphaltbetonrohr gemäß Abb. 189a:

a) Erdarbeiten	68,— M.
b) Rohrlieferung einschl. Verlegen und Dichten	95,— „
c) Bodenabfuhr	12,— „
Demnach 1 lfdm Asphaltbetonrohrleitung fertig verlegt . .	175,— M.

2. Kanal aus Klinkermauerwerk gemäß Abb. 189b:

a) Erdarbeiten	61,— M.
b) Mauerwerkskanal	161,— „
c) Bodenabfuhr	24,— „
Demnach 1 lfdm Klinkermauerwerkskanal fertig hergestellt	246,— M.

Der Mauerwerkskanal ist danach bei den angenommenen Größenverhältnissen um rund 25% teurer als die Asphaltbetonrohrleitungen gleicher Leistungsfähigkeit. Der tägliche Arbeitsfortschritt beträgt bei den fabrikmäßig hergestellten Betonrohren 20 bis 25 m, während bei den gemauerten Kanälen mit einem Fortschritt von 8 bis 10 m täglich zu rechnen ist.

Zweiter Teil.

Abwasserreinigung.

XV. Beschaffenheit des Abwassers und Untersuchungsmethoden.

A. Beschaffenheit des Abwassers.

Das Abwasser ist entsprechend seiner Zusammensetzung aus Waschwasser, Spülwasser, Fäkalwasser, industriellem Abwasser und Regenwasser stark verschmutzt. Seine Zusammensetzung ändert sich je nach der Größe des Wasserverbrauches, nach der Lebenshaltung der Bevölkerung und je nach der Zahl und Art der angeschlossenen industriellen Betriebe. Überdies besteht naturgemäß ein Unterschied, je nachdem Fäkalien in die Kanalisation eingeführt werden oder nicht. Bei Trockenwetterabfluß ist das Abwasser stark konzentriert. Bei Regenwasserzufluß erfährt es beim Mischverfahren eine Verdünnung, die nach der Größe der Niederschläge schwankt. Das an der Kläranlage ankommende Wasser geht über ein gewisses Verdünnungsverhältnis nicht hinaus, dessen Maß von dem Charakter des Vorfluters abhängig ist. Bei Zuflußmengen, die größer sind, wird das überschüssige Wasser durch Notauslässe dem Vorfluter unmittelbar zugeleitet. Beim Trennverfahren gelangt das Abwasser stets in der gleichen Konzentration ohne jede Verdünnung zur Kläranlage.

Die Schmutzstoffe werden unterschieden in ungelöste Stoffe (Schwebestoffe oder suspendierte Stoffe) und gelöste Stoffe. Dabei gelten in der Abwasserpraxis alle Stoffe, die beim Filtrieren durch das Filtrierpapier hindurchgehen, die sich also im Filtrat vorfinden, als gelöste Stoffe, während die auf dem Filter zurückgehaltenen Stoffe als ungelöste Stoffe bezeichnet werden. Die halbgelösten oder kolloidalgelösten Stoffe, auch wohl Kolloidstoffe genannt, befinden sich also mit unter den gelösten Stoffen. Ihre Größe schwankt zwischen μ und $^1/_{100}\,\mu$, während bei der vollkommenen Lösung eine molekulare Verteilung vorliegt. Nach der derzeitigen Anschauung der Wissenschaft befindet sich zwischen beiden nur ein Gradunterschied, so daß ihre Zusammenfassung in einem Begriff berechtigt ist.

Von den ungelösten Stoffen der verschiedenen Abwasserarten wird ein Teil schon an den Ablaufstellen durch Siebe oder Roste zurückgehalten. Ein anderer Teil, nämlich die Fäkalien, unterliegt auf dem Wege in den Kanälen einer Veränderung durch mechanische Zertrümmerung, Lösung oder Zersetzung, so daß sie zum großen Teil in fein verteilter Form auf der Kläranlage ankommen. Das Regenwasser wird mehr oder weniger entschlammt, je nachdem die Sinkkästen überwiegend mit Schlammfängen ausgerüstet sind oder nicht. Vor der Reinigungsanlage oder vor dem Pumpwerk, das die Abwässer der Reinigungsanlage zuführt, werden dann noch im Regelfalle Sandfang und Rechen eingeschaltet, so daß das Abwasser von den Sinkstoffen und den gröberen Schwimm- und Schwebestoffen befreit wird. Das so vorbehandelte Abwasser hat infolgedessen nur noch eine geringe Menge von Stoffen größerer Abmessungen. Zahn (*19*) ermittelte bei dem Charlottenburger Abwasser, das den Sandfang des Hauptpumpwerkes am Ende des Leitungsnetzes und einen Rechen von 2 cm Stabweite passiert hatte, die Menge der ungelösten Stoffe über 1 mm im Mittel zu 196 mg/l bei einem Gesamtgehalt der ungelösten Stoffe von 726 mg/l, d. h. nur 27% der suspendierten Stoffe besitzen eine Korngröße über 1 mm.

Die ungelösten Stoffe des zur Behandlung kommenden Abwassers werden vom Standpunkt der Abwasserpraxis weiter untergeteilt in absetzbare und nicht absetzbare Stoffe. Dabei werden unter den absetzbaren Stoffen diejenigen verstanden, die sich in einem gewissen begrenzten Zeitraum von 2^h beim Stehen des Abwassers zu Boden setzen. Der Rest sind die nicht absetzbaren Stoffe. Die Menge der ersteren beträgt im Durchschnitt ⅔ der gesamten ungelösten Stoffe. In den mechanischen Kläranlagen, die die Reinigung des Abwassers durch Absetzenlassen herbeiführen, werden diese Stoffe aus dem Abwasser entfernt. Der Abfluß aus diesen Kläranlagen enthält also die nicht absetzbaren Stoffe und die gelösten Stoffe. Die Zusammensetzung normalen Abwassers läßt sich durch die Darstellung Abb. 190 versinnlichen, die naturgemäß bezüglich der Anteilsverhältnisse nur ein ungefähres Bild geben kann.

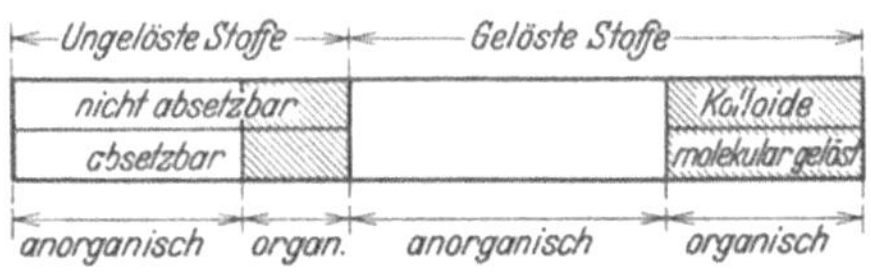

Abb. 190. Zusammensetzung normalen Abwassers.

Beide Stoffarten, die gelösten sowohl wie die ungelösten, bestehen etwa zu gleichen Teilen aus anorganischen oder mineralischen Stoffen und aus organischen Stoffen. Die gelösten anorganischen Stoffe werden bei keinem der üblichen Reinigungsverfahren aus dem Abwasser entfernt. Sie sind für den Vorfluter nicht unmittelbar schädlich, können allerdings den Gemeingebrauch am Wasser, wenn die Verdünnung gering ist, beeinträchtigen. Die organischen Stoffe sind es, durch die der Charakter eines Abwassers in erster Linie bestimmt wird. Von dem Gehalt an diesen Stoffen hängt es ab, ob das Abwasser fäulnisfähig oder nicht fäulnisfähig ist. Nach Sack (*196*) sind von den organischen Stoffen ½ bis ⅓ kolloidaler Natur. Die Fäulnisfähigkeit wird hauptsächlich verursacht durch eiweißhaltige hochmolekulare organische Verbindungen, die unter anaeroben Verbindungen zersetzt werden. Sie hat Schwefelwasserstoffbildung zur Folge, die den üblen Geruch des Abwassers erzeugt. Solange das Abwasser noch keine äußerlich bemerkbaren Merkmale einer beginnenden Zersetzung zeigt, wird es als frisches Abwasser bezeichnet. Frisches, fäulnisfähiges Abwasser sich selbst überlassen geht nach kurzer Zeit in stinkende Fäulnis über. Man bezeichnet es in diesem Zustand als fauliges Abwasser. Das Ziel einer vollkommenen Reinigung muß sein, diese fäulnisfähigen Stoffe so weit abzubauen oder zu mineralisieren, daß das Abwasser der Fäulnis nicht mehr anheimfällt.

Die gesamte Schmutzstoffmenge ohne Sandfangrückstand und ohne Rechenrückstand, die in der Abwasseranalyse angegeben wird, enthält die gelösten und die ungelösten Stoffe. Strenggenommen müssen die gelösten organischen und anorganischen Verbindungen, die schon im Reinwasser vorhanden waren und 500 mg/l und mehr betragen können, in Abzug gebracht werden. Es ist jedoch üblich, diese nicht besonders in Rechnung zu stellen, sondern den Gesamtgehalt des Abwassers an Fremdstoffen als Verschmutzung zu bezeichnen. Berücksichtigt man weiter, daß die Höhe des Wasserverbrauchs starken Schwankungen unterworfen ist und daß die verschiedene Lebenshaltung der Bevölkerung den Charakter des Wassers beeinflußt, so ist es verständlich, daß allgemeine Angaben über den Verschmutzungsgrad der Abwässer sehr bedingten Wert haben. Als ungefähre Anhaltspunkte mögen nachstehende Angaben nach (*15*) dienen.

Gesamte Schmutzstoffmenge häuslicher Abwässer:

a) bei einem geringen Wasserverbrauch von 50 l pro Kopf und Tag	3600 mg/l
b) bei einem mittleren Wasserverbrauch von etwa 100 l pro Kopf und Tag .	1800 „
c) bei einem erheblichen Wasserverbrauch von 200 l pro Kopf und Tag. . .	900 „

Der Gehalt an Schmutzstoffen schwankt zu den verschiedenen Tagesstunden und weist am Vormittag und in den Spätnachmittagsstunden ein Konzentrationsmaximum auf, das mit den Zeiten der größten Abwassermenge zusammenfällt.

In Abb. 191 ist die Zusammensetzung der Berliner Abwässer zu den verschiedenen Stunden des Tages graphisch nach (*13*) dargestellt, und zwar ist sie das Ergebnis von über 300 einzelnen Durchschnittsproben aus reinen Wohnbezirken. Das Abwasser ist zuvor durch Absieben mittels eines 2-mm-Siebes von gröberen Stoffen befreit worden. Zugehörige Werte in der Zeit von 13 bis 14^h sind:

Gesamtabdampfrückstand	1438 mg/l
davon organisch	307 „
„ anorganisch	1131 „
gelöste Stoffe	1026 „
ungelöste Stoffe	412 „
davon absetzbar	285 „
„ nicht absetzbar	127 „

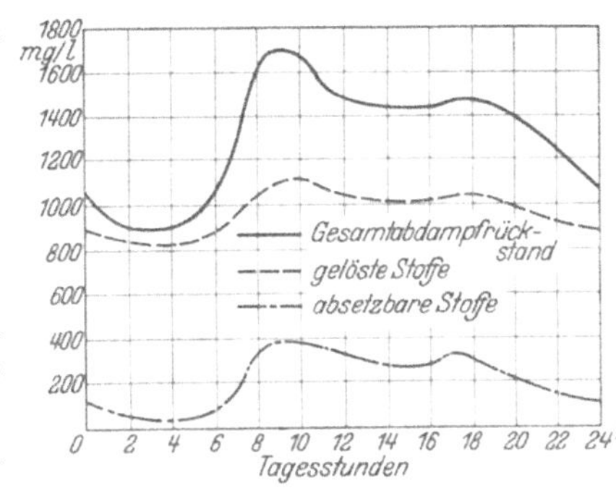

Abb. 191. Zusammensetzung der Berliner Abwässer zu verschiedenen Tageszeiten (nach Hahn und Langbein).

Die in dem Abwasser enthaltenen Mengen an Fetten und Ölen beanspruchen noch besondere Aufmerksamkeit, da sie die Schmutzstoffe mit einer zusammenhängenden, undurchdringlichen Haut umgeben und dadurch die biologische Reinigung beeinträchtigen. Auch wirken sie verstopfend auf die Siebanlagen und machen sich in dem Vorfluter unangenehm bemerkbar. In Gebieten mit überwiegender Arbeiterbevölkerung ist der Fettgehalt auf den Kopf der Einwohner im allgemeinen geringer als in den Stadtteilen mit einer wirtschaftlich besser gestellten Bevölkerung. Dadurch, daß in den letzteren Gebieten im allgemeinen ein höherer Wasserverbrauch vorliegt, ergibt sich meistens ein Ausgleich derart, daß der Fettgehalt je Liter Abwasser nur in geringen Grenzen schwankt. Nach den Untersuchungen, die bei der Berliner Stadtentwässerung durchgeführt sind, bewegt sich der Fettgehalt zwischen 48 und 60 mg/l entsprechend 6,9 bis 8,9 g je Kopf und Tag.

B. Untersuchungsmethoden.

Allgemein anerkannte Vorschriften für die Untersuchung des Abwassers gibt es noch nicht. Der Verein für Wasserchemie, in dem die Abwasserchemiker zusammengeschlossen sind, ist zur Zeit damit beschäftigt, einheitliche Untersuchungsmethoden auszubilden. Wenn er Erfolg hat, ist damit zu rechnen, daß für die Folge die verschiedenen Ergebnisse miteinander unmittelbar verglichen werden können, was bislang nicht der Fall ist. Gleichwohl hat sich in Deutschland schon jetzt eine gewisse Einheitlichkeit bezüglich der in Frage kommenden Untersuchungen herausgebildet. Die Methodik ist zwar noch sehr vielseitig, die verschiedenen Verfahren der Untersuchungen ergeben jedoch gut übereinstimmende Werte.

Probeentnahme.

Die Zusammensetzung der Abwässer hängt von vielen Zufälligkeiten ab. Das gilt nicht nur für die veränderliche Konzentration der häuslichen Abwässer, die in weiten Grenzen schwankt, sondern besonders auch dann, wenn industrielle Abwässer beigemengt sind, die vielfach stoßweise in das Entwässerungsnetz abgelassen werden. Will man deshalb richtige *Durchschnittsproben* erhalten, so verfährt man zweckmäßig in der Weise, daß man in gewissen Zeitabständen, stündlich oder halbstündlich, einzelne Proben entnimmt und diese in einem Behälter zusammenmischt. Aus diesem wird dann nach gründlicher Durchmischung die Probe entnommen, die als Durchschnittsprobe zu gelten hat. Daneben kann es für gewisse Zwecke von Vorteil sein, *Stichproben* zu entnehmen. Soll die Wirkung einer Reinigungsanlage durch die Untersuchung festgestellt werden, so wird ein richtiges Ergebnis nur dann erzielt werden können, wenn *korrespondierende Proben* entnommen werden, d. h. zwischen der Entnahme der Probe vor und nach der Klärung muß ein Zeitraum liegen, der der Durchflußzeit durch die Anlage entspricht.

Für die generelle Beurteilung städtischer Abwässer sind folgende Untersuchungen erforderlich:

1.	Äußere Beschaffenheit	im unfiltrierten Wasser
2.	Reaktion	
3.	Fäulnisfähigkeit (Schwefelwasserstoffbildung)	
4.	Gesamtabdampfrückstand (Glühverlust u. Glührückstand)	
5.	Schwebestoffe (Glühverlust u. Glührückstand)	
	a) absetzbare Stoffe	
	b) nicht absetzbare Stoffe	
6.	Chloride	im filtrierten Wasser
7.	Stickstoff	
	Ammoniakstickstoff	
	Nitritstickstoff	
	Organischer Stickstoff	
	Gesamtstickstoff	
8.	Kaliumpermanganatverbrauch	
9.	Sauerstoffzehrung	
10.	Biologischer Sauerstoffbedarf	

Nachstehend soll die Bedeutung und das Wesen der einzelnen Untersuchungen in großen Zügen erläutert werden. Bei der Behandlung der Methodik kann es sich bei dem Charakter des Buches als Lehrbuch für Ingenieure nur darum handeln, dem Leser das Verständnis für die Untersuchungen zu vermitteln, damit er in der Lage ist, die Ergebnisse richtig zu beurteilen und zu werten. Die Untersuchungen selbst mit Ausnahme einiger einfacher Methoden, die für die laufende Kontrolle von Kläranlagen von Wichtigkeit sind, sind Sache des sachverständigen Chemikers.

Soweit gewichtsmäßige Bestimmungen des Gehaltes an gewissen Stoffen in Frage kommen, werden diese zweckmäßig in mg/l angegeben.

1. Äußere Beschaffenheit.

Die Feststellung der äußeren Beschaffenheit, die am besten bei der Entnahme des Wassers an Ort und Stelle ausgeführt wird, umfaßt die Ermittlung des *Geruches*, der *Farbe*, der *Durchsichtigkeit* und der *Temperatur*. Das in den Kanälen zum Abfluß gelangende Abwasser, das frisch erhalten ist, hat einen widerlichen, süßlichen Geruch und eine schmutziggraue Farbe. Ist das Abwasser angefault, so hat es einen ausgesprochenen Geruch nach Schwefelwasserstoff, und die Farbe wird mehr dunkel. Das rührt her von kolloidal verteiltem Schwefeleisen, das sich aus den in jedem Abwasser vorhandenen Eisenverbindungen und dem bei der Fäulnis entstehenden Schwefelwasserstoff bildet. Durch die Feststellung der Durchsichtigkeit erhält man einen ungefähren Anhaltspunkt für die Menge der in dem Abwasser suspendierten Stoffe. Sie erfolgt gewöhnlich mit Hilfe der Snellenschen Schriftprobe. Dabei wird das zu untersuchende Wasser in einen Glaszylinder mit Teilung in cm eingefüllt und danach mittels eines Abflußhahnes Wasser so lange abgelassen, bis die Schrift oben deutlich lesbar wird. Das Maß der Sichtbarkeit wird in cm ausgedrückt.

Die Temperatur des Abwassers ist von Wichtigkeit für die Leistungsfähigkeit gewisser Reinigungsverfahren und besonders für die Ausfaulung der aus dem Abwasser ausgeschiedenen Schwebestoffe, deren Wärmegehalt mit dem des Abwassers übereinstimmt. Sie hängt sehr stark von der Außentemperatur ab, weswegen es notwendig ist, die bei der Probenahme herrschende Lufttemperatur mit anzugeben. Die Feststellung erfolgt mit Hilfe des Schöpfthermometers. Bei diesem ist die Quecksilberkugel von einem offenen Gefäß umschlossen, das sich beim Eintauchen mit Wasser füllt (Abb. 192).

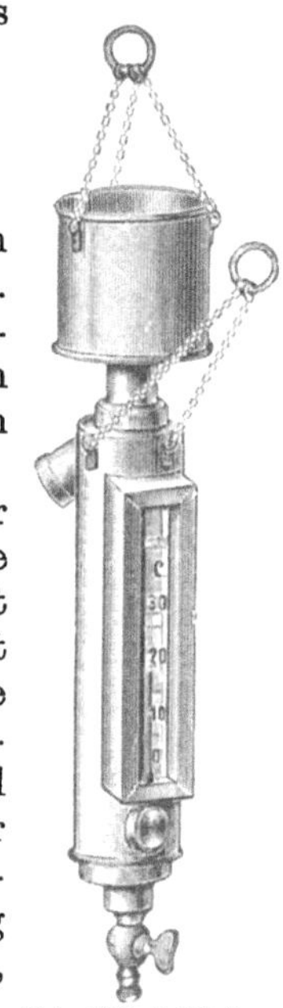

Abb. 192. Schöpfthermometer (Paul Altmann, Berlin NW).

2. Reaktion.

Das häusliche Abwasser ist meist schwach alkalisch. Die Reaktion kann sich ändern durch die Einleitung von industriellen Abwässern. Diese können sowohl die Alkalität steigern, als auch eine saure Reaktion des Mischwassers zur Folge haben. Die Kontrolle der Reaktion und die Einstellung auf einen bestimmten Wert ist vor allem von Wichtigkeit bei der Schlammausfaulung.

Der qualitative Nachweis der Reaktion wird mit Lackmuspapier oder besser noch mit einer Lackmuslösung geführt. Die quantitative Bestimmung des Säure- bzw. Alkalicharakters des Wassers beruht auf folgender Grundlage: Die Stärke der Säuren und Basen hängt ab von der Größe der Dissoziation der Moleküle. Die Elektrolyte zerfallen in Wasserstoffionen und Hydroxylionen. Die ersteren bestimmen den Säurecharakter, die letzteren den Basencharakter, und zwar ist die betreffende Säure oder Base um so stärker, je mehr Wasserstoff- oder Hydroxylionen in der Volumeneinheit einer Flüssigkeit enthalten sind. Ein absolut neutrales Wasser enthält in 1 l 10^{-7} g Wasserstoffionen und 10^{-7} g Hydroxylionen. Ist das Wasser sauer, so hat es mehr Wasserstoffionen, d. h. der Exponent ist kleiner als 7, ist das Wasser alkalisch, so hat es mehr Hydroxylionen, d. h. der Exponent ist größer als 7. Da das Produkt aus Wasserstoff- und Hydroxylionen stets das gleiche ist, nämlich 10^{-14}, so ist man übereingekommen, die Reaktion einer Flüssigkeit nur in g Wasserstoffionen in einem Liter anzugeben, und bezeichnet diesen Wert als Wasserstoffionenkonzentration. Um eine einfache Schreibweise dafür zu haben, drückt man diese Größe durch den negativen Wert des Exponenten (Logarithmus des reziproken Wertes) aus und wählt dafür das Symbol pH von pondus hydrogenii. Diese Zahl wird Wasserstoffexponent genannt. Es ist also pH = 7 neutral, pH kleiner als 7 sauer, pH größer als 7 alkalisch. Die Bestimmung des pH-Wertes geschieht am einfachsten kolorimetrisch mit Hilfe von Indikatoren. Der am meisten für diese Zwecke verwendete Apparat, der hinreichend genaue Werte liefert, ist der Doppelkeilkolorimeter von Bjerrum-Arrhenius. Näheres hierüber siehe Kolthoff (*201*). Für Abwasser, das infolge seines hohen Gehaltes an kolloiden Bestandteilen stark getrübt ist, leistet der Folien-Kolorimeter nach Wolff, hergestellt von der Firma Lautenschläger-München, ausgezeichnete Dienste. Er gestattet, den pH-Wert bis zu 0,2% Genauigkeit festzustellen und zeichnet sich durch einfache Handhabung und Schnelligkeit der Messung aus. Mit diesem Apparat kann auch der pH-Wert des Klärschlammes ermittelt werden.

3. Fäulnisfähigkeit.

Die einfachste Methode besteht darin, daß man eine Flasche von etwa 200 cm^3 Inhalt mit der zu untersuchenden Wasserprobe anfüllt, verschlossen an einem warmen Orte stehen läßt und von Zeit zu Zeit durch Geruchsprobe feststellt, ob sich Schwefelwasserstoff gebildet hat. An Stelle der Geruchsnerven kann man Bleipapier, das zwischen Kork und Flaschenhals eingeklemmt wird, zum Nachweis benutzen. Dieses färbt sich unter Einwirkung von H_2S. Eine andere Methode benutzt die reduzierende Wirkung der Fäulnisgase auf Methylenblau, das dadurch in eine farblose Verbindung übergeführt wird. Näheres siehe (*187*) und (*189*).

Handelt es sich darum festzustellen, ob biologisch gereinigtes Abwasser nicht mehr fäulnisfähig ist, so kann dies nach Dunbar und Thumm (*186*) durch Vergleich der Oxydierbarkeit des gereinigten Wassers und des Rohwassers geschehen. Das gereinigte Wasser fault nicht mehr nach, wenn seine Oxydierbarkeit gegenüber der des Rohwassers um 60 bis 65% herabgesetzt ist.

4. Gesamtabdampfrückstand.

Der Gesamtabdampfrückstand wird für gewöhnlich im unfiltrierten Wasser festgestellt und erfaßt infolgedessen die Schwebestoffe und die gelösten Stoffe. Um Zufallsergebnisse, die durch gröbere Stoffe veranlaßt sein können, auszuschließen, empfiehlt es sich, das Wasser zuvor durch ein Sieb zu schicken oder durch kurzes Absetzenlassen von beigemengtem Sand zu befreien. Die Art dieser Vorreinigung muß in dem Untersuchungsbefund genau angegeben werden.

Die Feststellung selbst kommt darauf hinaus, daß man eine bestimmte Menge des Abwassers in einer Schale verdampft und den Rückstand durch Wägen ermittelt. Glüht man den Rückstand aus, so verbrennen die organischen Stoffe. Die Gewichtsminderung gegenüber dem ursprünglichen Gewicht, die man als Glühverlust bezeichnet, gibt also in mg/l die Menge dieser Stoffe an. Durch den Rückstand, der verbleibt, den Glührückstand, ist die Menge der anorganischen Stoffe bestimmt. Diese Untersuchung gibt nur Annäherungswerte, da ein Teil der anorganischen Stoffe sich beim Glühen ebenfalls verflüchtet und die Kohlensäure zum Teil entweicht. Die beim Glühen des Rückstandes auftretenden Erscheinungen, vor allem die Bildung eigentümlicher Gerüche, sind zu beobachten, da sie einen Anhaltspunkt für die Herkunft des Abwassers geben.

5. Schwebestoffe.

Die Menge der Schwebestoffe fällt verschieden aus, je nach der Maschenweite des Siebes, das zum Aussieben benutzt wird. Bei genauer Bestimmung im Laboratorium verwendet man dazu Filterpapier oder den Goochtiegel und wägt danach die zurückgehaltenen Stoffe. In der Praxis der Abwasserklärung muß das Untersuchungsverfahren dem Reinigungsverfahren angepaßt werden. Bei maschinellen Reinigungsanlagen, die mit Sieben arbeiten, wird zur Bestimmung der zu gewinnenden Stoffe eine größere Abwassermenge durch ein Sieb der gleichen Maschenweite gegossen und die zurückgehaltene Menge von Schwebestoffen daraus bestimmt. Zur Kontrolle von Abwasserreinigungsanlagen, deren Reinigungswirkung auf Sedimentation beruht, genügt eine volumetrische Bestimmung. Diese kann auf zwei verschiedene Arten erfolgen. Die einfachste Art ist die, das Rohwasser in geeigneten Absetzgläsern stehen zu lassen und in bestimmten Zeiträumen ($\frac{1}{2}^h$, 1^h, 2^h, 3^h usw.) die Menge des Bodensatzes festzustellen. Man benutzt dazu entweder die Absetzgläser nach Imhoff (Abb. 193), die bei großem Gehalt an Schwebestoffen genügend genaue Resultate ergeben, oder die nach Spillner, die ein genaues Ablesen der abgesetzten Stoffe gestatten (Abb. 194). Bei der anderen Methode, der Volumenbestimmung nach Dost (*188*), wird die Entfernung der Schwebestoffe durch Schleuderung herbeigeführt. Zu dem Zwecke wird das Rohwasser in einer Zentrifugenröhre nach Abb. 195 während 3 Min. mit etwa 4000 Touren zentrifugiert. Das Volumen der ausgeschleuderten Schlammstoffe kann danach unmittelbar an der Teilung des Röhrchens abgelesen werden.

Das Abwasser kann als gut geklärt gelten, wenn es in 1 m^3 weniger als 100 cm^3 volumetrisch bestimmte Schwebestoffe enthält.

6. Chloride.

Die Bestimmung der Chloride des Abwassers, vor allem des Kochsalzes, ist wichtig, weil diese im Wasser gelöst sind und kein Reinigungsverfahren auf den Gehalt an diesen Stoffen irgendwie von Einfluß ist. Sie können infolgedessen dazu dienen, die Identität eines Wassers und den Zusammenhang mit irgend-

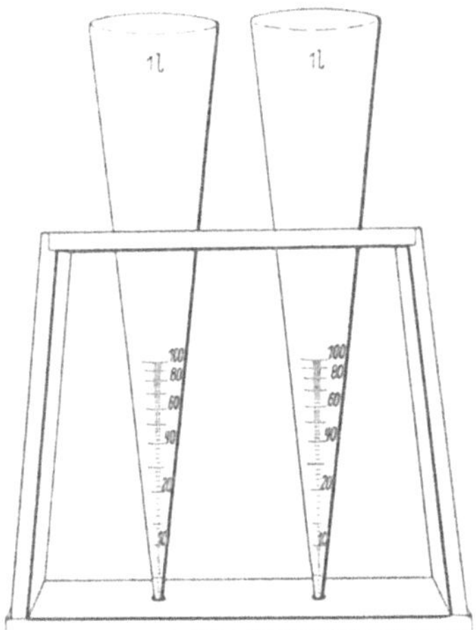

Abb. 193. Absetzgläser nach Imhoff[1].

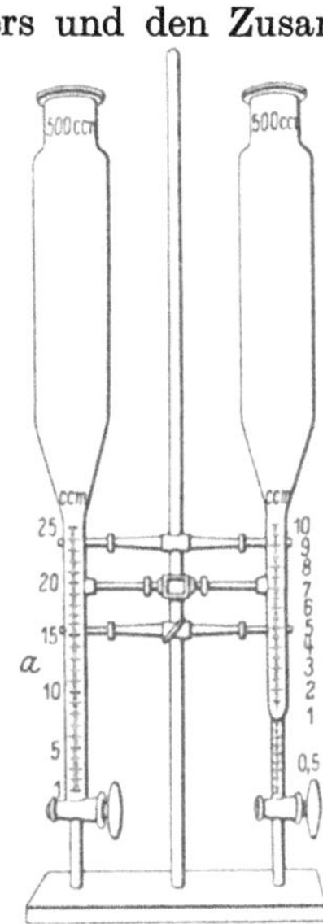

Abb. 194. Absetzgläser nach Spillner[1].

Abb. 195. Zentrifugenröhre nach Dost[1].

welchen Abwasserquellen nachzuweisen. Wird beispielsweise das Grundwasser in der Nähe von Rieselfeldern durch Abwasser verunreinigt, so ist der Nachweis verhältnismäßig einfach zu führen, indem festgestellt wird, ob sich der Gehalt an Chloriden gegenüber dem reinen Grundwasser vermehrt hat oder nicht. Da die Chloride zum überwiegenden Teil durch den Kochsalzverbrauch des Menschen in das Abwasser gelangen, so kann aus dem Gehalt auch auf die Konzentration des Abwassers geschlossen werden. Die Feststellung beruht darauf, daß die Chloride mit Silbernitrat einen Niederschlag von Chlorsilber geben, der zunächst weiß ist und sich dann dunkel färbt.

7. Stickstoff.

Stickstoff ist das Zersetzungsprodukt von Eiweißstoffen, die mit den menschlichen und tierischen Abgängen in das Abwasser gelangen. In frischem Abwasser kommt er in der Hauptsache als organischer Stickstoff vor. Ammoniak bildet sich aus der Zersetzung des Harnstoffes. Die Menge des organischen Stickstoffes galt früher als Anhaltspunkt für die Fäulnisfähigkeit des Abwassers.

[1] Nach Ohlmüller u. Spitta: Untersuchung und Beurteilung des Wassers und des Abwassers. 4. Aufl. Berlin: Julius Springer 1921.

Seitdem diese jetzt auf andere Art und Weise bestimmt wird, tritt die Bedeutung der Feststellung des organischen Stickstoffes zurück.

Da im Abwasser Reduktionsprozesse überwiegen, finden sich Nitrite und Nitrate nur selten, dagegen ist das Vorhandensein an diesen Oxydationsstoffen des Stickstoffes ein Maßstab für die Reinigungswirkung biologischer Anlagen, die durchweg auf der Oxydierung der organischen Stoffe beruht. Eine derartige Anlage arbeitet also dann vollkommen, wenn der gesamte Stickstoff in Nitrate übergeführt ist.

Unter Albuminoid-Stickstoff, der in den englischen Abwasseranalysen eine Rolle spielt, versteht man denjenigen Teil des organischen Stickstoffes, der durch eine alkalische Kaliumpermanganatlösung aus den organischen Substanzen abgespalten wird. Er ist also ein Maßstab für die noch unzersetzte stickstoffhaltige Substanz, d. h. für den Grad der eingetretenen Zersetzung.

Die Bestimmung der verschiedenen Stickstoffarten im Abwasser ist so mannigfaltig und umständlich, daß es sich der Ingenieur versagen muß, das Wesen der Untersuchungsmethoden im einzelnen zu erfassen.

8. Kaliumpermanganatverbrauch ($KMnO_4$-Verbrauch).

Die Größe des Glühverlustes gibt nur angenähert die Menge der organischen Stoffe. Die genaue Bestimmung ist aber wichtig zur Charakterisierung der Abwässer. Da es eine brauchbare Methode zur analytischen Bestimmung der im Abwasser enthaltenen organischen Verbindungen und ihrer Abbauprodukte noch nicht gibt, so ermittelt man indirekt die Menge dieser Stoffe, indem man die an die organischen Stoffe abgegebene Sauerstoffmenge feststellt, die diese zur Oxydation benötigen. Man bestimmt also die Oxydierbarkeit des Abwassers. Als Sauerstoffträger benutzt man allgemein das Kaliumpermanganat. Die verbrauchte Sauerstoffmenge wird entweder als $KMnO_4$-Verbrauch oder umgerechnet als Sauerstoffverbrauch angegeben, wobei das Verhältnis des ersteren zum letzteren wie 4 : 1 ist.

Das Prinzip der Methode beruht darauf, daß dem zu untersuchenden Abwasser so lange $KMnO_4$ beigegeben wird, bis ein gewisser Überschuß vorhanden ist. Dieser wird dadurch nachgewiesen, daß Oxalsäure ($C_2H_2O_4$), die beim Kochen zugegeben wird, durch den abgespaltenen Sauerstoff in Kohlensäure und Wasser zerlegt wird. Solange noch $KMnO_4$ im Überschuß vorhanden ist, ist die Farbe der Mischung rot, und die Mischung wird farblos, wenn dieses verbraucht ist.

9. Sauerstoffzehrung.

Unter Sauerstoffzehrung nach Spitta versteht man diejenige Menge Sauerstoff in mg/l, die in einer bestimmten Zeit bei einer normalen Temperatur von 20° zum Abbau der Schmutzstoffe durch die Bakterien notwendig ist. Die Beobachtungszeit bei Abwässern ist 6, 12 oder 24 Stunden. Die Feststellung erfolgt in der Weise, daß eine Probe sofort und die andere nach der gewünschten Zeit auf Sauerstoffgehalt untersucht wird. Die Differenz beider Werte ergibt die Sauerstoffzehrung.

Der Sauerstoffgehalt eines jeden Wassers ergänzt sich dauernd aus der Luft durch Vermittlung der Wasseroberfläche, und zwar geht die Sauerstoffaufnahme um so intensiver vor sich, je größer das sogenannte Sauerstoffdefizit ist. Das ist diejenige Menge, die bei der jeweils herrschenden Wassertemperatur bis zur vollkommenen Sättigung des Wassers mit Sauerstoff fehlt. Diese wird gleichfalls in mg/l bei 0° Temperatur und 760 mm Druck ausgedrückt.

Die Sättigungsmenge des Wassers für den Sauerstoff der Luft ist von Wichtigkeit für die Selbstreinigungskraft eines Gewässers (siehe Abschnitt XVI). Je größer die Spanne zwischen dem tatsächlichen Sauerstoffgehalt und der vollkommenen Sättigung ist, um so schneller geht unter sonst gleichen Umständen die Sauerstoffaufnahme vor sich, die zum Abbau der organischen Stoffe auf biologischem Wege benötigt wird. Die nachstehende Tabelle 17 gibt nach Winkler (*197*) den Sättigungswert für Sauerstoff in mg/l an.

Tabelle 17.

Sättigungswert für Sauerstoff mg pro Liter	Wasser-temperatur °C	Sättigungswert für Sauerstoff mg pro Liter	Wasser-temperatur °C	Sättigungswert für Sauerstoff mg pro Liter	Wasser-temperatur °C
14,57	0	11,00	11	8,74	22
14,17	1	10,75	12	8,58	23
13,79	2	10,51	13	8,42	24
13,43	3	10,28	14	8,27	25
13,07	4	10,07	15	8,11	26
12,74	5	9,85	16	7,95	27
12,41	6	9,65	17	7,81	28
12,11	7	9,45	18	7,67	29
11,81	8	9,27	19	7,52	30
11,53	9	9,10	20		
11,25	10	8,91	21		

10. Biochemischer Sauerstoffbedarf.

Durch die Bestimmung der Oxydierbarkeit werden nur die chemisch angreifbaren organischen Stoffe erfaßt, während die hochmolekularen Verbindungen, die einer Oxydation nicht ohne weiteres zugängig sind, ausscheiden. Im Gegensatz dazu gestattet die Feststellung des biochemischen Sauerstoffbedarfs, die Vorgänge, wie sie sich in der Natur tatsächlich abspielen, für die Untersuchung nutzbar zu machen, wodurch allerdings ein gewisser Zeitaufwand bedingt ist.

Diese Methode zur Beurteilung des Zustandes eines Abwassers ist von den Amerikanern in die Abwasseruntersuchungspraxis eingeführt worden. Sie hat zur Grundlage den von Spitta (*197*) eingeführten Begriff der Sauerstoffzehrung und ist von Bach (*207*) im Jahre 1924 den deutschen Abwasserfachmännern zur Anwendung empfohlen worden, nachdem er sich davon überzeugt hatte, daß sie geeignet ist, bei der Untersuchung von Abwasser wertvolle Dienste zu leisten.

Unter biochemischem Sauerstoffbedarf (nach Bach mit Bsb. bezeichnet) wird diejenige gewichtsmäßig festzustellende Menge an Sauerstoff verstanden, die notwendig ist, um unter Mitwirkung von kleinen Lebewesen pflanzlicher und tierischer Art die organischen Stoffe des Abwassers zu oxydieren. Diese Vorgänge sind im allgemeinen nach 20 Tagen beendet. Aus der Größe des Bsb. kann also ein Schluß gezogen werden, ob ein Abwasser oder ein mit Abwasser vermischtes Wasser haltbar ist oder welche Menge an Verdünnungswasser mit bestimmtem Sauerstoffgehalt erforderlich ist, um Fäulniserscheinungen zu vermeiden. Der Begriff hat sich sowohl bei der Untersuchung von Abwasser, als auch besonders bei der Untersuchung eines Flußwassers im Hinblick auf seine Fähigkeit, eingeführte Schmutzstoffe abzubauen, als fruchtbar erwiesen und wird deshalb jetzt allgemein für die bezeichneten Zwecke angewendet.

Ist der Bsb. groß, so bedeutet das, daß die Verschmutzung des Wassers mit organischen Stoffen erheblich ist und daß die in dem Abwasser vorhandene Sauerstoffmenge vergleichsweise gering ist. Im umgekehrten Fall, wenn der Wert des Bsb. gering ist, bedarf es nur einer verhältnismäßig geringen Zuführung von Sauerstoff, etwa durch Verdünnungswasser, um die organischen Stoffe in mineralische Stoffe zu überführen. Um einen Begriff von der Größenordnung zu geben seien einige Angaben über den Bsb. für verschiedene Abwasserarten gemacht.

Ungereinigtes städtisches Abwasser etwa	200 mg/l
Abwasser in Absetzbecken gereinigt, wobei etwa ⅔ der absetzbaren Stoffe ausgeschieden wird, etwa	100 „
Halbbiologisch gereinigtes Wasser (in Tauchkörpern), bei dem die fäulnisfähigen Stoffe zum Teil entfernt sind, etwa	60 „
Vollständig biologisch gereinigtes Abwasser, bei dem die fäulnisfähigen Stoffe vollständig entfernt sind (Belebtschlamm-Verfahren)	2 bis 5 mg/l

Zur Bestimmung des Bsb. gibt es verschiedene Methoden, die von Sierp ausführlich in (*227*) beschrieben und mit Versuchsergebnissen belegt sind. Meistens wird der Bedarf während 5 Tagen bestimmt. Aus diesen Veröffentlichungen seien die Grundzüge der am meisten angewendeten Verfahren nachstehend wiedergegeben.

a) Bei der Verdünnungsmethode wird den Organismen der zum Abbau benötigte Sauerstoff in der leicht aufnehmbaren Form der Lösung in Wasser dargeboten. Der Sauerstoffbedarf wird gemessen an der Abnahme des Sauerstoffgehaltes des verdünnten Wassers. Umstritten ist noch die Frage der Beschaffenheit des Verdünnungswassers. Für den besonderen Fall ist es naheliegend, dasjenige Flußwasser zur Verdünnung anzuwenden, in das das Abwasser gereinigt oder ungereinigt eingeführt werden soll. Die auf diese Weise enthaltenen Werte lassen jedoch einen Vergleich mit den an anderen Stellen gefundenen nicht zu, da die Beschaffenheit des Flußwassers überall anders ist. Für wissenschaftliche Zwecke wird deshalb ein künstlich zusammengesetztes Wasser aus destilliertem Wasser und einem bestimmten Salzgehalt empfohlen. Der Nachteil dieser Methode ist der, daß sehr viele Flaschen benötigt werden, und daß diese lange der anderweitigen Nutzung entzogen sind.

b) Bei der direkten (gasometrischen) Methode nach Sierp gelangt das Abwasser, von ganz besonders starken Konzentrationen abgesehen, ohne Verdünnung zur Anwendung, und der benötigte Sauerstoff wird in Gasform dargeboten, indem der Raum über der mit einer bestimmten Menge von Abwasser gefüllten Flasche mit Sauerstoff gefüllt wird. Der von der Flüssigkeit innerhalb einer bestimmten Zeit bei gleichbleibender Temperatur (20° C) aufgenommene Sauerstoff wird aus der Volumenabnahme gemessen, und aus ihm wird unter Berücksichtigung des Barometerstandes und der Temperatur durch Reduktion auf 0° C und 760 Barometerstand der biochemische Sauerstoffbedarf berechnet. Der Vorteil dieses Verfahrens liegt darin, daß die Sauerstoffzehrung laufend durch Ablesung verfolgt werden kann.

XVI. Abwasser und Vorfluter.

A. Einwirkung des Abwassers auf den Vorfluter.

Das Wasser, das aus dem vertikalen Kreislauf durch den Menschen zum Zwecke der Nutzung herausgezogen wird, muß notgedrungen diesem wieder zugeführt werden, da ein anderes Unterbringen nicht möglich ist, und unterliegt dann weiterhin den Gesetzen des Verlaufes des Wassers an der Erdoberfläche. Der horizontale Kreislauf des Wassers, der mit der Entnahme desselben als Reinwasser beginnt, kommt also nach verhältnismäßig kurzer Zeit zum Abschluß und stellt nur einen Umweg dar, auf dem das Wasser mit Schmutzstoffen beladen wird und der sein Ende findet, wenn sich das Wasser dieser Stoffe wieder entledigt hat.

Die einfachste und bequemste Art, das Abwasser los zu werden, d. h. aus dem Bereich der menschlichen Siedlungen zu entfernen, ist deshalb die Einleitung in ein Gewässer, sei es ein fließendes oder ein stehendes Gewässer. Diese Art des Unschädlichmachens der Abwässer ist so lange unbedenklich, als das Gewässer, das das Abwasser aufnimmt, der Vorfluter, imstande ist, die Schmutzstoffe abzubauen, ohne daß die weitere Nutzung des Wassers beeinträchtigt wird oder sonstige Belästigungen entstehen. Sobald jedoch infolge Zunahme der Siedlungen an einem Vorfluter durch gesteigerten Wasserverbrauch die Menge des Abwassers sich vermehrt, tritt ein Zeitpunkt ein, von dem an die Reinigungskräfte des Vorfluters nicht mehr ausreichen, den ursprünglichen Reinheitsgrad wieder herzustellen. Die Mißstände, die entstehen, sind verschieden je nach der Wasserführung und dem besonderen Charakter des Vorfluters. Bei träge fließendem Wasser werden die Schwebestoffe des Abwassers zu Boden sinken und sich an geeigneten Stellen ansammeln, dort Schlammbänke bildend. Diese sind vom Standpunkt der Beschaffenheit des Wassers im allgemeinen ungefährlich, weil die Schwebestoffe in der Hauptsache aus anorganischen Stoffen bestehen. Überwiegen jedoch die organischen Stoffe, so fallen diese der allmählichen Zersetzung anheim, und die Produkte dieser Fäulnisvorgänge verunreinigen das Wasser in einer Weise, daß sich der Charakter des Wassers grundlegend ändert. Die gelösten Stoffe normalen städtischen Abwassers, soweit sie anorganischer Natur sind, rufen unmittelbare Schäden nicht hervor. Sie erhöhen zwar den Gehalt des Vorfluters an diesen Stoffen, vor allem an Chloriden, für den Gemeingebrauch des Wassers ist dies jedoch im allgemeinen unbedenklich. Dagegen unterliegen die gelösten organischen Stoffe der gleichen Zersetzung wie die organischen Schwebestoffe. Die organischen Stoffe beiderlei Formen sind es also, die bei geringer Wasserführung des Vorfluters, d. h. wenn das Abwasser im Flusse nicht ausreichend verdünnt wird, reines Flußwasser in einen Zustand überführen, daß jedes pflanzliche und tierische Leben darin aufhört.

Besonders gefährlich für die weitere Nutzung des Wassers sind die Krankheitskeime, die zusammen mit den menschlichen und tierischen Abgängen in den Flußlauf gelangen. Der Gemeingebrauch des Wassers wird dadurch stark in Frage gestellt, da selbst bei großer Verdünnung genügend Keime im Wasser verbleiben, um Schädigungen der menschlichen Gesundheit hervorzurufen. Das Baden im Flusse ist deshalb auf eine gewisse Entfernung unterhalb der Einmündung von ungereinigtem Abwasser zu verbieten. Ebenso ist das Wasser nach der Tätigkeit der Notauslässe auf eine gewisse Zeit, die von den Strömungsverhältnissen abhängt, stark verseucht, so daß die Benutzung dieses Wassers beispielsweise durch die Schifferbevölkerung für Spülzwecke, die schwersten gesundheitlichen Schädigungen zur Folge haben kann.

Industrielle Abwässer, die entweder mit dem städtischen Abwasser vermischt oder für sich allein dem Vorfluter zugeführt werden, wirken verschieden auf diesen, je nach ihrer Menge und Beschaffenheit. Haben sie sauren Charakter, so können sie im Zusammenwirken mit dem im allgemeinen alkalisch reagierenden städtischen Abwasser Salze bilden, die sich zu Boden schlagen. Ein Beispiel hierfür bieten die Vorgänge an dem Zufluß von Lenne und Ruhr. Die sauren Pochwässer, die die erstere führt, bilden mit den Alkalien der Ruhr Niederschläge, die sich nach kurzer Zeit absetzen. Auch sonst entstehen durch Einleitung industrieller Abwässer vielfach chemische Reaktionen, die Schädigungen im Fluß zur Folge haben. Giftstoffe, die in die Flüsse gelangen, können unter Umständen das gesamte biologische Leben abtöten. Gewerbliche Abwässer, die reich an organischen Stoffen sind, wirken in ähnlicher Weise wie die städtischen Abwässer.

Der Grad aller dieser durch die Einleitung von Abwässern hervorgerufenen Mißstände ist in erster Linie abhängig von der Wasserführung des Vorfluters. Bei großen Strömen mit guten Gefällsverhältnissen, wie beispielsweise am Rhein, wird die Einleitung der Abwässer keine Mißstände herbeiführen, wenn nur dafür Sorge getragen ist, daß die groben Suspensa und die auf dem Wasser schwimmenden Stoffe durch Rechenanlagen dem Flußlauf ferngehalten werden. Bei Flüssen geringerer Wasserführung kann die Einleitung der Abwässer im allgemeinen unbedenklich sein, während zuzeiten der geringsten Wasserführung, bei NW, der Fluß die Schmutzstoffe nicht mehr abzubauen imstande ist und infolgedessen fauliges Wasser führt. Bei Bächen endlich mit langgestreckter Besiedlung und zahlreichen Industrien, die ihre Abwässer in den Bach leiten, nimmt dieser vollständig den Charakter eines Abwasserlaufes an, so daß das Wasser für keinen Zweck mehr benutzbar ist. Wenn in einem derartigen Fall gar noch das Wasser für Mühlgrabenzwecke abgeleitet wird, so kommt in dem Hauptbett das konzentrierte Abwasser zum Abfluß und erzeugt die größten Mißstände für die Anwohner.

Die geschilderten Übelstände werden sich nur unter ganz besonders ungünstigen Verhältnissen herausbilden, dann nämlich, wenn das Abwasser nur eine geringe Verdünnung erfährt und wenn immer neue Abwassermengen hinzutreten, ehe die Schmutzstoffe unschädlich gemacht sind. Wenn dagegen in dem Flußwasser die gesunden Kräfte das Übergewicht behalten, so vermag der Fluß die Verunreinigungen nach kurzem Lauf in eine Form zu überführen, die dem gesunden Charakter des Flußwassers keinen Abbruch mehr tun kann.

B. Selbstreinigungskraft des Vorfluters.

Die Fähigkeit des Wassers, sich der Schmutzstoffe zu entledigen, bezeichnet man als die Selbstreinigungskraft der Gewässer. Sie beruht zum überwiegenden Teil auf biologischen, zum kleineren Teil auf physikalisch-chemischen Vorgängen. Zu den Vorgängen der letzteren Art gehört die Neutralisation von freien Säuren durch die im Flußwasser vorhandenen Karbonate und Bikarbonate, die unschädliche Salze geben, die Oxydation von Schwefelwasserstoff und die Oxydation schädlicher Ferrosalze in unschädliche Ferriverbindungen. Eine direkte Oxydation der organischen Stoffe, die früher angenommen wurde, tritt nach neueren Untersuchungen nicht ein. Der Abbau der organischen Stoffe beruht vielmehr auf der Tätigkeit von Kleinlebewesen pflanzlichen und tierischen Charakters. Von den pflanzlichen Organismen sind es besonders die niedersten Formen, die Bakterien (Schizomyzetes), die Algen und die Pilze, die die Reinigung bewirken. Nach Kolkwitz (*212*) kann man die bei der Reinigung wirksamen Faktoren wie folgt zusammenfassen: Die Bakterien, deren Zahl direkt proportional der Menge der organischen Stoffe ist, bewirken eine Spaltung unter Reduktion der organischen Substanzen. Die Algen entziehen dem Wasser die gelösten organischen Nährstoffe, die sie für ihr Wachstum gebrauchen, und wandeln sie auf diese Weise in lebende Substanz um. Außerdem nehmen sie vermöge ihres Chlorophyllgehaltes unter Einwirkung des Lichtes aus der Kohlensäure des Wassers den Kohlenstoff auf und spalten Sauerstoff ab, indem sie auf diese Weise den Sauerstoffgehalt des Wassers vermehren. Die Pilze benutzen zu ihrem Aufbau ebenfalls die im Wasser gelösten Nährstoffe. Unter den Abwasserpilzen ist der Sphaerotilus am meisten verbreitet, der nur in fließendem Wasser zur reichen Entwicklung kommt. Er bildet weißliche, zottige Überzüge, die bei zunehmender Wärme abgelöst werden können und ein sogenanntes Pilztreiben zur Folge haben. Die pflanzlichen Organismen der verschiedensten Art bilden die Grundlage für das Gedeihen der tierischen Organismen, der sogenannten Bakterienfresser. Zu ihnen gehören die Protozoen, Infusorien, Krustazeen (Kleinkruster), Rädertierchen und andere. Diese dienen ihrerseits den Fischen zur Nahrung. Damit ist der Umwandlungsprozeß der toten Materie in hochwertiges Fischfleisch vollzogen und das letzte Stadium des Stoffabbaues erreicht.

Diese verschiedenen Prozesse greifen bei der Selbstreinigung der Flüsse vielfach ineinander. Je nach dem Grad der Verschmutzung des Wassers überwiegen bestimmte Arten der Abwasser-Flora und -Fauna. Kolkwitz und Marsson unterscheiden bei dem Abbau der zersetzungsfähigen Substanzen im Wasser drei Zonen.

1. Die Abwasserzone oder die Zone der Polysaprobien. In dieser Zone werden hauptsächlich die Eiweißstoffe durch Fäulnisprozesse zersetzt, der

Sauerstoffgehalt ist Null oder sehr niedrig. Es findet eine reichliche Sedimentation statt.

2. Die Übergangszone oder die Zone der Mesosaprobien. In dieser Zone beginnen lebhafte Oxydationsprozesse vorwiegend biologischer Natur; aber auch rein chemische Oxydation, wie Überführung von schwarzem Schwefeleisen in gelbbraunes Eisenoxydhydrat findet statt. Die Mesosaprobien vollführen den eigentlichen Prozeß der Selbstreinigung, die biologische Oxydation.

3. Die Reinwasserzone oder die Zone der Oligosaprobien. In dieser Zone wird die Mineralisation der organischen Stoffe durchgeführt, der Schlamm wird vollkommen oxydiert, die Bakterien treten stark zurück. Es entwickelt sich ein normales Pflanzen- und Tierleben im Wasser.

Die Leitorganismen der verschiedenen Zonen treten sowohl im Plankton auf, als auch im Ufer- und Grundbesatz. (Unter Plankton versteht man die Gesamtheit der im Wasser treibenden Lebewesen, die mit Hilfe von Sieben aus dem Abwasser gewonnen werden.) Die einzelnen Arten der verschiedenen Zonen sind in besonderen Tafeln, die von der Landesanstalt für Wasser-, Boden- und Lufthygiene herausgegeben sind, zusammengestellt. Man kann also mit Hilfe derselben feststellen, welche Zone der Verunreinigung eines Flusses durch Abwasser im einzelnen Falle vorliegt.

Die Feststellung der verschiedenen Leitorganismen im einzelnen und die Deutung des Befundes ist naturgemäß Sache des sachverständigen Botanikers. Der Ingenieur muß jedoch in der Lage sein, den Charakter eines Vorfluters ganz allgemein zu bestimmen. Fickert hat in (*213*) eine Anweisung für die Flußaufsichtsbeamten des Freistaates Sachsen zur Feststellung der Verschmutzung der fließenden Gewässer durch Abwasser gegeben. Sie soll erfolgen durch Bestimmung der Farbe und der Trübung mit Hilfe der Sichtscheibe, und die Menge der absiebbaren Schmutzstoffe soll mittels Planktonsiebes ermittelt werden. Für die Beurteilung der pflanzlichen und tierischen Leitorganismen wird eine kurze Anleitung gegeben.

Über die Instrumente zur Entnahme und Beobachtung für biologische Wasseruntersuchungen siehe Kolkwitz (*209*).

Die Selbstreinigungskraft des Wassers ist nach dem Vorstehenden in erster Linie abhängig von dem Sauerstoffgehalt. Ist dieser ausreichend, um die biochemischen Vorgänge zu ermöglichen, so werden die organischen Stoffe mineralisiert, ohne daß irgendwelche Belästigungen entstehen. Reicht dagegen der Sauerstoffgehalt nicht zu, so geht das Wasser in stinkende Fäulnis über unter reichlicher Bildung von Schwefelwasserstoff. Die zulässige Belastung eines Gewässers durch Abwasser hängt also ab von dem biochemischen Sauerstoffbedarf des Abwassers und dem Sauerstoffgehalt des Gewässers, in das das Abwasser eingeleitet wird. Das Verhältnis beider zueinander ist jedoch keine konstante Größe, die für die Vorgänge während der ganzen Zeit des Abbaues maßgebend ist, sondern der Sauerstoffgehalt des Flusses ergänzt sich durch Aufnahme des Sauerstoffs aus der Atmosphäre an seiner Oberfläche. Und zwar geht die Wiederbelüftung um so schneller vor sich, je größer das Sauerstoffdefizit des Wassers ist. Im übrigen ist sie abhängig von der Größe der Wasseroberfläche, von der Zeit, die zum Abbau der organischen Stoffe erforderlich ist, und von der Wassergeschwindigkeit.

Mahr (*221*) hat unter Zugrundelegung amerikanischer Beobachtungen versucht, eine Beziehung herzustellen zwischen der über 24^h gleichmäßig verteilten Abwassermenge und der Flußwassermenge unter Berücksichtigung des biochemischen Sauerstoffbedarfs des Abwassers und der Sauerstoffaufnahme des Flusses. Dabei muß die letztere entweder aus den Verhältnissen von Gewässern geschätzt werden, die ähnlichen Charakter haben, oder sie muß für einen bestimmten Sättigungsgrad durch Versuch ermittelt werden. Seine Formel gilt zunächst nur für die gelösten Stoffe. In einer späteren Ergänzung hat er sich bemüht, auch die ungelösten Stoffe zu erfassen, und dabei gewisse Voraussetzungen gemacht, deren Grundlage nicht ohne weiteres als zutreffend anerkannt werden kann. Das gesamte Ergebnis kann also noch keinen Anspruch darauf machen, den tatsächlich sich abspielenden Vorgängen gerecht zu werden. Immerhin ist mit diesen Untersuchungen der erste Schritt getan zur zahlenmäßigen Erfassung der zulässigen Belastung eines Gewässers mit städtischem Abwasser.

Nimmt man an, daß ein Gemisch von Abwasser und Flußwasser haltbar ist, wenn der biochemische Sauerstoffbedarf des ersteren gleich dem Sauerstoffgehalt des letzteren ist, so bedeutet dies, daß für ein ungereinigtes Abwasser mit einem

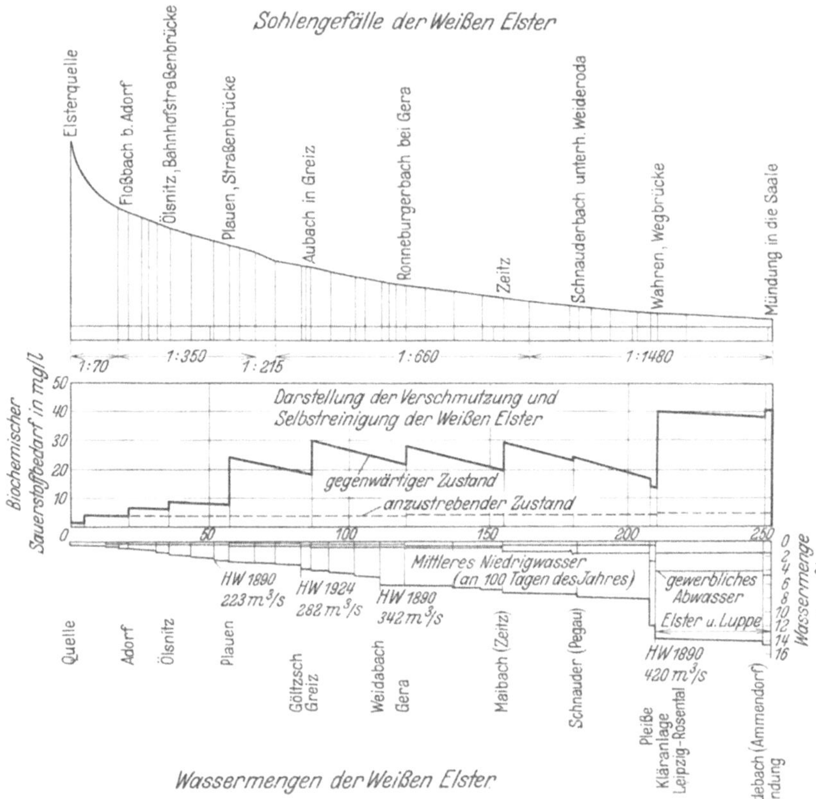

Abb. 196. Darstellung des Verschmutzungsgrades eines Wasserlaufes.

Bsb. von 200 mg/l eine 25fache Menge frischen Flußwassers mit einem Bsb. von 8 mg/l notwendig wäre, d. h. das Verdünnungsverhältnis müßte mindestens 1 : 25 sein. Wenn der Fluß bereits mit Schmutzstoffen belastet ist, müßte das Verhältnis entsprechend größer sein. Da jedoch diese Annahme keine Rücksicht nimmt auf die Ergänzung des Sauerstoffgehaltes durch Wiederbelüftung, so erhellt daraus, daß alle Angaben über das erforderliche Verdünnungsverhältnis den tatsächlichen Verhältnissen nicht gerecht werden können und nur als ganz ungefähre Anhaltspunkte dienen können. Es ist deshalb notwendig, für jeden Fall alle Faktoren, die von Einfluß sind, zu ermitteln, um daraus festzustellen, ob eine Reinigung des Abwassers überhaupt und welches Maß der Reinigung vor der Einleitung in den Fluß gefordert werden muß.

Bach (*226*) hat Versuche angestellt, das Verdünnungsverhältnis zu ermitteln, das notwendig ist, um Fäulniserscheinungen zu verhindern. Er benützte dazu künstliches Abwasser, das mit städtischem Abwasser geimpft wurde, um es mit Fäulniskeimen anzureichern. Das Ergebnis war, daß bei einer Verdünnung von 1:15 und 1:20 Fäulniserscheinungen nicht mehr festgestellt werden konnten.

Nach Pettenkofer kann bei einer Verdünnung von 1 : 15 städtisches Abwasser unbedenklich ohne mechanische Vorreinigung dem Vorfluter zugeführt werden, wenn die Geschwindigkeit mindestens 0,6 m/s beträgt.

Wertet man die vorstehenden Ergebnisse zusammenfassend, so kann als ganz allgemeine Regel angenommen werden, daß unter normalen Verhältnissen, d. h. bei städtischem Abwasser mittlerer Konzentration und bei einem Flußlauf mit mittlerer Geschwindigkeit, das zulässige Verdünnungsverhältnis für die Einleitung ungereinigten Abwassers etwa bei 1 : 25 liegt. Bei ungünstigen Verhältnissen, d. h. wenn das Flußwasser bereits verschmutzt ist oder wenn das Abwasser sehr konzentriert ist oder wenn die Oberfläche wenig bewegt ist, so daß die Sauerstoffaufnahme geringer ausfällt, muß das Verdünnungsverhältnis größer sein, damit die Sauerstoffmenge ausreicht, um Fäulniserscheinungen im Vorfluter mit Sicherheit auszuschließen.

Zur zahlenmäßigen Darstellung des Zustandes eines Wasserlaufes und des Einflusses der Zuführung von Abwasser eignet sich am besten der biochemische Sauerstoffbedarf. Dieses Verfahren ist in Amerika ausgebildet worden und gibt ein anschauliches Bild von dem Verschmutzungsgrad eines Wasserlaufes. Als Abszisse wird die Lauflänge des Flusses und als Ordinate der Bsb. aufgetragen. Man erhält dann eine Darstellung nach Art der Abb. 196 über die Verschmutzung der Weißen Elster, die von Imhoff und Fries in ihrem Gutachten über die Bildung einer Abwassergenossenschaft Weiße Elster zur Charakterisierung der Beziehung zwischen Verschmutzung und Selbstreinigung gegeben ist.

C. Anforderungen an die Kläranlage.

Für die Anforderungen, die an die Reinigungswirkung der Kläranlage zu stellen sind, lassen sich allgemeine Grundsätze nicht aufstellen. Die örtlichen Verhältnisse, die von Einfluß sind, sind viel zu verschieden, als daß es möglich wäre, sie in einer generellen Regel zu berücksichtigen. Es muß deshalb jeder Fall für sich behandelt werden und unter Würdigung aller einschlägigen Umstände diejenige Art der Abwasserreinigung bestimmt werden, die mit dem geringsten Aufwand an Mitteln den gewünschten Zweck erreichen läßt. Dieser besteht darin, das Abwasser so weit von seinen Schmutzstoffen zu befreien, daß der Abbau der verbleibenden Stoffe durch die Selbstreinigungskraft des Vorfluters mit Sicherheit nach kurzem Lauf erreicht wird und daß etwaige Ablagerungen der Schwebestoffe an der Flußsohle die Frischerhaltung des Flußwassers nicht zu verhindern vermögen.

In erster Linie sind also die Anforderungen durch die Rücksichtnahme auf den Vorfluter festgelegt. Ist dieser stark wasserführend, so ist der Kläranlage nur die Aufgabe zuzuweisen, die grobsinnlich wahrnehmbaren Verunreinigungen, die durch Schwimmstoffe aller Art erzeugt werden, dem Wasserlauf fernzuhalten. Liegt die Verdünnung, die das Abwasser durch das Flußwasser im ungünstigsten Falle erfährt, etwa bei der oben begründeten kritischen Zahl von 1 : 25, so können die natürlichen Abbaukräfte des Flusses dadurch entlastet werden, daß die absetzbaren Stoffe durch mechanisch wirkende Absitzanlagen aus dem Abwasser vor der Einleitung in den Vorfluter entfernt werden. Ist schließlich die Wasserführung so gering, daß auch damit die Frischerhaltung des Wassers nicht unter allen Umständen gewährleistet ist, so ist außer der mechanischen Reinigung durch Sedimentation eine biologische Reinigung vorzusehen, die die fäulnisfähigen, organischen Stoffe angreift und sie in harmlose anorganische Stoffe überführt. Eine vollkommene biologische Reinigung hat also nur dann Sinn, wenn ihr die Beseitigung der absetzbaren Stoffe vorhergegangen ist. Andererseits ist es aus volkswirtschaftlichen Gründen nicht zu verantworten, etwa eine vollkommenere Reinigung der Abwässer durchzuführen, wenn der oben aufgestellte Grundsatz bezüglich der Frischerhaltung des Flußwassers mit einfacheren Mitteln zu erreichen ist. Die Anforderungen an die Kläranlage sind also in Anpassung an die besonderen Verhältnisse des Vorfluters so zu stellen, daß mit dem geringsten Kostenaufwand ein einwandfreier Zustand des Wassers erzielt wird. Sind aus hygienischen oder fischereilichen Gründen besondere Forderungen an die Klärung zu stellen, so ist in jedem einzelnen Fall zu prüfen, ob der Mehraufwand für die Bau- und Betriebskosten der Anlage in Einklang zu bringen ist mit den Werten, die andernfalls in Frage gestellt sind. Das Bestreben, den Fischbestand eines Flusses um jeden Preis zu erhalten, ist unter diesem Gesichtspunkte volkswirtschaftlich vielfach nicht zu rechtfertigen. Der ausfallende Erlös aus der Fischzucht bei minderer Reinigung stellt meistens nur einen Bruchteil der jährlichen Belastung dar, die bei vollkommener Reinigung der Allgemeinheit zugemutet werden muß. Auf der anderen Seite ist den hygienischen Anforderungen unbedingt der Vorzug einzuräumen, wenn andernfalls Leben und Gesundheit der Einwohner bei mangelhafter Reinigung bedroht sind. Befindet sich beispielsweise unterhalb der Kläranlage eine Wasserentnahmestelle in einer solchen Entfernung, daß der ursprüngliche Reinheitsgrad noch nicht wiederhergestellt sein kann, so ist eine vollkommene biologische Reinigung unbedingt zu fordern.

Aus dem Gesagten geht auch unzweideutig hervor, daß für ein und denselben Vorfluter, namentlich bei enger Aufeinanderfolge von Städten und Ortschaften, die Anforderungen an die Kläranlagen in Übereinstimmung zu bringen sind. Es hätte keinen Sinn, für die eine Kläranlage die höchsten Anforderungen zu stellen, wenn wenige Kilometer unterhalb gar nicht oder unvollkommen gereinigtes Abwasser dem Wasserlauf zugeleitet wird. Sondern es müssen die Abflüsse aus den verschiedenen Kläranlagen so beschaffen sein, daß der Vorfluter in der Gesamtwirkung die auftretenden Schmutzstoffe abzubauen imstande ist.

Bei der Festsetzung des erforderlichen Maßes der Reinigungswirkung einer Kläranlage muß darauf Rücksicht genommen werden, daß das Abwasser in dem Flusse um so leichter abgebaut wird, je frischer es diesem zugeführt wird. Ist das Wasser auf dem Wege bis zur Einleitung in den Vorfluter bereits in den fauligen Zustand übergegangen, d. h. haben anaerobe Vorgänge das Übergewicht bekommen, so bedarf es bis zum Abbau der organischen Stoffe durch Bio-Oxydation einer längeren Einwirkung von Luft und Licht als bei frischem Abwasser, in dem aerobe Vorgänge vorherrschen.

Die Frage der Zusammenfassung mehrerer Kläranlagen zu einer gemeinsamen Kläranlage ist danach nicht allein nach wirtschaftlichen Gesichtspunkten zu beurteilen, sondern muß auch davon abhängig gemacht werden, ob das gereinigte Abwasser noch einigermaßen frisch dem Vorfluter übergeben werden kann. Der Vereinigung mehrerer Kläranlagen ist also, namentlich bei langgestreckter Bebauung längs der Flußufer, eine Grenze gezogen. Wird diese aus wirtschaftlichen Gründen überschritten, so müssen notgedrungen entsprechend höhere Anforderungen an die Reinigungswirkung der Kläranlage gestellt werden. Als Grundlage für diese Entscheidung mag dienen, daß das gewöhnliche städtische Abwasser bei normalen Abflußverhältnissen in den Kanälen, d. h. wenn alle Einrichtungen getroffen sind, daß Schlammablagerungen vermieden werden, nach etwa 3^h Laufzeit merkbare Fäulniserscheinungen aufzuweisen beginnt.

Endlich darf bei der Beurteilung der Einwirkung städtischen Abwassers auf einen Vorfluter nicht außer acht gelassen werden, daß auch bei Regenwetter, sei es beim Mischverfahren durch die Notauslässe, sei es beim Trennverfahren durch die in den ersten Minuten des Regens abfließenden Regenwässer, eine Verschmutzung des Vorfluters zustande kommt. Außerdem wird dieser dadurch noch mehr belastet, daß bei Regenwasserführung der Kanäle die Reinigungswirkung der Kläranlage infolge der hohen Belastung eine geringere ist. Es müssen also auch die Anforderungen an die Ausgestaltung der Reinigungsanlagen, wie die Forderungen nach einer Regenwasserkläranlage oder nach Notauslaßkläranlagen, von dem allgemeinen Zustand des Vorfluters abhängig gemacht werden.

D. Gesetzliche Bestimmungen.

Reichsgesetzliche Bestimmungen zur Regelung aller mit der Einleitung von Abwasser in öffentliche Wasserläufe zusammenhängenden Fragen gibt es noch nicht. Es ist zwar in Aussicht genommen, ein Reichsabwassergesetz zu schaffen. Bei der Schwierigkeit der Materie ist jedoch nicht damit zu rechnen, daß in Kürze eine Regelung von Reichs wegen zustande kommt, obwohl das Bedürfnis dazu besteht, namentlich in den Fällen, wo ein Wasserlauf mehrere Bundesstaaten berührt. Als Grundlage, die alle Bundesstaaten angeht, gilt § 35 des Reichsseuchengesetzes, der unter anderem bestimmt:

„Die dem Allgemeingebrauch dienenden Einrichtungen zur Fortschaffung der Abfallstoffe sind fortlaufend durch staatliche Beamte zu überwachen.

Die Gemeinden sind verpflichtet, für die Beseitigung der vorgefundenen gesundheitsgefährlichen Mißstände Sorge zu tragen. Sie können nach Maßgabe ihrer Leistungsfähigkeit zur Herstellung von Einrichtungen der in Absatz 1 bezeichneten Art, sofern dieselben zum Schutz gegen übertragbare Krankheiten erforderlich sind, jederzeit angehalten werden.“

In den einzelnen Bundesstaaten ist die Reinhaltung der Gewässer durch Wassergesetze geregelt, für die das öffentliche Wohl und wirtschaftliche Gesichtspunkte grundlegend sind. Als Beispiel mögen die gesetzlichen Bestimmungen in Preußen angeführt werden, die durch das Wassergesetz von 1913 geregelt und durch mehrere Erlasse ergänzt sind. Eine zusammenfassende Übersicht über die Rechtslage unter Berücksichtigung der höchsten richterlichen Entscheidungen gibt der Erlaß des preußischen Ministers für Landwirtschaft, Domänen und Forsten vom 1. Oktober 1930 betreffend Reinhaltung der Gewässer. Aus diesem seien auszugsweise diejenigen Bestimmungen wiedergegeben, die für den verantwortlichen Ingenieur einer Stadtverwaltung von Bedeutung sind:

1. Das Abwasser ist gegenüber dem Wasser dadurch charakterisiert, daß es Zusätze aus den Haushaltungen, Wirtschafts- und gewerblichen Betrieben enthält, durch welche die natürliche Beschaffenheit des Wassers eine Veränderung erfahren hat, so daß dieses mehr oder weniger verunreinigt ist. Unter den Begriff des Abwassers fallen deshalb auch die aus bebauten Ortschaften abgeleiteten Regenwässer.

2. Die Einleitung der Abwässer in die Wasserläufe I., II. und III. Ordnung ist auf Grund des Gemeingebrauchs nur zulässig, soweit Abwasser in der eigenen Haushaltung und Wirtschaft entstehen, wenn dadurch andere nicht benachteiligt werden.

3. Das Recht zum Einleiten von Abwässern mittels gemeinsamer Anlagen kann durch Verleihen dauernd oder auf Zeit erworben werden. Im Verleihungsverfahren werden die Wasserpolizeibehörden von Amts wegen gehört. Sie haben im Wege des Widerspruches im öffentlichen Interesse alle Maßnahmen zu fordern, die zur Reinhaltung des Wasserlaufes geboten sind. Stehen besondere Rücksichten des öffentlichen Wohles in Frage, so sind die Weisungen des zuständigen Ministers einzuholen. Die Kanalisationsentwürfe kommen also mit wenigen Ausnahmen für kleine Planungen bei der Zentralbehörde zur Vorlage. Beteiligt ist der Minister für Landwirtschaft, für Volkswohlfahrt und für Handel und Gewerbe.

4. In den Verleihungsbedingungen ist der Vorbehalt erhöhter Anforderungen in bezug auf die Reinigung der Abwässer aufzunehmen, namentlich bei Abwässern, deren Reinigung nach dem Stand der Wissenschaft noch nicht als vollkommen anzusehen und bei der die Fortschritte der Technik zu verwerten sind.

5. Zur Aufsicht über die Ausübung des verliehenen Rechts sind die amtlichen Überwachungsstellen heranzuziehen. Als solche kommen unter gewöhnlichen Verhältnissen in Frage die Medizinalbeamten und die Flußwasseruntersuchungsämter, denen als sachverständige Beraterin die Landesanstalt für Wasser-, Boden- und Lufthygiene in Berlin-Dahlem zur Seite steht.

6. Um eine nach den Vorschriften des Wassergesetzes nicht erlaubte Verunreinigung des Wasserlaufes durch eine größere Zahl von Unternehmern zu beseitigen und darüber

hinaus eine Reinhaltung anzustreben, ist die Bildung von Reinhaltungsgenossenschaften überall dort einzuleiten, wo von Maßnahmen gegen die einzelnen ein dauernder Erfolg nicht zu erwarten ist. Derartige Genossenschaften können als Zwangsgenossenschaften auch gegen den Willen der Beteiligten gebildet werden.

XVII. Vorreinigung.

Die Vorreinigungsanlage hat eine dreifache Aufgabe zu erfüllen: Sie soll das Abwasser von den schweren Sinkstoffen, vor allem von Sand befreien, sie soll die mitgeführten Sperrstoffe zurückhalten und sie soll die Fette und Öle, die für die Weiterbehandlung des Abwassers vielfach von Nachteil sind, aus diesem entfernen. Diese Aufgaben sind grundsätzlich verschiedener Art, so daß drei selbständige Arten der Vorreinigungsanlage in Anwendung sind, nämlich Sandfang, Grobrechen und Ölfänger.

A. Sandfang.

Die Beseitigung der schweren Sinkstoffe, als da sind Sand, Kies, Kaffeegrund usw., aus dem Abwasser muß jeder weiteren Behandlung des Abwassers in mechanischen oder biologischen Kläranlagen vorausgehen. Sie ist notwendig, weil größere Mengen schwerer Sinkstoffe den Betrieb der Absetzanlagen gefährden, sei es, daß der Schlamm an dem Boden des Beckens infolge seines hohen Sandgehaltes eine schwere, nur mit Mühe zu bewegende Masse erzeugt, sei es, daß die Entleerungsleitungen versanden, sei es, daß der Sand bei darunterliegenden Faulräumen mit in diese gelangt und dort im Laufe der Faulzeit zu einer festen Masse verkrustet, die nur mit mechanischen Hilfsmitteln wieder gelöst werden kann. Auch wenn das Rohwasser unmittelbar dem Vorfluter zugeführt wird, um es durch Verdünnung unschädlich zu machen, ist das vorherige Entfernen des Sandes in den meisten Fällen erforderlich, weil andernfalls sich der Sand in Sandbänken an geeigneten Stellen ablagert und dadurch den Abflußquerschnitt des Vorfluters verringert.

Der größere Teil der in dem Sandfang anfallenden Stoffe ist Sand oder Kies, der von der Oberfläche von Straßen und Höfen bei Regen abgeschwemmt wird. Seine Menge ist also abhängig von der Art der Befestigung der Verkehrsflächen. Sind diese in der Hauptsache mit einer hochwertigen Decklage versehen, wie sie die verschiedenen Konstruktionen unter Verwendung von bituminösen Bindemitteln darstellen, so wird die Abnutzung der Decklage unter der Einwirkung des Verkehrs nur gering sein, während Befestigungsarten, die mit Kieswasserbindung arbeiten, viel mehr den Angriffen des Verkehrs ausgesetzt sind und infolgedessen große Mengen von Abnutzungsstoffen liefern. Auch die Ausrüstung der Straßenabläufe ist naturgemäß von Einfluß auf die Menge des anfallenden Sandes. Fehlen die Sandfänge in den Straßenabläufen vollständig, so gelangen alle Sinkstoffe in die Kanäle und von den Gefällsverhältnissen ist es abhängig, ob der Sand an geeigneten Stellen liegen bleibt oder ob er vollständig in den Sandfang der Kläranlage anfällt. Sind die Straßenabläufe nur mit einem Geröllfang ausgerüstet, so werden nur die größten Sinkstoffe zurückgehalten. Besitzt der Straßenablauf endlich einen Schlammfang, so werden auch kleinere Sinkstoffe ausgeschieden, sofern nicht etwa bei starken Niederschlägen diese wieder aufgerührt werden und trotzdem in die Kanäle gelangen.

Die ungefähre Menge des Sandes, die in einem richtig gebauten und gut arbeitenden Sandfang im Mischverfahren anfällt, kann im großen Durchschnitt mit 0,15 bis 0,25 m^3 je Tag für 10000 Einwohner in Ansatz gebracht werden.

Die Frage, ob auch im Trennverfahren ein Sandfang notwendig ist, möchte ich nach meinen Erfahrungen dahin beantworten, daß er zwar nicht unbedingt erforderlich, wohl aber angebracht ist, da der Brauchwassersammler des Trenn-systems immer schwere Sinkstoffe führt, die für die Weiterbehandlung von Nachteil sind.

Das Prinzip der Entsandung der Abwässer beruht darauf, daß die Geschwindigkeit des Abwassers durch Vergrößerung des Abflußquerschnittes im Sandfang verringert wird und daß infolgedessen die Sinkstoffe zu Boden fallen. Dabei muß die Geschwindigkeit so gewählt werden, daß möglichst nur die schweren Sinkstoffe ausgeschieden werden, während die leichteren, die zum guten Teil aus organischen Stoffen bestehen, weitergeführt werden müssen. Das wird am vollkommensten nach den vorliegenden Erfahrungen erreicht, wenn die Geschwindigkeit in den Grenzen von 0,20 bis 0,35 m/s gehalten wird. Als Mittelwert mag 0,3 m/s der Berechnung zugrunde gelegt werden. Demnach ergibt sich der erforderliche Querschnitt des Sandfanges F aus

$$F_S = \frac{Q}{0{,}3}\,.$$

Bei dieser Geschwindigkeit reicht also die Räumungskraft des fließenden Abwassers nicht mehr aus, um die Sinkstoffe weiterzubewegen. Trotzdem ist es nicht zu vermeiden, daß auch organische Stoffe mit zu Boden fallen und daß diese die Sedimente mit einer schleimigen Haut umgeben. Die Menge dieser Stoffe schwankt etwa zwischen 10 bis 30% der Sinkstoffe und hat zur Folge, daß das Sandfanggut bei Lagern an der Luft anfault und Geruchsbelästigungen ergibt. Es ist also nicht ohne weiteres zum Aufhöhen von Land oder ähnlichen Zwecken zu verwenden, sondern muß zuvor von den organischen Stoffen befreit werden.

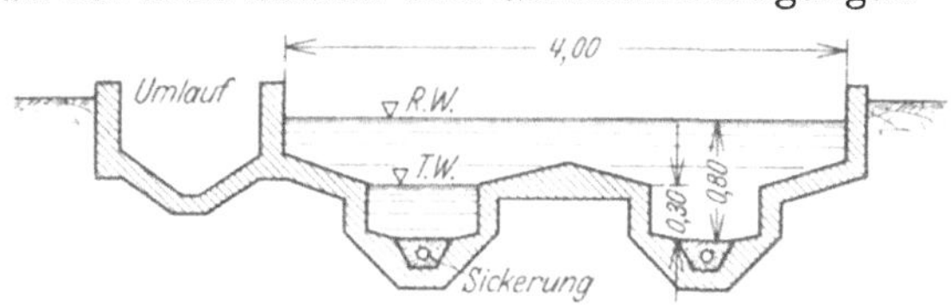

Abb. 197. Sandfang mit geneigter Sohle.

Legt man die vorgenannte Geschwindigkeit zugrunde, so wird bei Trockenwetterabfluß im allgemeinen den Anforderungen entsprochen werden, wenngleich in den Nachtstunden ein größerer Anteil von organischen Stoffen mit zur Ablagerung kommt. Dagegen können die schwankenden Mengen des Regenwassers nur in hinreichendem Maße entsandet werden, wenn der Sandfang mehrteilig ausgebildet wird. In diesem Falle wird von einem bestimmten Wasserstand an eine zweite oder eine dritte Kammer in Anspruch genommen, so daß die Geschwindigkeit zwar nicht in jedem Falle der optimalen Geschwindigkeit entspricht, aber über gewisse Werte nur in Ausnahmefällen hinausgeht.

Die Länge des Sandfanges ist in seiner unteren Grenze dadurch bestimmt, daß die Absinkkurve der Sinkstoffe innerhalb des Sandfanges den Boden erreichen muß, während die obere Grenze davon abhängig ist, in welchen Zeiträumen der Sandfang geräumt werden soll. Bei Sandfängen mit ebener Sohle, die bei kleinen und mittleren Anlagen in erster Linie in Frage kommen, schwanken die Längen zwischen 6 bis 20 m je nach der aufzunehmenden Sandmenge. Bei der Kläranlage in Hattingen (Abb. 197) hat man den Querschnitt so ausgebildet, daß bei steigendem Wasserstand das Profil stark zunimmt, so daß die Durchflußgeschwindigkeit immer annähernd die gleiche ist.

Ehnert (*228*) hat versucht, auf Grund von Beobachtungen über die Geschiebebewegung in dem Hauptsammler der Dresdner Kanalisation rechnerisch die zulässige Schleppkraftgrenze zu ermitteln. Es hat sich jedoch ergeben, daß dies infolge des starken Wechsels von Art und Menge des Geschiebes nicht möglich ist. Daraus folgt, daß diese Grenze bei größeren Anlagen in jedem Fall durch Versuch bestimmt werden muß.

Ausgestaltung der Sandfänge. Bei der am meisten angewendeten und für mittlere Größenverhältnisse in Frage kommenden Ausgestaltung hat der

Sandfang eine vertiefte, horizontale Sohle und senkrechte Seitenwände. Die Sohle ist entweder mit einer Lage groben Kieses bedeckt, in die eine Sickerleitung eingebaut ist, oder mit Flachziegeln mit offenen Fugen ausgelegt. Während des Betriebes ist die Dränage geschlossen, nach Außerbetriebsetzung wird die Dränage geöffnet, so daß der abgesetzte Schlamm entwässern kann.

Die Räumung geschieht bei diesen einfachen Konstruktionen meistens von Hand. Man kann auch Greifbagger mit drehbarem Ausleger dazu benutzen, die längs des Sandfanges verfahren werden.

Abb. 198 zeigt die einfache Ausbildung eines Sandfanges, der gewöhnlich mit einem Grobrechen verbunden wird.

Bei dem Sandfang mit quergeneigter Sohle werden die Sinkstoffe in einem schmalen Gerinne gesammelt und aus diesem entweder von Hand oder bei größeren Anlagen mittels Eimerkettenbaggers gehoben. Die Baulänge kann in diesem Fall erheblich kürzer gehalten werden. Er ist deshalb am Platze, wenn der Hauptsammler tief liegt, oder wenn die Nähe der Bebauung eine Über-

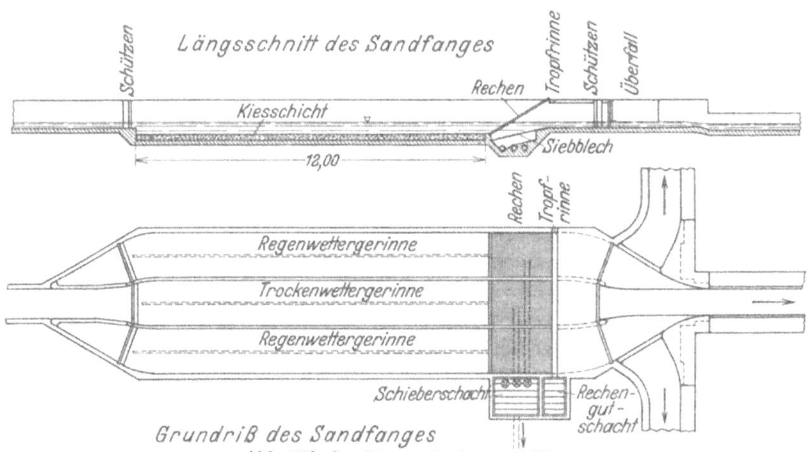

Abb. 198. Sandfang mit ebener Sohle.

deckung des Sandfanges notwendig macht. Bei großen Wassermengen ist diese Ausbildung der mit ebener Sohle in jedem Falle vorzuziehen. Der Bagger wird zweckmäßig in seinem oberen Teile aufgehängt, so daß er aus dem Wasser herausgezogen werden kann und nur für die Zwecke der Räumung in den Kanal heruntergelassen wird. Die Ausgestaltung des Sandfanges in Duisburg-Hochfeld (Abb. 199), den Verfasser im Jahre 1922 gebaut hat, entspricht diesen Grundsätzen und weist gegenüber seinem Vorbild, dem Dresdner Sandfang, verschiedene Verbesserungen auf. Durch Einbau eines gegen die Fließrichtung des Abwassers bugförmig ausgestalteten Bauteiles wird eine Teilung des Abwasserstromes erreicht derart, daß sich dieser in zwei Teilen um den Einbau herum bewegt und an dem hinteren Ende desselben beide Ströme senkrecht aufeinander stoßen. Dadurch wird die Energie des strömenden Wassers an dieser Stelle vernichtet, und als Folge davon setzt sich der Sand zu Boden. Durch Öffnungen in dem hinteren Teile und in den Seitenwänden rutscht der Sand nach der Sohle des Gerinnes, von wo aus er mittels Eimerkettenbaggers nach Bedarf gehoben wird.

Der Sandfang der Dorr-Gesellschaft in Berlin (Abb. 200) besteht aus einem quadratischen Becken mit horizontaler Sohle. Das Abwasser wird an einer Seite eingeleitet und an der gegenüberliegenden Seite abgezogen. Der an dem Boden sich ansammelnde Sand wird durch einen Kratzer nach außen geschoben, einem an der dritten Seite des Sandfanges vorgelagerten Troge zu. In diesem bewegt sich ein sogenannter Klassierer, der von der chemischen Industrie übernommen ist. Durch diesen wird der Sand von Stufe zu Stufe unter teilweisem Abrutschen durch das Wasser hindurch auf die Höhe des Förderbandes gehoben und verliert auf diese Weise den größten Teil seiner organischen Stoffe durch Auswaschen. Der auf diese Weise gewonnene Sand hat zwar noch die übliche,

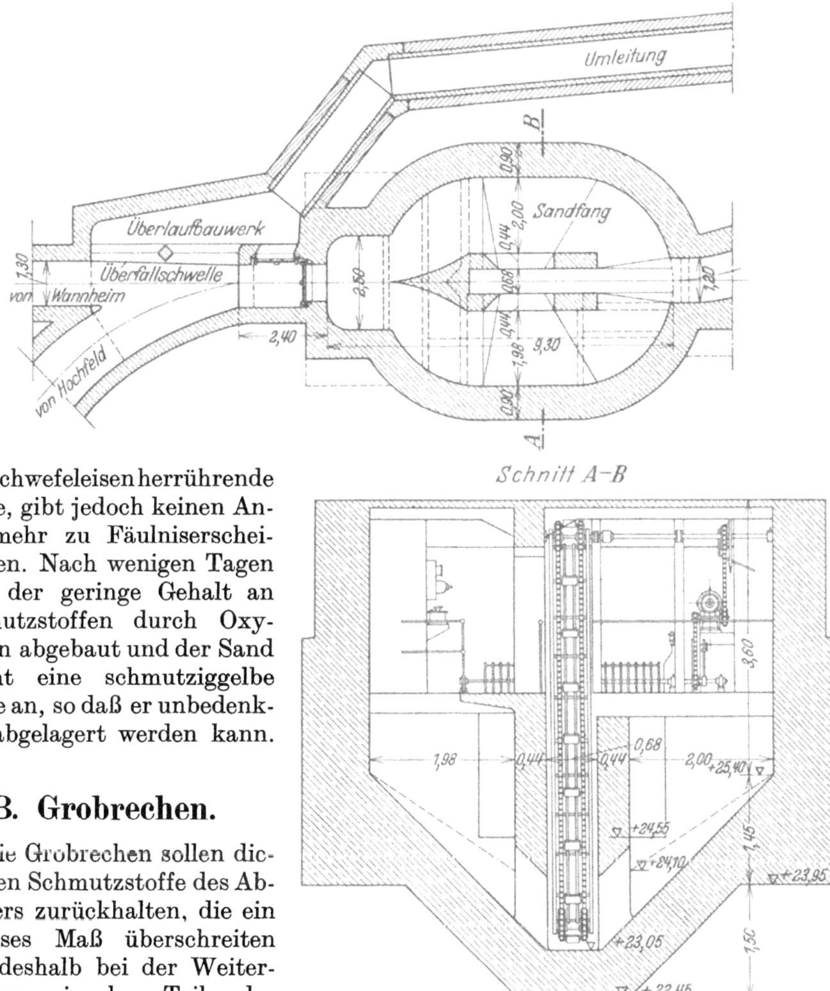

Abb. 199. Tiefliegender Sandfang mit geneigter Sohle.

von Schwefeleisen herrührende Farbe, gibt jedoch keinen Anlaß mehr zu Fäulniserscheinungen. Nach wenigen Tagen wird der geringe Gehalt an Schmutzstoffen durch Oxydation abgebaut und der Sand nimmt eine schmutziggelbe Farbe an, so daß er unbedenklich abgelagert werden kann.

B. Grobrechen.

Die Grobrechen sollen diejenigen Schmutzstoffe des Abwassers zurückhalten, die ein gewisses Maß überschreiten und deshalb bei der Weiterführung einzelne Teile der Kläranlage gefährden können. Zu diesen gehören Holzstücke, Lumpen, Lappen, Büchsen, Steine, Obstreste usw. Die Grobrechen können entweder vor dem Sandfang oder hinter dem Sandfang angeordnet werden. Der letzteren Anordnung ist deswegen der Vorzug zu geben, weil in dem Sandfang ohnedies eine Erweiterung des Querschnittes notwendig ist, die dem Rechen zwecks Vermeidung von Rückstau zugute kommt.

Die Rechen werden flach geneigt (etwa unter einem Winkel von 30^0 gegenüber Horizontale) eingebaut, und die Rechenstäbe bestehen entweder aus Rundeisen, Flacheisen oder aus Profilstäben. Die Stabentfernung schwankt zwischen 20 bis 50 mm. Die Reinigung geschieht in den meisten Fällen von Hand. Eine maschinelle Reinigung zum Beseitigen der abgefangenen Stoffe kommt nur für große Anlagen in Betracht.

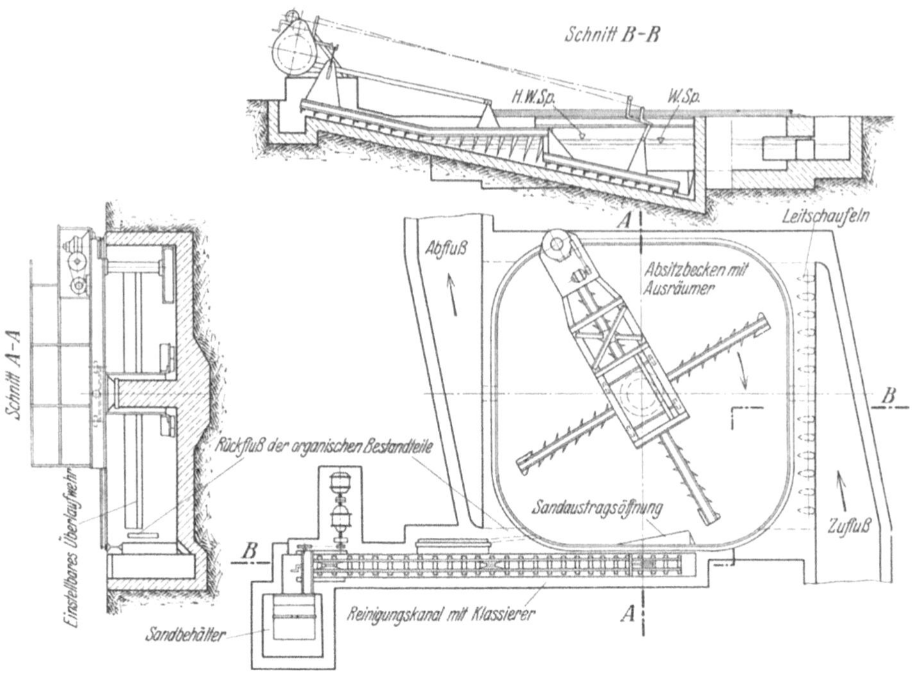

Abb. 200. Sandfang der Dorr-Gesellschaft.

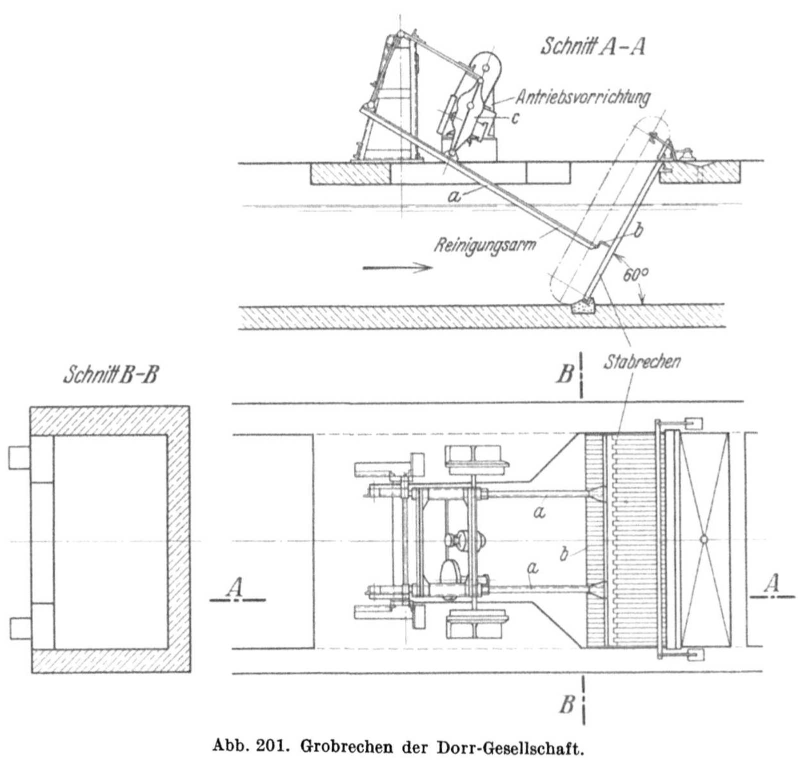

Abb. 201. Grobrechen der Dorr-Gesellschaft.

Der Grobrechen der Dorr-Gesellschaft, Berlin (Abb. 201), hat eine automatische Reinigung, die in regelmäßigen Zwischenräumen je nach der Einstellung selbsttätig die Beseitigung des Rechengutes und die Freihaltung des Rechens bewirkt. Der Reinigungsmechanismus besteht aus zwei parallelen Armen *a*, die auf der dem Stabrechen zugekehrten Seite durch eine ausgezahnte Platte *b* verbunden sind. Er wird zwangsläufig geführt durch eine auf einer geschlossenen ovalen Zahnstange sich abwälzenden Antriebsvorrichtung *c*, die durch einen Elektromotor betätigt wird. Das Rechengut wird nach oben geschoben und durch eine Abstreifvorrichtung in eine Mulde gefördert, von wo aus es von Hand beseitigt wird. Der Vorteil dieses Rechens besteht darin, daß der Betrieb vollkommen von der Handarbeit unabhängig ist, was besonders für die Nachtzeit von Bedeutung ist, da sonst unter Umständen ein schädlicher Rückstau in dem Zuflußkanal zustande kommt. Außerdem kann zu Zeiten starken Wasserandrangs die Reinigungsarbeit durch einfaches Schalten in kürzeren Zeiträumen bewirkt werden.

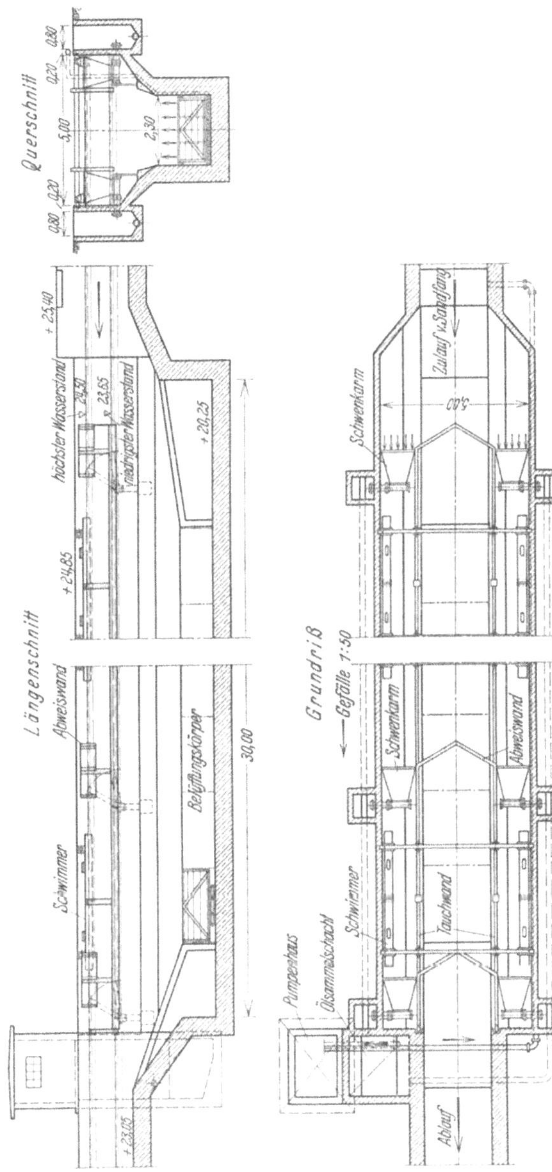

Abb. 202a. Ölfänger.

C. Ölfänger.

Die Ölfänger haben den Zweck, die von dem Abwasser mitgeführten Öl- und Fettstoffe aus diesem zu beseitigen. Das ist für die verschiedenen Arten der Behandlung des Abwassers von Wichtigkeit. Wird das Abwasser durch Verdünnung unschädlich gemacht, d. h. unmittelbar in den Vorfluter eingeleitet, so wird dadurch die Bildung einer zusammenhängenden Ölschicht verhindert, die ästhetisch bedenklich ist und auch die Frischerhaltung des Wassers durch Sauerstoffaufnahme beeinträchtigt. Bei maschinellen Reinigungsanlagen wird durch Fette und Öle die Siebvorrichtung verstopft, bei Absetzanlagen beeinträchtigen diese, wenn sie mit in den Schlamm gelangen, die Ausfaulung desselben, und endlich wird die biologische Behandlung des Abwassers ungünstig beeinflußt, wenn die Schmutzstoffe mit dünnen Ölschichten überzogen sind.

Bei größeren Anlagen ist es deshalb, namentlich bei Städten mit starker industrieller Betätigung, in allen Fällen von Vorteil, Ölfänger der Reinigungsanlage vorzuschalten, wobei es zweifelhaft ist, ob die Anordnung, erst der Sandfang und dann der Ölfänger, oder die umgekehrte Reihenfolge die richtigere ist. Das Prinzip des Ölfanges besteht darin, daß durch eingeblasene Luft die Leichtstoffe nach oben getrieben werden und daß sie an der Wasseroberfläche in geeigneter Weise gesammelt werden. Ist die Abstreifvorrichtung fest eingebaut, so muß durch einen Überfall ein bestimmter Wasserstand gehalten werden. Die damit verbundenen Nachteile einer verringerten Geschwindigkeit zu Zeiten geringen Zuflusses werden vermieden, wenn die Abstreifvorrichtung schwimmend angeordnet wird, wie dies bei der Konstruktion der Passavant-Werke (Abb. 202a und b) der Fall ist. Eiserne Schwimmkörper tragen sowohl die Tauchplatten, die den Raum in einen Beruhigungsraum und zwei seitliche Fettsammelräume zerlegen, als auch Abweiswände, die das Fett den seitlichen Räumen zuleiten. Aus diesen gelangen die gesammelten Fettmassen durch Vermittlung von rohrartigen Senkrahmen, die sich dem wechselnden Wasserspiegel anpassen, in Schächte und von diesen durch eine geschlossene Leitung in den Ölsammelschacht. Der Auftrieb der Leichtstoffe erfolgt durch Druckluft von Belüftungskörpern aus, die in der Sohle des Beckens eingebaut sind.

Abb. 202b. Ansicht des Ölfängers.

XVIII. Absiebanlagen.

Allen Absiebanlagen liegt das Prinzip zugrunde, daß dem Abwasser beim Passieren durch ein Sieb oder ein siebähnliches Gebilde alle Stoffe entzogen werden, die größer sind als die Lichtweite der Öffnungen. Auf dem Sieb lagern sich die abgefangenen Stoffe zu einer zusammenhängenden dünnen Schicht zusammen, so daß bei längerer Inanspruchnahme einer Siebfläche auch feinere Stoffe durch Filtrierung dem Abwasser entzogen werden. Die Reinigungswirkung geht also, namentlich bei Sieben, die horizontal oder annähernd horizontal liegen, über die durch die Maschenweite bedingte Wirkung hinaus.

Die Absiebanlagen bestehen aus der eigentlichen Siebeinrichtung, der Abstreifvorrichtung und der Einrichtung zum Fördern des gewonnenen Siebgutes. Die Siebvorrichtung wird entweder aus in geringer Entfernung nebeneinandergestellten Stäben oder Drähten oder aus einem Gewebe gebildet mit Maschenweiten, deren Größe von dem zu erreichenden Zweck abhängig ist. Um die erforderliche Siebfläche jederzeit zur Verfügung zu haben, wird die Siebvorrichtung beweglich eingerichtet. Sie nimmt während des Durchgangs durch das Wasser die Schmutzstoffe auf, während auf dem Wege außerhalb des Wassers die Reinigung vollzogen wird. Die Abstreifvorrichtungen entfernen die ausgesiebten Schmutzstoffe von den Sieben, so daß dem Abwasserstrom nach Möglichkeit gereinigte Siebflächen dargeboten werden. Bei den hier in Frage kommenden Anlagen mit großem Wirkungsgrad kommen deshalb nur kontinuierlich bewegte Vorrichtungen zur Anwendung. Dabei müssen diese so konstruiert sein, daß die auf dem Sieb befindlichen Stoffe nicht durch die Ab-

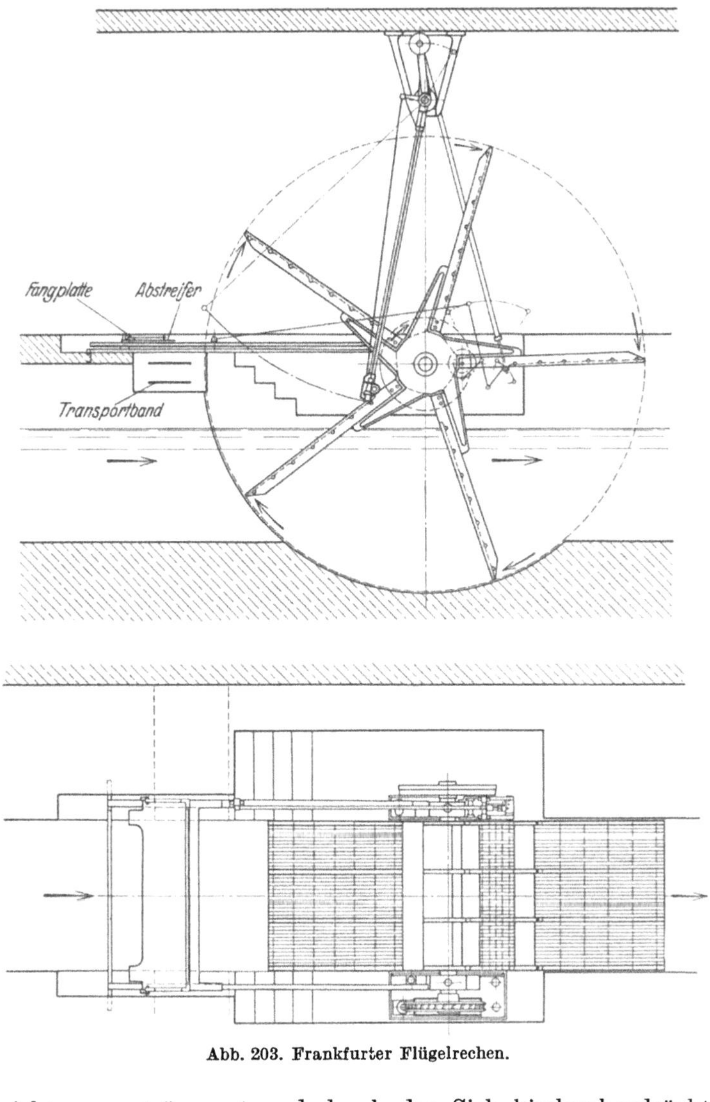

Abb. 203. Frankfurter Flügelrechen.

streifvorrichtung zertrümmert und durch das Sieb hindurchgedrückt werden. Wird eine Abstreifvorrichtung über die Abfangefläche geführt, so sind deshalb Bürsten, die auch wohl verstellbar sind, geeignete Geräte. Noch besser wirkt Druckwasser, das von der Unterseite her gegen die Siebfläche geschleudert wird und diese von den aufliegenden und anhaftenden Schmutzstoffen befreit. Die geförderten Schmutzstoffe gelangen entweder auf ein Transportband oder fallen in ein Gerinne, von dem aus sie mittels Becherwerkes gehoben werden.

Es ist eine große Anzahl von sinnvollen Einrichtungen erdacht worden, um Absiebanlagen herzustellen, die in vollkommener Weise und betriebssicher arbeiten. Von diesen seien einige typische Konstruktionen, die in großer Zahl eingebaut sind, und solche Konstruktionen, die nach dem derzeitigen Stand der Technik in erster Linie für die Anwendung in Frage kommen, nachstehend behandelt.

A. Feinrechen und Siebe.

1. Frankfurter Flügelrechen.

(Gebaut von der Firma J. S. Fries Sohn, Frankfurt am Main.)

Sie sind eingebaut unter anderem in Frankfurt, Elberfeld, Stralsund usw.

Dieser Rechen ist ein Radrechen, der um eine horizontale Achse rotiert und dessen Siebflächen in fünf Speichen in Radform untergebracht sind. Der Rechen liegt derart in dem Abwasserkanal, daß der Querschnitt des Kanals stets voll-

Abb. 204. Ansicht des Frankfurter Flügelrechens.

ständig abgeschlossen wird und rotiert dem Abwasserstrom entgegen. Die Rechentafeln sind aus dünnen Flacheisenstäben zusammengesetzt und werden durch Rundeisenstangen in ihrer Lage festgelegt. Der lichte Abstand der Stäbe beträgt 6 bis 20 mm und kann durch Auswechseln der Distanzringe verändert werden. Die Reinigungsvorrichtung besteht aus einem flachen Abstreifer, der mit einem Gummistreifen besetzt ist, und aus einer gefederten, rotierenden Bürste. Durch diese werden die Schmutzstoffe an das äußere Ende der Tafel vorgeschoben. Sie fallen hier auf eine fahrbare Auffangeplatte, die von der Drehachse des Rechens so gesteuert wird, daß ein genaues Einfahren der Platte unter die Rechentafeln gesichert ist. Beim Zurückgehen werden die von den Tafeln aufgenommenen Schmutzstoffe vermittels eines Abstreifers auf das Transportband abgestreift. Das Rechenrad wird nur langsam bewegt. Es macht etwa eine Umdrehung in 4 Min. Die Bewegung kann je nach der Menge der Zuflüsse und dem Verschmutzungsgrad derselben reguliert werden, so daß z. B. des Nachts eine geringere Geschwindigkeit zur Anwendung kommt als bei Tage. Der Kraftverbrauch beträgt im Mittel 1,3 PS.

Abb. 203 stellt einen schematischen Querschnitt des Rechens dar und Abb. 204 eine Ansicht, aus dem das Weitere hervorgeht.

2. Siebschaufelrad (System Geiger).

(Gebaut von dem Breuer-Werk, Frankfurt am Main.)

Es ist zur Ausführung gekommen in Straßburg, Gleiwitz, Karlsruhe, Forst, Budapest und hat schaufelartige Flügel. Nach Mitteilung des Werkes wird diese Konstruktion nicht mehr gebaut. Sie ist ersetzt durch den Siebbandrechen zu 4.

3. Hamburger Siebbandrechen (System Brunotte).

Er wird ausgeführt von der Maschinenfabrik Buckau A.G. in Magdeburg. Rechen dieser Art sind eingebaut in Hamburg, Berlin-Schöneberg, Krefeld usw. Der Rechen ist als endloses, bewegliches Gitter ausgebildet, das in zwei Trägerrahmen geführt wird und am oberen und unteren Ende über sechseckige Drehtrommeln läuft. Die einzelnen Kettenfelder bestehen aus Gitterstäben rechteckigen oder keilförmigen Querschnittes und sind durch Gelenke miteinander verbunden. Das Material dieser Stäbe ist eine Aluminiumlegierung größter Widerstandsfähigkeit gegen chemische Einwirkung. Zur Reinigung des Rechens wird ein Kamm benutzt, der mit geringem Spielraum in die Zwischenräume der Stäbe eingreift. Er ist an einem schwenkbar aufgehängten Hebel befestigt, der durch einen Hubmechanismus betätigt wird. Er kommt zur Wirkung, wenn das Gitterband in die abwärtsgehende Bewegung übergegangen ist und läßt die abgestreiften Stoffe auf ein Transportband fallen. Die Breite der einzelnen Kettenglieder geht bei den ausgeführten Anlagen bis zu 3,5 m, der Kraftbedarf beträgt im Mittel 1 PS je Gitter.

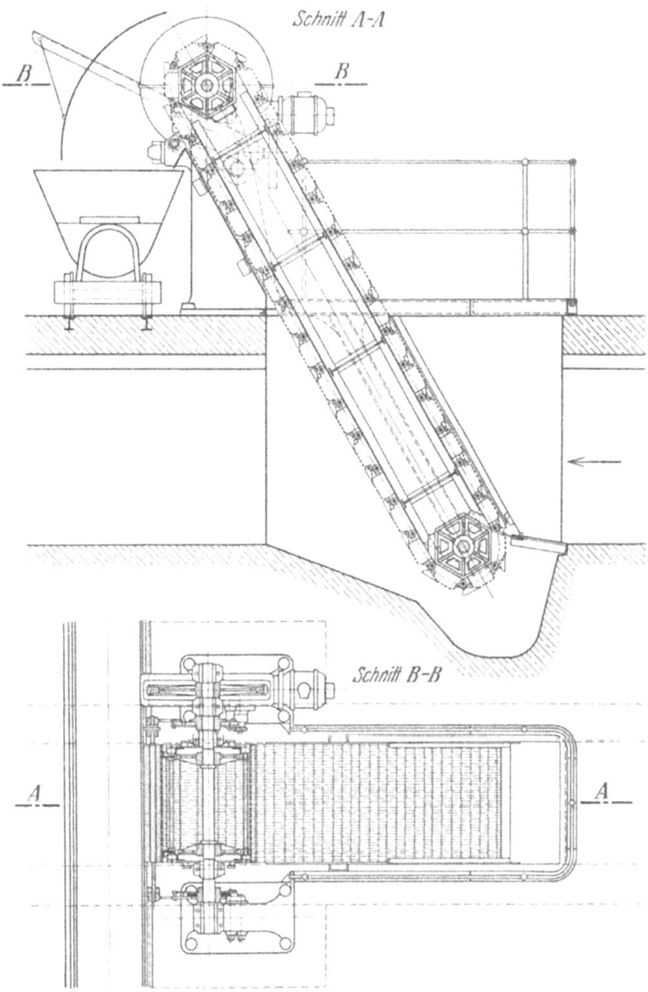

Abb. 205. Hamburger Siebbandrechen.

Der Vorzug dieses Rechens besteht darin, daß der Raumbedarf zum Einbau im Vergleich zu den Konstruktionen anderer Art gering ist.

In der Abb. 205 ist der Rechen in Schnitt und Grundriß dargestellt.

4. Geigerscher Siebbandrechen.

(Ausgeführt von dem Breuer-Werk, Frankfurt am Main.)

Die Siebfläche wird durch rechteckige Siebfelder gebildet, die mit fein maschigem Gewebe aus Phosphorbronzedraht bespannt sind. Diese sind jedoch nicht flach verlegt, sondern das Siebgewebe ist dachartig so gespannt, daß es

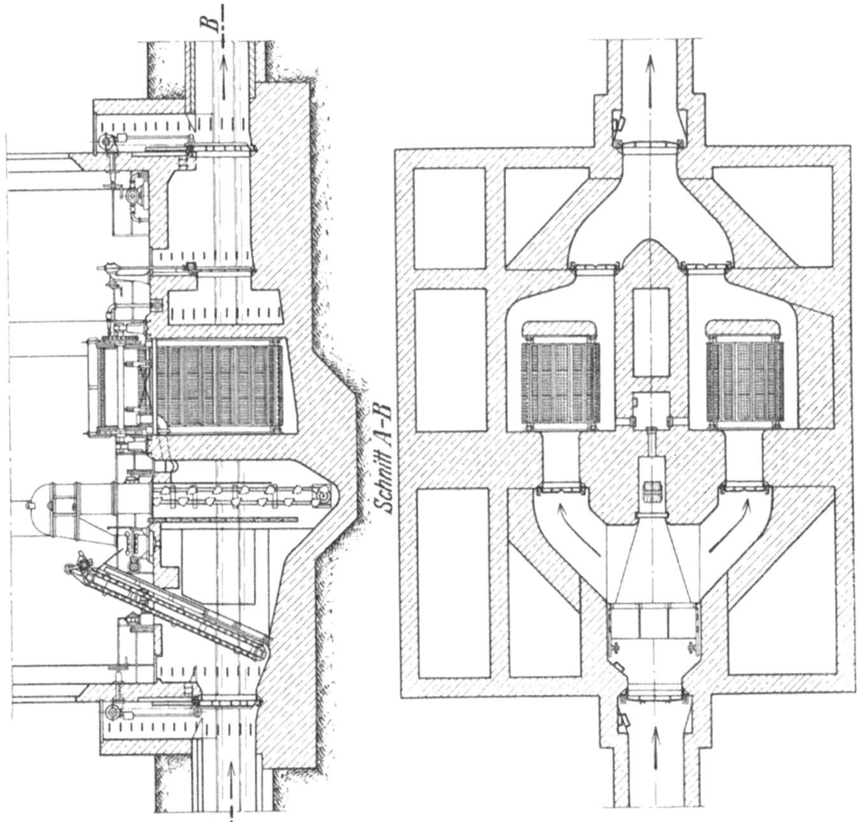

Abb. 206. Geigerscher Siebbandrechen.

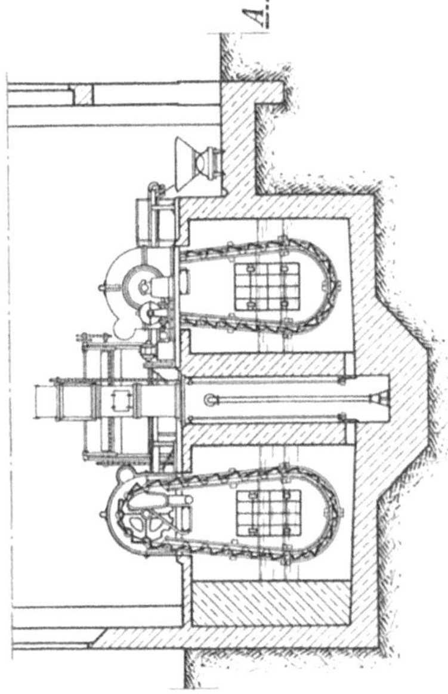

einen dreieckigen nach der Zuflußrichtung offenen Siebkorb bildet, dessen unterer Boden baggerartig wirkt. Mit dem Maschenquerschnitt kann man sich dem besonderen Charakter des zu reinigenden Abwassers und dem gewünschten Reinigungsgrad anpassen. Er ist etwa 0,6 bis 1,0 mm^2. Die Siebfelder sind zu einem endlosen gelenkigen Band zusammengereiht, das oben über zwei Zahnscheiben läuft und im übrigen durch schmiedeeiserne U-förmige Bahnen geführt ist. Der Rechen wird hauptsächlich innen beaufschlagt, d. h. das Rohwasser wird dem Rechen im Innern zugeführt und das gereinigte Abwasser strömt nach außen ab. Die Reinigung des Rechens erfolgt oben durch Abspritzen mittels Druckwassers unter Verwendung von Breitstrahldüsen, wobei die abgespritzten Stoffe in eine im Innern des Rechens angebrachte Sammelrinne fallen. Der Kraftbedarf beträgt etwa 1,5 bis 2 PS. An Spülwasser werden für einen mittleren Rechen etwa 5 l/s bei einem Druck von etwa 1,5 Atm. benötigt.

Abb. 206 stellt eine vollständig mechanische Reinigungsanlage dar, bestehend aus Grobrechen mit mechanischer Abstreifvorrichtung, aus Sandfang mit Siebbagger und aus zwei von innen beaufschlagten Siebbandrechen. An den Sandfang schließen die Zuführungskanäle zu den Kammern an, in denen die Siebbandrechen laufen. Die ausgesiebten Schmutzstoffe werden durch Druckwasser in eine Sammelrinne abgespült, die sie dem Baggerschacht zuführt. Der Eimerbagger fördert sowohl die Sinkstoffe des Sandfangs, als auch die mit dem Spülwasser dem Rechen zugeführten Stoffe nach oben, wobei sie in den siebartig gelochten Eimern entwässert werden, und wirft sie auf ein Transportband, auf das gleichzeitig die Schmutzstoffe des Grobrechens auffallen.

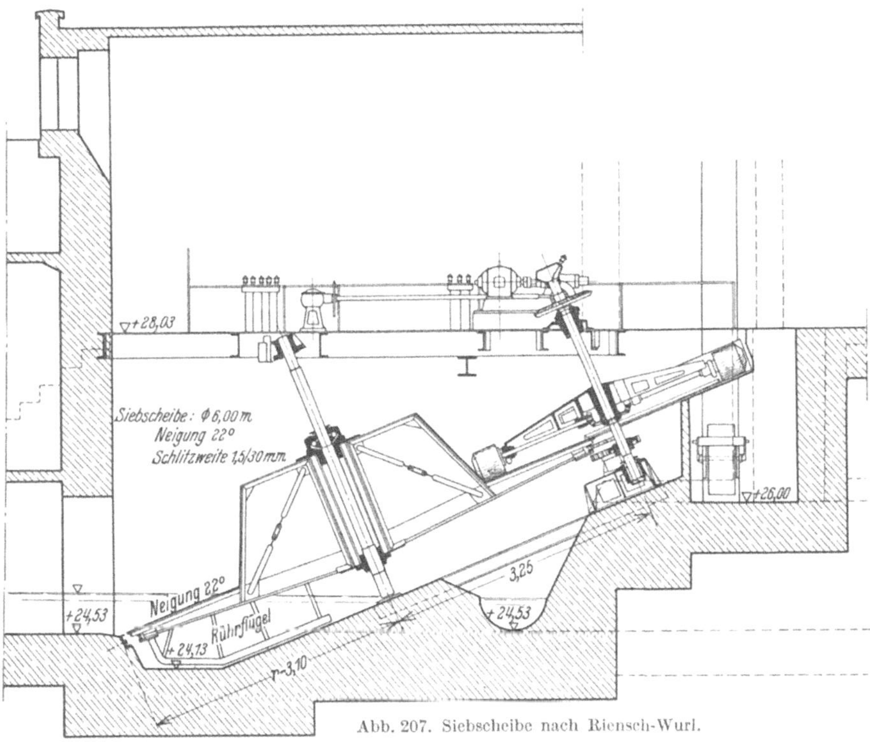

Abb. 207. Siebscheibe nach Riensch-Wurl.

B. Siebscheiben.

Die bekannteste ist die Separatorscheibe (Patent Riensch-Wurl). Sie ist in großer Zahl im Inland und Ausland zur Ausführung gekommen. In Deutschland bestehen allein gegen 100 Scheiben zur Reinigung städtischer Abwässer. Ihr Vorzug beruht darin, daß alle hin und her gehenden Bewegungen mit den damit verbundenen Schlägen oder Stößen vermieden sind. Alle Bewegungen laufen im Kreise, wodurch ein ruhiger, stoßfreier Gang gesichert ist. Ferner steht bei dem höchsten Wasserstand im Hauptsammler $^4/_5$ der gesamten Siebfläche zur Verfügung, so daß der Rückstau im Vergleich zu anderen Konstruktionen gering ist. Die Maschinenfabrik Wurl, Berlin-Weißensee, die die Scheibe ausführt hat die gesamte Konstruktion derart vollkommen durchgebildet, daß Reparaturen an den Scheiben so gut wie ausgeschlossen sind. Die Scheiben der Kläranlage Dresden laufen seit über 20 Jahren ununterbrochen ohne jede Störung

Die Rechenscheibe ist kreisrund und wird unter einem Winkel von 15 bis 25° in das erweiterte Kanalprofil eingebaut (Abb. 207). Die Siebbleche sind Platten aus Messingbronze, in die Schlitze der gewünschten Weite, von ½ bis 5 mm, derart eingefräst sind, daß sie sich nach unten konisch erweitern. Die übliche Schlitzweite ist 2 mm. Die Scheibe dreht sich um eine schräge Welle, die oben außerhalb des höchsten Wasserstandes durch ein Kugelspurlager und unter Wasser in einem einfachen Rollenlager gelagert ist. Das Wasser tritt von oben durch die Siebplatten hindurch und läßt dabei die Schmutzstoffe auf der Scheibe liegen. Durch die Drehung derselben werden die abgesiebten Stoffe aus dem Wasser gehoben und danach durch eine rotierende Abstreifvorrichtung abgebürstet, deren Welle parallel der Hauptwelle liegt. Es sind mehrere Bürsten an einem sich drehenden Arm derart angeordnet, daß jede Siebfläche mehrfach gereinigt wird. Die geförderten Schmutzstoffe werden durch eine Öffnung einer Förderrinne zugeführt, die sie unter Benutzung eines Becherwerkes den weiteren Transportmitteln zuleitet. Um ein gleichmäßiges, sanftes Anliegen der Bürsten zu erzielen, sind sie beweglich an die Tragarme angehängt und rotieren ständig um ihre Achse, auf diese Weise eine gründliche Reinigung der Siebfläche erzeugend, indem sie die Schmutzstoffe vor sich her rollen. Auf die Scheibe ist bei starken Schwankungen des Wasserspiegels ein Kegelmantel aufgesetzt, der in gleicher Weise mit Siebblechen belegt ist. Die Reinigung erfolgt ebenfalls durch rotierende Bürsten. Sie sind so angeordnet, daß die Schmutzstoffe auf die Scheibe abfallen, um hier gemeinsam mit den übrigen Stoffen entfernt zu werden.

Abb. 208. Ansicht der Siebscheibe.

Siebscheibe und Bürstenkranz werden zweckmäßig durch elektrischen Einzelantrieb bewegt. Der Kraftbedarf einer Scheibe von 4 bis 5 m Durchmesser beträgt etwa 0,75 PS und bei den größeren von 8,0 m Durchmesser etwa 3 bis 4 PS. Da die Scheibe Wasserspiegelschwankungen im Sammelkanal bis zu 3,0 m beherrscht, so ist sie unter normalen Verhältnissen in der Kanalisationstechnik anwendbar. — Abb. 208 gibt eine Ansicht der Siebscheibe mit Bürstenkranz in der Reinigungsanlage Duisburg-Hochfeld.

C. Spülsiebe.

Während bei den vorstehend geschilderten Absiebanlagen die abgefangenen Stoffe aus dem Wasser herausgehoben werden, um außerhalb des Wassers von dem Rechen entfernt zu werden — man bezeichnet sie deshalb auch wohl als

Trockensiebe — wird bei den sog. Spülsieben die Reinigung mittels Druckwassers bewirkt und das so entstehende Gemisch von Schmutzstoffen und Wasser zur weiteren Behandlung abgeleitet. Dabei werden Bürsten und Abstreifer vermieden, so daß die Gefahr des Durchdrückens der Schmutzstoffe durch die Rechen und Siebe, die nie vollständig vermieden werden kann, vollkommen ausgeschlossen ist. Im Gegensatz zu dem Siebgute der genannten Anlagen, das infolge seines Wassergehaltes von 93 bis 95% eine ziemlich trockene Masse dar-

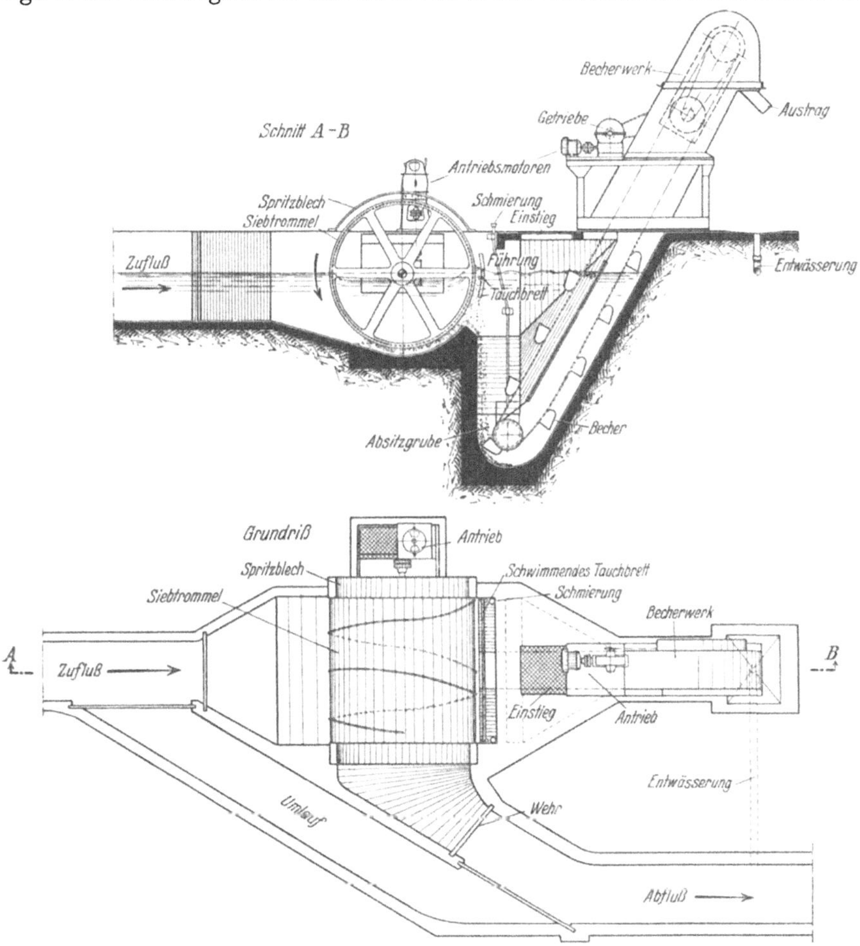

Abb. 209. Spülsieb der Dorr-Gesellschaft.

stellt, fällt bei den Spülsieben ein Schlammwasser an, aus dem die Schlammstoffe am einfachsten durch Absetzenlassen entfernt werden.

Die Spülsiebe sind in den Vereinigten Staaten von Amerika für die Abwasserpraxis ausgebildet worden und werden hauptsächlich von der Dorr-Gesellschaft New York und Berlin vertrieben. In Deutschland sind sie nur in einigen wenigen Ausführungen vertreten, so in der Hauptkläranlage in Duisburg. Wie aus der Abb. 209 hervorgeht, werden der um eine horizontale Achse drehbaren Siebtrommel die Abwässer von außen zugeleitet, das gereinigte Abwasser fließt aus dem Innern der Trommel durch die Stirnflächen ab. Die gröberen, vom Abwasser mitgeführten Stoffe fließen unter der Trommel hindurch und gelangen in das Absetzbecken. Das Sieb wird im Sinne des Pfeiles mit großer Geschwindigkeit durch das Abwasser bewegt und reißt infolgedessen an der gegenüberliegenden

Seite das Wasser mit hoch. Durch die Energie des abfallenden, nach außen austretenden Wassers werden die Schmutzstoffe mitgerissen und gelangen in das Absetzbecken, das unmittelbar neben dem Sieb angeordnet ist. Nach den vorliegenden Betriebserfahrungen soll die Menge des Schlammwassers nur 5% des gereinigten Abwassers ausmachen. Die Spülwirkung wird also bei diesen Sieben durch die große Umfangsgeschwindigkeit der Trommel erreicht, die im Mittel 1,5 m/s beträgt. Sie ist damit sehr teuer erkauft, denn der Kraftbedarf beträgt etwa das 10fache der Trockensiebe. Andererseits ergeben sich gewisse Ersparnisse diesen gegenüber, da die Siebbleche einem Verschleiß wenig oder gar nicht unterlegen sind. Wie Seegert (*238*) nachweist, können deshalb die Spülsiebe gegenüber den Trockensieben nur dann wirtschaftlich bestehen, wenn die Strompreise niedrig sind.

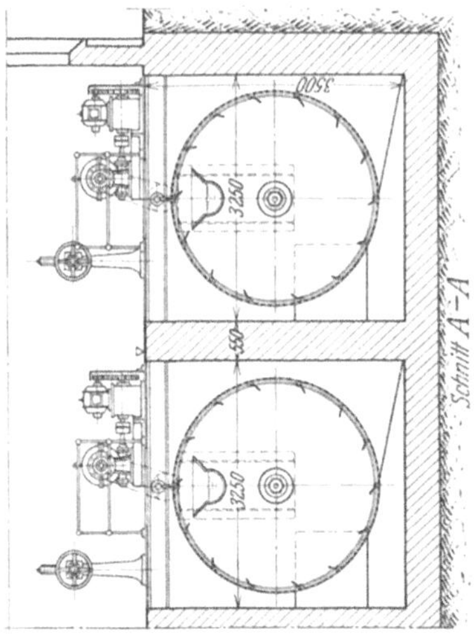

Eine deutsche Ausführung des Spülsiebes wird von dem Breuer-Werk unter dem Namen Geigersches Spülsieb gebaut. Bei diesem wird die Reinigung durch Druckwasser bewirkt und die Spülwassermenge soll nur 0,5 bis 1% der Abwassermenge ausmachen. Infolge der geringen Umdrehungszahl ist der Kraftbedarf erheblich geringer als bei den vorgenannten Sieben. Er beträgt 1,5 bis 2 PS für die eigentliche Trommel und 2,4 PS für die Abspülpumpe.

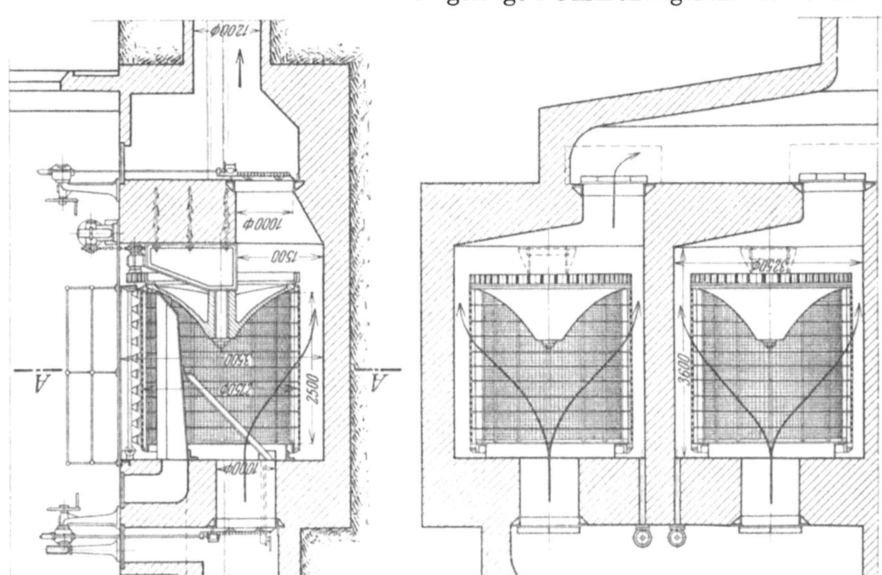

Abb. 210. Spülsieb des Breuer-Werks.

Im übrigen ist die Anordnung ähnlich wie bei dem Siebbandrechen (Abb. 206). Die Trommel wird innen beaufschlagt. Die Schmutzstoffe werden bis zum Scheitelpunkt hochgeführt, dort abgespült und gelangen unter Benutzung einer Abflußrinne auf ein Transportband, das dieselben mit den anderen gewonnenen Schmutzstoffen weiterbefördert.

Abb. 210 stellt den Entwurf für ein derartiges Spülsieb dar.

D. Menge und Behandlung der Rückstände.

Die Menge der anfallenden Rückstände ist von dem Verschmutzungsgrad des zu behandelnden Abwassers und von der Reinigungswirkung der Siebanlagen abhängig, die ihrerseits wieder hauptsächlich durch die Größe der Schlitze bestimmt wird. Auch Länge und Gefällsverhältnisse der Kanäle sind von Einfluß, da dadurch das Maß der Zertrümmerung der Schmutzstoffe bestimmt wird. Nach den Feststellungen auf der Kläranlage in Dresden, die im Dauerbetrieb gewonnen sind, beträgt die Menge der Siebrückstände 0,3 m^3/Tag für 10000 Einwohner. Sie deckt sich ziemlich genau mit der von Frühling (*6*) gegebenen Zahl und kann als Mittelwert bei mäßig verschmutztem Abwasser angezogen werden. Durch besondere Versuchsreihen ist in Dresden ermittelt worden (*235*), daß diese Rückstände an der Trockensubstanz gemessen 30% der ungelösten Stoffe ausmachen.

Die Behandlung der Rückstände und ihr Unschädlichmachen kann in verschiedener Weise durchgeführt werden. Da sie reich an organischen Stoffen sind, werden sie gern von den Grundbesitzern, die in der Nähe der Kläranlage Feldwirtschaft treiben, als Dünger abgenommen. Die gewonnenen Stoffe können auch, wenn eine landwirtschaftliche Verwertung nicht in Frage kommt, unter besonderen Heizkesseln verbrannt werden, wie dies beispielsweise auf der Kläranlage Berlin der Fall ist. Am besten werden sie zusammen mit dem aus dem Absetzbecken anfallenden Schlamm zur Ausfaulung gebracht, ohne daß dadurch der ihnen innewohnende Dungwert gemindert wird. Von Blech (*449*) sind auf der Versuchsanlage des Kanalisationsverbandes für das Laisebachgebiet Versuche gemacht worden, die Siebrückstände der Separatorscheibe zusammen mit dem Überschußschlamm des Belebtschlammverfahrens zur Ausfaulung zu bringen, die zu einem günstigen Ergebnis geführt haben, so daß diese Art der Beseitigung der Rückstände für den endgültigen Ausbau in Aussicht genommen ist. In Dresden hat man durch Versuche festgestellt, daß sich die Siebrückstände auch selbständig ausfaulen lassen. Der Prozeß darf jedoch nicht sich selbst überlassen werden, sondern es ist notwendig, das Material durch Umrühren aufzulockern. Die Zeitdauer des Ausfaulens ist nicht größer als bei dem normalen Schlamm der Absetzbecken und kann durch Heizung des Faulraumes erheblich abgekürzt werden.

XIX. Reinigung durch Absetzenlassen.

Wenn die maschinelle Reinigung nicht zureicht, um den im Hinblick auf den Vorfluter erforderlichen Reinheitsgrad zu erhalten, kommen Absetzanlagen zur Anwendung. Durch diese werden 90 und mehr % der absetzbaren Stoffe oder rund ⅔ der ungelösten Stoffe überhaupt aus dem Abwasser ausgeschieden. Das so gereinigte Wasser hat jedoch noch die Fähigkeit zu faulen. Soll auch diese beseitigt werden, so muß das Abwasser einer weiteren biologischen Reinigung unterzogen werden. Diese ist um so besser und wirtschaftlicher durchzuführen, je vollkommener das Abwasser von seinen ungelösten Stoffen befreit wird. Absetzanlagen werden deshalb im allgemeinen den biologischen Anlagen vorgeschaltet. Sie stellen die erste Stufe der Reinigung dar, während in der zweiten Stufe hauptsächlich die organischen Stoffe abgebaut werden.

A. Theoretische Grundlagen und Berechnung der Absetzbecken.

Wird städtisches Abwasser in einem Behälter der Ruhe überlassen, so sinken die bis dahin in der Schwebe gehaltenen Schmutzstoffe, deren spezifisches Gewicht größer als 1 ist, zu Boden. Dabei haben die gröberen, schweren Stoffe eine größere Sinkgeschwindigkeit und die feineren Stoffe, deren spezifisches Gewicht dem des Wassers nahekommt, eine geringere Sinkgeschwindigkeit. Je länger das Wasser in dem Behälter steht, um so vollkommener wird die Ausscheidung. Das Entschlammen des Wassers durch vollständiges Zurruhekommenlassen würde sehr große Beckenräume beanspruchen und außerdem einen intermittierenden Betrieb zur Folge haben. Die Aufgabe ist deshalb wirtschaftlich nur zu lösen, wenn die Strömungsgeschwindigkeit durch Einführung in Becken so weit verringert wird, daß die Schwebestoffe die Möglichkeit haben, sich zu Boden zu setzen. Für die Vorgänge, die sich dabei abspielen und für die Ausgestaltung der Becken überhaupt sind grundlegend die Versuche, die Steuernagel in Köln in den Jahren 1901/02 durchgeführt hat (*240*). Die Aufgabe, die er sich gestellt hatte, bestand darin, die Klärwirkung bei verschiedenen Durchflußgeschwindigkeiten im Becken zu ermitteln.

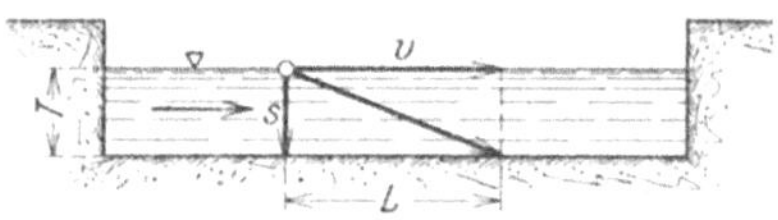

Abb. 211. Sinkstoffbewegung.

Die dabei auftretenden Kräfte sind entsprechend Abb. 211 die Sinkkraft S und die Stoßkraft des Wassers V. Durch die erstere wird eine Sinkgeschwindigkeit s und durch die letztere eine Geschwindigkeit v im Sinne der Fließrichtung erzeugt. Die resultierende Geschwindigkeit hat zur Folge, daß das Schmutz-

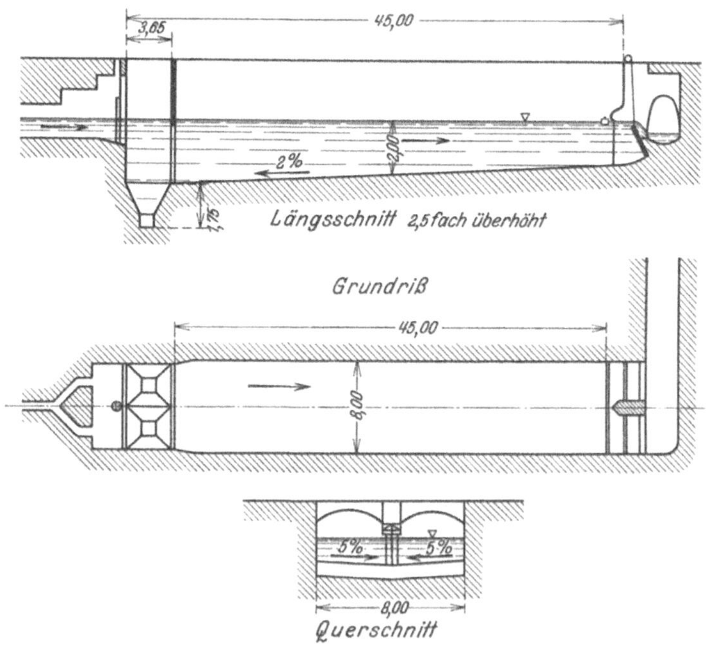

Abb. 212. Kölner Versuchsbecken[1].

Tabelle 18.

Klär-geschwindig-keit mm	Suspendierte organische Stoffe im Kanalwasser mg im Liter Einlauf	Ablauf	Abnahme in Prozenten	Aus dem „geklärten" Wasser sedimentierten bei weiterem 12stündigen ruhigen Stehen nicht absolut	in Prozenten
4	259,8	71,7	72,30	45,5	17,14
20	270,5	82,7	69,08	55,5	20,23
40	270,7	110,2	59,95	56,8	21,69

[1] Nach Steuernagel: Techn. Gemeindebl. 1903/04 S. 142.

teilchen auf die Länge L zu Boden sinkt. Es gilt demnach

$$L = \frac{vT}{s},$$

d. h. die Länge des Beckens ist so zu wählen, daß die Stoffe mit der kleinsten Sinkgeschwindigkeit den Boden des Beckens erreichen können.

Die Abmessungen des Kölner Versuchsbeckens sind aus Abb. 212 zu ersehen. Der Anlage ist ein Sandfang und eine Siebvorrichtung vorgeschaltet, durch die die groben Sink- und Sperrstoffe dem Becken ferngehalten werden. Besondere Sorgfalt ist auf gleichmäßige und stoßfreie Einführung des Abwassers gelegt worden. Zu dem Zwecke ist der Zuführungskanal in zwei Kanäle aufgelöst, die sich zu zwei breiten Einläufen erweitern. Außerdem sind zwischen Pumpensumpf und dem eigentlichen Becken hölzerne Stromregulierungsschütze eingebaut, durch die eine gleichmäßige Verteilung des Wassers über den ganzen Beckenquerschnitt erreicht wird.

Das Becken wurde mit Geschwindigkeiten von 4, von 20 und 40 mm betrieben. Das Ergebnis der Versuche mit wechselnden Geschwindigkeiten im Versuchsbecken ist in Tabelle 18 zusammengefaßt. Daraus geht hervor, daß die prozentuale Abnahme der Schwebestoffe nur in geringen Grenzen schwankt, und daß ein Teil der Schwebestoffe, im Mittel 20%, auch bei ruhigem Stehen während der Dauer von 12 Std. nicht aus dem Abwaser zu beseitigen war.

Außerdem wurde die Sinkgeschwindigkeit in der Weise ermittelt, daß ein besonderes viereckiges Gefäß von 0,4 m Seitenlänge und 2,50 m Tiefe mit demselben Abwasser gefüllt wurde. Diesem wurden in bestimmten Zeitabständen Schlammproben entnommen und die Menge der Suspensa festgestellt. Das Ergebnis der Versuche ist in Tabelle 19 zahlenmäßig und in Abb. 213 graphisch in einer Absetzkurve aufgestellt. Sie zeigen die Art der Zunahme der ausgeschiedenen Stoffe mit zunehmender Dauer der Sedimentierung. Nach 5 Min. beträgt die Menge der ausgeschiedenen Stoffe bereits 41,8%. Sie steigt stark an bis zu 65,2% nach etwa 50 Min. Dauer und nimmt danach nur sehr langsam zu. Nach 6 Std. erreicht sie den Wert von 75,0%. Auch

Tabelle 19.

Versuch vom	Ursprüngl. Gehalt des Kanalwassers an susp. org. Subst.	Abnahme in Prozenten nach:											
		5′	18′ 45″	25′	30′	37′ 30″	50′	1 h	2 h	3 h 7′ 30″	6 h	12 h 2 m tief	12 h 0,50 m tief
1902													
15./12.	400 mg	48,5	61,3	63,5	64,3	66,3	68,0	69,3	67,5	68,3	68,8	73,8	77,0
19./12.	465 „	41,3	55,3	60,2	59,8	63,0	64,9	65,6	67,1	69,7	76,3	77,4	79,6
1903													
3./1.	233 „	38,6	52,8	54,9	55,8	60,1	60,5	62,7	53,5	65,2	70,0	74,2	72,5
7./1.	380 „	40,8	57,1	58,7	60,5	64,5	64,5	65,0	67,1	68,2	72,4	81,1	79,7
15./1.	337 „	51,0	61,4	65,3	65,3	65,3	65,9	65,9	71,8	70,3	77,2	80,7	82,2
3./2.	370 „	45,1	60,0	66,8	67,3	71,4	73,0	73,5	77,0	80,8	83,8	83,5	86,2
7./2.	442 „	27,6	53,6	54,1	53,6	58,1	59,7	63,8	63,3	68,1	76,2	79,2	79,0
	Summa:	292,9	401,5	423,5	426,6	448,7	456,5	465,8	477,3	490,6	524,7	549,9	556,2
	Gemittelt:	41,8	57,4	60,5	60,9	64,1	65,2	66,5	68,2	70,1	75,0	78,6	79,5

bei längerem Stehen bis zu 12 Std. verbleiben noch rund 20% nicht absetzbarer Stoffe im Wasser.

Stellt man der erzielten Klärwirkung im Becken in der gleichen Zeit die Klärwirkung des Versuchsgefäßes gegenüber, so ergibt sich die Zusammenstellung der Tabelle 20. Sie zeigt, daß die beiden Reihen der Versuchsergebnisse einander sehr nahekommen. Aus dieser guten Übereinstimmung muß der Schluß gezogen werden, daß auf die Klärwirkung die Geschwindigkeit nur von geringem Einfluß ist, daß die Klärwirkung vielmehr eine Funktion der Zeitdauer ist, die den Schmutzteilchen zum Absinken bis zur Sohle des Beckens zur Verfügung steht. Die Becken sind also nach der Zeit zu berechnen, die sich das Abwasser in den Becken aufhält. Wird diese Zeitdauer auf etwa 1 bis 2 Std. festgesetzt, so wird die praktisch erreichbare Klärwirkung von etwa 90% der absetzbaren Stoffe erzielt.

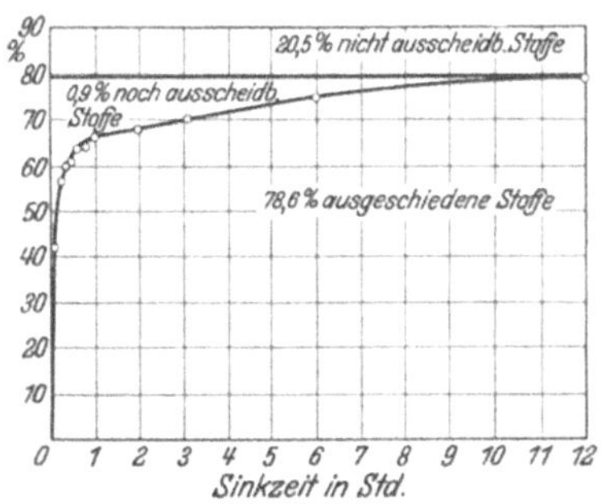

Abb. 213. Beziehung zwischen Zeit und Menge der ausgeschiedenen Stoffe[1].

Nimmt man eine bestimmte Zeitdauer t an, so gilt

$$t = \frac{1}{v} = \frac{1F}{Q},$$

$$Q t = 1F = 1bh = J.$$

Damit ist der Beckeninhalt bestimmt.

Für die Wahl des Querschnittes ist bestimmend, daß die Geschwindigkeit $v = \frac{Q}{F}$ in gewissen Grenzen bleibt, die etwa zwischen 4 bis 12 mm liegen. Durch die Geschwindigkeit ist die Beziehung zwischen Beckentiefe h und der Länge desselben l festgelegt. Diese muß so gewählt werden, daß das absinkende Schmutzteilchen die Sohle des Beckens vor dem Überfall erreichen kann. Die dabei auftretenden Sinkgeschwindigkeiten sind für die verschieden schweren Schwebestoffe verschieden. Die schwereren werden schneller zu Boden fallen, und die leichteren werden erst am Ende des Beckens den Boden erreichen. Indem sich die feineren Stoffe zusammenballen, wird die Sinkgeschwindigkeit allmählich nach unten zunehmen. Diese

Tabelle 20.

Klärgeschwindigkeit im Becken mm	Kläreffekt im Becken %	Kläreffekt im Versuchsgefäß %	Zeitdauer der Sedimentierung
4	72,30	70,10	3 h 7′ 30″
20	69.08	64,10	37′ 30″
40	59,95	57,40	18′ 45″

Verhältnisse theoretisch zu klären, ist bei der Verschiedenheit des Abwassers und dem schwankenden Gehalt an Schmutzstoffen der verschiedensten Größenordnung nicht möglich. Dagegen kann man aus den Versuchen im ruhenden Gefäß und der bekannten Geschwindigkeiten im Becken auf die notwendige Länge des Beckens schließen.

Nimmt man die Kölner Ergebnisse mit dem ruhenden Abwasser zur Grundlage, so ergibt sich bei einer Tiefe des Beckens von 2,0 m folgendes: Der größte Teil der ungelösten Stoffe, nämlich 60,5%, wird unter sonst gleichen Verhältnissen bei einer Beckenlänge von 15 m ausgeschieden. Durch die Vergrößerung des Beckens um 18 m auf 33 m wird die Klärwirkung nur um 4,7% erhöht. In dem Maße, als sich der Zuwachs an ausgeschiedenen Stoffen in der Zeiteinheit immer mehr verringert, sind zum Abfangen dieser Stoffe immer größere Längen

[1] Nach Steuernagel: Techn. Gemeindebl. 1903/04 S. 142.

erforderlich, so daß eine weitere Steigerung der Sinkstoffe um 3% eine Vergrößerung des Beckens bis auf 71 m notwendig macht.

Dieses Ergebnis hat aber nur Geltung für das besondere, bei den Versuchen benutzte Kölner Kanalwasser. Mit Abwasser anderer Zusammensetzung und anderer Vorreinigung werden sich andere Werte ergeben, wenngleich auch die Absetzkurve in ihrem allgemeinen Verlauf den gefundenen Werten entsprechen wird.

Die Tiefe des Beckens, die die günstigste Klärwirkung bei häuslichem Abwasser erzielt, liegt bei etwa 1,5 bis 2,0 m.

Nimmt man eine Tiefe des Beckens von 2,0 m als wirtschaftliche Tiefe an zur Erzielung einer bestimmten Aufenthaltszeit des Wassers im Becken, so entspricht hiernach eine Länge des Beckens von 30 bis 40 m dieser Tiefe und gilt als Mittelwert. Die Länge des Beckens kann verkürzt werden, wenn die Sohle gegen den Auslauf hin ansteigt, weil die feinsten Sinkstoffe auf diese Weise früher die Sohle erreichen, wo sie festgehalten werden. Diese Maßnahme hat jedoch Nachteile anderer Art, namentlich bezüglich der Ausräumungsvorrichtung, zur Folge, so daß es sich im allgemeinen nicht empfiehlt, von der horizontalen Sohle abzugehen.

Für den speziellen Fall wird man also durch Versuche die Absetzkurve bestimmen müssen. Dabei muß man sich jedoch davor hüten, etwa in Absetzgläsern die Menge der absetzbaren Stoffe zu ermitteln, wie van der Zeh in (*257*) gezeigt hat, sondern die Versuche müssen in Gefäßen durchgeführt werden, deren Tiefe der mittleren Tiefe der zu bauenden Absetzbecken entspricht.

Die Breite des Beckens *b* ist durch praktische und wirtschaftliche Gesichtspunkte bestimmt und findet ihre Grenze darin, daß eine glatte Überleitung des schmalen Kanalprofils in das Beckenprofil möglich sein muß, ohne daß eine schädliche Wirbelbildung zustande kommt. Sie kann etwa mit dem 3- bis 5fachen der Tiefe im Mittel angesetzt werden.

In dieser Beziehung bietet das kreisförmige Becken mit zentraler Einführung des zu klärenden Abwassers gewisse Vorzüge. Indem sich der Querschnitt des Beckens allmählich erweitert, wird eine stetige Verringerung der Geschwindigkeit bis auf den gewünschten Wert erzielt. Die weitere Herabminderung in der äußersten Zone des kreisförmigen Beckens hat praktisch im Sinne der Verstärkung der Reinigungswirkung keine Bedeutung, wohl aber wird durch die Vergrößerung der Überfallänge der störende Einfluß des Überfalls am Auslauf gemindert. Die Frage „rechteckige Becken oder kreisförmige Becken" ist also in erster Linie unter dem Gesichtspunkte der konstruktiven Durchbildung des Ausräumers und seines Einflusses auf die Klärwirkung zu beurteilen.

Hinderks (*255*) hat in der Versuchsanstalt für Grundbau und Wasserbau der Techn. Hochschule Hannover im Auftrage der Emscher-Genossenschaft Modellversuche angestellt zur Klärung der Strömungsvorgänge in Becken und Brunnen, die die Bedeutung der Art der Einführung des Wassers in das Becken dartun. Danach ist mit laminarer Strömung nicht zu rechnen, sondern es kommen in jedem Falle turbulente Strömungen zustande, die je nach der Wirbelbildung den Absetzvorgang beeinflussen. Außerdem hat er festgestellt, daß durch den Einbau von Tauchwänden und Grundschwellen die Wirbelbildung beeinflußt wird.

B. Ausgestaltung der Becken.

Aus der Feststellung, daß sich der überwiegende Teil der absetzbaren Stoffe auf der ersten Laufstrecke absetzt, folgt die Zweckmäßigkeit, namentlich für langgestreckte Becken, am Einlauf einen Pumpensumpf anzuordnen, der diese Stoffe aufnimmt. Dadurch wird erreicht, daß durch die abgelagerten Stoffe der wirksame Querschnitt des Beckens nicht verringert wird und daß die größte Menge des Schlammes in einem Raum zusammengefaßt wird, dessen Entleerung in einfachster Weise durchgeführt werden kann. Gewöhnlich wird der Pumpensumpf in zwei Trichter aufgelöst, an deren tiefsten Punkt die Schlammabflußleitung anschließt. Auch bei runden Becken wird am Einlauf zentral ein Sumpf zur Aufnahme der in den ersten Minuten ausgeschiedenen Stoffe angeordnet, wie aus Abb. 217 hervorgeht.

Von großer Bedeutung für die Klärwirkung ist die Art der Einführung des Abwassers in das Becken. Es handelt sich einmal darum, das Wasser gleichmäßig über den Beckenquerschnitt zu verteilen und zum anderen darum, die Energie des strömenden Wassers nach kurzem Lauf bis auf das Maß herunterzudrücken, das der erforderlichen Geschwindigkeit im Klärbecken entspricht, um die wirksame Länge des Beckens so groß als möglich zu halten. Der erste Zweck kann erreicht werden durch fächerförmige, senkrechte Wände, die die gleichmäßige Verteilung des Wassers regeln, wie dieses bei dem Leipziger Becken (Abb. 214) durchgeführt ist. Die Verringerung der Geschwindigkeit kann in einfacher Weise dadurch erzielt werden, daß sogenannte Beruhigungsrechen unmittelbar hinter dem Auslauf eingebaut werden. Sie bestehen aus senkrechten, dreieckförmigen Holzlatten, deren Breitseite dem Einlauf zugekehrt ist, so daß das Wasser gezwungen wird, durch die senkrechten Schlitze, die sich düsenartig erweitern, dem Becken zuzufließen. Bei dem Neustädter Becken (Abb. 215) wird der gleiche Zweck dadurch erreicht, daß das zu reinigende Wasser durch ein Gerinne in einer gewissen Entfernung vom Beckenanfang der Fließrichtung im Becken entgegengesetzt eingeführt und danach die Strömungsrichtung umgekehrt wird. Tauchwände am Einlauf wirken zwar bei größerer Tiefe im Sinne der Beruhigung des Wassers, sie schmälern jedoch den wirksamen Querschnitt des Beckens, indem der der Tiefe der Wände entsprechende obere Raum des Beckens für die Durchströmung verlorengeht. Am Auslauf wird das Wasser durch einen horizontalen Überlauf gleichmäßig aus dem Becken abgezogen. Die Tauchwand am Auslauf verhindert ein Übertreten der Schwimmschicht in den Überlauf. Sie darf jedoch nur wenig unter die Oberfläche eintauchen, da andernfalls im Zusammenwirken mit dem Überfall eine Saugewirkung zustande kommt, die die feinsten Schwebestoffe aus dem hinteren Teile des Absatzbeckens in den Ablauf zieht.

Werden die vorgenannten Bedingungen erfüllt, so ist der Reinigungseffekt eines Beckens derart, daß 95% und mehr der absetzbaren Stoffe ausgeschieden werden.

Die Ausbildung der Räumungsvorrichtung ist für den ganzen Beckenbetrieb von maßgebendem Einfluß. Bei den alten Flachbecken wurde der Schlamm für mehrere Tage an der Beckensohle aufgespeichert. Danach wurde das Becken abgelassen und der Schlamm von Hand beseitigt, indem Arbeiter in dem Becken den Schlamm mit Schiebern dem Auslauf zudrückten. Infolge des langen Lagerns am Boden geht der Schlamm in stinkende Fäulnis und in Gärung über, wobei Schlammfladen an die Oberfläche steigen und nach Abgabe des Gases wieder zu Boden sinken. Dabei wird das über dem Schlamm durchfließende Abwasser mit Fäulnisstoffen infiziert. Auf diese Umstände ist es zurückzuführen, daß die flachen Absitzbecken lange Zeit nicht angewendet wurden. An ihre Stelle traten die sogenannten zweistöckigen Anlagen, bei denen der Schlamm stetig in den unter dem Absitzraum befindlichen Schlammfaulraum fällt, ohne das darüberfließende Wasser zu beeinträchtigen. Erst als es gelungen war, den Schlamm ohne Unterbrechung des Betriebes in kurzen Zeitabständen aus dem Becken zu entfernen und ihn in danebengelagerten selbständigen Schlammfaulräumen ausfaulen zu lassen, hat das Flachbecken in der Abwasserpraxis wieder die ihm gebührende Beachtung gefunden.

Die Anforderungen, die an die Abstreifvorrichtung zu stellen sind, lassen sich wie folgt zusammenfassen:

1. Das Ausräumen des Schlammes muß ohne jede Handarbeit allein mit mechanischen Hilfsmitteln in einfachster Weise möglich sein.

2. Das Beseitigen des Schlammes muß unter Wasser ohne Unterbrechung des Betriebes erfolgen können, so daß ein Ablassen des Beckens nicht erforderlich wird.

3. Beim Ausräumen des Beckens muß ein Aufwirbeln des Schlammes vermieden werden.

4. Der Schlamm soll möglichst dickflüssig gewonnen werden.

5. Der Klärvorgang soll nach Möglichkeit durch Einbauten nicht gestört werden.

6. Die Betriebskosten sollen niedrig gehalten werden.

Diesen Anforderungen entsprechen die unter C aufgeführten Konstruktionen mehr oder weniger vollkommen. Alle Konstruktionen aber sind derart gut durchgebildet, daß sie als gleichwertig zu beurteilen sind.

C. Hauptsächlichste Flachbeckenarten.

1. Das Leipziger Becken.

Dieses ist ein rechteckiges Becken mit wenig gegen den Einlauf zu geneigter Sohle (2,5‰). Die Abmessungen auf der Kläranlage Leipzig sind 50 bis 60 m Länge, 10 m Breite und 2,2 m mittlere Wassertiefe bei Begrenzung mit senkrechter Wand (Abb. 214a). Dem Becken ist ein Pumpensumpf vorgelagert, der in zwei Trichter aufgelöst ist und der so groß bemessen ist, daß er den Schlammanfall von zwei Tagen aufnehmen kann. An die Trichterspitze schließen Schlammrohre an, durch die ein Ablassen des Schlammes mittels Wasserüberdruckes in einen Schlammsammelschacht möglich ist, der neben dem Pumpensumpf liegt. Die Reinigungsvorrichtung besteht aus einem um eine horizontale Achse drehbaren Ausräumer, der an einer längs des Beckens zu verfahrenden Tragvorrichtung angehängt ist. Er wird bei der Räumung des Beckens von der Auslaufseite gegen die Einlaufseite auf der Sohle des Beckens unter Wasser verfahren und schiebt dabei den abgelagerten Schlamm vor sich her dem Pumpensumpf zu. Abb. 214b zeigt den Schieber in dieser Stellung bei entleertem Becken. Zur Beseitigung der Schwimmdecke wird der Kratzer in einer Lage festgelegt, so daß die Unterkante eben unter die Wasseroberfläche untertaucht. In dieser Stellung wird der Kratzer im Sinne der Fließrichtung über dem Becken bis nahe an die Tauchwände bewegt, siehe Abb. 214c. Die zusammengeschobene Schwimmschicht wird am Ende des Beckens in geeigneter Weise, im allgemeinen von Hand, beseitigt. Bei der Leipziger Anlage geschieht dies in der Weise, daß die Schicht von Hand einem seitlich angeordneten Fettsammelschacht zugeschoben wird. Nachdem der Arbeitsgang beendet ist, wird der Kratzer aus dem Becken herausgehoben. Um den Ausräumer für eine Reihe von Becken benutzen zu können, werden quer zur Längsachse Schienen verlegt, auf denen er nach den einzelnen Becken verfahren werden kann. Da die Zeit des Ausräumens nur etwa eine Stunde in Anspruch nimmt, genügt ein Ausräumer für eine ganze Reihe von Becken.

Nach den Leipziger, in mehrjährigem Betrieb gesammelten Erfahrungen, die von Mieder in (*267*) veröffentlicht sind, ist es täglich nur einmal notwendig, den Schieber zu betätigen, um das Becken vollkommen zu säubern. Als geeignete Geschwindigkeit für den Ausräumer, bei der jedes Aufwirbeln vermieden wird, ist 25 mm/s festgestellt worden. Der Schlamm wird dabei vor dem Schild hergeschoben, indem er sich in einzelne Schichten lagert. Der Kraftverbrauch beträgt während der Kratzerbewegung etwa 1,5 PS. Bei wiederholten eigenen Beobachtungen konnte ich feststellen, daß tatsächlich beim Ausräumen des Beckens sich der Schlamm nicht aufwirbelt und daß die Schwimmschicht durch die ganze Konstruktion in einfachster Weise vollkommen beseitigt wird.

2. Das Dorr-Becken.

(Hersteller: Die Dorr-Gesellschaft m. b. H., Berlin; Abb. 215.)

Dieses ist ein quadratisches Becken mit ausgerundeten Ecken, dem das Abwasser an einer Seite zugeführt und an der gegenüberliegenden Seite durch Über-

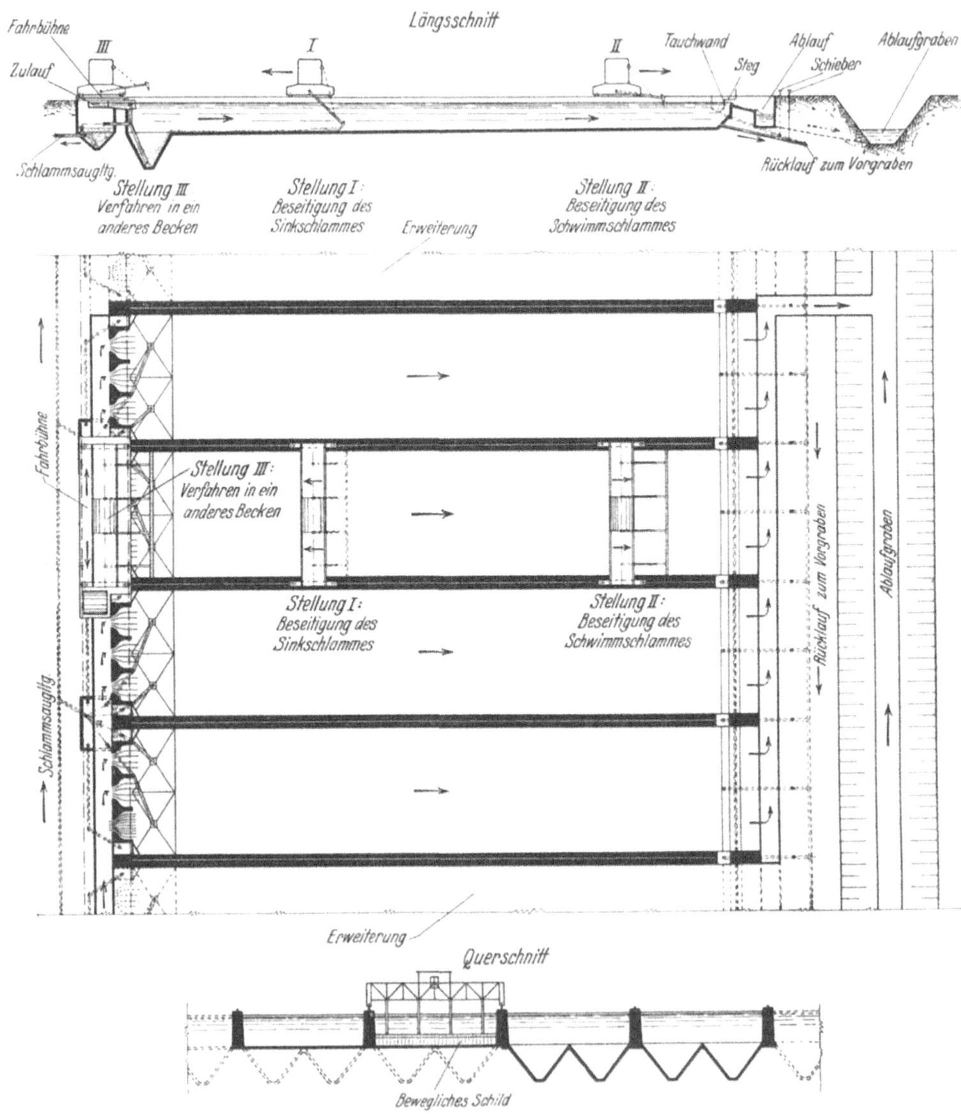

Abb. 214a. Leipziger Becken.

fall abgezogen wird. Der Boden des Beckens besitzt eine flache Neigung gegen die Mitte, wo ein kleiner Pumpensumpf angeordnet ist. Der Ausräumer besteht aus vier um eine vertikale Achse drehbaren Armen, die mit Kratzern ausgerüstet sind. Er wird kontinuierlich betrieben und schiebt den Schlamm der mittleren Vertiefung zu, von wo aus eine Membranpumpe den Schlamm dauernd absaugt. Der Antrieb der Abstreichvorrichtung geschieht bei den neuesten Konstruktionen durch einen Treibarm, der beweglich auf der mittleren Säule und der Wand des

Beckens gelagert ist. Indem dieser auf der Schiene, die rings um das Becken verläuft, bewegt wird, bestreichen die Kratzer die ganze Sohle des Beckens, und die Ecken werden durch besondere Eckausräumer gereinigt. Die Umdrehungs-

Abb. 214b. Schlammschieber im geleerten Becken.

geschwindigkeit schwankt derart, daß eine Umdrehung 5 bis 15 Min. je nach der Größe der Anlage und der Beschaffenheit des Abwassers benötigt. Der Kraft-

Abb. 214c. Schieber bei der Schwimmschlammbeseitigung.

bedarf ist bei Becken mittlerer Größe etwa 3 PS. Erforderlichenfalls kann mit dem Ausräumer eine Schwimmschicht-Abstreichvorrichtung verbunden werden. Diese besteht aus einem Flügelarm, der die Schwimmstoffe einer senkrechten Tauchwand zuführt. Hier werden sie in eine Aussparung befördert, durch die sie in einen Sammelbehälter abfließen.

Nach den Angaben der Lieferfirma soll bei ihrer Konstruktion durch das allmähliche Zusammenschieben des Schlammes nach der Mitte zu ein Eindicken zustande kommen. Wieweit das für städtisches Abwasser zutrifft, bedarf noch der Nachprüfung. Besser wird dieser Zweck nach den Erfahrungen des Ruhr-

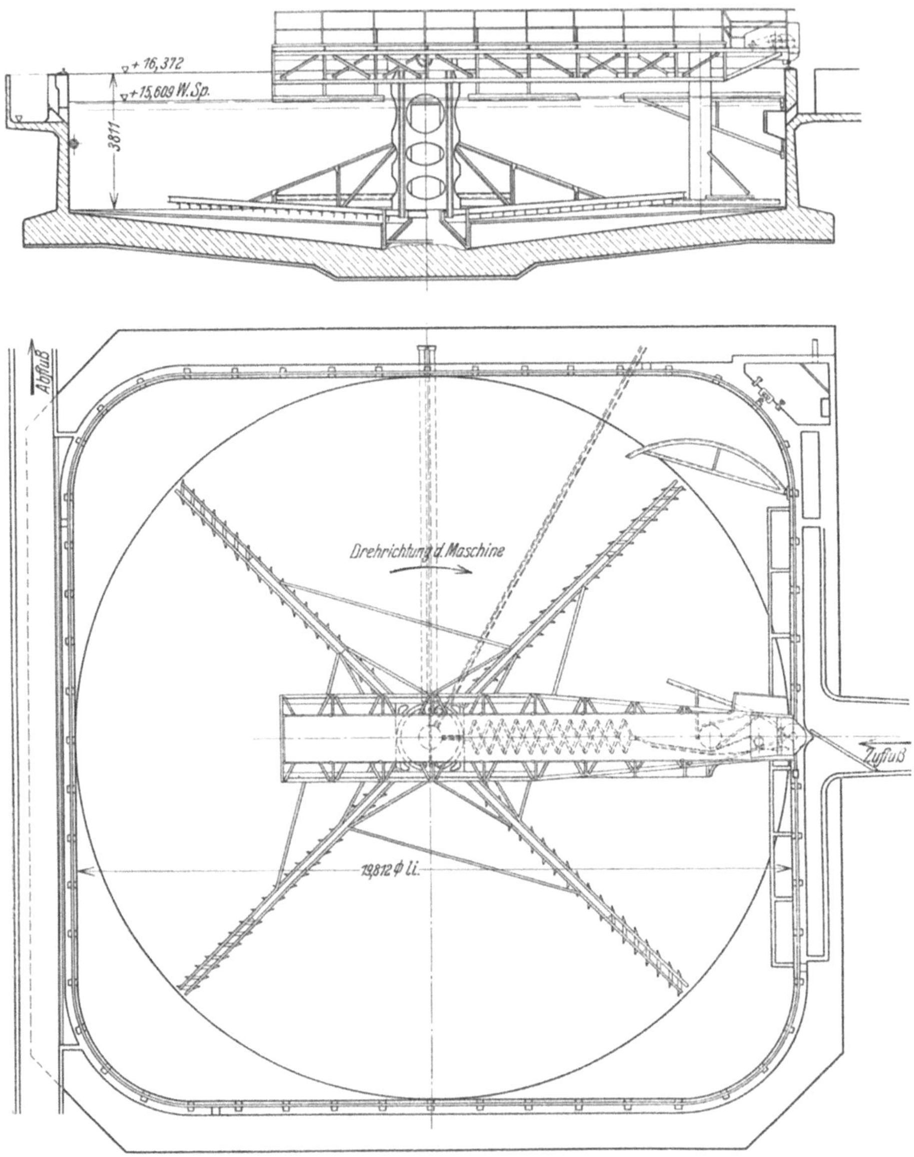

Abb. 215. Dorr-Becken.

Verbandes erreicht, wenn in der Mitte ein vertiefter Schlammzylinder angeordnet wird.

Der Vorteil der Dorr-Becken liegt darin, daß durch das sofortige Ausbringen des abgesetzten Schlammes jede Verkleinerung des Absitzraumes durch Ablagerungen vermieden wird und das zu klärende Abwasser durch den Schlamm nicht infiziert werden kann. Dagegen ist die Befürchtung nicht von der Hand zu weisen, daß durch die unter Wasser bewegten Teile des Ausräumers der Ab-

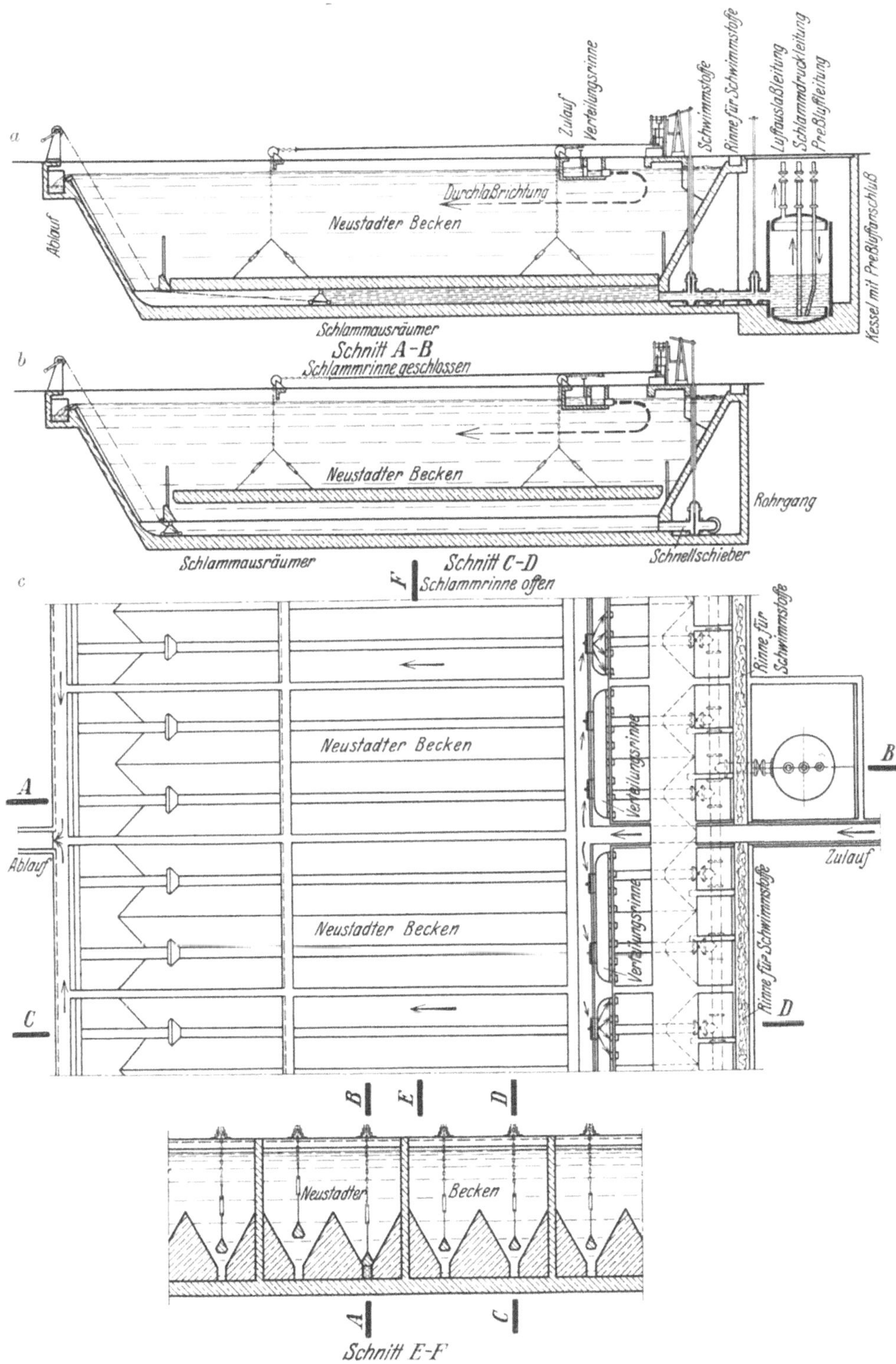

Abb. 216. Neustadter Becken.

setzvorgang ungünstig beeinflußt wird. Die Bedenken, daß die im Wasser befindlichen Eisenteile der Korrosion ausgesetzt sein werden, ist durch die Erfahrungen widerlegt, die dahingehen, daß ein Rosten in jahrelangem Betrieb nicht festgestellt werden konnte. Offenbar ist es der Sauerstoffmangel des Wassers, der dieses verhindert.

Alle diese Fragen zu klären und durch vergleichende Beobachtungen die Vorzüge und Nachteile der beiden Beckenarten zu ermitteln, ist Aufgabe der Flachbeckenanlagen, die in dem Großklärwerk Berlin-Stahnsdorf gebaut sind (*260*). Sie ist in zwei Gruppen zerlegt. Die eine besteht aus neun Leipziger Becken von 29 m Länge, 10 m Breite und 3,25 m Tiefe, während die zweite Gruppe zwei quadratische Becken von 35 m Seitenlänge und 4,5 m Tiefe aufweist, deren eines mit einem Dorr-Kratzer und deren anderes mit einem von der Firma Bamag A.G. ausgebildeten Gelenkräumer ausgerüstet ist.

Abb. 217. Ansicht des leeren Beckens.

3. Das Neustadter Becken.

Dieses besteht aus einem langgestreckten Becken rechteckigen Grundrisses mit einer Sohlenausbildung, die im Querschnitt zwei von steilen Flächen begrenzte Gerinne hat. Diesen ist je eine Schlammrinne untergelagert. Die abgeschiedenen Stoffe gleiten auf den Rutschflächen in die Gerinne, die etwa eine Tagesmenge aufzunehmen vermögen. Über den Gerinnen sind in senkrechter Richtung bewegliche Eisenbetonbalken angeordnet, die gegeneinander ausbalanciert sind. Zum Zwecke der Ausräumung des Schlammes wird der Balken so weit heruntergelassen, daß er das Gerinne nach oben abschließt, ohne daß der Betrieb des Beckens dabei unterbrochen werden muß. Auf diese Weise wird eine geschlossene Schlammleitung geschaffen, und der Schlamm wird durch einen Gleitschieber (Schlammkolben), der sich unter dem Wasserüberdruck in der Schlammrinne bewegt, in eine Schlammleitung geschoben und weiterhin in einen Sammelraum, von dem aus er mittels Druckluftkessels oder Pumpe weitergefördert werden kann. Abb. 216b stellt den Zustand im normalen Betriebe dar, während Abb. 216a die Art des Schlammausräumers zeigt. Aus der Abbildung ist auch die Art der Einführung des Abwassers, die unter Abschnitt XIX B näher beschrieben ist, zu ersehen. Abb. 217 gibt eine Ansicht vom Innern des leeren Beckens. Bei diesen Becken ist ein Kraftaufwand nur nötig zum Zurückholen des kleinen Schiebers und zum Bewegen der Verschlußbalken. Dieser kann in einfachster Weise durch Benutzung einer Winde von Hand aufgebracht werden.

4. Flachbecken System Prüß.

Dieses hat mit dem Dorr-Becken eine um eine vertikale Achse drehbare Räumungsvorrichtung und einen Pumpensumpf in der Mitte des Beckens gemeinsam (Abb. 218). Es ist kreisrund und hat eine flache, nach der Mitte geneigte Sohle. Das zu reinigende Wasser wird zentral mittels Dükerrohres zuge-

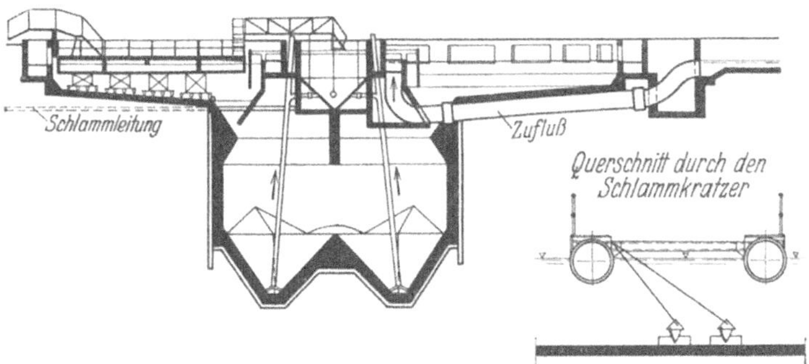

Abb. 218. Flachbecken System Prüß.

führt, durch einen kreisrunden Überfall gleichmäßig verteilt und passiert danach einen Beruhigungsrechen. Nachdem das Wasser das Becken radial durchströmt hat, wird es am äußeren Umfang durch Überfall abgezogen. Die Reinigung des Beckens erfolgt durch Kratzer, die gelenkartig an einem Schwimmkörper aufgehängt sind (Abb. 219). Das kreisrunde Becken hat den Vorzug, daß die Länge des Transportweges für den Schlamm verhältnismäßig kurz ist, so daß Aufwirbelungen infolge zu hoher Schichtdicke des Schlammes beim Ausräumen nicht zustande kommen. Dadurch ist es möglich, große Einheiten zu wählen und die Baukosten für 1 m³ Klärraum verhältnismäßig niedrig zu halten. Die Grenzen in den Abmessungen sind durch die in den äußeren Ringen auftretende Geschwindigkeit des Ausräumers gegeben. Sie darf ein gewisses Maß nicht überschreiten, damit die Feinstoffe der äußersten Zone nicht wieder in Bewegung geraten. Diesen Verhältnissen trägt Prüß (*263*) dadurch Rechnung, daß er bei Becken von etwa 45 m Durchmesser an einen äußeren Klärring schafft, in dem sich eine besondere fahrbare Kratzervorrichtung unabhängig von der Hauptvorrichtung mit geringer Geschwindigkeit bewegt.

Abb. 219. Aufsicht auf die Kratzer.

Bei der normalen Konstruktion beträgt die Drehzahl des Kratzers vier Umdrehungen in der Stunde und der Kraftbedarf etwa 1 PS. Der Antrieb geschieht durch einen Schleifwagen, der auf einer Kranschiene am Umfang läuft. Der Schwimmschlamm wird während der Bewegung des Kratzers in eine Schlammsammelrinne von Hand geschoben, die mit dem Schwimmkörper verbunden ist. Von da gelangt er in den mittleren Sammelbrunnen und wird mit diesem gemeinsam weiter behandelt.

D. Absetzbecken besonderer Art.

1. Regenwasserbecken.

Wie bei der Berechnung der Absetzbecken ausgeführt ist, wird im allgemeinen der Trockenwetterabfluß bei der Dimensionierung zugrunde gelegt. Bei Regenwetterzufluß wird dann eine kürzere Aufenthaltszeit und eine geringere Klärwirkung in Kauf genommen. Das ist unbedenklich, wenn der Vorfluter eine reichliche Wasserführung hat, so daß er die Schmutzstoffe abbauen kann. Es kann auch verantwortet werden mit Rücksicht darauf, daß das abfließende Regenwasser nur in den ersten Minuten stark verschmutzt ist, während danach der Verschmutzungsgrad des abfließenden Wassers schnell abnimmt. Ist die

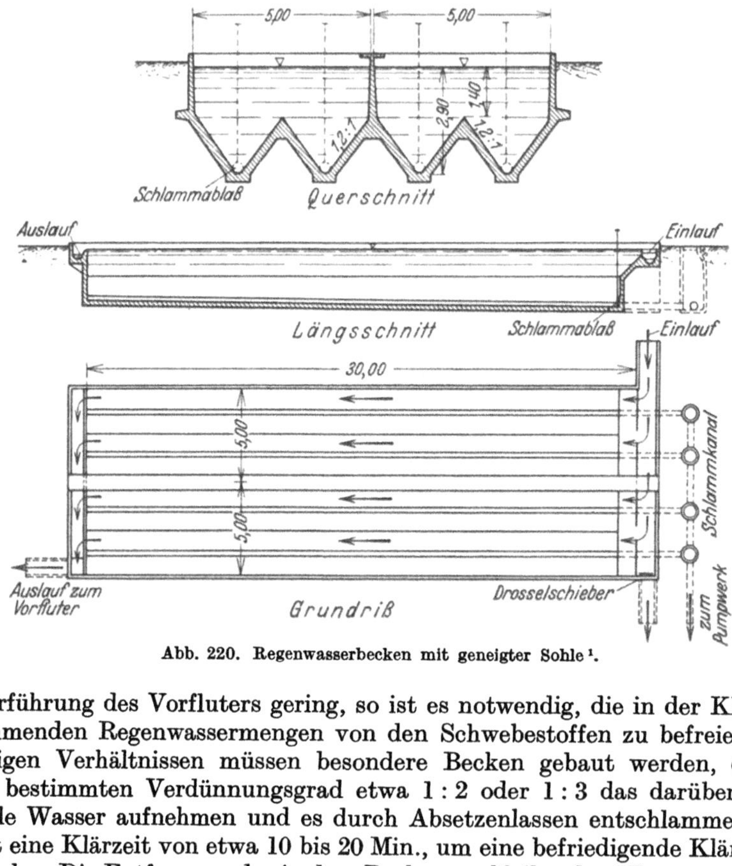

Abb. 220. Regenwasserbecken mit geneigter Sohle[1].

Wasserführung des Vorfluters gering, so ist es notwendig, die in der Kläranlage ankommenden Regenwassermengen von den Schwebestoffen zu befreien. Unter derartigen Verhältnissen müssen besondere Becken gebaut werden, die nach einem bestimmten Verdünnungsgrad etwa 1 : 2 oder 1 : 3 das darüber hinausgehende Wasser aufnehmen und es durch Absetzenlassen entschlammen. Dabei genügt eine Klärzeit von etwa 10 bis 20 Min., um eine befriedigende Klärwirkung zu erzielen. Die Entfernung des in dem Becken verbleibenden Wassers zusammen mit dem abgesetzten Schlamm geschieht am einfachsten, wenn das Becken so hoch gelegt werden kann, daß es in die eigentliche Reinigungsanlage entleert werden kann. Andernfalls muß der Inhalt in die Reinigungsanlage zurückgepumpt werden. Um eine Reinhaltung ohne jeden Aufwand zu erzielen, wird die Sohle gemäß Abb. 220 stark geneigt ausgebildet. Sie stellt die Regenwasserbecken der Kläranlage in Hattingen dar.

Sind Regenwasserbecken vorhanden, so wird an der Kläranlage nur Wasser, das von den gröberen Verunreinigungen befreit ist, dem Vorfluter zugeleitet. Außerdem wirken sie als Rückhaltebecken und verringern dadurch die Inanspruchnahme des Vorfluters.

[1] Nach Fries: Techn. Gemeindebl. 1930 S. 208.

2. Notauslaßkläranlagen.

Sie haben die gleiche Aufgabe wie die Regenwasserbecken, nämlich eine Entschlammung des Regenwassers zu bewirken, ehe dieses zum Vorfluter abfließt. Zu diesem Zwecke werden sie in dem Notauslaßkanal zwischen Überfallschwelle und Ausmündung eingeschaltet. Eine vollkommene Entlastung des Vorfluters kann natürlich nur dann erreicht werden, wenn jeder Notauslaß mit einer Kläranlage dieser Art ausgerüstet wird. Das ist aber aus wirtschaftlichen Gründen nicht möglich, so daß man sich bei ungünstigen Vorflutverhältnissen darauf beschränken muß, die Hauptnotauslässe mit besonderen Anlagen zum Zurückhalten der Schwebestoffe zu versehen. In jedem Falle erfordern diese Anlagen eine besondere Wartung, um nach Aufhören des Regens den abgefangenen Schlamm zu beseitigen. Es ist infolgedessen vom Standpunkt des Betriebes günstiger, den Notauslaß erst bei größerer Verdünnung in Tätigkeit treten zu lassen und eine größere Wassermenge zentral auf der Kläranlage zu behandeln. Nur wenn die Höhenverhältnisse derart günstig liegen, daß eine selbsttätige

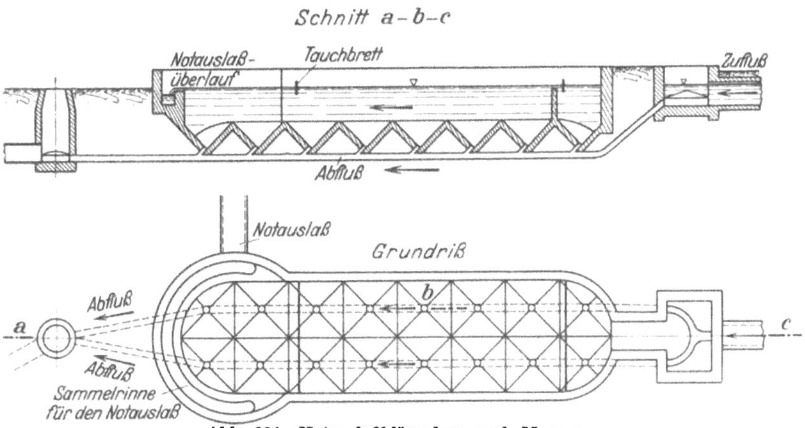

Abb. 221. Notauslaßkläranlage nach Mannes.

Entleerung der Anlage nach dem Vorfluter möglich ist, kann der Anwendung von Notauslaßkläranlagen das Wort geredet werden. In diesem Falle kommt eine Ausführung gemäß Abb. 221 in Frage, die nach Mannes (*241*) konstruiert ist. Bei dieser ist die Beckensohle in eine Reihe von Trichtern aufgelöst, deren tiefste Punkte durch die Trockenwetterabflußleitung unterfahren werden. Diese ist so dimensioniert, daß sie nur den Trockenwetterabfluß weiterleiten kann. Sobald dieser im Regenfalle überschritten wird, steigt das Wasser in dem Zulaufkanal an, bis es durch eine Überfallschwelle in das Klärbecken übertritt. Das Absetzbecken füllt sich allmählich, bis das Regenwasser schließlich über die Überfallschwelle dem Vorfluter zufließt, wobei der mitgeführte Schlamm ausgeschieden wird. Dieser gleitet auf den Schrägflächen in die Grundleitung und wird von dem darin fließenden Wasser mitgenommen. Nach Aufhören des Regens werden die letzten Schlammreste durch das abströmende Wasser des Beckens ausgespült, so daß sich die Anlage selbsttätig rein hält.

3. Sickerbecken.

Sickerbecken sind flache Becken von 15 bis 40 cm Wassertiefe, die abwechselnd als Absetzbecken und als Schlammtrockenplätze betrieben werden. Zu dem Zwecke besitzen sie eine verschließbare Dränage, die während des Absetzbetriebes geschlossen gehalten wird und geöffnet wird, um den abgesetzten Schlamm zu trocknen. Die Durchflußgeschwindigkeit darf 50 mm/s nicht überschreiten und die Durchflußzeit braucht nicht mehr als 10 bis 20 Min. zu betragen. Eine Überlastung dieser Anlage ist nur in ganz geringem Umfang möglich, da bei der Steigerung der Geschwindigkeit die Klärwirkung nahezu aufhört und der abgelagerte Schlamm ausgespült wird. Trotz der geringen Aufenthaltsdauer wird eine befriedigende Klärwirkung erreicht, die von der bei tiefen Absetzbecken nicht viel abweicht. Dies widerspricht in gewissem Sinn den oben entwickelten Grundsätzen über die Klärvorgänge und scheint auf die Oberflächenwirkung des bereits abgelagerten Schlammes zurückzuführen zu sein. Damit die Becken möglichst weit verschlammen können, ohne daß die Klärwirkung nachläßt, werden jeweils zwei Becken hintereinander geschaltet.

Handelt es sich um rein häusliches Abwasser, so ist eine Geruchsbelästigung im Betrieb, vor allen Dingen beim Trocknen des Schlammes, nicht zu vermeiden. Dies geht jedoch nach den Beobachtungen von Imhoff (*28*) viel schneller vor sich, als das Trocknen des aus tiefen Absetzbecken gewonnenen Schlammes, der bei der Förderung seinen Gasgehalt verringert und sich infolgedessen anders auf den Schlammplätzen lagert. Die Anwendung der Sickerbecken ist besonders in den Fällen zu empfehlen, in denen der mineralische Schlamm aus gewerblichen Anlagen gegenüber dem häuslichen Schlamm überwiegt, so daß keine Geruchsbelästigungen entstehen. Sie können überdies als vorläufige Kläranlagen für leistungsschwache Gemeinden gute Dienste leisten, da sie in der Herstellung sehr billig sind und nach Erstellung einer endgültigen Kläranlage als Schlammtrockenplätze benutzt werden können. Die Reinigung der Becken geschieht mittels Handarbeit. Abb. 222 stellt eine Sickerbeckenanlage nach dem Entwurf von Fries (Ruhr-Verband) dar. Die Sohle der Becken besteht aus Kesselschlacke, in die in 4 m Entfernung verschließbare Sickerrohre verlegt sind. Die Zwischenwände bestehen aus Erddämmen, die mit einer Ziegelrollschicht abgedeckt sind, während die Stirnwände senkrecht in Beton oder Ziegelmauerwerk aufgeführt sind. Die Beckentiefe beträgt bei Trockenwetterzufluß 35 cm und bei Regenwasserzufluß 50 cm. Das wird dadurch erreicht, daß an der Auslaufseite zwei Überlaufbretter verschiedener Höhenlage hintereinander angeordnet sind. Bei Trockenwetter fließt das behandelte Abwasser über den ersten Überfall und danach durch einen Schieber nach dem zweiten Überfall, der so eingestellt ist, daß nur die Trockenwettermenge abfließen kann. Nimmt bei Regenwetter die Wassermenge zu, so staut sie sich in dem Becken bis zur Überfallschwelle des zweiten Überfalles und fließt dort über. Zwei Becken werden jeweils hintereinandergeschaltet, so daß Einlauf- und Auslaufseite dem mittleren Abflußgerinne zugekehrt sind. Ist das erste Becken durch die Hauptschlammenge angefüllt, so wird es ausgeschaltet und das zweite Becken mit einem noch nicht benutzten gekuppelt.

4. Bach- und Flußkläranlagen.

In dem Gebiet der Emscher-Genossenschaft hat sich die Behandlung der Gesamtmenge des in den Wasserläufen abströmenden Wassers durch Sedimentation als zweckmäßig und wirtschaftlich herausgebildet. Wie aus Abschnitt XXV hervorgeht, werden die Abwässer, die aus größeren zusammenhängenden Siedlungsgebieten anfallen, in Kläranlagen gereinigt. Für die zerstreut liegenden Siedlungen geringeren Umfangs und für die vielen industriellen Anlagen war es jedoch nicht durchführbar, die Abwässer vor der Einleitung in den Vorfluter zu klären, so daß dieser als Abwassersammler ausgebaut und benutzt werden mußte. Das gilt sowohl von den zahlreichen Bächen, die das Gebiet durchziehen, als auch von der Emscher selbst. Durch die Wahl entsprechender Profile für diese Wasserläufe, vergleiche Abschnitt VI, ist es möglich, das Abwasser abzutransportieren, ohne daß nennenswerte Schlammablagerungen zustande kommen. Dagegen sind diese nicht zu umgehen, wenn das vorhandene

Gefälle der Wasserläufe durch Bergsenkungen gestört wird. In diesem Falle bilden sich Ablagerungen, die bei großer Wasserführung in Bewegung kommen und sich sogar in einem so wasserreichen Vorfluter wie der Rhein unangenehm bemerkbar machen.

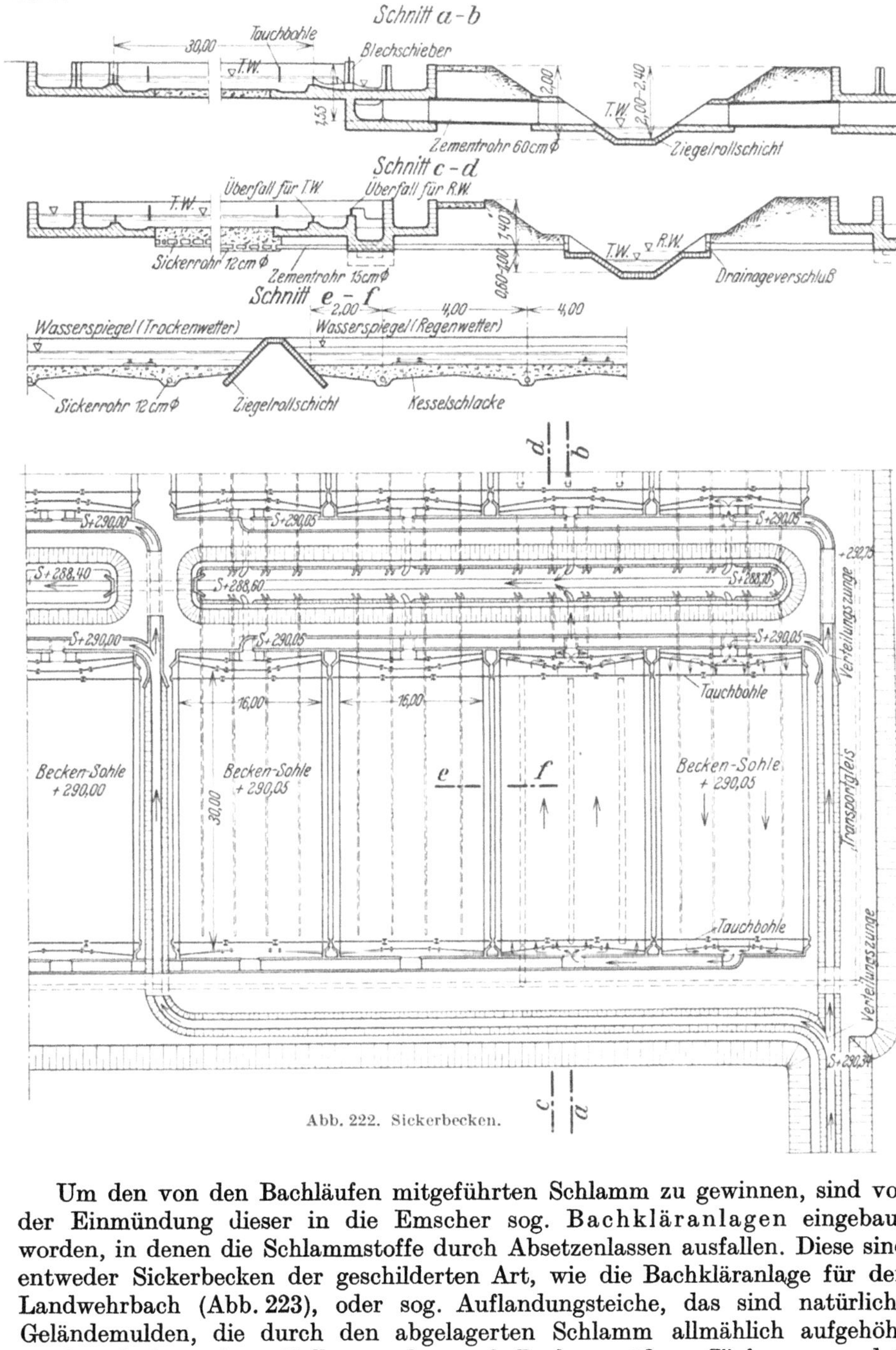

Abb. 222. Sickerbecken.

Um den von den Bachläufen mitgeführten Schlamm zu gewinnen, sind vor der Einmündung dieser in die Emscher sog. Bachkläranlagen eingebaut worden, in denen die Schlammstoffe durch Absetzenlassen ausfallen. Diese sind entweder Sickerbecken der geschilderten Art, wie die Bachkläranlage für den Landwehrbach (Abb. 223), oder sog. Auflandungsteiche, das sind natürliche Geländemulden, die durch den abgelagerten Schlamm allmählich aufgehöht werden. In besonderen Fällen werden auch Becken größerer Tiefe angewendet. Da es sich in der Hauptsache um mineralischen Schlamm handelt, der nicht in Fäulnis übergeht, so kann er in diesen unbedenklich längere Zeit gelagert werden und wird dann in gewissen Zeitabständen maschinell beseitigt. Bei der Schwarzbach-Kläranlage, die nach dem Vorschlag von Prüß gebaut ist (*263*), wird der Schlamm während des Klärbetriebs durch einen fahrbaren Saugebagger abgepumpt und zu den Schlammtrockenplätzen gedrückt. In dieser Anlage werden bei Trockenwetterzufluß 800 l/s und bei Hochwasser 4000 l/s befriedigend gereinigt, indem bei großem Zufluß noch eine Aufenthaltszeit von ¾ Std. verbleibt.

Abb. 223. Sickerbecken als Bachkläranlage[1].

Die größte künstliche Absetzanlage in Deutschland ist die Emscher-Kläranlage bei Essen-Karnap. Sie hat die Aufgabe, den ganzen Emscherfluß vor seiner Einleitung in den Rhein nochmals von den mitgeführten Schwebestoffen durch Absetzenlassen zu befreien. Aus dem Lageplan Abb. 224 sind die gesamte Anordnung und die Abmessungen zu entnehmen. Die Anlage besteht aus einem Klärbecken von 3,2 ha Grundfläche, das durch drei Leitwände zur Sicherung des gleichmäßigen Wasserdurchflusses in vier Teile untergeteilt ist. Die Wassermenge der Emscher bei MW beträgt etwa 10 m³/s. Von der verfügbaren Wassertiefe von 3,5 m werden im ungünstigsten Falle 1,5 m als Schlammstapelraum in Anspruch genommen. Die Ausräumungsvorrichtungen sind im Hinblick auf die mit Sicherheit zu erwartenden Bergsenkungen beweglich ausgestaltet und bestehen aus Schlammsaugerohren, die an Schwimmkörper angehängt sind. Der Schlamm wird in Schlammrinnen gepumpt, die auf den mit Larssen-Spundwänden ausgebildeten Zwischenwänden mit starkem Gefälle verlegt sind. Besondere Sorgfalt mußte bei der großen Breitenabmessung des Beckens auf die Wasserverteilung gelegt werden. Das ankommende Wasser wird durch mehrfache Halbierung in 16 gleiche Teile geteilt und gelangt durch schmale Schlitze in das Becken. Das Abwasser wird in einer

[1] Nach Prüß: Gesundh.-Ing. 1929 S. 619.

Rechenanlage, bestehend aus einem Grobrechen mit 10 cm lichtem Abstand der Rechenstäbe und aus einem Feinrechen mit 2 cm lichter Weite, vorgereinigt. Der durch einen Bagger gehobene Schlamm fließt in der Schlammrinne zu einem Schlammbehälter, wird hier gehoben und den Schlammtrockenplätzen zugedrückt.

Bei den großen Mengen gewonnenen Schlammes ist eine Speicherung nur auf kurze Zeit möglich. Die endgültige Beseitigung soll durch Verbrennen auf Kohlenstaubfeuerungen erfolgen. Zu dem Zwecke soll der Wassergehalt durch Austrocknen bis auf 10 bis 12% heruntergebracht werden. In dieser Form kann er auf entsprechend ausgestalteten Rosten verfeuert werden. Das zu errichtende

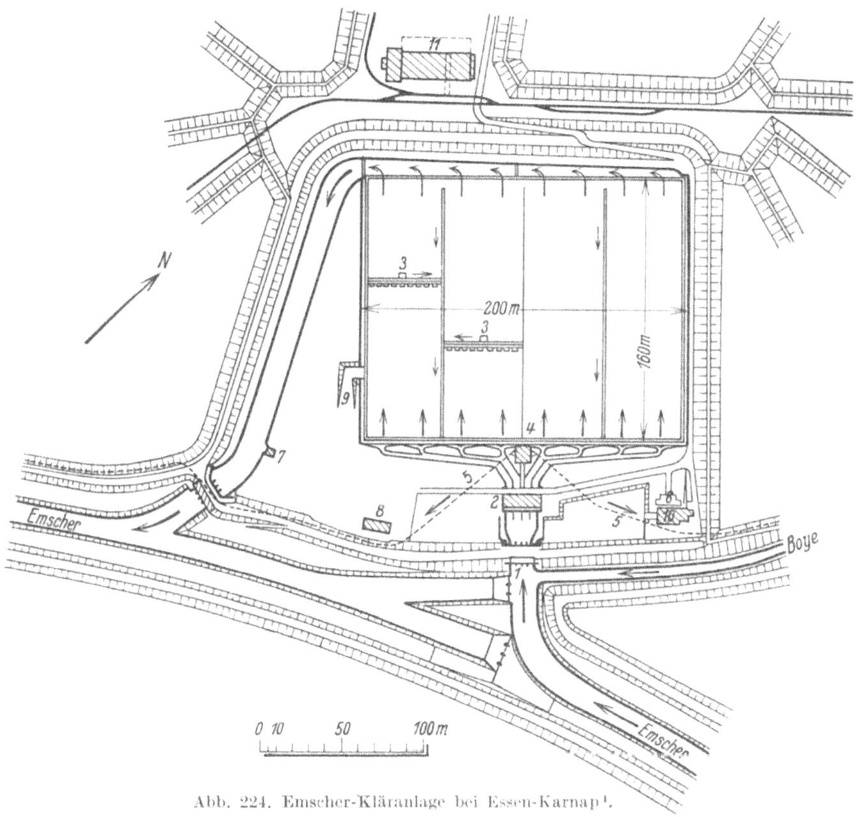

Abb. 224. Emscher-Kläranlage bei Essen-Karnap[1].

Kraftwerk soll in nächster Nähe der Kläranlage erbaut werden und kann nach der Berechnung 100 Mill. kW Strom erzeugen.

Die im Gebiete des Ruhr-Verbandes teils fertiggestellten, teils im Ausbau begriffenen Flußkläranlagen, siehe Abschnitt XXII A 5, sind grundsätzlich anderer Art. Durch eine Stauvorrichtung wird bei diesen Anlagen die Ruhr aufgestaut, und es entstehen auf diese Weise künstliche Seen von zum Teil erheblichen Abmessungen. Der Hengsteysee hat eine Länge von 4 km und eine Breite von im Mittel 400 m. Diese Anlagen wirken in ihrem oberen Teile als Absetzanlagen, in ihnen sinken die mitgeführten Schwebestoffe infolge starker Verringerung der Fließgeschwindigkeit zu Boden, während bei weiterem Durchlauf durch die Becken das Wasser unter der Einwirkung von Licht und Luft einer weiteren biologischen Reinigung unterliegt. Die Schlammengen des oberen Teiles müssen von Zeit zu Zeit durch Ausbaggern entfernt werden, sofern nicht der Schlamm derart beschaffen ist, daß er bei Hochwasserführung abgeschwemmt wird.

[1] Nach Prüß: Gesundh.-Ing. 1929 S. 633.

E. Absetzbrunnen.

Bei diesen ist die Wasserbewegung im Gegensatz zu der horizontalen Bewegung in den Absetzbecken eine auf- und absteigende. Exakte Untersuchungen über diese Wasserbewegung und ihre Wirkungen liegen nicht vor. Man kann jedoch etwa folgende Vorgänge annehmen: Die absteigende Bewegung begünstigt die Ausscheidung der Schwebestoffe unter der Schwerkraft, und bei der aufwärtsgehenden Bewegung passiert das Abwasser einen Schleier der absinkenden gröberen Stoffe im Gegenstrom, wobei die feineren Stoffe erfaßt und mit zu Boden gezogen werden. Voraussetzung dabei ist, daß die Strömungsenergie des aufsteigenden Wassers geringer ist, als die Energie, mit der der größere Teil der Sinkstoffe zu Boden geht.

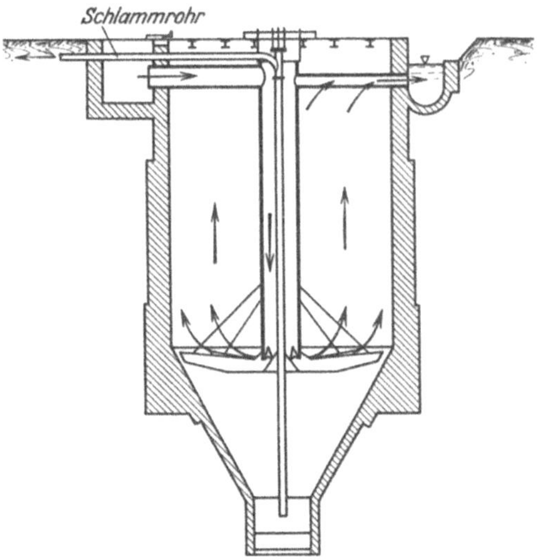

Abb. 225. Absetzbecken.

Die Form der Absetzbrunnen ist danach durch eine im Verhältnis zu den Grundrißabmessungen große Tiefe charakterisiert. Da für die Reinigungswirkung der Brunnen der gleiche Grundsatz bezüglich der Aufenthaltsdauer gilt wie bei den Becken, so baut sich der Absetzbrunnen viel mehr in die Tiefe, so daß die Baukosten bei größeren Abmessungen der Absetzräume höher werden. Andererseits wird durch die Brunnenform der ausgeschiedene Schlamm auf kleiner Fläche zusammengehalten. Gibt man der Sohle allseitig geneigte Wände in Trichterform, so kann der Schlamm aus dem Tiefpunkte durch den darüberstehenden Wasserdruck abgelassen werden, und zwar ist bei Frischschlamm ein Wasserdruck von etwa 1,5 m erforderlich. Die höheren Baukosten haben zur Folge, daß die reine Brunnenform, sei sie rund oder viereckig, für das Klären von Rohwasser überhaupt nicht mehr in Anwendung ist. Nur für einen bestimmten Zweck, nämlich als Nachklärbecken für das Belebtschlammverfahren (vgl. Abschnitt XXII) sind sie wieder in Aufnahme gekommen in Gestalt der Dortmunder Brunnen (Dortmund-Tanks). Bei der ursprünglichen Ausgestaltung desselben (Abb. 225), wurde das Abwasser einer zentralen Fallleitung zugeführt, die bis etwa ⅔ der Tiefe herunterreicht. Das Wasser kehrte unter dieser seine Bewegungsrichtung um und ging in die aufsteigende Bewegung über, um oben ringsherum durch einen Überfall abgezogen zu werden. Der Schlamm rutschte auf den Steilflächen nach dem Tiefsten des Brunnens und konnte von hier aus durch Saugewirkung abgezogen werden. In seiner neuesten Form hat der Dortmunder Brunnen die durch Abb. 226 wiedergegebene Aus-

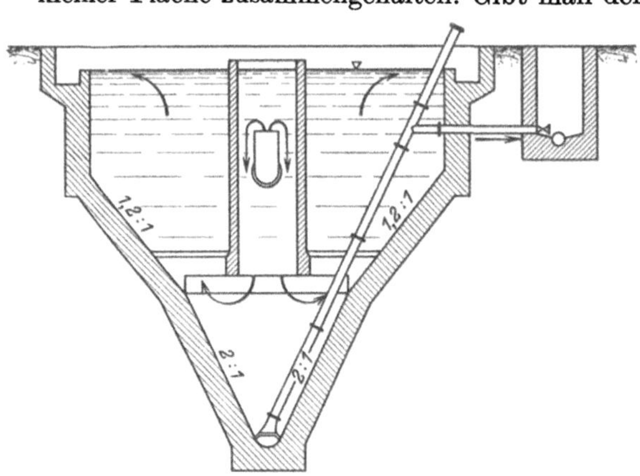

Abb. 226. Dortmunder Brunnen für belebten Schlamm.

gestaltung erfahren. Das Abwasser tritt durch ein nach oben trichterförmig erweitertes Mundstück aus, bewegt sich unter einer Tauchwand hindurch und fließt danach auf allen Seiten über einen Überfall ab. Dabei scheidet sich der Flockenschlamm, dessen spezifisches Gewicht nahe bei 1 liegt, in guter Weise

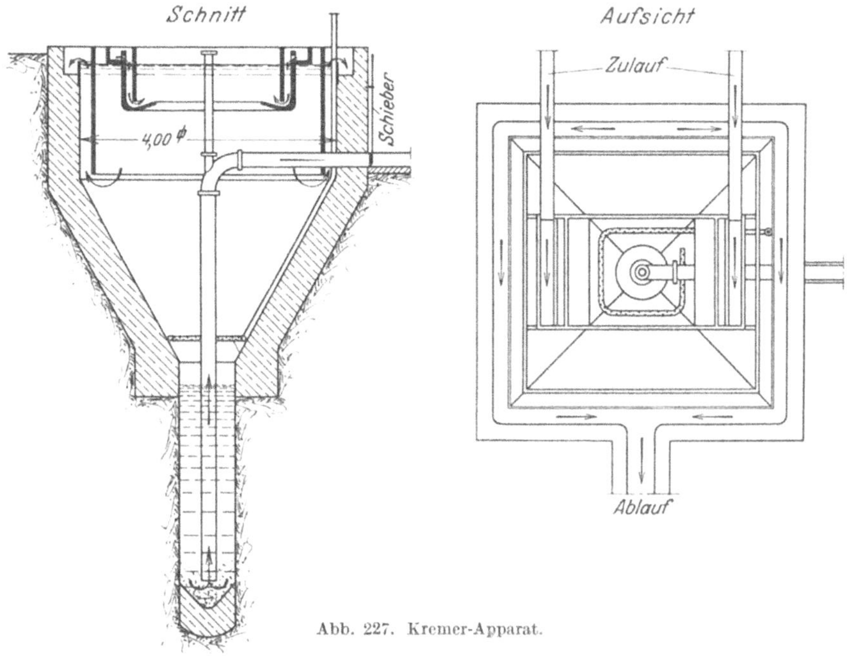

Abb. 227. Kremer-Apparat.

nach unten ab. Die günstige Wirkung ist offenbar darauf zurückzuführen, daß Wirbelbildungen in vollkommener Weise vermieden sind.

Der Vorzug der Absetzbrunnen, daß der Schlamm in Tiefpunkten gesammelt und von dort mittels Wasserüberdruckes entfernt werden kann, ist die Ursache,

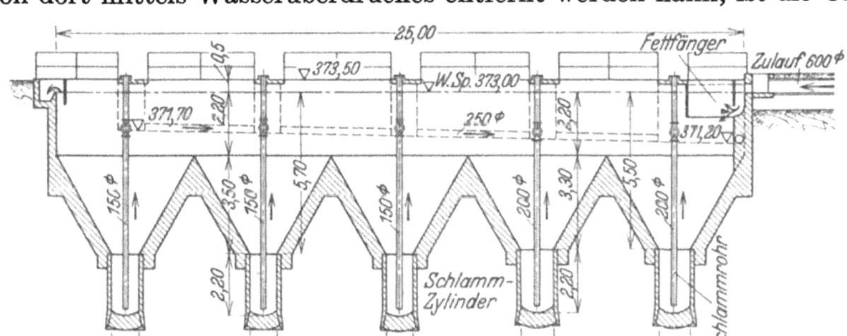

Abb. 228. Kremer-Klärbecken.

daß diese in den letzten Jahren wieder in Aufnahme gekommen sind, nachdem es gelungen war, den Schlamm in daneben gelagerten Faulräumen zum Ausfaulen zu bringen. Bei kleineren Anlagen werden sie als selbständige Brunnen ausgebildet, wie beispielsweise bei dem Kremer-Apparat (Abb. 227), bei dem das Wasser zentral zugeführt wird. Die Wasserführung ist bei diesem derart, daß das Wasser durch Leitwände eine nach oben gerichtete Strömung erhält, wodurch das Ausscheiden der Fettstoffe nach der Oberfläche hin erleichtert wird. Bei mittleren und größeren Anlagen können mehrere Apparate nebeneinander gesetzt werden. Es kann auch der Absetzraum zusammengefaßt werden, so daß ein Becken mit trichterförmig ausgestalteter Sohle entsteht. Das so entstandene Kremer-Klärbecken (Abb. 228), ausgeführt von der Kremer-Klärgesellschaft m. b. H., Berlin-Lichterfelde, ist dadurch gekennzeichnet, daß der Schlammsammelraum aus einem im Vergleich zum Querschnitt tiefen Schlammzylinder besteht. Jeder Zylinder ist mit einem Schlammrohr versehen, in welchem der Schlamm durch Wasserüberdruck aufsteigt und danach in eine Schlammsammelrinne gelangt.

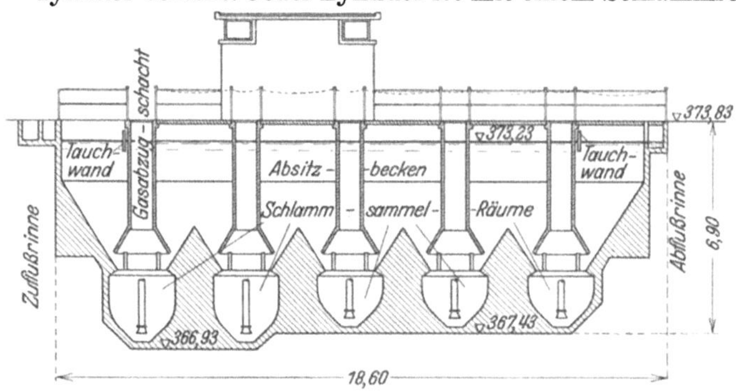

Abb. 229. Klärbecken der Firma Dyckerhoff & Widmann.

Der Dywidag-Brunnen, ausgeführt von der Firma Dyckerhoff & Widmann, Berlin (Abb. 229), hat einen Schlammsammelbehälter geringerer Tiefe und größerer Breitenabmessungen. Er ist nach oben abgedeckt durch ein sich trichterförmig erweiterndes Rohr, das bis über den Wasserspiegel geführt ist. Dadurch wird vermieden, daß aufsteigender Schlamm das darüber befindliche Abwasser infiziert.

F. Zweistöckige Anlagen.

Bei den zweistöckigen Anlagen befindet sich oben ein Absetzraum und darunter ein Schlammsammelraum. Der untere Teil ist mit dem oberen durch Schlitze verbunden, durch die der ausgeschiedene Schlamm in den unteren Teil absinken kann. Im übrigen ist die Einrichtung so getroffen, daß aus dem Schlammraum aufsteigender schwimmfähiger Schlamm oder Gase nicht in den Absetzraum gelangen können. Dadurch wird eine Infizierung des durchströmenden Abwassers vermieden. Diese Anlagen sind Frischwasser-Kläranlagen im eigentlichen Sinn des Wortes. Während bei den gewöhnlichen Absetzbecken und -brunnen das zu reinigende Wasser mit dem abgelagerten Schlamm in Berührung kommt und dieser intermittierend beseitigt wird, findet bei den zweistöckigen Anlagen kontinuierlich eine Trennung zwischen Abwasser und Schlamm statt. In dem unteren Raum verbleibt der Schlamm bei diesen Anlagen, bis er ausgefault ist. Dadurch wird der Wassergehalt des Schlammes verringert, so daß er in kurzer Zeit stichfest ist. Der Raum heißt deshalb auch Schlammfaulraum.

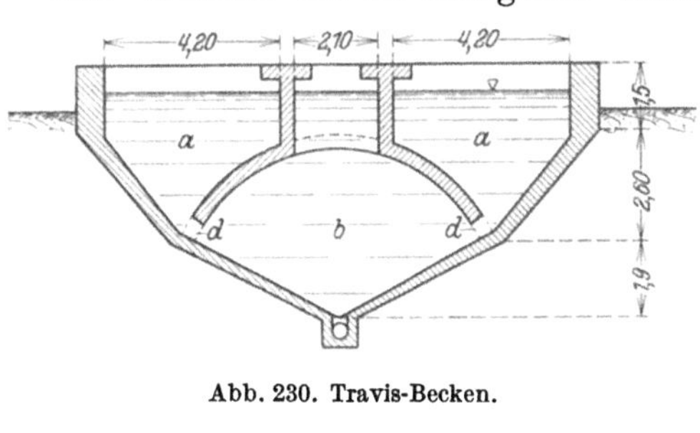

Abb. 230. Travis-Becken.

Die erste Konstruktion dieser Art ist das Becken des Engländers Travis vom Jahre 1904. Wie aus Abb. 230 hervorgeht, besteht es aus den Absetzräumen *a* und dem Faulraum *b*. Die Zwischenwände besitzen steile Rutschflächen, auf denen der Schlamm durch die Schlitze *d* in den unteren Raum absinkt. Wenn beim Ausfaulen Schlammfladen und Gase aufsteigen, so können diese nicht in den Absetzraum gelangen. Travis war der Ansicht, daß zum vollkommenen Faulen des Schlammes die Fäulnisprodukte dauernd aus dem Absetzraum entfernt werden müßten und leitete deshalb einen Teil des Wassers durch den Faulraum, um ihn am anderen Ende des Beckens wieder mit dem Abwasser zu vereinigen. Auf diese Weise wurde das vollkommene Fernhalten des Schlammes und seiner Zersetzungsprodukte vom Abwasser zum Teil wieder aufgegeben.

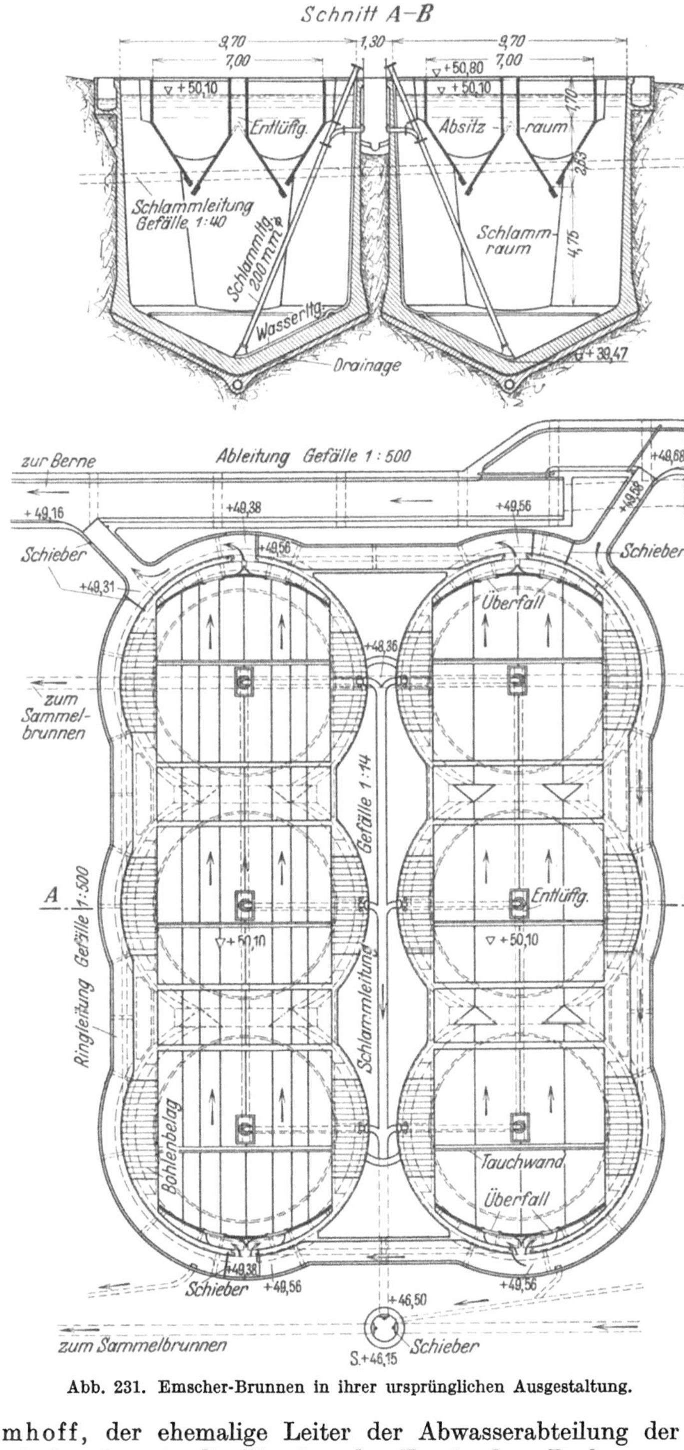

Abb. 231. Emscher-Brunnen in ihrer ursprünglichen Ausgestaltung.

Dr. Imhoff, der ehemalige Leiter der Abwasserabteilung der Emscher-Genossenschaft erkannte die Vorzüge des Travisschen Beckens und vermied die ungünstige Wirkung bezüglich des Frischerhaltens des Abwassers dadurch, daß er grundsätzlich jedes Durchströmen des Faulraumes ausschloß. Außerdem ersetzte er die langgestreckte Beckenform durch nebeneinander liegende Brunnen, deren Absetzräume auf die ganze Länge mit gleichem Querschnitt durchgingen und deren Faulräume verhältnismäßig tiefer sind als die Absetzräume. Dazu wurde er nicht nur durch die schwierigen Gründungsverhältnisse der ersteren Ausführungen veranlaßt, sondern ihn leitete dabei der Gedanke, den Schlamm in Trichtern zusammenzufassen, um ihn leichter fördern zu können. Die so entstandenen Kläreinrichtungen heißen Emscher-Brunnen und besitzen die in Abb. 231 gegebene Ausgestaltung. Die Aufbauart ist durch Patent vom Jahre 1906 geschützt worden, das jedoch mittlerweile abgelaufen ist. Es ist das große Verdienst von Dr. Imhoff, diese Konstruktion klar durchgeführt und an den zahlreichen Ausführungen der Emscher-Genossenschaft die Vorgänge im Faulraum gründlich wissenschaftlich erforscht zu haben. Infolgedessen ist der Emscher-Brunnen zusammen mit seinen Abarten in der Abwasserpraxis führend. In Deutschland sind gegen 200 Städte mit Kläranlagen dieser Art ausgerüstet, und in Amerika ist die Zahl der Einwohner, deren Abwasser in Emscher-Brunnen geklärt wird, fast doppelt so groß als in Deutschland.

Abb. 232. Ansicht des Beckeninneren.

Die große Verbreitung der Emscher-Brunnen ist, wenn man die Vorgänge beim Ausfaulen zunächst außer Betracht läßt, dadurch begründet, daß zum Beseitigen des Schlammes keine mechanischen Hilfsmittel irgendwelcher Art erforderlich sind, daß der Schlamm erst bewegt zu werden braucht, nachdem durch Ausfaulen der Wassergehalt und damit das Volumen erheblich gemindert ist, und daß infolgedessen die Bedienung sehr einfach und die Unterhaltungs- und Betriebskosten gering sind.

Die Anlage ist später konstruktiv dadurch verbessert worden, daß man die hölzernen Begrenzungswände des Absetzbeckens durch dünne Eisenbetonwände ersetzt hat. Außerdem wird der Faulraum bei neuzeitlichen Anlagen zum Zwecke der Faulgasgewinnung nach oben abgedeckt, indem die Rutschflächen durch eine horizontale Decke verbunden werden, die nur an einigen Hochpunkten unterbrochen wird, um hier das Gas abziehen zu können. Eine Emscher-Brunnenanlage hat danach die in Abb. 231 wiedergegebene Form. Das Abwasser gelangt unter einer Tauchplatte hindurch in den Absetzraum, der durch Hintereinanderreihen mehrerer Brunnen gebildet wird, und fließt über einen Überfall am anderen Ende der Brunnenreihe ab. Die Gleitwände überschneiden einander, so daß der Absetzraum vor dem Eindringen von Schlammfladen und Gasen geschützt ist. Der Schlamm fällt ständig und selbsttätig in den Schlammfaulraum und bleibt hier so lange sich selbst überlassen, bis er ausgefault ist. Dadurch wird er dünnflüssig, und es genügt ein Überdruck von 1,2 bis 1,5 m, um ihn beim Öffnen des Schlammauslaßschiebers im Rohr aufsteigen und ausfließen zu lassen. In einem offenen Gerinne oder in einer Schlammsammelleitung fließt er dann zu den Schlammtrockenplätzen.

Die Neigung der Rutschflächen muß ziemlich steil, am besten 1,5 : 1 sein, um mit Sicherheit ein Haften der Schlammstoffe an den Wänden zu verhindern. Die Neigung der Sohle kann flach, etwa 1 : 2 gehalten werden, wenn durch einen gut wirkenden Sandfang vermieden wird, daß Sand in größerer Menge in den

Abb. 233. Gesamtansicht einer größeren Emscher-Brunnenanlage.

Faulraum gelangt. Andernfalls besteht die Gefahr, daß sich der Sand um den Einlauf des Schlammrohres herum zu einer festen Kruste zusammensetzt, die schwierig zu beseitigen ist. Ein Spülrohr, das längs des Schlammrohres heruntergeführt wird, kann in einem solchen Falle gute Dienste leisten und ein Auflockern des Schlammes bewirken, wenn der Übelstand noch nicht so weit gediehen ist.

Abb. 232 zeigt eine Ansicht des Brunneninnern und Abb. 233 eine Gesamtansicht einer größeren Brunnenanlage. Sie baut sich vollkommen in die Tiefe, so daß nur die Wasserspiegelfläche mit den Trennwänden und die Gashauben sichtbar sind.

Bei dem offenen Übergang von Absetzraum zum Faulraum ist es natürlich nicht zu vermeiden, daß ein gegenseitiges Austauschen der Flüssigkeiten zustande kommt. Durch den absinkenden Schlamm wird jeweils die entsprechende Menge Faulraumwassers in den Absetzraum verdrängt. Dazu werden Temperaturdifferenzen zwischen beiden Räumen, die im Winter durch Einführen von Schmelzwasser in die Kanäle sich ergeben, eine um so größere Wirkung im Sinne des Austausches zur Folge haben, je größer die Spannung ist. Endlich bilden sich durch die hydrodynamischen Wirkungen des fließenden Abwassers Strömungen zwischen Faulraum und Absetzraum, die eine Infizierung des Abwassers in dem letzteren ergeben. Reinhart (*261*) hat die Wasserbewegung in zweistöckigen Anlagen der Emscher-Brunnen mit Überschneidung der Gleitwände des näheren untersucht und kommt zu dem Ergebnis, daß von den untersuchten Ausgleichsvorgängen, nämlich den chemisch-biologischen Vorgängen, den Diffusionserscheinungen, der thermischen Ausgleichsbewegung, den Verdrängungsvorgängen und den hydrodynamischen Vermischungen, den letzteren beiden bei normalen Temperaturverhältnissen und bei günstiger baulicher Anordnung der Hauptwert beizumessen ist. Die Gesamtinfizierung ist jedoch praktisch ungefährlich. Die zu reinigende Abwassermenge darf nicht zu groß sein, da sonst ein zu starkes Auswaschen des Faulrauminhaltes sich ergibt, sie darf auch nicht zu klein sein, da andernfalls das Frischwasser im Absetzraum in Fäulnis übergeht.

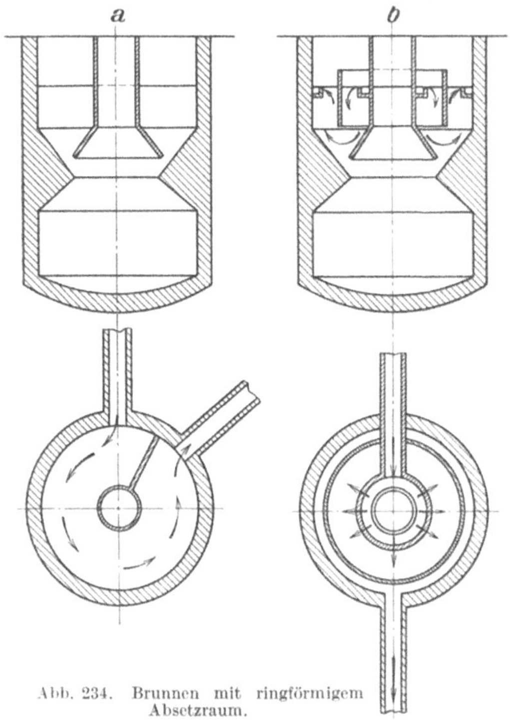

Abb. 234. Brunnen mit ringförmigem Absetzraum.

Die Neuerungen der letzten Jahre, die vor allem durch amerikanische Ausführungen angeregt sind, beziehen sich auf die viereckige Grundrißform im Interesse einer besseren Raumausnützung. Die ungünstigeren statischen Verhältnisse dieser Bauform werden dadurch ausgeglichen, daß massive Zwischenwände zur Aussteifung angeordnet werden. Der untere Teil dieser Trennwände besitzt große Öffnungen zum Ausgleichen des Schlammes in dem durchgehenden Schlammsammelraum. Bei schwierigen Untergrundverhältnissen, wie starke Grundwasserführung oder Vorhandensein von Schwimmsand usw., wird man dagegen nach wie vor den kreisförmigen Brunnen bevorzugen. Ebenso verdient bei kleineren Anlagen mit nur einem Brunnen der kreisförmige Grundriß aus statischen Gründen den Vorzug. In diesem Falle kann im Interesse einer guten Klärwirkung der Absetzraum auch wohl ringförmig wie in Abb. 234a ausgebildet werden, oder aber die Zuführung des Wassers erfolgt zentral, so daß der Absetzraum radial durchströmt wird, wie in Abb. 234b.

In Abb. 235 ist nach Fries (*297*) die frühere und die neuzeitliche Form einer Emscher-Brunnenanlage für 10000 Einwohner gegenübergestellt, wobei Absetzraum und Faulraum in beiden Fällen den gleichen Inhalt haben. Die

Tiefe beträgt bei der zweiten Ausführung nur 8,2 m gegenüber 9,2 m der alten Ausführung. Ebenso ist die Länge eingeschränkt. Außerdem ist die Abdeckung des Faulraumes derart vereinfacht, daß mit einem Gasfänger gegenüber vier bei der alten Bauart auszukommen ist.

Abb. 236 stellt eine nach diesen Grundsätzen konstruierte neuere Anlage der Emscher-Genossenschaft dar, und zwar die neue Kläranlage für Recklinghausen für etwa 75000 Einwohner. Das Heben des Schlammes geschieht bei dieser Anlage durch Drucklufttheber, die nach dem Mammut-Prinzip arbeiten. Sie geben die Möglichkeit, erforderlichenfalls Schlamm aus einem Schlammraum in den anderen überzupumpen, und unterstützen auf diese Weise die gleichmäßige Belastung der Schlammräume, die im allgemeinen durch die Öffnungen in den Absteifungswänden erzielt wird.

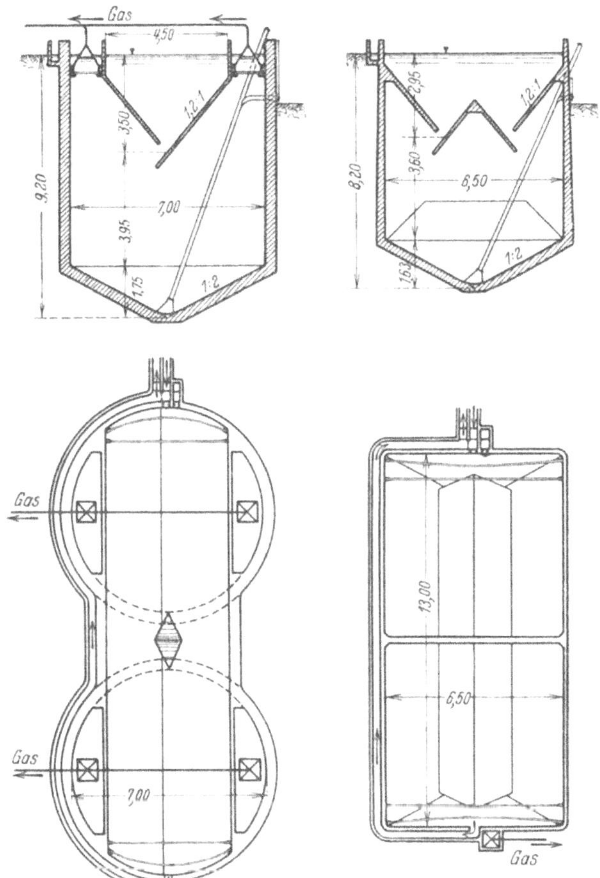

Abb. 235. Vergleich zwischen runden und rechteckigen Brunnen.

Der Kremer-Klärbrunnen der Kremer-Klärgesellschaft, Berlin-Schöneberg, stellt eine Verbindung des Emscher-Brunnens mit dem auf Seite 255 angeführten Kremer-Klärapparat dar. Die Schwebestoffe werden in eine Schwimmschicht oben und in eine Sinkschicht im Faulraum gesondert, wodurch das Ausfaulen begünstigt wird. Die Wasserzuführung geschieht zentral durch die Rinne *a* (Abb. 237). Das einströmende Abwasser fällt zunächst auf den Vorstoß *b* und bekommt dadurch eine nach aufwärts gerichtete Strömung, wodurch die Ausscheidung der Schwimm- und Fettstoffe nach der Oberfläche begünstigt wird. Bei *c* bildet sich eine fetthaltige Schwimmschicht, die von Hand beseitigt werden kann. Durch die abwärts gerichtete Wasserströmung längs der Trennwand wird das Anhaften von Schmutzstoffen an diesen Wänden verhindert.

Die Frischwasser-Kläranlage System Dywidag (Dyckerhoff & Widmann, Wiesbaden) unterscheidet sich in ihrer ursprünglichen Ausbildung klärtechnisch von den vorgenannten Anlagen dadurch, daß der Absetzraum seitlich vom Faulraum angeordnet ist, wodurch für den Faulraum eine große Oberfläche geschaffen wird. Bei den neueren Ausführungsarten tritt dieses Unterscheidungsmerkmal immer mehr zurück. Wenn der Faulraum zum Zwecke der Gasgewinnung abgedeckt wird, spielt die Größe der Oberfläche keine Rolle mehr. Als grundsätzliche Abweichung verbleibt gegenüber dem ursprünglichen Emscher-Brunnen die Beeinflussung der Vorgänge im Schlammfaulraum. Dieser wird von einem Abwasserstrom geringerer Stärke durchflossen (Sekundärstrom), wodurch die Abbauprodukte abgeschwemmt werden und das Ausfaulen begünstigt wird. (Auf die Bedeutung dieser Maßnahme für die Schlammausfaulung wird später eingegangen werden.) Außerdem werden in die Absetzräume meistens sog. Kolloidfänger eingebaut, durch die eine vollkommene Ausscheidung der feinsten Schwebestoffe begünstigt wird.

Die normale Ausgestaltung einer derartigen Anlage für 6000 Personen zeigt Abb. 238.

Nach dem Dywidag-Verfahren ist die größte überhaupt auf dem Kontinent vorhandene mechanische Kläranlage gestaltet worden, nämlich die Kläranlage der Stadt München, ausgeführt im Jahre 1925. In ihr wird ein Trockenwetterzufluß von 3,6 m³/s behandelt. Es sind im ganzen 16 Brunnen von je 25 m Länge, 20 m Breite und 14 m Tiefe angelegt, deren Ausbildung aus Abb. 239 hervorgeht. An den Einläufen sind Frischschlamm becken vorgesehen, um die Möglichkeit zu haben, Frischschlamm an die Landwirtschaft abzugeben. Die Faulwasserbecken

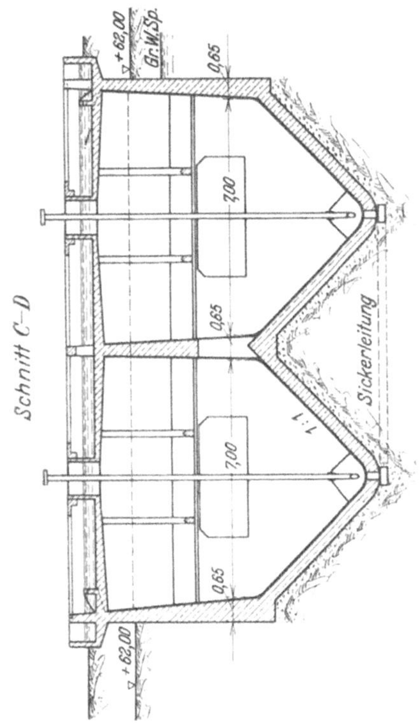

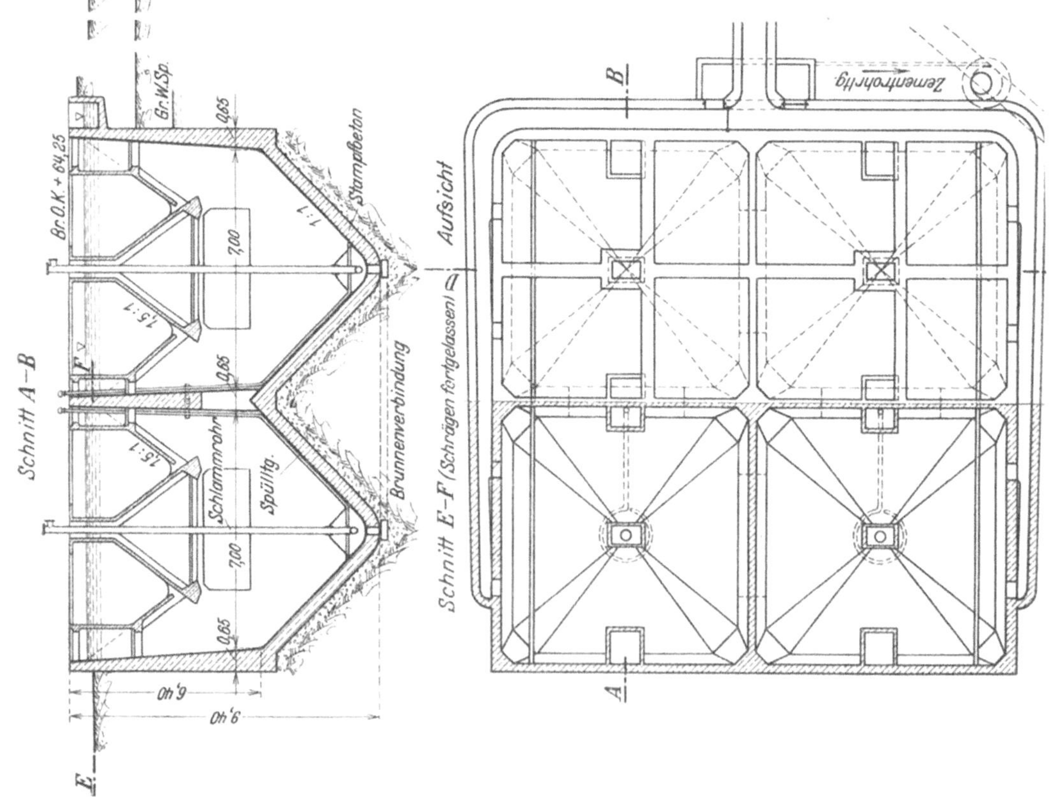

Abb. 238. Moderne Emscher-Brunnenanlage.

dienen der Reinigung des Sekundärstromes. Die Absetzräume eines Beckens haben einen Inhalt von 1000 m³, so daß im ganzen 16000 m³ Absetzraum zur Verfügung stehen.

Bei dem Omsbrunnen der Deutschen Abwasserreinigungsgesellschaft, Wiesbaden, ist der Absetzraum unter den Wasserspiegel verlegt. Er hat in seinem unteren Teil eine ähnliche Ausbildung wie die vorgenannten Konstruktionen und ist oben durch eine leichte Decke abgedeckt, so zwar, daß zwischen dieser und der senkrechten Begrenzungswand lange

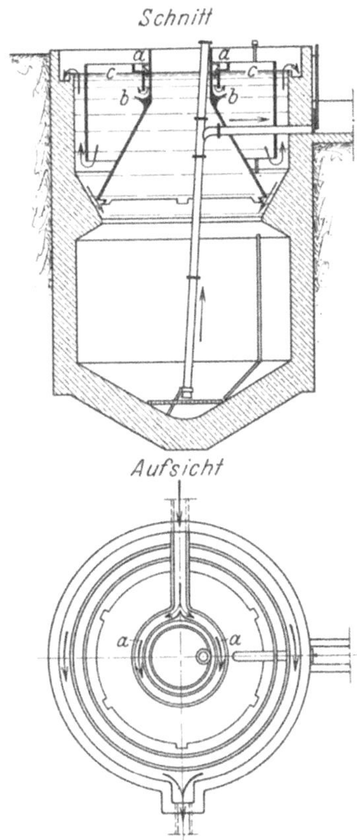

Abb. 237. Krämer-Klärbecken.

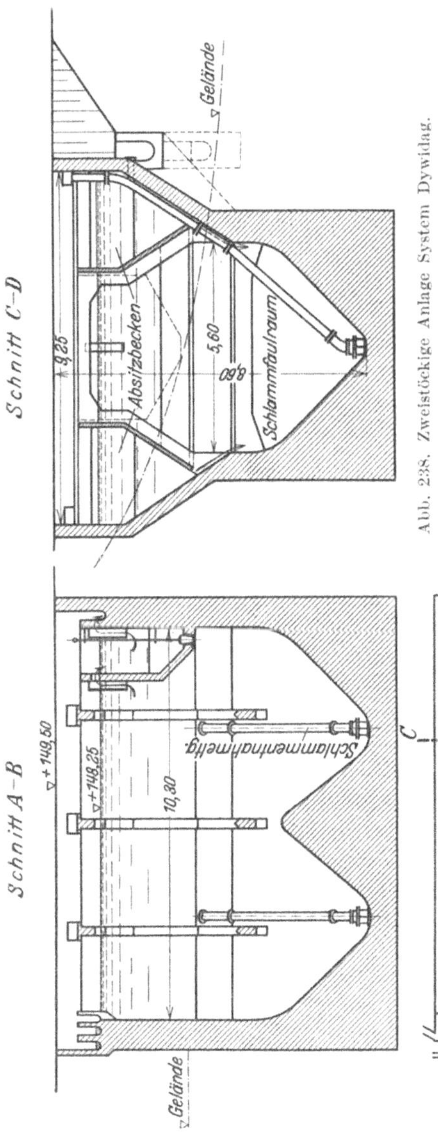
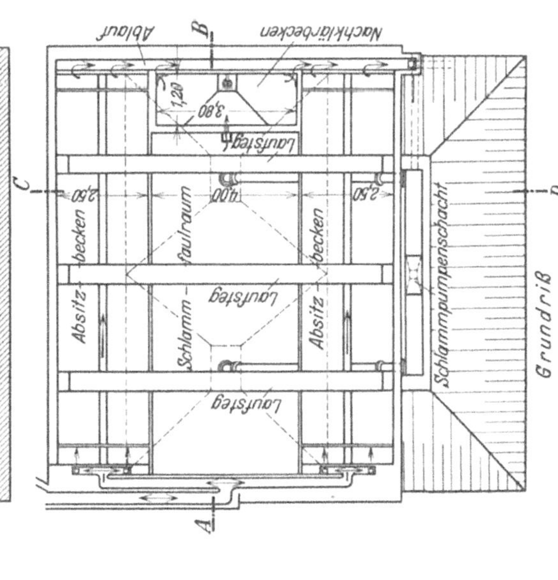

Abb. 238. Zweistöckige Anlage System Dywidag.

Schlitze entstehen, vergleiche Abb. 240. Die Schwebestoffe, die spezifisch schwerer sind als dasWasser, sinken in den darunter liegenden Faulraum ab, und die spezifisch leichteren Stoffe steigen durch die oberen Schlitze zur Oberfläche des Faulraumes auf. Die Leichtöl- und Fettstoffe bleiben also nicht auf dem Wasserspiegel des Absetzraumes, sondern vermischen sich mit der Schwimmdecke des Faulraumes. Ein Abnehmen der Schwimmschicht, namentlich am Einlauf, wird sich aus Gründen des Betriebes empfehlen. Die große Oberfläche dieser Frischwasser-Kläranlage ist für die Einschränkung der Schwimmdeckenbildung zweifellos von Vorteil. Das wird sich besonders bei kleineren Anlagen, wo auf die Abdeckung zum Zwecke der Gasgewinnung verzichtet wird, günstig auswirken. Dagegen ist zu befürchten, daß durch die vier Schlitze eine starke Beeinflussung des Absetzraumes durch den Faulraum entsteht. Außerdem ist die Unterhaltung und Reinhaltung des Absetzraumes infolge seiner besonderen Lage sehr erschwert.

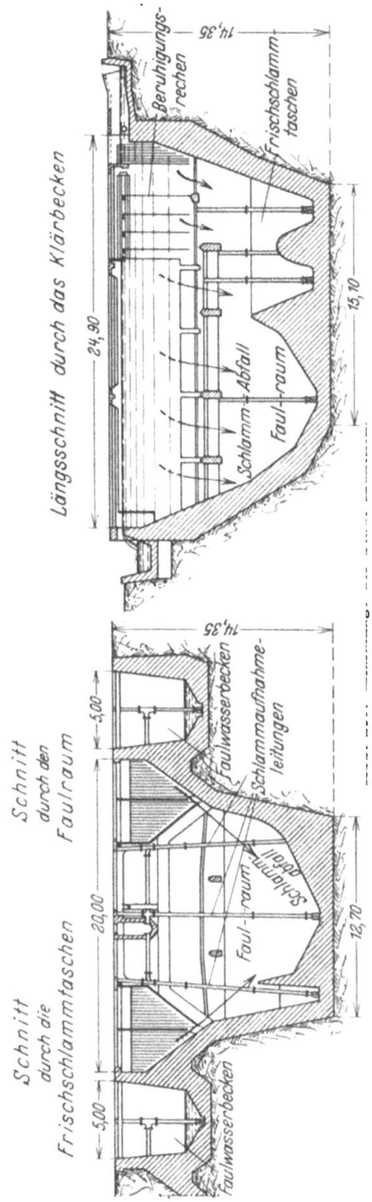

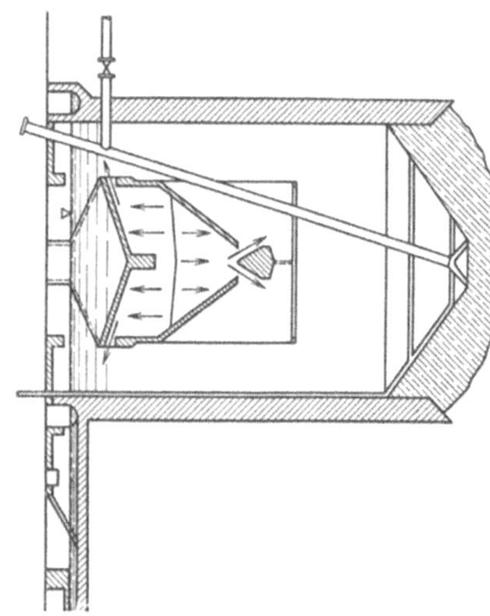

Abb. 240. Omsbrunnen.

Der Vollständigkeit halber sei noch darauf hingewiesen, daß der sog. Stiag-Brunnen der Städtereinigung und Ingenieurbau A.G., Berlin, sich von den gewöhnlichen Emscher-Brunnen dadurch unterscheidet, daß die Rutschfläche in mehrere Teilflächen aufgelöst ist, so daß an Stelle eines Schlitzes deren zwei oder drei ausgebildet sind. Dadurch soll ein besseres Ausscheiden der Schmutzstoffe erreicht werden. Andererseits ist dabei in erhöhtem Maße damit zu rechnen, daß die Infizierung des Absetzraumes verstärkt wird.

XX. Behandlung des Schlammes.

A. Menge und Beschaffenheit.

Die Schlammenge aus einer Absetzanlage ist verschieden je nach dem Verschmutzungsgrad der Abwässer, dem Anteil an gewerblichen Abwässern und der Art der Gewinnung, durch die der Wassergehalt beeinflußt wird. Mit schwankendem Wassergehalt ändert sich die Menge sehr stark. Hat beispielsweise ein Schlamm 97,5% Wasser und 2,5% Trockenmasse, so hat er das doppelte Volumen als ein Schlamm mit 95% Wasser und 5% Trockenmasse, denn bei der gleichen Trockenmasse macht im ersten Falle die Schlammenge das 40fache und im zweiten Falle das 20fache der Trockenmasse aus.

Bei den Absetzanlagen schwankt der Wassergehalt des frisch gewonnenen Schlammes zwischen 94 und 98%. Die Schlammenge je Kopf und Tag beträgt etwa 0,6 bis 1,8 l entsprechend 5 bis 15 l wässerigen Schlammes je 1 m^3 Abwasser. Nimmt man den niedrigsten Wert an, der bei einer größeren Schlammmenge und vorsichtigem Ablassen des darüber stehenden Wassers erzielt werden kann, so fallen danach bei einer Stadt von 100000 Einwohnern 60 m^3 täglich oder rund 22000 m^3 jährlich Schlamm im flüssigen Zustand an. Es ist deshalb verständlich, daß sich die Schlammfrage bei den Absetzanlagen älterer Bauart zu einer Schlammplage entwickelt hat. Die Klärung des Abwassers war verhältnismäßig einfach. Aber des Schlammes Herr zu werden, gelang so lange nicht, als nicht Mittel zur Verfügung standen, durch die der Wassergehalt wesentlich herabgesetzt werden konnte.

Das Wasser im Schlamm ist zum kleineren Teil mechanisch festgehalten, zum größeren Teile ist es kolloid-gebunden. Und zwar ist das Wasserbindungsvermögen des Schlammes in erster Linie bedingt durch den Gehalt des Schlammes an organischen, schleimigen Stoffen. Beim Lagern an der Luft wird nur der erstere teilweise entfernt, eine Verringerung des letzteren kommt nur bei langem Trocknen zustande, indem das Wasser aus den Kolloidstoffen ganz allmählich verdunstet. Die Trockenmasse des Schlammes besteht aus den Pflanzennährstoffen, nämlich Stickstoff, Phosphor und Kali, aus den Humusstoffen, unter denen in der Hauptsache die organischen Stoffe zu verstehen sind, und aus verschiedenen schädlichen Beimengungen wie Fette, Öle usw. Die ersteren beiden Stoffarten bedingen den Dungwert des Schlammes. Von der Trockensubstanz entfallen rund 55 bis 60% auf organische Stoffe, die die Grundlage geben für die Gärungs- und Fäulnisvorgänge.

Diejenige Eigenschaft, die den Schlamm als ganz besonders lästig erscheinen läßt, ist, daß der Frischschlamm sehr leicht in stinkende Fäulnis übergeht. Dabei entwickelt sich Schwefelwasserstoff, der die Geruchsnerven sehr stark mitnimmt. Der Schwefel stammt aus den Eiweißverbindungen und ist in ganz geringen Mengen vorhanden. Nach Bach (*289*) entsteht aus dem Schwefel bei der Zersetzung des Schlammes zunächst Schwefelwasserstoff, der in Wasser gelöst wird. Sollen Geruchsbelästigungen vermieden werden, so muß er in eine stabilere Verbindung übergeführt werden. Als solche kommen in erster Linie Eisenverbindungen in Frage, die meistens im Abwasser in genügender Menge vorhanden sind. Bei alkalischem Charakter wird Schwefeleisen gebildet, das dem ausgefaulten Schlamm die schwarze Farbe gibt.

B. Trocknen des Schlammes an der Luft.

Wird der Frischschlamm einer Absetzanlage in dünnen Schichten ausgebreitet sich selbst überlassen, so wird das mechanisch festgehaltene Wasser teilweise versickern, teilweise nach oben abgegeben, wo es verdunstet. Eine Verringerung des Quellungswassers tritt nur ganz langsam und bei langanhaltender Trockenheit ein. Dieser Prozeß wird bei jedem Niederschlag wieder unterbunden, indem die kolloiden Stoffe wieder Wasser aufnehmen, so daß es unter ungünstigen Witterungsverhältnissen monatelang dauert, ehe der Schlamm in den Zustand übergeführt ist, daß er stichfest ist. Dabei entwickelt sich während der Trockendauer Schwefelwasserstoff, der die ganze Umgebung verpestet.

Soll der Schlamm überhaupt auf diesem Wege in den stichfesten Zustand gebracht werden, so darf er nur in dünnen Schichten von etwa 0,2 bis 0,4 m Höhe ausgebreitet werden. Infolgedessen sind große Landflächen dazu erforderlich, die nur unter besonderen Verhältnissen, etwa auf Rieselfeldern, für den Schlamm zur Verfügung stehen. Man hat auch wohl den Schlamm in größeren Schichten 2 oder mehr Meter hoch in Schlammteichen aufgestapelt. Dann bedarf es aber jahrelangen Lagerns, ehe der Schlamm durch Austrocknen und Ausfaulen in seinem Wassergehalt so weit verringert ist, daß er mit der Schaufel bewegt werden kann. Dieses Verfahren ist deshalb nur anwendbar, wenn die mit der Lagerung des Schlammes verbundenen Geruchsbelästigungen in Kauf genommen werden können.

C. Untergraben und Kompostieren des Schlammes.

Die Übelstände, die mit der Schlammtrocknung verbunden sind, können vermieden werden, indem der Schlamm in Furchen oder Gräben eingebracht und mit Boden zugedeckt wird. Voraussetzung dabei ist, daß genügend große Flächen trockenen Bodens zur Verfügung stehen. Dieses Verfahren wird als „Beerdigen des Schlammes“ bezeichnet und ist in verschiedenen englischen Städten in Anwendung. Nachteilig bei diesem Verfahren sind die dazu benötigten großen Landflächen und der hohe Arbeitsaufwand zum Aufbringen des Schlammes.

Statt mit dem natürlichen Boden zu mischen, kann man den Schlamm mit anderen Materialien mit großem Absorptionsvermögen vermengen, um ein trockenfähiges Material zu erzielen. Als solches steht in den Städten das Müll zur Verfügung. Mit dem Frischschlamm gemischt oder kompostiert ergibt es einen Mengedünger, der wertvolle Eigenschaften für die Verbesserung von minderwertigem landwirtschaftlichen Boden besitzt.

D. Mechanische Entwässerung des Schlammes.

Der Schlamm kann entwässert werden durch Pressen und durch Zentrifugieren. Der Kraftaufwand, der dazu notwendig ist, ist verhältnismäßig groß, so daß die Betriebskosten bei dieser Art der Schlammbeseitigung entsprechend hohe Werte ergeben. Auch die Maschinenanlage erfordert einen erheblichen Kapitalaufwand. Dadurch ist es zu erklären, daß in den ersten Jahren der Abwassertechnik, in denen vollkommenere und wirtschaftlichere Verfahren, wie sie jetzt durch das Schlammausfaulen gegeben sind, nicht vorlagen, Anlagen dieser Art gebaut worden sind. Neue Anlagen dieser Art dürften jedoch nur noch unter besonderen Verhältnissen in Frage kommen. Gleichwohl seien zum Verständnis der noch im Betrieb befindlichen Anlagen die beiden Hauptarten kurz skizziert.

1. Filterpressen.

Sie bestehen aus einzelnen Rahmen, die mit Filtertüchern überzogen sind und zu Gruppen in einer Druckpresse zusammengefaßt sind. Der Schlamm wird unter Druck von 3 bis 4 Atm. zwischen die Tücher eingepreßt und danach wird das weitere Zusammenpressen durch Bewegen eines Kopfstückes bewirkt. Das ausgepreßte Wasser, das stark verschmutzt ist, wird in die Kläranlage zurückgeleitet. Die Schlammkuchen, die entstehen, haben einen Wassergehalt von

65 bis 70%. Schlamm aus gewöhnlichem städtischen Abwasser ist im allgemeinen zum Pressen wenig geeignet. Er muß durch Zusatz von Kalk, Braunkohle oder dergleichen in einen Zustand übergeführt werden, der ihn preßfähig macht.

2. Schlammschleudermaschinen.

Die beste Konstruktion dieser Art ist die von Schäfer ter Meer, die von der Hannoverschen Maschinenbau A.G. ausgeführt wird (*270*). Die Schleudervorrichtungen arbeiten ununterbrochen, und zwar ist der Vorgang folgender: Der Rohschlamm tritt aus einem Behälter oberhalb der Maschinenanlage in die Schleudertrommel ein, die in einem geschlossenen Gehäuse um eine vertikale Achse drehbar angeordnet ist. Durch Zentrifugalkraft werden die schweren Bestandteile des Schlammes nach der Außenwand geschleudert. Das Wasser wird herausgedrängt und tritt durch das Sieb aus. Wenn der Apparat mit getrocknetem Schlamm gefüllt ist, wird die äußere Ringscheibe geöffnet und die trockene Masse herausgeschleudert. Letztere hat einen Wassergehalt von 60 bis 70% je nach der Beschaffenheit des Schlammes und ist ohne weiteres förderfähig. Das Ablaufwasser muß auch hier nach der Reinigungsanlage zurückgeleitet werden, da es ein stark fäulnisfähiges Gemisch darstellt. In dem Apparat können 2 bis 3 m^3/h Frischschlamm je nach der Beschaffenheit des Schlammes verarbeitet werden.

Anlagen dieser Art sind in Hannover und Frankfurt a. M. in Betrieb.

Die neue Konstruktion weist verschiedene Verbesserungen auf, außerdem sind die Siebe in Wegfall gekommen. Sobald genügend Feststoffe ausgeschieden sind, hört der Zulauf von selbst auf. Das Trockengut fällt selbständig heraus und die Schleudertätigkeit beginnt von neuem. Die Stundenleistung ist durch die Verbesserung auf das 3- bis 4fache gebracht.

E. Ausfaulen des Schlammes.

Das Ausfaulen ist die zur Zeit vollkommenste Art der Beseitigung des Schlammes aus Absetzanlagen. Bei diesem Verfahren wird sowohl der Wassergehalt, als auch die Trockenmasse verringert. Dadurch wird das Volumen des Schlammes auf einen Teilbetrag des ursprünglichen Volumens herabgesetzt und außerdem werden die Eigenschaften des Schlammes weitgehend verändert, so daß er leicht dränierbar ist. Alle diese Vorgänge spielen sich ab, ohne daß es zur Entwicklung von Schwefelwasserstoff kommt, so daß das Ausfaulen in jeder Beziehung den Anforderungen an die Schlammbeseitigung entspricht.

Über die Vorgänge beim Ausfaulen des Schlammes ist von Deutschen und Amerikanern in den letzten Jahren gründlich wissenschaftlich gearbeitet worden, so daß im großen und ganzen Klarheit herrscht. Nach dem derzeitigen Stand der Forschung kann man folgendes zusammenfassen: Das Ausfaulen ist ein biochemischer Vorgang insofern, als bei der Umwandlung die Tätigkeit von Kleinlebewesen und chemische Umsetzungen zusammenwirken. Er ist nur unter Wasser und unter Luftabschluß möglich, d. h. es handelt sich um eine anaerobe Zersetzung mit nachfolgender Reduktion. Dabei fällt den Bakterien und Fermenten zunächst die Aufgabe zu, die komplizierten organischen Verbindungen aufzubrechen und zu zerstören. Die Menge der organischen Stoffe wird dann entweder durch Vergasung oder durch Verflüssigung vermindert. Gleichzeitig werden die Kolloidstoffe, die in großen Mengen im Schlamm enthalten sind, durch Berührung mit dem bereits ausgefaulten Schlamm, der eine andere Wasserstoffionenkonzentration aufweist, ausgeflockt und dadurch das Wasserbindungsvermögen des Frischschlammes stark reduziert.

Die Trockenmasse nimmt also absolut genommen ab, und außerdem wird das Verhältnis der mineralischen Stoffe zu den organischen Stoffen zugunsten der ersteren verändert. Man bezeichnet diesen Vorgang als Mineralisation und versteht darunter die Erhöhung des prozentualen Anteils der mineralischen Stoffe in der Trockenmasse. Nach den Versuchen von Bach-Sierp (*282*) betrug beispielsweise bei dem Frischschlamm unter täglicher Zufuhr neuer Schlammmengen das Verhältnis der mineralischen Stoffe zu den organischen 1 : 2,85, während der ausgefaulte Schlamm das Verhältnis 1 : 0,87 hatte. Der Wassergehalt des Schlammes, der beim Frischschlamm im Mittel 92 bis 98% beträgt, geht durch das Ausfaulen je nach der Vollkommenheit des Faulprozesses und der technischen Einrichtung des Faulraumes auf 80 bis 85% zurück. Was das für die Schlammverminderung bedeutet, geht aus der Kurvendarstellung Abb. 241 hervor. Setzt man das Volumen des Frischschlammes = 1, so beträgt beispielsweise bei einem Schlamm mit 96% Wassergehalt das Gesamtvolumen das 25fache der Trockensubstanz, während beim ausgefaulten Schlamm mit 80% Wassergehalt das Gesamtvolumen nur das 5fache der Trockensubstanz ausmacht, d. h. das Schlammvolumen ist auf 1/5 des ursprünglichen Volumens zurückgegangen.

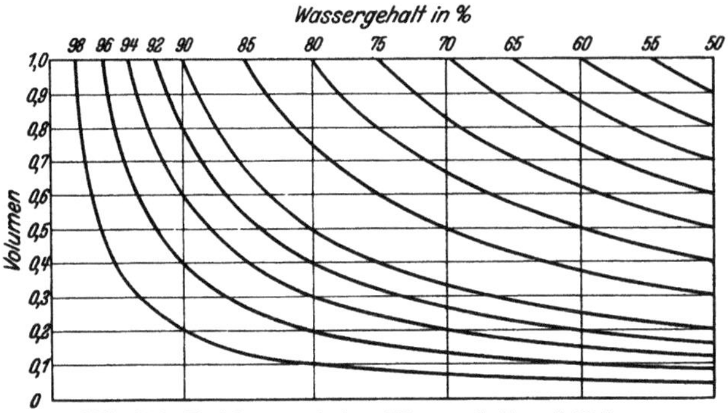

Abb. 241. Beziehung zwischen Wassergehalt und Volumen.

Das bei der Zersetzung der organischen Substanz des Schlammes entstehende Gas besteht im Durchschnitt zu 80% aus Methan (CH_4), zu 15% aus Kohlensäure und zu 5% aus Stickstoff. Die Menge des erzeugten Gases kann ohne weiteres als Maßstab für die Intensität des Ausfaulens genommen werden, so daß damit ein einfaches Mittel gegeben ist, die Güte des Ausfaulungsprozesses zu charakterisieren. Umgekehrt kann man sagen, je stärker die Gasbildung, um so kürzer ist unter sonst gleichen Verhältnissen die Ausfaulungszeit. Die Vergasung des Frischschlammes verläuft nach Blunk in der Weise, wie es aus Abb. 242 zu entnehmen ist. Sie stellt die Summenlinie der Gasmenge dar, die aus Frischschlamm mit 95,4% Wasser, 4,6% Trockenmasse mit 40,7% mineralischen und 49,3% organischen Anteilen bei 25° C entwickelt wurde. In den ersten 35 Tagen ist die Gasbildung vergleichsweise gering. In der Zeit vom 35. bis zum 70. Tage nimmt die Gasentwicklung sehr stark zu, um dann nach dieser Zeit nur ganz allmählich anzusteigen bis zu einem Größtwerte, der nach etwa 130 Tagen erreicht wird.

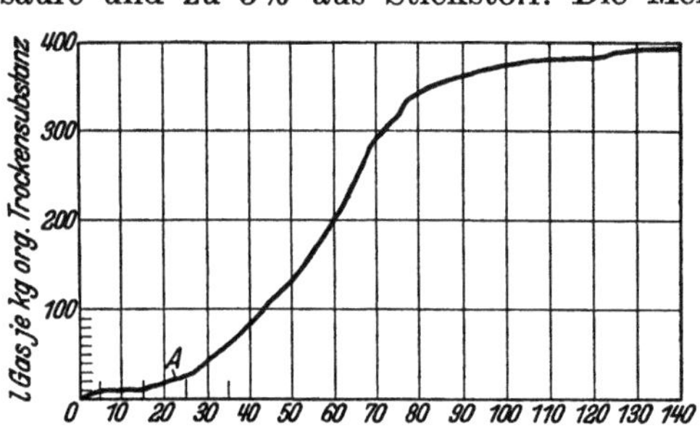

Abb. 242. Beziehung zwischen Faulzeit und Gasmenge[1].

Sofern Frischschlamm mit Faulschlamm gemischt wird, bedarf es keiner Einarbeitungszeit. Die Gaskurve setzt sofort mit der intensiven Gasentwicklung, Punkt *A* der Abb. 242, ein und verläuft im übrigen etwa in der gleichen Weise. Die Ursache dafür liegt offenbar darin, daß in dem ersten Falle erst die Bildung der Bakterien vor sich gehen muß, während diese im letzteren Falle sofort ihre

[1] Nach Blunk: Gesundh.-Ing. 1926 S. 401.

Tätigkeit beginnen. Aus der Kurvendarstellung folgt, daß der Schlamm etwa nach 70 bis 90 Tagen vollkommen ausgefault ist, wenn er, wie es bei der Emscher-Brunnenanlage der Fall ist, ständig mit ausgefaultem Schlamm vermischt wird.

1. Einfluß der Temperatur.

Da es sich bei dem Ausfaulen um biologische Vorgänge handelt, so ist es verständlich, daß die Temperatur dabei eine maßgebende Rolle spielt. Die Gasentwicklung beginnt bei $+6^0$ C und steigt gemäß Abb. 243 bei zunehmender Temperatur stetig an, bis sie bei etwa 25 bis 28^0 C ihr Optimum erreicht. Bei weiterer Erhitzung nimmt die Gasmenge zunächst wieder ab. Da Gasentwicklung und Schlammzersetzung zwei getrennte Vorgänge sind, so ist die günstigste Temperatur für die Schlammzehrung eine andere, nämlich 37^0 C. Die Erhöhung der Schlammzehrung wird jedoch zum Teil wieder wettgemacht durch die Minderung der Gasproduktion, so daß die erstgenannten Temperaturen als die wirtschaftlich günstigsten anzusprechen sind. Die bei den bezeichneten Temperaturen wirksamen Bakterien werden als mesophile Bakterien bezeichnet. Bei weiterem Erhitzen des Schlammes treten die sogenannten thermophilen Bakterien in Tätigkeit, durch die die Gasentwicklung weiter gesteigert wird, worauf Rudolfs (*296*) zuerst hingewiesen hat.

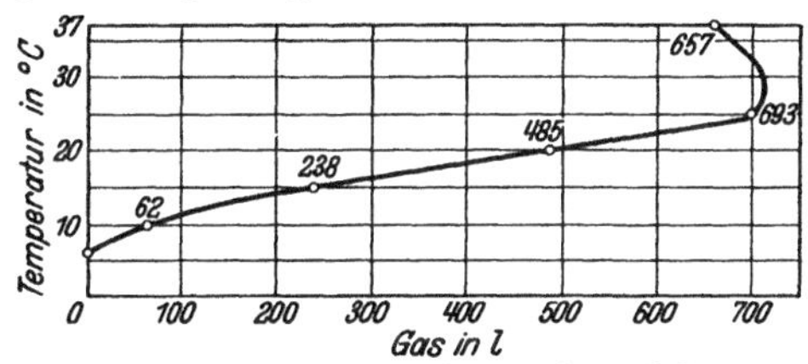

Abb. 243. Beziehung zwischen Temperatur und Gasmenge (nach Imhoff).

Bei zweistöckigen Anlagen, bei denen der Faulraum tief im Erdboden angeordnet ist, wird die Temperatur durch die des Abwassers bestimmt, die ihrerseits wieder von der mittleren Jahrestemperatur abhängt. Ist die Temperatur im Faulraum 15^0, so beträgt beispielsweise die Gasentwicklung in 2 Monaten 238 l, während bei einer Temperatur von 20^0 485 l in der gleichen Zeit erzeugt werden. Das Ausfaulen geht also doppelt so schnell vor sich, so daß die Größe des benötigten Faulraumes erheblich geringer ist. Bei daneben gelagerten Faulräumen wird die mittlere Temperatur auch bei guter Isolation geringer sein, so daß im allgemeinen das erforderliche Volumen des Faulraumes größer gehalten werden muß. Dagegen ist hier in einfacherer Weise als bei den zweistöckigen Anlagen die Möglichkeit gegeben, durch künstliche Wärmezufuhr die Temperatur bis zum optimalen Werte zu steigern. Benutzt man dazu die durch die Verbrennung der Faulgase zu gewinnende Wärmemenge, so bedarf es keiner fremden Energiezufuhr, um die günstigste Ausfaulzeit und damit die kleinsten Faulräume zu erzielen.

2. Einfluß des pH-Wertes.

In einem gut eingearbeiteten Faulraum einer zweistöckigen Anlage weist der Schlamm eine alkalische Reaktion auf. Bei Störungen, die durch Überlastung der Faulräume oder falschen Betrieb sich ergeben, wurde schon in den ersten Jahren des Emscher-Brunnenbetriebes festgestellt, daß der Schlamm einen sauren Charakter aufweist. Diese Vorgänge genau erforscht zu haben, ist das Verdienst des Amerikaners Rudolfs (*296*). Er hat festgestellt, daß der Schlamm zunächst in saure Gärung übergeht, daß er bei weiterem Ausfaulen alkalischen Charakter annimmt, und daß die Zersetzung am besten vor sich geht, wenn der pH-Wert die Größe 7,3 bis 7,6 hat. Diese Versuche sind von der Emscher-Genossenschaft nachgeprüft und bestätigt worden. Wie Husmann (*324*) berichtet, liegen die pH-Werte bei gut eingearbeiteten Faulräumen in allen Tiefen bei 7,3 bis 7,7. Diese Werte stellen sich ohne weiteres ein, wenn die Menge des Frischschlammes im Vergleich zum ausgefaulten Schlamm einen gewissen Prozentsatz nicht überschreitet, der je nach der Zusammensetzung des Schlammes etwa bei 2 bis 6% liegt, und wenn eine gründliche Durchmischung des Frischschlammes mit dem ausgefaulten Schlamm stattfindet.

Auch bei besonders ungünstigen Verhältnissen, wie sie beispielsweise bei der Kläranlage von Nordhausen vorlagen, die getrennte Schlammfaulräume hat, kann durch das richtige Bemessen der zugesetzten Frischschlammenge eine normale Ausfaulung erzielt werden, siehe (*325*). Infolge der in der Stadt zahlreich vorhandenen Branntwein- und Kautabakindustrie hat der Schlamm eine starke Neigung zur sauren Gärung. Mit Unterstützung der Landesanstalt für Wasser-, Boden- und Lufthygiene ist es ohne besondere Maßnahmen gelungen, die Faulräume auf die Dauer alkalisch zu halten. Die Einhaltung einer Temperatur, die der optimalen nahe kommt, trägt auch für derartige Verhältnisse dazu bei, den gewünschten Zustand des Faulraumes auf die Dauer zu sichern.

Gewinnt die saure Gärung aus irgendeinem Grunde die Oberhand, so kann durch Zugabe von Kalkmilch eine Einstellung auf alkalische Reaktion erfolgen. Die Menge des erforderlichen Kalkes ist abhängig von der Wasserstoffionenkonzentration des Schlammwassers und von dem Gehalt an organischer Trockensubstanz. Von Rudolfs sind Kurventafeln konstruiert worden, aus denen die Kalkmenge zur Erzielung eines pH-Wertes von 7,3 entnommen werden kann. Diese sind von Bach in das metrische System übersetzt worden und können aus der Veröffentlichung (*298*) entnommen werden.

Kalk dem Schlammraum von zweistöckigen Anlagen zuzusetzen, wird im allgemeinen schwer durchführbar, aber auch nicht nötig sein, da nur bei ganz besonderen Verhältnissen eine Störung des regelmäßigen Verlaufes des Ausfaulens zustande kommt. Dagegen besteht bei getrennten Schlammfaulräumen viel eher die Möglichkeit, daß an Stelle der Methangärung die saure Gärung die Oberhand gewinnt, dann nämlich, wenn die Temperaturen niedrig sind, der Schlamm in großer Menge, etwa einmal am Tage, dem Faulraum zugeführt wird und ein gründliches Durchmischen unterbleibt.

Die Zugabe von Kalk leistet besonders gute Dienste beim Einarbeiten des Faulraumes. Wie Bach (*298*) nachgewiesen hat, wird dadurch die Gasentwicklung und damit das Ausfaulen des Schlammes sehr günstig beeinflußt.

3. Einfluß der Schlammumwälzung.

Die natürlichen Vorgänge im Emscher-Brunnen ergeben von selbst ein gründliches Durchmischen des Frischschlammes mit dem vorhandenen Faulschlamm, indem Schlammfladen, die mit Gasblasen beladen sind, aufsteigen und nach Abgeben des Gases wieder absinken. Dabei kommt der feinverteilte Frischschlamm innig mit dem bereits im Ausfaulen begriffenen Schlamm in Berührung, und die Erreger der Methangärung werden auf ihn übertragen. Bei gesonderten Schlammfaulräumen, bei denen der Frischschlamm in größeren Mengen in wenigen Minuten dem Faulraum zugeführt wird, liegen die Verhältnisse in dieser Beziehung ungünstiger. Man hat deshalb versucht, durch künstliche Umwälzung des Schlammes eine Beschleunigung des Ausfaulens zu erreichen. Die Frage, ob ein ständiges Umrühren zweckmäßig ist, ist dahin entschieden, daß der erforderliche Kraftaufwand mit der erzielten Wirkung nicht recht in Einklang zu bringen ist. Der Erfolg eines gelegentlichen Umwälzens dagegen ist noch umstritten. Nach Prüß (*288*) wird dadurch die Ausbeute an Gas erheblich vermehrt, und das Ausfaulen entsprechend beschleunigt, während Sierp (*317*) auf Grund von Laboratoriumsversuchen zu dem Ergebnis kam, daß ein Vorteil damit nicht verbunden ist. Die geringe Erhöhung der Gasmenge sei in der Hauptsache auf die Vermehrung der Kohlensäure zurückzuführen. Wenn man anerkennt — und darüber ist kein Zweifel — daß ein inniges Durchmischen von

Frischschlamm und Faulschlamm in jedem Falle zweckmäßig ist, so scheint mir, daß ein Umwälzen, besonders in den getrennten Schlammfaulräumen, im Sinne der Beschleunigung des Ausfaulens wirkt.

Die Einrichtungen, die angewendet werden, um ein gründliches Durchmischen zu erzielen, sind verschiedener Art. Bei Emscher-Brunnen mit Schlammpumpen zum Heben des Schlammes können mit diesen die untersten Lagen des Schlammes gehoben und oben wieder aufgebracht werden. Nach einem von Imhoff-Blunk patentierten Verfahren wird ein Umwälzen und gleichzeitig ein Durchmischen dadurch erreicht, daß zwei Pumpen, deren eine Frischschlamm fördert, während die andere den ausgefaulten Schlamm hebt, auf dasselbe Druckrohr arbeiten gemäß Abb. 244. Die Dorr-Gesellschaft verwendet dazu ein Rührwerk, das die untersten Lagen des Schlammes gründlich durchmischt. Prüß benutzt den von der MAN konstruierten Schlammschaufler. Dieser besteht aus einem senkrechten Rohr mit einem im Innern angeordneten Schaufelrad, das um eine senkrechte Welle drehbar ist. Diese wird durch einen Elektromotor mit senkrechter Achse unmittelbar angetrieben und bewirkt, daß der Schlamm vom Boden abgesaugt wird und in Höhe des Schlammspiegels aus dem Rohre wieder ausläuft. Der in Abb. 245 dargestellte Schaufler hat eine Leistung von 250 m^3/h bei reinem Wasser, einen Kraftbedarf von 3,9 kW und 750 Umdrehungen je Minute.

Eine gewisse Umwälzung kommt auch bei den Dywidag-Faulräumen dadurch zu-

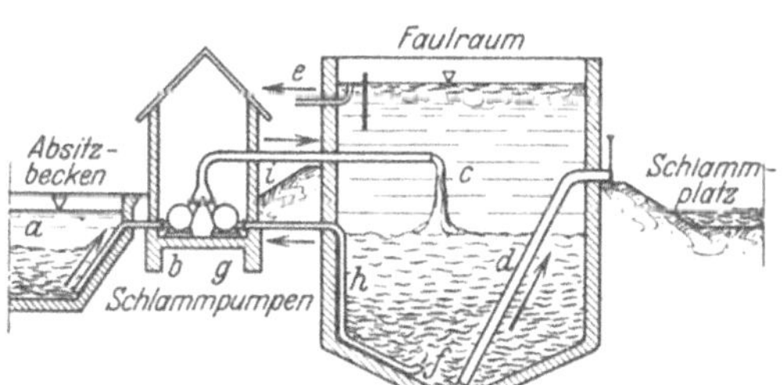

Abb. 244. Mischung von frischem und ausgefaultem Schlamm.

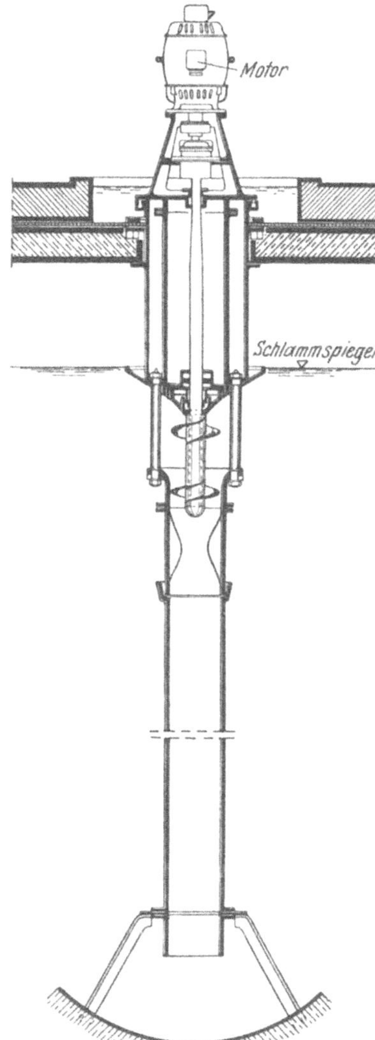

Abb. 245. Schlammschaufler.

stande, daß ein Sekundärstrom von Frischwasser durch den oberen Teil geleitet wird. Zudem werden die Abbaustoffe der Bakterien auf diese Weise ausgewaschen, so daß dadurch die günstige Wirkung dieser Anordnung erklärt ist, die unter anderem in Elmshorn festgestellt ist.

4. Bildung von Schwimmschlamm.

In der Einarbeitungszeit der Faulräume ist es vielfach nicht zu vermeiden, daß der als Sinkschlamm in den Faulraum gelangende Schlamm infolge Anreicherung mit Gasen spezifisch leichter wird als das Wasser und infolgedessen aufsteigt. Bei rein häuslichem Abwasser wird im allgemeinen ein größerer Anteil des Schlammes schwimmfähig, als bei gemischtem Abwasser. Die entstehende Schwimmschicht wird zuweilen so stark, daß der Schlamm in dem oberen Teile des Faulraumes über die Begrenzungswände hinauswächst. Es tritt ein „Schäumen“ oder „Spucken“ des Faulraumes ein. Man kann diesen Vorgängen dadurch entgegenwirken, daß man bei der Einarbeitung eines Brunnens den Frischschlamm mit ausgefaultem Schlamm impft.

In einem eingearbeiteten Faulraum ergeben sich Übelstände der genannten Art nur dann, wenn der Schlammspiegel über die Höhe der Schlitze ansteigt, d. h. wenn der Schlammfaulraum zu klein dimensioniert ist. In allen Fällen, wo ein Schäumen eingetreten war, konnte nachgewiesen werden, daß die Ursache dafür in zu kleinen Abmessungen der Faulräume lag. Die Bildung einer Schwimmdecke geringer Mächtigkeit ist bei gewissen Verhältnissen nicht zu umgehen, besonders bei Schlamm mit vielen organischen Stoffen. In solchen Fällen wird die Schwimmdecke entweder in gewissen Zwischenräumen von Hand abgehoben, oder aber durch Zertrümmern zum Absinken gebracht. Wird der Schlamm unter Gasfanghauben durch Gitter unter Wasser gehalten, so wird damit die Bildung einer Schwimmdecke hintangehalten. Die Wirkung kann dadurch unterstützt werden, daß man unter der Gashaube ein Rührwerk einbaut, das von Hand gelegentlich bedient wird.

Im Sinne der Verringerung einer Schwimmdeckenbildung wirkt auch nach den vorliegenden Erfahrungen die Durchströmung des Faulraumes mit einem geringen Prozentsatz von Abwasser, die bei der Dywidag-Frischwasser-Kläranlage zur Anwendung kommt.

5. Getrennte Schlammausfaulung.

Neben den Absetzbecken gelagerte Faulräume zum Ausfaulen des Schlammes sind von der Emscher-Genossenschaft (Wattenberg) bereits im Jahre 1905 geplant worden. Dieser Entwurf ist jedoch nicht zur Ausführung gekommen, sondern durch die ersten Emscher-Brunnen ersetzt worden. Die Erfahrungen, die mit diesen gemacht wurden, waren so günstig, daß keine Veranlassung vorlag, andere Konstruktionen zu erproben. Die erste Kläranlage mit getrennter Schlammfaulung, die über den Rahmen einer Versuchsanlage hinausging und als Daueranlage zur Behandlung städtischen Abwassers ausgebildet ist, ist die vom Verfasser im Jahre 1911 geplante und 1912 zur Ausführung gekommene Kläranlage der Stadt Nordhausen (*273*). Die 6 Kammern haben einen rechteckigen Querschnitt von 6×6 m und einen Gesamtinhalt von rund 1200 m³. Sie sind in Eisenbeton mit massiver Abdeckung hergestellt und zum Zwecke der Isolierung umschüttet. Die Veranlassung, die ursprüngliche Planung der Emscher-Brunnen aufzugeben, waren die schwierigen Grundwasserverhältnisse an der Kläranlagenbaustelle. Der Grundwasserandrang war derartig groß in den grobkörnigen, kiesigen Schichten, daß die Kosten für die Wasserhaltung außerordentlich hoch wurden. Durch die Verwendung von Kremer-Apparaten als Absetzanlage und die Anordnung der Faulräume oberhalb des Grundwasserspiegels war es möglich, den Aufwand im Rahmen des Kostenanschlages zu halten. Wenn die Ausfaulung des Schlammes zuweilen nicht vollkommen war, so lag dies nicht in einem grundsätzlichen Fehler der Anlage, sondern daran, daß der Schlamm infolge des eigenartigen Charakters des Abwassers besonders zur sauren Gärung neigte (vgl. S. 270), und daß der Faulrauminhalt für diesen Schlamm zu klein war.

Um die Ausgestaltung der getrennten Schlammfaulräume hat sich danach besonders die Kremer-Gesellschaft, Berlin-Schöneberg, verdient gemacht. Zur Zeit liegen die Verhältnisse so, daß beide Ausführungsarten, zweistöckige Anlagen mit Faulraum unter dem Absetzraum und danebengelagerte Faulräume, als gleichwertig nebeneinander bestehen. Nachdem die Vorgänge beim Ausfaulen in der Hauptsache geklärt und die Einflüsse, die auf den Faulprozeß wirken, im einzelnen ergründet sind, kann das Ziel, einen dränierbaren Schlamm mit geringem Wassergehalt zu erhalten, bei beiden Verfahren mit Sicherheit erreicht werden. Dabei ist der erforderliche Inhalt der Faulräume in beiden Fällen der gleiche, da die günstigste Temperatur bei getrennter Lage der Faulräume in einfachster Weise durch Erhitzen des Schlammes zu erreichen ist. Die Entscheidung wird also in erster Linie durch die Örtlichkeit im Hinblick auf die Boden- und Grundwasserverhältnisse bestimmt werden.

Im einzelnen kann man die Vorzüge und Nachteile der beiden Verfahren wie folgt zusammenfassen:

Vorzüge der zweistöckigen Anlagen.

1. Der Schlamm gelangt selbsttätig und ständig in kleinen Portionen in den Faulraum und reichert sich in günstigster Weise mit den Bakterien an, die zum Ausfaulen notwendig sind.

2. Der Betrieb der Anlage ist infolgedessen sehr einfach. Es bedarf nur der Kontrolle des Schlammspiegels und des rechtzeitigen Ablassens des ausgefaulten Schlammes. Ein Beseitigen der Schwimmschicht ist beim abgedeckten Faulraum im allgemeinen nicht erforderlich.

3. Der Faulraum wird durch das tiefe Einbetten in den Untergrund und durch das darüberfließende Abwasser auf einer günstigen Temperatur gehalten und ist von den Außentemperaturen wenig abhängig.

Nachteile der zweistöckigen Anlagen.

1. Das zu klärende Abwasser wird durch das Faulraumwasser infolge Austausches der beiden Flüssigkeiten ungünstig beeinflußt. Bei mangelhafter Betriebsführung ist ein Übertreten des Wassers vom Faulraum in den Absetzraum möglich.

2. Die Herstellung der unterirdischen Faulräume erfordert einen größeren Kostenaufwand als die Schaffung von Räumen oberhalb des Grundwasserspiegels. Bei schwierigen Bodenverhältnissen (Felsboden) und bei ungünstigen Grundwasserverhältnissen (starker Wasserandrang) steigern sich die Mehrkosten.

3. Das Erwärmen des Faulraumes bis zur optimalen Temperatur macht Schwierigkeiten, da die Wärmeabgabe infolge der Verbindung von Absetzraum und Faulraum sehr groß ist.

4. Eine Vergrößerung des Absetzraumes oder des Faulraumes allein, die durch eine spätere Änderung der Beschaffenheit und Menge des Abwassers sich notwendig machen kann, ist ausgeschlossen. Durch das festgelegte Größenverhältnis zwischen Absetzraum und Faulraum ist ein Anpassen an den tatsächlichen Bedarf nur schwer möglich.

Vorzüge der getrennten Schlammfaulräume.

1. Geringe Herstellungskosten der Gesamtanlage infolge wirtschaftlicher Ausbildung der Absetzräume und Ausgestaltung der Faulräume als Oberflächenbehälter.

2. Eine nachteilige Beeinflussung des Absetzraumes durch den Faulraum ist vollständig ausgeschlossen.

3. Absetzraum und Faulraum können selbsttätig nach Bedarf erweitert werden.

4. Das Heizen des Faulraumes bzw. des Frischschlammes ist in einfachster Weise möglich.

5. Das Beseitigen der Schwimmdeckenbildung ist mit einfachen Mitteln durchführbar.

6. Die Vorgänge im Faulraum können infolge der leichten Zugänglichkeit genau überwacht und beeinflußt werden.

7. Im besonderen ist die günstige Einstellung des pH-Wertes und ein Umwälzen des Schlammes zum Beschleunigen des Ausfaulens in einfachster Weise möglich.

Nachteile der getrennten Schlammfaulräume.

1. Der ausgeschiedene Frischschlamm muß in gewissen Zeitabständen, etwa täglich einmal, in die Faulräume gefördert werden. Im allgemeinen wird dies mittels Hebeanlage durchgeführt werden müssen. Nur unter besonders günstigen Verhältnissen, wenn der Grundwasserspiegel tief liegt, kann bei daneben gelagerten Faulräumen, wie bei der Konstruktion der Kremer-Gesellschaft oder dem Neustadter Becken, der Schlamm durch Wasserüberdruck in die Faulräume abgelassen werden.

2. Absetzraum und Faulraum bedürfen einer sorgfältigen Überwachung, der erstere, um das Ablassen des Schlammes rechtzeitig zu bewirken, der letztere, um Störungen vorzubeugen, die leichter eintreten können als bei zweistöckigen Anlagen.

3. Die Betriebskosten sind höher. Im besonderen ist für das Heben des Schlammes ein Aufwand an Energie erforderlich, der allerdings in vielen Fällen durch die Möglichkeit, den ausgefaulten Schlamm mit natürlichem Gefälle den Schlammtrockenplätzen zuzuführen, wettgemacht wird.

Zieht man aus dem Vorstehenden die Schlußfolgerungen, so läßt sich etwa folgender Grundsatz aufstellen: Bei kleineren Anlagen ist im allgemeinen den zweistöckigen Anlagen der Vorzug zu geben, während bei größeren Anlagen die Vorzüge der getrennten Schlammausfaulung überwiegen.

Die Vorzüge beider Anlagen lassen sich in gewissem Sinn vereinigen, ohne die Nachteile in Kauf nehmen zu müssen, wenn die Faulräume der zweistöckigen Anlage nur so groß gemacht werden, daß der Schlamm in ihnen das erste Stadium des Ausfaulens durchmacht, und wenn in daneben gelagerten Faulräumen der Schlamm danach vollständig ausfault. Der besondere Vorteil dieser Anordnung liegt darin, daß beim Schlammablassen immer mit Sicherheit ausgefaulter Schlamm zum Abfluß gelangt. Unterirdische und oberirdische Behälter nebeneinander haben sich ursprünglich bei alten zweistöckigen Anlagen durch die Betriebsverhältnisse als zweckmäßig ergeben. Neuerdings werden sie bei Neuanlagen aus den angegebenen Gründen von allem Anfang an angewendet, wie z. B. bei der Kläranlage der Stadt Danzig, die nach den Vorschlägen von Imhoff ausgebildet ist. Bei dieser Anlage bringt der Schlamm etwa die Hälfte der erforderlichen Ausfaulungszeit im Emscher-Brunnen zu, der 4000 m³ Inhalt hat, die andere Hälfte im Nachfaulraum, dessen Volumen 2000 m³ beträgt. Das Heben des Schlammes erfolgt mittels Druckkessels.

6. Berechnung der Schlammfaulräume.

Der Schlammfaulraum muß so groß dimensioniert werden, daß der anfallende Schlamm so lange aufgenommen werden kann, bis er ausgefault ist. Dabei ist es nicht erforderlich, daß das Ausfaulen bis zum letzten Rest der organischen Substanz durchgeführt wird, sondern es genügt, wenn der Wassergehalt so weit reduziert und die Beschaffenheit so verändert wird, daß er in wenigen Tagen trocknet und stichfest wird. Nach den Erfahrungen, die hierüber vorliegen, genügt die Verringerung des Wassers bis auf 80%, und diese Wirkung wird bei einer Temperatur des Faulraumes von 15° im allgemeinen mit einer Aufenthaltszeit des Schlammes im Faulraum von 3 Monaten erzielt.

Mit der Verringerung des Wassergehaltes ist eine starke Abnahme des Schlammvolumens verbunden, wie aus dem früher Ausgeführten hervorgeht. Der

Ablauf der Verringerung des Wassergehaltes gibt also die Grundlage dafür ab, welchen Raum ein Schlammteilchen zu einer bestimmten Zeit nach dem Einbringen jeweils erfordert. Sie wird bei tiefen Faulräumen, die unter hohem Druck stehen, etwas anders sein, als bei flachen, hochliegenden Faulräumen. Der Unterschied ist jedoch verhältnismäßig gering, so daß die in der Hauptsache an Emscher-Brunnen getroffenen Feststellungen allgemeine Gültigkeit beanspruchen. Die von Blunk (*281*) in jahrelangen Messungen und Berechnungen festgestellten Werte sind in Abb. 246 dargestellt und ergeben für den anfallenden Schlamm mit verschiedenem Wassergehalt die Wasserabnahme in Abhängigkeit von der Zeit. Hieraus kann die Abnahme des Schlammvolumens ohne weiteres errechnet werden.

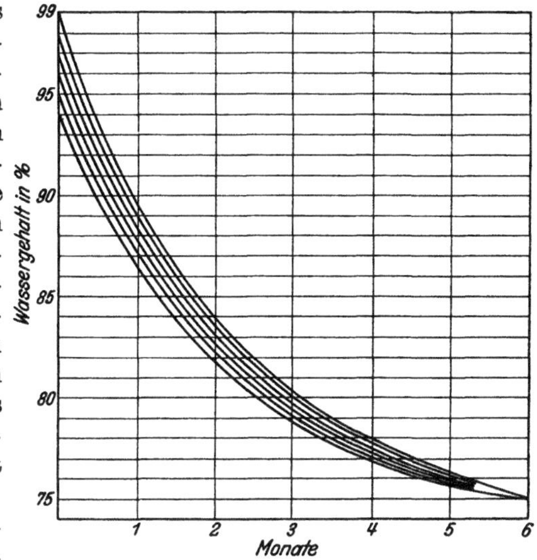

Abb. 246. Beziehung zwischen Faulzeit und Wassergehalt[1].

In der Abb. 247, die der Veröffentlichung von Prüß (*302*) entnommen ist, sind die Verhältnisse für einen Schlamm mit einem Anfangswassergehalt von 95% wiedergegeben. Kurve *I* stellt die Abnahme des Wassergehaltes und Kurve *II* die Abnahme des Schlammvolumens durch Wasserabgabe dar. Der Abstand der letzteren Kurve von der Abszissenachse gibt demnach das Volumen an, auf das die ursprüngliche eingebrachte Frischschlammenge von 20 Teilen (1 Teil Trockensubstanz + 19 Teile Wasser) im Laufe der Faulzeit zurückgeht. Geht man davon aus, daß täglich die gleiche Menge Schlamm zugeführt wird, so gibt die Integration der Ordinaten bis zu einem gewissen Zeitpunkt das Volumen des Schlammes an, auf das der eingebrachte Schlamm bis dahin reduziert ist, oder anders ausgedrückt, die Fläche zwischen der Kurve *II* und der Abszissenachse bis zu einer bestimmten Ordinate gibt die Faulraumgröße an, die notwendig ist, wenn der Schlamm bis zu diesem Zeitpunkt im Faulraum verbleiben soll. In Kurve *III* sind diese Werte als Summenkurve aufgetragen, reduziert im Verhältnis 1 : 20, so daß aus dieser Kurve ohne weiteres für 1 l tägliche Frischschlammzufuhr die erforderliche Größe des Faulraumes nach einer bestimmten Zeit entnommen werden kann. Beispielsweise würde für den Schlamm von 95% Wassergehalt bei einer Faulzeit von drei

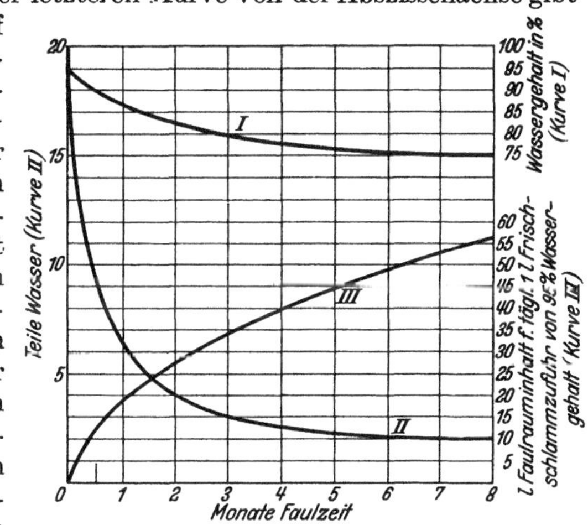

Abb. 247. Erforderlicher Faulrauminhalt[2].

[1] Nach Blunk: Gesundh.-Ing. 1925 S. 42.
[2] Nach Prüß: Gesundh.-Ing. 1928 S. 402.

Monaten eine Faulraumgröße von 34 l erforderlich sein. 1 l Frischschlamm mit 5% Trockensubstanz, das sind 50 g Trockensubstanz, von denen 60% = 30 g organischer Natur sind, entsprechen im großen Durchschnitt derjenigen Trockensubstanz, die von einem Einwohner täglich anfällt. Trägt man für diese festgelegte Trockensubstanz bei verschiedenem Wassergehalt die Raumgröße auf, so erhält man eine Kurvenschar nach Abb. 248. Aus dieser geht hervor, daß der Wassergehalt des ursprünglich anfallenden Frischschlammes für die Bestimmung der Faulraumgröße eine große Rolle spielt. Bei einem Wassergehalt von 98% beispielsweise beträgt der erforderliche Faulraum 48 l je Einwohner, während er bei einem Wassergehalt von 94% nur 34 l ausmacht, wenn die Ausfaulzeit 3 Monate ist.

Alle Werte der Abb. 247 und 248 gelten nur für eine ganz bestimmte Temperatur des Faulraumes, nämlich für 15°. Ist die Temperatur höher, so geht das Ausfaulen schneller vonstatten, ist sie niedriger, so erfordert das Ausfaulen eine längere Zeit. Die Ausfaulzeiten können direkt proportional der Gasausbeute gesetzt werden, die in Abb. 250 dargestellt ist. Setzt man die Werte bei einer Temperatur bei 15° = 1, so kann man aus der Gaskurve ohne weiteres einen

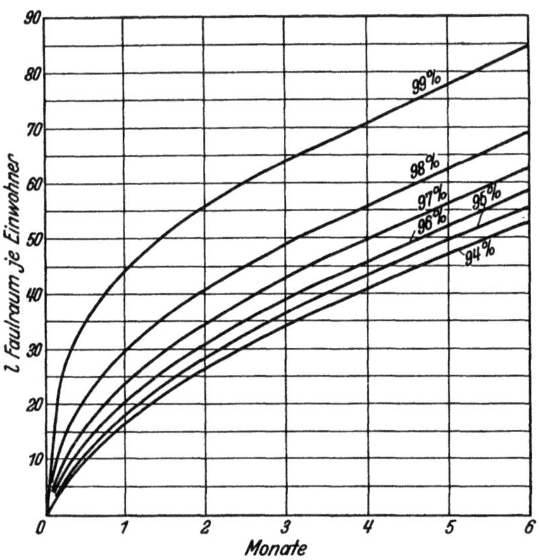

Abb. 248. Einfluß des ursprünglichen Wassergehaltes des Schlammes auf die Faulraumgröße[1].

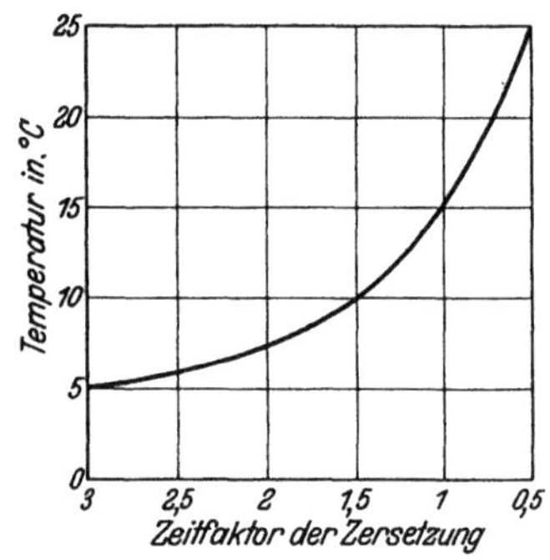

Abb. 249. Zeitfaktor der Zersetzung[2].

Zeitfaktor ermitteln, der den Einfluß der Temperatur berücksichtigt (Abb. 249). Multipliziert man die ermittelten Zeitwerte mit diesem Faktor, so ergeben sich die reduzierten Faulzeiten und damit die der veränderten Temperatur entsprechenden Faulraumgrößen.

Dieses Verfahren gibt insofern nicht ganz exakte Werte, als die Abnahme des Wassergehaltes bei anderen Temperaturen anders verläuft, als es in Kurve *I* der Abb. 247 bei der Normaltemperatur von 15° dargestellt ist. Daraus folgt eine andersartige Abnahme des Schlammvolumens. Der Fehler, der bei Benutzung der Werte für 15° mit einer reduzierten Faulzeit gemacht wird, ist jedoch gering und bleibt im Rahmen der Schwankungen, die durch die grundlegenden Annahmen bezüglich der Menge des Schlammes je Einwohner bedingt sind.

Beispiel: Für eine Stadt von 50000 Einwohnern soll die Größe des erforderlichen Faulraumes bestimmt werden. Der aus der Absetzanlage zu gewinnende Frischschlamm wird nach den Erfahrungen, die anderenorts unter ähnlichen Verhältnissen gemacht sind, einen Wassergehalt von 94% haben. Einflüsse von

[1] Nach Blunk: Gesundh.-Ing. 1925 S. 42.
[2] Nach Blunk: Gesundh.-Ing. 1925 S. 40.

industriellem Abwasser kommen nicht in Frage. Die Temperatur in den daneben gelagerten Schlammfaulräumen soll durch Heizen auf 20° im Jahresdurchschnitt gehalten werd n. Der Wassergehalt des Schlammes soll im Faulraum im Interesse der weiteren Behandlung auf 80% heruntergedrückt werden.

Aus Abb. 247 ergibt sich als erforderliche Zeit bis zum Erreichen des gewünschten Wassergehaltes 2,6 Monate = 80 Tage bei der Normaltemperatur von 15°. Infolge der erhöhten Temperatur wird diese Ausfaulzeit auf $80 \cdot 0{,}7 = 56$ Tage abgekürzt. Diesem Werte entspricht in der Abb. 248 ein Wert von 25 l je Einwohner. Demnach ist die erforderliche Faulraumgröße $25 \cdot 50000 = 1250$ m³.

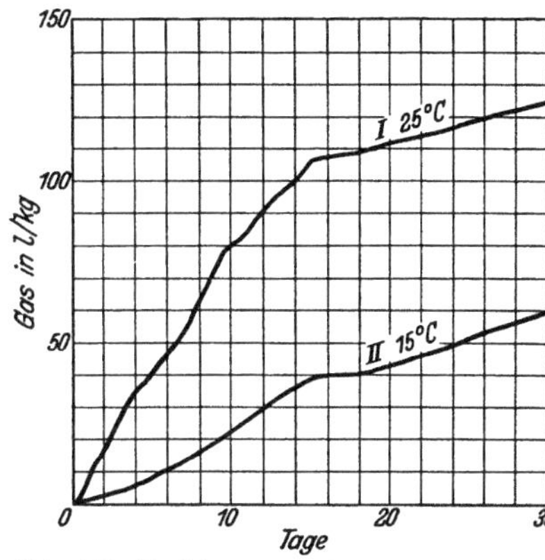

Abb. 250. Beziehung zwischen Gasmenge und Faulzeit bei verschiedenen Temperaturen[1].

7. Gasmenge, Gasgewinnung, Gasverwertung.

Die Gasmenge, die beim Ausfaulen des Frischschlammes entwickelt wird, ist natürlich abhängig von der Menge und Zusammensetzung der Trockensubstanz, während der Ablauf der Gaserzeugung eine Funktion der Temperatur ist. Blunk (*281*) hat Vergasungsversuche mit Frischschlamm, der mit Faulschlamm gemischt angesetzt wurde, in ruhendem, geschlossenem Behälter angestellt, ohne daß neuer Schlamm zugeführt wurde, um die Abhängigkeit von der Temperatur klarzustellen. Abb. 250 stellt das Ergebnis dieser Versuche dar, und zwar geben die beiden Kurven die Gasmenge, die aus 1 kg Trockensubstanz durch Zersetzung erzeugt wird. Danach beträgt die Gesamtgasmenge bei 15° 60 l und bei 25° 124 l in 30 Tagen.

Ganz anders liegen die Verhältnisse, wenn täglich Frischschlamm zugeführt wird. In einem gut eingearbeiteten Faulraum wird der neu hinzukommende Schlamm sofort mit den Zersetzungsbakterien besetzt, und das Ausfaulen geht sehr viel schneller vonstatten. Die bei diesen Betriebsverhältnissen erzeugte Gasmenge kann man im großen Durchschnitt mit 8 bis 10 l je Einwohner und Tag in Ansatz bringen, bezogen auf einen Schlamm von 95% Wassergehalt und einer mittleren Temperatur des Faulraumes von 15°, wenn der Schlamm Gelegenheit hat, 3 Monate im Faulraum zu verbringen und bis auf 80% Wassergehalt herunter zu gehen. Im Jahre ist also unter den genannten Verhältnissen je Einwohner mit einem Gasanfall von rund 3 m³ zu rechnen. Aus dem Vorstehenden ist ohne weiteres ersichtlich, daß der Anfangswassergehalt des Schlammes und die Temperatur von maßgebendem Einfluß sind. Je höher der Wassergehalt ist, um so geringer ist bei gleicher Faulzeit die erzeugte Gasmenge. Die Verhältnisse lassen sich nach Blunk (*281*) etwa nach der Art der Abb. 251 darstellen, bezogen auf 1 m³ Frischschlamm bei einer mittleren Temperatur von 15°. Ist die Temperatur eine andere, so ist der Zeitfaktor gemäß Abb. 249 einzuführen.

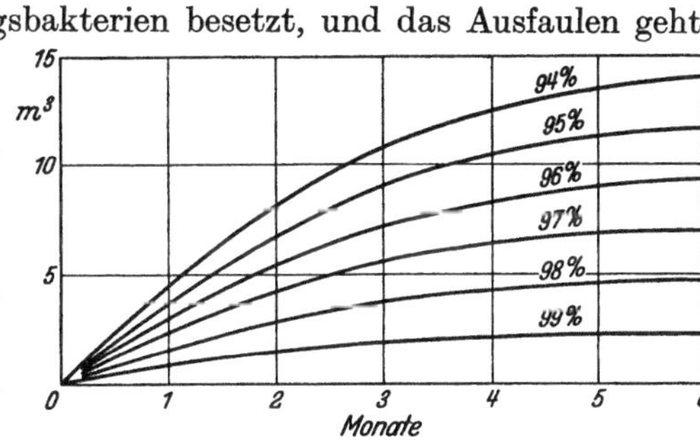

Abb. 251. Gesamte Gasmenge bei verschiedenem Wassergehalt[2].

[1] Nach Blunk: Gesundh.-Ing. 1925 S. 40.
[2] Nach Blunk: Gesundh.-Ing. 1925 S. 44.

Prüß hat in (*302*) eine Kurvendarstellung gegeben, aus der für einen Wassergehalt des Frischschlammes von 95% der tägliche Gasanfall je Einwohner unmittelbar entnommen werden kann. Sie ist in Abb. 252 wiedergegeben. Aus dieser geht hervor, daß beim Ausfaulen bis auf 75% Wassergehalt annähernd die doppelte Gasmenge gewonnen wird, als beim Ausfaulen auf 80%. Gleichwohl kann dieses vollkommenere Ausfaulen nur unter besonderen Verhältnissen empfohlen werden, dann nämlich, wenn das Faulraumgut mit gutem, wirtschaftlichem Erfolge verwertet werden kann. In jedem einzelnen Falle ist durch vergleichende Kostenberechnungen festzustellen, ob die Mehrkosten, die dadurch bedingt sind, wieder eingebracht werden durch die größere Gasausbeute. Vom Standpunkt des Betriebes darf dabei nicht außer acht gelassen werden, daß ein gewisser Gasgehalt des ausgefaulten Schlammes erforderlich ist, um den Schlamm im fließbaren Zustand zu erhalten und ein schnelles Abtrocknen zu ermöglichen.

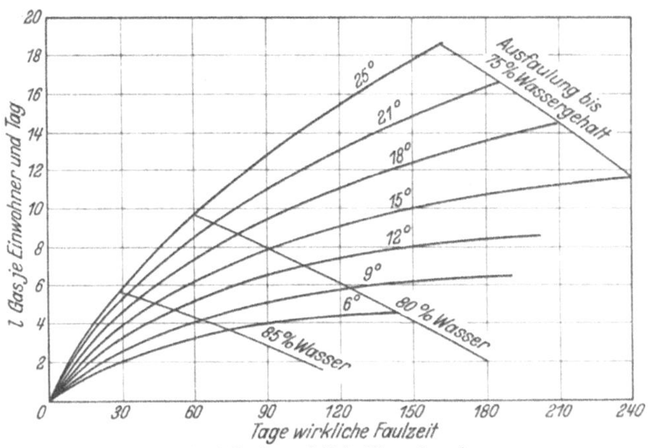

Abb. 252. Gasanfall je Einwohner[1].

Die Gasgewinnung ist bei den zweistöckigen Absetzanlagen verhältnismäßig einfach, da die Faulräume durch die Begrenzung der Absetzräume zum Teil abgedeckt sind. Bei den Emscher-Brunnen hat man nur nötig, die Räume zwischen den Absetzflächen und zwischen diesen und den äußeren Begrenzungswänden durch eine Eisenbetondecke abzuschließen. Bei anderen Konstruktionen, vor allem bei den daneben gelagerten Faulräumen, ist eine Decke über den ganzen Faulraum zu spannen, die aus statischen Gründen zweckmäßig als Gewölbe ausgebildet wird. Die Gasdichtigkeit dieser Decken wird bei vielen Ausführungen dieser Art, so auch im Gebiet der Emscher-Genossenschaft und des Ruhr-Verbandes, dadurch erreicht, daß die Decke gemäß Abb. 253 in den Faulraum eintaucht und das Faulraumwasser die Decke überstaut. Dabei bildet sich oberflächlich eine Schwimmdecke, die zu Geruchsbelästigungen Anlaß gibt. Außerdem wird durch die freie Oberfläche zu Zeiten geringer Außentemperatur der Faulrauminhalt stark abgekühlt, indem das Oberflächenwasser mit geringer Temperatur nach

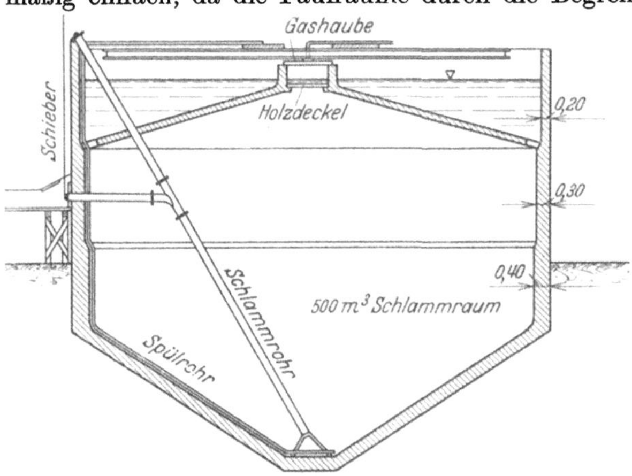

Abb. 253. Gasgewinnung bei selbständigem Schlammfaulraum.

[1] Nach **Prüß**: Gesundh.-Ing. 1928 S. 405.

unten absinkt und warmes Wasser nach der Oberfläche aufsteigt, um dann den gleichen Einflüssen zu unterliegen. Günstiger, sowohl im Hinblick auf den Wärmeverlust, als auch in ästhetischer Beziehung, ist es, wenn der Behälter mit einer Eisenbetondecke oberhalb des Schlammwasser spiegels abgedeckt und diese in bester Weise gegen Wärmeverluste isoliert wird. Außerdem ist bei dieser Ausgestaltung die Explosionsgefahr beim Ablassen des Schlammes geringer, als bei der ersten Konstruktion. Denn bei dieser kommt ein Explosionsgemisch zustande, sobald der Wasserspiegel unter die Schlitze abgesenkt wird, während bei der allseitig geschlossenen Konstruktion der Faulraum vollständig entleert werden muß, ehe eine gefährliche Mischung entsteht. Die Gasdichtigkeit ist unschwer bei Verwendung von bituminösen Bindemitteln, vor allem von Asphalt, zu erzielen.

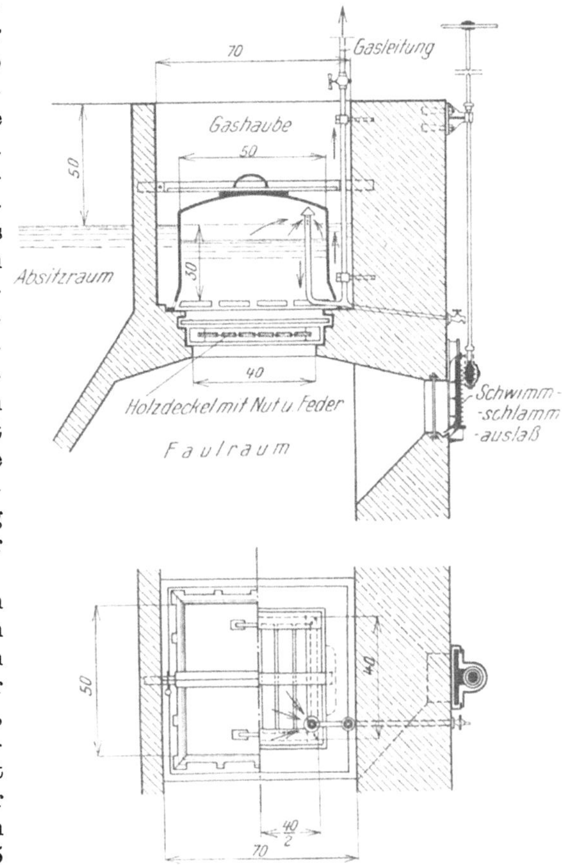

Abb. 254. Gashaube des Ruhr-Verbandes[1].

Das Gas wird in eisernen Hauben gesammelt, die über Hochpunkten angeordnet sind. Sie haben einen Wasserverschluß und stehen unter einem Überdruck von etwa 200 mm, der ausreicht, um das Gas in die Leitungen zu drücken. Abb. 254 stellt eine Gashaube bei untergetauchter Gasdecke bei den Emscher-Brunnen des Ruhr-Verbandes dar, Abb. 255 zeigt die verbesserte Gashaube der Berliner Vorkläranlage in Waßmannsdorf. Diese ist gegenüber der ursprünglichen Ausführung erhöht worden, um die porösen Betonplatten leichter zugängig zu machen. Das Gas wird entweder dem höchsten Punkte der Haube unmittelbar entnommen oder mittels Rohr im Innern abgezogen. Das abgefangene Gas wird entweder dem Gasbehälter oder unmittelbar der Verwendungsstelle zugeführt. Um zu verhindern, daß Schwimmschlamm in die Gashaube aufsteigen kann, wird unter den Öffnungen entweder ein hölzerner Rost eingebaut, der nur das Gas durchläßt, oder

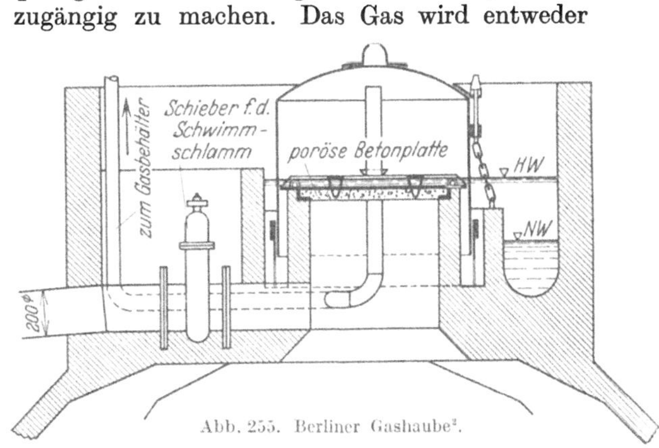

Abb. 255. Berliner Gashaube[2].

[1] Nach Schoklitsch: Der Wasserbau Bd. 1.
[2] Nach Langbein u. Krell: Gas- u. Wasserfach 1931 S. 470.

in die Öffnungen werden gasdurchlässige Betonplatten eingelegt. Man kann die Bildung der Schwimmschicht auch dadurch einschränken, daß unter der Gashaube ein Rührwerk eingebaut wird, das im Bedarfsfall von Hand bewegt wird. Nach den guten Erfahrungen, die man hiermit in Amerika gemacht hat, ist ein solches auf der Kläranlage in Hattingen zur Ausführung gebracht. Man ordnet auch wohl in Höhe der Schwimmschicht ein Ablaßrohr an, mit Hilfe dessen der Schlamm abgelassen werden kann, sofern er eine gewisse Stärke noch nicht überschritten hat.

Das Faulgas ist in jedem Falle nur Nebenprodukt, das, ohne die Klärwirkung zu beeinträchtigen, auch in die Luft abgelassen werden kann. Seine Gewinnung lohnt sich nur bei größeren Anlagen, wobei gewisse Unbequemlichkeiten der Betriebsführung, namentlich hinsichtlich der Schwimmdeckenbildung, in Kauf genommen werden. Bei kleinen Anlagen wird man im allgemeinen darauf verzichten, das Faulraumgas zu gewinnen und zu verwerten.

Gasverwertung. Das Faulraumgas ist ein Mischgas und besteht, wie früher ausgeführt ist, zu etwa 70 bis 80% aus Methan (CH_4). Dadurch ist der hohe Heizwert von 6000 bis 8000 WE bedingt gegenüber einem Werte bei dem Leuchtgas von etwa 4000 WE. Das Faulraumgas kann in gleicher Weise wie dieses zu Leuchtzwecken, zu Heizzwecken und zur Krafterzeugung benutzt werden. Die einfachste Art der Anwendung besteht darin, daß es einem in erreichbarer Nähe befindlichen Gasbehälter zugeleitet wird. Je nach dem Verhältnis der Faulgasmenge zur Leuchtgasmenge wird dadurch der Kohlensäuregehalt des städtischen Gases, aber auch der Heizwert erhöht. Die Länge der Anschlußleitung, die zur Einführung in einen bestimmten Sammelbehälter verlegt werden kann, hängt von dem zu erzielenden Verkaufspreis ab. Dieser wird je nach den örtlichen Verhältnissen zwischen 4 bis 10 Pfg. je m^3 Faulgas liegen.

Besonders naheliegend ist die Verwendung des Faulgases für die Zwecke der Kläranlage selbst. Bei dieser liegt ein Energiebedarf für die verschiedensten Zwecke vor, nämlich zum Heizen der Faulräume, zum Heben des Schlammes, zum Heben des Abwassers, zur Erzeugung von Druckluft für eine weitere biologische Reinigung und als Ersatz für Leuchtgas in dem Bereich der Kläranlage.

Soll das Gas zum Heizen der Faulräume benutzt werden, so wird es in geeigneten Öfen verbrannt. Der thermische Wirkungsgrad bei der Erwärmung des Schlammes kann mit etwa 60% angesetzt werden, so daß im ungünstigsten Falle etwa 3600 WE auf den Schlamm übergehen. Um eine bestimmte Temperatur im Faulraum zu erzielen, ist es weiterhin notwendig, die Wärmeverluste, die durch Abgabe an die Umgebung entstehen, zu ersetzen. Das Maß dieser Wärmeabgabe ist davon abhängig, wie der Faulraumbehälter ausgebildet ist. Bei den Faulräumen des Emscher-Brunnens sind die Wärmeverluste sehr groß, da ein ständiger Austausch zwischen Absetzraum und Faulraum statthat. Die Erwärmung ist aber auch hier nur unter besonderen Verhältnissen notwendig, da die Temperatur des Wassers die Faulraumtemperatur bestimmt. Dagegen ist bei getrennten Schlammfaulräumen ein Beheizen immer zweckmäßig, um den Inhalt der Faulräume auf die Größe bei zweistöckigen Anlagen zu beschränken. Der Wärmebedarf selbst ist natürlich größer bei offenen Faulbehältern und geringer, wenn dieser allseitig gut isoliert ist. Vergleichende Untersuchungen hierüber sind von Prüß in *(301)* veröffentlicht worden, auf die besonders verwiesen sei.

Man kann als Grundlage annehmen, daß die zum Beheizen des Schlammes auf die optimale Temperatur erforderliche Wärmemenge aus dem Schlamm selbst gewonnen werden kann. Ob das Heizen der Faulräume im einzelnen Falle wirtschaftlich ist, bedarf natürlich eingehender Untersuchung. Heilmann *(309)* hat den Jahresaufwand für die nachträgliche Einrichtung zum Beheizen der Emscher-Brunnenfaulräume und deren Betrieb auf der Kläranlage der Stadt

Halle berechnet und sie der Herstellung eines Nachfaulbehälters gegenübergestellt. Die letzteren ergeben günstigere Werte und sind deshalb zur Ausführung gekommen.

Die Verwertung des Faulgases für Kraftzwecke geschieht in Gasmotoren, deren Ausgestaltung gegenüber dem gewöhnlichen Gasmotor nur bezüglich der Mischeinrichtung einer Änderung bedarf. Zur Schonung der Motoren müssen die Spuren von Schwefelwasserstoff, die in dem Mischgas auftreten können, beseitigt werden. Das geschieht durch Reiniger, die mit Raseneisenstein oder Lautamasse gefüllt werden. Die aus 1 m³ zu gewinnende Energie beträgt im Durchschnitt 2,4 bis 3,4 PS/h. Bei kleineren und mittleren Anlagen ist es zweckmäßig, jede der erforderlichen Arbeitsmaschinen, wie Heißwasserpumpen, Schlammpumpen, Luftkompressoren usw. durch einen besonderen Motor antreiben zu lassen. Bei größeren Anlagen empfiehlt es sich, die Erzeugung der Energie an einer Stelle zu zentralisieren und in elektrische Energie umzusetzen, die dann den einzelnen Arbeitsmaschinen zugeleitet wird. Nach diesem Grundsatz ist auf der neuen Kläranlage der Stadt Berlin in Stahnsdorf verfahren. Nach den vorliegenden Berechnungen glaubt man hier den Gesamtenergiebedarf zum Heizen des Schlammes in den getrennten Schlammfaulbehältern und zum Erzeugen der erforderlichen Druckluft für die Belebtschlammanlage aus dem Faulgas decken zu können. Dabei wird der sogenannte Überschußschlamm der Belebtschlammanlage mit in den Faulbehältern ausgefault, und die Wärme zum Beheizen derselben durch die Abwärme der Gasmotoren bestritten.

Bei der Benutzung der Abfallwärme der Kraftmaschine kann nach Prüß (*301*) damit gerechnet werden, daß je PS/h etwa 800 WE an Kühlwasser abgegeben werden, und daß etwa die gleiche Wärmemenge in den Auspuffgasen enthalten ist. Diese Menge ist hinreichend groß, um den Wärmebedarf der Faulräume zu decken.

Auf der Kläranlage der Stadt Berlin in Waßmannsdorf reicht das in den Emscher-Brunnen gewonnene Gas zu, um die gesamten Abwässer nach dem 12 km entfernt gelegenen Rieselfeld zu pumpen.

Das Gas, das für allgemeine Zwecke, vor allem für Leucht- und Kochzwecke in den Wohnungen benutzt wird, muß gleichfalls von dem Schwefelwasserstoff befreit werden. Dadurch wird es vollkommen geruchlos, so daß ein Ausströmen infolge Undichtigkeiten der Leitungen nicht wahrgenommen wird. Um die damit verbundene Gefahr zu vermindern, muß deshalb dem Gase durch Zusetzen von einem unschädlichen Mittel — als solches kommt in erster Linie Merkaptan in Frage — wieder ein Geruch verliehen werden, der sich sofort bei Unregelmäßigkeiten bemerkbar macht. Die auf Leuchtgas eingerichteten Brenner und dergleichen sind nicht ohne weiteres verwendbar, sondern bedürfen einer geringen Umänderung, um das richtige Verhältnis von Gas zu Verbrennungsluft zu erhalten.

8. Erwärmen der Schlammfaulräume.

Die Zuführung von Wärme in den Faulraum zur Erzielung der günstigsten Temperatur kann in verschiedener Weise erfolgen. Bei den ersteren Ausführungen dieser Art, die im Ruhrgebiet gemacht sind, wurde warmes Wasser in den Faulraum der Emscher-Brunnen eingeleitet. Der Wirkungsgrad dieser Maßnahme war gering, da eine entsprechende Menge Faulraumwasser verdrängt und dadurch viel Wärme an den Absetzraum abgegeben wurde. Dagegen ist dieses Verfahren anwendbar bei getrennten Schlammfaulräumen. Eine andere Möglichkeit zum Erwärmen des Faulrauminhaltes besteht darin, daß in diesem Heizschlangen verlegt werden, in denen Warmwasser bewegt wird. Hierbei ist es schwierig, zu vermeiden, daß sich um die Heizrohre eine Schlammkruste bildet, die die Wärmeabgabe beeinträchtigt. Besonders gilt dies von den am Boden liegenden anlage von Oberhausen (Abb. 259), die von **Prüß** konstruiert ist, liegt der Schlammraum zwischen den Absetzräumen mit einem Wasserspiegel, der höher ist, als der des Absetzraumes. Der Schlamm wird mittels Mammutpumpe in den Faulraum gehoben.

Bei der Kläranlage der Wasser- und Abwasserreinigungs-Gesellschaft-Neustadt a. d. Hardt wird der gleiche Zweck in ähnlicher Weise erreicht, siehe Abb. 260. Der Schlamm wird an dem einen Ende des Faulraumes eingebracht und der ausgefaulte Schlamm am anderen Ende abgezogen, so daß sich der Schlamm durch das Becken der Länge nach bewegt und am Auslauf nur vollständig ausgefaulter Schlamm austritt.

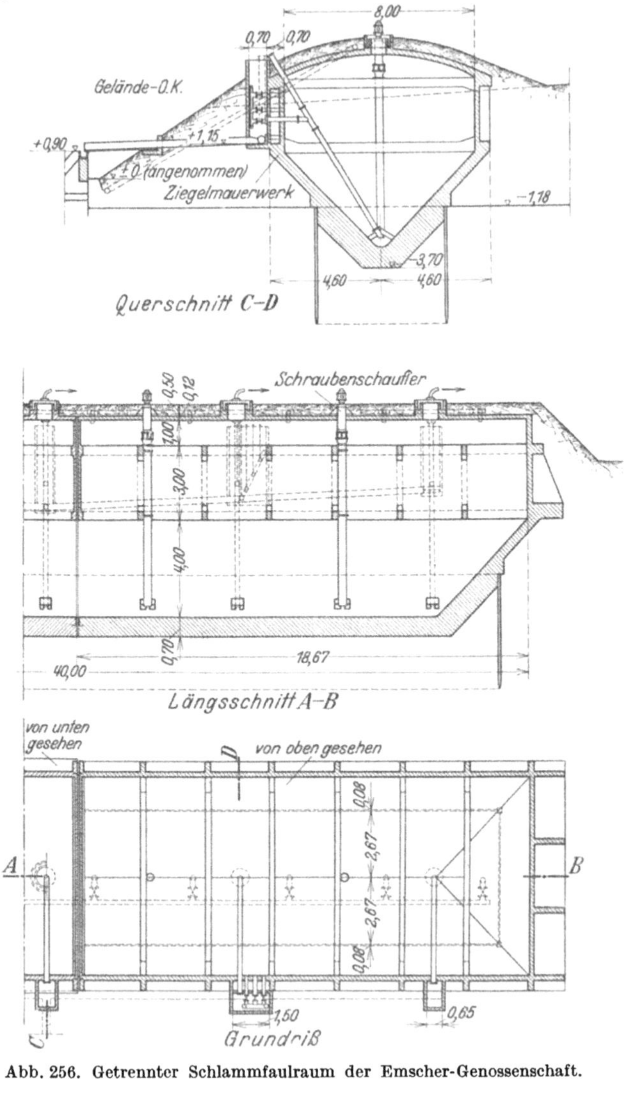

Abb. 256. Getrennter Schlammfaulraum der Emscher-Genossenschaft.

10. Trocknen des Schlammes.

Nachdem der Schlamm ausgefault ist, wird er auf Schlammtrockenplätze gebracht. Dort verringert sich der Wassergehalt weiter bis auf etwa 55 bis 60%, indem das Wasser, das nicht mehr an die Kolloide gebunden ist, nach unten absickert. Beträgt der Anfangswassergehalt des Frischschlammes 95% (5% Trockensubstanz), so bedeutet eine Verringerung auf 60%, daß der getrocknete Schlamm nur noch $^1/_8$ des ursprünglichen Volumens des Frischschlammes einnimmt. Auf diese Weise ist es möglich, die Menge des Schlammes so weit zu verringern, daß die Unterbringung im allgemeinen keine Schwierigkeiten macht. Dazu kommt noch, daß auch die Beschaffenheit derart geändert ist, daß Belästigungen irgendwelcher Art ausgeschlossen sind. Der Schlamm riecht nicht mehr und hat das Aussehen von krümeliger Gartenerde (Abb. 261), so daß er unbedenklich zum Aufhöhen von Gelände benutzt oder an geeigneter Stelle gestapelt werden kann. Das Trocknen des Schlammes erfordert bei gutem Wetter etwa 3 bis 4 Tage, bei ungünstigen Witterungsverhältnissen unter Umständen 14 Tage und mehr. Bei unseren klimatischen Verhältnissen, unter denen 200 Tage im Jahre Regentage sind, kann eine Schlammtrockenfläche etwa 12 mal im Jahre beschickt werden. Im übrigen ist natürlich die notwendige Größe abhängig von dem Wasseranlage von Oberhausen (Abb. 259), die von Prüß konstruiert ist, liegt der Schlammraum zwischen den Absetzräumen mit einem Wasserspiegel, der höher ist, als der des Absetzraumes. Der Schlamm wird mittels Mammutpumpe in den Faulraum gehoben.

Bei der Kläranlage der Wasser- und Abwasserreinigungs-Gesellschaft-Neustadt a. d. Hardt wird der gleiche Zweck in ähnlicher Weise erreicht, siehe Abb. 260. Der Schlamm wird an dem einen Ende des Faulraumes eingebracht und der ausgefaulte Schlamm am anderen Ende abgezogen, so daß sich der Schlamm durch das Becken der Länge nach bewegt und am Auslauf nur vollständig ausgefaulter Schlamm austritt.

10. Trocknen des Schlammes.

Nachdem der Schlamm ausgefault ist, wird er auf Schlammtrockenplätze gebracht. Dort verringert sich der Wassergehalt weiter bis auf etwa 55 bis 60%, indem das Wasser, das nicht mehr an die Kolloide gebunden ist, nach unten absickert. Beträgt der Anfangswassergehalt des Frischschlammes 95% (5% Trockensubstanz), so bedeutet eine Verringerung auf 60%, daß der getrocknete Schlamm nur noch $^1/_8$ des ursprünglichen Volumens des Frischschlammes einnimmt. Auf diese Weise ist es möglich, die Menge des Schlammes so weit zu verringern, daß die Unterbringung im allgemeinen keine Schwierigkeiten macht. Dazu kommt noch, daß auch die Beschaffenheit derart geändert ist, daß Belästigungen irgendwelcher Art ausgeschlossen sind. Der Schlamm riecht nicht mehr und hat das Aussehen von krümeliger Gartenerde (Abb. 261), so daß er unbedenklich zum Aufhöhen von Gelände benutzt oder an geeigneter Stelle gestapelt werden kann. Das Trocknen des Schlammes erfordert bei gutem Wetter etwa 3 bis 4 Tage, bei ungünstigen Witterungsverhältnissen unter Umständen 14 Tage und mehr. Bei unseren klimatischen Verhältnissen, unter denen 200 Tage im Jahre Regentage sind, kann eine Schlammtrockenfläche etwa 12 mal im Jahre beschickt werden. Im übrigen ist natürlich die notwendige Größe abhängig von dem Wasser-

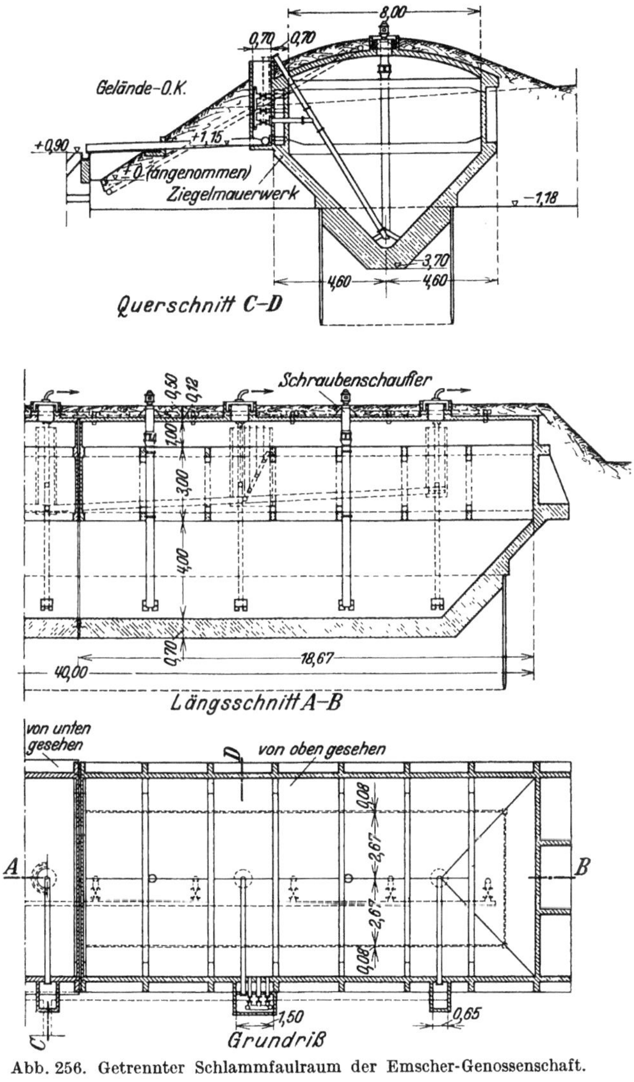

Abb. 256. Getrennter Schlammfaulraum der Emscher-Genossenschaft.

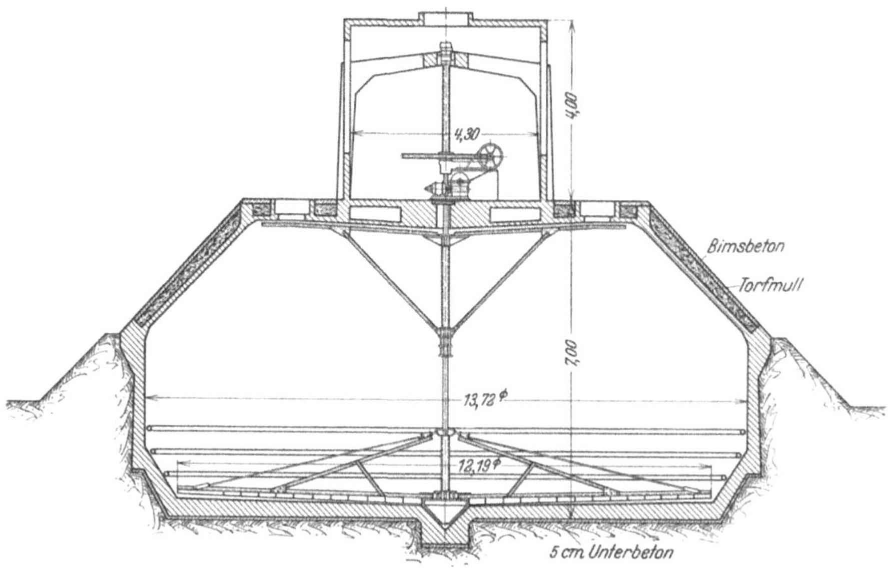

Abb. 257. Getrennter Schlammfaulraum der Dorr-Gesellschaft.

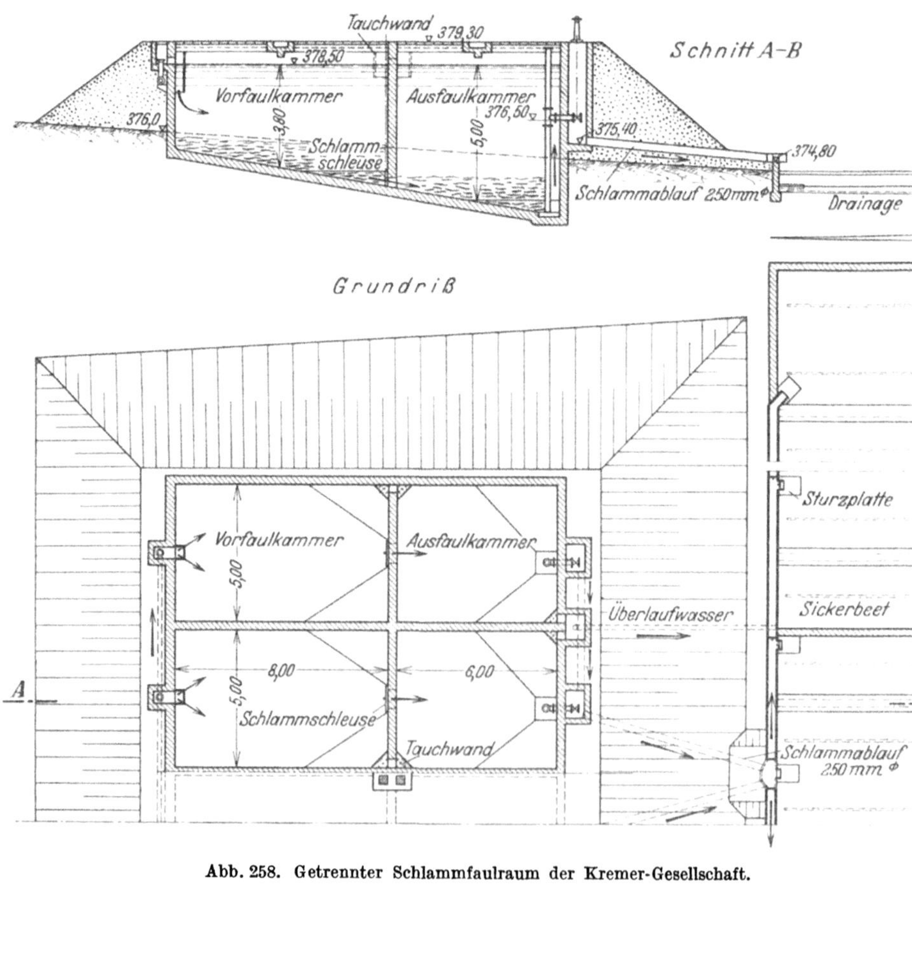

Abb. 258. Getrennter Schlammfaulraum der Kremer-Gesellschaft.

gehalt, mit dem der Schlamm auf die Trockenplätze gebracht wird. Nach den Erfahrungen der Emscher-Genossenschaft gilt für die Beziehung zwischen 1 m² Trockenplatzfläche und dem Wassergehalt des abgelassenen Schlammes die in Abb. 262 dargestellte Kurve für 1 m³ Jahresschlammenge. Danach beträgt für einen Wassergehalt von 80% die erforderliche Größe 0,4 m² für 1 m³ ausgefaul-

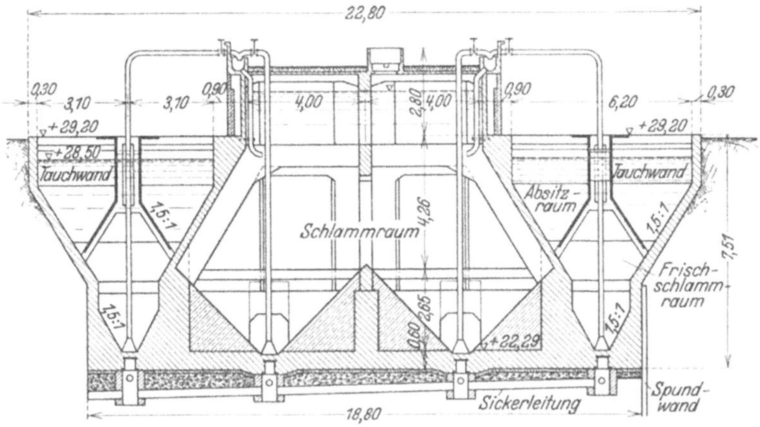

Abb. 259. Absetzraum und Schlammfaulraum nebeneinander (nach Prüß).

ten Schlamm. Legt man als Mittelwert für den Schlammanfall je Kopf und Tag 0,2 l zugrunde, so ergibt sich im Durchschnitt, daß 1 m² für 35 Einwohner unter den genannten Annahmen ausreicht.

Die Schlammtrockenplätze erhalten eine Unterlage aus grobem Kies oder Schotter und werden mit einer guten Dränage ausgerüstet. Die Unterlage wird,

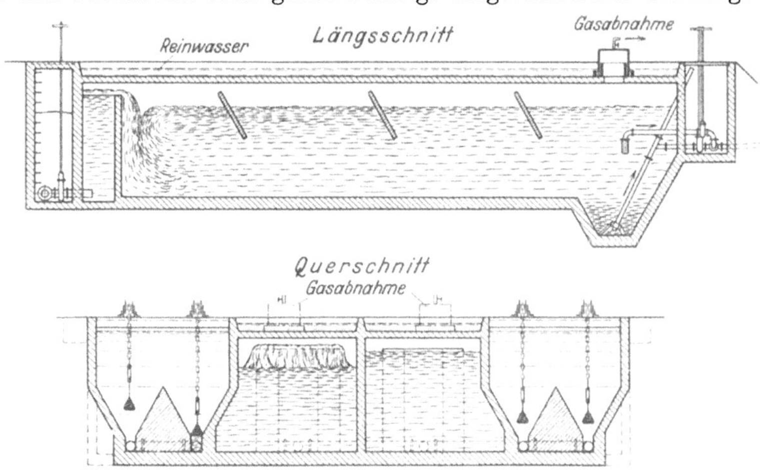

Abb. 260. Selbständiger Schlammfaulraum der Abwasserreinigungs-Gesellschaft Neustadt.

um das Eindringen von Schlamm hintanzuhalten, in den meisten Fällen mit einer Lage feineren Sandes abgedeckt, die in gewissen Zeiträumen erneuert werden muß, da sie beim Abnehmen des Schlammes verringert wird. Sie kann ersetzt werden durch Betonplatten oder durch eine Ziegelflachschicht, die mit offenen Stoßfugen verlegt werden. Die Aufteilung des Trockenplatzes ist davon abhängig, welches Gerät zum Fördern des getrockneten Schlammes benutzt wird. Bei kleineren Anlagen mit Feldbahn, in die von Hand geladen wird, ergibt sich die zweckmäßigste Breite der einzelnen Felder zu 4,0 m. Sie werden durch senkrechte Betonwände gegeneinander abgegrenzt. Bei größeren Anlagen werden Bagger benutzt, von deren Ausbildung die Größe der einzelnen Felder bestimmt wird.

Für den Transport des Schlammes in offenen Gerinnen mittels Schwerkraft ist ein Gefälle von etwa 12‰ erforderlich. Der ausgefaulte Schlamm wird im

Abb. 261. Ansicht eines Schlammtrockenplatzes.

Mittel 25 cm hoch aufgebracht und geht beim Eintrocknen bis auf etwa 10 cm zurück.

Um von den Witterungsverhältnissen unabhängig zu sein, werden in den Vereinigten Staaten von Amerika die Trockenplätze vielfach nach Art von Gewächshäusern überdacht, besonders dann, wenn die zur Verfügung stehende Fläche beschränkt ist. Auf diese Weise kann mit Sicherheit ein Eintrocknen des Schlammes in 4 bis 5 Tagen erreicht werden, wenn für eine vollkommene Lufterneuerung gesorgt ist.

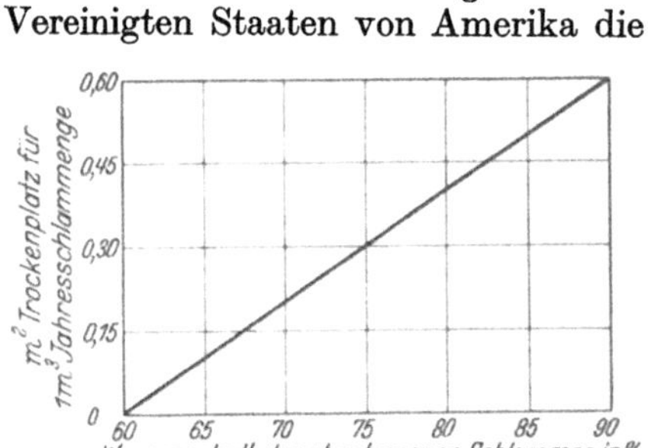

Abb. 262. Beziehung zwischen dem Wassergehalt des Schlammes und der Größe des Schlammtrockenplatzes[1].

Nachdem der Schlamm stichfest geworden ist, kann er zur beliebigen Verwendung abgefahren werden. Jedenfalls muß der Trockenplatz nach einer gewissen Zeit geräumt werden. Das bedeutet doppelte Transportkosten, wenn eine sofortige Verwertung nicht angängig ist. Man ist deshalb im Gebiet der Emscher-Genossenschaft in den letzten Jahren allgemein dazu übergegangen, die Trocknung auf besonderen Schlammtrockenplätzen aufzugeben und den ausgefaulten Schlamm lagenweise auf Lagerplätzen unterzubringen, die ein Aufspeichern des Schlammes in höheren Schichten, 2,0 m und mehr, durch Herstellung von entsprechend hohen Erddämmen zulassen. Die Vorteile dieses Verfahrens bestehen darin, daß der Schlamm durch Pumparbeit im flüssigen Zustand endgültig beseitigt

[1] Nach Blunk: Gesundh.-Ing. 1925 S. 43.

wird, und daß der ungünstige Einfluß längerer Regenperioden auf den Betrieb der Trockenanlage ausgeschaltet wird. Diese Schlammlagerplätze (sludge lagoons) haben sich in jeder Beziehung bewährt und sind nicht zu verwechseln mit den Schlammteichen, in denen der Frischschlamm noch auf einzelnen Kläranlagen gestapelt wird. Während die ersteren vollkommen ohne Geruchsbelästigung arbeiten, dauert das Ausfaulen des Schlammes bei den letzteren, wenn es überhaupt dazu kommt, jahrelang und verpestet die nähere und weitere Umgebung.

Für die Verwertung des Abwasserschlammes für landwirtschaftliche Zwecke ist es wichtig, zu wissen, wie sich der Dungwert des Faulschlammes im Vergleich zum Frischschlamm verhält. Die vielfach vertretene Ansicht, daß Frischschlamm besser sei, als Faulschlamm, kann nach den exakten Untersuchungen von Sierp (*279*) nicht mehr aufrechterhalten werden. Durch diese ist der Nachweis erbracht, daß der Faulschlamm einen höheren Dungwert besitzt, als der Frischschlamm, und daß der letztere erst einen Faulprozeß durchmachen muß, um Dungkraft zu erlangen. Dazu kommt noch, daß der Frischschlamm quantitativ erheblich minderwertiger ist. Sind doch in 1 m^3 Frischschlamm bei 95% Wassergehalt nur 50 kg Trockensubstanz, während in dem ausgefaulten Schlamm bei einem Wassergehalt von 80% 200 kg, d. h. viermal so viel Trockenmasse enthalten ist, die für den Dungwert bestimmend ist. Der für die Bodenbewirtschaftung ungünstige Fettgehalt beträgt 5 bis 6% beim Frischschlamm, während der Faulschlamm davon nur etwa die Hälfte enthält. Bei Verwendung von Frischschlamm muß überdies eine starke Geruchsbelästigung in Kauf genommen werden, die durch den Faulprozeß veranlaßt wird, und eine starke Verunkrautung setzt ein. Dagegen hat der ausgefaulte Schlamm nur noch einen erdigen, teerigen Geruch, er kann leicht auf Land ausgestreut werden, und die Unkrautbildung ist gering, da die Samen zum großen Teil durch den Faulprozeß zerstört sind.

XXI. Chemische Behandlung des Abwassers.

A. Anwendung von Fällungsmitteln.

Die chemische Behandlung des Abwassers war in früheren Jahrzehnten vielfach in Anwendung. Vor allem wurden Fällungsmittel in vielen Kläranlagen dem Abwasser zugesetzt, einmal, um eine vollkommenere Sedimentation zu erreichen und zum anderen deshalb, um einen Schlamm zu erhalten, der sich besser entwässern läßt als der normale Frischschlamm. Da die Fällmittel auch die feinsten Schwebestoffe, die sonst nicht absetzbar sind, und einen Teil der Kolloidstoffe mit zu Boden reißen, wurde die Klärwirkung verbessert. Der Nachteil bei der Verwendung von Fällungsmitteln besteht darin, daß die Schlammenge erheblich vermehrt wird, ohne daß der Charakter des Schlammes bezüglich seiner Dränierbarkeit wesentlich verbessert wird. Darauf ist es in erster Linie zurückzuführen, daß von dem Zusatz von Fällungsmitteln nur noch in besonderen Ausnahmefällen, etwa bei der Behandlung von gewerblichen Abwässern, Gebrauch gemacht wird.

Als Flockungsmittel wurden angewendet Eisensulfate, Aluminiumsulfate, Kalk, Kohlebrei und Kohlebrei im Gemisch mit Aluminiumsulfaten. Während die eigentlichen Fällmittel rein fällend wirken, wird durch die große Oberfläche der Braunkohle ein Teil der gelösten Abwasserstoffe adsorbiert und auf diese Weise die Fäulnisfähigkeit herabgesetzt. Bei diesem Verfahren, dem sogenannten Kohlebreiverfahren, wurde ein Schlamm gewonnen, der an der Luft schneller trocknete und unter Kesseln verfeuert werden konnte.

Die Behandlung des Abwassers mit chemischen Fällungsmitteln hat heute nur noch historischen Wert.

B. Chlorung.

Das einzige chemische Verfahren, das bei der Behandlung häuslicher Abwässer mit Vorteil verwendet wird, ist das Chlorverfahren. Es dient zur Beseitigung des Geruches in den verschiedenen Stadien der Behandlung des Abwassers und zur Desinfektion des Abwassers und ermöglicht, die Fäulnisfähigkeit des Abwassers zu verzögern.

Die Verwendung des Chlors für Abwasserzwecke geschah zuerst in Gestalt von Chlorkalk und von Hypochloriten. Nachdem es gelungen ist, das Chlor unter Druck zu verflüssigen und in Stahlflaschen zu transportieren, kommt nur noch

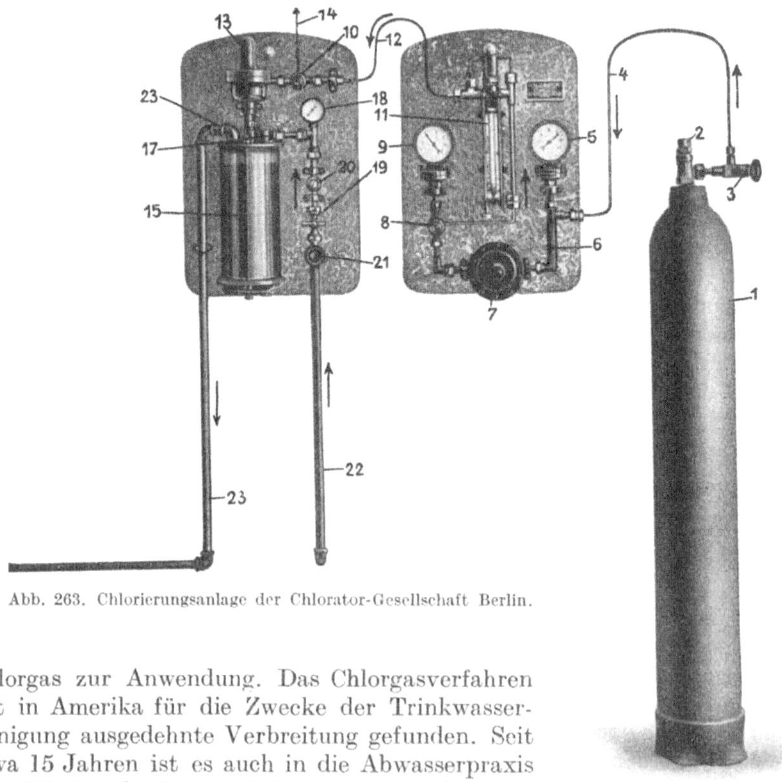

Abb. 263. Chlorierungsanlage der Chlorator-Gesellschaft Berlin.

Chlorgas zur Anwendung. Das Chlorgasverfahren hat in Amerika für die Zwecke der Trinkwasserreinigung ausgedehnte Verbreitung gefunden. Seit etwa 15 Jahren ist es auch in die Abwasserpraxis eingeführt und erfreut sich immer weiterer Verbreitung, da die Anlagekosten sehr gering sind und der Betrieb einfach ist.

Das Chlor ist nur anwendbar, wenn es mit Wasser verflüssigt wird. Es kann direkt in das zu behandelnde Abwasser eingeführt werden, womit jedoch Unzuträglichkeiten im Betrieb verbunden sind. Aus diesem Grunde wird zur Zeit nur noch das sogenannte i n d i r e k t e V e r f a h r e n benutzt, das von Dr. O r n s t e i n-Berlin im Jahre 1912 ausgebildet ist und von der Chlorator-Gesellschaft in Berlin vertrieben wird. Bei diesem Verfahren wird zunächst ein konzentriertes Chlorwasser hergestellt, und dieses danach dem zu behandelnden Abwasser zugesetzt. Die Apparatur, die dazu erforderlich ist, ist verhältnismäßig einfach. Sie besteht gemäß Abb. 263 in der Hauptsache aus dem Filter *6*, dem Reduzierventil *7* mit zugehörigen Manometern, dem Chlormengenmesser *11* und dem Mischglas *15*. Diesem wird ein geringer Strom fließenden Wassers zugeführt, in dem die abgemessene Chlormenge zur Lösung gebracht wird. Die Apparatur ist selbstregulierend und erfordert außer einer gelegentlichen Kontrolle keinerlei Bedienung.

Die Wirkung des Chlors beruht auf seiner Affinität zum Wasserstoff, der einen wesentlichen Bestandteil der im Abwasser enthaltenen Schmutzstoffe ausmacht. Indem dieser durch das Chlor aus seinen Verbindungen entfernt wird, werden die organischen Stoffe zerstört und weiter durch den Sauerstoff, der bei der Einwirkung des Chlors auf Wasser entsteht, oxydiert. Die Reaktion geschieht nach der Gleichung

$$2\,H_2O + 2\,Cl_2 = 4\,HCl + O_2,$$

d. h. es entsteht Salzsäure und Sauerstoff, der im Entstehungszustand besonders stark oxydierend wirkt. Die Beseitigung des Geruches kommt dadurch zustande, daß sich Schwefelwasserstoff mit dem Chlor nach der Gleichung

$$H_2S + Cl_2 = 2\,HCl + S$$

umsetzt. Die Zerstörung des Schwefelwasserstoffes geht der weiteren Einwirkung des Chlors vorauf.

Die Menge des erforderlichen Chlors richtet sich nach dem Verwendungszweck. Handelt es sich nur darum, den üblen Geruch des Wassers zu beseitigen, so genügt eine Menge von etwa 4 bis 6 g/m^3 je nach der Zusammensetzung des Abwassers und dem Grad der Ausfaulung. Besteht die Aufgabe dagegen darin, die Keime zu verringern oder das Abwasser auf lange Zeit haltbar zu machen, so sind größere Mengen notwendig. Je nach der Verdünnung des Abwassers schwanken diese zwischen 8 bis 50 g/m^3. Um die gewünschte Wirkung zu erzielen, muß eine gewisse Einwirkungsdauer des Chlors auf das Abwasser gesichert sein. Ihre Länge ist von verschiedenen Umständen, wie Konzentration und Zustand des Abwassers, von der Temperatur usw. abhängig und muß von Fall zu Fall durch Versuche festgestellt werden. Im allgemeinen wird mit einer Dauer von 20 bis 30 Min. zu rechnen sein.

Zum Zwecke der Beseitigung des Geruches kann das Chlor in den verschiedenen Stufen der Behandlung zugesetzt werden. Es kann dem Zulauf zu dem Absetzbecken beigegeben werden, ohne daß dadurch die Weiterbehandlung des Schlammes im Wege des Ausfaulens ungünstig beeinflußt wird. Es kann auch vor der biologischen Reinigung beigemischt werden, ohne daß die Wirkung der Anlage dadurch beeinträchtigt wird. Allgemein ist sowohl für diesen Zweck, als auch für die Desinfektion der Verbrauch an Chlor um so geringer, je frischer das Abwasser ist, d. h. je weniger das Abwasser in Fäulnis übergegangen ist.

Bei der Desinfektion des Abwassers mittels Chlors wird der Keimgehalt um 90 bis 99,5% reduziert, wenn die richtigen Mengen zur Anwendung kommen. Diese Wirkung in der Abtötung der Bakterienkeime wird nur dann erzielt, wenn im Abwasser ein Überschuß an Chlor nachweisbar ist. Eine regelmäßige Desinfektion des Abwassers wird aus Kostengründen kaum in Frage kommen. Dagegen ist die vorübergehende Behandlung unter den verschiedensten Verhältnissen angezeigt. Zu Zeiten von Epidemien wird die Gefahr der Ausbreitung der pathogenen Keime zwar nicht vollständig beseitigt, aber sehr stark herabgemindert. Diese allein durch Behandlung des Abwassers auf der Kläranlage zu bannen, ist schon deshalb nicht möglich, weil bei der Tätigkeit der Notauslässe unbehandeltes Abwasser in den Vorfluter gelangt, so daß die Hauptarbeit in der Bekämpfung einer Epidemie am Krankenbett zu leisten ist. Außerdem ist die vorübergehende Chlorung zu gewissen Jahreszeiten empfehlenswert, wenn die Benutzung für Badezwecke oder ähnliche Zwecke unterhalb der Einmündung der Kläranlage nicht mit Sicherheit verhindert werden kann.

Soll die Fäulnisfähigkeit des Abwassers durch Chlorzusatz beeinflußt werden, so ist die Menge des Chlors so zu bemessen, daß das Chlorbindungsvermögen des Abwassers völlig befriedigt wird. Auf diese Weise werden die Bakterien, die die Fäulnis bedingen, abgetötet, soweit sie an der Oberfläche der Schmutzstoffe haften und leicht erreichbar sind. Dagegen wird es nicht möglich sein, größere

Suspensa vollständig zu erfassen und unschädlich zu machen. Die Fäulniserscheinungen sind zwar auf Zeit aufgehoben, sie werden jedoch wieder einsetzen, sobald die Schwebestoffe weiter zerrieben werden und ausreichende Chlormengen nicht mehr zur Verfügung stehen, um die Bildung von Fäulnisbakterien zu verhindern. Gleichwohl ist die Chlorbehandlung sehr wertvoll, wenn es sich darum handelt, die Fäulnisfähigkeit so lange hintanzuhalten, bis eine ausreichende Verdünnung im Vorfluter erreicht wird. Wenn beispielsweise der Abfluß einer größeren Kläranlage in einen Wasserlauf mit geringer Wasserführung einmündet, so kann durch eine entsprechende Chlorzugabe erreicht werden, daß das Mischwasser so lange nicht fault, bis es in den größeren Vorfluter einmündet, der das Abwasser durch Verdünnung unschädlich macht. Als Ersatz für eine biologische Reinigungsanlage kann eine Chlorbehandlung unter normalen Verhältnissen deswegen nicht dienen, weil zur vollständigen Abtötung aller Keime und zur Zerstörung aller organischen Verbindungen eine vollkommene Vorreinigung, die mit den üblichen Mitteln nicht zu erreichen ist, und sehr große Mengen von Chlor erforderlich wären. Außerdem ist die Chlorbehandlung den anderen biologischen Verfahren nicht gleichwertig, weil ein biochemischer Sauerstoffbedarf zum Abbau der verbleibenden organischen Stoffe bestehen bleibt und jedes biologische Leben im Vorfluter abgetötet wird, solange das Chlor im Überschuß vorhanden ist.

Eine größere Kläranlage, auf der das in Absetzbecken gereinigte Abwasser dauernd mit Chlor behandelt wird, ehe es dem Vorfluter übergeben wird, befindet sich in Leipzig. Nach den Veröffentlichungen von Mieder (*329*) schwankt der Chlorbedarf zwischen 8 bis 40 g/m^3 und steigt in Ausnahmefällen auf 50 g/m^3 an, wobei zu berücksichtigen ist, daß das Abwasser schon angefault in der Kläranlage ankommt. Diese große Chlormenge wird in Tankwagen unmittelbar von der Erzeugungsstelle in Bitterfeld zur Verbrauchsstelle befördert. Trotzdem betragen die Kosten für die Beschaffung des Chlors allein über 200000 M. im Jahre. Seit der Einführung der Chlorung haben sich die Verhältnisse in den beiden Vorflutern, der Elster und der Luppe, erheblich gebessert. Vor allem ist die Bildung von Abwasserpilzen stark zurückgegangen. Eine endgültige Lösung der Abwasserfrage ist jedoch damit nicht erreicht.

XXII. Biologische Reinigung.

Durch die vorstehend geschilderten Reinigungsverfahren, den Absiebanlagen und den Absetzanlagen, wird nur ein Teil der suspendierten Stoffe aus dem Abwasser entfernt. Es verbleiben darin die feineren Schwebestoffe, die kolloidgelösten Stoffe und die gelösten Stoffe. Die im Abwasser nach der mechanischen Reinigung noch enthaltenen Stoffe sind zum größeren Teile organischer Natur, und von ihnen haben etwa die Hälfte kolloidalen Charakter. Infolgedessen ist das so vorbehandelte Wasser noch fäulnisfähig, d. h. es unterliegt der stinkenden Fäulnis unter Schwefelwasserstoffbildung. Die Fäulniserscheinungen können verhindert werden, wenn das gereinigte Abwasser in dem Vorfluter eine entsprechende Verdünnung erfährt. Ist der Vorfluter infolge sehr geringer Wasserführung dazu aber nicht in der Lage, oder ist die Einleitung von fäulnisfähigem Wasser aus anderen Gründen ausgeschlossen, so muß das Abwasser in vollkommener Weise gereinigt werden, d. h. auch die organischen Stoffe müssen aus dem Abwasser entfernt werden. Die Beseitigung oder Minderung derartiger Stoffe beruht auf physikalisch-chemischen Vorgängen und auf der Mitwirkung von Kleinlebewesen. Da die letzteren für die Reinigungsvorgänge charakteristisch sind, so bezeichnet man diese Verfahren als biologische Reinigungsverfahren.

Es ist an und für sich möglich, das Abwasser ohne jede Vorbehandlung der biologischen Reinigung zu unterwerfen, wenn die groben Suspensa durch Rechen oder Siebe entfernt sind. In den meisten Fällen ist es jedoch zweckmäßig und wirtschaftlich, das Wasser so weitgehend als möglich von seinen Schwebestoffen zu befreien. Eine Kläranlage, die ein fäulnisunfähiges Wasser liefert, besteht danach aus zwei Hauptteilen, aus der mechanischen Vorreinigung und aus der biologischen Nachreinigung. Ist bei neuen Anlagen der Charakter des Abwassers noch nicht bekannt, so empfiehlt es sich, zunächst eine Absetzanlage zu schaffen und alle Anordnungen im übrigen so zu treffen, daß das Nachschalten einer biologischen Reinigungsanlage jederzeit möglich ist.

Die biologischen Verfahren zerfallen in natürliche biologische Verfahren und künstliche biologische Verfahren. Bei den ersteren werden die natürlichen Vorgänge, die sich im Boden oder im Wasser abspielen, für die Reinigungswirkung nutzbar gemacht, bei der letzteren sind die Vorgänge grundsätzlich gleicher Natur. Die Reinigung wird jedoch auf verhältnismäßig geringem Raum mit künstlichen Hilfen, wie besonderem Körpermaterial und Einblasen von Luft, durchgeführt.

Zu den natürlichen biologischen Verfahren gehört die Bodenberieselung, die Bodenfiltration, die Bodenberegnung, die Behandlung in Fischteichen und die Flußkläranlagen. Die künstlichen biologischen Anlagen lassen sich unterteilen in Tropfkörper, Füllkörper, Tauchkörper und Schlammbelebungsanlagen. Von diesen Verfahren arbeitet ein Teil an der Luft, wie die Bodenberieselung, die Bodenfiltration, die Bodenberegnung, die Füllkörper und die Tropfkörper, während bei den übrigen die Reinigung unter Wasser vor sich geht.

Allen Verfahren, bis auf das Fischteichverfahren und die Flußkläranlagen, ist gemeinsam, daß die Reinigung in der Hauptsache durch Adsorption der kolloidal und wirklich gelösten Stoffe zustande kommt. Als Adsorptionsmittel dient nach der Einarbeitung die aus den ausgeschiedenen Stoffen gebildete schleimige Masse, die sich entweder in Schichtform um die Träger der biologischen Reinigung herumlegt, oder die in Flockenform im Wasser schwebend erhalten wird. Die adsorbierten Stoffe werden im weiteren Verlauf der Reinigung abgebaut oder mineralisiert teilweise durch Oxydation, teilweise durch die Tätigkeit von Kleinlebewesen, deren Lebensbedingungen die Zufuhr genügender Mengen von Sauerstoff erfordern.

Bei dem Fischteichverfahren und den Flußkläranlagen werden die natürlichen Vorgänge der Selbstreinigungskraft der Gewässer nachgeahmt, die im Abschnitt XVI B des näheren beschrieben sind.

A. Natürliche biologische Verfahren.

1. Bodenberieselung.

Die Verrieselung von Abwasser auf Land ist das älteste Verfahren der Abwasserreinigung überhaupt. In England wurde dieses Verfahren lange Zeit als das einzige brauchbare zur Unschädlichmachung des Abwassers angesehen und auch bei Bodenverhältnissen zur Anwendung gebracht, die nicht dazu geeignet waren. In Deutschland dagegen wurde die Bodenberieselung nur dort eingeführt, wo die Vorbedingungen dazu gegeben waren. Diese verlangen zunächst eine entsprechende Beschaffenheit des Bodens. Das Wasser muß in den Boden auch wirklich eindringen können, um durch die Filtrationswirkung desselben von den Schwebestoffen befreit zu werden. Am besten sind dazu geeignet leicht lehmiger Sandboden oder humoser Boden auf Kiesunterlagen, die ein Absickern des Wassers in größere Tiefen gestatten. Die Zuführung des erforderlichen Sauerstoffes, die bei den genannten Böden in gewissem Umfang sichergestellt ist, wird zweckmäßig noch unterstützt durch eine Dränage, der die doppelte Aufgabe zufällt, das gereinigte Abwasser zum Teil aufzunehmen und abzuleiten, und außerdem eine Belüftung des Bodens zu bewirken. Soll der Boden imstande sein, auf die Dauer das Abwasser zu reinigen, d. h. soll eine Erschöpfung des Bodens in der Verarbeitung der ihm zugeführten Schmutzstoffe verhindert werden, so darf ferner die Belastung für die Flächeneinheit ein gewisses Maß nicht überschreiten, worüber weiter unten nähere Mitteilungen gemacht werden. Wenn alle diese Bedingungen erfüllt sind, dann stellt die Bodenberieselung eines der besten Reinigungsverfahren dar. Zudem werden bei diesem Verfahren die in dem Abwasser enthaltenen Schmutzstoffe zum größeren Teil landwirtschaftlich genutzt.

Belastung und erforderliche Fläche. Die zulässige Belastung der Flächeneinheit mit Abwasser ist abhängig von der Konzentration des Abwassers, von der Bodenbeschaffenheit, von der Art der landwirtschaftlichen Nutzung und von der Herrichtung des Geländes.

Unterliegt das Abwasser keiner besonderen Vorreinigung, sondern werden nur die schweren Sinkstoffe und die Sperrstoffe durch Sandfang und Rechen entfernt, so kann nach den Erfahrungen der Berliner Rieselfelder auf die Dauer 1 ha Fläche mit 30 bis 40 m^3 Abwasser täglich belastet werden. Legt man einen mittleren Wasserverbrauch von 150 l je Kopf und Tag zugrunde, so ist also für 250 Einwohner 1 ha Fläche erforderlich. Wird das Abwasser vor der Aufleitung auf die Felder durch Absetzenlassen von dem größten Teil der Schwebestoffe befreit, so wird die verfilzende und verschlickende Schicht, die die Oberfläche des Bodens bedeckt, ferngehalten, und die Belastung kann infolgedessen auf etwa das 3- bis 4fache im Dauerbetrieb gesteigert werden, ohne daß Schwierigkeiten dadurch entstehen, wie der Betrieb der Charlottenburger Rieselfelder gezeigt hat (*334*), bei denen zuerst von der Vorreinigung Gebrauch gemacht ist. Auf 1 ha entfallen also in diesem Falle die Abwässer von rund 1000 Einwohnern. Diese günstigen Erfahrungen haben die Berliner Stadtentwässerung dazu veranlaßt, auch auf anderen Rieselfeldern Vorreinigungsanlagen zu erbauen. Dadurch war es bislang möglich, die dauernd gestiegenen Wassermengen unterzubringen, ohne daß eine Vergrößerung der Felder vorgenommen werden mußte. Bei dieser Wassergabe ist naturgemäß ein normaler landwirtschaftlicher Betrieb nicht möglich. Es können nur gewisse Pflanzenarten, vor allem Gras und Futterrüben, angebaut werden. Der Absatz dieser Erzeugnisse ist daran gebunden, daß sie von den umliegenden kleineren Landwirten mit Viehhaltung abgenommen werden, wie dies beispielsweise bei den Charlottenburger Rieselfeldern der Fall ist. Für einen selbständigen landwirtschaftlichen Betrieb sind nach den Angaben von Ruths neben den gerieselten Flächen noch Ruheflächen (nicht gerieselte Flächen) nötig von mindestens der doppelten Größe, um eine ordnungsmäßige Bewirtschaftung zu ermöglichen.

Soll Ackerland in größerem Ausmaße berieselt werden, so muß die durchschnittliche Belastung der Fläche je nach den Bodenverhältnissen bis auf etwa 8 bis 15 m^3/ha eingeschränkt werden, d. h. es können auf 1 ha die Abgänge von 50 bis 100 Menschen untergebracht werden. Diese Zahl hat sich in der Provinz Sachsen auf mittleren Böden ergeben, die weder besonders hergerichtet, noch dräniert sind (*356*). Die Verteilung des Abwassers auf dem Stück erfolgt durch Auspflügen von Furchen, die in Richtung des Gefälles verlaufen.

Vorreinigung. Die Vorreinigung besteht in ihren einfachsten Formen aus flachen Erdbecken, die das Abwasser mit verringerter Geschwindigkeit durchströmt. Die Becken bleiben so lange in Betrieb, bis sie sich vollkommen mit Schlamm gefüllt haben. Danach wird der Frischschlamm auf tieferliegende Schlammtrockenplätze abgelassen, wo er so lange liegen bleibt, bis er stichfest geworden ist. Die Reinigungswirkung dieser Becken im Hinblick auf die Beseitigung der Schwebestoffe kommt der der übrigen Absetzanlagen nahe. Die ungünstige Beeinflussung des Abwassers durch den Schlamm ist meistens unbedenklich, da das Abwasser bei den großen Entfernungen der Rieselfelder von dem Entwässerungsgebiete schon angefault auf den Rieselfeldern ankommt. Mit dieser Behandlung der Abwässer sind Geruchsbelästigungen verbunden, so daß dieser einfache Betrieb nur auf Feldern abseits von bewohnten Gegenden anwendbar ist. Die Belästigungen werden zum großen Teil vermieden, wenn von den in Abschnitt XIX behandelten neuzeitlichen Absetzbecken mit Ausfaulen des Schlammes Gebrauch gemacht wird. Eine derartige Anlage ist auf dem Rieselfeld in Waßmannsdorf im Süden von Berlin im Jahre 1927/28 zur Ausführung gekommen.

Eine weitere Vorbehandlung des zu verrieselnden Abwassers, die einen Teil der gelösten Stoffe mineralisiert, hat nur dann Zweck, wenn die mit der Verteilung des Abwassers verbundenen Gerüche um jeden Preis vermieden werden sollen oder ein Fernhalten der feinstverteilten Stoffe im Interesse des Rieselfeldbetriebs geboten ist. Für diese Teilreinigung kommen in erster Linie sogenannte Tauchkörper in Frage, siehe diesen Abschnitt unter B 3.

Wasserverteilung. Die Verteilung des Abwassers auf dem Rieselfeld erfolgt möglichst durch offene Gräben. Wird das Abwasser mit Druckleitung zum Rieselfeld befördert, so werden je nach den Erfordernissen der Geländegestaltung geschlossene Verteilungsleitungen mit hochliegenden Auslässen angeordnet, von denen aus ein größeres Gebiet mit natürlichem Gefälle bestrichen werden kann. Ein Standrohr mit Überlauf zur Begrenzung des Druckes am Ende der Druckrohrleitung ist nicht erforderlich, wenn den Angestellten auf dem Felde der Druck in geeigneter Weise sichtbar gemacht wird, so daß sie danach den Betrieb einrichten können.

Herrichtung der Felder. Sollen die unterzubringenden Wassermengen ohne Schaden für die Reinigungswirkung und Nachteil für die Pflanzen verrieselt werden, so müssen die Felder entsprechend hergerichtet oder „aptiert" werden. Es sind einzelne Stücke von etwa ¼ ha Größe herzustellen, deren Oberfläche entweder horizontal oder gleichmäßig geneigt ist, je nach der Oberflächengestaltung des Geländes. Die Horizontalstücke werden ringsherum von kleinen Gräben umgeben und von allen Seiten mit Abwasser überstaut, wodurch eine gleiche Belastung der Fläche erreicht wird. Bei den Hangstücken wird das Abwasser längs der Oberkante zugeführt und rieselt gleichmäßig über das Stück. Die Belastung ist so einzurichten, daß es auf dem Wege bis zur Unterkante vollständig versickert. Das günstigste Gefälle liegt etwa bei 3%. Die Flächen sind genau einzuebnen, da andernfalls feuchte Stellen neben trockenen Stellen sich ausbilden, und der Mutterboden ist nach der Einebnung gleichmäßig verteilt wieder aufzubringen. Der Rieselbetrieb erfordert bei den Hangstücken mehr Sorgfalt, so daß, wenn es die Verhältnisse gestatten, Horizontalstücke zu bevorzugen sind. Außerdem kann auch das Gelände in Beete aufgeteilt werden, die etwa 1,0 m Breite haben mit dazwischenliegenden Gräben. Sie kommen in erster Linie für den Gemüsebau zur Anwendung. Das Wasser wird in diesem Fall nicht überstaut, sondern gelangt durch Versickerung in den Graben nur an die Wurzeln der Pflanzen.

Abb. 264 gibt einen Entwurfsplan für die Aptierung einer Erweiterungsfläche auf dem Rieselgut Carolinenhöhe der Stadt Charlottenburg.

Die Rieselstücke werden mit einer Dränung versehen, die je nach den Bodenverhältnissen in 5 bis 10 m Entfernung verlegt wird. Ihre Tiefenlage beträgt etwa 1,35 bis 1,50 m und ist bestimmend sowohl für die Reinigungswirkung, als auch für die höchste Lage des Grundwasserspiegels, die auf dem Rieselfeld auftreten kann. Nur für den Fall, daß ein Interesse vorliegt, das Grundwasser aufzuhöhen, wie es beispielsweise in Mitteldeutschland in der Nähe der Braunkohlentagebauten der Fall ist, kann von einer Dränung Abstand genommen werden. Die Saugedräns geben ihr Wasser an die Sammeldräns ab, und diese münden in Entwässerungsgräben, und zwar oberhalb des normalen Wasserspiegels, um die Lüftung der Dräns sicherzustellen und die Wirkung der Dränung beobachten zu können. Von dem auf das Rieselfeld aufgebrachten Abwasser gehen im großen Durchschnitt etwa 25% durch Verdunsten verloren. Ein Drittel kommt etwa in den Dränrohren zum Abfluß, und der Rest wird teils durch die Pflanzen aufgenommen, teils geht er in das Grundwasser über.

Da zu Zeiten der Bestellung die Stücke geschont werden müssen und auch im Winter zu Zeiten starken Frostes die Unterbringung Schwierigkeiten macht, sind besondere Einstaustücke anzulegen, in denen das Abwasser 1,0 m und mehr auf Zeit aufgestaut werden kann.

Betrieb des Rieselfeldes. Die Zuteilung des Wassers zu den einzelnen Schlägen richtet sich ganz nach der Bestellung. Grasstücke können zu jeder

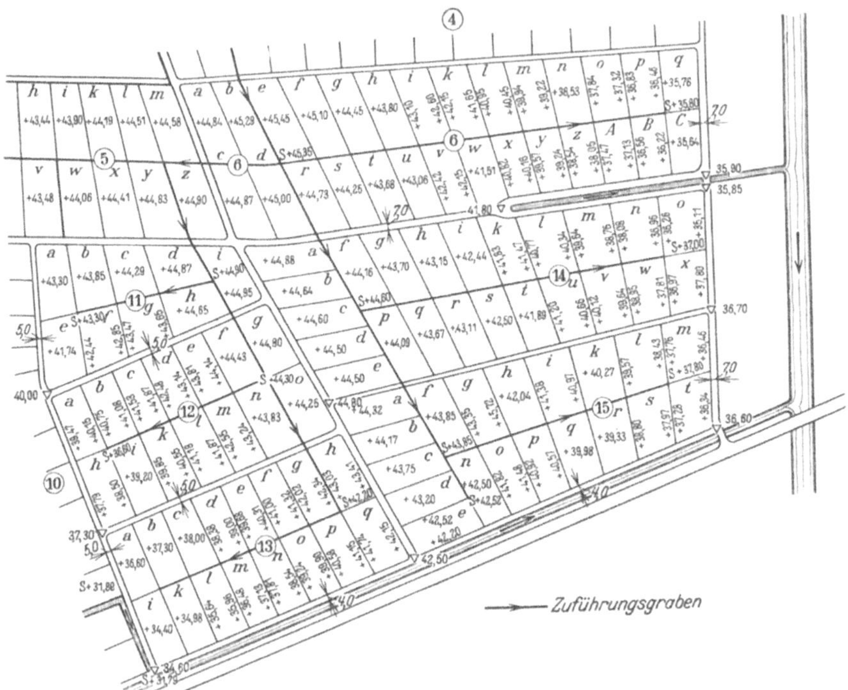

Abb. 264. Entwurfsplan für die Aptierung eines Rieselfeldes.

Jahreszeit berieselt werden. Bei Rüben ist eine Berieselung gleichfalls im Sommer und Winter angängig, wenn auch die zulässige Häufigkeit geringer ist. Auf dem Charlottenburger Rieselfeld, das zu 70% mit Gras bestellt ist, wurde im Jahre 1907 nach (*334*) jedes Stück im Durchschnitt 69mal je 8 Stunden gerieselt, d. h. jedes Stück kommt etwa jeden fünften Tag zur Berieselung. Gemüse kann nur einige Male im Frühjahr und Getreide nur 1- bis 2mal im Herbst gerieselt werden. Bestimmte Richtlinien für die Häufigkeit der Berieselung zu geben, ist nicht möglich. Die günstigste Verteilung ist von dem Betriebsleiter durch sorgfältige Überwachung des Bodenertrags und der Beschaffenheit der Abflüsse zu ermitteln. Der Winter bietet keine Schwierigkeiten, da auf den horizontalen Stücken unter der Eisdecke die Versickerung auf die Dauer vor sich geht. Müssen aus landwirtschaftlichen Gründen größere Teile geschont werden, so sind die Einstaubecken in Anspruch zu nehmen.

Reinigungswirkung. Die Fähigkeiten des Bodens, das Abwasser zu reinigen, beruhen auf Adsorption und Filtration. Durch letztere werden die feinverteilten Stoffe, die im Abwasser nach der mechanischen Reinigung noch vorhanden sind, entfernt, und die Wirkung wird um so vollkommener, je mehr die Poren des Bodens durch die abgefangenen Stoffe verringert werden. Hiermit Hand in Hand geht die adsorptive Wirkung der Böden, die nach den Untersuchungen von Sack (*335*) die organischen Kolloide bevorzugt. Diese bilden eine zusammenhängende Schicht über den Bodenteilchen und adsorbieren ihrerseits wieder die vollständig gelösten Stoffe. Der Abbau der an der Oberfläche angereicherten organischen Stoffe erfolgt sekundär durch Oxydation und durch die Lebenstätigkeit von Kleinlebewesen.

Auf diese Weise wird die Oxydierbarkeit des Abwassers um 70 bis 80% herabgesetzt, der Gehalt an Nitriten und Nitraten steigt erheblich an und die Keimzahl wird um 99% und mehr vermindert. Es verbleiben jedoch noch zahlreiche Keime, auch solche pathogener Art, im Wasser, so daß der Genuß des Dränwassers, der in früheren Jahren jeweils zur Demonstration der Reinigungswirkung vorgeführt wurde, bedenklich ist. In Tabelle 21 sind zugehörige Werte über die Reinigungswirkung gegeben, die Verfasser auf dem seiner Verwaltung unterstehenden Rieselfelde von Charlottenburg hat feststellen lassen.

Auf den Gehalt an organischen Nährstoffen, der in dem Dränwasser noch verbleibt, ist es zurückzuführen, daß sich in den Entwässerungsgräben, die diese Wässer aufnehmen, zuweilen starke Pilzwucherungen, im besonderen von Sphaerotilus, bemerkbar machen, die bei Laien den Eindruck hervorrufen, als ob die Reinigungswirkung zu wünschen übrig ließe. Wird das gereinigte Abwasser in Fischteiche geleitet, so wird der Übelstand behoben und der Reinigungsgrad der Abwässer weiter verbessert.

Nachteilige Einflüsse. Der Rieselfeldbetrieb ist immer mit Geruchsbelästigungen verbunden, da das Abwasser auf dem Wege von der Sammelstelle bis zu den Rieselfeldern zu faulen anfängt. Die Gerüche sind besonders stark, wenn das Abwasser zu gewissen Jahreszeiten in Einstaubecken aufgespeichert werden muß. Die Belästigungen können eingeschränkt werden, wenn das Abwasser einer teilweisen biologischen Behandlung unterzogen wird. Aus diesen Gründen empfiehlt es sich, die Rieselfelder nicht in zu großer Nähe von bewohnten Ortschaften anzulegen. Eine Gesundheitsschädigung der auf dem Rieselfeld Arbeitenden hat in keinem Falle festgestellt werden können, wenn eine einwandfreie Trinkwasserversorgung vorhanden war.

Ein anderer nachteiliger Einfluß besteht darin, daß durch die Wassermengen, die zwischen den Dränrohren dem Grundwasser zufließen, der normale Grundwasserspiegel ansteigt. Diese Erhöhung ist unschädlich, wenn das verstärkte Wasserspiegelgefälle, das zur Abführung der vermehrten Wassermengen notwendig ist, in gewisser Tiefe unter der Oberfläche bleibt. Sofern jedoch in geringerer Tiefe undurchlässige Bodenschichten anstehen, wird eine starke Aufhöhung des Grundwasserstandes nicht

Tabelle 21. Reinigungswirkung der Bodenberieselung.

mg/l	Trockenrückstand	Glühverlust (organ.)	Glührückstand (anorgan.)	Oxydierbarkeit (Permang.)	Ammoniak	Salpetrige Säure	Salpetersäure	Chlor	Keime in 1 cm³
Rohwasser	1992	644	1348	380				202	
Rohwasser nach Passieren der Absetzbecken . . .	1014	226	788	250	71	0	0	224	17000000
Dränagewasser	1030	133	897	80	16,9	13	67	237	283000

zu vermeiden sein, wie das auf dem Rieselfeld der Stadt Charlottenburg der Fall war. Der Grundwasserstand auf dem Felde und den anschließenden Ländereien stieg so stark an, daß Durchfeuchtungen auftraten, die die landwirtschaftliche Nutzung der Ländereien in Frage stellten. Erst als mit zum Teil er-

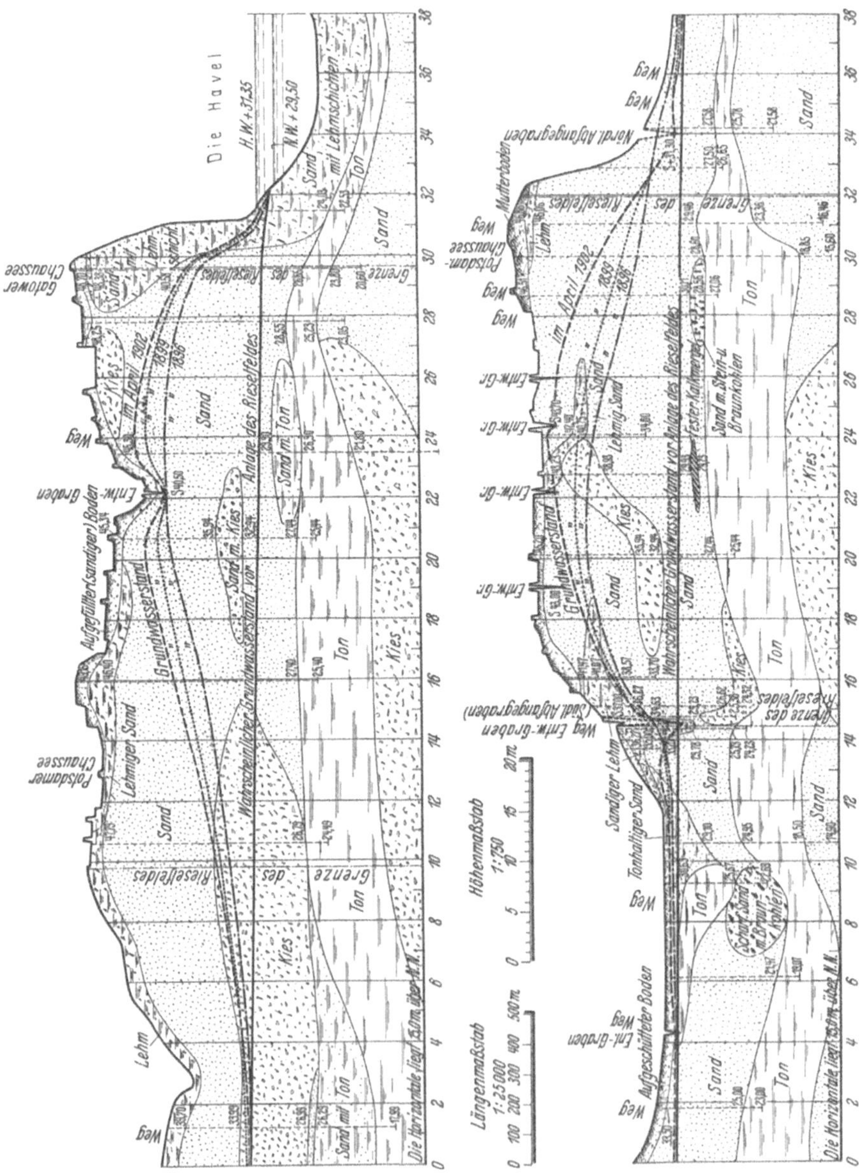

Abb. 265. Aufhöhung des Grundwasserstandes auf dem Rieselfeld von Charlottenburg.

heblichen Mitteln tiefe Abfangegräben das Grundwasser im Norden und Süden aufnahmen, wurden die Schäden vermieden. Aus Abb. 265 gehen die Bodenverhältnisse und die Grundwasserverhältnisse, wie sie sich bis zum Jahre 1902 entwickelt hatten, hervor.

Landwirtschaftliche Nutzung. Ein Vorzug der Bodenberieselung besteht darin, daß die im Abwasser enthaltenen Dungstoffe zwar nicht vollständig, aber zum Teil landwirtschaftlich genutzt werden. Die mit dieser Nutzung verbundene Bewirtschaftung des Bodens wirkt umgekehrt günstig auf die Unterbringung des Wassers, da einer Verschlickung des Bodens durch den Gehalt des Abwassers an Faser- und Fettstoffen dadurch Einhalt geboten wird. Am besten sind Pflanzen geeignet, die besonders stickstoff- und wasserbedürftig sind, wie vor allem das Gras. Es kann zu jeder Jahreszeit berieselt werden, verträgt große Mengen Wassers und läßt eine Überwucherung des Unkrautes, die bei anderer Bestellung schwer zu bekämpfen ist, nicht aufkommen. Auf den Berliner Rieselfeldern hat sich besonders das italienische Ray-Gras bewährt; es wird 4- bis 5mal, zuweilen auch 6mal im Jahre abgeerntet. Die Futterkraft ist infolge des hohen Eiweißreichtums größer als bei gewöhnlichem Wiesengras. Dagegen kann es infolge seines hohen Wassergehaltes nicht getrocknet werden, so daß die Graswirtschaft nur in größerem Ausmaße betrieben werden kann, wenn es an die in

Abb. 266. Ansicht eines Teiles des Charlottenburger Rieselfeldes.

der Nähe befindlichen Bauern abgesetzt werden kann. Als Wechselfrucht mit Gras empfiehlt sich der Anbau von Futterrüben. Der Anbau von Gemüse und Getreide ist auf Rieselfeldern zwar möglich. Die Aufnahmefähigkeit des Abwassers bei diesen Kulturen ist jedoch vergleichsweise gering.

Abb. 266 gibt eine Ansicht von einem Teile der Charlottenburger Rieselfelder. Auf den Stücken im Vordergrunde sind Rüben angebaut, während die hinteren Stücke mit Gras bestellt sind.

D u n g k r a f t d e s A b w a s s e r s. In 1 m^3 Abwasser sind im Mittel 100 g Stickstoff, 25 g Phosphorsäure und 75 g Kali enthalten. Die Mengen an Pflanzennährstoffen, die in dem Abwasser einer Großstadt vorhanden sind, sind also erheblich. Durch die Vorbehandlung des Abwassers in Absetzbecken gelangt zwar ein Teil der Dungstoffe in den Klärschlamm. Dieser ist jedoch gering, wie K e p p n e r (*341*) für das Münchner Abwasser nachgewiesen hat. Die Hauptmenge der Dungstoffe bleibt in dem gelösten Anteile. Zudem wird der ausgefaulte Klärschlamm auch landwirtschaftlich genutzt, so daß die gesamten Dungstoffe dem Boden zugeführt werden.

Gleichwohl muß man sich davor hüten, den Wert dieser Dungstoffe zu überschätzen. Der Grund für den geringeren Wert liegt darin, daß die Nährstoffe nicht in dem richtigen Verhältnis vorhanden sind, in dem sie die Pflanzen aufzunehmen vermögen. Nach Backhaus sollen sich bei der Düngung die Anteile Stickstoff, Phosphorsäure und Kali verhalten wie 1:1:2, während im vorgeklärten Abwasser das Verhältnis 4:1:3 vorliegt. Da andererseits die Wachstumsverhältnisse der Pflanzen durch den im geringsten Maße vorhandenen Grundstoff bestimmt werden, so wird der Stickstoff und das Kali nicht vollkommen ausgenutzt, wenn man nicht durch künstliche Düngung das richtige Verhältnis herstellt. Der Hauptwert der Bodenberieselung beruht in dem vierten Wachstumsfaktor, dem Wasser, das zu Zeiten des größten Bedarfs im Sommer auch in der größten Menge zur Verfügung steht. Außerdem besitzt das Abwasser eine große humusbildende Kraft, durch die der Ertrag des Bodens maßgebend beeinflußt wird. Durch die reichliche Wasserzufuhr, verbunden mit einer gewissen Menge von Pflanzennährstoffen, ergeben sich die Erträge, von denen vorstehend die Rede war.

Die landwirtschaftliche Nutzung kann bei der Entscheidung der Frage über Auswahl des Reinigungsverfahrens niemals bestimmend sein. Selbst wenn geeigneter Boden vorhanden ist, so können die erforderlichen Flächen doch nur in Ausnahmefällen in der Nähe des Sammelpunktes der Abwässer zur Verfügung gestellt werden. In den meisten Fällen wird es erforderlich sein, das Abwasser auf weite Entfernungen zu fördern, um es zu verrieseln. Die Verwertung des Abwassers findet also ihre Grenzen dann, wenn zur Nutzung der Dungstoffe besondere Aufwendungen von seiten der Gemeinden gemacht werden müssen, die über das sonst notwendige Maß zur Beseitigung des Abwassers hinausgehen. Sofern die Landwirtschaft Interesse an der Verwertung der städtischen Abwässer hat und dieses durch Übernahme eines Teiles der Kosten verwirklicht, können im Zusammenarbeiten von Stadt und Land die Dungstoffe des Abwassers auf die Dauer genutzt werden.

Wirtschaftliche Ergebnisse. Sie gestalten sich verschieden je nach den örtlichen Verhältnissen, von denen die Grunderwerbskosten und die Kosten für die Herrichtung abhängen. Die Einnahmen aus der Bewirtschaftung der Rieselfelder werden hauptsächlich durch die Lage zu den in der Nähe befindlichen Absatzgebieten bestimmt. So ist es erklärlich, daß einzelne Rieselfelder neben den Kosten für Verzinsung und Tilgung des Anlagekapitals noch Überschüsse aufweisen, während andere Zuschußbetriebe sind.

Die Kosten für den Grunderwerb schwanken zwischen 1200 und 3200 M./ha, die für die Aptierung einschl. Dränung zwischen 1500 bis 2300 M./ha. Insgesamt ist mit einem Aufwand von 2700 bis 4900 M./ha zu rechnen. Legt man eine Einwohnerzahl von 300 je ha zugrunde, so bewegen sich danach die Anlagekosten zwischen 9 bis 18 M./Einw.

Über die Einnahmen aus dem Rieselfeldbetriebe lassen sich nicht einmal Grenzzahlen angeben, da eine vergleichbare Grundlage bei den verschiedenen Verhältnissen fehlt. Ganz allgemein kann angenommen werden, daß die Kosten für den Betrieb und die Unterhaltung durch den Reinertrag des landwirtschaftlichen Betriebes gedeckt werden. Es bleiben danach als Jahreskosten der Aufwand für Verzinsung und Tilgung des Anlagekapitals.

Um den Vergleich mit anderen vollkommenen Reinigungsverfahren durchführen zu können, müssen die Kosten für die Druckrohre den Anlagekosten und die jährlichen Förderkosten des Abwassers den Betriebskosten zugeschlagen werden, da es in dem Wesen der Bodenberieselung begründet ist, daß nur große zusammenhängende Flächen weit außerhalb der bebauten Stadtlage für diesen Zweck benutzt werden können. Demgegenüber ist es durchaus angängig, eine künstliche biologische Anlage in unmittelbarer Nähe des Abwassersammelpunktes zu bauen und zu betreiben, wenn es sich nicht gerade um eine Unterteilung des Entwässerungsgebietes nach Radialsystemen handelt. Aber auch in diesem Fall können die Längen der Druckrohre und damit die Bau- und Betriebskosten erheblich eingeschränkt werden, da die für die Reinigungsanlage benötigten Flächen bescheidene Abmessungen haben.

Abb. 267. Entwässerungsplan der Stadt Berlin.

Ausgeführte Anlagen. Rieselfelder dienen in vielen deutschen Städten zur Reinigung der Abwässer, so in Berlin, Brandenburg a. H., Braunschweig, Breslau, Danzig, Dülmen, Dortmund, Freiburg i. B. Magdeburg hat seine Rieselfelder aufgegeben, da die Förderkosten für das Abwasser eine zu hohe Belastung für die städtischen Finanzen ergaben. Die großartigste Anlage dieser Art sind die Rieselfelder von Berlin. Nach der Schaffung der Einheitsgemeinde Groß-Berlin besitzt diese zusammen 11000 ha aptierte Rieselfeldflächen. Zusammen mit den Ruheflächen, die aus Gründen der rationellen Bewirtschaftung erforderlich sind, umfassen die Rieselgüter 25000 ha. Sie liegen, wie aus Plan Abb. 267 hervorgeht, rings um die Stadt in Entfernungen bis zu 30 km. Die Abwässer werden in den Tiefpunkten der Radialsysteme gesammelt und von hier aus mittels Druckrohren nach den Feldern gedrückt. Die Gesamtlänge sämtlicher Druckrohre beträgt rund 580 km. Diese sind vielfach untereinander gekuppelt, damit gegebenenfalls ein Ausgleich in der Belastung der Rieselfelder möglich ist. In dem Werke „50 Jahre Berliner Stadtentwässerung" (*13*) berichtet Ruths über den Betrieb auf den Rieselgütern und ihre wirtschaftlichen Ergebnisse.

Eine weitere Ausdehnung der Rieselfelder, die bei weiterer Zunahme der Bevölkerung notwendig wird, ist nicht in Aussicht genommen mit Rücksicht auf die Schwierigkeiten, geeignetes Gelände zu angemessenem Preis zu beschaffen, und mit Rücksicht auf die mit der Entfernung stark zunehmenden Förderkosten. Nach Ansicht des Direktors der Berliner Stadtentwässerung, Langbein, ist der Reinigung der Berliner Abwässer mittels künstlicher biologischer Verfahren, vor allem dem sogenannten Belebtschlammverfahren, für die Folge der Vorzug zu geben, da die Baukosten für diese Anlagen nur einen Teilbetrag der Kosten für die Erweiterung der Rieselfelder ausmachen. Um Erfahrungen mit diesem Verfahren für die Berliner Abwässer zu sammeln, ist vor kurzem ein neues Großklärwerk in Stahnsdorf in Betrieb genommen worden, das die Rieselfelder im Süden der Stadt entlasten soll.

2. Bodenfiltration.

Wird bei der Reinigung des Abwassers auf Land auf die landwirtschaftliche Nutzung verzichtet, so daß eine sehr viel höhere Belastung für die Flächeneinheit möglich ist, so bezeichnet man dieses Verfahren als Bodenfiltration, auch wohl intermittierende Bodenfiltration. Die Bezeichnung ist nicht glücklich, weil der Filterwirkung bei der Reinigung nur eine untergeordnete Bedeutung zukommt und die Filtration auch bei der Bodenberieselung mitwirkt. Die Bezeichnung „Staufilter" ist zwar besser. Sie gibt jedoch auch keine klaren Unterscheidungsmerkmale gegenüber der Bodenberieselung, bei der auch mit der Überstauung der Flächen gearbeitet wird. Es mag deshalb die Bezeichnung Bodenfiltration beibehalten werden.

Die Bodenfiltration ist von Frankland, England, in die Abwasserpraxis eingeführt worden. Er hat als erster den Nachweis erbracht, daß das Abwasser fäulnisunfähig gemacht werden kann, wenn es durch Filter, aus natürlichem Boden bestehend, durchgeleitet wird, und daß ein derartiges Filter im Dauerbetrieb zufriedenstellend arbeitet, wenn ihm zwischen den Beschickungen genügend Ruhepausen gewährt werden. Die nach seinem Vorschlag in England erbauten Anlagen haben nicht immer befriedigend gearbeitet, offenbar weil die Grundlagen der Behandlung in der Praxis vielfach verlassen worden sind. Das Verfahren wurde Ende der achtziger Jahre vorigen Jahrhunderts von dem nordamerikanischen Staate Massachusetts übernommen und durch systematisch ausgeführte Versuche in seinen Grundlagen soweit geklärt, daß es als brauchbares Verfahren neben den übrigen biologischen Verfahren gilt. Wenn in Deutschland von diesem Verfahren wenig Gebrauch gemacht worden ist, so liegt dies darin, daß die landwirtschaftliche Nutzung des mit Abwasser behandelten Bodens überschätzt wurde. Der Reinigungsvorgang bei diesem Verfahren ist von Dunbar, dem Direktor des Hygienischen Instituts in Hamburg, erforscht worden und hat die Veranlassung gegeben zu der oben skizzierten Adsorptionstheorie, die für alle biologischen Verfahren Geltung hat.

Bodenbeschaffenheit und Korngröße. Die Beschaffenheit des Bodens muß nach den grundlegenden Versuchen ganz bestimmten Anforderungen entsprechen. Die besten Ergebnisse wurden erzielt mit Feldern, die aus mittelfeinem, sandigem Kies bestanden. Das Sandmaterial darf nicht zu fein sein, da sonst das Abwasser kapillar festgehalten wird, und der Kies darf nicht zu grob sein, um ein zu schnelles Absickern des Wassers zu vermeiden. Diese Bedingungen werden erfüllt, wenn die Korngröße zwischen 0 bis 0,3 mm etwa 10% ausmacht, wenn 50% zwischen 0,3 bis 3 mm liegen, und wenn der Rest gleichmäßig auf die Größe bis zu 10 mm verteilt wird. Die Böden, die diesen Anforderungen am besten entsprechen, geben die günstigsten Resultate. Unter Umständen können weniger geeignete Böden durch Aufbringen von Sand oder Kies verbessert werden. Humose, tonige und lehmige Schichten sind zu entfernen.

Vorreinigung und Belastung. Die amerikanische Bodenfiltration wird zwar seit vielen Jahren ohne Vorreinigung betrieben. Dabei ist jedoch zu berücksichtigen, daß das amerikanische Abwasser im Vergleich zum deutschen infolge des hohen Wasserverbrauchs viel dünner ist. Auf die Dauer ist die große Belastung, durch die dieses Verfahren sich auszeichnet, genau wie bei den Rieselfeldern nur möglich, wenn das Abwasser zuvor von den Schwebestoffen, die die Oberfläche verstopfen können, möglichst vollkommen befreit wird. Das geschieht am besten und wirtschaftlichsten in Absetzanlagen, die gleichzeitig das Fett aus dem Abwasser zum größeren Teil gewinnen lassen. Unter diesen Voraussetzungen kann bei geeignetem Bodenmaterial 1 ha Fläche im Jahresdurchschnitt mit 300 bis 400 m^3 je Tag belastet werden, wobei die notwendigen Ruhepausen berücksichtigt sind. Die einzelnen Beschickungen betragen also ein Mehrfaches der vorstehenden Zahl. Im Vergleich mit der Durchschnittsbelastung der Berliner Rieselfelder bedeutet das, daß bei der Bodenfiltration im Dauerbetrieb eine 10mal so große Belastung angängig ist.

Nach den Berichten von Henneking (*333*), der die Bodenfiltration in Nordamerika eingehend studiert hat, sind dort sogar bei Belastungen von 1000 bis 1200 m^3 je ha und Tag befriedigende Ergebnisse erzielt worden.

Einrichtung, Betrieb und Reinigungswirkung. Die einzelnen Stücke erhalten zweckmäßig die gleiche Größe wie bei den Rieselfeldern, nämlich 0,3 bis 0,4 ha. Die Erfahrung hat gelehrt, daß bei quadratischen Stücken das Abwasser am besten und gleichmäßigsten auf das Feld verteilt wird. Darauf muß der größte Wert gelegt werden, und infolgedessen muß auch die Oberfläche stets in glattem, gleichmäßigem Zustand gehalten werden. Das Abwasser muß verhältnismäßig schnell aufgeleitet und durch Aufstau gleichmäßig verteilt werden, ohne daß die Oberfläche dabei ausgespült wird. Die Bodenfilter sind im allgemeinen zu dränieren, um eine schnelle Abführung des Wassers und eine gute Belüftung des Bodens zu erreichen. Sie haben außerdem die Aufgabe, ein schnelles Entweichen der Bodenluft zu ermöglichen. Der Abstand der Dräns, die im Mittel 1,50 m tief verlegt werden, richtet sich besonders nach den Bodenverhältnissen. Bei grobkörnigem Boden kann die Dränung unter Umständen entbehrt werden.

Die Bodenfilter bedürfen, wie alle biologischen Körper, einer gewissen Einarbeitungszeit, in der sich das Bodenmaterial mit der schleimigen Haut überzieht, die infolge ihres hohen Adsorptionsvermögens dann die Reinigungswirkung zustande bringt. Der Filter ist „reif", wenn der Abfluß nicht mehr fäulnisfähig ist. Danach erfolgt die Beschickung mit regelmäßigen Ruhepausen. Nach Henneking ist es günstiger, den Boden mit geringer Belastung zu beschicken und die Zahl der Ruhepausen entsprechend zu vergrößern. Doch lassen sich allgemein gültige Regeln nicht angeben, da Bodenverhältnisse, Charakter des Abwassers, klimatische Verhältnisse und anderes bestimmend sind. Im Sommer ist der Betrieb sehr einfach. Es ist nur nötig, den auf der Oberfläche sich niederschlagenden

Schlamm in gewissen Zeitabständen durch Abkratzen zu beseitigen. Im Winter ist es notwendig, verhältnismäßig größere Mengen von Abwasser zur Versickerung zu bringen, um den Boden aufzutauen. Durch die Ausgestaltung der Oberfläche mit Furchen und Dämmen wird eine deckende Eisschicht geschaffen, in deren Schutz das Abwasser versickert.

Bei der großen Belastung der Fläche mit Abwasser muß bei der Bodenfiltration auf die landwirtschaftliche Nutzung verzichtet werden. Das gereinigte Abwasser zeigt infolgedessen einen hohen Gehalt an Pflanzennährstoffen, die in Vorflutgräben eine starke Wucherung von Pflanzen der verschiedensten Art hervorrufen. Im übrigen unterscheidet sich das gereinigte Abwasser wenig von dem bei der Bodenberieselung erzielten Produkt und ist bei richtigem Betrieb vollkommen fäulnisunfähig.

Kosten. Die Kosten für die Herrichtung des Bodens (Aptierung und Dränungskosten) können für die Flächeneinheit ebenso hoch in Anrechnung gebracht werden, wie bei der Herstellung der Rieselfelder. Da aber die zulässige Belastung ein Mehrfaches derjenigen der Rieselfelder ausmacht, so sind die benötigten Flächen erheblich geringer. Nimmt man nur ein Verhältnis der Wassermengen von 40:250, rund 1:6 an, so würde nur der sechste Teil der Fläche herzurichten sein. Der Kapitalaufwand für Grunderwerb und Einrichtung steht also bei den beiden Verfahren etwa in gleichem Verhältnis. Dagegen ist bei den Rieselfeldern mit Einnahmen aus Verpachtungen oder aus dem Überschuß des landwirtschaftlichen Betriebes zu rechnen, während diese bei der Bodenfiltration vollständig entfallen. Die Bodenfiltration ist also im Hinblick auf die Anlagekosten der Bodenberieselung überlegen. Bezüglich des Jahresaufwandes vergleichende Kosten anzugeben, ist unmöglich, da die örtlichen Verhältnisse überall anders liegen. Betrieblich sind beide Verfahren gleichwertig unter der Voraussetzung, daß das vorhandene Bodenmaterial geeignet ist. Die Bodenfiltration steht aber nicht nur im Wettbewerb mit der Rieselung, sondern auch mit den künstlichen biologischenVerfahren, da der Flächenbedarf bei diesen erheblich geringer ist und der Betrieb im übrigen genau geregelt und überwacht werden kann. So ist es verständlich, wenn die deutschen Gemeinden bei der Wahl zwischen Bodenfiltration und künstlichem biologischen Verfahren dem letzteren mit wenigen Ausnahmen den Vorzug gegeben haben.

Die größte Abwasserreinigungsanlage mit Bodenfiltration ist die der Stadt Spandau. Sie hat eine Größe von 76 ha und ist in einzelne Felder von 0,5 ha aufgeteilt. Das Abwasser wird in Emscher-Brunnen gut vorgereinigt und durch besondere Einläufe mit Schützen gleichmäßig über das Feld verteilt. Die planmäßige Belastung beträgt 400 m³ je ha. Im Laufe des Betriebes hat sie jedoch verringert werden müssen.

3. Bodenberegnung.

Bei diesem Verfahren wird das Abwasser durch die Geräte, die bei der Feldberegnung mit reinem Wasser in Anwendung sind, auf das Gelände verspritzt. Eine besondere Herrichtung des Geländes ist nicht erforderlich, dagegen bedarf es der Verlegung von Verteilungsleitungen, da mit den beweglichen Geräten nur eine verhältnismäßig kleine Fläche bestrichen werden kann.

Die Belastung der Flächeneinheit ergibt sich aus dem Erfahrungssatz, daß monatlich etwa 20 bis 30 mm Wasserhöhe aufgebracht werden können, um den Ertrag der Ländereien nach Möglichkeit zu steigern. In der Annahme, daß diese Menge im ganzen Jahr verregnet werden kann, würde das eine zulässige Belastung von etwa 6 bis 9 m³ je ha ergeben, d. h. die benötigte Fläche beträgt ungefähr das 5fache der Fläche bei der Bodenberieselung. Bei der geringen Belastung kommen Abflüsse nicht zustande. Das Wasser wird zum großen Teil von den Pflanzen aufgenommen, zum anderen Teil verdunstet es.

Die dauernde Unterbringung des Abwassers während des ganzen Jahres ist nicht angängig. Während der Reife der Feldfrüchte, bei längeren Regenperioden und zu Zeiten Frostwetters muß die Beregnung ausgesetzt werden. Auch die Verregnung bei Nacht ist wegen der mit der Bedienung der Geräte verbundenen Handarbeit nicht durchführbar. Es müssen deshalb Anlagen geschaffen werden, um das Abwasser während der genannten Zeiten anderweit unterzubringen oder unschädlich zu machen.

Die Bodenberegnung kann als selbständiges Verfahren zur Abwasserbeseitigung nur unter einfachen Verhältnissen bei Klein- oder Mittelstädten mit vorwiegend landwirtschaftlicher Umgebung in Frage kommen. In diesem Falle macht sich der Aufwand durch den Mehrertrag in kurzer Zeit bezahlt. Bei großem Abwasseranfall bedarf sie der Ergänzung durch Anlagen der Bodenberieselung oder Bodenfiltration. Für Großstädte scheidet die Verwertung des Abwassers durch Verregnung aus, da die Beschaffung der dazu erforderlichen Flächen einen zu hohen Aufwand ergeben würde, ganz abgesehen davon, daß die Förderkosten stark zunehmen würden. Wenn ein Transport des Abwassers ohnedies notwendig wird, kann das Abwasser an geeigneten Stellen zur Beregnung abgegeben werden, um die Reinigungsanlage zu entlasten.

Der Wert der Bodenberegnung liegt darin, daß neben der Zuführung der notwendigen Wassermenge, die vor allem in der Wachstumsperiode vielfach nicht zur Verfügung steht, Nährstoffe dem Boden zugeführt werden, die zum Aufbau der Pflanzen dienen. Es handelt sich im Gegensatz zum Reinwasser um eine düngende Beregnung. Daß diese größere Ertragssteigerungen ergibt, als die Anfeuchtung mit Reinwasser, ist durch Versuche in Dresden bewiesen (*342*). Bei diesen wurden Rüben teils mit Reinwasser, teils mit vorgereinigtem Kanalwasser besprengt. Der Ertrag der letzteren war um mindestens 33% höher.

Auf die Ausbildung der Beregnungsgeräte kann hier nicht näher eingegangen werden. Die für Reinwasser geeigneten sind im allgemeinen auch für Abwasser brauchbar. Es sind nur Vorkehrungen zu treffen, um eine Verstopfung durch mitgeführte Schmutzstoffe zu vermeiden. Diesen Anforderungen entsprechen Öffnungen von 10 bis 30 mm. Es sei deshalb auf das vorliegende Schrifttum verwiesen.

Die Anlagekosten für die Beregnungsanlage betragen etwa 150 bis 250 M. je ha. Die Betriebskosten hängen ganz von den örtlichen Verhältnissen und von der Art der Förderung des Abwassers ab, so daß allgemein gültige Angaben nicht gemacht werden konnen.

4. Fischteiche.

Fischteiche zur Nachklärung von Rieselfeldabflüssen sind schon im vorigen Jahrhundert eingerichtet worden. Auf diese Weise wurden die im Abwasser noch vorhandenen Nährstoffe in Fischfleisch umgesetzt und dadurch gleichzeitig eine Verkrautung des Vorfluters verhindert. Es ist das Verdienst von Prof. Hofer-München, dieses Verfahren als selbständiges Reinigungsverfahren ausgebildet zu haben. In der Versuchsanlage in Straßburg, die im Jahre 1911 in Betrieb genommen worden ist, wurde häusliches Abwasser, das mit Reinwasser verdünnt war, erstmalig biologisch gereinigt.

Bei dem Fischteichverfahren werden die Vorgänge im Fluß nachgeahmt, die unter dem Begriff Selbstreinigungskraft der Gewässer zusammengefaßt werden. Wegen der Vorgänge, die sich dabei abspielen, sei auf Abschnitt XVI B verwiesen. Zusammenfassend mag hier nur so viel wiederholt werden, daß durch die Tätigkeit der Bakterien die hochmolekularen Eiweißverbindungen und Kohlehydrate des Abwassers aufgespaltet werden, so daß sie als Nahrung für Algen und Pilze dienen. Diese werden von Tieren höherer Ordnung, wie Würmer, Schnecken, Krebse, Insektenlarven gefressen, die ihrerseits höheren Tieren wieder zur Nahrung dienen. Auf diese Weise werden die Schmutzstoffe durch unzählige Verwandlungen von Pflanze zu Tier und von Tier zu Tier schließlich in hochwertiges Fischfleisch übergeführt.

Vorbedingungen. Sollen sich die biologischen Vorgänge ohne Störung abspielen, so müssen gewisse Vorbedingungen erfüllt sein. Vor allem muß das Wasser einen bestimmten Sauerstoffgehalt haben, ohne den die Lebensvorgänge in der Natur nicht möglich sind. Da der Gehalt des Abwassers an Sauerstoff nur gering ist, muß also das Abwasser mit sauerstoffhaltigem Reinwasser verdünnt werden. Sauere Grundwässer und kalkarme Wässer sind dazu ungeeignet. Ferner muß das Abwasser möglichst frisch und von den gröbsten Verunreinigungen befreit sein. Eine gute Vorreinigung des Abwassers im Wege des Absetzenlassens ist danach unbedingt notwendig. Beide Wässer werden innig miteinander vermischt und im übrigen alle Mittel angewendet, um die besten Bedingungen für das pflanzliche und tierische Leben im Teiche zu schaffen. Sofern genügendes Gefälle vorhanden ist, wird das Mischwasser durch Versprühen und Verspritzen innig mit Luftsauerstoff angereichert. Durch die geringe Tiefe des Teiches wird erreicht, daß anaerober Abbau vermieden wird und daß die lebensfördernde Kraft des Sonnenlichtes auf die Lebewesen einwirkt.

Einrichtung. Die Menge des Verdünnungswassers muß das 3- bis 5fache der Brauchwassermenge betragen. Und zwar muß diese unter den ungünstigsten Verhältnissen, die überhaupt denkbar sind, zur Verfügung stehen, wenn Schädigungen der Reinigungswirkung und des Fischbesatzes vermieden werden sollen. Die Teiche sollen im Mittel 50 bis 80 cm tief sein, das Abwasser ist durch geeignete Einrichtungen möglichst gleichmäßig über die ganze Fläche zu verteilen. Ein Grundablaß in Verbindung mit einem vertieften Behälter dient dazu, das Abfischen des Teiches zu ermöglichen. Die Größe der Teiche ist so zu bemessen, daß für rund 200 Personen 1 ha Teichfläche entfällt.

Betrieb und Ertrag. Als Fischbesatz sind die Karpfen am besten geeignet. Danach kommen Schleie und Hechte in Frage. Die Fischbrut wird nur dann in den Fischteich eingesetzt, wenn reichlich Verdünnungswasser zur Verfügung steht. Sicherer ist es, wenn die Fische erst eingebracht werden, nachdem sie ein oder zwei Sommer in besonderen Aufzugteichen zugebracht haben, da sie dann widerstandsfähiger sind. Der Zuwachs an Fischfleisch beträgt im Mittel 500 kg/ha. Hieraus geht ohne weiteres hervor, daß die Reinigung des Abwassers in Fischteichen das ertragreichste Verfahren überhaupt ist. Die Einnahmen aus dem Verkauf reichen nicht nur zu, um den Kapitaldienst und die Betriebsausgaben zu decken, sondern es ist mit einem dauernden Überschuß zu rechnen.

Infolge der starken Düngung der Teiche wächst an der Oberfläche die Wasserlinse sehr stark, so daß sich schließlich eine zusammenhängende Schicht bildet, die den Zutritt von Licht und Luft im Wasser verhindert. Sie kann in einfachster Weise dadurch beseitigt werden, daß Enten auf dem Teiche gehalten werden, denen die Pflanze als Nahrung dient. Zu dem Fischfleisch kommt dann noch als weiterer Ertrag der des Entenfleisches.

Reinigungswirkung und Vorzüge. Die Reinigungswirkung der Teiche ist bei richtiger Anlage und einwandfreiem Betrieb eine vollkommene. Sie wird durch kein anderes Verfahren übertroffen. Die Oxydierbarkeit wird um rund 90% herabgesetzt, so daß die Fäulnisfähigkeit beseitigt wird, und im übrigen kommt das abfließende Wasser dem besten Flußwasser gleich. Mit diesen Erfolgen ist eine vollständige Beseitigung aller Schmutzstoffe verbunden, so daß eine sekundäre Reinigung, die namentlich bei den künstlichen biologischen Verfahren notwendig ist, zur Beseitigung der abgestorbenen Kleinlebewesen nicht erforderlich ist. Die im Abwasser enthaltenen Nährstoffe werden in weitgehendstem Maße ausgenutzt, indem als Endprodukt des ganzen Umwandlungsprozesses Fischfleisch gewonnen wird. Der hieraus sich ergebende Ertrag für die Einheit der Fläche übertrifft den bei der Behandlung des Abwassers auf Land erheblich. Mit der Einrichtung sind Geruchsbelästigungen nicht verbunden, auch bietet die ganze Anlage von Fischteichen einen ästhetisch durchaus befriedigenden Anblick. Eine Fischteichanlage zur Reinigung des Abwassers stellt also die zur Zeit nach verschiedenen Gesichtspunkten beste Art der Reinigungsverfahren dar. Wenn geeignetes Verdünnungswasser in ausreichender Menge zur Verfügung steht, und wenn die Vorbedingungen zur Herstellung von Teichen gegeben sind, sollte die Herstellung einer derartigen Anlage in ernste Erwägung gezogen werden.

Ausgeführte Anlagen. Die erste Fischteichanlage ist in Straßburg zur Ausführung gekommen. Sie geht mit rund 2 ha Teichfläche über den Rahmen einer Versuchsanlage hinaus und kann im Bau und Betrieb als Vorbild dienen. Nach Auskunft vom Jahre 1928 hat die Anlage dauernd befriedigend gearbeitet, und eine gute biologische Reinigung des Abwassers bewirkt.

Die Ausbildung der mechanischen Reinigung des Abwassers mit nachfolgender Behandlung in Fischteichen hat sich besonders die Firma Dyckerhoff & Widmann angelegen sein lassen. Sie hat in Gräfenhainichen, in Grafenwöhr, Berggießhübel/Sa., Gottleuba/Sa. mustergültige Anlagen dieser Art geschaffen. Auf der Kläranlage der Stadt München, die die größte Fischteichanlage besitzt, wird das vorgereinigte Abwasser mit Isarwasser gemischt und in Fischteichen weiter behandelt. Diese umfassen eine Fläche von 233 ha und sind längs des Werkskanals der Mittleren Isar-A.G. angeordnet.

5. Flußkläranlagen.

Flußkläranlagen entstehen durch Aufstau eines abwasserführenden Flusses im Flußbett selbst. Ihre Wirkung ist doppelter Art, indem in den oberen Strecken durch Absetzenlassen die noch im Wasser vorhandenen Schwebestoffe ausgeschieden werden, während in dem übrigen Teil des Stausees das Abwasser im Wege der natürlichen Selbstreinigungskraft biologisch gereinigt wird. Es kommt also darauf an, für die natürlichen Vorgänge beim Abbau der organischen Substanz die günstigsten Bedingungen zu schaffen. Das geschieht einmal durch Ausbildung einer großen Oberfläche, die die Sauerstoffaufnahme und Lichtzufuhr vermehrt, und zum andern durch die Verlängerung der Laufzeit des Flusses infolge Aufstaues. Auf diese Weise wird das Flußwasser gereinigt, ehe neue Verschmutzungsquellen neue Anforderungen an die Selbstreinigungskraft des Flusses stellen. Die Wirkung ist um so vollkommener, je mehr das in den Fluß eingeleitete Abwasser von seinen absetzbaren Stoffen befreit wird, oder je geringer der Anteil des organischen fäulnisfähigen Schlammes im Vergleich zur Wassermenge ist.

Es kann also nicht jeder verschmutzte Wasserlauf durch Aufstauen gereinigt werden, sondern es muß die Belastung mit Schmutzstoffen so weit verringert werden, daß in dem Flusse zuzeiten der geringsten Wasserführung Fäulniserscheinungen nicht auftreten können. Handelt es sich um vorwiegend mineralischen Schlamm, so sind keine Befürchtungen in dieser Beziehung zu hegen. Dagegen ist es bei überwiegend häuslichem Abwasser notwendig, an den Stellen, an denen das Abwasser in größerer Menge anfällt, eine Vorreinigung vorzunehmen. Verschmutzungsgrad und Menge des aufgestauten Wassers müssen also in eine bestimmte Beziehung zueinander gebracht werden, die von dem Charakter des Flußwassers und des Abwassers abhängig und von Fall zu Fall verschieden ist. Ein ungefährer Anhaltspunkt ist dadurch gegeben, ob und auf welcher Laufstrecke der Fluß sich der zugeführten Schmutzstoffe entledigen kann und seinen ursprünglichen Reinheitsgrad, wenn auch nicht vollständig, so doch in der Hauptsache wiederherzustellen imstande ist.

Der Schlamm, der anfällt, muß in gewissen Zeitabständen durch Baggern entfernt werden, oder einfacher ist es, wenn zu Hochwasserzeiten die Stauvorrichtung aufgehoben und auf diese Weise durch die Räumungskraft des abströmenden Wassers eine gründliche Säuberung des Flußbettes herbeigeführt wird. In den ersten Zeiten des Betriebes setzt wohl, namentlich in dem flachen Teil eines Stausees, eine starke Krautbildung ein, hervorgerufen durch die Pflanzennährstoffe, die in dem überstauten, ehemals landwirtschaftlich genutzten Boden vorhanden sind. Diese kann mit geeigneten Apparaten beseitigt werden. Nach einer Reihe von Jahren verschwindet die Verkrautung meistens von selbst.

Wenn die Örtlichkeit zum Anlegen eines Stausees günstig ist, d. h. wenn ansteigende Ufer ein Aufstauen des Flußwassers auf etwa 1,5 bis 2 m ohne große Aufwendungen zulassen, so stellt eine derartige Flußkläranlage eine zentrale Reinigungsanlage dar, die dem Flusse den natürlichen Reinheitsgrad wiedergibt. Sie kommt mit Vorteil dort zur Anwendung, wo die Zusammenfassung der anfallenden Abwässer zum Zwecke der Reinigung erhebliche Aufwendungen verursacht. Liegt beispielsweise ein größeres Gebiet vor, dessen Siedlungen und gewerbliche Anlagen wegen ihrer zerstreuten Lage schwer zu erfassen sind, so kann man das anfallende Brauchwasser etwa vor der Einmündung der Nebenbäche in Absetzbecken vorreinigen und danach die weitere biologische Reinigung in einer Flußkläranlage unterhalb der verschiedenen Verschmutzungsquellen bewerkstelligen. Mit der Stauanlage kann ohne Schwierigkeiten eine Kraftausnützung des Flußwassers verbunden werden, so daß die aufgewendeten Kosten zum Teil dadurch verzinst werden.

Der erste Entwurf für eine Flußkläranlage, in dem ganz bewußt die Selbstreinigungskraft eines Wasserlaufes gehoben wird, stammt aus dem Jahre 1922 und ist von Imhoff zur Reinigung der Ruhr aufgestellt worden. Er ist dann später auf Grund verschiedener Vorgänge geändert worden. An der Einmündung der Lenne in die Ruhr waren die Verhältnisse insofern eigenartig, als das Lennewasser infolge des Abwassers aus den Eisenbeizereien sauer reagierte, während das Ruhrwasser infolge der häuslichen Abwässer und der zahlreichen Papierfabriken einen alkalischen Charakter aufwies. Beim Zusammentreffen beider ergaben sich Ausfällungen rostbraunen Eisenschlammes und eine starke Verschlammung der Ruhrsohle. Dadurch wurden die zahlreichen Wassergewinnungsstellen längs des Flusses in ihrer Ergiebigkeit beeinträchtigt. Durch die Herstellung eines Stausees kurz unterhalb des Zusammenflusses bei Hengstey war es möglich, den Schlamm an einer für die Wasserwerke unschädlichen Stelle festzuhalten, und danach das Wasser im Wege der biologischen Selbstreinigung zu verbessern. Der Stausee ist Anfang 1928 nach zweijähriger Bauzeit in Betrieb genommen worden. Er hat eine Länge von 4 km und eine mittlere Breite von 400 m. Durch ein Wehr, das mit 4 Walzen verschlossen wird, wird der Fluß auf 4,50 m aufgestaut und auf diese Weise ein Stauraum von 2,8 Mill. m^3 geschaffen. Das Gefälle wird in einem Kraftwerk nutzbar gemacht. Außerdem ist noch eine weitere Kraftausnutzung damit verbunden, indem das Seewasser zum Betrieb einer Rückpumpspeicheranlage dient. Daß eine vollkommene Reinigung des Wassers tatsächlich erreicht wird, geht daraus hervor, daß der See in seinem unteren Teile als Volkserholungsstätte mit Strandbädern und Wassersportanlagen dient.

Die guten Erfahrungen, die mit dem Hengsteysee in jeder Beziehung gemacht worden sind, haben den Ruhr-Verband veranlaßt, für den ganzen Lauf der Ruhr weiter unterhalb bis zur Einmündung in den Rhein Stauseen gleicher Art zu planen. Im ganzen sollen zusammen 8 Ruhrseen mit einem Fassungsraum von 24,4 Mill. m^3 zur Ausführung kommen. Der zweite See, der Harkortsee, ist im Frühjahr 1931 fertiggestellt worden. Er übernimmt unter anderem die biologische Reinigung der Wässer der Stadt Hagen, die bislang nur mechanisch vorgeklärt werden. Der Baldeneysee bei Essen ist zur Zeit im Bau.

In Abb. 268 ist der Zustand der Ruhr nach (*29*) zur Zeit des kleinsten Niederwassers im Jahre 1929 nach Wassermengen, Sauerstoffwerten und Laufzeiten graphisch dargestellt. Danach ist die Ruhr kurz vor der Einmündung in den Rhein infolge starken Entzuges durch die Wasserwerke vollkommen trocken gelaufen.

Der Sauerstoffehlbetrag beträgt 4 mg je l und mehr. Auf der letzten Strecke ist der Sättigungswert wieder vollkommen, nachdem durch den auf Seite 345 erwähnten Abfangekanal von Oberhausen an Schmutzwasser der Ruhr nicht mehr zugeführt wird. Durch die geplanten Seen wird die Laufzeit bis zum untersten See 5mal so lang als bisher.

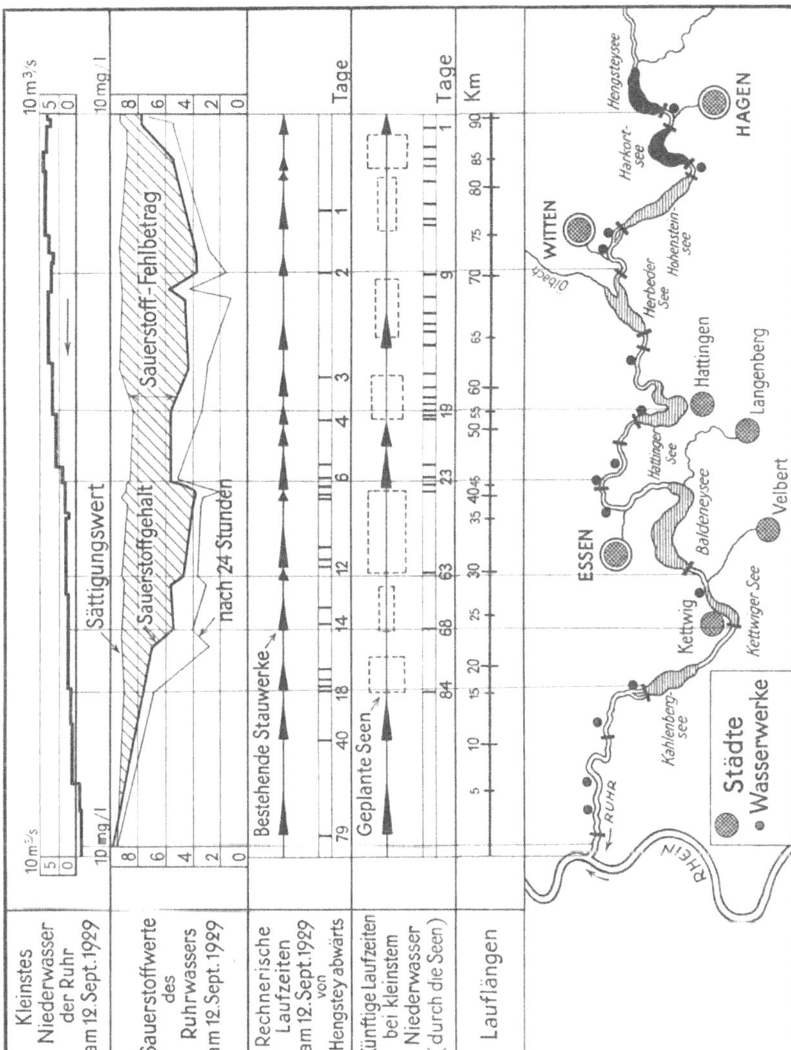

Abb. 268. Zustand der Ruhr.

Wenn diese großzügige Maßnahme des Ruhr-Verbandes in erster Linie auch durch die Anforderungen der Wasserwerke bedingt sind, so zeigen sie doch, wie ein Flußlauf mit verhältnismäßig geringen Mitteln saniert werden kann.

B. Künstliche biologische Verfahren.

6. Füllkörper.

Die Füllkörper sind eine Weiterbildung der intermittierenden Bodenfiltration. In dem Bestreben, die Belastung für die Flächeneinheit zu vergrößern, wählte man immer größeres Korn und machte sich schließlich von dem natürlichen Vorkommen der Bodenarten vollständig frei. Große Behälter wurden mit geeignetem Sandmaterial gefüllt und abwechselnd mit dem Abwasser beschickt und ruhig stehen gelassen. Um die Ausbildung und Klärung der Vorgänge bei der Reinigung hat sich besonders Dunbar-Hamburg (*7*) verdient gemacht.

Füllkörper sind in Deutschland nur in vereinzelten Fällen für kleinere Anlagen gebaut worden. Sie kommen nicht mehr zur Anwendung, weil die Körper nach einer gewissen Zeit verschlammen und dann mit großen Kosten erneuert werden müssen. Aus dem gleichen Grund werden die Anlagen, die in England bestehen, zum größten Teil in Tropfkörperanlagen oder in solche mit Belebtschlamm umgebaut.

Gleichwohl mögen die Füllkörper in ihrem Aufbau und in ihrer Wirkungsweise kurz behandelt werden, da die grundlegenden Fragen, die an ihnen erforscht sind, die gleichen sind, wie bei dem andern noch gebräuchlichen künstlichen biologischen Verfahren, das an der Luft arbeitet, dem Tropfkörper.

Das Füllkörpermaterial wird in wasserdichte Becken in einer Schichthöhe von etwa 1,0 bis 1,5 m eingebracht. Die Körper werden bei kleineren Anlagen in Einheiten von 100 bis 300 m^2, bei größeren Anlagen in solche von 1000 bis 1500 m^2 aufgelöst. Das Abwasser muß über die Füllkörper gleichmäßig verteilt werden. Da der ganze Körper mit Wasser angefüllt wird, so ist auf die Verteilung nicht so großer Wert zu legen, wie bei anderen Verfahren. Auf der Sohle der Becken werden Dränageleitungen verlegt, in denen sich das gereinigte Wasser sammelt und die während der Ruheperioden zur Lüftung dienen. Die Körper bestehen entweder aus einer Stufe gleichmäßigen Materials, oder es werden zwei Körper verschiedener Korngröße hintereinander geschaltet. Man spricht dann von zweistufigen Anlagen. Sie haben den Vorzug, daß die durch die Verschlammung der Körper bedingte Lebensdauer vergrößert wird und daß die Reinigungswirkung vollkommener ist. Sie erfordern allerdings einen erhöhten Bauaufwand.

Körpermaterial und Korngröße. Als Füll(Brocken)material ist an und für sich jedes Material geeignet, das den zerstörenden Einflüssen der Atmosphäre nicht unterliegt. Infolgedessen kommen in Frage Sand, Kies, natürliches Gestein, Klinker, Koks, Kesselschlacke usw. Unter sonst gleichen Umständen verdienen die Materialien den Vorzug, die eine rauhe, zackige Oberfläche haben, weil dadurch die Oberflächenwirkung vergrößert wird.

Da die Reinigungswirkung primär auf der Adsorption durch die Oberfläche beruht, so ist sie um so größer, je feiner das Material ist. Nach den Versuchen von Dunbar (*14*) war nicht nur die Herabsetzung der Oxydierbarkeit bei feinerem Material größer als bei gröberem, sondern auch der Sauerstoffverbrauch, der zur Regenerierung der ausgeschiedenen Stoffe erforderlich ist. Die Grenze für die Korngröße ist durch die Forderung gegeben, daß während der Ruheperioden der Sauerstoff überall an das Material heran kann. Nach den Erfahrungen darf eine Korngröße von 2 mm nicht unterschritten werden. Bei einstufigen Körpern liegt die zweckmäßigste Korngröße bei 2 bis 8 mm, während bei zweistufigen Körpern die erste Stufe mit größerem Korn von 10 bis 25 mm und die zweite Stufe mit solchem von 3 bis 10 mm ausgerüstet wird.

Durch die Kornzusammensetzung und die Kornlagerung ist naturgemäß das Aufnahmevermögen bestimmt. Bei jeder Füllung werden je 1 m^3 Füllmaterial 300 bis 400 l Abwasser aufgenommen. Daraus ergibt sich unter Berücksichtigung der notwendigen Lüftungsperioden die quantitative Leistungsfähigkeit der Füllkörper. Für die Reinigung von 1 m^3 täglichen Abwassers werden bei einstufigen Körpern 1,7 m^3, bei zweistufigen Körpern 2,2 m^3 Körpermaterial benötigt.

Vorreinigung, Art des Betriebes, Nachklärung. Eine Vorreinigung des Abwassers ist in jedem Falle zweckmäßig und wirtschaftlich. Je vollkommener die Schwebestoffe aus dem Abwasser entfernt werden, um so besser arbeitet der Füllkörper und um so länger ist seine Lebensdauer. Bei mangelhafter Vorreinigung wird nicht nur die Aufnahmefähigkeit sehr schnell verringert, die abgesetzten Schlammstoffe können auch während der normalen Ruheperiode nicht vollkommen abgebaut werden, so daß die Verschlammung schnell fortschreitet.

Die adsorptive Wirkung der Körper geht, wie Dunbar nachgewiesen hat, sehr schnell vor sich. Es genügen etwa 5 bis 10 Min., um den größten Teil der überhaupt ausscheidbaren Stoffe aus dem Abwasser zu entfernen. Für die Regenerierung der Körper jedoch ist eine längere Zeit erforderlich, da es sich hier um biologische Vorgänge handelt. Ein Lüftungsbedarf von etwa 3 bis 5 Std. ist angemessen, um den besten Wirkungsgrad zu erzielen, so daß unter Berücksichtigung der Zeit für Füllen und Entleeren sich durchschnittlich am Tage eine 3- bis 4malige Beschickung ergibt.

In den Abflüssen der Füllkörper befinden sich noch Schlammstoffe. Diese werden beim Entleeren teilweise aus dem abgelagerten Schlammstoff mit abgeschwemmt, teilweise stammen sie aus dem verwitterten Füllmaterial. Um die Abflüsse möglichst frei von Schwebestoffen zu halten, empfiehlt es sich, ein Nachklärbecken nachzuschalten. Der hier anfallende Schlamm ist noch fäulnisfähig, er ist jedoch leicht dränierbar und kann im übrigen in gleicher Weise weiterbehandelt werden wie der Frischschlamm.

In qualitativer Beziehung steht die Leistungsfähigkeit der Füllkörper im großen und ganzen der der bisher behandelten Verfahren nach. Die Abflüsse sind zwar nicht mehr fäulnisfähig, sie sind jedoch nicht vollständig klar und haben noch einen hohen Gehalt an Keimen.

Verschlammung. Trotz guter Vorreinigung und sorgfältigen Betriebes läßt es sich nicht vermeiden, daß nach längerem Betrieb, etwa nach 5 und mehr Jahren eine Verschlammung der Körper eintritt. Diese stammt von ungelösten mineralischen Stoffen, die in dem Füllkörpermaterial zurückgehalten werden, von Resten, die der Bakterientätigkeit nicht zugänglich sind, und von den Endprodukten der Bakterien und Kleinlebewesen selbst. Sie zeigen sich dadurch an, daß der Körper in seiner Aufnahmefähigkeit nachläßt, und die Reinigungswirkung zurückgeht. Der Körper muß dann entschlammt werden, d. h. das ganze Material muß ausgebaut und durch Waschen gründlich gereinigt werden. Auf diese Arbeit, die sehr umständlich und mit großen Kosten verbunden ist, ist es zurückzuführen, daß Füllkörper nicht mehr zur Ausführung kommen und bestehende Anlagen aufgegeben werden.

7. Tropfkörper.

a) Allgemeines.

Die amerikanischen Versuche, die zur Ausbildung der Füllkörper geführt haben, waren auch der Ausgangspunkt für die Ausgestaltung des Tropfkörperverfahrens. Bei beiden wird die Reinigungswirkung des Bodens ausgenutzt, im übrigen aber weichen die Vorgänge von dem bei der Behandlung des Abwassers auf Land ab. Bei dem Stehen des Abwassers in den Füllkörpern werden die Lebensvorgänge, die an das Vorhandensein von Sauerstoff gebunden sind, unterbrochen. Außerdem macht der intermittierende Betrieb Schwierigkeiten, die auch durch die automatische Beschickung nicht vollständig behoben werden. Aus diesen Gründen mußte das Streben dahin gehen, die Vorgänge der Adsorption und der Regenerierung zeitlich zusammenzufassen. Die Übertragung der natürlichen Vorgänge auf künstliche Körper geringen Ausmaßes gab jedoch erst dann ein befriedigendes Ergebnis, als es gelungen war, eine gleichmäßige Verteilung des Abwassers in Tropfenform über den Körper zu erreichen. Das Abwasser, das fein verteilt auf den Körper aufgebracht wird, durchrieselt den Körper von oben nach unten. Der einzelne Tropfen, der von Brocken zu Brocken abstürzt, wird dabei vielfach zerstäubt und kommt dadurch innig mit dem Material in Berührung, so daß sich die Adsorptionskräfte voll entfalten können. Die Sauerstoffzufuhr wird zwar eingeschränkt, aber nicht vollständig unterbrochen, so daß die verschiedenen Phasen der biologischen Reinigung nebeneinander hergehen. Auf diese Weise kann das Abwasser in ununterbrochenem Betrieb den Tropfkörpern zugeführt und die Belastung für die Flächeneinheit gesteigert werden. Ein weiterer Vorzug dieses Verfahrens besteht darin, daß der Körper aus gröberem Material aufgebaut werden kann, so daß die Gefahr der Verschlammung geringer und die Baukosten niedriger sind als bei den Füllkörpern.

Mit der Auflösung des Abwassers in einzelne Tropfen wird der Schwefelwasserstoff frei, so daß bei diesem Verfahren im Gegensatz zum Füllverfahren unangenehme Gerüche in Kauf genommen werden müssen. Außerdem begünstigt dieses Verfahren das massenhafte Auftreten einer Stechmücke, Psychoda genannt, für die der schleimige Überzug des Brockenmaterials günstige Lebensbedingungen gibt. Sie schwärmt jedoch nur in nächster Nähe der Körper, es sei denn, daß sie durch den Wind weitergetrieben wird. Jedenfalls sollten Gebäude zum Aufenthalt von Menschen mit Rücksicht auf die Fliegenplage nur in größerer Entfernung von den Tropfkörpern hergestellt werden.

Die Druckhöhe, die zur Behandlung des Abwassers bei diesem Verfahren erforderlich ist, ist festgelegt durch die Höhe des Körpers, die etwa die gleiche sein muß, wie bei den Füllkörpern, nämlich 2 bis 3 m, und durch die Verteilungseinrichtung. Diese beanspruchen je nach der Ausgestaltung 0,3 bis 2,0 m, so daß im allgemeinen ein größeres Gefälle erforderlich ist, als bei Füllkörpern. Wird jedoch, wie es in den meisten Fällen wohl zutrifft, ein künstliches Heben des Abwassers durch den Aufbau des Körpers bedingt, so spielt eine Vergrößerung der Hubhöhe nur eine untergeordnete Rolle. Die geschilderten Vorzüge der Tropfkörper sind derart, daß eine geringe Erhöhung der Förderkosten durch die Vereinfachung des Betriebes ausgeglichen wird.

Tropfkörperanlagen sind in England und Amerika in großer Zahl für kleine und größere Gemeinden in Betrieb. In Deutschland ist die größte Anlage dieser Art die der früheren Gemeinde Wilmersdorf bei Berlin. Sie ist in der Inflationszeit etwas voreilig im falsch verstandenen Interesse wieder abgebaut worden, und die Behandlung der Abwässer dieses Gebietes den Rieselfeldern übertragen worden. Zur Zeit besitzen nur die Großstädte Stuttgart und Aachen Kläranlagen mit Tropfkörpern. In Klein- und Mittelstädten, besonders auch bei selbständigen Anstalten, sind sie zahlreich verbreitet und leisten Vorzügliches. Der vielfach vertretenen Ansicht, daß sie durch die neuzeitlichen Verfahren der Reinigung mittels Tauchkörpern und Belebtschlamm überholt seien, kann nicht zugestimmt werden.

b) Aufbau und Beschickung.

Das Material zum Aufbau der Körper kann gröber sein, als das der Füllkörper. Die günstigste Korngröße liegt bei etwa 30 bis 80 mm, auch größeres Korn kommt vor. Das Kleinstmaß darf nicht unterschritten worden, weil sonst leicht eine Verschlammung zustande kommt. Innerhalb der genannten Grenzen kann das Korn in verschiedenen Schichten eingebracht werden, so zwar, daß oben das feinere Korn und unten das gröbere Korn liegt.

Beim Wiederaufbau eines Tropfkörpers von 22 m Durchmesser auf der Kläranlage Leipzig-Leutzsch (*332*), der sich infolge Verwendung ungeeigneten Materials notwendig machte, wurden vier verschiedene Korngrößen von 40 bis 120 mm verwendet, die nach oben in der Größe abnahmen. Seitdem hat die Anlage zufriedenstellend gearbeitet.

Für die Beschaffenheit des Materials gilt das gleiche wie bei den Füllkörpern. Geeignet sind Baustoffe, die dem Einfluß der Witterung und den besonderen Einwirkungen der Vorgänge im Körper (Kohlensäurebildung) zu widerstehen vermögen. Am besten hat sich harte widerstandsfähige Koks- oder Kesselschlacke bewährt. Natürliche Gesteine, die den vorstehenden Anforderungen entsprechen, sind dann am Platze, wenn die Beschaffung künstlichen Materials hohe Kosten verursacht.

Die mittlere Höhe liegt bei 2,0 m. Mit der Steigerung der Höhe wird zwar die Reinigungswirkung vergrößert, der Mehraufwand steht jedoch in keinem rechten Verhältnis zu den Mehrkosten. Die Tropfkörper werden meistens ohne Begrenzungswände aufgebaut, indem die äußere Begrenzung aus noch gröberem Material als die größte angewendete Korngröße aufgeführt wird. Die Standfestigkeit kann erhöht werden durch Eisenbetonstützen, die mit Neigung nach innen in der Fundamentplatte eingespannt werden.

Wichtig für den Bestand des Körpers ist eine gute Entwässerung. Zu dem Zwecke muß die Sohle so gestaltet sein, daß die Abbauprodukte, die aus dem Körper ausgespült werden, vollkommen aus dem Bereich der Körper entfernt werden. Zweckmäßig werden überdeckte Ablaufrinnen mit entsprechendem Gefälle an-

Abb. 269. Ansicht der früheren Tropfkörperanlage von Wilmersdorf.

gewendet und die Sohle in einzelne Kreisausschnitte mit Querneigung untergeteilt, so daß ein ausreichendes Gefälle an allen Stellen erreicht wird. Das gereinigte Abwasser wird in einem Gerinne um den Körper herum gesammelt. Diese so ausgebildete Dränung dient gleichzeitig zur Luftzuführung. Außerdem tritt die erforderliche Sauerstoffmenge durch die Umfassungswände und durch die Oberfläche zu. Zuweilen werden auch noch in mittlerer Höhe besondere Lüftungsrohre verlegt.

Gewöhnlich wird das zu reinigende Abwasser zentral zugeführt und die Sohle bekommt eine Neigung nach außen, so daß die Grundrißform bei kleineren Anlagen im allgemeinen der Kreis ist. Dieser entspricht auch den Anforderungen der Verteilungseinrichtungen, die durch Rotation in Bewegung gehalten werden. Größere Anlagen werden bis zu 25 m Durchmesser in Kreisform ausgeführt. Die rechteckige Grundrißform bietet bezüglich der Platzausnützung Vorteile. Die neuesten Tropfkörper in Stuttgart sind rechteckige Blöcke von 30 m Breite und 150 m Länge bei einer Höhe von 1,7 m. Das Material ist Kalkstein, der auf der Kläranlage selbst gewonnen wurde. Die Beschickung geschieht mit Drehsprenger und die Zwickel werden mit Streudüsen bestrichen.

Abb. 269 stellt eine Ansicht der Tropfkörperanlage der Gemeinde Wilmersdorf dar.

Die Beschickung der Körper geschieht für gewöhnlich ohne Unterbrechung. Das Wasser läuft dauernd den Verteilungseinrichtungen zu und wird von diesen gleichmäßig über die Tropfkörper verteilt. Einzelne Sachverständige geben einem intermittierenden Betrieb den Vorzug, wobei Beschickungen von kürzerer Dauer mit längeren Ruhepausen abwechseln. Eine derartige Betriebsweise kann mit verschiedenen Apparaten einfachster Konstruktionen erreicht werden. Sie ist jedoch durch das Wesen der Vorgänge im Tropfkörper nicht begründet.

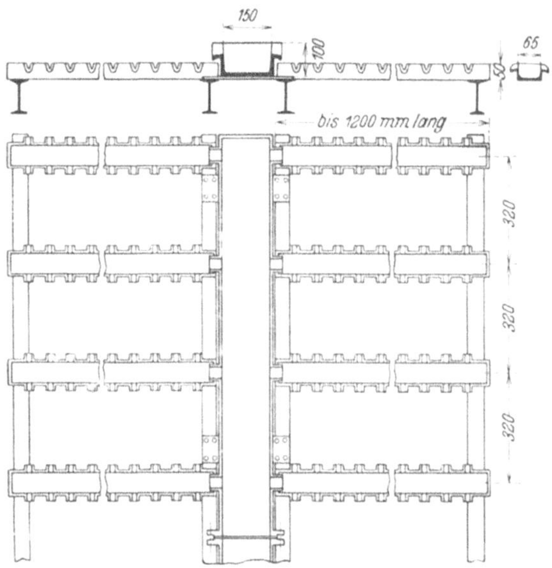

Abb. 270. Verteilung des Abwassers mit feststehenden Rinnen.

Eine Vorklärung ist in jedem Falle notwendig, um ein einwandfreies Arbeiten sicherzustellen und eine möglichst große Lebensdauer der Anlage zu erzielen. Je vollkommener sie ist, um so besser ist auch die Reinigungswirkung, da bei mangelhafter Entfernung der absetzbaren Stoffe des Abwassers diese im Körper zurückgehalten werden und die Oberflächenwirkung gestört wird.

c) Verteilung des Abwassers.

Von größter Wichtigkeit für ein auf die Dauer befriedigendes Arbeiten ist eine Verteilung, durch die mit Sicherheit eine gleichmäßige Belastung und richtige Ausnutzung des Körpermaterials erzielt wird. Dieser Zweck kann auf verschiedene Weise erreicht werden. Man kann, besonders für kleinere Anlagen, ein feststehendes Netz von Rinnen anwenden. Man kann das Abwasser durch bewegliche Einrichtungen über die ganze Oberfläche gleichmäßig verteilen, oder man kann ein Röhrensystem mit Streudüsen anordnen, in denen mittels Überdruckes das Wasser zerstäubt wird.

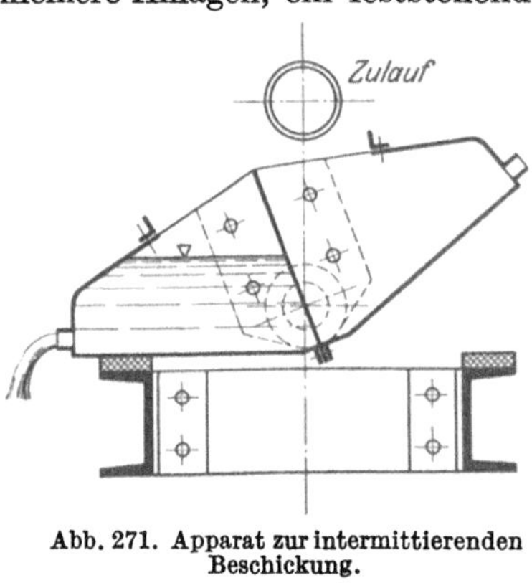

Abb. 271. Apparat zur intermittierenden Beschickung.

Bei den feststehenden Rinnen wird in der Längsachse des meist rechteckigen Körpers eine Hauptverteilungsrinne verlegt, die in Abständen von 30 bis 40 cm mit Überläufen versehen ist. Durch diese gelangt das Abwasser in ein Rinnensystem zweiter Ordnung, das mit Ausschnitten versehen ist, durch die es auf das Körpermaterial abfließt (siehe Abb. 270). Das ganze Rinnensystem muß genau horizontiert sein, und die Schlammablagerungen, die im Betrieb nicht zu vermeiden sind, müssen laufend entfernt werden. Die intermittierende Beschickung, die bei feststehenden Verteilungseinrichtungen und feinem Körpermaterial Vorzüge bietet, kann bei dem feststehenden Rinnensystem nach Ausführung der Firma Wilhelm Wurl-Berlin dadurch herbeigeführt werden, daß die Hauptverteilungsrinne zweiteilig ausgebildet und um eine horizontale Achse drehbar gestaltet wird, gemäß Abb. 271. Nachdem eine Kammer durch das Zulaufrohr gefüllt ist, kippt sie um und gibt ihren Inhalt an die etwas tiefer liegenden Verteilungsrinnen ab. Danach wird die andere Seite gefüllt, und das Spiel beginnt von neuem.

Die beweglichen Einrichtungen sind entweder Drehsprenger oder Wandersprenger. Bei den ersteren wird das Wasser einem kreisrunden Körper zentral zugeführt. Auf dem senkrecht nach oben abgebogenen Rohr sitzt ein um eine senkrechte Achse drehbarer Hohlkörper mit mehreren radial angeordneten Verteilungsröhren. Diese sind an einer Seite mit Öffnungen versehen, durch die das Wasser austritt. Durch die dabei entwickelte Reaktion wird der Sprenger in Drehung versetzt, und es genügt dazu ein Überdruck von 20 bis 50 cm. Um immer die gleiche Geschwindigkeit zu haben und sie von den schwankenden Belastungen des Zuflusses unabhängig zu machen, wird eine selbständige Beschickungsvorrichtung vorgeschaltet, die sich bei einer bestimmten Wasserhöhe entleert. Dazu kann man Heber benutzen, man kann auch Schwenkrohre nach Art der Abb. 272 anwenden, die bei einem bestimmten Spiegelstand den Gesamtinhalt eines Körpers entleeren. Die Schwierigkeiten bei der konstruktiven Durchbildung der Dreh-

Abb. 272. Intermittierende Beschickung mittels Schwenkrohrs.

sprenger liegen in der Abdichtung zwischen dem Zuführungsrohr und dem Drehkörper und in der Gefahr des Verschmutzens und Einfrierens. Durch Anwendung von Kugellagern bester Ausführung und eines Quecksilberverschlusses sind Einrichtungen geschaffen, die sich im Betrieb bestens bewähren. Abb. 273 stellt einen Querschnitt des Drehsprengers des Breuer-Werkes dar. Der neue Drehsprenger der Passavant-Werke (Abb. 274) zeichnet sich durch einen besonders günstigen Wirkungsgrad aus.

Abb. 275 stellt die grundsätzliche Anordnung von Tropfkörpern mit Drehsprengern dar.

Die Wandersprenger beruhen auf dem Prinzip des oberschlächtigen Wasserrades. Das zu verteilende Wasser fließt von außen oder von innen einem System von schaufelartigen Hohlkörpern zu, die um eine horizontale Achse drehbar sind. Durch die Belastung des Wassers dreht sich die auf Schienen bewegliche Verteilungseinrichtung, und dabei wird der Inhalt der Schaufel ausgekippt.

Abb. 276 stellt einen hin und her gehenden Wandersprenger für einen im Grundriß rechteckigen Tropfkörper dar. Er läuft auf Schienen, die beiderseits auf Stützpfeilern gelagert sind, und das Abwasser wird ihm mittels Heber zugeführt. Dieser taucht mit dem einen Schenkel in eine Rinne ein, die seitlich des Körpers verläuft. Wenn der Sprenger an das Ende des Tropfkörpers angekommen ist, wird durch eine mechanische Umschaltung die Bewegungsrichtung umgekehrt.

Streudüsen haben den Vorzug, daß alle beweglichen Teile fortfallen und daß sie eine große Betriebssicherheit auch im Winter aufweisen. Aus diesem Grunde finden sie in den Vereinigten Staaten von Amerika fast ausschließlich Anwendung. Die gleichmäßige Verteilung mittels einer größeren Zahl kleinerer Öffnungen,

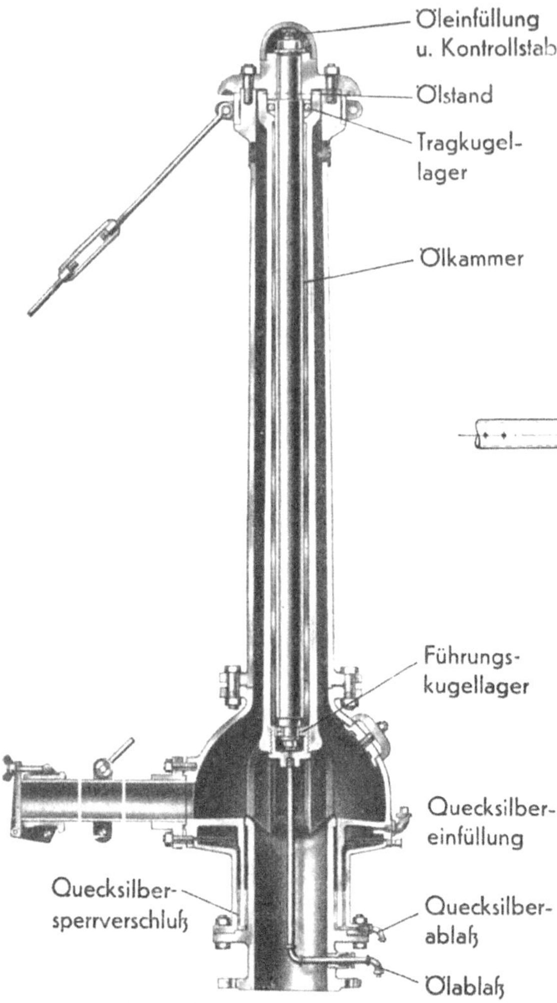

Abb. 273. Drehsprenger des Breuer-Werkes.

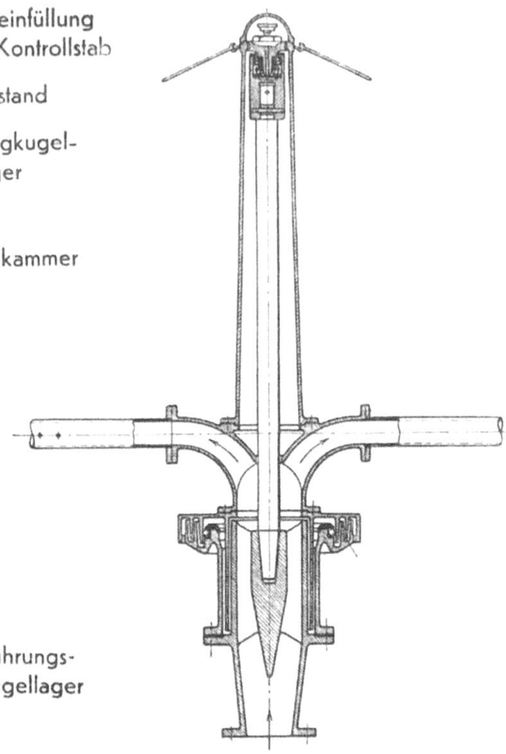
Abb. 274. Drehsprenger der Passavant-Werke.

die über den ganzen Düsenkörper verteilt sind, macht Schwierigkeiten, weil eine gewisse durch die Verschmutzung des Abwassers gebotene Austrittsöffnung nicht unterschritten werden kann. Bei den guten Konstruktionen wird deshalb die Verteilung durch die abnehmende Druckhöhe bei der unterbrechenden Beschickung erzielt. Bei der von der Firma Geiger konstruierten Düse (Abb. 277a) ist über der Mündung ein in der Höhenlage verstellbarer Prellkörper angeordnet, durch dessen Gestaltung der Abwasserstrahl so abgelenkt wird, daß er eine bestimmte Fläche runder oder quadratischer Form bestreicht. Bei der Düse der Passavant-Werke (Abb. 278) ist in das Mundstück ein Verteilerteller mit Leitkanälen eingesetzt, die dem Strahl eine Kreisbewegung geben. Die Wirkung der Düsen ist aus Abb. 277b zu ersehen. Der erforderliche Überdruck bei Streudüsen dieser Art beträgt 1,5 bis 3 m bei einer Streuweite von etwa 2 bis 4 m.

d) Nachreinigung.

Während bei Füllkörpern die Nachreinigung im allgemeinen entbehrt werden kann, müssen die Abflüsse der Tropfkörper durch Sedimentation von den mitgerissenen Stoffen befreit werden. Durch das durchfließende Wasser wird das Füllmaterial dauernd ausgewaschen, und der abgestorbene biologische Rasen, dazu Larven und Überbleibsel der Lebewesen, abgespült, so daß der Abfluß getrübt ist und erst gereinigt werden muß, ehe er dem Vorfluter übergeben wird. Die Beschaffenheit der Schmutzstoffe ist derart, daß sie sich leicht absetzen lassen, und daß der angefallene Schlamm in kurzer Zeit trocknet. Die Nachklärbecken können infolgedessen erheblich kleiner gehalten werden als normale Absetzbecken. Eine Aufenthaltszeit von 15 bis 25 Min. genügt im allgemeinen.

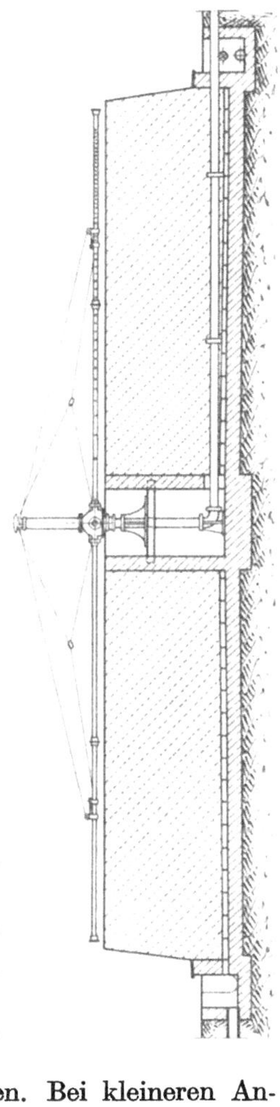

Abb. 275. Tropfkörper.

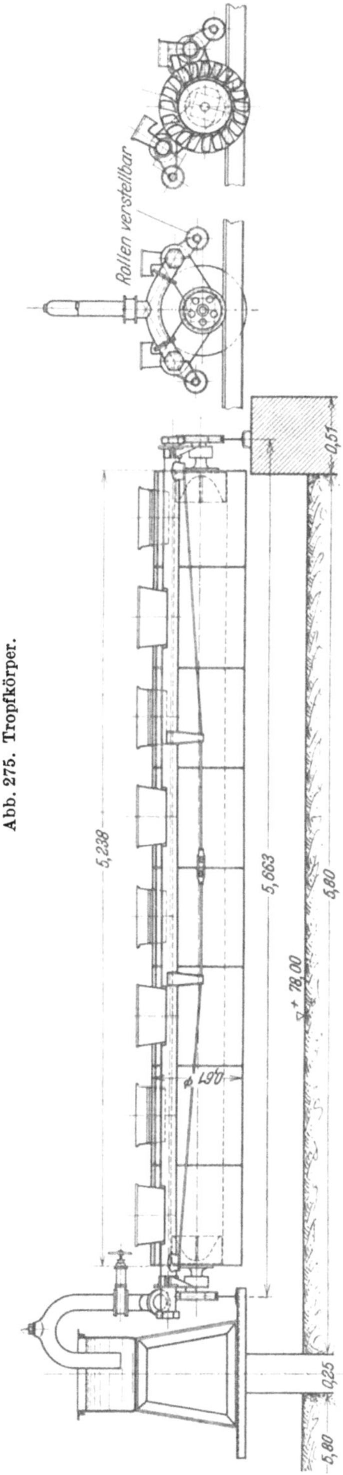

Abb. 276. Wandersprenger.

e) Materialmenge und Belastung.

Die quantitative Leistungsfähigkeit der Tropfkörper übertrifft die der Füllkörper. Die Erfahrungen hierüber schwanken in ziemlich weiten Grenzen, was durch die Konzentration der Abwässer und durch den Wasserverbrauch je Einwohner bedingt ist. Will man sicher gehen, so kann nicht mehr als 0,5 m^3 tägliches Abwasser je 1 m^3 Körpermaterial gerechnet werden. Bei kleineren Anlagen darf diese Grundzahl keinesfalls überschritten werden. Bei größeren Anlagen kann je nach den Verhältnissen die Belastung bis 1 m^3 Abwasser je 1 m^3 Körpermaterial gesteigert werden. Auf einen Einwohner entfällt also bei einem mittleren Wasserverbrauch von 100 l je Kopf und Tag rund 150 l Trockenmaterial. Als allgemeiner Grundsatz mag gelten, daß die zu reinigende Wassermenge im Vergleich zur Materialmenge um so größer sein kann, je besser die Verteilung ist.

f) Reinigungswirkung.

Die Tropfkörper bedürfen wie jedes andere biologische Reinigungsverfahren einer gewissen Einarbeitungszeit, bis der Rasen gebildet ist, der durch Adsorption die Schmutzstoffe festhält. Danach sind die Abflüsse nicht mehr fäulnisfähig, sofern die ausgewaschenen Stoffe durch Absetzenlassen entfernt sind. Die Reinigung ist gut, wenn der organische Stickstoff des Abwassers vollständig in Nitrate übergeführt ist. Sie kommt in der chemischen Wirkung den natürlichen Reinigungsverfahren durchaus gleich. Die Sauerstoffmenge im Abfluß geht bis auf 0 herunter, so daß bei der Einführung in einen kleinen Vorfluter der Sauerstoffhaushalt stark belastet wird. Wird der Körper überbeansprucht, so werden die organischen Stoffe nicht mehr in genügendem Maße abgebaut, und das Wasser, das die Reinigungsanlage verläßt, ist auch nach der Sedimentation noch der Fäulnis unterworfen. Was die Keimzahl anlangt, so wird in den Körpern nur ein kleiner Teil derselben zurückgehalten. Der überwiegende Teil gelangt in dem gereinigten Wasser unverändert zum Abfluß. Dieses enthält außerdem

Abb. 277a. Streudüse nach Geiger.

Abb. 277b. Streudüsen in Tätigkeit.

noch Pflanzennährstoffe, die im Wege der Landbehandlung oder im Fischteichverfahren nutzbar gemacht werden können. Diese Nachbehandlung hat überdies den Vorteil, daß die Keimzahl des Wassers sehr stark bis um 99% abnimmt, und daß auch die physikalische Beschaffenheit des gereinigten Wassers, soweit die Durchsichtigkeit und der modrige Geruch in Frage kommen, stark verbessert wird.

Die naheliegende Maßnahme, durch Einblasen von Luft die Reinigungswirkung zu verbessern und die Leistungsfähigkeit zu steigern, ist neuerdings von Stroganoff in den von ihm empfohlenen Aerofiltern wieder in Vorschlag gebracht. Die Nachprüfung in der Versuchskläranlage in Essen-Rellinghausen hat nicht so günstige Ergebnisse gezeitigt, wie er sie angegeben hat. Bei gleicher Wirkung kann die Belastung etwa auf das Doppelte gesteigert werden, was zum Teil wahrscheinlich auf die größere Höhe der Körper zurückzuführen ist.

8. Tauchkörper.

a) Wesen.

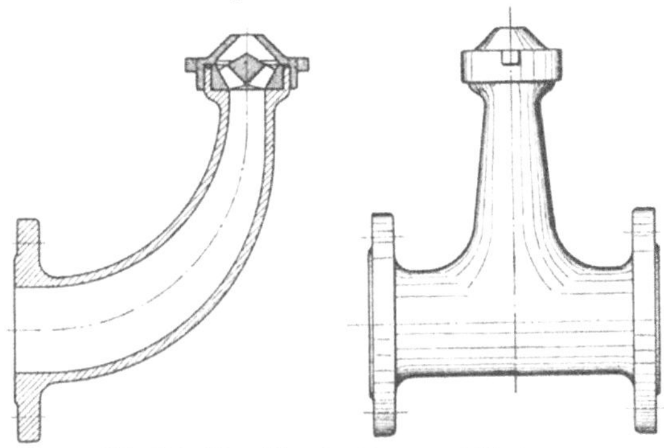

Abb. 278. Streudüse der Passavant-Werke.

Tauchkörper sind Füllkörper, die unter Wasser arbeiten. Der zur Mineralisierung der adsorbierten organischen Stoffe erforderliche Sauerstoff wird dem Körper durch Einblasen von Luft zugeführt. Die Anlagen, bei denen der Körper zum Zwecke der Regenerierung durch die Luft geführt wird, ändern nichts am Wesen der Tauchkörper, da die Zeitdauer dafür vergleichsweise gering ist. Bei diesem Verfahren bewegt sich das Wasser durch die mit geeignetem Material gefüllten Becken hindurch, so daß ein Ablassen der Becken entfällt und das erforderliche Gefälle zum Betrieb der Becken nur wenige Zentimeter ausmacht.

Vorbilder für die Tauchkörper, die vom Ruhr-Verband eingeführt und betrieblich durchgebildet sind, waren die Emscher-Filter von Bach (*375*), die er zur Reinigung stark organisch verschmutzter industrieller Abwässer in Vorschlag gebracht hat. Die Preßluft, die von unten eingeblasen wird, wird in ähnlicher Weise wie das abfallende Abwasser beim Tropfkörper durch Auftreffen auf das Brockenmaterial zerstäubt, so daß sie innig mit dem biologischen Rasen in Berührung kommt. Außerdem werden durch die Strömungsenergie der Luft die Abbauprodukte gelockert und gelangen in den Abfluß. Nach den Untersuchungen von Buswell ist nur die oberste Schicht des Rasens wirksam. Die darunter liegenden Schichten sind bereits abgestorben und müssen entfernt werden, wenn nicht die Reinigungswirkung in Frage gestellt werden soll. Das geschieht am einfachsten dadurch, daß man die Einbauten beweglich ausbildet und sie in gewissen Zeiträumen ruckweise bewegt. Die gute Reinigungswirkung ist nach Bach (*378*) mit darauf zurückzuführen, daß die Kohlensäure, die als Produkt der biologischen Lebenstätigkeit entsteht, dauernd durch die eingeblasene Luft abgeführt wird, so daß immer die günstigsten aeroben Bedingungen vorliegen.

Die Lebewesen, die bei der Reinigung mitwirken, sind nach Sierp (*377*) teilweise anderer Art als bei den bisherigen biologischen Verfahren. Infolge der reichlichen Luftzufuhr bilden sich mehr Abwasserpilze, die die hochmolekularen Stoffe zu niederen organischen Verbindungen abbauen und nicht vollständig mineralisieren. Infolgedessen bilden sich in dem Abfluß der Tauchkörper normaler Belastung noch fäulnisfähige Stoffe.

b) Ausbildung.

Als Füllmaterial ist an und für sich jedes Material geeignet, das eine große Oberfläche hat und beständig ist, wie Koks, Kesselschlacke und ähnliches. Die rauhe Oberfläche hat jedoch den Nachteil, daß der gebildete Schlamm zu fest haftet und mit den genannten einfachen Mitteln nicht entfernt werden kann. Bessere Erfahrungen sind gemacht worden mit Holzlatten oder Holzmatten, die so aufgestellt oder geschichtet waren, daß Schlamm in ihnen nicht festsitzen kann. Nach den Erfahrungen auf der Kläranlage Hattingen leisten in der zweiten Stufe Korkstücke gute Dienste, die zwischen Holzrahmen liegen und zum Zwecke der Reinigung leicht über den Wasserspiegel gehoben und abgespült werden können.

Abb. 279. Tauchkörper mit Lattenrosten[1].

Abb. 279 zeigt die Art der Verlegung der Latten in horizontalen Lagen, die sich beim Ruhr-Verband im Betriebe am besten bewährt hat. Infolge der geneigten Lage kann der Schlamm nirgends liegen bleiben, und durch das Versetzen gegeneinander wird das Abrutschen begünstigt.

Die Tauchkörper können in jeden Absetzraum eingebaut werden. Es ist jedoch der erste Teil frei zuhalten, in dem die gröbsten Stoffe anfallen, und außerdem ist das hintere Drittel ohne Einbauten zu lassen, um den mitgeführten Schlamm durch Sedimentation auszuscheiden. Baut man die Körper in den Absetzraum der zweistöckigen Anlagen ein, so hat man den Vorteil, daß

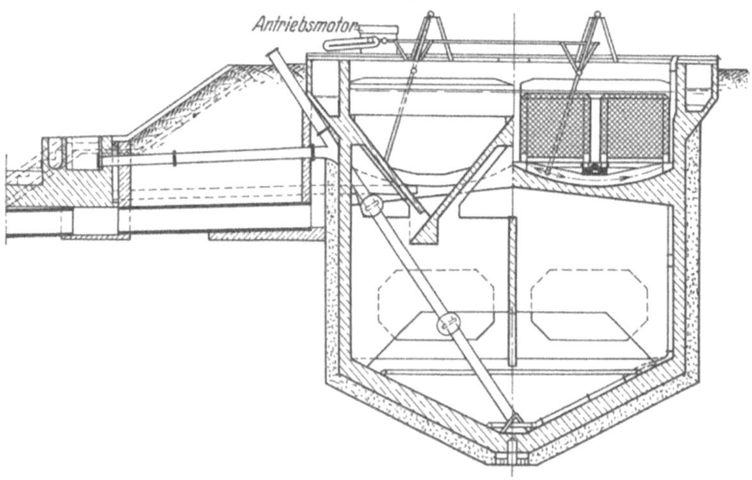

Abb. 280. Tauchkörper in Emscher-Brunnen.

sich der Schlamm der Tauchkörper mit dem Schlamm der Absetzbecken mischt und mit diesem ohne weiteres im Faulraum weiter behandelt wird. Abb. 280 gibt eine Ausführungsart bei der Emscher-Brunnenanlage in Velbert. Von den drei Brunnen, die hintereinander geschaltet sind, ist der mittlere mit Tauchkörpern ausgerüstet. Der Schlamm, der anfällt, wird durch die Wasserbewegung, die das Pendelrohr erzeugt, ausgespült.

[1] Nach Mahr u. Sierp: Techn. Gemeindebl. 1928 S. 120.

Allgemein ist bei Einbauten in Absetzbecken die Gefahr der Verschlammung vorhanden, denn ein Teil der Suspensa des Rohwassers gelangt in den Tauchkörper. Günstiger liegen die Verhältnisse, wenn besondere Becken mit Tauchkörpern ausgerüstet werden, und wenn in geeigneter Weise dafür Sorge getragen wird, daß sich kein Schlamm unter dem Körper ablagern kann. Wird der Schlamm bei Verwendung von Pendelrohren ausgespült, so sind Absetzbecken nachzuschalten, die ihn aus dem Abwasser entfernen.

Die Regenerierung der Tauchkörper durch Sauerstoffaufnahme kann in verschiedener Weise erfolgen. Man kann die Körper in gewissen Zeitabständen aus dem Wasser herausheben, oder Eintauchen und Belüften in regelmäßigem Wechselspiel dadurch erreichen, daß der Körper als Trommel ausgebildet wird, die sich um eine horizontale, in Wasserspiegelhöhe liegende Achse dreht. Eine günstigere Wirkung wird mittels Preßluft erzielt, die durch ein Pendelrohr unter der Oberfläche des Körpers zugeführt wird und den ganzen Körper bestreicht. Ihre schematische Anordnung ist aus der vorstehenden Abbildung zu entnehmen. Wegen der konstruktiven Einzelheiten muß auf das angegebene Schrifttum verwiesen werden. Bei diesen Pendelrohren kann in einfachster Weise eine Umwälzung des ganzen Beckeninhaltes bewirkt werden, die die Reinigungswirkung stark unterstützt. Wird nämlich das Tauchkörpermaterial in einen oben und unten offenen Behälter eingeschichtet, so wird das Abwasser durch die Druckluft ständig im Körper aufsteigen, durch die Überfallkante abfließen und außerhalb des Kastens wieder abfallen, so daß eine vertikale, kreisförmige Bewegung entsteht, die das Wasser wiederholt mit dem Material in Berührung bringt. Auf diese Umwälzung ist zum Teil die überraschende Wirkung der Tauchkörper zurückzuführen.

c) Vorreinigung und Nachreinigung.

Aus den dargestellten Vorgängen bei der Reinigung in Tauchkörpern folgt ohne weiteres, daß eine möglichst vollkommene Vorreinigung des Abwassers in jedem Falle empfehlenswert ist. Dadurch werden nicht nur die Körper selbst entlastet, sondern es wird auch der Luftbedarf verringert und die Gefahr des Verschlammens gemindert. Eine Aufenthaltszeit von etwa 1 Stunde in den Vorklärbecken ist ausreichend.

Die Nachreinigung in Absetzbecken hat die Aufgabe, die Abbauprodukte und mitgerissenen Pilzflocken und ähnliches abzufangen. Dazu genügt nach den Erfahrungen eine Absetzzeit von etwa ¼ Stunde.

d) Luftbedarf und Reinigungswirkung.

Der Luftbedarf ist, soweit er dazu dient, das biologische Leben zu ermöglichen, abhängig von der Konzentration des Abwassers. Dickes Abwasser erfordert eine größere Luftmenge als dünnes. Die zur Umwälzung beim Druckluftverfahren benötigte Luftmenge ist meistens größer als die erstere. Sie kann vermindert werden, wenn der Körper höher gemacht wird. Auf der Kläranlage Menden hat er aus diesem Grunde eine Höhe von 2,60 m. Nach den Angaben in (*379*) ist der Luftbedarf im großen Durchschnitt ein Teil Luft auf ein Teil Abwasser.

Die Reinigungswirkung ist naturgemäß abhängig von der Aufenthaltszeit des Abwassers im Tauchkörper. Es genügt eine verhältnismäßig kurze Dauer der Berührung mit dem Körpermaterial, um eine gute Reinigung zu erzielen. Nach den Angaben von Sierp (*377*) beträgt bei einem Aufenthalt von 25 bis 30 Min. Dauer die Reinigungswirkung rund 30%, am biochemischen Sauerstoffbedarf gemessen.

Die Tauchkörper entfernen im besonderen die groben Kolloide aus dem Abwasser. Eine vollkommene Reinigungswirkung kann durch Hintereinanderschalten mehrerer Tauchkörper erzielt werden. Eine Ausgestaltung dieser Art nach dem Entwurf der Firma Scheven-Düsseldorf gibt Abb. 281.

Nach den Feststellungen in der Versuchsanlage Essen-Rellinghausen kann 1 m³ Körpermaterial mit 4 m³ Tagesabwassermenge belastet werden, um die gleiche Reinigungswirkung, an der Oxydierbarkeit gemessen, zu erzielen, wie bei den übrigen biologischen Körpern. Infolgedessen sind die Kosten für die Herstellung der Tauchkörper geringer als bei den übrigen Verfahren.

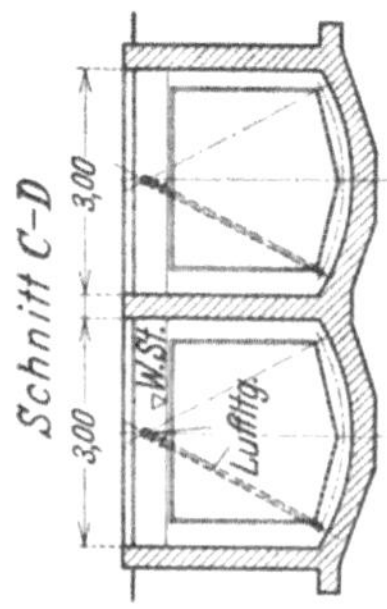

e) Vorzüge.

Einzelne Vorzüge sind in dem Vorstehenden schon aufgeführt worden. Das

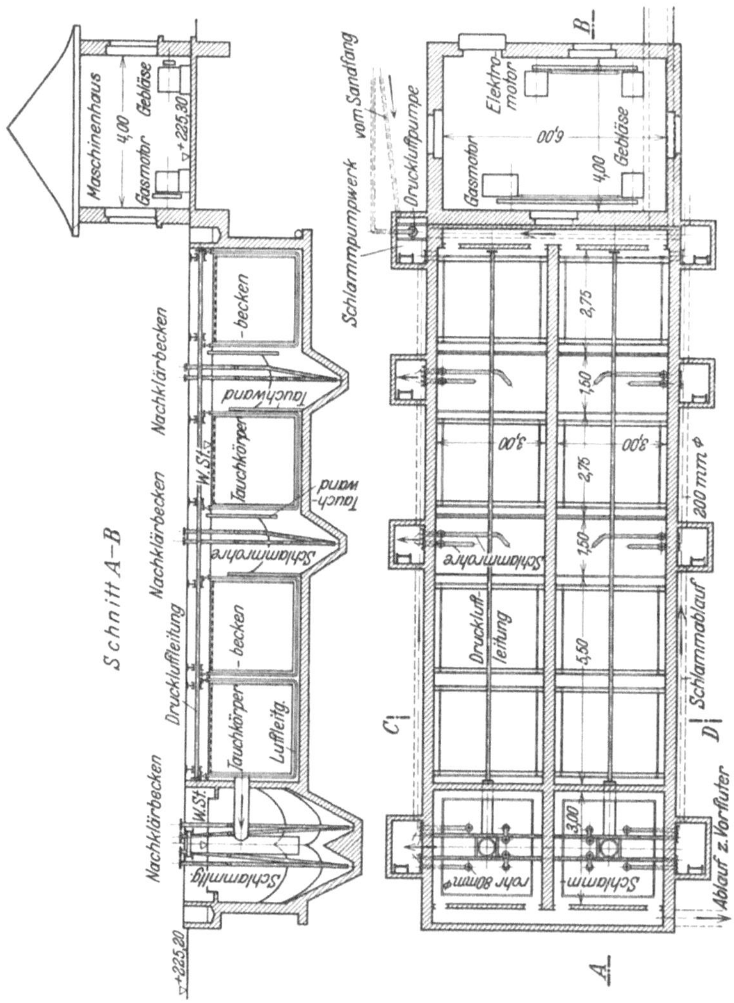

Abb. 281. Tauchkörper in mehreren Stufen.

ist einmal die Möglichkeit, ohne besondere Becken auszukommen und die Körper in vorhandene Becken einzubauen, ferner das geringe Gefälle, das entsprechend dem Durchlauf durch Becken großen Querschnittes mit 10 bis 20 cm anzusetzen ist. Der besondere Vorzug der Tauchkörper liegt jedoch darin, daß mit einem geringen Bedarf an Beckenraum und Luft eine gute Teilreinigung erzielt wird.

Dazu kommen noch nach den vorliegenden Erfahrungen, die vor allem beim Ruhr-Verband gesammelt worden sind, die Überlastungsfähigkeit und die Unempfindlichkeit der Tauchkörper. Während die Tropfkörper und das noch zu besprechende Belebtschlammverfahren bei Überlastungen leicht versagen und der ganze Reinigungsprozeß gestört wird, bleibt die Reinigungswirkung bei Tauchkörpern bei Überlastungen, die über den rechnungsmäßigen Betrag hinausgehen, wenn auch in geringerem Maße, erhalten. Aus diesem Grunde ist der Tauchkörper besonders in den Fällen geeignet, in denen auch bei Regenwetterabfluß auf eine biologische Reinigung nicht verzichtet werden kann. Die Unempfindlichkeit äußert sich vor allem darin, daß gewisse gewerbliche Abwässer mit ihren Giftstoffen, wie z. B. phenolhaltige Abwässer, verarbeitet werden können, ohne daß der Körper Schaden nimmt. Mit allen Körpern, die unter Wasser arbeiten, hat das Tauchkörperverfahren überdies den Vorzug vollständiger Geruchsfreiheit und das Fehlen jeder Fliegenplage gemeinsam.

Die genannten Vorzüge des Tauchkörpers befähigen ihn besonders, in der Kombination mit anderen Verfahren verwendet zu werden. Dem Tauchkörper in der ersten Stufe fällt dabei die Aufgabe zu, die Schmutzstoffe, die qualitativ und quantitativ am schwersten zugängig sind, abzubauen, und die weitere Reinigung bis zur vollkommenen Fäulnisunfähigkeit obliegt dann der zweiten Stufe, die entweder aus Tropfkörpern oder aus Belebtschlammbecken bestehen kann.

9. Belebtschlammverfahren.

Bei diesem Verfahren treten an Stelle der festen Körper als Träger des biologischen Rasens, der aus den adsorbierten gelösten und pseudogelösten Stoffen gebildet wird und in dem sich die Lebensvorgänge zur Regenerierung abspielen, Flocken, die in dem Wasser schwebend gehalten werden. Der notwendige Sauerstoff wird ihnen, ähnlich wie bei den Tauchkörpern, durch Einblasen von Luft zugeführt. Das Wasser kann auch durch Zerstäuben in der Luft mit Sauerstoff angereichert werden. Die Flockenbildung kommt dadurch zustande, daß infolge Änderung der Wasserstoffionenkonzentration die in dem Wasser enthaltenen Kolloide ausgeflockt werden. Außerdem werden die Eisensalze als Eisenhydroxyde ausgeschieden. Die Flocken üben auf die im Wasser vorhandenen gelösten Stoffe die gleiche Wirkung aus wie die Brockenkörper, so daß es im wesentlichen die gleichen Vorgänge sind, die sich im Boden, bei der Reinigung auf Land, im Brockenkörper des Füll- und Tropfverfahrens, auf den Lattenrosten der Tauchkörper und an den Flocken dieses Verfahrens abspielen.

An Stelle der durch die Überschrift gegebenen Bezeichnung wird das Verfahren wohl auch Schlammbelebungsverfahren oder Verfahren mit aktiviertem Schlamm (*a*-Schlamm) oder Flockenschlammverfahren genannt.

Versuche, die Reinigung des Abwassers durch Einblasen von Luft in die Reinigungsanlage zu verbessern, sind in den ersten Jahren dieses Jahrhunderts wiederholt gemacht worden, ohne daß diesen ein durchgreifender Erfolg beschieden war. Erst Clark, Boston (U.S.A.), hat durch Versuche im Jahre 1912 die Grundlage für ein in der Reinigungswirkung und in wirtschaftlicher Beziehung befriedigendes Verfahren geschaffen, dadurch, daß er den einmal gebildeten aktivierten Schlamm dem zu reinigenden Abwasser immer wieder zusetzte. Diese Versuche hat nach Imhoff (*21*) der Engländer Fowler an Ort und Stelle gesehen und hat sie dann in Manchester systematisch weitergeführt. Von ihm ist dann das Verfahren „activated sludge process" genannt, in der Form ausgebildet, in der es jetzt allgemein angewendet wird. Gegenüber dem amerikanischen Vorbild besteht der Fortschritt vor allem darin, daß es kontinuierlich im Durchflußverfahren arbeitet, während bei den ersten Versuchen die Behälter abwechselnd gefüllt und entleert wurden.

Die erste Anlage in Deutschland für Dauerbetrieb ist die Anlage des Ruhr-Verbandes in Essen-Rellinghausen, die von Imhoff im Jahre 1925 gebaut ist. Das Problem der Beseitigung des anfallenden überschüssigen Schlammes, das dem Ausland bis dahin die größten Schwierigkeiten gemacht hat, ist nach dem Vorschlage von Imhoff dadurch gelöst worden, daß dieser Schlamm dem zu reinigenden Abwasser vor der Vorreinigung beigegeben und mit dem Frischschlamm der Absetzbecken zusammen durch Ausfaulen in seinem Wassergehalt soweit verringert wird, daß er dränierbar ist. Dadurch ist erst die wirtschaftliche Grundlage zur Einführung in Deutschland geschaffen worden. Nach dem Vorbild von Essen ist die Anlage in Berlin-Stahnsdorf, die die Rieselfelder im Süden der Stadt entlasten soll, und die Anlage in Erfurt gebaut worden, die in der Art der Belüftung voneinander abweichen. Außerdem gibt es mehrere kleine Anlagen, so in Templin bei Berlin, Rabenstein bei Chemnitz und andere. Mehrere deutsche Großstädte sind zur Zeit damit beschäftigt, das Verfahren für ihre besonderen Abwässer nachzuprüfen, so z. B. Leipzig, Halle, München usw.

Vorreinigung. Da das Wesen des Belebtschlammverfahrens das gleiche ist, wie bei den übrigen biologischen Verfahren, so gilt auch der gleiche Grundsatz bezüglich der Vorreinigung. Je vollkommener diese ist, d. h. je mehr die Schwebestoffe aus dem zu behandelnden Abwasser entfernt werden, um so zuverlässiger arbeitet das ganze Verfahren und um so geringer ist der gesamte Aufwand für die vollständige Reinigung. Eine möglichst weitgehende Entschlammung des Abwassers steigert die Leistungsfähigkeit der Anlage. In Amerika ist bei verschiedenen Anlagen das Abwasser nur maschinell vorgereinigt. Ausschlaggebend ist dabei das Bestreben, den gesamten Stickstoff, der in dem Wasser enthalten ist, in dem Trockenschlamm wiederzugewinnen und für die Landwirtschaft nutzbar zu machen. In Deutschland sind ähnliche Versuche auf der Versuchskläranlage des Laisebach-Gebietes mit Erfolg gemacht worden. Es ist durchaus möglich, die Gesamtheit der Suspensa biologisch abzubauen. Die Beseitigung der absetzbaren Stoffe durch Sedimentation ist jedoch erheblich einfacher, so daß die Frage der Vorreinigung in erster Linie eine wirtschaftliche Frage ist. Die Erfahrungen gehen dahin, daß eine gute Vorreinigung in jedem Falle empfehlenswert ist und daß diese um so mehr angebracht ist, je dicker das zu behandelnde Abwasser ist. Vor allem ist die Beseitigung der Fette und Öle dringliches Erfordernis, da durch diese der Zutritt des Luftsauerstoffs zu der Oberfläche der Flocken verhindert wird. Kommt das Abwasser bereits angefault auf der Kläranlage an, so wird eine starke Entlastung des biologischen Reinigungsvorganges nach Kammann-Hamburg dadurch erreicht, daß das Abwasser durch Belüftung von seinem Schwefelwasserstoff befreit wird. Das geschieht in besonderen Becken oder in der Weise, daß ein Teil der Belüftungsbecken für diese Zwecke genutzt wird, während der andere Teil mit Schlammzusatz als eigentliches Belebtschlammbecken betrieben wird.

Belüftungsbecken. Der eigentliche Reinigungsvorgang vollzieht sich in den sog. Belüftungsbecken. In diesem wird das Abwasser innigst mit Flockenschlamm gemischt. Es durchströmt das Becken unter dauernder Luftzufuhr, und während dieser Zeit werden die im Abwasser enthaltenen Schmutzstoffe durch den Flockenschlamm gebunden. Das am Ende ankommende Gemisch läßt sich durch einfaches Absetzenlassen in Flockenschlamm und gereinigtes Wasser trennen. Die Becken sind lang und schmal, und ihre Größe ist abhängig von der notwendigen Belüftungszeit, die wiederum durch die Art der Belüftung bestimmt ist. Die Tiefe soll etwa 2,5 bis 4 m betragen. Je größer sie ist, um so günstiger ist bei Verwendung von Druckluft der Wirkungsgrad der Belüftungsanlage. Den Becken muß die erforderliche Luft in Gestalt von Druckluft zugeführt werden, oder das Wasser muß in die Luft zerstäubt werden. Außerdem sind Einrichtungen zum Umwälzen des Abwasserschlammgemisches zu treffen. Soll der Flockenschlamm seine Reinigungswirkung in vollkommener Weise erfüllen, so muß er dauernd in der Schwebe gehalten werden und sich mit dem Abwasser vollständig vermischen. Diese Aufgabe kann die Druckluft mit übernehmen. Es ist jedoch wirtschaftlicher, mechanische Einrichtungen dazu zu benutzen, so daß sich der zugeführte Sauerstoff auf die zum Abbau der organischen Stoffe notwendige Menge beschränken kann.

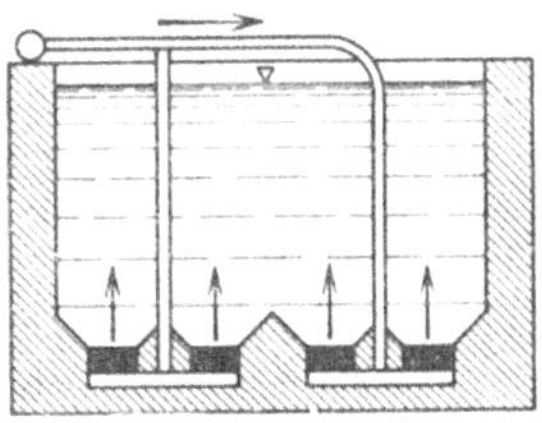

Abb. 282. Luftzuführung auf die ganze Breite des Querschnitts.

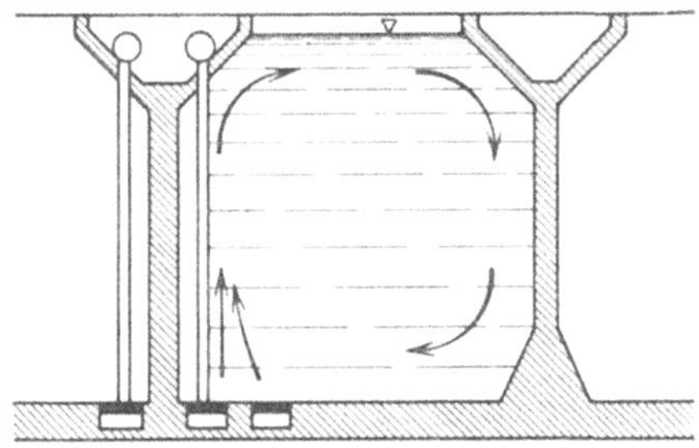

Abb. 283. Luftzuführung nach Hurd.

Es gibt hiernach verschiedene Verfahren, je nachdem Druckluft allein, oder mechanische Einrichtungen allein, oder eine Kombination beider Verfahren zur Anwendung kommt.

1. Druckluft. Sie wird in der Sohle des Beckens eingeführt unter Vermittlung von Filterplatten, die eine gleichmäßige Verteilung der Luft ergeben. Sie kann entweder gleichmäßig auf die ganze Breite des Querschnittes zugeführt werden gemäß Abb. 282 oder einseitig in einer Ecke des Querschnittes, durch die im Zusammenwirken mit Abweisplatten in Wasserspiegelhöhe eine kreisende Bewegung im Querschnitt zustande kommt. Infolgedessen durchströmt das Abwasser das Becken spiralförmig und der Durchflußweg wird vergrößert. Dieses von Hurd ausgebildete Verfahren geht aus Abb. 283 im einzelnen hervor. Dabei fällt der Druckluft nicht nur die Aufgabe zu, das Abwasser mit Sauerstoff anzureichern, sondern sie muß auch die mechanische Arbeit leisten, ein Absinken des Schlammes zu verhindern, wodurch ein großer Luftbedarf bedingt ist.

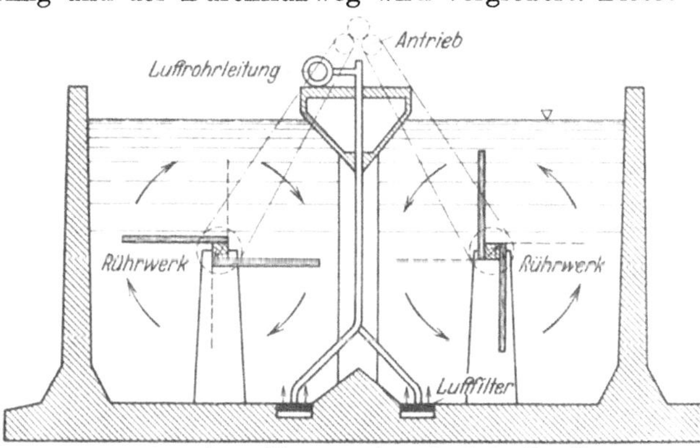

Abb. 284. Druckluftzuführung und mechanische Umwälzung.

Zur Erzeugung der Druckluft mit der erforderlichen Pressung von 4 bis 5 m werden Kompressoren benutzt. Um Verstopfungen der Filterplatten zu vermeiden, muß die Luft zuvor mittels Staubfilter gereinigt werden.

2. Druckluft mit mechanischer Umwälzung. Die Aufgabe des Umwälzens wird hierbei von einem Rührwerk übernommen, das aus einer horizontalen Achse mit senkrecht gegeneinander versetzten Flügeln besteht. Es liegt vollkommen unter dem Wasserspiegel und wird mittels Ketten an den beiden Enden angetrieben. Die Umdrehungszahl ist 7 bis 10 je Minute. Abb. 284 stellt einen Querschnitt der Becken der Kläranlage Essen-Rellinghausen dar und Abb. 285 die Ansicht des leeren Beckens. Durch den Einbau des Rührwerkes konnte der Luftbedarf, der ursprünglich ein Mehrfaches der durchströmenden Abwassermenge ausmachte, auf 1 m^3 Luft je 1 m^3 Abwasser verringert werden, ohne daß der Reinigungseffekt eingeschränkt wurde. Diese Zahl kann jedoch als allgemeine Grundlage nicht dienen mit Rücksicht darauf, daß das Abwasser in dieser Anlage sehr dünn ist.

Abb. 285. Ansicht des Beckens in Essen-Rellinghausen.

3. Zerstäuben des Abwassers an der Luft. Es können dazu verwendet werden Paddelräder, deren Achse senkrecht zur Fließrichtung oberhalb des Wasserspiegels liegt, wie in Birmingham beispielsweise (Abb. 286), oder Schaufelräder, deren Achse geneigt ist, oder sog. Wurfkreisel nach Bolton (Simplexverfahren) (Abb. 287), bei denen das Abwasser in die Luft geschleudert wird. Allen diesen Konstruktionen ist das gemeinsam, daß das Abwasser in Tropfen aufgelöst und über den Wasserspiegel angehoben wird, um beim Durchgang durch die Luft sich mit Sauerstoff anzureichern. Bei den neuen Ausbildungen dieser Art wird außerdem durch exzentrische Anordnung der Paddelräder im Querschnitt eine Strömung erzielt, wo-

Abb. 286. Paddelräder in Birmingham.

durch der Aufenthalt des Abwassers im Becken verlängert wird. Für die neue Kläranlage in Erfurt hat man nach jahrelangen Versuchen zur Ermittlung der günstigsten Belüftungsart Paddelräder nach der Art der Abb. 288 eingebaut. Die Speichen bestehen aus offenen, hölzernen Rinnen. Sie heben Teile des Abwassers empor und lassen es bei der weiteren Umdrehung in Tropfen aufgelöst wieder fallen.

4. Luftumwälzer System Kremer. Diese beruhen auf dem Mammutprinzip. Durch Einführung von Druckluft in ein unten offenes Rohr wird ein Luftwassergemisch erzeugt, das spezifisch leichter ist als das Wasser, so daß das Wasser dauernd in dem Rohr aufsteigt und eine vertikale Umwälzung nebst Belüftung

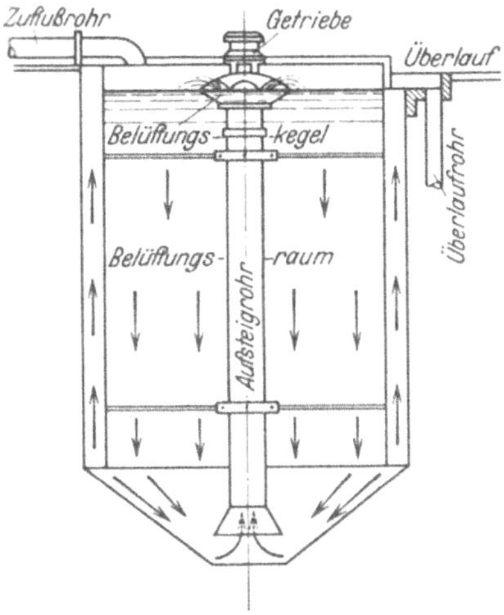

Abb. 287. Wurfkreisel nach Bolton[1].

Abb. 288. Erfurter Paddelräder[2].

erzielt wird. Aus Gründen der Kraftersparnis wird die Druckluft nur 0,84 m unter Wasserspiegel eingeführt, während die Tiefe des Saugerohres 3,25 m beträgt, siehe Abb. 289. Bei diesem geringen Überdruck genügt zur Erzeugung der Druckluft ein einfacher Ventilator, der mit einem Motor direkt gekuppelt ist. Zu diesem geringen Kraftbedarf kommt noch der Vorzug, daß alle beweglichen Teile fortfallen und infolgedessen die Wartung sehr einfach ist. Bei Belüftungsbecken größerer Abmessungen werden die Luftumwälzer gemäß Abb. 290 an den

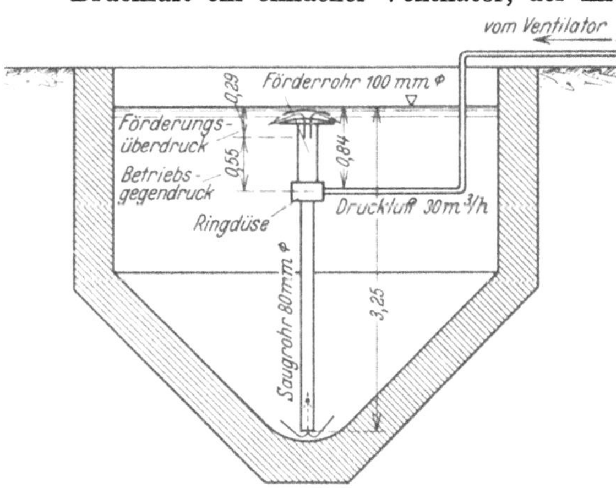

Abb. 289. Luftumwälzer System Kremer.

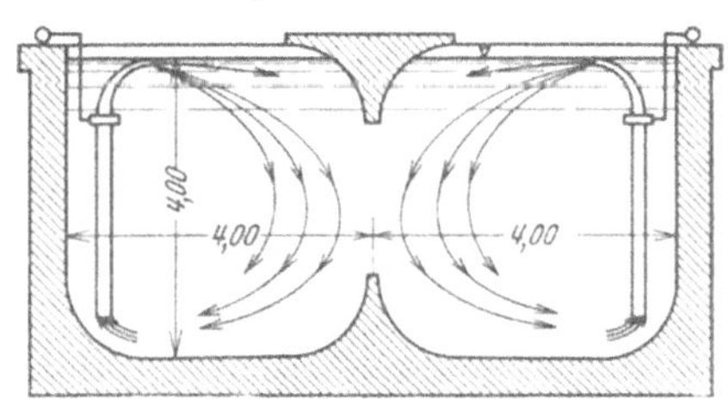

Abb. 290. Luftumwälzer System Kremer bei größeren Becken.

Längswänden angebracht und erzeugen eine in spiralförmigem Lauf gehende Bewegung des Abwassers durch das Becken.

Belüftungszeit, Luftbedarf, Kraftbedarf. Die notwendige Belüftungszeit ist davon abhängig, in welcher Weise die Anreicherung des Abwassers mit Luftsauerstoff stattfindet. Bei den Verfahren, bei denen die Luft in die

---

[1] Nach Winter: Gesundh.-Ing. 1931 Beiheft.
[2] Nach Straßburger: Gas- und Wasserfach 1932 S. 103.

Oberfläche eingeschlagen oder nur die obersten Schichten durch die Luft zerstäubt werden, ist sie größer, als bei den Druckluftverfahren und bei diesen wieder größer als bei den Kombinationsverfahren. Bei Abwasser mittlerer Konzentration kann man im ersteren Falle mit einer Belüftungszeit von 10 bis 15 Std., im zweiten Falle etwa mit 6 bis 12 Std. und im dritten Falle mit 3 bis 6 Std. rechnen. In Essen-Rellinghausen ist nach (*391*) die Belüftungszeit ohne Berücksichtigung der Rücklaufschlammenge 2,9 Std. Dabei ist zu berücksichtigen, daß das Abwasser durch Quell- und Grubenwasser stark verdünnt ist. Die Wassermenge auf den Kopf der Bevölkerung beträgt bei Trockenwetter 545 l je Tag. In Erfurt sind die Aufenthaltszeiten auf Grund der über mehrere Jahre ausgedehnten Versuche bei der Verwendung von Paddelrädern auf 4½ Std. für die größten und auf 9 Std. für die kleinsten Zuflußmengen festgelegt. Bei den Kremer-Luftumwälzern ist nach den Erfahrungen der Kremer-Gesellschaft eine Behandlungsdauer von 4 bis 6 Std. erforderlich. Durch diese Belüftungszeiten wird die Aufenthaltsdauer in den Belüftungsbecken und damit die Größe derselben bestimmt.

Ebenso wie bei der Belüftungszeit lassen sich auch für den Luftbedarf allgemeine Angaben nur mit allem Vorbehalt machen. Er hängt ab von der Beschaffenheit des zu reinigenden Abwassers und davon, ob die Druckluft die Aufgabe hat, das Wasser mit Sauerstoff anzureichern, oder ob sie gleichzeitig das Wasser umzuwälzen hat. Es können also nur für ganz bestimmte Fälle Unterlagen gegeben werden, um daraus bei Neuplanungen unter Berücksichtigung der zu wählenden Einrichtungen allgemeine Anhaltspunkte zu gewinnen. In der Versuchsanlage Essen-Rellinghausen war der Luftbedarf beim Betrieb mit Druckluft allein das 7fache dessen, der nach Einbau eines Rührwerkes benötigt wurde. Er beträgt jetzt in den Becken mit Filterplatten 0,5 je 1 m^3 Abwasser. Bei dem reinen Druckluftverfahren entfallen auf 1 m^3 Abwasser etwa 4 bis 6 m^3 Luft und bei den Kremer-Luftumwälzern 12 m^3 Luft. Die Zahlen sind jedoch für die Wirtschaftlichkeit der Anlage allein nicht ausschlaggebend, sondern es muß der Kraftbedarf für 1 m^3 zu reinigendes Abwasser berücksichtigt werden in Verbindung mit dem jährlichen Aufwand für den Kapitaldienst (Verzinsung und Tilgung der Anlagekosten der Belüftungskosten). Nach (*420*) ist trotz der größeren Luftmenge bei dem Kremer-Umwälzer (Belüftungsverhältnis 1 : 12) der Kraftbedarf nur etwa ⅓ desjenigen, der bei der Anwendung von Filterplatten allein (Belüftungsverhältnis 1 : 6) notwendig ist. Absolut genommen beträgt die erforderliche Maschinenleistung für 1000 m^3 täglichen Abwassers je nach der Art der Belüftung 4 bis 10 PS.

Legt man den niedrigsten Wert zugrunde, so ergibt sich der Kraftbedarf für 50000 Einwohner bei einem Wasserverbrauch von 100 l je Kopf und Tag zu $\frac{50000 \times 0,1 \times 4 \times 24}{1000} = 480$ PSh täglich, oder 130000 kWh in einem Jahre. Bei einem Strompreis von 10 Pfg./kWh bedeutet das einen Jahresaufwand für die Belüftung allein von 13000 M.

Nachklärung. Nachdem das Abwasser die Belüftungsbecken durchlaufen hat, muß das Abwasserschlammgemisch in Wasser und Schlamm wieder getrennt werden. Das ist verhältnismäßig leicht möglich, da der Schlamm trotz seines hohen Wassergehaltes von 98 bis 99% sehr leicht sedimentiert. Es geschieht in Nachklärbecken, die auf der Grundlage einer Aufenthaltszeit von 1 bis 2 Std. zu berechnen sind. Nach den vorliegenden Erfahrungen sind dazu am besten Absetzbecken geeignet, die vom Wasser in absteigender und in aufsteigender Richtung durchströmt werden. Gemäß Abb. 291 wird das Abwasser zentral zugeführt und fällt in dem Rohr *a* senkrecht nach unten. Danach wird die Bewegungsrichtung umgekehrt. Das Abwasser steigt nach oben und wird allseitig abgezogen, so daß eine gute Ausnutzung der Klärräume zustande kommt. Man benutzt auch wohl bei großen Anlagen, namentlich in Amerika, die in Abschnitt XIX beschriebenen Dorr-Becken mit waagerechter Durchströmung für diesen Zweck. Durch die Ausräumer kommen jedoch leicht Wirbelungen zustande, durch die bei der großen Labilität des Schlammes der Absetzvorgang gestört wird.

In jedem Falle muß angestrebt werden, den Schlamm so schnell als möglich zum Absetzen zu bringen und wieder zu beseitigen, da er sehr leicht in Fäulnis übergeht. Aus dem Grunde sind auch lange Leitungen für die Förderung des Schlammes nach Möglichkeit zu vermeiden. Das Entfernen des Schlammes aus den Absetzbecken geschieht mittels Pumpen in ununterbrochenem Betrieb, die den Schlamm auf die Höhe des Wasserspiegels der Lüftungsbecken heben. Zum größeren Teil wird er dem zu reinigenden Abwasser vor dem Eintritt in die Belüftungsbecken zugegeben, zum kleineren Teil muß er beseitigt werden.

Rücklaufschlamm und Überschußschlamm. Die Menge des Rücklaufschlammes, die dem zu reinigenden Abwasser vor dem Belüftungsbecken zugegeben werden muß, ist in gleicher Weise wie der Luftbedarf von der Kon-

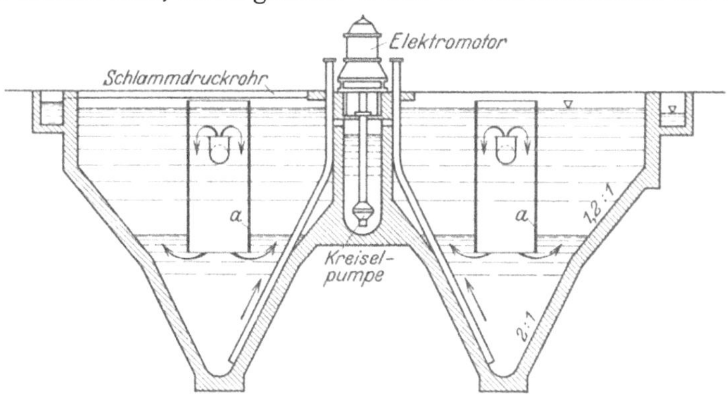

Abb. 291. Nachklärbecken.

zentration des Abwassers abhängig. Bei dünnen Abwässern, wie beispielsweise in Essen-Rellinghausen, macht sie nur 8% aus. Bei normalem Abwasser beträgt sie etwa 16 bis 22% der Abwassermenge. Bei sehr konzentrierten Abwässern und solchen, die stark mit industriellem Abwasser durchsetzt sind, steigt die zuzusetzende Schlammenge bis auf 10%.

Da die im Abwasser gelösten Stoffe dauernd in Schlammstoffe übergeführt werden, nimmt die Menge des Flockenschlammes ständig zu. Es ist also ein Teil des im Nachklärbecken gewonnenen Schlammes zu beseitigen. Diesen Anteil nennt man den Überschußschlamm. Seine Menge ist etwa 2% der Abwassermenge, gemessen nach zweistündiger Absetzzeit im Standglas, oder 2 bis 3 l je Kopf und Tag. Dieser Schlamm ist infolge seines hohen Wassergehaltes, im Durchschnitt 98,5%, sehr schwer zu entwässern. Die Schwierigkeiten hat man in Amerika dadurch überwunden, daß man in maschinellen Anlagen, bestehend aus Vakuumfiltern und Trockentrommeln, den Wassergehalt des Schlammes reduzierte, und ihn in einen streufähigen Dünger umwandelte, der vermöge seines hohen Stickstoffgehaltes wertvoll ist. In Milwaukee (U.S.A.) ist eine Anlage dieser Art mit einem Kostenaufwand von 8 Mill. Dollar für 350000 Einwohner erbaut worden. Die Betriebskosten werden jedoch durch den Erlös aus dem Verkauf des Schlammes nicht gedeckt. In England wird der Überschußschlamm vielfach durch Untergraben beseitigt. Nach dem Vorschlag von Imhoff wird der Überschußschlamm zusammen mit dem Frischschlamm der Vorreinigung in dem Faulraum ausgefault. Dadurch ist natürlich eine Vergrößerung der Faulräume bedingt. Dieses Verfahren stellt jedoch die wirtschaftlichste Art der Beseitigung des Schlammes dar und hat die Einführung des Verfahrens mit aktiviertem Schlamm in Deutschland überhaupt erst ermöglicht. Hiernach ist eine vollständige Reinigungsanlage, bestehend aus mechanischer Vorreinigung, Belebtschlammverfahren und Ausfaulen des gesamten anfallenden Schlammes durch das Schema Abb. 292 charakterisiert. Der Überschußschlamm wird dem Abwasser vor der Vorreinigung zugeführt, da durch das gemeinsame Absetzen beider Schlammarten eine Verringerung des Wassergehaltes des Belebtschlammes zustande kommt.

Die Versuche, die Sierp (*387*) über das gemeinsame Ausfaulen von Frischschlamm und Flockenschlamm ausgeführt hat, haben gezeigt, daß sich beide zusammen gut ausfaulen lassen. Beim Mischen mit gut ausgefaultem Schlamm, sei er aus Emscher-Brunnen, sei er aus daneben gelagerten Schlammfaulräumen, setzt sehr schnell eine lebhafte Zersetzung ein, die dann bei weiterem Lagern in ähnlicher Weise abläuft wie beim Frischschlamm. Der Wassergehalt des ausgefaulten Mischschlammes erreicht jedoch nicht denselben Grad wie der Schlamm aus Absetzanlagen, er beträgt etwa 90%. Der erforderliche Schlammfaulraum für beide Schlammarten zusammen ist je nach dem Charakter von Abwasser und Schlamm das 2- bis 3fache des ursprünglichen Faulraumes.

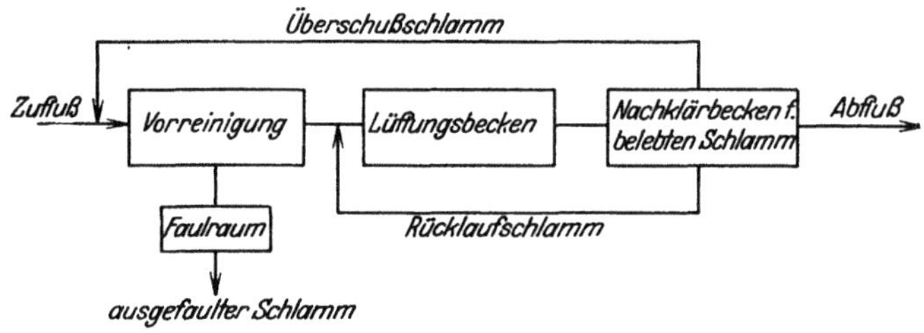

Abb. 292. Schema der Gesamtanlage (nach Imhoff).

Durch die Vermehrung des Schlammes wird natürlich auch die Gasausbeute gesteigert. Die organische Substanz, die die Grundlage dafür bildet, ist bei Flockenschlamm annähernd die gleiche wie bei Frischschlamm, so daß im großen Durschschnitt beim gemeinsamen Ausfaulen mit der doppelten Gasmenge zu rechnen ist. Diese reicht erfahrungsgemäß aus, um bei denjenigen Anlagen, bei denen sich die Gasgewinnung überhaupt lohnt, nämlich bei mittleren und größeren Anlagen, den gesamten Kraftbedarf zu decken. Die angegebenen Betriebskosten können also durch Verwertung des Faulraumgases ganz bedeutend herabgesetzt werden.

Der Überschußschlamm wird dem Belüftungsbecken bei größeren Anlagen ununterbrochen zugeführt, bei kleinen Anlagen wird bei einem gewissen Stand des Schlammes in einem Sammelbehälter die Förderpumpe in Tätigkeit gesetzt. Von Zeit zu Zeit wird je nach Bedarf der gepumpte Schlamm als Überschußschlamm in die Zuleitung zu den Absetzbecken gefördert.

Reinigungswirkung und Betrieb. Der Abfluß aus den Nachklärbecken ist vollkommen klar, praktisch frei von Schwebestoffen und hat das Aussehen von gutem Grundwasser. Der Permanganatverbrauch ist bei richtig arbeitenden Anlagen so weit herabgesetzt, daß das Abwasser nicht mehr fäulnisfähig ist, und die Nitrifikationsvorgänge sind bis zur Nitratbildung durchgeführt. Wird die Anlage überlastet, oder fehlt es an der erforderlichen Sauerstoffmenge, oder wird das Gleichgewicht zwischen Adsorption und Regenerierung gestört, so nimmt der Schlamm einen anderen Charakter an. Er verliert seine grobe, flockige Struktur, der Wassergehalt nimmt zu, und seine Absetzfähigkeit geht zurück. Man bezeichnet diesen Zustand als Aufblähen des Schlammes (bulking sludge). Seine Beseitigung ist nicht einfach, weswegen durch eine sorgfältige Überwachung des Betriebes Unregelmäßigkeiten im Entstehen festgestellt und entsprechende Gegenmaßnahmen getroffen werden sollten.

Die Reinigungswirkung in bakteriologischer Beziehung ist der der übrigen biologischen Verfahren gleich. Die Verringerung des Keimgehaltes beträgt 95 bis 99%. Nach den Versuchen von Bruns und Sierp (*394*) werden im besonderen auch die pathogenen Keime stark reduziert.

Die Kleinlebewesen, die bei der Regenerierung des Flockenschlammes tätig sind, gehören nach den Feststellungen von Wagner (*403*) zum größten Teil zu der Klasse der Mesosaprobien. Die Protozoen sind stark vertreten und scheinen durch ihre Tätigkeit als Bakterienfresser das Bakterienwachstum zu regulieren, wodurch der günstigste Reinigungserfolg gewährleistet ist. Die biologische Tätigkeit wird zuweilen gestört durch das massenhafte Auftreten von Chironomuslarven. Das ist eine Zuckmückenart, die nur in der warmen Jahreszeit auftritt. Sie bewirkt ein Verkleben der Flocken untereinander, so daß der Schlamm nur schwierig in der Schwebe zu halten ist. Er sinkt zu Boden und geht in Fäulnis über. Man kann der übermäßigen Entwicklung dadurch entgegentreten, daß man den Rücklaufschlamm ein Sieb passieren läßt, das die Larven zurückhält, wie in Essen-Rellinghausen.

Ein besonderer Vorzug des Belebtschlammverfahrens besteht darin, daß die Beimischung von industriellen Abwässern, auch solcher, die sehr schwer zu behandeln sind, die Reinigungswirkung nicht zu beeinträchtigen vermag. Es muß nur dafür Sorge getragen werden, daß der Anteil derselben allmählich gesteigert wird und sich die Kleinlebewelt diesen Verhältnissen anpassen kann. Die Versuche von Jordan (*396*) in der Versuchsanlage in Waldenburg haben beispielsweise den Beweis erbracht, daß es möglich ist, Phenolwässer bis zu 10% der Abwassermenge auf diese Weise zu reinigen. Gerbereiabwässer, die sehr schwer der Reinigung zugänglich sind, sind in der Versuchsanlage in Elmshorn bei einem anteiligen Verhältnis von ⅓ im Abwassergemisch einwandfrei gereinigt worden.

Die Überlastung einer Belebtschlammanlage ist nur in geringem Ausmaße zulässig, so daß die erhöhten Abwassermengen bei Regenwasserführung, die die mechanische Vorklärung bis zu einem gewissen Verdünnungsgrad mit passieren können, vor den Belüftungsbecken durch Überfall abzuwerfen sind. Auch gegen die plötzlichen Veränderungen in der Konzentration und Zusammensetzung der Abwässer, die bei kleinen Anlagen mit Zufluß von Industrieabwässern leicht vorkommen können, ist das Verfahren sehr empfindlich, wie überhaupt alle Giftstoffe, die das Bakterienleben zu schädigen geeignet sind, die Reinigungswirkung stören.

Über die Möglichkeit der Teilreinigung mittels aktiviertem Schlamm gehen die Meinungen maßgebender Fachleute noch auseinander, während nach den Erfahrungen des Ruhr-Verbandes der Schlamm bei der Abkürzung der Belüftungszeit auf 1 bis 2 Std. bald krank wird, berichtet Kammann (*408*) über gute Erfolge, die er bei einer zweistündigen Belüftungszeit von mit industriellem Abwasser stark gemischtem Brauchwasser erzielt hat. Er ist der Meinung, daß dieses von ihm als abgekürztes Belebtschlammverfahren bezeichnete Verfahren als Vorbehandlung für andere Reinigungsarten geeignet ist. Zweifelsfrei scheint festzustehen, daß die Anwendung des Verfahrens als zweite Stufe der biologischen Reinigung möglich ist und dann gute Dienste leistet, wenn es darauf ankommt, die größtmögliche Klärwirkung überhaupt zu erzielen. Eine Stufenreinigung kann durchgeführt werden mit einer Vorstufe Tauchkörper oder Tropfkörper und einer Nachreinigung mittels Belebtschlamm. Die erste Kombination hat den Vorzug, daß bei Überlastung zu Regenwasserzeiten wenigstens eine Teilreinigung in bescheidenem Umfange verbürgt ist.

Beurteilung. Stellt man das Belebtschlammverfahren in Vergleich mit den übrigen biologischen Verfahren, so ist zunächst festzustellen, daß der Platzbedarf des ersteren am geringsten ist. Während auf 1 ha Fläche bei der Bodenberieselung die Abwässer von 1000 Personen und bei Tropfkörper die Abwässer von 40000 Personen beseitigt werden können, beträgt bei diesem Verfahren der Flächenbedarf etwa die Hälfte desjenigen beim Tropfkörperverfahren. Zu dem geringen Platzbedarf kommt noch hinzu, daß das notwendige Gefälle sehr klein ist. Das Durchströmen des Abwassers durch Belüftungs- und Nachklärbecken erfordert nur wenige Zentimeter, so daß das Verfahren ohne Heben des Abwassers anwendbar ist, wenn der Wasserspiegel des Vorfluters bei *HHW* dem Wasserspiegel der Kläranlage sehr nahe kommt. Der Reinigungsvorgang spielt sich ab ohne jeden Nachteil für die Umgebung. Es ist damit weder eine Geruchsbelästigung, noch eine Fliegenplage verbunden, da das Verfahren unter Wasser arbeitet. Dabei ist der Reinigungsgrad sehr weitgehend, so daß die Abflüsse aus Anlagen dieser Art die Selbstreinigungskraft des Vorfluters wesentlich unterstützen. Die Baukosten sind im Vergleich zu den Tropfkörpern, mit denen die Anlagen in erster Linie in Wettbewerb treten, geringer. Die Betriebskosten dagegen sind höhere, bedingt durch die ununterbrochene Zuführung von Druckluft. Dabei ist jedoch zu berücksichtigen, daß durch das Ausfaulen des Schlammes zusammen mit dem Frischschlamm die Gasausbeute gesteigert wird bis zu einem Maße, das ausreicht, um den gesamten Kraftbedarf zu decken.

Das Belebtschlammverfahren kann also als das technisch und wirtschaftlich vollkommenste Verfahren zur vollständigen Reinigung von Abwasser gelten. Die genannten Vorzüge fallen besonders bei größeren Anlagen ausschlaggebend ins Gewicht.

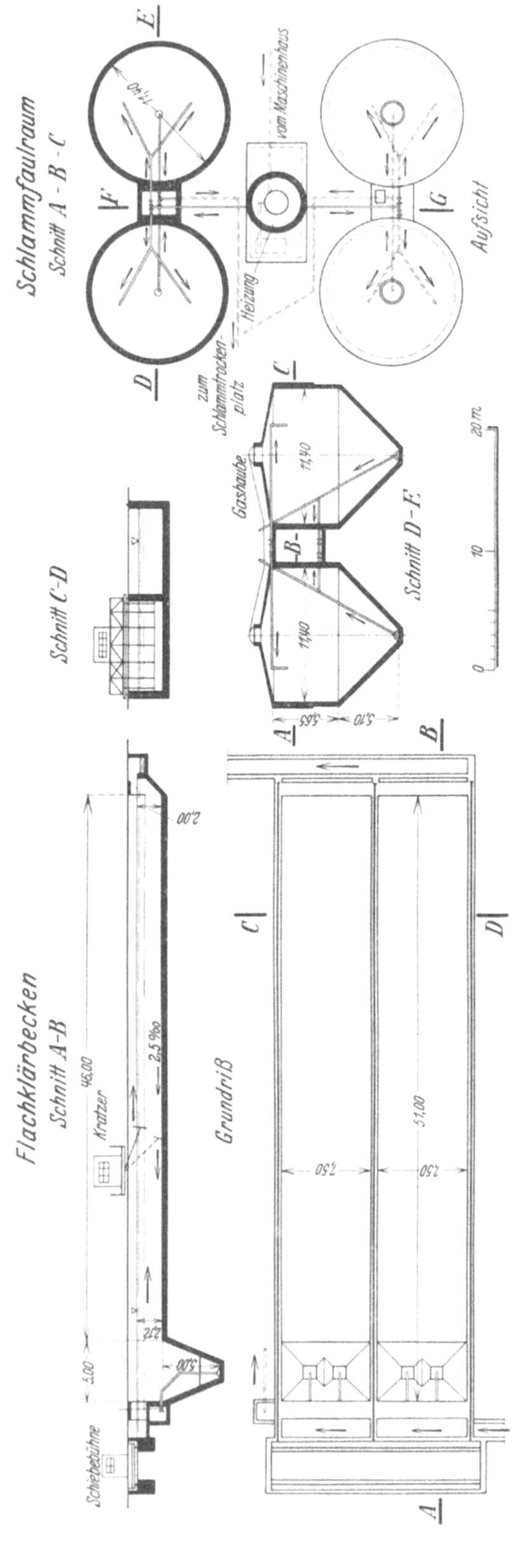

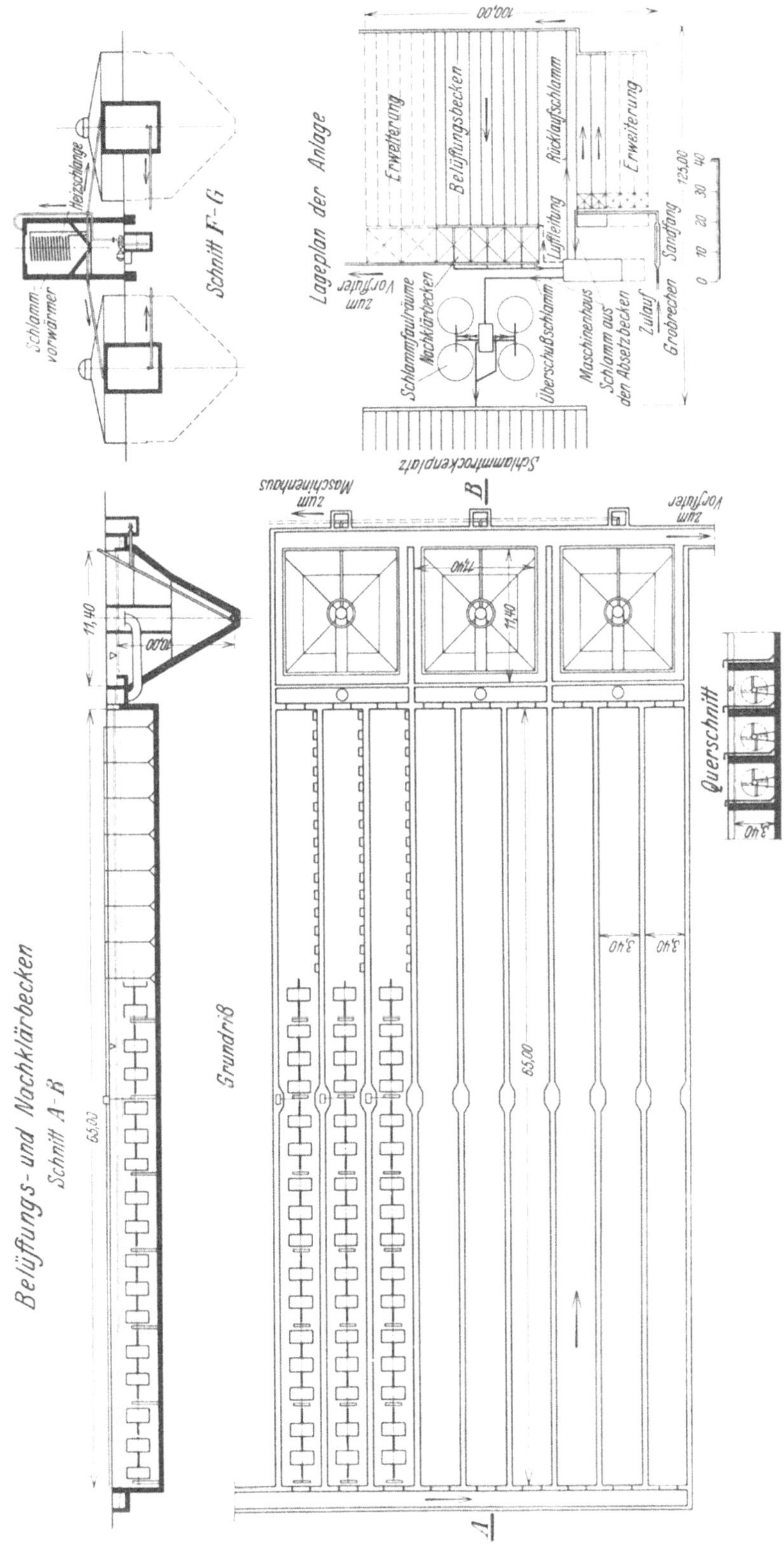

Abb. 293. Entwurf einer Kläranlage nach dem Belebtschlammverfahren.

In Abb. 293 ist der Entwurf für eine Kläranlage nach dem Belebtschlammverfahren für 100000 Einwohner wiedergegeben. Er soll einen Überblick geben über die Größenverhältnisse der einzelnen Anlageteile und hat ein Abwasser mittlerer Konzentration bei einem Wasserverbrauch von 150 l/Kopf/Tag zur Grundlage.

Abb. 294 gibt eine Ansicht der Anlage in Essen-Rellinghausen. Im Vordergrunde sind die Nachklärbecken mit der Schlammpumpe. Sie fördert aus einem zentralen Schachte, in den der Schlamm von den 4 Tiefpunkten durch Wasserüberdruck gelangt. Im Hintergrunde liegen die langgestreckten Belüftungsbecken, die zum Teil mit Rührwerken ausgerüstet sind.

Abb. 294. Ansicht der Anlage in Essen-Rellinghausen.

XXIII. Hauskläranlagen, Kleinkläranlagen, Gruppenkläranlagen.

Allgemeines. Unter Hauskläranlagen seien Anlagen zur Reinigung der Abwässer eines einzelnen Wohnhauses verstanden, die in der nächsten Nähe desselben untergebracht werden. Kleinkläranlagen sind Anlagen, die die gesamten Abwässer von selbständigen Anstalten der verschiedenen Art, wie Krankenhäuser, Erholungsheime, Gaststätten oder dergleichen reinigen. Bei ihnen besteht im allgemeinen keine Möglichkeit des Anschlusses an eine vorhandene Kanalisation. Gruppenkläranlagen endlich sind Abwasserreinigungsanlagen, die die Abwässer einer Siedlung, eines bestimmten Ortsteiles oder eines Teilgebiets zusammenfassend behandeln.

Hauskläranlagen widersprechen dem obersten Grundsatz jeder öffentlichen Hygiene, die Abfallstoffe jeglicher Art so schnell als möglich aus dem Bereich der menschlichen Wohnungen zu entfernen, und sollten deshalb nur in denjenigen Fällen zugelassen werden, wo bei alleinstehenden Häusern eine unterirdische Entwässerungsanlage in erreichbarer Nähe nicht vorhanden ist. Sie haben eine gewisse Berechtigung in denjenigen Gebieten, in denen trotz Fehlens einer ordnungsmäßigen Entwässerung Wasserspülaborte zur Anwendung kommen sollen. Sofern mehrere Grundstücke zu entwässern sind, ist jedoch auch in diesem Falle das Zusammenfassen der Abwässer in einer Gruppenkläranlage die hygienisch und wirtschaftlich beste Lösung. Die Hauskläranlagen können unter keinen Umständen verantwortet werden, wenn eine unterirdische Entwässerungsanlage geschaffen ist. Wenn gleichwohl in solchen Siedlungsgebieten in vielen Teilen Deutschlands, so im Freistaat Sachsen und im Rheinisch-Westfälischen Gebiet, noch Hauskläranlagen bestehen, so ist dies nur zu rechtfertigen, wenn eine zentrale Behandlung der Abwässer noch nicht durchgeführt ist.

Bei der Entscheidung der ganzen Frage ist zu berücksichtigen, daß durch die Behandlung der Abwässer in Hauskläranlagen, die nur nach dem Absetzprinzip arbeiten, die Beschaffenheit der Abflüsse nicht verbessert wird, sondern in den meisten Fällen verschlechtert wird, so daß ihre Einleitung in den Vorfluter höhere Anforderungen an die Selbstreinigungskraft stellt als ohne Vorbehandlung. Diesen Umständen steht als einziger Vorteil gegenüber, daß ein Teil der Absetzstoffe zurückgehalten und dem Vorfluter ferngehalten wird. Diese Stoffe vermag jedoch der Vorfluter leichter zu verarbeiten, wenn sie ihm im frischen Zustand zugeführt werden, als wenn das Abwasser bereits angefault ist, so daß unter den genannten Verhältnissen das Problem darin besteht, die grobsinnlichen Verunreinigungen durch geeignete Anlagen, wie Siebe oder dergleichen, dem Vorfluter fernzuhalten. Anders ist eine Anlage zu beurteilen, die neben der mechanischen Klärung eine biologische Reinigung der Abwässer erreicht. Die Abflüsse aus diesen Anlagen können natürlich in jeden Vorfluter eingeleitet werden. Derartige Anlagen kommen aber nicht bei einzelnen Häusern abseits der bebauten Gebiete in Frage und sind in zusammenhängenden Teilen der Bebauung nur Ausnahme. Dazu kommt noch, daß in der falschen Ansicht, durch die Herstellung von Hauskläranlagen den billigen hygienischen Anforderungen entsprochen zu haben, die Einrichtung einer ordnungsmäßigen Kanalisation und die Herstellung einer zentralen Kläranlage herausgeschoben und auf diese Weise die unbedingt notwendige Verbesserung des Reinheitszustandes des Vorfluters gefährdet wird.

Hauskläranlagen sind also nur ein Notbehelf für einzeln gelegene Grundstücke, die nicht an eine Entwässerungsanlage angeschlossen werden können und trotzdem Spülaborte einrichten wollen. Soweit sie unter anderen Verhältnissen bestehen, sind sie je eher desto besser zu beseitigen.

Bei Neuanlagen von Siedlungen, bei denen auf die Vorteile des Spülabortes nicht verzichtet werden soll, sind sie zu ersetzen durch eine provisorische Gruppenkläranlage. Diese erfüllt bei richtiger Ausgestaltung und bei sorgfältigem Betrieb den Zweck, die Abwässer zu reinigen. Sie kann mit den einfachsten Mitteln hergestellt werden und ist im übrigen so auszugestalten, daß sie jederzeit erweiterungsfähig ist und sich der Entwicklung anpassen kann. Im Bereiche einer vorhandenen Kanalisation sollten Hauskläranlagen unter keinen Umständen mehr eingerichtet werden. Die jetzt vielfach geübte Praxis, die Einrichtung von Wasserspülaborten in Gebieten, die der Bebauung erschlossen werden, von dem Einbau von Hauskläranlagen abhängig zu machen, erreicht nicht den Zweck, eine weitere Verschmutzung des Vorfluters hintanzuhalten, und bedeutet deshalb eine volkswirtschaftlich nicht zu rechtfertigende Maßnahme. Auch wenn nur eine mechanische Reinigungsanlage nach dem Absetzverfahren vorhanden ist, ist es viel richtiger, die Behandlung der Abwässer einschließlich der Fäkalwässer in dieser Anlage zu bewirken, als selbständige Anlagen in jedem Hause einzurichten. Werden die Abwässer durch mehrere Sammler unmittelbar dem Vorfluter zugeführt, so sind Einrichtungen zu treffen, die verhindern, daß der Vorfluter grobsinnlich verunreinigt wird.

Die einzige zulässige Aufspeicherung der Fäkalien auf dem Grundstück liegt dann vor, wenn sie zum Zwecke der landwirtschaftlichen Nutzung Verwendung finden können. Eine Einrichtung von Spülaborten ist jedoch dann ausgeschlossen, da eine Grube zur Aufnahme der Abwässer zu große Abmessungen erhalten würde. Es können in einem solchen Falle Trockenklosette in Frage kommen, deren Inhalt zu geeigneter Zeit auf das Land verteilt wird. In den vorstehenden Ausführungen sollen allgemeine Richtlinien für die Frage der Berechtigung von Hauskläranlagen gegeben werden. Im einzelnen Falle ist zu prüfen, in welcher Weise die Forderungen der öffentlichen Gesundheitspflege mit den Ansprüchen der Bevölkerung bezüglich Verbesserung der hygienischen Verhältnisse auf dem Grundstück in Einklang zu bringen sind.

Anforderungen und Schwierigkeiten. Eine Hauskläranlage ist nach der überwiegenden Ansicht der Hauseigentümer nur ein notwendiges Übel, mit der man nach Möglichkeit wenig zu tun haben will und die deshalb im allgemeinen sich selbst überlassen bleibt. Daraus folgt die Notwendigkeit, die Anlage so auszubilden, daß die Schäden, die aus mangelnder Beaufsichtigung sich ergeben, auf ein Mindestmaß zurückgeführt werden und der Betrieb so einfach als möglich gestaltet wird. Er soll im allgemeinen selbsttätig laufen und besondere Maßnahmen, wie Beseitigung des Schlammes usw., sollen nur in großen Zeitabständen notwendig sein. Da die Anlagen in unmittelbarer Nähe von Gebäuden unterzubringen sind, sollen sie nach Möglichkeit geruchlos sein. Der Kläreffekt soll der dem angewendeten Verfahren eigentümlichen Reinheitswirkung entsprechen, d. h. bei mechanischen Anlagen soll das Abwasser weitgehend entschlammt sein und im übrigen frisch erhalten werden. Ein nicht mehr fäulnisfähiges Produkt ist mit diesen Anlagen, die den größten Teil der Hauskläranlagen darstellen, nicht zu erzielen, trotz der gegenteiligen Behauptungen in den Anpreisungen der Lieferfirmen. Von den biologischen Anlagen, die bei einem Vorfluter mit geringer Wasserführung oder beim Fehlen eines Vorfluters erforderlich sind, muß ein Abbau der gelösten und halbgelösten Stoffe verlangt werden, so daß die Abflüsse unschädlich untergebracht werden können.

Allen diesen Anforderungen zu entsprechen, ist nicht einfach, so daß nur wenige der auf dem Markte befindlichen Konstruktionen wirklich befriedigen. Dazu kommen noch Schwierigkeiten, die durch die Eigenart der Hauskläranlage bedingt sind. Der Zufluß ist nach Menge und Zusammensetzung starken Schwankungen unterworfen. Während in den Nachtstunden der Zulauf vollständig aufhört, gibt die gleichzeitige Benutzung mehrerer Spülaborte eine Belastung, die über die durchschnittliche weit hinausgeht und die Zusammensetzung des Abwassers weicht z. B. an Waschtagen erheblich von der normalen ab. Ferner ist eine Zertrümmerung der gröberen Suspensa, vor allem der Kotstoffe, bei dem kurzen Wege bis zur Kläranlage noch nicht eingetreten, so daß einmal die Gefahr des Verstopfens sehr groß ist und zum anderen eine starke Schwimmdeckenbildung zustande kommt, die den ganzen Betrieb der Anlage in Frage zu stellen geeignet ist, wenn sie nicht rechtzeitig beseitigt wird. Hiernach ist es verständlich, wenn die guten Erfahrungen, die mit den Frischwasserkläranlagen, vor allem mit den zweistöckigen Anlagen dieser Art gemacht worden sind, nicht ohne weiteres auf die Hauskläranlagen übertragen werden können. Diese arbeiten unter ganz anderen Bedingungen. Das Abwasser hält sich zu gewissen Tagesstunden zu lange im Absetzraum auf, so daß es im angefaulten Zustand die Anlage verläßt, und ein Vermischen des Frischwassers mit dem Abwasser, das bei den Großanlagen nicht ganz zu vermeiden ist, tritt bei den Hauskläranlagen in erhöhtem Maße auf. Die Abflüsse sind infolgedessen bei einem großen Teil der mechanischen Anlagen im Hinblick auf die Fäulnisfähigkeit schlechter zu behandeln als Frischwasser, wenngleich eine gewisse Entschlammung eingetreten ist.

In Preußen bestehen Richtlinien für die Beurteilung und Zulassung von Hausklärgruben und Grundstückskläranlagen (*430*).

Ausbildung. Bei Einzelkläranlagen ist die Behandlung der Niederschlagswässer grundsätzlich ausgeschlossen. Diese sind nach Möglichkeit oberirdisch abzuleiten. Eine Behandlung der Fäkalwässer allein kann nicht empfohlen werden, da die übrigen häuslichen Abwässer ihrem Verschmutzungsgrad nach ähnlich zu beurteilen sind wie die ersteren.

Bevor die zweistöckigen Frischwasserkläranlagen eingeführt wurden, waren Faulkammeranlagen, in denen das Abwasser und der ausgefaulte Schlamm gemeinsam zersetzt wurden, ein vielfach angewendetes Verfahren zur Klärung der Abwässer. Sie leisten auch jetzt noch, besonders auch als Vorreinigung für die Untergrundberieselung, gute Dienste, erfordern jedoch unverhältnismäßig große Räume. Soll das Abwasser vollständig ausfaulen, so muß es sich 20 bis 30 Tage in dem Faulraum aufhalten. Bei einer geringeren Behandlungszeit ist der Grad der Zersetzung entsprechend geringer, und die Abflüsse sind fäulnisfähig. Der höhere Aufwand ist wirtschaftlich kaum zu rechtfertigen. Sie bestehen in ihrer zweckmäßigen Ausbildung aus 2 oder mehreren Kammern, die hintereinander geschaltet werden gemäß Abb. 295. Die erstere größere Kammer ist die eigentliche Faulkammer, in der der Sinkschlamm und Schwimmschlamm allmählich zersetzt werden. Die weiteren Kammern dienen dazu, das Abwasser durch Absetzenlassen von den mitgeführten Schwebestoffen zu befreien. Bei der gewählten Anordnung wird der angefallene Schlamm in jeder Kammer für sich der Zersetzung unterworfen. Die in Abb. 296 dargestellte zweikammerige Anlage ermöglicht ein gemeinsames Ausfaulen des Schlammes in dem unteren Teile der ersten Kammer. Nach den oben genannten Richtlinien wird je nach der Konzentration des Abwassers ein Aufenthalt von 2 bis 3 Tagen empfohlen. Zum ordnungsmäßigen Betrieb müssen in gewissen Zeitabständen die Schwimmschicht beseitigt, als auch der Schlamm entfernt werden.

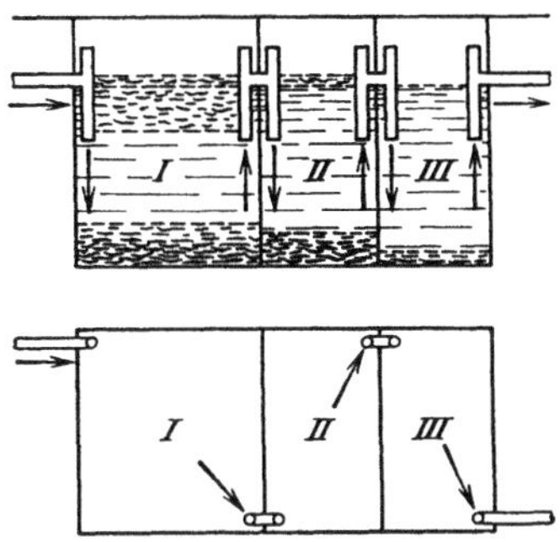

Abb. 295. Faulkammeranlage.

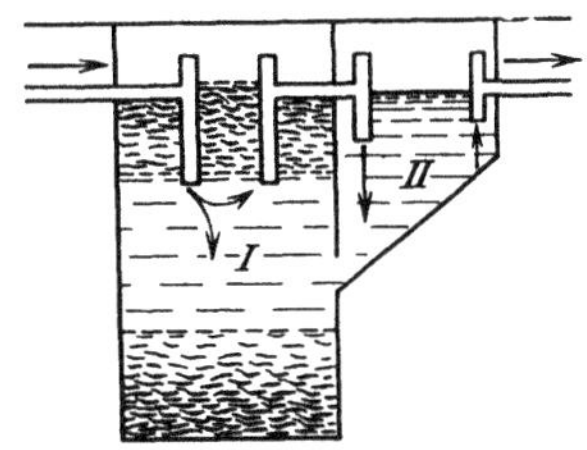

Abb. 296. Faulkammeranlage mit gemeinsamem Schlammfaulraum.

Der überwiegende Teil aller Hauskläranlagen beruht auf dem Prinzip des Emscher-Brunnens, d. h. sie bestehen aus einem Absetzraum, in dem das Abwasser entschlammt wird, und aus einem Faulraum, in dem der Schlamm der Zersetzung anheimfällt. Die Formen, die diesen am meisten nahekommen, sind die sogenannten Klein-Emscher-Brunnen (Abb. 297). Außerdem sind die in Abschnitt XIX behandelten Brunnen, wie Kremer-Brunnen, Dywidag-Brunnen, Oms-Brunnen usw., auch als Kleinkläranlagen ausgebildet. Die Schwierigkeit bei allen diesen Anlagen beruht darin, daß die Schwimmstoffe, die einen verhältnismäßig großen Anteil aller anfallenden Schmutzstoffe ausmachen, in dem Absetzraum sich ansammeln und den nutzbaren Querschnitt stark verringern. Bei der Bemessung der einzelnen Räume, d. h. bei der Auswahl der in verschiedenen Größen im Handel befindlichen fertigen Klärgruben, muß man sich ebenso davor hüten, die Räume zu klein, wie zu groß zu wählen. Nach den genannten

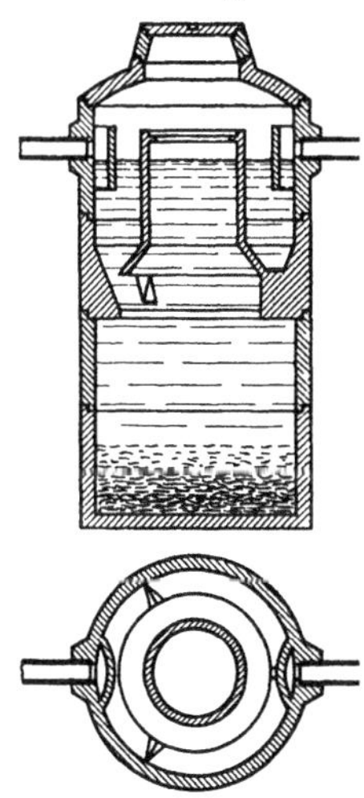
Abb. 297. Klein-Emscher-Brunnen.

Richtlinien soll die Aufenthaltsdauer im Klärraum für den größten Stundenzufluß 2 Stunden betragen, oder rund 20% der Tageswassermenge. Die Fauläume werden auf der Grundlage von 70 l/Kopf bemessen. Als Mindestgröße werden für den Absetzraum 400 bis 500 l und für den Schlammraum 800 bis 1000 l empfohlen. Bei dieser Größe der Schlammfaulräume ist eine Beseitigung des Schlammes nur 1- bis 2mal im Jahre erforderlich.

Um die Schwierigkeiten zu vermeiden, die entstehen, wenn die Schwimmdecke immer größer und größer wird und den überwiegenden Teil des Absetzraumes ausfüllt, können Schlammabscheider benutzt werden, die eine Trennung der leichten, noch nicht zertrümmerten Kotstoffe von dem übrigen Abwasser bewirken. Dadurch wird der eigentliche Klärraum von den lästigen Schwimmstoffen befreit, und diese sammeln sich in einem besonderen Abtrennraum. Hier können sie ausfaulen oder auch in den Faulraum übertreten.

Die beste Konstruktion dieser Art ist der Schlammabscheider von Braun-Chemnitz (Abb. 298). Bei diesem wird die gewünschte Trennung in einfachster Weise durch Tauchwände erzielt, deren Anordnung im einzelnen durch Versuche ermittelt worden ist. Das Abwasser, das bei *a* zuläuft, muß unter der Wand w_1 untertauchen und zum Ablauf wieder aufsteigen. Die leichten Schwimmstoffe machen die Änderung der Bewegungsrichtung, die durch die Wand w_2 bedingt ist, dabei nicht mit, sondern sammeln sich in dem Raum *c* und wachsen allmählich über die Überfallkante von w_3 hinweg und gelangen in den Faulraum *d*, wo sie zusammen mit dem Sinkschlamm ausfaulen. Eine Kläranlage dieser Art besteht also aus drei Teilen, deren jedem eine bestimmte Aufgabe zufällt: dem Klärraum, dem Schwimmstoffabscheideraum und dem Faulraum.

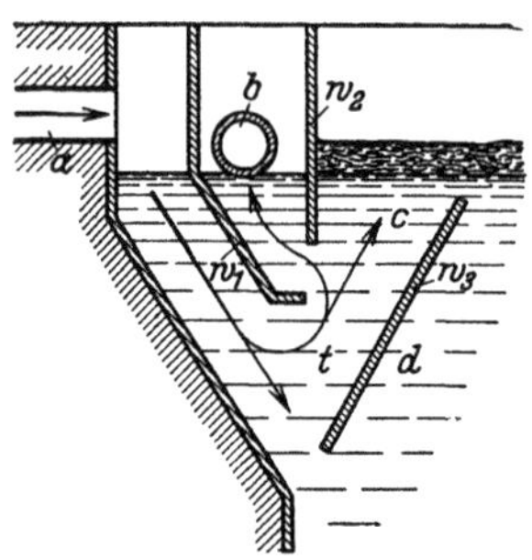

Abb. 298. Schlammabscheider nach Braun.

Die weitergehende Reinigung der häuslichen Abwässer bis zur Fäulnisunfähigkeit kann in biologischen Körpern erfolgen. Für ihre Ausgestaltung gelten die gleichen Grundsätze, die für zentrale Kläranlagen maßgebend sind. Die Belastung der Einheit des Körpermaterials muß jedoch niedriger gehalten werden. Sie darf keinesfalls 0,5 m³ Abwasser für 1,0 m³ Material überschreiten.

Eine besondere Abart der biologischen Reinigung geringer Abwassermengen ist die sogenannte Untergrundberieselung nach Friedersdorff. Sie besteht darin, daß das mechanisch oder in Faulkammern vorgereinigte Abwasser durch ein System von Dränrohren in den Boden eingeführt wird. Am besten ist dazu reiner Sandboden geeignet. Es sind aber auch weniger günstige Bodenarten für den genannten Zweck mit Erfolg verwendet worden. Die Dränrohre werden etwa 0,5 bis 1,0 m tief, mindestens 1,0 m über dem Grundwasserspiegel verlegt, und verteilen das Abwasser über eine größere Fläche. Für jede angeschlossene Person werden etwa 10 bis 15 m Rohre benötigt, oder aber je Kopf sind rund 15 m² Fläche erforderlich. Die Lebensdauer derartiger Anlagen ist beschränkt und von dem Grad der Vorreinigung und der Beschaffenheit des Bodens abhängig. Unter normalen Verhältnissen ist bei reichlicher Dimensionierung damit zu rechnen, daß eine Anlage 10 Jahre befriedigend arbeitet. Nach dieser Zeit sind die Rohrstränge aufzunehmen und zu reinigen, oder neue Rohrstränge zwischen den bestehenden zu verlegen.

Die Kleinkläranlagen weisen zum Teil die gleichen ungünstigen Verhältnisse und Schwierigkeiten auf wie die Hauskläranlagen. Ihre Ausbildung ist im übrigen die gleiche wie bei den Hauskläranlagen. Sie werden zweckmäßig in möglichst großer Entfernung von den bewohnten Gebäuden untergebracht. Dadurch sind die nie ganz zu vermeidenden Geruchsbelästigungen unschädlich gemacht. Es wird auch damit erreicht, namentlich wenn die Einschaltung von Abstürzen nach der Geländegestaltung möglich ist, daß die Schwimmkörper zertrümmert auf der Kläranlage ankommen, wodurch die weitere Behandlung erleichtert wird. Bei diesen Anlagen wird es auch in vielen Fällen möglich sein, die weitere Reinigung der Abwässer auf Land oder in Fischteichen zu bewirken.

Gruppenkläranlagen sind bei Ausdehnung eines Siedlungsgebietes nur dann berechtigt, wenn der Anschluß an die bestehende Kanalisation einen unverhältnismäßig hohen Kostenaufwand erfordern würde. In jedem Falle sind damit betriebliche Erschwernisse verbunden, so daß es sich empfiehlt, vorzugsweise solche Gebiete der Bebauung zu erschließen, zu deren Entwässerung bestehende Leitungen als Vorfluter benutzt werden können. Sind Gruppenkläranlagen nicht zu vermeiden, so ist es natürlich von den örtlichen Verhältnissen und der Beschaffenheit des Vorfluters abhängig, wie die Anlage ausgestaltet werden muß. Es gelten dafür die gleichen Grundsätze wie bei den zentralen Kläranlagen. Es ist jedoch darauf Bedacht zu nehmen, daß die Anlagen nicht zu groß ausfallen, da dadurch die Reinigungswirkung beeinträchtigt wird. Nach Möglichkeit sollen kleinere Aggregate gewählt werden, die eine Vergrößerung zulassen. Ein größeres Gebiet, das an und für sich für eine ordnungsmäßige Entwässerung nach einheitlichen Gesichtspunkten reif ist, mit Gruppenkläranlagen auszurüsten, ist nur unter dem Druck der wirtschaftlichen Verhältnisse angängig, wenn der Kapitalaufwand zur Ausführung eines Sammlers, der die gesamten Abwässer aufzunehmen hat, nicht aufzubringen ist.

Die Äußerung von Gedschold (*440*), der den Städten ohne zentrale Kläranlage rät, Gruppenkläranlagen zu schaffen, ist mit Vorsicht aufzunehmen, da dadurch die Ausführung einer zentralen Reinigungsanlage, die aus hygienischen Gründen unbedingt anzustreben ist, auf lange Zeit hinaus in Frage gestellt wird.

XXIV. Entwässerung von Siedlungen.

Siedlungen, die in weiträumiger Bebauung außerhalb der geschlossenen, bebauten Stadtlage hergestellt werden, bedürfen vom Standpunkte der Entwässerung einer besonderen Behandlung. Die hygienischen Vorzüge dieser Art der Unterbringung der Menschen darf nicht etwa beeinträchtigt werden durch eine unzureichende Lösung in der Beseitigung der anfallenden Abwässer, sondern es muß von allem Anfang an vollständige Klarheit darüber geschaffen werden, welche Ansprüche an die Entwässerung billigerweise gestellt werden können und wie diese am besten zu befriedigen sind. Die Entwässerungsfrage ist sogar vielfach bestimmend für die Eignung eines Geländes für Siedlungszwecke überhaupt. Deswegen ist die Zuziehung eines Fachmannes auf diesem Gebiete bereits in den ersten Studien der Planung dringend geboten. Nur dadurch können unliebsame Zustände, die bei mangelhafter Berücksichtigung der Entwässerung leicht sich ergeben, vermieden werden, und andererseits ist die gedeihliche Entwicklung der Siedlung von der richtigen Lösung der Entwässerungsfrage abhängig.

Bei der Wahl unter den verschiedenen in Betracht kommenden Möglichkeiten ist grundsätzlich zu unterscheiden zwischen einer städtischen Siedlung, die sowohl nach ihrer Ausdehnung und ihrem Charakter, als auch nach der Art der Bebauung in Stockwerkshäusern der städtischen Bebauung nahesteht, und der ländlichen Siedlung, bei der die Gebäudegrundfläche nur einen kleinen Bruchteil des gesamten Grundstückes ausmacht, während der größere Teil gärtnerisch oder landwirtschaftlich genutzt wird. In dem letzteren Falle ist die Unterbringung der flüssigen und festen menschlichen Abgänge auf dem Grundstück möglich. Auch die anfallenden Brauchwässer können bei einer bestimmten

Größe des Gartens vom Siedler selbst beseitigt werden. Im ersteren Falle dagegen ergibt sich aus der Unterbringung einer größeren Zahl von Personen in einem Gebäude die Notwendigkeit, Spülaborte einzurichten. Damit ist die Art der Entwässerung ziemlich eindeutig festgelegt. Die dabei anfallenden Wassermengen werden am besten durch ein unterirdisches Entwässerungsnetz abgeführt, und nur unter besonderen Verhältnissen kann davon Abstand genommen werden.

Für beide Arten der Siedlung gilt, daß auf die Wirtschaftlichkeit der Anlage besonders Bedacht zu nehmen ist, wenn der Zweck, für die minderbemittelte Bevölkerung einwandfreie Wohnstätten zu schaffen, nicht in Frage gestellt werden soll. Von diesem Standpunkte aus wird bei allen diesen Anlagen das Regenwasser in Rinnsteinen, offenen Gräben u. dgl. abzuleiten sein, d. h. das Trennverfahren mit oberirdischer Abführung der Niederschlagswässer anzuwenden sein. Nur in Ausnahmefällen, wenn die gesamten Abwässer einer in der Nähe befindlichen vollständigen Kanalisation übergeben werden können und wenn die anderweite Beseitigung des Regenwassers Schwierigkeiten macht, wird die unterirdische Ableitung von Brauch- und Regenwasser in gemeinsamen Kanälen in Frage kommen. Die Beseitigung des oberirdisch zugeführten Regenwassers ist bei geneigtem Gelände einfach. Das Wasser ist in offenen Gräben dem nächsten Vorfluter zuzuführen. Bei weniger günstigen Verhältnissen kann das Regenwasser in geeigneten Vertiefungen, die zu Sammelteichen ausgebildet sind, aufgenommen werden, um dann allmählich abzufließen. Fehlt ein Vorfluter gar vollständig, so ist das Wasser, das nicht in den Untergrund eindringt, künstlichen Beckenanlagen zuzuleiten, in denen es allmählich versickert. Bei ländlichen Siedlungen auf lockerem Sandboden genügen Gräben auf beiden Seiten der Straße zur Aufnahme der Regenwässer von Dächern und Straße.

Das Problem der Entwässerung der Siedlungen kommt danach auf die Entscheidung der Frage hinaus: Ist die Siedlung mit einem unterirdischen Entwässerungsnetz zur Aufnahme der Brauch- und Fäkalwässer auszurüsten oder sind die anfallenden Abwässer auf dem Grundstücke selbst wirtschaftlicher zu behandeln, so daß ein unterirdisches Entwässerungsnetz entbehrt werden kann. Da die Verhältnisse bei den beiden Arten der Siedlungen verschieden sind, so sollen die verschiedenen Möglichkeiten getrennt behandelt werden.

Städtische Siedlung. 1. In diesen Siedlungen wird die Einrichtung von Spülaborten die Regel sein. Außerdem werden Badeeinrichtungen in jeder Wohnung geschaffen werden. Der Wasserverbrauch, der aus einer zentralen Versorgungsanlage zu decken ist, kommt infolgedessen dem der Stadt sehr nahe und beträgt etwa 60 bis 80 l/Kopf/Tag. Die dadurch festgelegte Wassermenge wird am wirtschaftlichsten und zweckmäßigsten in einem unterirdischen Entwässerungsnetz zusammengefaßt und aus dem Bereich der Wohnungen entfernt. Dieses ist an eine bestehende Entwässerungsanlage anzuschließen, sofern eine solche in erreichbarer Nähe vorhanden ist. Auch wenn dazu die Überwindung großer Entfernungen notwendig ist, so ist diese Art meistens die günstigere. Sie kann verbilligt werden, wenn der Sammler auf einzelnen Strecken außerhalb der Bebauung als offener Graben ausgebildet wird. Ist der Anschluß an eine bestehende Entwässerung nicht möglich, so ist die Herstellung einer selbständigen Kläranlage das gegebene. Für ihre Ausgestaltung gelten die gleichen Grundsätze, die für Kläranlagen ganzer Städte bestimmend sind. Um an Kosten zu sparen, kann die Kläranlage behelfsmäßig ausgestaltet werden, so daß auch leistungsschwache Gemeinden sich die Vorzüge einer zentralen Behandlung der Abwässer zunutze machen können. Wegen der Ausbildung im einzelnen sei auf (*443*) besonders verwiesen.

2. Bei der Behandlung der Abwässer in Hauskläranlagen müssen die Abflüsse unbedingt in Leitungen oder in einem Grabensystem weitergeleitet werden.

Bei diesem Verfahren wird also, wenn sonst die Gewähr dafür gegeben ist, daß die Hauskläranlagen ordnungsmäßig betrieben werden, bestenfalls die zentrale Kläranlage entbehrt werden können. Ob das in der Gesamtwirkung eine Ersparnis bedeutet, ist zweifelhaft und von den örtlichen Verhältnissen abhängig. Allgemein werden die Herstellungskosten einer zentralen Reinigungsanlage niedriger sein, als die Kosten für eine Reihe von Einzelkläranlagen. Außerdem ist bei gleichem Reinigungseffekt der Betrieb einer gemeinsamen Anlage, für die die Gemeinde verantwortlich ist, billiger als der von zahlreichen Anlagen auf den Grundstücken, die nur widerwillig unterhalten werden. Im übrigen wird wegen der Beurteilung dieser Anlagen auf den Abschnitt XXIV verwiesen.

3. Eine weitere Möglichkeit der Entwässerung besteht darin, die Brauchwässer eines Grundstückes in Gruben in nächster Nähe des Hauses zu sammeln und den Inhalt zu gegebener Zeit abzufahren. Da die Fäkalwässer und die übrigen Abwässer etwa den gleichen Grad der Verschmutzung aufweisen, so sind beide Abwasserarten gleich zu behandeln. Aber selbst wenn nur die Fäkalwässer aufgespeichert werden, sind bei Anwendung von Wasserspülaborten so große Räume notwendig, daß Überläufe eingerichtet werden müssen, um das überschüssige Wasser abzuleiten, d. h. ein unterirdisches Leitungsnetz ist auch in diesen Fällen erforderlich. Auch hier gilt, daß die Anlagekosten für die Gruben einen höheren Aufwand ergeben, als die Herstellung einer gemeinsamen Kläranlage, und die laufenden Kosten zum Abtransport des Grubeninhaltes machen stets ein Mehrfaches der sonst entstehenden Betriebskosten aus. Diese Art der Ausbildung der Entwässerungsanlage ist daher nur zu rechtfertigen bei allmählichem Ausbau der Siedlung, wenn die Kosten für eine gemeinsame Kläranlage von der Gemeinde nicht vorgehalten werden können. Aber auch dann ist es richtiger, mit behelfsmäßigen Mitteln auszukommen zu versuchen, als massive Anlagen zu schaffen, die auf die Dauer unwirtschaftlich sind.

Ländliche Siedlungen. Sie machen grundsätzlich die den menschlichen und tierischen Abgängen innewohnende Dungkraft für landwirtschaftliche Zwecke nutzbar. Die Einrichtung von Wasserspülaborten kommt infolgedessen nicht in Frage. Die Sammlung der menschlichen Abgänge geschieht in Trockenklosetts (Torfstreuklosetts), deren Inhalt auf dem Komposthaufen untergebracht wird. Es können auch bewegliche Gefäße benutzt werden, deren Inhalt in gleicher Weise verwendet wird. Und endlich besteht die Möglichkeit, die Fäkalien in Gruben zu sammeln, um sie zu geeigneter Zeit, wenn es die Bestellung zuläßt, auf das Gartenland aufzubringen. Die übrigen Abwässer, Waschwässer und Spülwässer, werden in der einfachsten Form auf Land ausgegossen. Die Ausnutzung ist vollkommener, wenn diese aufgespeichert und zu gegebener Zeit auf die landwirtschaftlich genutzte Fläche untergebracht werden. Sie können dann in regenarmen Zeiten in Ergänzung der natürlichen Niederschläge den Wasserbedarf decken, der zu einer guten Vegetation notwendig ist. Auf diese Weise wird die ländliche Siedlung erst recht lebensfähig. Die erforderliche Fläche zur Unterbringung der Fäkalwässer und sämtlicher Brauchwässer eines Grundstückes beträgt bei einer 4- bis 5köpfigen Familie je nach Bodenart 500 bis 800 m^2.

Bei der sogenannten Stadtrandsiedlung, deren Aufbau mit den einfachsten Mitteln durchzuführen ist, ist die Verwendung transportabler Gefäße als das billigste Verfahren das gegebene. Die übrigen Abwässer sind ohne Schwierigkeiten auf dem verfügbaren Gelände unterzubringen, da das Reinwasser für diese Siedlungen im allgemeinen aus einer Druckleitung im Hause nicht zur Verfügung steht, sondern von Zapfstellen außerhalb des Hauses geholt werden muß, so daß der Wasserverbrauch sich in sehr bescheidenen Grenzen halten wird.

XXV. Entwässerungsverbände und Abwassergenossenschaften.

Anlage und Ausgestaltung des Entwässerungsnetzes eines größeren Siedlungsgebietes, sei es eine Stadt mit ihren Vororten, seien es zusammenhängende Gemeinden, sind durch die Oberflächengestaltung und durch die Vorflutverhältnisse festgelegt, wie aus den vorstehenden Kapiteln hervorgeht. Die Entwässerungsleitungen können deshalb an den kommunalen Grenzen nicht haltmachen, sondern müssen aus wirtschaftlichen Gründen vielfach durch das Gebiet fremder Gemeinden hindurchgeführt werden entsprechend den natürlichen Entwässerungsverhältnissen. Wenn ein geeigneter Vorfluter zur Aufnahme der Abwässer im Gemeindegebiet selbst nicht zur Verfügung steht, so können die Abwässer wohl an einem Punkte gesammelt und von dort maschinell fortgedrückt werden. Aber auch dabei muß in den meisten Fällen das Gebiet einer fremden Gemeinde bei Durchführung der Druckrohre in Anspruch genommen werden, so daß in Sachen der Entwässerung und Abwasserbeseitigung benachbarte Gemeinden aufeinander angewiesen sind. Das gilt auch für den Fall, wenn jede Gemeinde selbständig nach dem gemeinsamen Vorfluter entwässern kann, denn die unterliegende Gemeinde muß Wert darauf legen, daß der öffentliche Wasserlauf, der das Stadtgebiet durchzieht, beim Eintritt in dasselbe nicht über Gebühr verunreinigt ist. Die Ortsentwässerung wird unter diesen und ähnlichen Verhältnissen am zweckmäßigsten und wirtschaftlichsten in der Weise durchgeführt, daß sich die Gemeinden im Wege des Vertrages für den besonderen Zweck zusammenschließen.

Je nach den örtlichen Verhältnissen kann dann entweder das Abwasser einer Gemeinde in das Leitungsnetz der anderen Gemeinde mit aufgenommen werden, wie es beispielsweise vor der Bildung der Einheitsgemeinde Groß-Berlin an vielen Stellen der Fall war, so daß das ganze Gebiet als einheitliches Entwässerungsgebiet behandelt wird, oder in den Hauptsammler werden unterhalb der bebauten Stadtlage fremde Gemeinden mit aufgenommen, oder aber die Gemeinden erbauen eine gemeinsame Kläranlage zur Behandlung des Abwassers.

Derartige Entwässerungsverbände sind, durch die natürlichen Verhältnisse bedingt, an vielen Orten in Deutschland entstanden. Aus diesen seien folgende hervorgehoben: Der Kanalisationsverband der Landgemeinden Wilmersdorf, Schmargendorf und Zehlendorf vom Jahre 1905, der Kanalisationsverband für das Laisebachgebiet, in dem die Stadt Waldenburg mit mehreren oberschlesischen Gemeinden zusammengeschlossen sind vom Jahre 1906 und der Entwässerungsverband der Landgemeinden Stellingen, Langenfelde, Lockstädt, Eidelstädt, Niendorf b. Hamburg vom Jahre 1906.

Besondere Verhältnisse bezüglich der Entwässerung liegen in den eigentlichen Industriegebieten vor, in denen die industriellen Anlagen der verschiedensten Art über ein weites Gebiet verteilt sind und die Siedlungen gleichfalls ohne jeden Zusammenhang verstreut liegen, wie es beispielsweise im rheinisch-westfälischen Industriebezirk der Fall ist. Selbständige Entwässerungs- und Reinigungsanlagen für diese einzelnen Teilgebiete zu schaffen, würde die Leistungsfähigkeit derselben in den meisten Fällen übersteigen und wäre außerdem wirtschaftlich nicht zu vertreten, da das Ziel, ordnungsmäßige Entwässerungsverhältnisse zu schaffen, besser und billiger durch Zusammenschluß sämtlicher Abwassererzeuger erreicht werden kann.

Von den besonderen örtlichen Verhältnissen wird es abhängig zu machen sein, wie die Abwasserfrage am besten gelöst wird. Es kann der Vorfluter so ausgebaut werden, daß er die gesamten Abwässer einschließlich der Fäkalwässer aufnehmen kann, es können gemeinsame Anlagen gebaut werden, in denen die Abwässer bestimmter Bezirke gereinigt werden, es kann die Ausgestaltung der verschiedenen Reinigungsanlagen so gegeneinander abgestimmt werden, daß in der Gesamtwirkung der durch die weitere Benutzung des Wassers bestimmte Reinheitsgrad mit dem geringsten Aufwand erzielt wird, es kann endlich der abwasserführende Flußlauf so umgestaltet werden, daß im Wege der natürlichen Selbstreinigungskraft ein einwandfreier Zustand geschaffen wird.

Größere Gebiete, die stark industriell durchsetzt sind, bedürfen bei der Behandlung ihrer Entwässerungsverhältnisse gleichfalls einer zentralen Regelung. Die Ausdehnung der zusammenzuschließenden Gebiete ist dabei durch das Niederschlagsgebiet des Vorfluters bestimmt, und das Ausmaß der an die Reinigungsanlage zu stellenden Forderungen ist durch den besonderen Charakter des Vorfluters gegeben. Auf diese Weise ergibt sich zwangsläufig die „Sanierung" eines ganzen Flußgebietes, um einen Wasserlauf mit dem geringsten Aufwand an Mitteln soweit zu verbessern, daß er den verschiedenen Anforde-

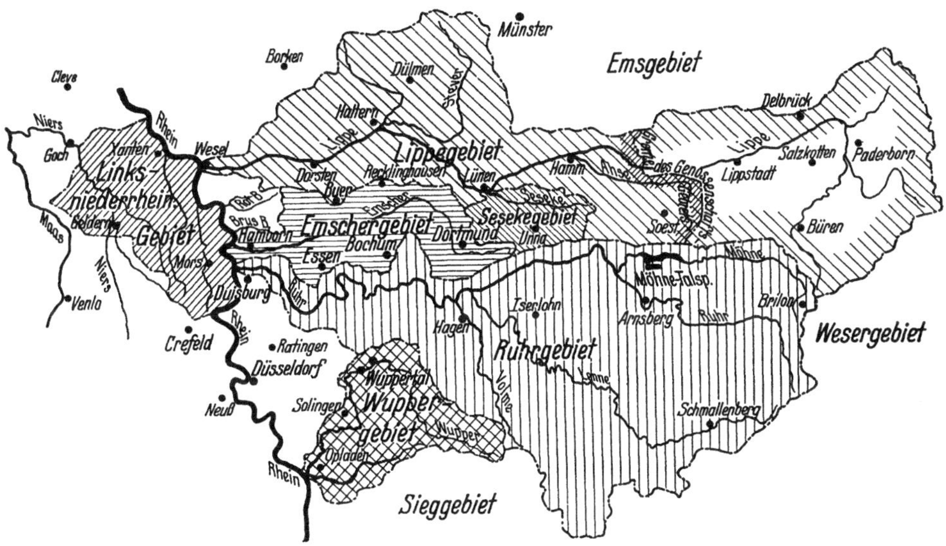

Abb. 299. Wasserwirtschaftsverbände im rheinisch-westfälischen Industriegebiet[1].

rungen an die Nutzung des Wassers entsprechen kann. Im Gegensatz zu dem reinen Industriegebiet werden in diesen Fällen die einzelnen Städte und Gemeinden, einzeln oder zu Gruppen zusammengefaßt, selbständige Kläranlagen erhalten. Dabei sind die zu stellenden Anforderungen gegeneinander abzustimmen, so daß der gewünschte Reinheitsgrad des Wasserlaufes in allen seinen Teilen mit dem geringsten Aufwand erreicht wird. Nur wenn die gesamten Anlieger in einer Vereinigung zusammengefaßt sind, ist es möglich, von den Mitteln Gebrauch zu machen, die geeignet sind, den ganzen Flußlauf zu verbessern, wie Beseitigung von Stauanlagen oder Verlängerung der Laufzeit des Wassers. Außerdem können auf diese Weise sowohl die Baukosten als auch die Betriebskosten gegenüber dem selbständigen Vorgehen jedes einzelnen Abwasserproduzenten vermindert werden, und die Gewähr für einen dauernden befriedigenden Zustand des Wasserlaufes ist in ganz anderem Maße gegeben, als wenn eine große Reihe häuslicher und industrieller Kläranlagen der vielfach mangelhaften Fürsorge der einzelnen Interessenten überlassen ist. Die gleichmäßige Belastung aller den Flußlauf für die verschiedenen Zwecke Benutzenden ist dadurch begründet, daß jeder Benutzer des Wassers von den Maßnahmen des Oberliegers

[1] Nach Helbing: 25 Jahre Emscher-Genossenschaft.

abhängig ist und daß er seinerseits wieder die Möglichkeit des Gebrauches des Wassers durch seinen Unterlieger bestimmt. Es liegt also eine Interessengemeinschaft aller an einem Wasserlauf Liegender und das Wasser irgendwie Benutzender vor, die einheitliche Maßnahmen für das ganze Flußgebiet erheischt.

Die Rechtsform, in der der Zusammenschluß erfolgen kann, ist entweder der Verband auf Grund des Zweckverbandsgesetzes in Preußen oder die Genossenschaft auf Grund besonderen Gesetzes, wenn der Zusammenschluß von Gemeinden und privaten Unternehmungen auf öffentlich-rechtlicher Grundlage geschaffen werden soll. Die Mitglieder setzen sich zusammen aus den Gemeinden und Eigentümern derjenigen gewerblichen Betriebe, deren Interesse an dem Wasserlauf, sei es als Abwassererzeuger, sei es als Wasserentnehmer, ein gewisses Maß überschreitet. In einzelnen Fällen können besondere Interessen der öffentlichen Verwaltung, wie Hochwasserregelung, Wasserentnahme und dergleichen zu einer Erweiterung der Genossen führen.

Die Aufgaben der Abwassergenossenschaften können je nach den vorliegenden Verhältnissen verschieden sein. Hauptsächlich kommen in Frage: Reinhaltung des Wasserlaufes, Vorflutregelung, Verwaltung des Wasserschatzes zum Zwecke des Ausgleichs der verschiedenen Interessen, Schutz und Förderung der Landeskultur und der Wasserversorgung.

Am erfolgreichsten haben die Wasserwirtschaftsverbände im rheinisch-westfälischen Industriebezirk gearbeitet. Dort besteht für jedes der Flußgebiete des Bezirkes ein besonderer Verband, wie aus der Übersichtskarte (Abb. 299) hervorgeht. Von diesen seien zwei in ihren Aufgaben und Arbeiten näher behandelt.

A. Emscher-Genossenschaft.

Ihr Gebiet hat eine Größe von 784 km² bei einer Länge von etwa 70 km. Die Einwohnerzahl des Gebietes beträgt 2,3 Mill. In dem Gebiete sind nach dem Stand des Jahres 1930 194 Förderschächte und 45 Hochöfen in Betrieb. Die Belastung des Vorfluters ist demnach sehr erheblich. Vor der Aufnahme der Regulierungsarbeiten der Genossenschaft waren 15 Mühlenstaue vorhanden, die den größten Teil des verfügbaren Gefälles verzehrten. Als sich der Bergbau in dem Bezirk gegen das Ende des vorigen Jahrhunderts immer mehr und mehr ausbreitete, wurde das Gefälle infolge der damit verbundenen Bodensenkungen weiter verschlechtert. Auf einzelnen Strecken waren überhaupt keine Abflußmöglichkeiten mehr vorhanden. Die Folge davon war, daß weite Gebiete unter Wasser gesetzt wurden und versumpften, und daß die Überschwemmungsgebiete zu Zeiten der Hochwasserführung immer größere Ausdehnung annahmen. Im Zusammenhang damit lagen die hygienischen Verhältnisse sehr im argen, so daß Infektionskrankheiten, wie Typhus, Ruhr und Malaria, häufig die Bevölkerung heimsuchten. Als sich die Überzeugung Bahn gebrochen hatte, daß nur durch Zusammenschluß aller Interessenten und durch einen großzügigen Ausbau des Vorfluters die Übelstände auf die Dauer behoben werden konnten, wurde im Jahre 1904 auf Grund besonderen Gesetzes die Genossenschaft zur Regelung der Vorflut und der Abwasserreinigung im Emschergebiet gegründet. Der zur Erreichung dieses Zieles aufgestellte Entwurf des Baudirektors Middeldorf sieht vor, die Emscher und ihre Nebenbäche zu begradigen und zu vertiefen, so daß auch die höchsten Hochwassermengen abgeführt werden können und alle tiefliegenden Gebiete natürliche Vorflut erhalten. Dazu mußten die Mühlenstaue vollständig beseitigt werden. Außerdem wurde die Emscher in ihrem Unterlauf verlegt, so daß die Ausmündung weiter unterhalb in den Rhein mit natürlichem Gefälle möglich war. Das Gebiet der alten Emscher wurde als Polder ausgebildet, und die gesamten Gewässer dieses Gebietes mittels Pumpwerkes in den Rhein gehoben.

Diese Aufgaben hat die Genossenschaft in großzügiger Arbeit durchgeführt. An den Hauptverschmutzungsstellen und an der Einmündung der Nebenbäche in die Emscher wurden Kläranlagen erbaut, die das Abwasser mechanisch reinigen. Im übrigen wurden die Wasserläufe als offene Abwasserkanäle ausgebaut. Tiefgebiete, für die eine natürliche Vorflut nicht erreicht werden konnte, werden durch Pumpwerke entwässert. Im Laufe der Zeit, seit Beginn der Arbeiten im Jahre 1906, haben sich die Aufgaben noch weiter vermehrt. Vor allem mußten weitere Maßnahmen zur Reinhaltung des Rheines getroffen werden. Diesem Zwecke diente einmal die Verlegung neuer Mündungsrohre im Bett des Stromes und andererseits die im Abschnitt XIX D beschriebene Emscher-Kläranlage bei Essen-Karnapp, die das gesamte Wasser, das die Emscher führt, vor der Einleitung in den Rhein nochmals durch Sedimentation reinigt. Die Beseitigung der Bergschäden und die Wiederherstellung der gestörten Vorflutverhältnisse nahm im Laufe der letzten Jahre einen großen Teil der Tätigkeit der Genossenschaft in Anspruch. Bis zum Jahre 1930 sind 73 km Emscher und 235 km Nebenbäche ausgebaut, wobei etwa 40 km geschlossene Kanäle sind. 25 Kläranlagen, in der Hauptsache aus den

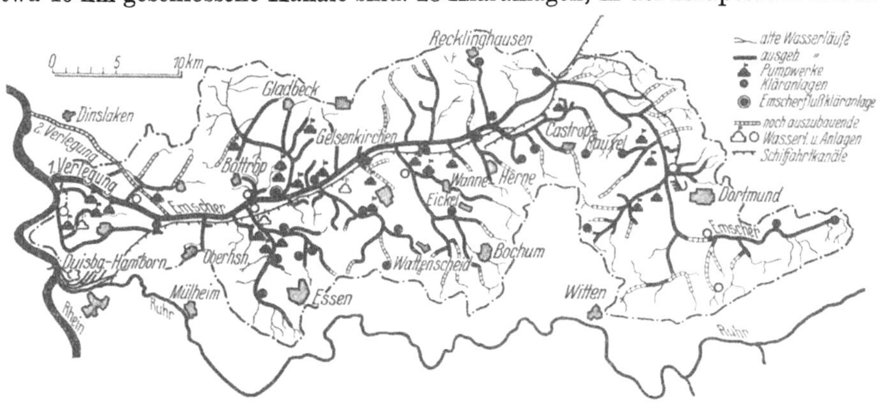

Abb. 300. Lageplan des Gebietes der Emscher-Genossenschaft.

bekannten Emscher-Brunnen bestehend, und 24 Pumpwerke mit zusammen 8500 PS sind zur Zeit im Betrieb. Der gesamte Aufwand für alle diese Anlagen beträgt 175 Mill. M. Der gegenwärtige Stand der Arbeiten geht aus Abb. 300 hervor.

Das mit der Gründung der Genossenschaft angestrebte Ziel ist in vollem Umfange erreicht worden. Eine Durchfeuchtung von Ländereien kommt nicht mehr zustande, so daß große Flächen für die Bebauung und die landwirtschaftliche Nutzung zurückgewonnen worden sind, die hygienischen Verhältnisse haben sich grundlegend gebessert, die Entwässerungsmöglichkeit für die Gemeinden und industriellen Betriebe ist auf die Dauer sichergestellt und die Belastung des ganzen Bezirkes durch die Entwässerungsanlagen ist auf ein tragbares Maß zurückgeführt. Ohne die Arbeit der Genossenschaft wäre die Entwicklung der Industrie, die sich bis zum Jahre 1930 dauernd in aufsteigender Linie bewegte, nicht möglich gewesen.

Die Gegenüberstellung der Zustände in einem der sanierten Gebiete vor und nach der Regulierung, die in Abb. 301 a und b wiedergegeben ist, legt Zeugnis ab von den geschaffenen Verbesserungen.

B. Der Ruhr-Verband.

Der Ruhr-Verband reinigt die Abwässer eines Gebietes von 4500 km² mit 1,43 Mill. Einwohnern. Bei den industriellen Abwässern tritt die Kohlenindustrie zurück gegenüber den Eisen- und Metallwerken und den Textilfabriken. Die

Anforderungen an die Reinhaltung der Ruhr sind dadurch festgelegt, daß diese der Trinkwasserspender für das ganze rheinisch-westfälische Industriegebiet ist. Aus der Ruhr wird nicht nur das eigene Gebiet versorgt, sondern der Bedarf

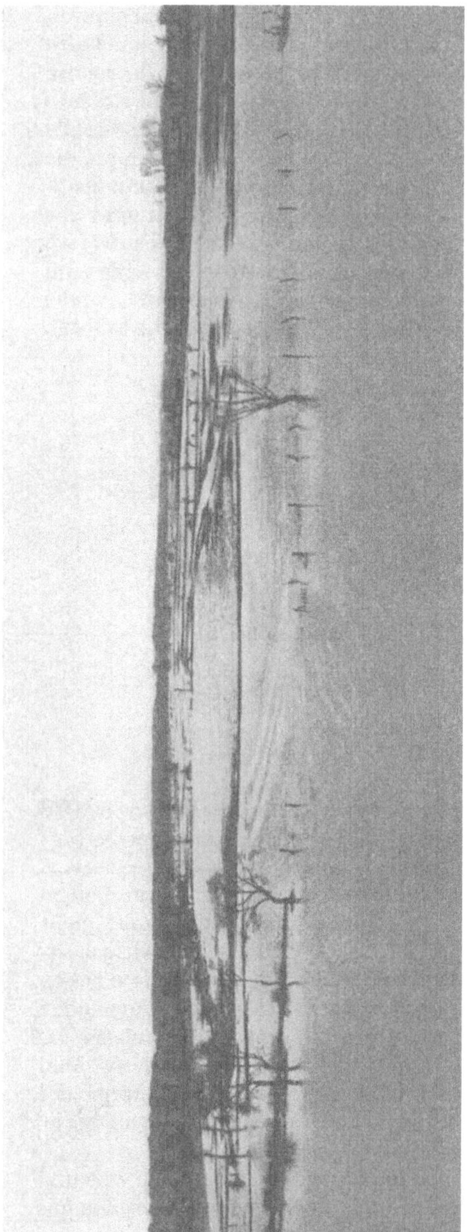

Abb. 301a.

Abb. 301b.

Abb. 301a und b. Zustand im Emschergebiet vor und nach der Regulierung[1].

von im ganzen 3,5 Mill. gedeckt. In dem Mittellauf des Flusses befindet sich Wasserwerk an Wasserwerk, die uferfiltriertes Ruhrwasser schöpfen. Die Ergiebigkeit dieser Werke wurde durch die eingeleiteten häuslichen und industriellen

[1] Nach Helbing: Emscher-Genossenschaft und Lippe-Verband in den Jahren 1925 bis 1930.

Abwässer infolge Verstopfens der Filterschichten stark verringert. Außerdem ließ die Beschaffenheit des Wassers vom hygienischen Standpunkte aus mit der Vermehrung der Verschmutzungsquellen stark zu wünschen übrig. Die Aufgabe, die Menge des Flußwassers zu vergrößern, obliegt dem Ruhr-Talsperren-Verein, während der Ruhr-Verband den Reinheitsgrad des Flusses durch die Klärung der eingeleiteten Abwässer und durch die Stärkung der Selbstreinigungskraft des Flusses verbessert. Beide unterstützen also einander zur Sicherstellung des Wasserbedarfs.

Diese Aufgabe hat der Verband mit folgenden Mitteln zu erfüllen versucht: Ausbau von Abwassersammlern, Unterstützung der Städte beim Ausbau der Ortsentwässerung mit dem Zwecke, das Schmutzwasser an bestimmten Punkten zusammenzufassen, und Ausbau und Betrieb von Gemeinschaftskläranlagen. In der Zeit von 1923 bis 1930 sind im ganzen 152 km Abwassersammler gebaut und 64 Kläranlagen hergestellt worden mit einem Kostenaufwand von insgesamt 58 Mill. M. In dem Unterlauf des Flusses, an dem die Städte Duisburg, Mühlheim und Oberhausen liegen, wird das Abwasser der Ruhr vollständig ferngehalten, indem ein Sammler von 11 km Länge längs der Ruhr erstellt worden ist, der das Abwasser nach maschineller Reinigung unmittelbar dem Rhein zuführt. An dem Mittellauf sind je nach den örtlichen Verhältnissen teils mechanische Kläranlagen, teils Kläranlagen mit nachfolgender biologischer Reinigung geschaffen. Um die Verschmutzungsquellen zu erfassen, die bei der zerstreuten Lage von Siedlungen und von Industrie nicht an die Gemeinschaftskläranlage angeschlossen werden können, und um die Verschmutzung bei Regenfällen infolge Überlastung der Kläranlagen unschädlich zu machen, sind in den letzten Jahren die im Abschnitt XXII A beschriebenen Stauseen geschaffen worden, durch die die Laufzeit des Flusses und damit sein Selbstreinigungsvermögen verbessert ist, und wodurch die Menge des abfließenden Wassers geregelt werden kann. Auf diese Weise sind die Interessen der Abwasserwirtschaft mit denen der Trinkwasserwirtschaft in glücklicher Weise verbunden.

C. Genossenschaft „Weiße Elster“.

Wie ein ganzes Flußgebiet, das kein eigentliches Industriegebiet ist, aber mit Industrie stark durchsetzt ist, nach einheitlichen Gesichtspunkten saniert werden kann, das mag an Hand des Gutachtens behandelt werden, das Imhoff und Fries über die Bildung einer Wassergenossenschaft „Weiße Elster“ erstattet haben. Dieser Wasserlauf ist ein Nebenfluß der Saale und hat ein Niederschlagsgebiet von 5100 km², das zum größeren Teile im Freistaat Sachsen, zum kleineren Teile in Preußen und Thüringen liegt, siehe Abb. 302. Die hauptsächlich vertretene Textilindustrie ist in den Städten Plauen, Greiz, Gera, Crimmitschau, Meerane, Zeitz und Leipzig stark entwickelt. Außerdem wird der Fluß durch die Nebenproduktanlagen der Braunkohlenindustrie in seinem Unterlauf stark belastet. Die Länge des Gebietes ist 139 km bei einer größten Breite von 50 km. Die Einwohnerzahl beträgt 1,96 Millionen. Das Verhältnis des häuslichen und gewerblichen Abwassers zu der mittleren Niedrigwassermenge, die an etwa 100 Tagen im Jahre unterschritten wird, beträgt 1:4. Die Industrien, die zum größten Teile auf die Nutzung des Flußwassers angewiesen sind, haben also während eines großen Teiles des Jahres in der Beschaffung geeigneten Wassers große Schwierigkeiten. Die beiden Mündungsstrecken, die Elster und die Luppe, führen bei niederem Wasserstand unterhalb von Leipzig fast nur Abwasser.

Nach dem generellen Entwurf soll das häusliche und das industrielle Abwasser zusammen in Kläranlagen gereinigt werden, die unterhalb der größten Verschmutzungsstellen anzuordnen sind. Durch die Behandlung in Absetzbecken wird der Zustand des Flusses zwar wesentlich verbessert, weil dadurch der

Schlamm zurückgehalten wird. Bei den Städten wird jedoch im Hinblick auf die geringe Wasserführung des Flusses die Nachschaltung einer biologischen Reinigung nicht zu umgehen sein. Außerdem soll durch Stauseen, für die die Verhältnisse günstig liegen, die Selbstreinigungskraft des Flusses zur weiteren Reinigung auf gewissen Strecken nutzbar gemacht werden. Nach dem Kostenüberschlag betragen die gesamten Aufwendungen für die Abwasserreinigungsanlagen 15,8 Mill. M., durch die das Abwasser von 1,5 Mill. Einwohnern erfaßt wird. Es entfallen demnach auf 1 Einwohner rund 10 M. In diesem Betrag ist die Herstellung der Stauseen nicht enthalten, da damit gerechnet wird, daß der Jahresaufwand für Verzinsung und Tilgung des Anlagekapitals durch den Ertrag aus der Kraftnutzung gedeckt wird.

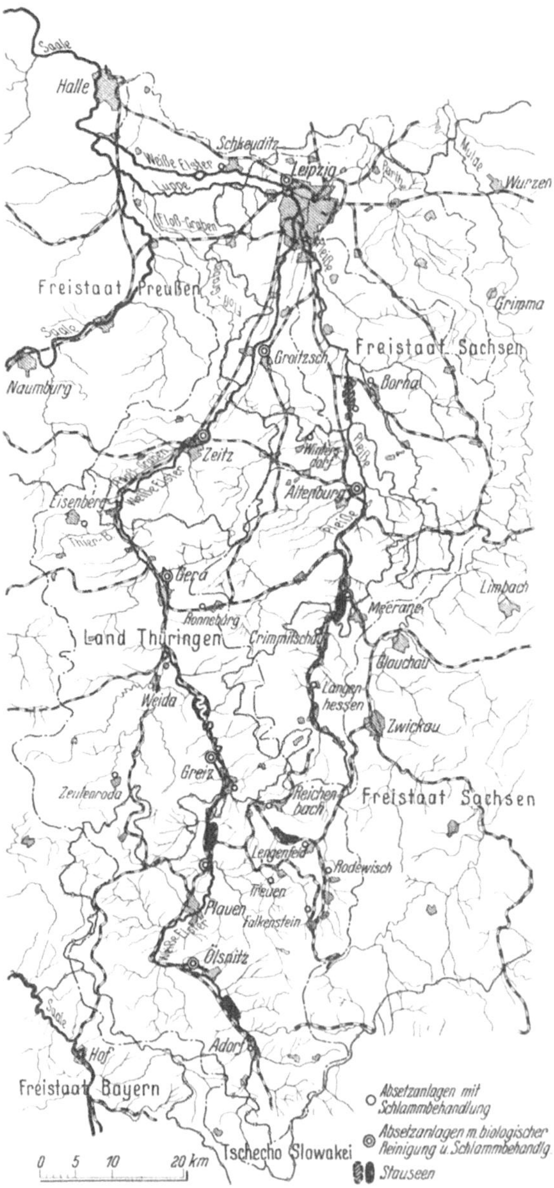

Abb. 302. Gebiet der Genossenschaft „Weiße Elster" (nach Imhoff und Fries).

XXVI. Kosten der Kläranlagen.

Für die Ermittlung der Baukosten der Kläranlagen gilt das gleiche, was bei der Kostenfeststellung der Kanalisationsleitungen ausgeführt ist: Die Kosten sind in so starkem Maße von den besonderen örtlichen Verhältnissen, insbesondere von der Untergrundbeschaffenheit und von den Grundwasserverhältnissen, abhängig, daß alle Angaben nur als Schätzungen zu werten sind und nur einen ungefähren Anhaltspunkt für die voraussichtlich entstehenden Kosten geben können. Dazu kommt noch, daß die Löhne starken Schwankungen unterworfen sind. Die nachstehenden Angaben beruhen auf der Grundlage eines Baukostenindexes von 120, verglichen mit den Vorkriegspreisen.

Gleichwohl sei in Tabelle 22 eine Zusammenstellung der Kosten für Kläranlagen gegeben, die auf Grund der Erfahrungen und Feststellungen des Verfassers und nach den Angaben im Schrifttum ermittelt sind, und zwar bezogen auf einen angeschlossenen Einwohner.

Tabelle 22. Baukosten der Kläranlagen je Einwohner in Mark.

Teile der Kläranlage	I bis 5000 Einw. Wasserverbrauch 60 l/Kopf/Tag	II 5000—50000 Einw. Wasserverbrauch 80 l/Kopf/Tag	III über 50000 Einw. Wasserverbrauch 100 l/Kopf/Tag
1. Sandfang	1,0	0,6	0,5
2. Absetzbecken m. besond. Schlammfaulräumen . .	—	3,4— 6,0	2,5—3,5
3. Zweistöckige Anlagen .	7,0—13,0	4,0— 6,5	3,2—4,5
4. Tropfkörper	12,0—15,0	9,0—11,0	8,0—9,0
5. Schlammbelebungsanlagen	8,0—13,0	5,0— 7,0	4,0—6,0
6. Schlammtrockenplätze .	0,5	0,4	0,3

Die Kosten fallen natürlich verschieden hoch aus je nach der Größe der Anlage. Bei größeren Anlagen sind die Kosten für die Einheit des geschaffenen Raumes geringer als bei kleineren Anlagen. So schwanken die Einheitspreise für 1 m³ Absetzraum zwischen 150 M. bei 60 m³ Absetzraum und 70 M. bei 1000 m³ Absetzraum. In gleicher Weise bewegen sich die Kosten für eine zweistöckige Anlage bezogen auf den Absetzraum zwischen 550 M. bei 50 m³ und 200 M. bei 1000 m³ Absetzraum. Andererseits ist der Wasserverbrauch, der die Größe der Becken bestimmt, in den Klein- und Mittelstädten geringer als in den größeren Gemeinden. Der dadurch bedingte größere Raumbedarf je Einwohner für die großen Gemeinden vermag jedoch die Kosten nur wenig zu beeinflussen, so daß die Relation bestehen bleibt, daß die Kosten der kleinen Kläranlage je Einwohner erheblich höher sind als bei größeren Anlagen.

Die optimale Größe der Becken, die sowohl bei der mechanischen Vorklärung, als auch bei der Nachreinigung mit Belebtschlamm in Frage kommt, liegt etwa bei 50000 Einwohnern. Aus diesem Grunde ist zwischen Anlagen unter 50000 und über 50000 Einwohnern unterschieden. Für ganz große Anlagen von 300000 Einwohnern und mehr gehen die Kosten für die Einheit noch weiter zurück und müssen von Fall zu Fall an Hand eines Entwurfes ermittelt werden. Außerdem sind die ganz kleinen Anlagen bis 5000 Einwohner, deren Aufwand unverhältnismäßig hoch ausfällt, in einer besonderen Reihe zusammengestellt.

Innerhalb einer Reihe gelten die niederen Werte für die größeren Anlagen und die höheren Werte für die kleineren Anlagen. In den Kosten ist der Aufwand für Grunderwerb, für Wärterwohnung, für die Zu und Ableitung nicht mit enthalten. Im übrigen sind die zu der Kläranlage erforderlichen Einrichtungen, wie Maschinen zum Heben des Schlammes bei den Anlagen mit danebengelagerten Schlammfaulräumen und das zugehörige Maschinenhaus oder Kompressoren zur Erzeugung von Druckluft beim Schlammbelebungsverfahren nebst Maschinenhaus in den angegebenen Preisen einbegriffen.

Die zweistöckigen Anlagen sind im allgemeinen 15 bis 20% teurer als die Flachbecken mit danebenliegenden Faulräumen. Dagegen ist der Betrieb bei den ersteren, namentlich bei kleineren Anlagen, einfacher. Bei Anlagen bis zu 5000 Einwohnern kommen aus diesem Grunde als Vorklärung nur zweistöckige Anlagen in Frage.

Sofern die Menge des in der Kläranlage mit zu behandelnden industriellen Abwassers eine erhebliche Erhöhung der zugrunde gelegten Wassermenge je Einwohner zur Folge hat, muß eine entsprechende Erhöhung der Kosten eintreten. Sie wird am einfachsten in der Weise berücksichtigt, daß die Zahl der Einwohner auf der Grundlage der Gesamtwassermenge bestimmt und diese mit den Kosten je Einwohner multipliziert wird.

Die Betriebskosten für die verschiedenen Anlagen sind in Tabelle 23 zusammengestellt. Sie setzen sich zusammen aus den Löhnen und den Sachausgaben. Bei den Anlagen zum Klären des Abwassers durch Sedimentation kommen in der Hauptsache Lohnkosten auf. Der Aufwand an Energie zum Heben des Schlammes bei den Anlagen zu 1. tritt demgegenüber stark zurück. Die Einnahmen aus dem Verkauf des ausgefaulten Schlammes und aus der Gasausbeute

Tabelle 23. Betriebskosten der Kläranlage je Einwohner in Mark.

Teile der Kläranlage	I bis 5000 Einw.	II 5000—50000 Einw.	III über 50000 Einw.
1. Absetzbecken	—	0,20—0,30	0,05—0,20
2. Zweistöckige Anlagen .	0,20—0,30	0,20—0,30	0,05—0,20
3. Tropfkörper	0,20—0,30	0,20—0,25	0,10—0,15
4. Belebtschlammanlage .	0,60—1,60	0,40—0,60	0,30—0,50

sind bei diesen Anlagen in Abzug gebracht. Bei den Tropfkörpern 3. sind die Kosten für das Heben des Abwassers, die vielfach durch die Wahl dieses Verfahrens bedingt sind, nicht mit einbegriffen. Bei den Schlammbelebungsverfahren 4. überwiegen die sächlichen Ausgaben den Lohnkostenanteil. Die Erzeugung der Druckluft verursacht einen erheblichen Aufwand, der je nach dem gewählten Belüftungsverfahren schwankt, so daß die Betriebskosten bei diesen Anlagen absolut genommen wesentlich höher sind als bei den Tropfkörpern. Zu diesen Betriebskosten sind die Kosten für Verzinsung und Tilgung des Anlagekapitals hinzuzuschlagen, um den Jahresaufwand für die Kläranlagen zu ermitteln.

Anhänge.

Anhang 1.

Steinzeugrohre[1] (DIN 1203)

Kanalisation

Maße in mm

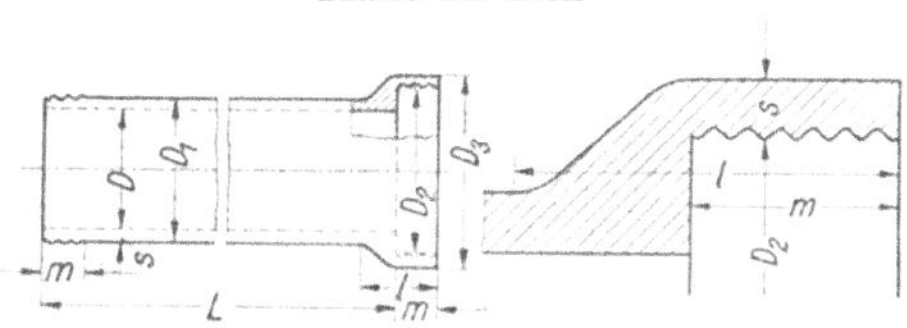

Bezeichnung eines Abflußrohres von Nennweite D = 200 mm und Baulänge L = 1000 mm:

Abflußrohr 200×1000 DIN 1203 Steinzeug

Nennweite = Innendurchmesser	D_1 ≈	s Bereich	s Häufigstes Maß	Zulässige Abweichung innerhalb der Lieferung eines Werkes	Baulänge L[2]	Zulässige Abweichung	D_2	D_3 ≈	l	m	Gewicht kg/m ≈
100	134	15−21	17				164	198			16
125	161	16−22	18				193	229	120	60	20
150	188	18−23	19				224	262			24
175	215	19−24	20				251	291			29
200	240	19−24	20				276	316			34
225	267	20−25	21				303	345			40
250	294	21−26	22		1000		334	378			48
300	350	24−29	25				390	440			63
350	406	26−32	28	±5%		±20	446	502			80
400	460	28−35	30				500	560	130	70	100
450	518	32−39	34				558	626			130
500	572	34−41	36				612	684			150
550	628	37−41	39				668	746			175
600	682	39−43	41				722	804			200
700	790	42−48	45		800		830	920			255
800	894	45−50	47		und 1000		944	1038			320

[1] Wiedergabe der Blätter DIN 1203, 1201 und 1986 erfolgt mit Genehmigung des Deutschen Normenausschusses. Verbindlich sind die jeweils neuesten Ausgaben der Normblätter im Dinformat A 4, die durch den Beuth-Verlag GmbH, Berlin S 14, zu beziehen sind.

[2] Die Rohre mit einem Innendurchmesser bis 200 mm werden auch in Baulängen von L = 600 und 750 mm und als Paßstücke von L = 300, 400 und 500 mm Länge ausgeführt. Spezifisches Gewicht zu 2,3 angenommen.

Anhang 2.

Kanalisationsrohre (DIN 1201)

Beton

Kanalisation

Maße in mm

Runde Rohre

Bezeichnung eines runden Kanalisationsrohres mit 400 mm Innendurchmesser aus Beton:

Rundes Kanalisationsrohr 400 DIN 1201

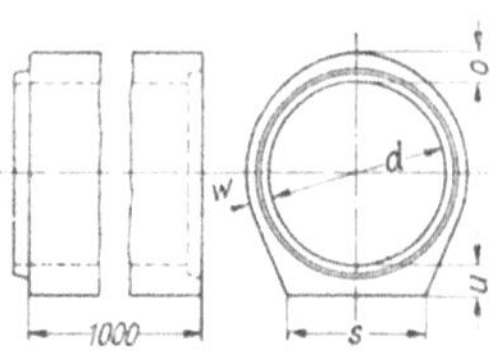

Innendurchmesser d	s	Bruchlast[1] kg/m	Bemerkungen
100	80	2000	Die Sohlenstärke u und Scheitelstärke o sind von 600 mm Innendurchmesser ab größer als die Wandstärke w auszuführen. Diese ist abhängig von der Art des verwendeten Werkstoffes. Bei Rohren bis 500 mm Innendurchmesser ist der Falz länger als die Nut, bei Rohren über 500 mm Innendurchmesser kürzer. Der Falz muß mindestens 25 mm tief sein.
125	100	2000	
150	120	2000	
200	160	2000	
300	240	2500	
400	320	2800	
500	400	3000	
600	450	3000	
700	500	3000	
800	550	3000	
900	600	3000	
1000	650	3000	

Eiförmige Rohre

Bezeichnung eines eiförmigen Kanalisationsrohres mit 500×750 mm Innenweite aus Beton:

Eiförmiges Kanalisationsrohr 500×750 DIN 1201

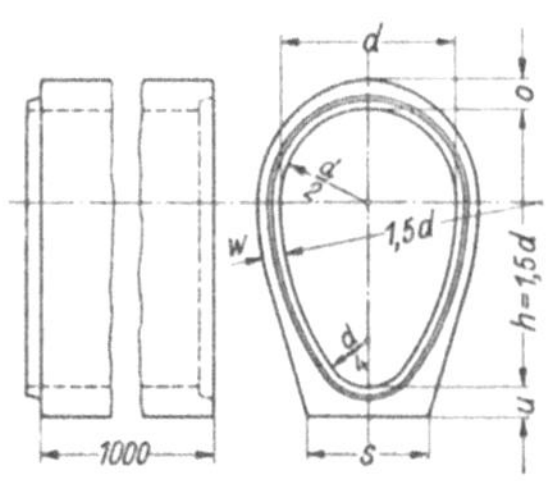

Innenweite $d \times h$	s	Bruchlast[1] kg/m	Bemerkungen
200× 300	150	3000	Die Sohlenstärke u und Scheitelstärke o sind größer als die Wandstärke w auszuführen. Diese ist abhängig von der Art des verwendeten Werkstoffes. Bei den Größen über 800 ×1200 mm Innenweite ist auch eine kleinere Baulänge zulässig. Bei Rohren bis 400×600 mm Innenweite ist der Falz länger als die Nut, bei Rohren über 400 ×600 mm Innenweite kürzer. Der Falz muß mindestens 25 mm tief sein.
300× 450	210	3000	
400× 600	265	3400	
500× 750	320	3400	
600× 900	375	3800	
700×1050	430	3800	
800×1200	490	4200	
900×1350	545	4400	
1000×1500	600	4400	

Die bisher allgemein „Zementrohre“ genannten Rohre werden in Deutschland seit etwa 1863 hergestellt.

Die Herstellung der Rohre erfolgt im Handbetriebe teils mit standfesten, teils mit sofort abnehmbaren Formen. Seit einigen Jahren ist in größeren Betrieben auch Maschinenarbeit eingeführt.

Form und Stoßverbindung (Muffen) waren früher denen der Steinzeugrohre angepaßt; später wurde die Falzverbindung gewählt, die sich rasch eingebürgert hat. Eine bessere Verbindung ist bis heute nicht gefunden worden.

Beim Verlegen der Rohre hat sich ergeben, daß sie einen Fuß von einer Breite erhalten müssen, die eine gute Lage des Rohres sichert und eine gleichmäßige Bodenbelastung ermöglicht. Die Sohlen- und Scheitelwände sind bei den größeren runden Rohren stärker als

[1] Laut Vorschrift des „Deutschen Beton-Vereines E. V.“ Die Bruchlast ist erreicht, wenn die Lastanzeige bei fortschreitendem Zusammendrücken des Rohres nicht mehr steigt.

die Seitenwände gewählt worden, weil so eine bessere Widerstandsfähigkeit gegen senkrechten Druck erzielt wird. Ebenso sind die eiförmigen Rohre ausgebildet, die kanalbautechnisch zu bevorzugen sind, weil sie den günstigsten „hydraulischen Radius", also auch die größte Leistungsfähigkeit besitzen.

Die im Normblatt angegebenen Abmessungen entsprechen dem Ergebnisse zahlreicher Versuche und den Erfahrungen von über 50 Jahren.

Die Wandstärken selbst sind nicht festgelegt; ihre Bestimmung durch eine zuverlässige Rechnungsart ist bis jetzt noch nicht gelungen. (Lit.: Frühling, Ruttmann, Koenen u. a.) Für die Wandstärken gelten die in der 13. Hauptversammlung des Deutschen Beton-Vereines, E. V., am 23. Februar 1910 gefaßten Beschlüsse, die in den „Leitsätzen über die Prüfung von Zementrohren" wiedergegeben sind: „Da die Widerstandsfähigkeit eines Rohres gegen äußeren Druck nicht allein vom Alter, sondern auch von der Art des Baustoffes, von der Aufbereitung, von der Behandlung nach der Herstellung, von der Jahreszeit und anderen Umständen abhängt, können allgemeine Vorschriften über Wandstärke, Mischungsverhältnisse und Alter der Rohre nicht gemacht werden. Dem Erzeuger soll überlassen bleiben, auf welche Art und Weise und durch welche Mittel er Rohre herstellen will, die den Festigkeitsanforderungen entsprechen."

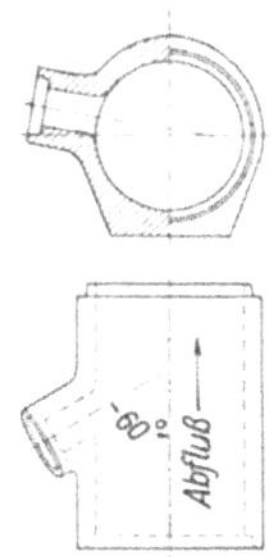

Abb. 1. Linker Seiteneinlaß.

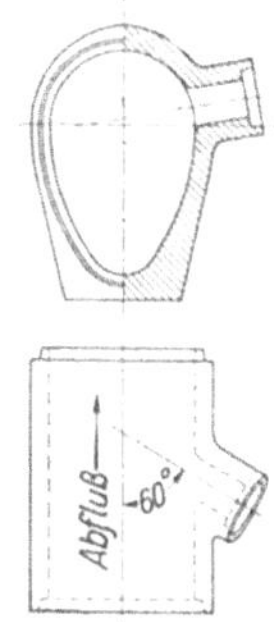

Abb. 2. Rechter Seiteneinlaß.

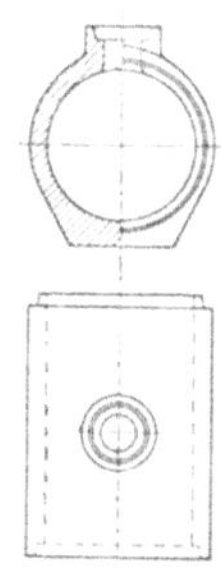

Abb. 3. Scheiteleinlaß

Die Seiteneinlässe sind bei runden und eiförmigen Rohren in Kämpferhöhe so anzubringen, daß der Schnittpunkt der tiefsten Stelle des Einlasses mit dem Rohrprofil auf der Mittelachse liegt. Sie bilden mit der Kanalachse einen Winkel von 60°. Als Regel für die Bezeichnung „rechter" oder „linker" Seiteneinlaß gilt, daß die Rohre in der Abflußrichtung betrachtet werden (Abb. 1 und 2).

Für anschließende Entlüftungsleitungen, Lampen oder Lichtschächte werden Scheiteleinlässe verwendet. Die Achsen beider Leitungen stehen senkrecht aufeinander (Abb. 3).

Die Falzverbindung der Rohre allgemein zu normen, erschien untunlich. Nur muß verlangt werden, daß ein und derselbe Hersteller für eine Rohrgröße immer die gleiche Falzverbindung ausführt. Werden zu einer Kanalisationsanlage Erzeugnisse verschiedener Firmen verwendet, so ist die Lieferung so einzuteilen, daß ein Strang von einem Einsteigeschacht aus nur Rohre mit gleicher Falzverbindung hat.

Anhang 3.

Technische Vorschriften für den Bau und Betrieb von Grundstücksentwässerungsanlagen[1] (DIN 1986)

Bauwesen (Ausgabe 1932)

Inhalt.

[1] Vereinigung der Bauverwaltungen Deutscher Städte. Reichsverband im Installateur- und Klempnergewerbe. Reichsverband des Deutschen Tiefbaugewerbes.

§ 1. Rohrleitungen.

a) Lichte Weite.

1. Die Hauptgrundleitung und die Nebengrundleitungen müssen so weit sein, daß das anfallende Wasser ordnungsmäßig abgeführt werden kann.

Soweit Niederschlagwässer keine größeren Lichtweiten bedingen, gelten folgende Abmessungen: Die lichte Weite der Hauptgrundleitung muß mindestens 100 mm betragen. Werden mehr als 4 Spülaborte angeschlossen, so ist bis zu 10 Spülaborten 125 mm Durchmesser, darüber 150 mm Durchmesser zu verwenden. Die Nebengrundleitungen müssen, soweit sie verdeckt sind, mindestens 100 mm lichte Weite haben.

2. Die Fallrohre und Anschlußleitungen sind so zu bemessen, daß die Abwassermenge abgeleitet werden kann, ohne daß ein Absaugen der Geruchverschlüsse erfolgt.

3. Die Fallrohre müssen mindestens die folgenden lichten Weiten haben:

50 mm für den Anschluß bis zu 3 Küchenausgüssen,

70 mm für den Anschluß von mehr als 3 bis zu 8 Küchenausgüssen oder bis zu 4 Bädern oder bis zu 4 Küchenausgüssen und 2 Bädern,

100 mm für eine größere Anzahl der genannten Anschlüsse oder bis zu 12 Spülaborten,

200 mm für Trockenaborte.

Fallrohre für Regenwasser müssen mindestens 70 mm lichte Weite haben; bei Balkonen und Vordächern bis zu einer Gesamtfläche von 25 m^2 kann eine lichte Weite von 50 mm zugelassen werden.

4. Einzelanschlüsse für kleine Handwaschbecken müssen mindestens 30 mm weit sein. Für Überlaufleitungen ist eine lichte Weite von 25 mm zugelassen.

b) Richtung, Gefälle, Lage, Verbindungen und Einbau.

1. Alle Rohrleitungen sind von der Wasserablaufstelle an in tunlichst gerader Linie nach der Anschlußleitung zu führen.

2. Die Rohre sind mit der Muffe gegen die Richtung des Wasserabflusses zu verlegen.

3. Die Rohrleitungen sind so zu verlegen, daß unvermittelte Gefälle- und Richtungsänderungen ausgeschlossen sind.

4. Sind in der Rohrleitung Richtungsänderungen nicht zu vermeiden, so müssen hierzu Formstücke benutzt werden. Bei Rohrleitungen dürfen Bogen von 90° nur verwendet werden, wenn sie durch eine Reinigungsöffnung zugänglich sind.

5. Eine Rohrleitung muß in eine andere stets mit Formstücken, und zwar im spitzen Winkel zur Abflußrichtung eingeführt werden. Dieser hat — von Zementbetonrohren mit 60° abgesehen — 45° zu betragen. Bei Fallsträngen können auch Winkel bis zu 70° zugelassen werden.

6. Verboten ist, Anhauschellen zu verwenden, sowie Anschlußleitungen in Reinigungsstutzen der Abortkörper einzuführen.

7. Die offene Zusammenführung von Leitungen durch einen Schacht im Freien kann von Fall zu Fall gestattet werden (s. a. § 6).

8. Keine Leitung darf in eine engere eingeführt werden. In eine weitere Leitung ist eine Leitung nur mit Übergangsformstücken einzuführen.

9. Die Rohrleitungen müssen leerlaufen können; sie sind mit einheitlichem durchgehenden Gefälle, möglichst nicht unter 1 : 50, im übrigen nach der Zeichnung auszuführen. Für größere Höhenunterschiede sind Abstürze, wenn möglich mit Reinigungsöffnungen, einzubauen. Bei Gefällen unter 1 : 100 muß häufige Spülung gewährleistet sein.

10. Die Hauptgrundleitung ist so tief zu legen, daß möglichst das ganze Anwesen später durch einfache Verlängerung der Hauptgrundleitung überall entwässert werden kann. Höfe sind so hoch zu legen und einzuebnen, daß sie ordnungsmäßig ohne Pfützenbildung entwässern können. Auf Frostgefahr ist besonders Bedacht zu nehmen (s. a. § 15).

11. Fallrohre und unter der Erdoberfläche liegende Leitungen sollen bei Durchführung durch Mauerwerk nicht fest eingemauert werden. Durch Decken geführte Rohre sind gegen die Decken sorgfältig abzudichten, bei Durchführung durch Grundmauern oberhalb des Kellerfußbodens besonders gegen das Eindringen von Wasser.

Die Fallrohre sind in jedem Stockwerk durch Rohrhaken oder -schellen gehörig zu befestigen. Erforderlichenfalls sind sie im Keller mit eisernen Fußbogen zu untermauern.

c) Werkstoffe.

1. Innerhalb der Gebäude sind Gußeisen-, Flußstahl- oder Bleirohre zu verwenden. Wenn innerhalb der Gebäude Rohrleitungen Stoß und Druck nicht ausgesetzt sind, zugleich unter Fußbodensohle mehr als 30 cm Überdeckung aufweisen und der darüber befindliche Fußboden massiv hergestellt ist, können Steinzeugrohre in gewachsenem Boden verwendet werden. Bei Waschküchen mit 10 cm dickem Betonfußboden genügt eine Überdeckung von 20 cm. Außerdem sind Steinzeugrohre für Ableitung säurehaltiger Abwässer und auch als Fallrohre für Trockenaborte zulässig. Dem Rückstau ausgesetzte Rohre dürfen nicht aus Bleirohr hergestellt werden.

2. Außerhalb der Gebäude sind Gußeisen-, Flußstahl- oder Steinzeugrohre zu verwenden. Für Lüftungsrohre ist außerhalb der Gebäude Zink- und Kupferblech zulässig.

3. Ist eine Belastung der Rohrleitungen durch Bauteile nicht durch besondere Maßnahmen völlig sicher vermieden, so ist an diesen Stellen bis auf 1,5 m Entfernung von dem belastenden Bauteil nur Eisenrohr zu verwenden. Dicht neben dem belastenden Bauteil ist beiderseitig ein Rohrstoß anzuordnen.

4. Regenrohre sind bis zu einer Höhe von mindestens 1,75 m über Gelände und, wenn sie an die Entwässerungsleitung angeschlossen sind, mindestens 0,25 m unter Gelände aus Gußeisen herzustellen. Regenfallrohre innerhalb von Balkonen und Hauslauben sind ebenfalls aus Gußeisen herzustellen. Im übrigen können sie außerhalb der Gebäude aus Zink- oder Kupferblech hergestellt werden.

5. Die Verwendung anderer Werkstoffe, z. B. von Zementbeton, bedarf besonderer Genehmigung.

6. Für gußeiserne Leitungen sind die „Leichten Normal-Abflußrohre“ (LNA-Rohre DIN 1172 bis 1178) zu verwenden; in besonderen Fällen sind die „Normal-Abflußrohre“ (NA-Rohre DIN 364, 538 bis 545) zulässig. Sie müssen mit dem Hersteller-Zeichen versehen und innen und außen asphaltiert sein.

7. Flußstahlrohre müssen gegen Rost sicher geschützt sein.

8. Bleirohre müssen bis zu 50 mm lichte Weite mindestens 2,5 mm, darüber 3 mm Wanddicke haben[1].

9. Die Steinzeugrohre dürfen höchstens 6% Wasser aufnehmen, weder in der Längsnoch in der Querrichtung verzogen oder rissig sein. Sie müssen hartgebrannt, durchweg nicht gesintert sowie innen und außen glasiert sein. Die Steinzeugrohre müssen den Normen DIN 1203 bis 1206 entsprechen.

10. Zinkblech für Dachrinnen, Regenfall- und Dunstrohre muß mindestens eine Wanddicke von 0,66 mm (Nr. 12) und ein Gewicht von 4,62 kg/m² haben. Zinkrinnen müssen an den Verbindungsstellen ebenso wie die Zinkrohre in den Längsnähten dicht verlötet sein. Zinkrohre sollen in der Regel in Stücken von 4 m Länge ineinandergesteckt werden und dürfen nicht eingemauert werden.

11. Für Leitungen aus Zement gilt DIN 1201 mit Beiblatt.

d) Dichtung.

1. Gußeiserne Rohre sind mit Teerstrick, einer Lage Weißstrick und Blei zu dichten. Die Bleidichtung muß mindestens 2 cm tief sein. Bei stehenden Muffen kann in besonderen Fällen Asphaltdichtung zugelassen werden. Werden Ausrüstungsgegenstände, welche nicht aus Metall bestehen, an Eisenrohre (wie oben beschrieben) angeschlossen, so ist an Stelle von Dichtblei Asphalt zu verwenden. Werden solche Ausrüstungsgegenstände an Bleiabflußleitungen angeschlossen, so ist guter Mennigekitt und eine Rohrschelle zu verwenden.

2. Liegende Bleirohre sind unter sich sachgemäß durch Lötung zu verbinden. Stehende Bleirohre sind zu verlöten oder auf die Länge ihrer lichten Weite mit Mennigekitt ineinandergesteckt zu verbinden. Für die Verbindung von Blei oder Zink mit Eisenrohr sind Messingstutzen — entweder aus gezogenem Messingrohr mit einer Wanddicke von mindestens 1 mm oder aus Gußmessing mit einer Wanddicke von mindestens 2,5 mm — zu verwenden. Der gezogene Messingstutzen muß an dem seiner Muffe entgegengesetzten Ende eine genau in die Eisenmuffe passende Umbördelung besitzen. Die Stutzen müssen die Dichtung überragen; sie sind in der Eisenmuffe mit Blei zu dichten. Ist in besonderen Fällen Zinkrohr für Entlüftung im Dachboden zugelassen, so kann bei Verbindung von Zink mit Eisen die Asphaltdichtung verwendet werden. Das Zinkrohr ist dann an seinem unteren Ende genau in die Muffe passend aufzubördeln.

3. Steinzeugrohre sind mit Teerstrick und Asphalt zu dichten. Wenn Auslaufen der Asphaltdichtung möglich erscheint oder Baumwurzeln eindringen könnten, so ist die Asphaltdichtung mit einem Zementwulst zu umgeben.

§ 2. Wasserablaufstellen.

a) Verhinderung des Austritts von Kanalgasen.

1. Mit Ausnahme der Fallrohre für Niederschlagwasser ist jede Ablaufstelle mit einem Geruchverschluß zu versehen.

Lassen sich Regenfallrohre, die an Brauchwasserableitungen angeschlossen sind, nicht so anordnen, daß aufsteigende Gase nicht in bewohnte Räume, Balkone usw. dringen oder sonst die Gesundheit gefährden können, so müssen sie Geruchverschlüsse mit Reinigungsöffnungen an frostfreier Stelle erhalten. Das ist insbesondere notwendig, wenn die Mündungen dieser Rohre oder deren angeschlossene Einläufe weniger als 2 m von Türen, Fenstern usw. entfernt sind.

2. Zu jeder Ablaufstelle gehört ein besonderer Geruchverschluß. Bei Gruppenwaschtischen u. dgl. können mit besonderer Genehmigung mehrere Ablaufstellen gleicher Art

[1] Bleitraps, die außen eine ½ mm hohe und etwa 5 mm breite Rippe tragen, entsprechen dieser Bedingung.

einen gemeinsamen Geruchverschluß erhalten, wenn die Entfernung zwischen Ablaufstelle und Geruchverschluß nicht größer als 2 m ist und an der höchsten Stelle der Sammelleitung eine Reinigungsöffnung angebracht wird. Mit Ausgußbecken zusammengesetzte Spülbecken können einen gemeinsamen Geruchverschluß erhalten, wenn durch die höhere Lage des Spülbeckens das Übertreten von Schmutzwasser aus dem Ausgußbecken in das Spülbecken unmöglich ist.

3. Soll im Freien von einem Geruchverschluß Abstand genommen werden, so bedarf es besonderer Genehmigung.

4. Ablaufstellen außer den Sinkkasten im Freien sind mit Zapfstellen der Wasserleitung zu versehen.

5. Überläufe aus Wasserbehältern, Regenbehältern, Springbrunnen u. dgl., Abläufe aus Fangschalen und überhaupt alle solche Über- und Abläufe, bei denen die Erneuerung des Wassers im Geruchverschluß nicht gesichert ist, sind nicht unmittelbar an die Entwässerungsleitung anzuschließen, sondern durch ein Rohr zu entwässern, das über einem Ablauf sichtbar ausmündet. Sicherheitsüberläufe sind im Sinne der Fließrichtung vor dem Geruchverschluß anzuschließen.

6. Eisschränke, Fischkasten, Speiseschränke und ähnliche Behälter für Nahrungsmittel dürfen nicht unmittelbar mit der Abflußleitung verbunden werden.

b) Gebäudeschutz gegen Abtropfwasser und Niederschlagswasser aus Fallrohren und von Balkonen.

7. Unter jeder Zapfstelle innerhalb von Gebäuden muß eine Ablaufstelle vorhanden sein, wenn nicht Ablauf über wasserdichten Fußboden nach einer anderen Ablaufstelle möglich ist.

8. In die Fallrohre für Schmutzwasser darf kein Regenwasser eingeführt werden.

9. An die Entwässerung anzuschließende Balkone mit geschlossener Brüstung müssen so angelegt sein, daß das sich auf ihrem Boden sammelnde Wasser nicht in den anstoßenden Gebäudeteil eindringen kann.

c) Verhütung der Verschmutzung der Ableitungen.

10. Alle Ablaufstellen außer den Waschbecken, den Spülaborten, Fäkal- und ähnlichen Ausgüssen mit besonderer Spülvorrichtung müssen Roste, Kreuzstäbe oder Siebe erhalten. Bei Ausgüssen müssen sie festverbunden, bei Balkonabläufen lösbar verbunden sein. Sobald der Normenausschuß die Ausguß- und Ablaufvorrichtungen regelt, sollen die Vorrichtungen in allen Punkten diesen Normen entsprechen; u. a. gelten für Kellersinkkasten DIN 590 und 591, für Deckensinkkasten DIN 592, für Badabläufe DIN 594 und für Aufsätze für Hofabläufe DIN 597 und 598. Die Summe der Querschnittsöffnungen zwischen den Stäben und in den Sieben soll die Hälfte des freien Querschnittes des Geruchverschlusses nicht übersteigen.

11. Abflußventile müssen unmittelbar an der Abflußöffnung sitzen, so daß der Raum von der Ablaufstelle bis zum Ventil leicht gereinigt werden kann.

12. Bodenabläufe, bei denen viel Sinkstoffe anfallen, müssen Schlammfänge von 30 cm Weite haben. Der Boden des Schlammraumes muß mindestens 35 cm unter der Unterkante der Ablauföffnung liegen. Der Wasserspiegel in Schlammfängen muß frostfrei unter Gelände liegen.

13. Wirtschaftsabwässer dürfen weder in Hofsinkkasten noch in Spülaborte geleitet werden.

14. Stallanlagen mit flüssigen Abgängen, in denen nicht aufsaugende Streu verwendet wird, sind durch Sinkkasten mit ausreichendem Schlammfang an die Entwässerungsanlage für Schmutzwasser anzuschließen.

15. In die Fallrohre für Regenwasser darf kein Schmutzwasser eingeführt werden.

Bei dem Trennverfahren sind Vorrichtungen (Wasserscheiden im Pflaster usw.) nötig, um das Schmutzwasser von den Regenabläufen fernzuhalten und das Regenwasser nur von der durch die Verwaltung zugelassenen Fläche in die Schmutzwasserabläufe gelangen zu lassen.

Hofabläufe dürfen nicht unmittelbar über Brunnenkesseln, sondern müssen 5 m von ihnen entfernt liegen.

d) Regenrohre.

16. Das von den Dächern abfallende Regenwasser muß in Dachrinnen aufgefangen, in Fallrohren abgeführt und von diesen ab in der Regel unterirdisch abgeleitet werden. Im Einzelfall sind bei nicht unmittelbar am Bürgersteig oder an der Fahrbahn gelegenen Fallrohren Regentonnen zulässig, wenn sie abgedeckt werden, das Mauerwerk gegen Durchfeuchtung geschützt ist und das Überlaufwasser einwandfrei ablaufen kann.

17. Balkone müssen durch besondere Regenfallrohre entwässert werden. Regenrohre von Erkern, Balkonen usw. können in den Hof oder in die an der Straße liegenden Vorgärten frei ausmünden, wenn an diesen Stellen kein Verkehr stattfindet und keine Übelstände entstehen. Werden mehrere Balkone durch ein Fallrohr entwässert, so darf dieses nicht unterbrochen werden, die einzelnen Abläufe sind vielmehr durch Zweigleitungen anzuschließen.

§ 3. Geruchverschlüsse.

1. Der Geruchverschluß muß das Austreten von Kanalgasen einwandfrei verhindern.

2. Die Wirksamkeit der Geruchverschlüsse darf nicht durch Entfernung einzelner Teile aufgehoben werden können.

3. Der Gebrauchverschluß ist aus Blei, Kupfer, Messing, Gußeisen, Steinzeug oder einem gleich guten Baustoff zu fertigen. Den in jedem Einzelfalle zulässigen Baustoff bestimmen die allgemeinen für die Herstellung der Entwässerungsanlagen und insbesondere der Rohrleitungen erlassenen Vorschriften. Geruchverschlüsse aus Zinkblech sind verboten.

4. Der Geruchverschluß muß leicht zu reinigen sein; ist dies nicht, wie z. B. bei Sinkkasten, Spülaborten u. ä., ohne weiteres möglich, so sind leicht zugängliche, luftdicht verschlossene Reinigungsöffnungen möglichst an der tiefsten Stelle anzubringen. Reinigungsöffnungen, mit Ausnahme solcher in eisernen Rohren, dürfen innen kein Gewinde haben und sind mit kantigen Kappen zu verschließen.

5. Die Wanddicke soll mindestens gleich der der Rohre gleichen Durchmessers und gleichen Baustoffes sein.

6. Der Geruchverschluß soll möglichst dicht unter der Ablaufstelle angebracht und mit seinem Ableitungsschenkel möglichst unmittelbar an das Fallrohr oder an die Ableitung angeschlossen werden. Der Geruchverschluß ist gegen Absaugen zu sichern.

7. Die Verschlußhöhe muß mindestens betragen:

bei Spülaborten	50 mm	bei Regenabläufen und Fettfängern	100 mm
bei Fußbodenabläufen in Decken .	60 mm	bei allen übrigen	70 mm
bei Kellersinkkasten	80 mm		

8. Die Rohrweiten der Geruchverschlüsse sollen mindestens betragen:

für Handwaschbecken u. dgl. mit einem Fassungsvermögen von ungefähr 5 Litern	30 mm
für Waschbecken, Bidets u. dgl. .	40 mm
für Küchenausgüsse, Pißraumabläufe, Fußbodenabläufe, Spültische und unmittelbar angeschlossene Badewannen	50 mm
für Bäder und Waschküchenabläufe in Decken.	70 mm
für Spülaborte, Massenspülaborte, Hofeinläufe und Kellersinkkasten	100 mm

9. Ringförmige Querschnitte müssen mindestens 10 mm weit sein.

§ 4. Spülaborte und Pißanlagen.

1. An die unterirdische Entwässerungsanlage dürfen Aborte und Pißanlagen nur angeschlossen werden, wenn sie mit Wasserspülung und Geruchverschluß versehen sind.

Die Spülung muß nach jeder Betätigung der Spülung das Becken und den Geruchverschluß vollständig reinigen. Sie ist durch besondere, an eine Wasserleitung angeschlossene Spülbehälter zu bewirken und muß bei Spülaborten bei einmaliger, wenn auch kurzer Betätigung mindestens 6 Liter Wasser in jedes Becken eines Spülaborts abstürzen lassen. Die Zulassung von anderen Spülvorrichtungen bedarf örtlicher Prüfung. Bei mangelhaftem Abschluß der Fülleinrichtung darf Spülwasser nur in das Becken überfließen. Rundspülung ist verboten.

2. Die Unterkante des nicht unter Druck stehenden Spülbehälters soll in der Regel mindestens 1,80 m über der Oberkante des Abortbeckens liegen, das Spülrohr mindestens 30 mm weit und die Spüleinrichtung leicht zugänglich sein. Für Spülbehälter, die niedriger als 1,80 m über der Oberkante des Abortbeckens angebracht werden, sind Spülrohre mit größerem Durchmesser zu verwenden. Erhält das Abortbecken einen besonderen Sitz, so muß er aufklappbar sein, doch ist dafür zu sorgen, daß durch das Aufklappen das Spülrohr nicht beschädigt werden kann. Mit dem Abortkörper festverbundene Sitzbacken bedürfen besonderer Genehmigung; sie wird nur erteilt, wenn der Werkstoff der Sitzbacken mit dem Spülabort so innig verbunden ist, daß keine Fugen und Hohlkehlen vorhanden sind und ihre spätere Bildung auch nicht zu befürchten ist.

3. Die Becken müssen aus Steingut (glasiertem Steinzeug DIN 1381 bis 1383), Hartsteingut, Porzellan, Feuerton oder innen gut emailliertem Gußeisen bestehen. Die Innenfläche muß glatt und soll hell sein.

4. Die Spülaborte müssen freistehen. Flachspülbecken müssen eine geschlossene Zunge haben. Die Abflußöffnung des Beckens muß sichtbar liegen und der Abflußstutzen einen Außendurchmesser von 105 mm haben. Die Verbindung zwischen Geruchverschluß und Anschlußmuffe muß freiliegen, sie muß jederzeit besichtigt und die Dichtung leicht nachgebessert werden können.

Reinigungsöffnungen an Spülaborten sind mit geeigneten Dichtstoffen durch besondere Einrichtungen aus Metall zu verschließen. Die Verwendung von Kitt für diesen Zweck ist verboten.

5. Spülaborte, in denen die Auswurfstoffe durch mechanisch bewegte Teile gehen (Klappen-, Kolben-Spülaborte u. dgl.) sind verboten. Spülvorrichtungen, die durch Bewegung der Tür oder durch den Sitz in Gang gesetzt werden, sind nur mit besonderer Genehmigung zulässig.

6. Für größere Anstalten (Fabriken, Kasernen, Schulen u. dgl.) können Massenspülaborte besonderer Bauweise mit besonderer Genehmigung für jeden einzelnen Fall zugelassen werden, doch müssen die Spülabortbecken und die Sitze den obengenannten Vorschriften entsprechen.

7. Bei solchen Massenaborten muß eine genügend kräftige Spülung die schleunige Entfernung aller Auswurfstoffe gewährleisten. Der Wasserstand muß ständig so groß sein, daß die Abfallstoffe im Wasser liegen.

8. Durch die Spülaborte dürfen nur menschliche Abgänge mit dem erforderlichen Spülwasser abgeleitet werden.

9. Pißstände ohne Becken müssen wasserdicht bekleidet und mit Spüleinrichtung versehen oder als Ölpißanlage ausgeführt werden. Pißanlagen mit Ölbehandlung der Wände und Ölgeruchverschluß sind nur in nicht geschlossenen Räumen gestattet. Die Gebrauchsflächen solcher Anlagen müssen ständig mit einem ausreichenden Ölanstrich versehen sein. Der wasserdicht herzustellende Fußboden muß Gefälle nach einem mit Geruchverschluß versehenen Ablauf erhalten.

§ 5. Trockenaborte.

1. Sammelgruben sind wasser- und luftdicht abzudecken und in jedem Fall mindestens 10 m vom Trinkwasserbrunnen entfernt anzulegen.

2. Das zu einer Grube führende Fallrohr der Trockenaborte muß mindestens 20 cm lichte Weite haben und zur Entlüftung in voller Weite bis über Dach geführt werden. Ist ein Fallrohr nicht vorhanden, so ist der Sammelraum besonders über Dach zu entlüften.

3. Bei Sammelgruben, Tonnen oder sonstigen Auffangbehältern muß, da zwischen Sitz und Grube oder Behälter kein Wasserverschluß vorhanden ist, ein lüftbarer, womöglich durchlüftbarer Raum vor dem eigentlichen Abort zur Verfügung stehen.

4. Die Aborte selbst sind zweckmäßig mit Torfmull zu streuen. Die Abortsitze sind mit gut schließenden Deckeln zu versehen. Alle Teile müssen haltbar und dabei einfach gebaut sein, jederzeit besichtigt werden können und stets rein gehalten werden.

§ 6. Schächte.

1. Schächte sind im allgemeinen mit gußeisernen Abdeckungen zu verschließen, die den Verkehr sicher aufnehmen und gegen Einlauf von Wasser von oben schützen. Statt Gußeisen werden Flußstahl, Eisenbeton oder gegen Fäulnis gesicherte Holzbohlen zugelassen. Wenn der Deutsche Normenausschuß Normen für gußeiserne Schachtabdeckungen beschließt, sind diese zu verwenden.

2. Besteigbare Schächte müssen mindestens 90 cm lichten Durchmesser oder eine gleich große Grundfläche haben. Schächte von weniger als 1,6 m Tiefe sind bis dicht unter den Schachtdeckel in den genannten Abmessungen hochzuführen, tiefere können von dieser Höhe ab oben eingezogen werden. Bei einer Tiefe von über 80 cm sind die Schächte mit Steigeisen (DIN 1211 oder DIN 1212) in regelmäßigem Abstand von etwa 30 cm zu versehen.

3. Die Sohle der Schächte mit offenem Durchfluß darf nicht tiefer liegen als die Sohlen der abgehenden Leitungen; sie muß vielmehr so ausgebildet werden, daß das Wasser sich nicht ausbreitet und in geschlossenem Faden möglichst reibungslos weiterfließt.

4. Die Schächte müssen massiv, wasserdicht und bei Ausführung in Mauerwerk innen gefugt sein.

5. Innerhalb von Gebäuden sind die Rohre geschlossen durch die Schächte zu führen (s. § 7, Ziff. 2).

6. Für Schächte mit Betonringen sind die Normen nach DIN 1202 zu verwenden.

§ 7. Reinigungsöffnungen.

1. Reinigungsöffnungen sind in der Entwässerungsanlage so zahlreich anzubringen, wie es zur Reinhaltung aller Leitungsstrecken erforderlich ist. Namentlich sind die Küchen- und Abortabfallrohre vor den Anschlüssen an die Grundleitung mit Reinigungsöffnungen zu versehen.

2. Durch Arbeitsräume von Bäckereien, Konditoreien, Fleischereien oder anderen Nahrungsmittelbereitungsstellen dürfen nur gußeiserne Rohre ohne Reinigungsöffnung geführt werden.

3. Nicht unmittelbar zugängliche Reinigungsöffnungen sind mit einem Zugangsschacht zu versehen.

4. Die Reinigungsöffnungen sind luft- und wasserdicht zu verschließen.

5. Für die Abmessungen dieser Reinigungsrohre gilt DIN 539.

§ 8. Prüfstücke.

1. Wo es notwendig erscheint, Abwässer auf ihre Schädlichkeit zu prüfen, sind auf dem Grundstück Prüfeinrichtungen in die Hauptleitung entweder unmittelbar hinter der Straßen- oder der Baufluchtlinie einzubauen.

2. Die Prüfeinrichtungen müssen gestatten, die Beschaffenheit des abfließenden Wassers, insbesondere auf Säuregehalt und hohe Wärme, zu prüfen. Eine unmittelbar hinter der Grundstücksgrenze anzubringende Reinigungsöffnung kann als Prüfeinrichtung nach besonderer Vorschrift ausgebaut werden. Die Vorrichtung besteht im allgemeinen aus einem in die Sohle eingelassenen, herausnehmbaren Prüfstück. Die Einrichtung kann von der Verwaltung verschlossen werden.

3. Der Zugang zu diesen Prüfeinrichtungen muß stets frei sein. Überlagerung mit Sachen irgendwelcher Art ist verboten.

§ 9. Lüftung.

1. Die Hauptgrundleitung ist zu entlüften. In sie dürfen weder Geruchverschlüsse noch Absperrvorrichtungen (Rückstauverschlüsse) noch Schlammfänge eingebaut werden. Auch die unterirdisch in die Straßenleitungen entwässernden Regenrohre dürfen mit Geruchverschlüssen nur versehen werden, wenn die Fälle unter § 2/1 vorliegen. Zur Lüftung ist jedes Fallrohr ohne Querschnittsverringerung luftdicht bis über das Dach zu führen. Lüftungsleitungen müssen von einer 0,5 m unter Dach gelegenen Stelle an aufwärts mindestens 70 mm weit sein.

2. Lüftungsrohre sind mit einer Haube zu versehen.

3. Zwischen der Haube und dem Rohrende muß die Öffnung die doppelte Querschnittsfläche des Lüftungsrohres haben.

4. Die Lüftungsleitungen müssen möglichst senkrecht und ohne Krümmungen hochgeführt werden. Waagerechte Lüftungsleitungen sind unzulässig.

5. Mündet eine Lüftungsleitung so aus, daß sie in der Nähe befindliche, zum dauernden Aufenthalt bestimmte Räume desselben Grundstücks oder eines benachbarten belästigen kann, so ist sie bis mindestens 1 m über den Fenstersturz hochzuführen oder so zu verlegen, daß sie mindestens 2 m seitlich der gefährdeten Öffnung mündet.

6. Zur Lüftung von Räumen dienende Luftschlote und Schornsteine (außer Fabrikschornsteinen) dürfen nicht mitbenutzt werden. Lüftungsleitungen für säurehaltige Dämpfe dürfen auch nicht in Fabrikschornsteine eingeleitet werden, selbst dann nicht, wenn die säurehaltigen Dämpfe vorher kondensiert werden.

7. Damit Geruchverschlüsse in keinem Falle abgesaugt werden können, muß die Anschlußleitung entweder hinreichend weit sein oder außer dem Fallrohr eine besondere Entlüftung vorhanden sein. Das die Entlüftung bewirkende Rohr kann aber zum zugehörigen Fallrohr über der höchsten Ablaufstelle zurückgeführt werden. Seine lichte Weite soll so groß sein wie die der Anschlußleitung bei ihrem Anschluß an das Fallrohr.

8. Mehrere nebeneinanderliegende Fallrohre dürfen über der höchsten Ablaufstelle in ein gemeinschaftliches Lüftungsrohr zusammengeführt werden, doch muß das Lüftungsrohr dann auf die Hälfte der Summe der zusammengeführten Fallrohrquerschnitte, mindestens aber auf den dem stärksten Fallrohr folgenden nächsthöheren Querschnitt erweitert werden.

9. Sammel-, Klär-, Neutralisationsgruben u. ä. innerhalb von Gebäuden sind dicht abzuschließen und im allgemeinen besonders zu entlüften.

§ 10. Entwässerung tiefliegender Räume (Schutz gegen Rückstau).

1. Unter einer von der Verwaltung festzusetzenden Ebene gilt folgendes:

a) In Schächten, deren Deckel unter dieser Ebene liegt, sind die Rohrleitungen geschlossen durchzuführen oder die Deckel in geeigneter Weise gegen Austreten von Wasser zu dichten und gegen Abheben zu sichern.

b) Regenwassereinläufe sind verboten.

c) Brauchwassereinläufe sind durch eine von Hand bediente dicht abschließende Absperrvorrichtung zu sichern, die nur bei Bedarf geöffnet werden darf, sonst aber dauernd geschlossen sein muß. Neben der von Hand bedienten Rückstauvorrichtung ist noch eine selbsttätig wirkende Absperrvorrichtung einzubauen (s. a. DIN 1997 — Baugrundsätze für Absperrvorrichtungen in Anschlußleitungen nach DIN 1986).

Oberhalb solcher Absperrvorrichtungen darf nur der zu schützende Brauchwasserablauf angeschlossen sein. Wenn mehrere Brauchwasserabläufe durch eine gemeinsame Absperrvorrichtung geschützt werden sollen, bedarf es ausdrücklicher Genehmigung. Sind jedoch Abläufe, die nicht in demselben Raume liegen, in verschiedener Höhenlage gegen Rückstau zu sichern, so hat jeder von ihnen einen besonderen Rückstauschutz zu erhalten.

d) Die Absperrvorrichtungen sind so anzubringen, daß sie jederzeit bequem bedient werden können; sie müssen den Bestimmungen in DIN 1997 — Baugrundsätze für Absperrvorrichtungen in Anschlußleitungen nach DIN 1986 — entsprechen. Möglichst nahe bei jeder Absperrvorrichtung ist ein dauerhaftes Schild mit folgendem Wortlaut deutlich sichtbar anzubringen:

Verschluß gegen Kellerüberschwemmung!
Nur zum Wasserablassen öffnen, dann sofort wieder schließen!

2. Liegen Kellerräume oder Grundstücksflächen so tief, daß sie nicht unmittelbar nach der Straßenleitung entwässert werden können, so muß die Entwässerung nötigenfalls durch künstliche Hebung des Abwassers bewirkt werden. Die hierzu verwendeten Sammelbehälter dürfen bei Abwässern aus Aborten nicht mehr als 2 m³ Flüssigkeit aufnehmen können, wenn sie nicht außerhalb von Gebäuden liegen. Um sie herum muß ein freier Raum von mindestens 30 cm vorhanden sein. Eiserne Behälter sollen mindestens 7 mm dick sein. Die Behälter müssen freistehen, so daß Undichtigkeiten sofort bemerkt werden. Die Vorrichtung zum Heben der Abwässer unterliegt der Genehmigung der zuständigen Verwaltung.

§ 11. Abscheider.

1. In die Entwässerungseinrichtungen von Betrieben, in denen viel Fett abfließt, wie Schlächtereien, Seifenfabriken, großen Küchen, sind Fettabscheider einzuschalten. Sie müssen entlüftet werden, sollen möglichst nahe an den Ablaufstellen liegen, luftdicht verschlossen sein, aus Gußeisen oder einem anderen gleichwertigen Baustoff bestehen, ausreichende Kühlflächen haben und mit zugänglichen Reinigungsöffnungen versehen sein. Sie sollen ferner einen Flüssigkeitsinhalt von mindestens 50 Litern fassen. Für große Betriebe können Fettfänge aus Mauerwerk oder Beton zugelassen werden. Sie dürfen die Entlüftung der Leitungen nicht behindern.

2. Ölhaltige Abwässer und solche mit Sinkstoffen, die die Leitungen verstopfen können, sind möglichst unmittelbar hinter dem Ablauf in geeignete, genügend große Abscheider zu leiten, die die schädlichen Stoffe ausscheiden und von den Entwässerungsleitungen fernhalten.

3. Die Ableitung feuergefährlicher, sprengfähiger, säurehaltiger, schädliche oder widerliche Ausdünstungen oder Gerüche verbreitender, die Baustoffe der Entwässerungsleitungen angreifender oder den Betrieb störender Stoffe und Flüssigkeiten nach einer Ablaufstelle der Entwässerungsanlage kann nur gestattet werden, wenn Vorrichtungen eingebaut werden, die mit Sicherheit das Eindringen dieser Stoffe in die Leitung verhindern (s. Vorschlag für Bestimmungen zum Schutze von Entwässerungseinrichtungen gegen explosible Leichtflüssigkeiten auf Grundstücken, aufgestellt durch die Vereinigung der Bauverwaltungen deutscher Städte[1]). Für die Ausführung von Benzinabscheidern gelten die Baugrundsätze für Benzinabscheider — DIN 1999.

4. Bei sandhaltigen Wässern sind Sandfänge vorzusehen.

5. Können gröbere Stoffe in die Regenfallrohre gelangen, wie z. B. bei von Bäumen umstandenen oder in schlechtem Zustand befindlichen Dächern, dann sind die Regenfallrohre mit Schmutzfängern oder Drahthauben zu versehen.

6. Die Abscheider dürfen sich nur in den Leitungen solcher Ablaufstellen befinden, für die der Abscheider erforderlich ist. Andere Wässer dürfen ihnen nicht zugeführt werden.

§ 12. Beseitigung nicht mehr benutzter Entwässerungsanlagen.

Nicht mehr benutzte Entwässerungsleitungen sind unverzüglich zu entfernen oder wasserdicht abzuschließen. Nicht mehr benutzte Gruben (z. B. Abort- und Entseuchungsgruben) sind, nachdem sie den gesetzlichen Bestimmungen entsprechend geräumt worden sind, unverzüglich entweder zu beseitigen oder mit Erdreich zu verfüllen oder für andere Zwecke benutzbar zu machen.

§ 13. Verfüllen der Rohrgräben und Baugruben.

Beim Verfüllen der Gräben und Gruben ist möglichst Sand und Kies, niemals gefrorener Boden zu verwenden. Der Boden ist lagenweise in Schichten von etwa 25 cm Höhe gut abzurammen und, wenn er durchlässig ist und keine Bedenken bestehen, einzuschlämmen.

§ 14. Instandhaltung und Reinhaltung der Grundstücksentwässerungsanlagen.

1. Die Grundstücksentwässerungsanlage ist stets in gutem Zustand zu erhalten, zu reinigen und zu spülen. Übermäßige Spülung und übermäßige Verdünnung unreiner Abwässer sind verboten. Insbesondere sind auch die nicht zur unmittelbaren Aufnahme von Schmutzstoffen dienenden Gruben und Schächte stets sauber zu halten. Auch Anlagen, die polizeilich nicht gefordert werden, wie Waschbecken, Spültische usw., sind dauernd in einem solchen Zustand zu erhalten, daß daraus keine Schäden entstehen können.

2. Aus den Geruchverschlüssen, Sinkkasten, Schuttfängern, Abscheidern usw. sind die ausgeschiedenen Stoffe in angemessenen Zeiträumen zu entfernen, so daß ständig ein ordnungsmäßiger Betrieb gewährleistet ist.

3. Geruchverschlüsse, deren zugehörige Abläufe während längerer Zeit nicht benutzt werden, sind von Zeit zu Zeit aufzufüllen.

---

[1] Zu beziehen durch Beuth-Verlag GmbH, Berlin S 14.

§ 15. Allgemeine Bestimmungen.

1. Alle Entwässerungsanlagen müssen wasserdicht sein. Der für die Dichtungen verwendete Werkstoff muß dauerhaft sein.

2. Alle fur die Herstellung von Entwässerungsanlagen verwendeten Gegenstände und Werkstoffe müssen von guter Beschaffenheit sein. Werden Schraubenverbindungen gewählt, um die Entwässerungsanlagen, da wo es gefordert werden muß, leicht zugänglich zu machen, so sind entweder die Bolzen oder die Muttern der Schrauben aus Messing herzustellen.

3. Alle Anlagen müssen den äußeren Beanspruchungen entsprechend in ihrer baulichen Ausführung bemessen sein, insbesondere sind die dem Verkehr ausgesetzten Anlagen wie die Abdeckung von Schächten, Roste, Mauerwerk von Gruben usw. so stark auszuführen, daß sie den auftretenden Belastungen gewachsen sind. Freiliegende Anlagen, die der Beschädigung ausgesetzt sind oder eine Gefahr für den Verkehr bilden, sind in geeigneter Weise, z. B. durch Untermauerung und Schutzkasten, zu sichern.

4. Metallteile von Entwässerungsanlagen dürfen außen nicht mit Stoffen in Berührung gebracht werden, die das Metall angreifen. Besonders in Decken- und Fußbodenfüllungen sind sie durch sicher wirkende, dauerhafte Mittel zu schützen. Außerdem sind sie möglichst mit verlängertem Zementmörtel mit einer Dicke von 2 cm zu umhüllen. Keinesfalls dürfen Bleiteile mit Zement in Berührung kommen.

5. Alle Entwässerungsanlagen und die zur Spülung erforderlichen Bewässerungsanlagen sind so einzurichten, daß der Frost sie nicht zerstören und den Betrieb nicht gefährden kann. Besonders muß die Deckung über Rohren außerhalb der Gebäude mindestens 0,80 m betragen. In nicht frostfreien Räumen innerhalb der Gebäude müssen die Anlagen hinreichend gegen Einfrieren gesichert werden. In Außenwänden sollen möglichst keine Entwässerungsanlagen angebracht werden. Sind Aborte und Pißräume nicht frostfrei, so sind die Spüleinrichtungen und Geruchverschlüsse frostfrei anzulegen.

6. Die Verunreinigung der Reinwasserleitung muß nach den dafür erlassenen besonderen Bestimmungen verhütet werden.

Schrifttum.

A. Größere Werke.

I. Kanalisation.

1. Büsing: Die Städtereinigung. (Teil des Handbuches der Ing.-Wissenschaften.) Stuttgart: Bergsträsser 1897.
2. Weyl: Die Assanierung der Städte in Einzeldarstellungen. Leipzig: Engelmann 1906.
3. Metzger: Städteentwässerung und Abwasserreinigung. Berlin: Carl Heymanns Verlag 1907.
4. Heyd: Die Wirtschaftlichkeit bei den Städteentwässerungsverfahren. Mannheim: Verlag der Haas'schen Buchdruckerei 1908.
5. Frühling: Die Entwässerung der Städte. Leipzig: Engelmann 1910.
6. Metzger: Ortsentwässerungen in Weyls Handbuch der Hygiene. Leipzig: Barth 1919.
7. Genzmer: Die Entwässerung der Städte als Teil des Handbuches der Ing.-Wissenschaften. Leipzig: Engelmann 1924.
8. Imhoff: Taschenbuch der Stadtentwässerung. Berlin: Oldenbourg 1932.
9. Hahn u. Langbein: 50 Jahre Berliner Stadtentwässerung. Berlin: Alfred Metzner 1928.

II. Abwasserreinigung.

10. König: Verunreinigung der Gewässer. Berlin: Julius Springer 1899.
11. Mitt. aus d. Kgl. Prüfungsanstalt f. Wasserversorgung und Abwasserbeseitigung zu Berlin. Berlin: August Hirschwald 1902—1921.
12. Salomon: Die städtische Abwasserbeseitigung in Deutschland. Jena: Gustav Fischer 1906/1907.
13. Schmidtmann, Thumm u. Reichle: Wasser und Abwasser. Handb. d. Hygiene v. Rubner. Leipzig: Hirzel 1911.
14. Dunbar: Leitfaden der Abwasserreinigungsfrage, 2. Aufl. Berlin: Oldenbourg 1912.
15. Tillmanns: Wasserreinigung und Abwasserbeseitigung. Halle: Wilh. Knapp 1912.
16. Strell: Die Abwasserfrage in ihrer geschichtlichen Entwicklung von den ältesten Zeiten bis zur Gegenwart. Leipzig: Leineweber 1913.
17. Pritzkow: Verunreinigung und Selbstreinigung der Gewässer. Handb. d. Hygiene v. Weyl. Leipzig: Barth 1914.
18. Zahn: Die Reinigung städtischer Abwässer. Handb. d. Hygiene v. Weyl, 2. Aufl. Leipzig: Barth 1914.
19. Kl. Mitt. f. d. Mitglieder des Vereins f. Wasser-, Boden- u. Lufthygiene nebst Beiheften. Berlin 1924—1931.
20. Helbing: 25 Jahre Emscher-Genossenschaft. Essen: Selbstverlag der Emscher-Genossenschaft 1925.
21. Imhoff: Fortschritte der Abwasserreinigung, 2. Aufl. Berlin: Carl Heymanns Verlag 1926.
22. Fuller u. Clintock: Solving Sewage Problems. New York: Mc. Craw-Hill Book 1926.
23. Metcaff u. Eddy: American Sewerage Practice. New York: Mc. Craw-Hill Book 1926.
24. Bach: Die Abwasserreinigung. München: Oldenbourg 1927.
25. Vom Wasser. Jb. für Wasserchemie. Berlin: Verlag Chemie G. m. b. H. 1927—1931.
26. Prüß: Über die Entwicklung der neuen Abwasserreinigungsverfahren. Jb. dtsch. Ges. Bauing.-Wes. 1928.
27. Abwasserfragen. Sonderdruck aus d. Schweizerischen Zeitschrift für Straßenwesen und verwandte Gebiete. Solothurn 1929.
28. Helbing: Emscher-Genossenschaft und Lippe-Verband in den Jahren 1925—1930. Selbstverlag der Emscher-Genossenschaft 1930.
29. Der Ruhr-Verband, 3. Aufl. Berlin: Carl Heymanns Verlag 1930.

B. Veröffentlichungen über Teilgebiete.

III. Verschiedene Entwässerungsverfahren.

30. Bredtschneider: Das Trenn-System. Jena: Gustav Fischer 1902.
31. Metzger: Mitteilungen über ausgeführte Trenn-Kanalisationen. Techn. Gemeindebl. 1903 S. 321.

32. Geißler, Wilh.: Die Kanalisation der Stadt Nordhausen. Techn. Gemeindebl. 1911 14. Jahrg. S. 96.
32a. Heilmann: Über großstädtische Regenwasserabflüsse. Gesundh.-Ing. 1926 S. 101.

IV. Menge des Abwassers.

33. Weyrauch: Unterlagen zur Dimensionierung städtischer Kanäle. Stuttgart: Grub 1904.
34. Kayser: Berechnung der Regenwasserabflußmengen für Städtekanalisationen. Techn. Gemeindebl. 1905 8. Jahrg. S. 82.
35. Vicari: Die graphische Berechnung städtischer Kanalnetze nach Ingenieur Hauff, Mainz. Gesundh.-Ing. 1907 S. 569.
36. Vicari: Beitrag zur Berechnung städtischer Kanalnetze nach der neuen Theorie. Techn. Gemeindebl. 1907 10. Jahrg. S. 33.
37. Breitung: Auswertung von Regenbeobachtungen und Bestimmung von Regenabflußmengen für städtische Kanalisationen. Diss. Stuttgart 1911.
38. Poggi: Le Fognatore di Milano. Mailand 1914.
39. Sprengel: Der Einfluß der Zugbewegung des Wetters auf die Abflußverzögerung in Kanälen. Techn. Gemeindebl. 1914 17. Jahrg. S. 50.
40. Schrank: Ausnützung der freien Räume in Scheitelnetzen. Gesundh.-Ing. 1914 S. 560.
41. Haeuser: Der Wolkenbruch in Nürnberg und Umgebung vom 3. Juli 1914. München 1917.
42. Eigenbrodt: Über die Bestimmung der in den Silnetzen abzuführenden größten Regenwassermengen. Diss. Darmstadt 1921.
43. v. Bülow: Der Einfluß der Jahreszeiten auf den Abfluß in städtischen Kanalisationsanlagen. Gesundh.-Ing. 1924 S. 465.
44. Reinhold: Die Bemessung von Regenwasserkanälen mit Hilfe nomographischer Verfahren. Gesundh.-Ing. 1927 S. 321.
45. Reinhold: Beitrag zur Bestimmung des Abflußbeiwertes bei Regenfällen. Bautechn. 1929 S. 507.
46. Haeuser: Ein Wolkenbruch von außergewöhnlicher Stärke über München und Umgebung am 25. Juli 1929. Wasserkr. u. Wasserwirtsch. 1930 S. 237.
47. Koschmieder: Hydrologische Konferenz der Baltischen Staaten 1930.
48. Breitung: Inanspruchnahme von Regenauslässen. Techn. Gemeindebl. 1931 S. 64.

V. Die Ableitung des Abwassers.

49. Imhoff: Eine einfache Art, allerhand Kanalprofile rasch zu berechnen. Gesundh.-Ing. 1907 S. 197.
50. Imhoff: Offene Abwasserkanäle. Wass. u. Abwass. 1909 S. 401.
51. Weidlich: Ein Beitrag zur Untersuchung der Sinkstoffbewegung in städtischen Entwässerungskanälen. Techn. Gemeindebl. 1915 18. Jahrg. S. 261.
52. Vicari: Kleinste Sohlengefälle für Schmutzwasserkanäle. Gesundh.-Ing. 1916 S. 531.
53. Seegert: Durch bergbauliche Senkungen geschädigte Entwässerungsanlagen des Stadtteiles Duisburg-Meiderich und ihre Wiederherstellung. Gesundh.-Ing. 1918 S. 23.
54. Burchartz: Ton- und Zementrohre. Mitt. aus d. Materialprüfungsamt Berlin 1921 S. 15.
55. Fries: 20 Jahre offene Abwasserkanäle. Techn. Gemeindebl. 1926 28. Jahrg. S. 245.
56. Steckhan: Auskleidung von offenen Abwasserkanälen. Bautechn. 1927 S. 406.

VI. Ausgestaltung der Entwässerungsanlagen.

57. Mitt. aus dem Materialprüfungsamt Berlin-Dahlem 1905—1921.
58. Merkel: Die Versenkung der Dükerrohre durch den Niederhafen und die Mündungsanlage der neuen Stammsiele in Hamburg. Z. VDI 1906 S. 41.
59. Kayser u. Wilh. Geißler: Herstellung von Kanalisationsdükern in Charlottenburg aus Anlaß des Baues der Untergrundbahn. Techn. Gemeindebl. 1907 10. Jahrg. S. 6.
60. Heyd: Über Rückhaltebecken. Gesundh.-Ing. 1908 S. 209.
61. Bredtschneider: Bildung von Schwefelsäure in der Natur und einige Folgeerscheinungen, namentlich auf dem Gebiete der Stadtentwässerung und Wasserversorgung. Gesundh.-Ing. 1909 S. 294.
62. Forbath: Über den Vergleich der Abnutzung von Steinzeug- und Betonrohren für Kanalisationszwecke. Straßenbau 1910 S. 10.
63. Schmah: Kanalisationsprojekt für die östliche Stadterweiterung von Oppeln. Gesundh.-Ing. 1910 S. 529.
64. Forbath: Die Kanalisation der Kgl. Freistadt Kronstadt in Ungarn. Gesundh.-Ing. 1910 S. 2.
65. Genzmer: Fortfall der Sinkkästen und Wasserverschlüsse bei Straßeneinläufen. Gesundh.-Ing. 1912 S. 196.
66. Schlotterer u. Rüdiger: Eisenbetonkanäle des Hauptwassersammlers in Lichtenberg. Beton u. Eisen 1912 S. 305.
67. Berger: Dükerung des Schöneberger Notauslasses unter der Untergrundbahn am Nollendorfplatz in Berlin. Zbl. Bauverw. 1917 S. 449.

68. Engels: Versuche über Streichwehre. Mitt. aus dem Dresdner Flußbau-Laboratorium. Z. VDI 1918 S. 362. Weitere Versuche Z. VDI 1920 S. 101.
69. Spiegelberg: Das Ausgleichs- oder Rückhaltebecken in der Städteentwässerung. Gesundh.-Ing. 1920 S. 6.
70. Liebau: Zur Frage der zweckmäßigen Anordnung von Abwasserdükern. Gesundh.-Ing. 1921 S. 369.
71. Bosch u. Stecher: Die Abwasserbeseitigung in München. Bautechn. 1926 S. 765.
72. Brix: Die Verwendung von Steinzeug- und Zementrohren bei Kanalisationsanlagen. Charlottenburg: Zement-Verlag 1926.
73. Grün: Der Beton, Herstellung, Gefüge und Widerstandsfähigkeit gegen physikalische und chemische Einwirkungen. Berlin: Julius Springer 1926.
74. Nack: Bemerkenswerte Kanalisationsausführungen im Bergbaugebiet. Bautechn. 1927 S. 473.
75. Krahwinkel: Abwasservorreinigung. Gesundh.-Ing. 1929 S. 250.
76. Ros: Eisenbetonschleuderrohre, Bauart Vianini. Schweiz. Bauztg. 1929.
77. Spetzler: Verlegung eines 130 m langen Stichrohres in den Rhein bei Duisburg. Bautechn. 1929 S. 199.
78. Roßberg: Erfahrungen beim Bau von Abwasserdükern. Gesundh.-Ing. 1929 S. 550.
79. Marquardt: Geschleuderte Beton- und Eisenbetonrohre. Bautechn. 1930 S. 587.
80. v. Glasser: Der Straßenrinnenschacht und der Schlammsauger. Gesundh.-Ing. 1930 S. 315.
81. Jecht: Schleuderbetonrohre mit Asphaltbetonfutter und Asphaltbetonmantel. Gesundh.-Ing. 1931 S. 292.
82. Riepert: Betonrohre. Charlottenburg: Zement-Verlag 1931.
83. Stecher u. Loesch: Ausführung eines Kanalbauloses in München unter Mitverwendung von Vianini-Schleuderbetonrohren. Gesundh.-Ing. 1931 S. 525.
84. Landmann: Einiges über neuzeitliche Ortsentwässerung. Gesundh.-Ing. 1931 S. 574.
85. Helbing u. Bülow: Neue Gesichtspunkte bei der Durchführung der Vorflutregulierung im Emschergebiet. Wasserkr. u. Wasserwirtsch. 1931 S. 94.
86. Franken: Die Verbesserung der Bonner Kanalisation durch ein System von Rückhaltebecken. Gesundh.-Ing. 1932 S. 232.

VII. Allgemeine Ausgestaltung des Entwässerungsnetzes.

87. Brix: Kanalisation und Städtebau. Städtebauliche Verträge Bd. 3. Berlin: Ernst & Sohn 1910.
88. Genzmer: Die Notwendigkeit einheitlicher Städteplanung für Bebauung und Entwässerung. Dtsch. Bztg. 1921 S. 121.

VIII. Bearbeitung des Entwurfs.

89. Münkner: Wirtschaftlichkeit von Kanalisationsanlagen. Städt. Tiefbau 1918 S. 180.
90. Weiß: Über das Entwerfen von Entwässerungsanlagen größerer Stadterweiterungsgebiete. Gesundh.-Ing. 1919 S. 113.

IX. Bauausführung.

91. Bredtschneider: Absenkung des Grundwasserspiegels mittels Rohrbrunnen. Zbl. Bauverw. 1898 S. 774.
92. Seyfferth: Absenken des Grundwasserspiegels mittels Rohrbrunnen. Zbl. Bauverw. 1898 S. 199.
93. Geißler, Wilh.: Herstellung eines Kanals im Tunnelbau. Techn. Gemeindebl. 1906 9. Jahrg. S. 264.
94. Henneking: Die Durchführung des Trenn-Systems und des Sammel-Systems für die Kanalisation der Stadt Elberfeld. Gesundh.-Ing. 1910 S. 657.
95. Hensel: Der Arbeitsbetrieb beim Bau städtischer Kanalisationen. Städt. Tiefbau 1910 S. 10.
96. Schubert: Der Taschenberg-Tunnel der Stadtentwässerung Nordhausen. Gesundh.-Ing. 1914 S. 461.
97. Thalenhorst: Das Absteifen von Baugruben. Z. Verb. Arch. u. Ing. 1914.
98. Sichardt: Fortschritte des Grundwasserabsenkungs-Verfahrens, dargestellt an neueren Ausführungen. Bauing. 1923.
99. Nack: Bemerkenswerte Kanalisationsausführungen im Bergbaugebiet. Bautechn. 1927 S. 473.
100. Sichardt: Das Fassungsvermögen von Rohrbrunnen und seine Bedeutung für die Grundwasserabsenkung, insbesondere für größere Absenkungstiefen. Berlin: Julius Springer 1928.
101. Weber: Die Reichweite von Grundwasserabsenkungen mittels Rohrbrunnen. Berlin: Julius Springer 1928.
102. Ramshorn: Neuere Verfahren der Wasserhaltung, insbesondere bei Kanalisationsarbeiten. Bautechn. 1928 S. 639.

103. Hetzel u. Wundram: Die Grundbautechnik und ihre maschinellen Hilfsmittel. Berlin: Julius Springer 1929.
104. Sichardt: Tiefbrunnenpumpen für Grundwasserabsenkungszwecke. Bautechn. 1929 S. 405.
105. Sichardt: Die Ausführung von Grundwasserabsenkungen mit Tiefbrunnenpumpen. Bautechn. 1929 S. 394.
106. Lührs: Die Union-Kanaldiele. Bautechn. 1929 S. 325.
107. Stecher: Der Bau eines Hauptsammelkanals mit Bahnunterkreuzung in München. Bautechn. 1929 S. 689.
108. Kyrieleis-Sichardt: Grundwasserabsenkung bei Fundierungsarbeiten. Berlin: Julius Springer 1930.
109. Schmah: Über die Verwendung von Humerohren bei der Kanalisation von Ülzen. Bautechn. 1930 S. 65.
110. Ramshorn: Neue Abwasserpumpwerke der Emscher-Genossenschaft. Bautechn. 1930 S. 302.
111. Loesch: Maßnahmen beim Ausheben und Nachfüllen von Kanalbaugruben zur Verhinderung nachträglichen Setzens. Städt. Tiefbau 1931.
112. Schmah: Neuere Erfahrungen bei Grundwasserabsenkungen mittels Hempel-Brunnen. Bautechn. 1931 S. 229.
113. May: Die Einordnung und der Einbau von Kanälen, der Gas-, Wasser-, Kabel- und sonstigen Leitungen in den Straßenkörper. Techn. Gemeindebl. 1931 S. 85.
114. Werken: Die Kölner Stollenvortriebsweise, ihr Entstehen und ihre Ausbildung. Bautechn. 1931 S. 97.
115. Kirchhofer: Über die Verwendung von Spundwandeisen und -blechen bei der Kieler Kanalisation. Bautechn. 1932 S. 73.

X. Anlagen zum Heben des Abwassers.

116. Geißler, Wilh.: Über Kanalisationsdruckrohre. Metallröhren-Industrie 1908 Nr. 19.
117. Bredtschneider: Gitter und Rechen im Betriebe von Stadtentwässerungen. Gesundh.-Ing. 1910 S. 145.
Druckrohrleitungen der Stadt Paris. Dtsch. Bztg., Mitt. über Zement- und Eisenbetonbau 1912 S. 170.
118. Hanffstengel: Betrachtungen über Druckrohrleitungen städtischer Entwässerungsanlagen. Gesundh.-Ing. 1915 S. 453.
119. Beyenburg: Abwasserpumpwerke im Emschergebiet. Denkschrift der Emscher-Genossenschaft von 1925.
120. Götze: Der Maschinenbetrieb der Pumpwerke in „50 Jahre Berliner Stadtentwässerung". 1928.
121. Hoffmann: Betriebserfahrungen mit Schmutzwasserpumpen, sowie deren Ventilen und Meßeinrichtungen in „50 Jahre Berliner Stadtentwässerung". 1928.
122. Müller: Pumpwerke für Abwasser. Wass. u. Gas 1928 S. 833.
123. Carp: Das Abwasserpumpwerk Schwelgern in Hamborn am Rhein. Bautechn. 1928 S. 263.
124. Spetzler u. Rek: Die Entwässerung des Tiefgebietes der Stadt Oberhausen. Wass.- u. Wegebau-Z. 1929 Heft 2.
125. Beyenburg: Die Kreiselpumpe im neueren Pumpwerksbau. Wass. u. Gas 1929 S. 1060.
126. Beyenburg: Neuere Abwasserpumpwerke, ihre Errichtung und ihr Betrieb mit besonderer Berücksichtigung der Verhältnisse im rheinisch-westfälischen Industriegebiet. Gesundh.-Ing. 1930 S. 442.
127. Fries: Die Abwasserpumpwerke des Ruhr-Verbandes in Dahlhausen und Essen-Steele. Techn. Gemeindebl. 1930 S. 44.
128. Seegert: Die Abwasserpumpwerke an der Emmericher und Westender Straße in Duisburg-Hamborn. Gesundh.-Ing. 1930 S. 440.
129. Ramshorn: Neue Abwasserpumpwerke der Emscher-Genossenschaft. Bautechn. 1930 S. 299.
130. Schemel: Neue Rohrmaterialien des Dresdner Wasserrohrnetzes. Gas- u. Wasserfach 1931 S. 169.
131. Dahlhaus: Die Berechnung des wirtschaftlichen Rohrdurchmessers für Druckrohrleitungen von Wasserpumpwerken. Gas- u. Wasserfach 1931 S. 145.
132. Kirchhofer u. Tran: Die maschinellen Anlagen der Kielnr Abwasserpumpanlagen. Gesundh.-Ing. 1932 S. 40.

XI. Lüftung des Entwässerungsnetzes.

133. Kohlmann: Ein Beitrag zur Lüftung von Straßenkanälen. Diss. Techn. Hochschule Dresden 1913.
134. May: Explosion in städtischen Kanälen. Gesundh.-Ing. 1928 S. 457.
135. Pfaue: Beseitigung von schädlichen Gasen aus Kanalisationsanlagen. Gesundh.-Ing. 1930 S. 620.

136. Vorschriften für die Fernhaltung von feuergefährlichen Leichtflüssigkeiten aus Abwasserkanälen., DIN-Entwurf. Straßenbau 1929 S. 429.
137. Ringel: Sicherung von Kanalisationsleitungen gegen Brand und Explosionsgefahr mit Hilfe von Diffusions-Gasanzeigern. Gesundh.-Ing. 1929 S. 759.
138. Gerlach: Die Beseitigung von explosiblen und gesundheitsschädlichen Gasen aus Kanalisationsbauwerken. Gesundh.-Ing. 1929 S. 118.
139. Struve: Unfall- und Gesundheitsgefahren in Pumpenschächten und Sandfängen städtischer Abwasseranlagen. Gesundh.-Ing. 1929 S. 844.
140. Salmony: Die Beseitigung von üblen Gasen aus Kanälen. Wass. u. Gas 1930 S. 786.
141. Kehr u. Müller: Beitrag zur Frage der Vergasung städtischer Kanalisationsleitungen. Techn. Gemeindebl. 1930 S. 303.
142. Salmony: Der Kanalentgaser, ein neues Unfallverhütungsmittel. Straßenbau 1930 S. 622.

XII. Reinigung und Unterhaltung des Kanalnetzes.

143. Schwaab: Die Spülung der Kanäle. Städt. Tiefbau 1918 S. 95.
144. Schulz: Ein neuer Kanalspülwagen. Gesundh.-Ing. 1925 S. 231.
145. Weidlich: Der Kanalreinigungs-Apparat Iltis. Techn. Gemeindebl. 1925 28. Jahrg. S. 197.
146. Reye: Ein neuer Kanalspülwagen. Gesundh.-Ing. 1926 S. 118.
147. Ulrich: Über die Reinhaltung der Stadtkanäle. Diss. Techn. Hochschule Berlin 1928.
148. Bassin: Der Betrieb des Straßenleitungsnetzes aus 50 Jahre Berliner Stadtentwässerung. Berlin 1928.
149. Müller: Die Mechanisierung der Kanal- und Sinkkastenreinigung. Gesundh.-Ing. 1928 S. 47.
150. Nellisson: Der Schlammreiniger zur mechanischen Reinigung der Schmutzwasserkanäle und Einlaufkasten. Gesundh.-Ing. 1928 S. 196.
151. Gerlach: Neue Kanalreinigungs-Apparate. Städt. Tiefbau 1929 S. 97.
152. Gründemann: Zur Frage der Reinhaltung städtischer Entwässerungsnetze. Städt. Tiefbau 1929 S. 164.
153. Seegert: Die Betriebshöfe der Stadtentwässerung Duisburg. Gesundh.-Ing. 1929 S. 772.
154. Ringel: Die Bedeutung des Unterdruck-Fördersystems (Absaugung für die Kanalentschlammung und Sinkkastenreinigung). Gesundh.-Ing. 1930 S. 308.
155. Ringel: Die fortschrittliche Entwicklung der Absaugefahrzeuge. Techn. Gemeindebl. 1931 S. 139.
156. Müller, H.: Mechanisierung der Kanalreinigung unter Verwendung von Elektrokarren mit Anschluß der Sinkkastenreinigung. Gesundh.-Ing. 1931 S. 501.
157. Krahwinkel: Aufgaben und technische Hilfsmittel der Kanalreinigung. Gesundh.-Ing. 1931 S. 97.
158. Von Eiff: Straßensinkkastenreinigung und neuzeitliche Sinkkastengestaltung. Straßenbau 1931 S. 362.

XIII. Haus- und Grundstücksentwässerung.

159. Renk: Die Kanalgase, deren hygienische Bedeutung und technische Behandlung. München: Riegersche Buchhandlung 1882.
160. Unna: Versuche über die Notwendigkeit der sekundären Entlüftungsrohre bei Hausentwässerungsleitungen. Gesundh.-Ing. 1898 S. 55.
161. Albert: Die Hausentwässerung. Berlin: Oldenbourg 1908; Handbuch der Architektur Bd. 5 III. Teil: Entwässerung und Reinigung der Gebäude. Leipzig: Alfred Kröner 1908.
162. Karsten: Praktische Versuche betreffend Lüftung von Geruchverschlüssen an Abwasserleitungen. Gesundh.-Ing. 1912 S. 653.
163. Heilmann: Die Verbilligung der Grundstücksentwässerungsanlagen. Techn. Gemeindeblatt 1923 26. Jahrg. S. 69.
164. Richter: Benzolabscheider. Beiheft zum Gesundh.-Ing. 1927.
165. Rentsch: Zweckmäßige moderne Hausentwässerungen. Techn. Gemeindebl. 1927 30. Jahrg. S. 93.
166. Heilmann: Brennstoffabscheider. Gesundh.-Ing. 1927 S. 778.
167. Heilmann: Das Modellhaus auf der „Gesolei". Gesundh.-Ing. 1927 S. 61.
168. Roßberg: Neuere Versuche mit Benzolabscheidern. Gesundh.-Ing. 1928 S. 330.
169. Link: Spülhahnen mit Rohrunterbrechern für Abortspülleitungen. Gas- u. Wasserfach 1929 S. 489.
170. Kammann u. Müller: Untersuchungen an Benzinabscheidern. Techn. Gemeindebl. 1930 S. 81.
171. Müller: Erfahrungen an Benzinabscheidern. Gesundh.-Ing. 1930 S. 586.
172. Müller: Bestimmungen für die Prüfung von Benzinabscheidern durch den Prüfausschuß. Gesundh.-Ing. 1930 S. 251.

173. Ulrich: Die Reinhaltung der städtischen Kanäle. Diss. Berlin.
Neue polizeiliche Verordnung über die Wasserversorgung und Entwässerung von Grundstücken in Berlin vom 21. Sept. 1931.
174. Wolter: Zur Frage der hygienischen Bedeutung der Hausentwässerungsleitungen. Techn. Gemeindebl. 1931 S. 100.
175. Holsten: Überwachung der Benzinabscheider in Dortmund. Gesundh.-Ing. 1931 S. 644.
176. Beyer: Der Wasserdruckspülhahn und die neuen Richtlinien des D.V.G.W. für die Ausführung und Veränderung von Wasserleitungsanlagen in Gebäuden und Grundstücken. Gas- u. Wasserfach 1931 S. 947.
177. Ringel: Fortschritte im Bau von Reinigungsfahrzeugen für Benzinabscheider. Städtereinigg. 1931 S. 407.
178. v. Hanffstengel: Erfahrungen mit Benzinabscheidern. Gesundh.-Ing. 1931 S. 723.
179. Ringel: Kritische Betrachtung zur Leuchtgasexplosion in London-Holborn am 20./21. Dezember 1928. Gesundh.-Ing. 1931 S. 441.
180. v. Feilitzsch: Über neue Druckspülausführungen. Gas- u. Wasserfach 1932 S. 218.
181. Kelting: Versuche mit Abortspülhähnen und Bemessung der Hausleitungen. Gas- u. Wasserfach 1932 S. 7.

XIV. Bau- und Betriebskosten.

182. Bazali: Preisermittlung und Veranschlagen von Hoch-, Tief- und Eisenbetonbauten. Berlin: Willy Geißler 1923.
183. Ritter: Kostenberechnungen im Ingenieurbau. Berlin: Julius Springer 1929.
184. Holzapfel: Graphische Kostenvergleiche von Kanalisationsentwürfen unter Zugrundelegung des Arbeitszeitbedarfs. Beiheft zum Gesundh.-Ing. vom Jahre 1929.
185. Eckert: Über Kostenberechnungen und Baugeräte im Tiefbau. Berlin: Julius Springer 1931.

XV. Beschaffenheit des Abwassers und Untersuchungsmethoden.

186. Dunbar u. Thumm: Beitrag zum derzeitigen Stand der Abwasserreinigungsfragen. München 1902.
187. Spitta u. Weldert: Indikator für die Beurteilung biologisch gereinigter Abwässer. Mitt. der Landesanstalt f. Wasserversorgung und Abwasserbeseitigung 1906 Heft 6.
188. Dost: Die Volumenbestimmung der ungelösten Abwasserbestandteile und ihr Wert für die Beurteilung der Wirkung von Abwasserreinigungsanlagen. Mitt. d. Landesanstalt f. Wasserversorgung u. Abwässerbeseitigung 1907 Heft 8 S. 203.
189. Weldert u. Rohlich: Die Bestimmung der Fäulnisfähigkeit biologisch gereinigter Abwässer. Mitt. d. Landesanstalt f. Wasserversorgung und Abwasserbeseitigung 1908 Heft 10.
190. Zahn u. Reichle: Untersuchungen über die Wirkungsweise des Kremerschen Apparates. Mitt. d. Landesanstalt f. Wasserversorgung und Abwasserbeseitigung. 1908 Heft 10 S. 1.
191. Dost u. Hilgermann: Taschenbuch für die chemische Untersuchung von Wasser u. Abwasser. Jena 1908.
192. Schreiber: Über den Fettreichtum der Abwässer und das Verhalten des Fettes im Boden der Rieselfelder Berlins. Arch. Hygiene Bd. 45 S. 295.
193. Spillner: Absetzgläser zur Kontrolle mechanischer Kläranlagen. Gesundh.-Ing. 1910 S. 721.
194. Guth u. Feigel: Zur Bestimmung und Zusammensetzung der ungelösten Stoffe im Abwasser. Gesundh.-Ing. 1911 S. 305.
195. Bach: Frisches und fauliges Abwasser. Techn. Gemeindebl. 1912 15. Jahrg. S. 33.
196. Sack: Über die Filterwirkung von Böden auf kolloidhaltige Wässer. Gesundh.-Ing. 1915 S. 524.
197. Ohlmüller u. Spitta: Untersuchung und Beurteilung des Wassers und des Abwassers, 4. Aufl. Berlin: Julius Springer 1921.
198. Micharlis: Die Wasserstoffionenkonzentration. Berlin: Julius Springer 1922.
199. Bach: Der biochemische Sauerstoffbedarf von Wasser und Abwasser und seine Bestimmung. Gesundh.-Ing. 1924 S. 393.
200. Zahn: Die ungelösten Abwasserbestandteile und ihre Bestimmung in Absetzgläsern. Kl. Mitt. d. Landesanstalt 1925 S. 54.
201. Kolthoff: Gebrauch von Farbindikatoren, 3. Aufl. Berlin: Julius Springer 1926.
202. Schulze-Forster: Definition der Erkennung des Zustandes der Abwässer. Wass. u. Gas 1927 S. 621.
203. Bach: Die Bestimmung der Kolloide im Abwasser. Gesundh.-Ing. 1927 S. 600.
204. Kroll: Zusammensetzung und Dungwerte der Berliner Abwässer in 50 Jahre Berliner Stadtentwässerung. 1928.
205. Kroll: Neues über die Zusammensetzung und Reinigung der Berliner Abwässer. Jb. f. Wasser 1928 S. 179.
206. Prüß: Abwasserverschmutzung und Reinigungseffekt der Kläranlagen. Gesundh.-Ing. 1929 S. 246.

207. Bach: Beiträge zur Abwasseruntersuchung. Gesundh.-Ing. 1919 S. 65 und 666; 1930 S. 132 u. 512; 1931 S. 41.
208. Horn, Jordan, Meinck u. Sander: Die chemische Untersuchung von Abwasser unter Berücksichtigung der Schlammanalyse und der Vorfluteruntersuchung. Kl. Mitt. d. Landesanstalt 1932 S. 1.

XVI. Abwasser und Vorfluter.

209. Kolkwitz: Entnahme- und Beobachtungsinstrumente für biologische Wasseruntersuchung. Mitt. d. Landesanstalt für Wasserversorgung und Abwasserbeseitigung 1907 S. 111.
210. Kolkwitz: Biologie des Trinkwassers, Abwassers und der Vorfluter in Riebners Handbuch der Hygiene. Leipzig: Hirzel 1911.
211. Wilhelmi: Die biologische Selbstreinigung der Flüsse in Weyls Handbuch der Hygiene. Leipzig: Barth 1914.
212. Kolkwitz: Ökologie der Gewässer in Pflanzenphysiologie, 2. Aufl. Jena: Fischer 1922.
213. Fickert: Anweisung für die Flußaufsichtsbeamten zur Feststellung der Verschmutzung der fließenden Gewässer. Gesundh.-Ing. 1924 S. 172.
214. Beninde: Die wichtigsten Gesetze und Verordnungen auf dem Gebiete der Wasserversorgung und Abwasserbeseitigung. Kl. Mitt. d. Landesanstalt 1925 S. 19.
215. Thumm: Die Umwandlung organischer und anorganischer Stoffe im allgemeinen. Kl. Mitt. d. Landesanstalt 1926 S. 30.
216. Mahr: Darstellung der Reinhaltung eines Flusses. Techn. Gemeindebl. 1926 29. Jahrg. S. 128.
217. Sierp: Eine neue Methode zur Bestimmung des biochemischen Sauerstoffbedarfs. Techn. Gemeindebl. 1927 30. Jahrg. S. 179.
218. Sierp: Die biologische und chemische Abwasserreinigung mit Hilfe von Luft. Kl. Mitt. d. Landesanstalt, 5. Beiheft 1927 S. 133.
219. Schulze-Forster: Die Vorfluter in physikalischer und chemischer Beziehung. Kl. Mitt. d. Landesanstalt 1927 S. 249.
220. Böttger: Ein interessantes Beispiel der Beeinflussung eines Vorfluters durch städtische Abwässer. Wass. u. Gas 1928 S. 896.
221. Mahr: Die zulässige Belastung eines Gewässers durch Abwasser. Techn. Gemeindebl. 1929 S. 203. Ergänzung 1930 S. 189.
222. Foerdereuther: Der Rhein, sein Reinheitsgrad und seine Wasserführung. Gesundh.-Ing. 1929 S. 583.
223. Schillinger: Die schädlichen und nützlichen Wirkungen häuslichen und städtischen Abwassers auf die Fischerei. Gesundh.-Ing. 1929 S. 725.
224. Haase: Über die Sauerstoffbestimmung in Vorflutern, die durch Abwasser bestimmter Zusammensetzung verunreinigt sind. Gesundh.-Ing. 1929 S. 846.
225. Kißkalt: Zur Methodik der Flußwasseruntersuchungen. Gesundh.-Ing. 1930 S. 209.
226. Bach: Die Abwasserbeseitigung durch Verdünnung und die Grenzen der Fäulnisfähigkeit. Techn. Gemeindebl. 1931 S. 29.
227. Sierp u. Fränsemeyer: Fortschritte in der Kenntnis des biochemischen Sauerstoffbedarfs. Techn. Gemeindebl. 1931 S. 233.

XVII. Vorreinigung.

228. Ehnert: Die Entsandung städtischer Abwässer. Diss. Dresden 1927.
229. Seegert: Die Abwasserreinigungsanlage der Stadt Duisburg. Gesundh.-Ing. 1929 S. 258.
230. Fries: Zweistufige Tauchkörper für phenolhaltiges städtisches Abwasser in Hattingen. Techn. Gemeindebl. 1930 S. 206.
231. Mahr: Die Entölung von Abwasser. Techn. Gemeindebl. 1930 S. 77.

XVIII. Absiebanlagen.

232. Merkel: Die maschinellen Einrichtungen der Mündungsanlage in Hamburg. Z. VDI 1906 S. 163.
233. Klette: Betriebsergebnisse der Versuchsreinigungsanlage der Stadt Dresden. Gesundh.-Ing. 1907 S. 673.
234. Bredtschneider: Gitter und Rechen im Betrieb der Stadtentwässerung. Gesundh.-Ing. 1910 S. 145.
235. Scheitzow: Die Abwasserreinigungsanlage in Dresden. Gesundh.-Ing. 1922 S. 301.
236. Imhoff: Neue Abwassersiebe in Amerika. Techn. Gemeindebl. 1924 27. Jahrg. S. 162.
237. Zahn: Wie überwacht man die zur Reinigung von Abwasser dienenden Absiebanlagen? Kl. Mitt. d. Landesanstalt 1926 S. 36.
238. Seegert: Die Abwasserreinigungsanlage der Stadt Duisburg am Rhein. Gesundh.-Ing. 1929 S. 258.
239. Kammann: Die neue mechanische Förderrechenanlage der Haupt- und Residenzstadt Budapest. Techn. Gemeindebl. 1930 S. 41.

XIX. Absetzanlagen.

240. Steuernagel: Zur Kanalisation der Stadt Köln (Die Sedimentierung der suspendierten organischen Substanzen des Kanalwassers und ihr Einfluß auf die mechanische Klärung in Flachbecken). Techn. Gemeindebl. 1903 6. Jahrg. S. 141.
241. Mannes: Notauslaßkläranlagen. Gesundh.-Ing. 1913 S. 65.
242. Engberding: Über die Wirkung von Regenauslässen und Regenwasserbecken in städtischen Kanalisationen. Techn. Gemeindebl. 1915 17. Jahrg. S. 297.
243. Schulz: Über die Berechnung der Absitzanlagen. Techn. Gemeindebl. 1918 21. Jahrg. S. 197.
244. Schimrigk: Notauslaßkläranlagen. Techn. Gemeindebl. 1919 22. Jahrg. S. 137.
245. Schrank: Wirtschaftliche Betriebsweise waagerecht durchflossener Klärbecken. Gesundh.-Ing. 1921 S. 132.
246. Kusch: Entwicklung der mechanischen Abwasserklärung in Deutschland. Gesundh.-Ing. 1924 S. 183.
247. Imhoff: Zur Berechnung von Absitzbecken. Gesundh.-Ing. 1925 S. 316.
248. Imhoff: Sickerbecken und sparsame Ortsentwässerung. Techn. Gemeindebl. 1925 28. Jahrg. S. 50.
249. Vogel: Über die Dimensionierung der Absitz- und Schlammfaulräume mechanischer Kläranlagen unter besonderer Berücksichtigung der Sinkgeschwindigkeit und der Aufenthaltsdauer. Diss. München 1926.
250. Müller: Neuere Konstruktionsformen von Emscher-Brunnen. Zbl. Bauverw. 1927.
251. Strell u. Rentsch: Frischwasserklärung bei der Abwasserreinigung. Z. VDI 1927 S. 291.
252. Stooff: Über Verbreitung, Größe und Anwendung der auf der Grundlage des Travis-Systems ausgeführten Abwasserreinigungsanlagen. Kl. Mitt. d. Landesanstalt 1927 S. 308.
253. Brauer: Grundsätzliches zur Bestimmung und Gestaltung der Absitzbecken. Gesundh.-Ing. 1928 S. 647.
254. Prüß: Die Emscher-Kläranlage bei Essen-Karnapp. Gesundh.-Ing. 1929 S. 615.
255. Hinderks: Strömungsvorgänge in Kläranlagen (Modellversuche). Bauing. 1929 S. 618.
256. Keppner: Die Münchner Kläranlage. Gesundh.-Ing. 1929 S. 678.
257. van der Zee: Zur Bestimmung der Abwasser-Absetzkrummen. Gesundh.-Ing. 1929 S. 243.
258. Peters: Das Leipziger Klärbecken. Gesundh.-Ing. 1929 S. 301.
259. Mieder: Neuerungen bei der Abwasserbehandlung der Stadt Leipzig. Gesundh.-Ing. 1929 S. 353.
260. Langbein: Das Abwasser-Großklärwerk Berlin-Stahnsdorf. Z. VDI 1930 S. 1349.
261. Reinhart: Studien über die Wasserbewegung und Infizierung in zweistöckigen Frischwasser-Kläranlagen. Diss. München 1930.
262. Schulze-Forster: Kläranlagen Oms für Gemeinden und Städte. Kl. Mitt. d. Landesanstalt 1930 S. 260.
263. Prüß: Flachbecken-Kläranlagen mit Schlammkratzern. Gesundh.-Ing. 1930 S. 278.
264. Peters-Mieder: Flachbecken-Kläranlagen mit Schlammkratzern. Gesundh.-Ing. 1930 S. 826.
265. Mieder: Mechanische Klärbecken mit flachen Sohlen und maschineller Ausräumung. Bauamt u. Gemeindebau 1930 Nr. 17.
266. Weldert: Über die Verbreitung der Emscher-Brunnen-Anlagen. Kl. Mitt. d. Landesanstalt 1931 S. 181.
267. Mieder: Dreijährige Erfahrungen aus dem Betrieb des Leipziger Klärbeckens. Vom Wasser 1931 S. 212.
268. Schimrigk: Die Notauslaßkläranlagen System Mannes dargestellt in Anwendungsbeispielen. Gesundh.-Ing. 1932 S. 100.
269. Mahr: Betriebszahlen von Kläranlagen. Techn. Gemeindebl. 1931 S. 228.

XX. Behandlung des Schlammes.

270. ter Meer: Schlammtrocknung für städtische Kanalisationsanlagen. Z. VDI 1908 S. 1421.
271. Reichle u. Thiesing: Versuche mit dem Schlammschleuderapparat Schäfer-ter Meer. Mitt. d. Landesanstalt 1908 H. 10 S. 174.
272. Thumm u. Reichle: Feststellungen und Erfahrungen bei Emscher-Brunnen und verwandten Abwasserreinigungsverfahren. Mitt. d. Landesanstalt 1914 Heft 18.
273. Geißler, Wilhelm: Mechanische Kläranlagen mit danebengelagerten Schlammfaulräumen. Gesundh.-Ing. 1916 S. 1.
274. Blunk u. Sierp: Gewinnung und Verwertung des Gases aus Faulräumen städtischer Kläranlagen. Gesundh.-Ing. 1923 S. 393.
275. Imhoff: Die Verwertung des Methans aus Faulräumen. Gas- u. Wasserfach 1923 S. 705.
276. Imhoff: Zweistöckige Absitzbecken oder getrennte Schlammfaulbehälter. Techn. Gemeindebl. 1924 27. Jahrg. S. 151.

277. Kusch: Entwicklung der mechanischen Abwasserklärung in Deutschland. Gesundh.-Ing. 1924 S. 183.
278. Sierp: Über den Einfluß der Temperatur auf die Zersetzungsvorgänge im Faulraum. Techn. Gemeindebl. 1924 27. Jahrg. S. 213.
279. Sierp: Über den Dungwert von Faulschlamm und Frischschlamm. Techn. Gemeindebl. 1924 27. Jahrg. S. 16.
280. Kusch: Zweistöckige Absitzbecken oder getrennte Schlammfaulbehälter? Techn. Gemeindebl. 1925 27. Jahrg. S. 261.
281. Blunk: Beitrag zur Berechnung von Faulräumen. Gesundh.-Ing. 1925 S. 37.
282. Bach: Laboratoriumsversuche über den anaeroben Abbau des Klärschlammes. Gesundh.-Ing. 1925 S. 641.
283. Bethge: Untersuchungen über die Methangärung des Schlammes. Kl. Mitt. d. Landesanstalt 1926 S. 143.
284. Blunk: Einiges über Schlammtrocknung und -beseitigung. Städtereinigg. 1926 S. 338.
285. Blunk: Beitrag zur Erforschung der Vorgänge in zweistöckigen Kläranlagen im Emschergebiet. Gesundh.-Ing. 1926 S. 389.
286. Riedl: Gasgewinnung aus Klärschlamm. Diss. München 1926.
287. Nerreter: Über die Verwertung von Faulschlammgas für die Gasversorgung von Städten. Gas- u. Wasserfach 1926 Heft 10.
288. Prüß: Beschleunigung der Zersetzung in Schlammfaulräumen. Techn. Gemeindebl. 1927 30. Jahrg. S. 70.
289. Bach: Die Beseitigung des Klärschlammes vom chemischen Standpunkt aus gesehen. Kl. Mitt. d. Landesanstalt 1927 S. 93.
290. Strell u. Riedl: Gasgewinnung aus Klärschlamm städtischer Abwässer. Wass. u. Gas 1927 S. 1077.
291. Sierp: Über die Vorgänge im Schlammfaulraum. Techn. Gemeindebl. 1927 29. Jahrg. S. 267.
292. Kammann: Der heutige Stand der Gasgewinnung und -verwertung aus dem Klärschlamm der Abwasserreinigungsanlagen. Techn. Gemeindebl. 1927 30. Jahrg. S. 58.
293. Langbein: Die Abwasserkläranlage auf dem Bölkensberge des Berliner Rieselfeldes Waßmannsdorf als Gaslieferer. Gas- u. Wasserfach 1927 S. 1109.
294. Sohler: Die Klärgasgewinnung auf der Stuttgarter Hauptkläranlage. Gas- u. Wasserfach 1927 S. 945.
295. Thiesing: Die Schleudermaschinenbauart ter Meer. Kl. Mitt. d. Landesanstalt 1927 S. 43.
296. Rudolfs: Improving sewage sludge digestion. Public works 1927.
297. Fries: Emscher-Brunnen und getrennte Schlammfaulung in den letzten 22 Jahren. Gesundh.-Ing. 1928 S. 577.
298. Bach: Regelung der Klärschlammausfaulung mittels Kalks. Vom Wasser Bd. 2 (1928).
299. Imhoff: Der Einfluß der Temperatur auf die nötige Größe der Schlammfaulräume. Techn. Gemeindebl. 1928 30. Jahrg. S. 301.
300. Heilmann: Gasgewinnung aus Abwasserschlamm. Vom Wasser 1928.
301. Prüß: Die wirtschaftliche Bedeutung der Faulgasverwertung bei der Schlammzersetzung. Gesundh.-Ing. 1928 S. 439.
302. Prüß: Anleitung zur Berechnung von Schlammfaulräumen. Gesundh.-Ing. 1928 S. 401.
303. Prüß: Eine neue Frischwasserkläranlage für getrennte Schlammfaulung mit künstlicher Schlammumwälzung und künstlicher Beheizung. Gesundh.-Ing. 1928 S. 97.
304. Prüß u. Blunk: Theorie und Praxis bei der Schlammausfaulung. Gesundh.-Ing. 1928 S. 769.
305. Prüß: Fortschritte in der Ausfaulung von Abwasserschlamm. München: Oldenbourg 1928.
306. Pfleiderer: Vergleich über Wirksamkeit und Wirtschaftlichkeit mechanischer Abwasserreinigungssysteme unter besonderer Berücksichtigung der Klärgasgewinnung. Wass. u. Gas 1929 S. 176.
307. Fries: Emscher-Brunnen und getrennte Schlammausfaulung in den letzten 22 Jahren. Gesundh.-Ing. 1929 1. Nachtrag S. 92; 2. Nachtrag S. 844.
308. Bach: Einige Betrachtungen zur Abwasserreinigungsfrage. Gesundh.-Ing. 1929 S. 241.
309. Heilmann: Verbesserung der Schlammfaulung auf der Kläranlage Tafelwerder in Halle. Gesundh.-Ing. 1929 S. 268.
310. Prüß: Zur Frage der Selbsterwärmung in Schlammfaulräumen. Gesundh.-Ing. 1929 S. 266.
311. Maier u. Sohler: Die wirtschaftliche Bedeutung der Stuttgarter Hauptkläranlage auf Grund zweijähriger Betriebsergebnisse. Gesundh.-Ing. 1929 S. 497.
312. Bethge: Untersuchungen über die Methangärung des Schlammes. Kl. Mitt. d. Landesanstalt 1929 S. 42.
313. Keppner: Die Münchner Kläranlage. Gesundh.-Ing. 1929 S. 678.
314. Heilmann u. Karcher: Die Verwertung des Faulgases in Halle. Gesundh.-Ing. 1929 S. 571.

315. Apparat zur Entnahme von Schlammproben aus verschiedenen Tiefen. Kl. Mitt. d. Landesanstalt 1930 S. 54.
316. Husmann: Wasserstoffionenkonzentration bei der Schlammzersetzung in Faulräumen. Gesundh.-Ing. 1930 S. 120.
317. Sierp: Einfluß der Schlammumwälzung in Faulräumen auf die Gasmenge, die nötige Raumgröße und die Schwimmdecke. Gesundh.-Ing. 1930 S. 810.
318. Bach: Über Gasungsfähigkeit von Schwimmdeckenmaterial (Schwimmschlamm) aus Faulräumen der Emscher-Genossenschaft. Gesundh.-Ing. 1930 S. 790.
319. Prüß: Faulgasmenge sowie Schwimmschlammbehandlung in Schlammfaulbehältern. Gesundh.-Ing. 1930 S. 548.
320. Imhoff: Beobachtungen über Schwimmschlamm in dem Emscher-Brunnen des Ruhr-Verbandes. Techn. Gemeindebl. 1930 S. 203.
321. Buswell: Bekämpfung der Schwimmdecken in Abwasser-Kläranlagen. Kl. Mitt. d. Landesanstalt 1930 S. 103.
322. Prüß: Gasgewinnung aus Abwasserschlamm. Vom Wasser 1930 S. 186.
323. Sierp: Heizrohre für Schlammfaulräume. Techn. Gemeindebl. 1931 S. 109.
324. Husmann: Erfahrungen bei Überlastung eines getrennten Schlammfaulbehälters. Techn. Gemeindebl. 1931 S. 269.
325. Weldert u. Jordan: Vom sauren zum alkalischen Faulraum. Kl. Mitt. d. Landesanstalt 1931 S. 34.
326. Langbein u. Krell: Die Gewinnung u. Verwertung des Faulgases auf der Berliner Abwasser-Vorkläranlage in Waßmannsdorf. Gas u. Wasserfach 1931 S. 469.

XXI. Chemische Behandlung des Abwassers.

327. Bach: Desinfektion des Abwassers mittels Chlor. Wass. u. Gas 1923.
328. Bach: Chlorgas in der Abwasserreinigungstechnik. Techn. Gemeindebl. 1925 28. Jahrg. S. 159.
329. Mieder: Die Abwasserbehandlung der Stadt Leipzig. Techn. Gemeindebl. 1925 28. Jahrg. S. 183.
330. Ornstein: Chlorgasanwendung fur Wasser- und Abwasserbehandlung in Amerika. Vom Wasser 1928 S. 41.
331. Viehl: Erfahrungen in der Abwasserchlorung. Vom Wasser 1929 S. 219.
332. Mieder: Neuerungen bei der Abwasserbehandlung der Stadt Leipzig. Gesundh.-Ing. 1929 S. 353.

XXII A. Natürliche biologische Reinigung.

1. Bodenberieselung, Bodenfiltration, Bodenberegnung.

333. Henneking: Die Abwasserreinigung mittels intermittierender Bodenfiltration in Nord-Amerika. Mitt. d. Kgl. Prüfungsanstalt 1909 Heft 12.
334. Geißler: Das Charlottenburger Rieselfeld und seine wirtschaftliche Bedeutung. Gesundh.-Ing. 1909 S. 738.
335. Sack: Über die Filterwirkung von Böden auf kolloidhaltige Wässer. Gesundh.-Ing 1915 S. 524.
336. Fischer: Die Kanalisation und Abwasserreinigungsanlage der Stadt Spandau. Gesundh.-Ing. 1921 S. 117.
337. Reichle u. Stooff: Untersuchungen über die Rieselfeld- und Bodenfilteranlage der Stadt Quedlinburg. Techn. Gemeindebl. 1923 26. Jahrg. S. 167.
338. Fleck u. Heilmann: Die Städtische Abfallwirtschaft. Gesundh.-Ing. 1924 S. 203.
339. Kisker: Die künstliche Feldberegnung und ihre Verwendung zur Beseitigung und Verwertung von städtischem Abwasser. Wass. u. Gas 1925 Nr. 12.
340. Fleck u. Heilmann: Die Versuchsberegnung mit Abwässern in Dresden. Gesundh.-Ing. 1925 S. 6.
341. Keppner: Das Großwasserkraftunternehmen Mittlere Isar A. G. und die Beseitigung und Verwertung der Münchner Abwässer. Landwirtschaftl. Jahrbuch f. Bayern 1925.
342. Heilmann: Über die düngende Beregnung. Gesundh.-Ing. 1926 S. 115.
343. Heilmann: Die Grenzen der Verwertung stadtischer Abfallstoffe. Mitt. der Vereinigg. der techn. Oberbeamten 1926.
344. Thumm: Die Beregnung der Ländereien mit Abwasser im Laufe der Zeiten. Kl. Mitt. d. Landesanstalt 1928 S. 80.
345. Rosenkranz: Die Verwertung städtischer Abwässer für Zwecke der Landwirtschaft. Wasserwirtschaftl. Mitt. d. Deutschen Meliorationsverbandes f. Böhmen 1928 S. 60.
346. Sierp: Neuzeitliche Rieselfeldwirtschaft. Techn. Gemeindebl. 1929 S. 61.
347. Reinhold: Der Einfluß von Rieselfeldanlagen auf die Grundwasserverhältnisse der Umgebung. Gesundh.-Ing. 1929 S. 1.
348. Hahn: Die Erhöhung der Leistungsfähigkeit der Berliner Rieselfelder durch den Bau von Belebtschlammanlagen und die Verbesserung der Wasserverhältnisse der Spree durch künstliche Anreicherung ihres Wasserschatzes. Techn. Gemeindebl. 1929 S. 1.
349. Langbein: Die Abwasserbeseitigung in England, Schottland und den Vereinigten Staaten

von Amerika unter besonderer Berücksichtigung der Belebtschlammkläranlagen und ihrer Bedeutung für die Entlastung der Berliner Rieselfelder. Gesundh.-Ing. 1929 S. 281.
350. Volkart: Düngerwerte der städtischen Abwässer und des Klärschlammes. Sonderdruck aus der Schweizerischen Zeitschrift f. Straßenwesen u. verwandter Gebiete 1929.
351. Mieder: Neuerungen bei der Abwasserbehandlung der Stadt Leipzig. Gesundh.-Ing. 1929 S. 353.
352. Kisker: Die Geräte für die künstliche Beregnung. Kl. Mitt. d. Landesanstalt 1930.
353. Schröder: Verregnung von Abwässern. Techn. Gemeindebl. 1930 S. 295.
354. Langbein: Die Verwertung städtischer Abwässer zum Zwecke der Landeskultur. Gesundh.-Ing. 1930 S. 321.
355. Langbein: Rieselfelder mit Vorreinigung. Mitt. d. Vereinigg. d. Bauverwaltg. deutscher Städte 1930.
356. Karl: Wege und Ziele der landwirtschaftlichen Abwässerverwaltung in Mitteldeutschland. Gesundh.-Ing. 1931 S. 765.

2. Fischteiche.

357. Die Entwässerungsanlagen der Stadt Straßburg und die Versuchsanlagen für Abwasservorreinigung auf dem Wacken. Sonderdruck Straßburg 1915.
358. Kammann u. Keim: Über Abwasserreinigung in Gewässern, insbesondere im Versuchsteich auf der Kläranlage in Bergedorf bei Hamburg. Gesundh.-Ing. 1920 S. 229.
359. Thumm: Fischteichanlagen und Abwasser. Kl. Mitt. d. Landesanstalt 1926, S. 33.
360. Merkel: Erfahrungen mit dem Fischteich-Klärverfahren. Vom Wasser 1928 S. 224.
361. Schillinger: Die biologische Reinigung städtischer Abwässer in Abwasserfischteichen. Vom Wasser 1928 S. 200.
362. Fehlmann: Abwasserfischteiche. Sonderdruck der Schweizerischen Zeitschrift f. Straßenwesen und verwandter Gebiete 1929.

3. Flußkläranlagen.

363. Dunbar: Neue Methoden zur Abwasserreinigung (Die Abwasserbehandlung der Stadt Straßburg). Gesundh.-Ing. 1916 S. 69.
364. Imhoff: Trinkwasser und Abwasser im Ruhrtal. Wasserkr. u. Wasserwirtsch. 1925 Heft 1.
365. Spetzler: Flußkläranlage Hengstey. Gas- u. Wasserfach 1928 Heft 4.
366. Spetzler: Stausee und Pumpspeicher Hengstey. Wasserkr. u. Wasserwirtsch. 1928 Heft 22.
367. Imhoff: Der Ruhrverband. 3. Aufl. Berlin: Carl Heymann 1930.
368. Imhoff: Die Stauseen im Ruhrtal. Wasserkr. u. Wasserwirtsch. 1931 Heft 8.
369. Imhoff: Die Wiederverwendung von städtischem Abwasser. Gesundh.-Ing. 1931 S. 699.

XXII B. Künstliche biologische Reinigung.

1. Füllkörper, Tropfkörper, Tauchkörper.

370. Thumm: Beitrag zur Kenntnis der sogenannten biologischen Verfahren, insbesondere die bei der Herstellung und dem Betrieb biologischer Abwasserreinigungsanlagen zu beachtenden allgemeinen Gesichtspunkte. Mitt. d. Kgl. Prüfungsanstalt 1902 Heft 1 S. 86.
371. Zahn: Weitere Versuche über die Reinigung des Charlottenburger Abwassers auf der Pumpstation Westend durch das biologische Verfahren. Mitt. aus d. Kgl. Prüfungsanstalt 1903 Heft 2 S. 164.
372. Bretschneider u. Thumm: Die Abwasserreinigung in England. Mitt. d. Kgl. Prüfungsanstalt 1904 Heft 3.
373. Imhoff: Die biologische Abwasserreinigung in Deutschland. Mitt. d. Kgl. Prüfungsanstalt 1906 Heft 7 S. 1.
374. Müller: Die Entwässerungsanlage der Gemeinde Wilmersdorf. Z. VDI 1907 S. 1965.
375. Bach: Das Emscher-Filter. eine neue Form des biologischen Körpers für Abwasserreinigung. Wass. u. Gas 1926 S. 373.
376. Imhoff: Biologische Tauchkörper. Techn. Gemeindebl. 1926 29. Jahrg. S. 163.
377. Sierp: Die biologische und chemische Abwasserreinigung mit Hilfe von Luft. Kl. Mitt. d. Landesanstalt, 5. Beiheft 1927 S. 133.
378. Bach: Zur Wirkungsweise von Tauchkörpern. Techn. Gemeindebl. 1928 31. Jahrg. S. 205.
379. Mahr u. Sierp: Erfahrungen beim Bau und Betrieb von Tauchkörpern. Techn. Gemeindebl. 1928 31. Jahrg. S. 117.
380. Maier u. Sohler: Die biologische Reinigung von Abwasser auf Tropfkörpern nach den Erfahrungen der Stuttgarter Hauptkläranlage in zehnjähriger Betriebsdauer. Gesundh.-Ing. 1929 S. 261.
381. Schmitt: Die Ausbildung der Frischwasserrinnen und der Einbau von Tauchkörpern in mechanische Absetzanlagen. Gesundh.-Ing. 1930 S. 40.
382. Fries: Zweistufige Tauchkörper für phenolhaltiges Abwasser in Hattingen. Techn. Gemeindebl. 1930 S. 206.
383. Maier: Nachreinigung des Abwassers mit biologischen Tauchkörper. Mitt. d. Vereinigg. deutscher Bauverwaltungen 1930 S. 125.

2. Belebtschlammverfahren.

384. Eddy: Licht- und Schattenseiten der Abwasserreinigung mit aktiviertem Schlamm. Gesundh.-Ing. 1922 S. 13.
385. Kammann: Über Abwasserreinigung mit aktiviertem Schlamm. Techn. Gemeindebl. 1924 27. Jahrg. S. 13.
386. Imhoff: Fortschritte der Abwasserreinigung mit Belebtschlamm. Techn. Gemeindebl. 1924 27. Jahrg. S. 132.
387. Sierp: Die Beseitigung des überschüssigen Belebtschlammes bei der Abwasserreinigung. Berlin-Dahlem: Verlag Wasser 1925.
388. Imhoff u. Fries: Die neue Schlammbelebungsanlage in Essen-Rellinghausen. Techn. Gemeindebl. 1926 29. Jahrg. S. 33.
389. Weldert: Einiges über das biologische Schlammverfahren. Kl. Mitt. d. Landesanstalt 1926 S. 9 u. S. 99.
390. Reichle u. Weldert: Der gegenwärtige Stand der neuen biologischen Abwasserreinigungsverfahren mit belebtem Schlamm. Kl. Mitt. d. Landesanstalt 1926 3. Beiheft.
391. Imhoff, Fries u. Sierp: Betriebsergebnisse der Schlammbelebungsanlagen des Ruhrverbandes in Essen-Rellinghausen. Techn. Gemeindebl. 1927 30. Jahrg. S. 65.
392. Sierp: Die Abwasserreinigung mit belebtem Schlamm auf der Kläranlage Essen-Rellinghausen. Vom Wasser 1927 S. 114.
393. Weldert u. Jordan: Bericht über die Ergebnisse der Untersuchung an der Versuchskläranlage mit Belebtschlamm in Oranienburg, erbaut von der Kremer-Klärgesellschaft. Kl. Mitt. d. Landesanstalt 1927 S. 28.
394. Bruns u. Sierp: Einfluß der Schlammbelebung auf pathogene Keime. Z. Hygiene u. Infektionskrankh. Bd. 107 S. 571. Berlin 1927.
395. Weldert u. Jordan: Weitere Ergebnisse der Untersuchungen an der Versuchskläranlage mit belebtem Schlamm, erbaut von der Kremer-Klärgesellschaft. Kl. Mitt. d. Landesanstalt 1928 S. 59 bis S. 320.
396. Jordan: Versuche mit dem Verfahren der Abwasserreinigung mit belebtem Schlamm in Waldenburg Schlesien. Gesundh.-Ing. 1928 S. 150.
397. Seiser: Untersuchungen über das Wesen des Belebtschlammverfahrens. Gesundh.-Ing. S. 253.
398. Snoek: Die Abwässer der Stadt Elmshorn und ihrer Industrien und Richtlinien für die Ausarbeitung des Entwurfs einer zentralen Klär- und Reinigungsanlage. Denkschrift 1928.
399. Bach: Einige Betrachtungen zur Abwasserreinigungsfrage. Gesundh.-Ing. 1929 S. 241.
400. Kusch: Eine neue einfache Belüftungs- und Umwälzvorrichtung für Belebtschlammanlagen. Gesundh.-Ing. 1929 S. 644.
401. Langbein: Die Abwasserbeseitigung in England, Schottland und in den Vereinigten Staaten von Amerika unter besonderer Berücksichtigung der Belebtschlamm-Kläranlage und ihrer Bedeutung für die Entlastung der Berliner Rieselfelder. Gesundh.-Ing. 1929 S. 281.
402. Langbein: Moderne Abwasserreinigungsanlagen in England und Amerika und ihre Bedeutung für die deutsche Städteentwässerung. Mitt. d. Vereinigg. techn. Oberbeamten 1929 S. 45.
403. Wagner: Versuche über das biologische Prinzip in der Abwasserreinigung mit belebtem Schlamm, 25 Jahre Techn. Hochschule Danzig 1929.
404. Buchmann: Chironomidenschäden bei dem Belebtschlammverfahren und ihre Verhütung und Behebung mit chemischen Mitteln. Z. Gesundheitstechnik u. Städtehygiene 1930.
405. Sierp: Das Schlammbelebungsverfahren. Mitt. d. Techn. Oberbeamten 1930.
406. Trauer: Belebtschlammanlagen in England. Kl. Mitt. d. Landesanstalt 1930 S. 40.
407. Schmidt: Die Kläranlage Iserlohn i. W., die erste Schlammbelebungsanlage mit Gasantrieb. Techn. Gemeindebl. 1930 S. 133.
408. Kammann u. Herb: Über die Anwendbarkeit des abgekürzten Belebtschlammverfahrens zur Entlastung bestehender Kläranlagen. Techn. Gemeindebl. 1930 S. 147.
409. Leiner: Eine neue Schlammbelebung ohne Druckluft. Gesundh.-Ing. 1930 S. 500.
410. Winter: Die Reinigung städtischer Abwässer mittels Schlammbelebung, insbesondere unter Berücksichtigung ausgeführter Versuche. Gesundh.-Ing. 1931 Beiheft.
411. Mahr: Betriebszahlen von Kläranlagen. Techn. Gemeindebl. 1931 S. 228.
412. Mieder u. Viehl: Neue Ergebnisse aus der Versuchsanlage der Stadt Leipzig für Abwasserreinigung mit belebtem Schlamm. Vom Wasser 1931 S. 236.
413. Schütz: Kläranlagen mit Belebtschlamm auch für kleinere Gemeinden? Gesundh.-Ing. 1931 S. 278.
414. Heilmann u. Müller: Versuche mit biologischer Reinigung auf der Kläranlage Tafelwerder in Halle. Gesundh.-Ing. 1931 S. 559.
415. Husmann: Ein Beitrag zur Abwasserreinigung mit belebtem Schlamm und auf Tropfkörpern. Gesundh.-Ing. 1931 S. 593.

416. Fries: Die Kläranlage Essen-Rellinghausen und die Auswirkung ihrer letzten Erweiterung. Gesundh.-Ing. 1931 S. 661.
417. Kusch: Die Belebtschlamm-Kläranlage der Kreisstadt Templin. Techn. Gemeindebl. 1931 S. 16.
418. Leiner: Wirtschaftlich richtige Beurteilung von Schlammbelebungssystemen. Gesundh.-Ing. 1931 S. 405.
419. Sierp: Das Schlammbelebungsverfahren. Gesundh.-Ing. 1931 S. 45.
420. Schütz: Über den Kraftbedarf in Kläranlagen mit Belebtschlamm. Gesundh.-Ing. 1931 S. 721.
421. Straßburger: Der Neubau der Belebtschlammanlage der Abwasserkläranlage Erfurt. Gas- u. Wasserfach 1932 S. 101.

XXIII. Hauskläranlagen, Kleinkläranlagen, Gruppenkläranlagen.

422. Thumm: Über Anstalts- und Hauskläranlagen. Berlin: Hirschwald 1913.
423. Frank u. Rhynus: Hauskläranlagen und kleine Kläranlagen. Wass. u. Abwass. Bd. 16 (1921) S. 65.
424. Heyd: Die Entwässerung der Kleinhaussiedlung. Techn. Gemeindebl. 1923 25. Jahrg. S. 139.
425. Spiegelberg: Kleinkläranlagen nach dem Absetzverfahren. Gesundh.-Ing. 1927 S. 937.
426. Kranz: Über Kleinkläranlagen. Techn. Gemeindebl. 1927 30. Jahrg. S. 163.
427. Leiner: Kritisches zur Hausklärfrage. Gesundh.-Ing. 1928 S. 552.
428. Herb: Beitrag zur Frage der Hauskläranlagen. Techn. Gemeindebl. 1929 S. 13.
429. Teschner: Abwasserhauskläranlagen. Berlin: M. Teschner 1929.
430. Richtlinien für die Beurteilung und Zulassung von Hauskläranlagen und für Grundstückskläranlagen. Herausgegeben vom Ministerium für Volkswohlfahrt. Berlin 1929.
431. Hanffstengel u. Merkel: Betriebsergebnisse bei Hauskläranlagen in Nürnberg. Gesundh.-Ing. 1929 S. 270.
432. Trenkle: Eine neue Frischwasserklärung für Spülabortgruben. Gesundh.-Ing. 1930 S. 28.
433. Fries: Über Hauskläranlagen und die Unschädlichmachung häuslichen Abwassers außerhalb städtischer Entwässerungsanlagen. Techn. Gemeindebl. 1932 S. 141.

XXIV. Entwässerung von Siedlungen.

434. Thumm: Abwasserbeseitigung bei Gartenstädten, bei ländlichen und bei städtischen Siedlungen. Berlin: Hirschwald 1913.
435. Friedersdorff: Ein neues System zur Beseitigung und Verwertung der Hausabwässer. Wass. u. Abwass. Bd. 12 (1917) S. 228.
436. Bredtschneider: Die Entwässerungsmöglichkeiten bebauter Grundstücke. Techn. Gemeindebl. 1919 22. Jahrg. S. 13.
437. Imhoff: Die Entwässerung von Siedlungen im Ruhrkohlengebiete. Techn. Gemeindebl. 1921 24. Jahrg. S. 41.
438. Genzmer: Die Entwässerung von Kleinsiedlungen. Gesundh.-Ing. 1922 S. 145.
439. Schwaab: Die Beseitigung der Abwässer in Siedlungsanlagen. Städt. Tiefbau 1922 S. 49.
440. Gedschold: Die vorläufigen Kläranlagen der Stadt Glauchau zur Verhinderung von Hauskläranlagen und zur Förderung der Hauptkläranlage Nord. Bautechn. 1926 S. 216.
441. Preußischer Erlaß betreffend Be- und Entwässerung bei der Anlage von Siedlungen von 1922. Kl. Mitt. d. Landesanstalt 1927 S. 213.
442. Simon: Die Entwässerung von Siedlungen in 50 Jahre Berliner Stadtentwässerung 1928.
443. Reichle u. Kisker: Die Schaffung von Abwasserkläranlagen für leistungsschwache Gemeinden durch den Bau behelfsmäßiger Kellereinrichtungen. Wasserkr. u. Wasserwirtsch. 1931 S. 89.

XXV. Abwassergenossenschaften.

444. Schubert: Über Entwässerungsverbände. Städt. Tiefbau 1918/17.
445. Helbing: Wasser und Abwasser im Lippe-Gebiet. 1922.
446. Helbing: 25 Jahre Emscher-Genossenschaft, 1925. Selbstverlag der Emscher-Genossenschaft.
447. Imhoff u. Mahr: Gutachten über Begründung einer Wurm-Genossenschaft, 1927.
448. Helbing: Wasser und Abwasser im rheinisch-westfälischen Industriegebiet unter besonderer Berücksichtigung der Emscher- und Lippe-Genossenschaft. Kl. Mitt. 5. Beiheft 1927 S. 19.
449. Blech: Denkschrift über die Verlegung und den Neubau der Kläranlage des Kanalisationsverbandes für das Laisebachgebiet, 1928.
450. Imhoff u. Fries: Gutachten über die Bildung einer Wasser-Genossenschaft Weiße Elster. 1929.
451. Helbing: Emscher-Genossenschaft und Lippe-Verband in den Jahren 1925/1930. Selbstverlag der Emscher-Genossenschaft 1930.
452. Jahresberichte der Emscher-Genossenschaft von Helbing.
453. Jahresberichte des Ruhrverbandes von Imhoff.
454. Jahresberichte des Niers-Verbandes von Schmidts-Lenders.

Sachverzeichnis.

***Tabellenbuch für die Berechnung von Kanälen und Leitungen** sowie die Feststellung ihrer Durchflußgeschwindigkeiten, Durchflußmengen und Durchflußhöhen, der Konstruktion der Lichtprofile mit ihren Leistungs- und Geschwindigkeitskurven, der Profilinhalte, Profilumfänge und hydraulischen Radien bei dem Entwerfen von Kanalisations- und Wasserversorgungsanlagen, Grundstücksentwässerungen, Be- und Entwässerungsleitungen, bei Meliorationsbauten und dergleichen. Bearbeitet und herausgegeben von Magistrats-Oberbaurat **E. Wild,** Berlin, unter Mitwirkung von Stadtbaumeister **O. Schöberlein,** Berlin. Mit 52 Tafeln. IV, 57 Seiten. 1931. Gebunden RM 25.50

Das vorliegende Buch enthält alle zum Entwurf und zur hydraulischen Berechnung von Rohrleitungen für die Wasserversorgung und Kanalisation benötigten Werte in tabellarischer Zusammenstellung. Es lassen sich ablesen die lichten Rohrweiten, die Wassermengen und Geschwindigkeiten vollaufender Profile für die gebräuchlichsten Kreisnormalen, überhöhten und gedrückten Ei- und Maul-Profile. Ein besonderer Abschnitt bringt Tabellen für die Bestimmung der benetzten Umfänge, wasserführenden Profilflächen und hydraulischen Radien aller anderen möglichen Profile. Mit Hilfe dieser Tabellen lassen sich die Wassermengen und mittleren Geschwindigkeiten für beliebige Füllhöhen nicht vollaufender Profile unter geringstem Zeitaufwand berechnen. Den letzten Abschnitt bilden 52 Tafeln mit Konstruktionsmaßen der Lichtprofile nebst den Leistungs- und Geschwindigkeitskurven zur direkten Bestimmung der Abflußmengen und Wassergeschwindigkeiten. — Die übersichtliche Anordnung der Tabellen sowie die mustergültige Ausstattung des Werkes verdienen lobende Erwähnung. *„Der Bauingenieur“*

***Von der Bewegung des Wassers und den dabei auftretenden Kräften.** Grundlagen zu einer praktischen Hydrodynamik für Bauingenieure. Nach Arbeiten von Staatsrat Dr.-Ing. e. h. **Alexander Koch,** s. Zt. Professor an der Technischen Hochschule zu Darmstadt, herausgegeben von Dr.-Ing. e. h. **Max Carstanjen.** Nebst einer Auswahl von Versuchen Kochs im Wasserbau-Laboratorium der Darmstädter Technischen Hochschule zusammengestellt unter Mitwirkung von Studienrat Dipl.-Ing. **L. Hainz.** Mit 331 Abbildungen im Text und auf 2 Tafeln sowie einem Bildnis. XII, 228 Seiten. 1926. Gebunden RM 28.50

***Handbuch der Hydrologie.** Wesen, Nachweis, Untersuchung und Gewinnung unterirdischer Wasser: Quellen, Grundwasser, unterirdische Wasserläufe, Grundwasserfassungen. Von Zivilingenieur **E. Prinz.** Zweite, ergänzte Auflage. Mit 334 Textabbildungen. XIII, 422 Seiten. 1923. Gebunden RM 18.—

***Die Großberliner Stadtentwässerung.** Von Dr.-Ing. **Reinhard Lobeck.** („Industriewirtschaftliche Abhandlungen“, Heft 1.) Mit 2 Textabbildungen. IV, 76 Seiten. 1928. RM 4.20

***Ohlmüller-Spitta, Untersuchung und Beurteilung des Wassers und des Abwassers.** Ein Handbuch für die Praxis und zum Gebrauch im Laboratorium. Fünfte Auflage. Neu bearbeitet von **Wo. Olszewski,** Approb. Lebensmittel-Chemiker, Stadtamtsrat und Vorsteher der Laboratorien der Wasserwerke Dresden, und Dr. med. **O. Spitta,** a. o. Professor an der Universität Berlin, Vorsteher des Hygien. Laboratoriums im Reichsgesundheitsamt, Geheimer Regierungsrat. Mit 201 Textabbildungen und 7 zum Teil farbigen Tafeln. XI, 566 Seiten. 1931. RM 48.—; gebunden RM 49.60

***Untersuchung des Wassers an Ort und Stelle.** Von Professor Dr. **Hartwig Klut,** Abteilungsleiter an der Preuß. Landesanstalt für Wasser-, Boden- und Lufthygiene in Berlin-Dahlem. Sechste Auflage. Mit 40 Abbildungen. IV, 180 Seiten. 1931. RM 7.80

* *Auf die Preise der vor dem 1. Juli 1931 erschienenen Bücher wird ein Notnachlaß von 10% gewährt.*

GPSR Compliance

The European Union's (EU) General Product Safety Regulation (GPSR) is a set of rules that requires consumer products to be safe and our obligations to ensure this.

If you have any concerns about our products, you can contact us on ProductSafety@springernature.com

In case Publisher is established outside the EU, the EU authorized representative is:

Springer Nature Customer Service Center GmbH
Europaplatz 3
69115 Heidelberg, Germany

Batch number: 10584556

Printed by Printforce, the Netherlands